U0163712

武汉大学百年名典
社会科学类编审委员会

曹之（1944—2021），男，河南荥阳人，武汉大学信息管理学院二级教授、博士生导师，著名古籍版本学家。研究方向为古典文献学和中国古代出版史。主要论著有《中国古籍版本学》《中国印刷术的起源》《中国古籍编撰史》《中国出版通史·隋唐五代卷》《中国古代图书史》，主编"中国图书文化史"丛书（共13册）。其中，《中国古籍版本学》1995年荣获教育部全国高校优秀教材一等奖，1997年荣获国家级教学成果奖二等奖；《中国印刷术的起源》1997年荣获教育部全国高校优秀学术著作奖、1998年荣获教育部第二届人文社会科学研究成果奖二等奖；《中国古籍编撰史》2003年荣获教育部第三届人文社会科学研究成果奖二等奖；论文《试论中国古籍编撰的特点》2001年荣获湖北省社会科学优秀成果二等奖。2003年其被评为武汉大学十大"教学名师"之一。

武汉大学
百年名典

（第二版）

中国印刷术的起源

■ 曹之 著

武汉大学出版社
WUHAN UNIVERSITY PRESS

图书在版编目（CIP）数据

中国印刷术的起源/曹之著.—2版.—武汉：武汉大学出版社,2023.11
武汉大学百年名典
ISBN 978-7-307-23990-6

Ⅰ.中… Ⅱ.曹… Ⅲ.印刷史—中国 Ⅳ.TS8-092

中国国家版本馆 CIP 数据核字（2023）第 176877 号

责任编辑:朱凌云 责任校对:李孟潇 版式设计:马 佳

出版发行:**武汉大学出版社** （430072 武昌 珞珈山）
　　　　　（电子邮箱:cbs22@whu.edu.cn 网址:www.wdp.com.cn）
印刷:武汉中远印务有限公司
开本:720×1000 1/16 印张:39.75 字数:569 千字 插页:4
版次:1994 年 7 月第 1 版 2023 年 11 月第 2 版
　　 2023 年 11 月第 2 版第 1 次印刷
ISBN 978-7-307-23990-6 定价:218.00 元

《武汉大学百年名典》出版前言

百年武汉大学，走过的是学术传承、学术发展和学术创新的辉煌路程；世纪珞珈山水，承沐的是学者大师们学术风范、学术精神和学术风格的润泽。在武汉大学发展的不同年代，一批批著名学者和学术大师在这里辛勤耕耘，教书育人，著书立说。他们在学术上精品、上品纷呈，有的在继承传统中开创新论，有的集众家之说而独成一派，也有的学贯中西而独领风骚，还有的因顺应时代发展潮流而开学术学科先河。所有这些，构成了武汉大学百年学府最深厚、最深刻的学术底蕴。

武汉大学历年累积的学术精品、上品，不仅凸现了武汉大学"自强、弘毅、求是、拓新"的学术风格和学术风范，而且也丰富了武汉大学"自强、弘毅、求是、拓新"的学术气派和学术精神；不仅深刻反映了武汉大学有过的人文社会科学和自然科学的辉煌的学术成就，而且也从多方面映现了20世纪中国人文社会科学和自然科学发展的最具代表性的学术成就。高等学府，自当以学者为敬，以学术为尊，以学风为重；自当在尊重不同学术成就中增进学术繁荣，在包容不同学术观点中提升学术品质。为此，我们纵览武汉大学百年学术源流，取其上品，掬其精华，结集出版，是为《武汉大学百年名典》。

"根深叶茂，实大声洪。山高水长，流风甚美。"这是董必武同志1963年11月为武汉大学校庆题写的诗句，长期以来为武汉大学师生传颂。我们以此诗句为《武汉大学百年名典》的封面题词，实是希望武汉大学留存的那些泽被当时、惠及后人的学术精品、上品，能在现时代得到更为广泛的发扬和传承；实是希望《武汉大学百年名典》这一恢宏的出版工程，能为中华优秀文化的积累和当代中国学术的繁荣有所建树。

《武汉大学百年名典》编审委员会

出 版 说 明

曹之先生的《中国印刷术的起源》于 1994 年由武汉大学出版社出版，于 2015 年进行了修订。本次出版，我社根据 2015 年版本，在力求保持全书原貌的基础上，对一些文字、数字、标点符号的明显错误做了订正，特此说明。

武汉大学出版社

2023 年 10 月

第二版自序

　　《中国印刷术的起源》列入《武汉大学学术丛书》于1994年付诸梨枣，至今已逾15个春秋。15年来，该书受到国内外学术界的积极评价。1995年忝列教育部第二届全国高校出版社优秀学术著作奖，1998年忝列教育部第二届人文社科奖二等奖。多年来，我对印刷术起源研究的兴趣有增无减，一种强烈的使命感、负债感，驱使我终生踏上探索印刷术起源的漫漫征途；一种超常的惯性和动力推动我奋勇向前、欲罢不能。我购置了许多图书，复印了不少图片，积累了大量资料，修订工作无日或间。我常常利用"日行十里"的散步时间深思熟虑，不少长期质疑、百思不得其解的问题豁然冰释；我常常在枕上放映"电影"，一幕又一幕，不时迸发出思想的火花。我专门设置了一本《一得集》。有了"一得"，就像哨兵似的惊觉，马上记录在案，以免稍纵即逝。这样，一年又一年，"一得"又"一得"，积少成多，集腋成裘，终于完成了修订本的初稿。兹将修订内容及其研究方法简介如下。

　　印刷术源于中国，已是不争的事实。但是，近代的中国属于多事之秋，由于经济落后、信息不畅等原因，我们对于印刷术起源的研究非常薄弱，媒体的宣传更是不够，古老的中国似乎成了被人遗忘的角落。而西方人经济发达，充分利用他们的传媒优势，在那里声嘶力竭地宣传"谷腾堡"，这样，"谷腾堡"就成了"印刷之父"。人家拼命呐喊几十年甚至上百年的观点，已经先入为主、根深蒂固，很难在短时期内改变。我们的对策应该是少安毋躁，用摆事实、讲道理的办法说服对方，静观其变，后来居上。《扫描世界，宏观定位》一章就是试图利用扫描作为手段，面对世界，从宏观上确定印刷术起源的大致方

1

位。前此研究印刷术起源的一些论著往往不分青红皂白，不作任何解释，一开始就抬出"印刷术源于中国"的结论，语调生硬，不容置辩，有点儿像外交部发布的措词强硬的"声明"，这种做法很难得到对方的认可。我们似可以地球村"居民"的平等身份，平心静气地摆一摆有关国家的条件，利用比较的方法，水到渠成，自然得出"印刷术源于中国"的结论。在此基础上，进而层层深入，研究印刷术起源的大致时间。我们必须面向世界，走向世界，说服世界。否则，谷腾堡就是"印刷之父"的误读很难改变。不过，我们终将相信：事实必将大白于天下，时间早晚而已。

全方位、多学科地论证印刷术的起源，是我的一贯主张。论证印刷术起源是一个多学科的综合性工程，抓住一句话，甚至一个字，匆忙作出结论的作法是不科学的，也是不可靠的。汉王充《论衡·须颂》云："若言(药方)已验尝试，人争刻写，以为珍秘。"论者抓住这个"刻"字，以为此"刻"就是刻字(药方)于木，就是雕版印刷，似属未安。此"刻"是否刻字(药方)于木，要结合上下文进行分析。综观《论衡》全书，多处用到"刻"字，都是刻石、刻器、刻画之意，从来没有"刻"字于木的意思。既然如此，这里怎么会是"刻"字于木呢？另外，汉代纸张刚刚发明，还不适宜作为雕版印刷的承印物。印刷字体楷书也不成熟，印章多为阴刻正文，拓印还没有出现，如此等等，汉代虽有雕版印刷的社会需求，但是缺乏发明雕版印刷的物质基础和技术基础。又据《后汉书·王充传》，王充撰写《论衡》时非常勤奋，"闭门潜思，绝庆吊之礼，户牖墙壁各置刀笔"。这里的"刀笔"就是汉人写书常用的书刀和毛笔，二者都是在竹简上写书不可缺少的工具。如果汉代确有雕版印刷，王充何乐而不为之！再从古籍的发现、出土情况来看，两汉时期有大量简策、帛书出土，尚未发现过印刷品。大量事实表明，东汉发明雕版印刷似不可能。又如关于《云仙散录》的争论非常热闹，不少人对唐初玄奘"印普贤像"确信无疑。不过，争来争去，对《云仙散录》的真伪谈论较多。我以佛教文化史作为切入点进行研究，发现唐初"普贤崇拜"尚未形成，玄奘本人的崇拜对象是弥勒菩萨，而非普贤菩萨，因而唐初玄奘"印普贤像"似不可能。在这次修订本中，关于"模勒""相承传拓"等问题都更加深入地运用了全方位、多学科的论证方法，更进一步说明了有关问题。

佛教自从东汉传入中土以后，影响不断扩大，成为中华民族古代文化的重要组成部分。正如赵朴初先生所说："要搞中国古代文史哲艺术等的研究，不搞清它们与佛教文化的关系及所受的影响，就不能得出令人信服的结论，也不可能总结出符合历史实际的规律。"佛教文化对于中国图书史发展进程的影响也是很大的。这次修订，反复阅读了隋释法经等《众经目录》、隋费长房《历代三宝纪》、唐释静泰《众经目录》、唐释道宣等《大唐内典录》、唐释靖迈《古今译经图记》、唐释明佺等《大周刊定众经目录》、唐释智昇《开元释教录》、梁释慧皎《高僧传》、唐释道宣《续高僧传》、宋释赞宁《宋高僧传》、方广锠《中国写本大藏经研究》等著作，充分肯定了佛教文化对于古籍编撰、古代藏书、古代出版的影响，认为佛教是中国古代雕版印刷的先行者和传播者，与雕版印刷的发明有千丝万缕的联系。

第二版修订的内容还有很多，不再一一介绍。印刷术起源的研究是一个长期的、复杂的课题。一个人的认识总是不断发展的，不会停止在一个水平上。本次修订就纠正或补充了本书第一版和《中国出版通史·隋唐五代卷》中的不少观点。这次修订，尽管自己已经尽了最大努力，也只能说是阶段性成果，只能说在第一版的基础上，前进了一步。今后，我将继续沿着这条崎岖的道路，不断前进。在修订过程中，得到武汉大学图书馆、国家图书馆的热情帮助，他们为我查找资料提供了极大方便；武汉大学出版社编审严红女士也提出了不少修改意见；李明杰、周亚、霍艳芳、郭伟玲等参与校勘之役，用力甚勤，在此一并致谢。

曹 之

2009 年 3 月 31 日于泊如斋

目　　录

绪论 ··· 1
　研究印刷术起源的意义 ····························· 1
　什么是印刷术 ···································· 4
　印刷术起源的研究现状 ····························· 9
　印刷术起源的研究方法 ····························· 13

第一章　众说纷纭 ···································· 20
　一、印刷术起源"外国说" ··························· 20
　　欧洲说 ······································· 20
　　印度说 ······································· 21
　　韩国说 ······································· 22
　二、印刷术起源"中国说" ··························· 22
　　东汉说 ······································· 23
　　晋代说和六朝说 ································· 24
　　隋代说 ······································· 25
　　唐初说 ······································· 33
　　唐中说 ······································· 35
　　唐末说 ······································· 38
　　五代说 ······································· 40

第二章　扫描世界，宏观定位 ························· 44
　一、古代埃及 ···································· 46
　　古代埃及概述 ··································· 46

古代埃及的文字、草纸和图书 ……………………… 47

古代埃及的学校教育 ……………………………… 49

古代埃及的工艺技术 ……………………………… 50

二、巴比伦 ………………………………………… 52

巴比伦概述 ………………………………………… 52

巴比伦的文字和印章 ……………………………… 53

巴比伦的图书和图书馆 …………………………… 55

巴比伦的学校教育 ………………………………… 56

巴比伦的工艺技术 ………………………………… 57

三、古代印度 ……………………………………… 59

印度概述 …………………………………………… 59

古代印度的印章、文字和图书 …………………… 60

古代印度的学校教育 ……………………………… 62

古代印度的工艺技术 ……………………………… 63

四、古希腊 ………………………………………… 65

古代希腊概述 ……………………………………… 65

古代希腊的文字 …………………………………… 66

古代希腊的图书 …………………………………… 68

古代希腊的学校教育 ……………………………… 69

古代希腊的工艺技术 ……………………………… 71

五、罗马 …………………………………………… 73

罗马概述 …………………………………………… 73

罗马的文字、羊皮纸和图书 ……………………… 73

罗马的学校教育 …………………………………… 76

罗马的工艺技术 …………………………………… 78

六、古代朝鲜 ……………………………………… 80

古代朝鲜概述 ……………………………………… 80

古代朝鲜的文字和学校 …………………………… 82

中国文化对古代朝鲜的影响 ……………………… 84

韩国发现的《无垢净光大陀罗尼经》…………… 86

七、古代日本 ……………………………………………… 98

　　古代日本概说 …………………………………………… 98

　　日本古代的文字、纸张和图书 ………………………… 99

　　古代日本的学校教育 …………………………………… 101

　　古代日本的工艺技术 …………………………………… 102

　　中国文化对古代日本的影响 …………………………… 103

　　日本的"百万塔陀罗尼" ……………………………… 109

八、德国人谷腾堡的金属活字 ……………………………… 112

　　谷腾堡其人 ……………………………………………… 112

　　金属活字印刷是雕版印刷的延续 ……………………… 114

九、印刷术的发明权属于中国 ……………………………… 116

第三章　著者、读者需求雕版印刷 ………………………… 119

一、从题壁诗看著者需求 …………………………………… 119

　　古人的传世意识 ………………………………………… 119

　　题壁诗概说 ……………………………………………… 122

　　汉魏六朝题壁诗 ………………………………………… 126

　　唐代题壁诗 ……………………………………………… 129

二、从学校史和借书史看读者需求 ………………………… 135

　　先秦两汉的学校 ………………………………………… 136

　　魏晋南北朝的学校 ……………………………………… 140

　　隋唐的学校 ……………………………………………… 141

　　汉至唐的借书活动 ……………………………………… 148

第四章　抄书者、书商需求雕版印刷 ……………………… 153

一、抄书者需求雕版印刷 …………………………………… 153

　　汉魏两晋抄书 …………………………………………… 156

　　南北朝抄书 ……………………………………………… 161

　　隋唐抄书 ………………………………………………… 169

二、书商需求雕版印刷 ……………………………………… 177

汉魏南北朝的书市贸易 ·· 179

唐代书业贸易 ·· 181

第五章　藏书家需求雕版印刷 ·································· 189

一、先秦两汉魏晋藏书家 ·· 190

二、南北朝藏书家 ·· 195

三、唐代藏书家 ·· 199

第六章　外交、佛教需求雕版印刷 ····························· 212

一、外交需求雕版印刷 ·· 212

秦汉魏晋南北朝的中外交流 ····································· 212

隋唐时期的中外交流 ··· 219

二、佛教需求雕版印刷 ·· 224

汉魏佛教 ··· 225

晋代佛教 ··· 226

南北朝佛教 ··· 230

隋唐佛教 ··· 234

第七章　雕版印刷的物质基础 ································· 238

一、雕版印刷的承印物——纸 ··································· 239

汉代造纸术的产生 ··· 239

魏晋南北朝的纸 ··· 245

唐代的纸 ··· 254

二、雕版印刷的重要工具——毛笔 ······························ 261

毛笔的起源 ··· 261

秦汉的毛笔 ··· 263

魏晋南北朝的毛笔 ··· 264

隋唐的毛笔 ··· 265

三、雕版印刷的颜料——墨 ····································· 267

先秦两汉的墨 ··· 267

魏晋南北朝的墨 ················ 270

唐代的墨 ····················· 272

第八章　雕版印刷的技术基础 ········ 275

一、印刷字体的形成 ·············· 275

甲骨文 ······················ 276

金文 ························· 277

大篆 ························· 278

小篆 ························· 279

隶书 ························· 280

草书 ························· 282

楷书 ························· 282

二、石刻与刻字技术 ·············· 287

先秦两汉石刻 ················· 288

魏晋南北朝石刻 ··············· 290

隋唐石刻 ···················· 293

三、印章与反文阳刻技术 ··········· 301

印章概说 ···················· 302

先秦印章 ···················· 302

秦汉印章 ···················· 304

魏晋南北朝印章 ··············· 307

隋唐印章 ···················· 310

四、印染与制版技术 ·············· 312

先秦至南北朝的印染工艺 ········· 312

隋唐的印染工艺 ··············· 315

五、拓印与刷印技术 ·············· 317

两汉魏晋无拓印 ··············· 320

南北朝和隋代无拓印 ············ 322

唐代出现拓印 ················· 330

第九章　结论 ··· 339

一、唐代发明雕版印刷 ···································· 339

二、最早简单印刷品 ·· 341

最早简单印刷品的候选物 ························· 341

关于"印纸" ··· 351

三、可考最早佛经印刷品 ································· 356

佛教著作对古代图书编撰的影响 ············· 356

古代寺院藏书对古代藏书的影响 ············· 369

佛经出版对古代出版的影响 ···················· 374

可考最早佛经印刷品 ······························· 383

第十章　唐代发明雕版印刷的旁证（上） ········· 387

一、从论者的时代分析 ··································· 387

二、从古籍的发现、出土情况分析 ·············· 390

三、从装订形式的演变分析 ·························· 405

四、从时间周期分析 ······································ 415

五、从国外最早的印刷品分析 ······················ 424

第十一章　唐代发明雕版印刷的旁证（下） ······ 428

一、宋代私人藏书之盛 ··································· 428

二、宋代书目之多 ··· 434

两汉魏晋书目 ·· 434

南北朝书目 ··· 435

隋唐五代书目 ·· 438

宋代书目 ·· 441

三、宋代赐书之多 ··· 447

四、宋代书业贸易之发达 ································ 455

宋代官方的书业贸易 ······························· 455

宋代书业贸易的地区 ······························· 456

宋代的书价 ··· 467

五、宋代佚书之少 …………………………………………… 470
　　先秦两汉图书的亡佚 ………………………………… 471
　　魏晋至隋唐的图书亡佚 ……………………………… 473
　　宋代图书的亡佚 ……………………………………… 476
　　图书亡佚的原因 ……………………………………… 478

第十二章　众说评析 …………………………………………… 482
一、"东汉说"评析 …………………………………………… 482
　　"刊章捕俭"的经过 …………………………………… 482
　　"刊"字或系"刑"字之误 …………………………… 483
　　释"刊"与"章" ……………………………………… 487
　　关于汉代的"刻写" …………………………………… 491
二、"晋代说"和"六朝说"评析 …………………………… 495
三、"隋代说"评析 …………………………………………… 496
　　"经"和"像" ………………………………………… 496
　　废像遗经 ……………………………………………… 497
　　悉令雕撰 ……………………………………………… 499
　　关于"隋代木刻加彩佛像" ………………………… 500
　　卢太翼"摸书"及其他 ……………………………… 502
四、"令梓行之"评析 ………………………………………… 505
　　释"梓" ………………………………………………… 505
　　从原始材料分析 ……………………………………… 506
　　从文字同异分析 ……………………………………… 508
　　从唐代内府图书的制作分析 ………………………… 512
五、玄奘"印普贤像"评析 ………………………………… 512
　　从普贤崇拜的形成分析 ……………………………… 513
　　从玄奘本人的佛教信仰分析 ………………………… 515
　　唐代造像的方法 ……………………………………… 518
六、"模勒"评析及其他 …………………………………… 520
　　从"模勒"的本义和引申义分析 …………………… 520

从上下文的语意分析·················521

从当时的实际情况分析···············523

从白居易本人的论述分析···············525

从唐代文人作品的流传分析···············527

"立板传本"及其他·················532

第十三章　活字印刷的起源···············535

一、泥活字的起源·················535

毕昇泥活字的材料·················537

毕昇的身份·················539

毕昇的籍贯·················545

沈括与毕昇·················551

沈括没有到过毕昇故里···············555

英山毕昇墓碑分析·················558

周密泥活字及其他·················560

二、木活字的起源·················565

西夏木活字·················565

王祯木活字·················567

三、铜活字的起源·················571

宋代铜活字·················572

明代华氏和安氏·················573

第十四章　套版印刷的起源···············581

一、套版印刷的学术基础···············581

宋代的评点著作·················581

元明的评点著作·················584

二、套版印刷的技术基础···············587

三、套版印刷的起源·················592

套版印刷的准备阶段···············592

最早套版印刷品·················594

四、"明末说"评析 …………………………………… 597

附录 印刷术起源大事记 ………………………………… 604

参考文献 ………………………………………………… 610

绪　论

你是启蒙者，
你是崇高的天神，
现在应该得到赞扬和荣誉。
不朽的神，
你为赞扬和光荣而高兴吧！
而大自然仿佛是通过你表明：
它还蕴藏着多么神奇的力量……

这是恩格斯写的一首诗，题为《咏印刷术的发明》①。把印刷术比作"启蒙者""崇高的天神""不朽的神"，一点也不过分。印刷术为世外桃源的芸芸众生带来了迷人的信息，印刷术为封闭的世界打开了一扇透风的窗口，应当为它唱一千支赞歌。

研究印刷术起源的意义

印刷术属于整个世界，属于整个人类。印刷术的发明，影响了整个人类文明的进程，在人类文化史上具有划时代的意义。印刷术的发明，带来无可估量的经济效益和社会效益。就经济效益而言，它解放了生产力，把千千万万书工从露抄雪纂的痛苦中解放出来；它大大提高了图书制作的效率，缩短了出书周期，加快了知识信息的传播速度；它繁荣了图书市场，为鳞次栉比的书肆找到了源源不断的货源；

---

① 《马克思恩格斯全集》第 41 卷，人民出版社 1982 年版。

它降低了图书成本，减轻了读者的经济负担，扩大了知识信息交流的广度。就社会效益而言，它使各类图书有更多的机会付梓刊行，调动了文人学者著书立说的积极性，图书数量开始成为神奇的天文数字；它造就的大量图书，促进了藏书事业的发展，公私藏书连窗委栋，对于保存古代文化，发挥了重要作用；它造就的大量图书不胫而走，甚至跨越万水千山，走进千家万户，为人们更多地接受文化教育提供了取之不竭的精神食粮，"旧时王谢堂前燕，飞入寻常百姓家"，此起彼伏的读书声汇成了一曲人类文明的动人乐章；它像魔术师一样，把不同地域、不同肤色、不同语言的人们紧紧联系在一起，促进了人类文化的大开放、大交流、大融合，这对于提高整个人类的文化素质、加快人类文明的进程有着举足轻重的影响。美国人卡特在《中国印刷术的发明和它的西传》中写道：

> 欧洲文艺复兴初期四种伟大发明的传入流播，对现代世界的形成，曾起重大的作用。造纸和印刷术，替宗教改革开了先路，并使推广民众教育成为可能。火药的发明，消除了封建制度，创立了国民军制。指南针的发明，导致发现了美洲，因而使全世界，而不再是欧洲成为历史舞台。这四种以及其他的发明，中国人都居重要的地位。

的确，中国印刷术的发明具有世界意义，它的影响不只局限于华夏大地，而是在"现代世界的形成"方面。

中国是一个具有4000年文字记载的文明古国。文字载体经历了龟甲、金石、竹帛、纸张等演变过程，图书制作方式也经历了抄写、印刷等巨大变化。印刷术是中华民族对于整个人类所贡献的重大发明之一。作为生长在印刷术故乡的华夏子孙，理应弄清印刷术发生、发展的全过程，应当毫不含糊，如数家珍，这是我们责无旁贷的历史使命。在中国历史上，尽管频频改朝换代，但是抄书、刻书却像接力赛跑一样，一代一代向远方延续。大量的藏书目录、史志目录正是历代人民辛勤劳动的记录。就地区而言，如果说唐代雕版印刷还是"星星之火"，那么，到了宋代，官刻、家刻、坊刻三大系统则已鼎足而立，出版家已遍布大江南北；到了明代，"燎原"之势已经形成。除了边远地区之外，全国绝大多数地区都有本地的刻本（写本）流传至今。不少方志的"艺文"一目，连篇累牍，反映了一方著书、刻书之盛。就技术而言，从写本到刻本、从刻本到活字、从墨版到套印、从单一字书到上图下文、从黑白版画到饾版拱花……一版一个变化，一步一个脚印，留下一串串难忘的足迹。就人才而论，毕昇、陈起、王祯、毛晋、金简等出版家早已家喻户晓，蜚声士林。成千上万的写工箨灯呵冻、夜以继日，蝇头小字记载了他们生活的艰辛；成千上万的刻工握刀向木，一笔一画，默默奉献了自己的一生。见微而知著。一部出版史体现了中国人民的聪明和才智，反映了中国人民精益求精、勇于探索的可贵精神。一部出版史，就是一部中华民族的文明史、人才史，而印刷术的起源正是出版史的重要组成部分。印刷术起源于何时？印刷术起源的背景如何？……研究这些问题，对于弘扬民族文化、提高民族自豪感和自信心，对广大青少年进行爱国主义教育，也是一份难得的教材。

印刷术的发明为版本学研究开辟了广阔的前景，为版本学研究带来了勃勃生机。版本学是研究版本源流以及版本鉴定规律的一门学科。"版本源流"有广狭二义：狭义的版本源流是指一种版本、一书版本的演变源流；广义的版本源流是指整个图书制作方式的演变源流。印刷术的起源是整个图书制作方式演变的转折点。也许有人会说：俱往矣，现在已经有了激光照排，似乎没有必要"回首往事"了。这种说法值得商榷，任何事物的发展都有一个循序渐进的过程，这个过程通常分为若干阶段，这些阶段有高有低、有先有后，高以下为基，后以先为本。正如王益在《中国印刷史料选辑·总序》中所说：

> 不论自然科学还是社会科学，它们的进步和发展，都有一定的继承性。新的发明创造，都不是突然从天而降，都是一步一步发展起来的，都经过一个逐步积累和吸收的过程。后一代人的科学研究，必须以前一代人已经达到的终点为起点，不能把现代科

学同过去的研究成果截然割裂开来。学习现代的科学技术的同时，回顾一下前人走过的道路，不是没有益处的。最通俗的话就是"前事不忘，后事之师"。当然，历史的借鉴和启发作用，有的不是那么直接、明显和立竿见影的，但它是确确实实存在的，我们决不能忽视它，小看它。

无古不成今。如果把历史比作一条长河，那么，古代是源，现代是流，源远而流长，没有源就没有流；如果把历史比作参天大树，那么，古代是根，现代是枝叶，根深而叶茂，没有根就没有叶。不管你是否愿意，你总在自觉不自觉地继承前人的成果，譬如激光照排，虽然它是印刷技术的重大突破，但是激光照排的文字本身，却是我们的先人在数千年前就已发明的。很明显，对于后人来说，不是继承不继承的问题，而是怎样继承的问题。要想很好地继承前人的成果，首先要研究它、熟悉它。

什么是印刷术

研究印刷术的起源，首先要弄清印刷术的含义。

中国台湾学者凌纯声先生说：

> 印刷术的技术在新石器时代，与印纹陶器同时的印刷树皮纹早已存在了。近世学者所讨论的印刷发明，是雕版印书究始于何时的问题而已。[①]

中国台湾学者李兴才先生也说：

> 印书史非印刷史，印刷的范围极其广泛，印书只是印刷史的

---

① 凌纯声：《树皮布印刷与印刷术发明》，载《"中央"研究院民族学研究专刊》之三，1963 年。

一小部分工艺……无论是拍、打、刷、刮、喷……的方法，凡是能使图文大量复制的工艺，都是印刷的范畴，不局限于用刷而后得到印纹的一种方式，也不局限于是印在纸上的一种方式。①

以上说法貌似有理，其实无理，让我们从以下两个方面略加讨论：

第一，从逻辑理论看，印刷术确实包括印字术、印书术，凌先生和李先生的观点是完全正确的。但是，关于印刷术的定义，无论国内或国外，早有非常明确的答案。先看国内工具书的例子，《辞海》(上海辞书出版社 1980 年版)云：

印刷术是按照文字或图画原稿制成印刷品的技术。

《辞源》(商务印书馆 1980 年版)云：

刊行图书，按文字、图画的原稿制成印版，用棕刷涂墨于版上，铺纸，后用净刷擦过再揭下，如此反复的印刷。

《汉语大辞典》等权威工具书都有类似的说法，可见国内学术界所谓"印刷术"指的都是印字术、印书术。再看国外工具书的例子，《百科全书》(1954 年俄文版)云：

印刷术是在纸和其他材料上用着色剂以印刷形式多次获得复制件的技术。

《大日本百科事典》(东京株式会社小学馆 1980 年版)云：

---

① 李兴才：《中国印刷史学术研讨会文集·应从大印刷史观研究中国印刷史》，印刷工业出版社 1996 年版。

印刷术为制造印刷物的技术，即用复制技术生产印刷物。将墨加于一定的版上，再将其转移到纸和其他材料上，从而使图画、文字达到多次复制的技术。

《美国百科全书》(1980年版)云：

印刷术是在纸、布或其他表面上复制文字和图画的技术。虽然在印刷方法上有相当多的变化，但印刷术典型地包括将反体字从印板或类似载有反体字表面上转移到要印成好材料上的压印过程。

《新不列颠百科全书》(1980年版)云：

传统上一直将印刷术定义为在压力下将一定着色剂用于特殊的表面，以形成文字或图画载体的技术。

可见，日本、苏联、美国、英国等国的工具书都认为印刷术就是印字(图)术、印书术。

再看外国名人的例子，英国哲学家培根说：

这三种发明(指印刷术、火药和指南针)已经在世界范围之内把事物的全部面貌和情况都改变了：第一种(指印刷术)是在学术方面……①

马克思指出：

火药、指南针、印刷术——这是预告资产阶级社会到来的三大发明，火药把骑士阶层炸得粉碎，指南针打开了世界市场并建

---

① 培根：《新工具》，商务印书馆1984年版。

立了殖民地，而印刷术则变成新教的工具。总的来说，变成科学复兴的手段，变成对精神发展创造必要前提的最强大的杠杆。①

美籍华人、著名学者钱存训先生说：

> （印刷术）是以反体文字或图画制成版画，然后着墨（或其他色料）就纸（或其他表面）加以压印以取得正文的一种方法。②

培根、马克思等人虽然并没有为"印刷术"下一个明确的定义，但其内容已经为"印刷术"作了最好的注解。印刷术的发明具有世界意义，它对"世界范围"的"精神发展创造"，对人类文化的大普及、大开放、大交流和大融合，对提高整个人类的文化素质，加快人类文明的进程，有举足轻重的作用。正因为如此，培根、马克思等人才对印刷术的发明给予高度的评价。前引恩格斯《咏印刷术的发明》，甚至称"印刷术"为"启蒙者""崇高的天神"，可见他们心中的"印刷术"就是印字术、印书术，和钱存训先生的解释是完全一致的。表面看起来，把印刷术同印字术、印书术等同起来，似乎有些荒谬。但是，一般语言常识告诉我们：在日常生活中，有些说法如果按照正常的逻辑推理去理解，确实难以讲通。但是，约定俗成，当人们习以为常后，也就见怪不怪了。尽管这些说法不合逻辑，人们照样听得懂，并不会造成误会，例如"救火""打扫卫生""日出东方""日落西山""用心想一想"之类就是这样，我们似无必要再从逻辑的角度去批评它们。现在社会上有不少大大小小的印刷厂，尽人皆知，这些名为"印刷"的工厂，其实都是印字、印书的工厂，似没有必要来一个"正名"运动，让它们统统摘掉原来的招牌，而代之以"印字厂""印书厂"的招牌。它们挂上"××印刷厂"的招牌已经得到亿万群众的默认。随着改革

---

① 马克思：《机器、自然力和科学的应用》，人民出版社 1978 年版。
② 钱存训：《中国印刷史研究的范围、问题和发展》，载《中国印刷》1994年第 2 期。

开放的不断深入，人们越来越多地使用"和国际接轨"这句话，并付诸实践。"印刷术"这个概念，既然已经"和国际接轨"，似无必要旧题新作。

第二，印字术、印书术并非突然从天而降，其发明经历了一个漫长的历史时期。从这个意义上说，凌、李二先生的观点也是正确的。但是，把印刷术的发明上溯到新石器时代，很难得到中外学术界的认同。按照李先生所言，不管采用什么载体，不管采用什么方法，"凡是能使图文大量复制的"，都叫印刷。照此推理，"走路"似也可称"印刷"："走路"的"印刷"载体是"大地"，"走路"的"印刷"方法是"压印"，"走路"的"印刷"结果是复印了大量"脚印"，于是，"脚印"也成了"印刷品"。"捺指纹"也成了"印刷"："捺指纹"的"印刷"载体可以是用手触及的一切物质，"捺指纹"的印刷方法是"捺"，"捺指纹"的印刷结果是复制了大量"指纹"，于是，"指纹"也成了"印刷品"。这样的印刷品真是无处不在、无时不有了。以此类推，早在人类没有出现以前，就已经有印刷了，因为动物也有"脚印"，也有"指纹"。这种观点显然是人们难以接受的。

把印染术同印刷术混为一谈，也是不妥当的。印刷术的产生与印染术有着密切的关系，印刷术是吸取包括印染术在内的众多先进技术优化组合的产物。古代印染所用的版面有凸纹版和漏版两种，前者又叫雕版印花，后者又叫夹缬。1972年长沙马王堆一号汉墓出土的金银色印花纱，就是用凸纹版印制的。《敦煌遗书》中也有唐代用凸版或镂空版印制的佛像。很明显，这些技术对于雕版印刷的发明确有重要的借鉴作用。尽管如此，但是印染术并不等于印刷术，印染和印刷是两个不同的概念。就承印物而言，古代印染同当代印染一样，主要是纺织品；古代印刷的承印物主要是纸。就印刷方法而言，古代印染大多是承印物在下，印版在上，通过印版把颜色直接印在承印物上；古代印刷的方法是凸版在下，纸张在上，人在纸背上施加压力，使文字印在纸上。就内容而言，印染包括印花和染色；印刷内容包括图案和文字，而文字占绝大多数。由此可知，印染并不等于印刷，不能把二者等同起来。否则，"新华印刷厂"和"新华印染厂"就没有什么区别了。

　　印刷术和活字印刷有非常密切的关系。国外有些学者只承认活字印刷而不承认雕版印刷，一提印刷术就只谈活字印刷，印刷术的发明似乎成为活字印刷的专利，这是没有道理的。活字印刷是一种复制文字的技术，而雕版印刷同样是一种复制文字的技术，目的完全一样。活字印刷虽然在技术上有更高的要求，但是，除了排版、拆版等工序之外，其基本流程和雕版印刷有许多共同之处。就文字复制技术而言，雕版印刷是第一步，活字印刷是第二步，没有雕版印刷就没有活字印刷。发明活字印刷的国家或地区首先应该是雕版印刷发达的国家和地区，这些国家或地区具有发明活字印刷的雄厚基础。

　　总之，"印字术""印书术"称为"印刷术"，虽然不合逻辑，但是中外已经达成共识，约定俗成，似可不必小题大做。关于"印刷术"纷争的各方似无根本冲突，关键不在名称，而在实质。即使是"印字术""印书术"，其实质都是要逆流而上，探索印刷术发生、发展的历史轨迹。

印刷术起源的研究现状

　　截至目前，国内关于研究印刷史的论文虽然不少，但是专门探索印刷术起源的专著只有 3 部：张秀民撰的《中国印刷术的发明及其影响》、李书华撰的《中国印刷术起源》和潘吉星撰的《中国科学技术史·造纸与印刷卷》。张秀民（1908—2006），原名荣章，字涤瞻，浙江嵊县人。早年毕业于厦门大学国文系。在北京国家图书馆工作 40 年，1971 年退休返乡，以 63 岁之躯赡养 85 岁之母，母子相聚，其乐融融。《中国印刷术的发明及其影响》（人民出版社 1958 年版）蜚声中外，是研究中国古代印刷史的重要著作。该书旁征博引中外之献，第一次论证了印刷术的发明权非中国莫属，功莫大焉。退休后，笔耕不辍，《中国印刷史》是作者退休后的总结性著作。1989 年由上海人民出版社初版，2006 年浙江古籍出版社推出插图珍藏增订版。全书110 万言，资料之博，内容之详，堪称空前。该书进一步论证了印刷术起源问题，特别强调了"贞观十年说"。李书华，字润章，生平不详。其著《中国印刷术起源》由香港新亚研究所于 1962 年出版。全书共分十章：前四章论述雕版印刷发明于唐代前期，特别说明了印章和摹揭对于发明雕版印刷的影响；后六章论述了铜版、活字印刷、五代雕版印刷和日本刻本百万塔《陀罗尼经》。全书近十万言，征引资料丰富，尤其征引了不少外国著作。书前有钱穆序，该序列举多例说明"中国印刷术之开始，似乎不能早在唐玄宗之前"，力辩"模勒"非雕版印刷之因。潘吉星先生是我国自然科学史研究专家，关于造纸史的研究功力尤深。他有《中国造纸技术史稿》(文物出版社 1979 年版)、《中国金属活字印刷技术史》(辽宁科学技术出版社 2001 年版)、《中国科学技术史·造纸与印刷卷》(科学出版社 1998 年版)等著作。《中国科学技术史·造纸和印刷卷》论述了中国造纸技术史，重点论述了中国印刷技术史，说明雕版印刷术当发明在南北朝和隋代之间。国外探讨中国印刷术起源的专著有卡特著《中国印刷术的发明和它的西传》和钱存训著《纸和印刷》等。前书作者卡特(1882—1925)，美国人。1924 年任哥伦比亚大学中国文化系主任。清光绪三十二年(1906 年)曾来华访问，并自学中文，专门研究中国印刷术。其书原由刘麟生首译，题为《中国印刷源流史》，列入商务印书馆《汉译世界名著丛书》中，由于译文删节原书太多，用的又是文言文，阅读颇为不便。1957 年由吴泽炎重译，并改题今名，仍由商务印书馆出版。该书征引了中国、朝鲜、日本等国的大量文献，对于印刷术(含造纸)的发明及其向世界各地的传播作了简要而又全面的论述。后书作者钱存训(1910—　　)，江苏泰州人。国际知名中国书史研究专家，美国芝加哥大学东亚语言文化系及图书馆学研究院荣誉教授、东亚图书馆荣誉馆长、英国李约瑟东亚科技史研究所研究员，有《书于竹帛》《纸和印刷》等著作。《纸和印刷》收入英国学者李约瑟《中国科学技术史》第五卷，中译本也于 1990 年由上海古籍出版社和科学出版社联合出版。该书前三章论述纸的发明和发展，后六章论述了中国印刷的起源和发展在全世界的影响。该书征引中外古今文献 2000 余种，插图 200 幅，体现了国外同类研究的最新水平。就整体看，国内外对于印刷术起源的研究仍然相当薄弱，参加研究的学者不多，论著数量也很有限。在目前的研究工作中，有五个问题值得注意：

第一，先入为主，即先下结论，后找证据。这就从根本上违背了科学研究的基本规律，因为一切结论只能产生于调查研究的末尾，而不能产生于调查研究之前。在印刷术起源的问题上，论者往往先定下"印刷术发明于中国"的结论，然后围绕这个结论展开论证，完全颠倒了先后次序。当然，研究者的民族感情是可以理解的，担心印刷术的发明权被别人夺走。其实，这完全是杞人忧天。大量事实表明，印刷术的发明权别人是夺不走的。印刷术仍然是中国古代"四大发明"之一，这是中华民族的骄傲。目前，我们的当务之急是进一步用科学的方法加以论证，以理服人。因为对于外国人来说，他们不一定马上能够接受这个事实，必须用摆事实讲道理的方法说服他们。

第二，不可知论。有人认为，印刷术的起源是一个难以说清的问题，是一个永远猜不透的谜，因而不去积极探索，而是守株待兔，把希望寄托在出土文物上。不可否认，出土文物对于印证历史事实非常重要，人们长期争论不休的问题，一件出土文物或可一锤定音。但是需知，出土文物需要时间，出土古籍不可能年年有、月月有。另外，即使有了古籍出土，也不一定是印刷品。即使是印刷品，其断代也不一定是最早的。印刷术是一件客观存在的事物，而不是人们虚构的幻影。只要我们认真研究，其发明时间是完全可以知道的，当然，这个发明时间只能是一个大概的时限范围，因为印刷术的发明是一个长期的、复杂的工艺过程，它不可能是一个早晨由某一个人突然完成。就像一个人的出生一样，怀孕期和分娩期是两个不可或缺的阶段：没有怀孕期，就没有分娩期；没有分娩期，就不会诞生一个人的生命。研究印刷术的起源，既要研究"分娩期"，更要研究"怀孕期"。俗语说："十月怀胎，一朝分娩。""怀孕期"时间要相对长一些，"分娩期"水到渠成、瓜熟蒂落，时间会短得很。如果把印刷术的发明看成一件难以捉摸的事情，不符合事物发展的规律。

第三，把印刷术的发明时间同普及时间混为一谈。任何发明创造从产生到应用都需要一个过程。一般地说，发明阶段的产品总是简单的、不成熟的，甚至是幼稚可笑的；而普及应用阶段的产品是复杂的、成熟的，甚至是有口皆碑的，印刷术也不例外。印刷术发明阶段的出版物只是一些简单的印刷品，例如表格、账簿、广告、度牒、试卷、印纸、历书之类，而不可能是某一部文字复杂的图书，图书当是印刷术普及应用阶段的产物。例如"唐初说"把刻印《女则》当作证据，假定确有此事，那么，说明当时雕版印刷已进入普及应用阶段，绝非创造发明阶段，则印刷术的发明时间应由唐初而前推，"唐初"为时已晚。

第四，研究方法比较简单。论者或抓住纸、拓印等人们早已熟悉的问题，经常讲、反复讲，不厌其烦，似乎除了这些东西之外，就无话可说了；或抓住文献记载的片言只字大做文章，而不去认真审查其语言环境；或听风即雨、道听途说，拿来就用。不可否认，纸、印章等是发明雕版印刷的物质基础和技术基础，确实应当重视；文献记载是我们探索雕版印刷的重要途径，确实值得注意。但是，印刷术的产生有其广阔的历史背景，为什么不能拓宽思路呢？为什么不能联系当时的文化环境去理解文献记载的真正含义呢？我们应当广开思路，把印刷术放到历史的大气候中去考察，要上下左右、四面八方去进行全方位论证。否则，脱离特定历史背景，抓住一篇文献，甚至抓住几个字，在那里咬文嚼字，并匆忙作出结论是靠不住的。至于听风即雨、道听途说者，就更不值得一谈。在学术研究上，采用拾人牙慧、鹦鹉学舌的方法，只能以讹传讹，毫无用处，是永远没有前途的。

第五，视野不广。印刷术属于整个人类、整个世界。印刷术研究也应该面向世界、走向世界。近百年来国外对于印刷史研究的进展如何？外国对于中国印刷史的研究有何评论？外国有无发现最早印刷品？日本、朝鲜、韩国等近邻对印刷术的起源有何看法？……这些问题我们如果一无所知或知之甚少，就会极大制约我们的研究工作。再拿国内来说，中国古籍浩如烟海，传世古籍多如牛毛。连最基本的儒家文献还没有排查，遑论佛教文献、道教文献等。这些都会影响我们的研究工作，甚至在很大程度上妨碍研究工作的深入。在物欲横流的今天，坐下来认真读书的人实在不多。我们应该下大力气进行"大海捞针"的工作，北齐学者颜之推说过一句话："观天下书未遍，不得妄下雌黄。"我们读书不多而"妄下雌黄"之例时有发生。

印刷术起源的研究方法

古代印刷术史似可分为雕版印刷和活字印刷两个阶段，雕版印刷是初级阶段，活字印刷是高级阶段。活字印刷是在雕版印刷的基础上逐渐发展起来的。我们研究印刷术的起源，首先需要研究雕版印刷的起源。关于雕版印刷起源的研究方法，似可分为两步走：第一步是"宏观定位"，即通过对各种文化现象的多角度扫描，全方位、多学科地进行坐标定位，大体确定雕版印刷发明的地理范围和时间范围。第二步是"步步进逼"，即在大体确定的地理范围和时间范围内深挖细找，步步为营，甚至进行地毯式搜索，最后找到比较接近实际的结论。这里，需要注意两个问题：第一，雕版印刷的发明是一个潜移默化、循序渐进的过程，由于时间久远、文献不足等原因，"步步进逼"的结论只能是一个比"宏观定位"更小的地理范围和时间范围，而不可能是"某县某乡某人"和"某年某月某日"。第二，文献发掘是研究雕版印刷发明的一个重要手段。但是，文献发掘应当紧扣"宏观定位"的地理范围和时间范围，结合特定的语言环境字斟句酌，不可离开"宏观定位"胡思乱想。

那么，应该怎样进行"宏观定位"呢？"宏观定位"要把理论分析、文献记载和实物遗存三者紧密地结合起来，轻视其中任何一个方面都是不对的。在研究过程中，可能会暂时出现三者并非一致的现象。但从长远观点看问题，三者应该是一致的。

进行理论分析离不开社会需求、物质基础和技术基础。所谓"社会需求"，是指客观要求，客观需要印刷术，"千呼万唤始出来"。如果社会上没有这种需要，就不会产生任何有价值的发明创造。所谓"物质基础"，是指发明创造的物质前提。没有物质，就没有万事万物，这是不言而喻的。所谓"技术基础"，是指发明创造所必需的技术前提，没有特定的技术水平，也不可能有任何发明创造。因此，社会需求、物质基础和技术基础三者缺一不可：社会需求是必要性，物质基础和技术基础是可能性。只有必要性而无可能性，就不能把理想变为现实；只有可能性而无必要性，再大的发明创造也只不过是一堆废物。譬如吃饭，首先要有吃饭的欲望，肚子要饿，饥肠辘辘。如果根本不饿，没有一点进食要求，就不会发生吃饭这件事。但如果要吃饭，还要有物质条件，没有米，还是吃不成饭，巧妇难为无米之炊。有吃饭的要求，也有了米，没有烹饪技术，照样吃不成饭，或吃不好饭。对于印刷术而言，所谓"社会需求"，主要包括以下几个方面：（一）著者需求。著者要求解决"出书难"的矛盾，希望用最快、最好的方式把自己的作品公诸同好，"藏之名山，传之其人"。（二）读者需求。读者要求解决"读书难"的矛盾，希望社会提供大量的图书复本，改变读者自己到处借书看的现状。（三）抄书者需求。抄书者要求解决"抄书难"的矛盾，希望尽快摆脱抄书之役，把自己从艰苦劳动中解放出来。（四）书商需求。书商要求解决"卖书难"的矛盾，希望社会提供取之不尽、用之不竭、物美价廉的图书商品，繁荣图书市场。（五）藏书家需求。藏书家要求解决"藏书难"的矛盾，希望不断补充自己的藏书，品种、数量与日俱增。（六）外交需求。随着外交活动的频繁交往，来自海外的友好使者，要求进口更多的中国图书，希望不断扩大中外文化交流。（七）佛教需求等。善男信女要求用最先进的手段复制佛经，广积功德……凡此种种，都属于"社会需求"。需要指出的是，包括佛教、道教等在内的各种宗教对广大民众尤具吸引力，他们对于雕版印刷的需求更加强烈。原来手工抄写的落后方式已经满足不了上述种种社会需求，新的图书制作方式——雕版印刷的发明已是众望所归。所谓"物质基础"主要指纸、笔、墨等。纸是文字载体，是承印物；笔是写样上版的工具；墨是印刷的颜料。所谓"技术基础"，是指发明雕版印刷所需要的各种技术条件。字体是发明雕版印刷不可或缺的重要组成部分。经过人们长期的选择，楷体被选为雕版印刷的最佳字体，至今发现的最早印刷品大多是用楷体印刷的。雕版印刷是由木板刻制而成的，雕刻技术也是发明雕版印刷不可缺少的。考察历代石刻，就可以大体了解古代雕刻技术的发展历程。

雕版印刷离不开版面，古代印染和捺印又与制版技术密切相关。雕版印刷技术的形成经历了一个认识过程。拓印是一种文字复制技术，拓印由一石而"变"出千百种图书，这种神话般的变化大开了人们的眼界，引起了人们的莫大兴趣。雕版印刷的发明因此而受到启示，是显而易见的。但是，人们对这种复制技术也有疑问：石头既笨重又坚硬，难搬难刻，费工费时，能不能用一种易搬易刻的物质取而代之呢？加上拓本黑底白字，耗费油墨较多，阅读起来令人眼花缭乱，能不能用白纸黑字取而代之呢？于是人们想起了木制印章，用木头代替石头，可以解决难搬难刻的问题；像刻制朱文印章那样雕刻反文阳字，可以印出白纸黑字，从而解决刺眼的问题。然而印章容纳字数太少，实用价值不大，能不能像拓印所用碑版那样容纳更多的字呢？个别印章面积大，字数多，按捺时，上下左右的压力不易掌握均匀，会导致印色深浅不一、字迹模糊，能不能像拓印那样做到压力均匀、墨色深浅一致呢？如果像碑刻那样，将印章面积扩而大之，就可以解决容字少的问题；像拓印那样，把版片放在下面，纸张放在上面，采用蚕食的方法，一个字一个字地刷墨，一片一片地向前推进，就可以解决一次性大面积压印所造成的印色深浅不一的问题。可见雕版印刷技术的产生与文字、雕刻、印染、拓印、印章等密不可分。归纳起来，雕版印刷的技术基础大致包括如下内容：（一）印刷字体的选择。雕版印刷的目的是为了复制文字，而文字的选择就成了一个不可回避的问题。很明显，楷体美观大方，最适宜雕刻和阅读。（二）刻字技术。版面是用刀一字一字刻出来的，没有刻字技术，就没有雕版印刷。刻字技术历史悠久，石刻是古代刻字技术最完美的体现之一。一部石刻史，就是一部刻字技术的发展史。（三）反文阳刻技术。反文阳刻印出来才是白纸正字，最便于阅读。（四）制版技术。印刷离不开版面。版面制作又是一个关键问题。（五）刷印技术。制版和印刷是雕版印刷术的两个主要环节，二者不可或缺。上述第一、二、三、四项技术解决雕版问题，接下来就是刷印技术。只有"雕版"而无"刷印"，不能称为"雕版印刷术"，例如有些佛像是以手工按捺像印制成的，这和钤印没有什么区别，用这样的方法制成的佛像不能称其为"雕版印刷品"。(六)装订技术。单页印刷品必须装订在一起,才能成为图书。最早印刷品的装订方法多为蝴蝶装(详第十章第三节)。没有装订技术,就会功亏一篑,照样没有图书。综上所述,研究印刷术起源要从社会需求、物质基础、技术基础三个方面综合考察。兹将雕版印刷起源的研究方法图列于后(图1):

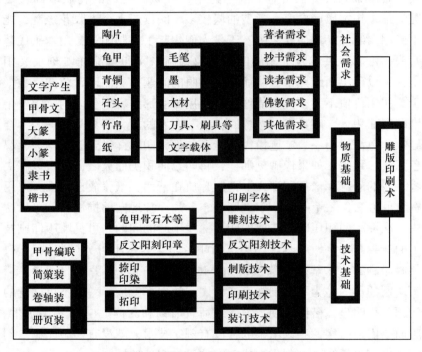

图 1　雕版印刷术起源论证方法图

雁过留声。印刷术的发明既然是一个惊天动地的壮举,它必然会在历史文献中留下蛛丝马迹。我们应当像当年的哥伦布那样,乘风破浪,向书海扬帆远航,去发现有关印刷术的"新大陆"。当然,有些文献记载隐隐约约、若明若暗,需要结合语言环境,进行认真分析。对于那些似是而非的记载,尤其需要警惕。另外,还要十分注意出土文物,说不定哪一天会从沉睡的古墓中传来惊人的消息。研究印刷术的起源，除了注意理论分析、文献记载和实物遗存之外，还可以八面出击，寻找雕版印刷起源的旁证。所谓"旁证"，主要指印刷术带来的社会效果。无音不响，无垂不缩。印刷术的发明是一划时代的历史事件，必然会在社会上引起连锁反应。私人藏书、书目编纂、官方赐书、书业贸易、图书亡佚等都会受到极大的影响。随着印刷术的发明，图书数量剧增，私人藏书势必因此而繁荣，书目编纂势必因此而兴盛，官方赐书势必因此而猛增，书业贸易势必因此而发达，图书亡佚势必因此而骤减……凡此种种，都可以作为我们考察印刷术起源的旁证。当然，影响公私藏书、书目编纂、官方赐书、书业贸易、图书亡佚的因素很多，但是比较而言，印刷术的发明无疑是一个极为重要的因素。只有通过上述全方位的考察，才可能得出比较接近实际的结论。现代学术研究应当同现代战争一样，实行多兵种联合作战，方能克敌制胜。研究雕版印刷的起源，我们需要"大印刷史观"的指导思想。什么是大印刷史观？大印刷史观就是一种采用广角镜头，全方位、多学科研究印刷史的开放型指导思想。"大印刷史观"的关键是一个"大"字，按照这个观点研究印刷术起源，就是不要老是盯住一个地方，在那里冥思苦想，而完全可以放眼世界，从造纸史、制墨史、制笔史、藏书史、目录学史、题壁史、教育史、抄书史、借书史、书业贸易史、图书亡佚史、佛教史、石刻史、赐书史、外交史、篆刻史、拓印史、文字演变史、装订史、染织史、货币史等多方研究，全面考察。有些内容表面上看，似乎与雕版印刷的起源并无多大关系，但实际上，它们与雕版印刷起源的内在联系是非常密切的。印刷史不是一个孤立的学科，它是整个历史长河的一个组成部分，它和四面八方有着千丝万缕的联系，要把印刷史放到广阔的历史背景中去研究。所谓"大印刷史观"，就是要全方位、多学科地研究中国历史文化的沉淀和积累，找出中国发明印刷术的真正原因。只有这样，才可避免许多片面性。

在具体研究方法上，除了常用的文献考证法外，还可以运用实验研究法、比较研究法、计量研究法等。中国科技大学科学史研究室刘云、林碧霞等同志关于泥活字的模拟实验（详第十三章第一

17

节)就是实验研究法的一个典型范例。有比较,才能有鉴别。如果把发明雕版印刷每一个必备条件当作一个"指标",那么,比较研究法就是比较各个朝代的"达标"指数,"达标"指数最多的朝代,就是雕版印刷的发明朝代。还可以通过比较雕版印刷发明前后在私人藏书、书目编纂、官方赐书、书业贸易、图书亡佚等方面所形成的巨大反差,反证出雕版印刷发明的时间。计量分析法和比较研究法的关系非常密切。数据比较是比较研究法的重要内容之一。当然,计量分析是一项极为繁琐的工作,一个普普通通的数据,包含了大量的辛勤劳动,它是用汗水写出来的。但为了追求真理,付出再大的代价,也在所不惜。

英国著名学者李约瑟博士指出:

中国在公元 3 世纪到 13 世纪之间,保持一个西方所望尘莫及的科学知识水平……(中国科学的发明和发现)往往远远超过同时代的欧洲,特别是 15 世纪之前更是如此。①

据《自然科学大事表》(上海人民出版社 1975 年版)统计,中国古代重大科学发明和发现在世界所占的比例是:公元前 6 世纪以前,占 57%;公元前 6 世纪至公元前 1 年,占 50%;公元前 1 年至公元 400 年,占 62%;公元 401 年至 1000 年,占 71%;公元 1001 年至 1500 年,占 58%。② 这在世界上是独一无二的。在这些重大发明和发现当中,造纸术、印刷术、指南针和火药等"四大发明"尤其重要,誉满全球。

印刷术忠实服务于人类,是实现精神文明的重要传播手段。浩如烟海的印刷品记载了人类的昨天和今天,五彩缤纷的出版物为人类描绘出灿烂的明天。"印字术"和"印书术"为人类描绘出宏伟、壮观的

① 李约瑟:《中国科学技术史》,科学出版社、上海古籍出版社 2005 年版。

② 李建中:《中国文化概论·科技文化》,武汉大学出版社 2008 年版。

历史画卷，人生变得那么美好、诱人。如同大河寻源一样，我们应当带着帐篷和干粮，跋山涉水，去寻找印刷术的源头——这是历史赋予我们的不可推卸的责任。

第一章 众说纷纭

关于雕版印刷的起源，说法不一。大而言之，有"外国说"和"中国说"两种。

一、印刷术起源"外国说"

在"外国说"之中，又有"欧洲说""印度说""韩国说"等。兹就各种说法的代表介绍于下。

欧 洲 说

"欧洲说"的代表人物有美国人威廉·麦克高希，法国人费夫贺、马尔坦和费雷德里克·巴比耶等。威廉·麦克高希在《世界文明史——观察世界的新视角》(新华出版社 2003 年版)第九章《文化技术的简史》中说：

> 是欧洲而不是亚洲爆发了印刷革命，原因在于欧洲的字母书写比表意符号的中文或音节的朝鲜或日本文字更适合于使用活字。数量相当少的字母使得以低廉的成本铸造在铸模上使用的可以再次利用的金属活字成为可能……历史学家通常把印刷术的发明归功于德国美因兹的约翰·古腾堡(按：即"谷腾堡")，他利用活字和他的印刷所印制了一本拉丁文的《圣经》。

费夫贺和马尔坦《印刷书的诞生》(广西师范大学出版社 2006 年版)第二章《技术问题与解决之道》云：

金匠谷登堡（按：即"谷腾堡"）才是传统上公认的印刷术发明者，而事实也应该如此。

费雷德里克·巴比耶在《书籍的历史》（广西师范大学出版社 2005 年版）第五章《谷登堡和印刷术的发明》中引用纪尧姆·费谢的话说：

对人文科学的研究已经成为文明的焦点，这应归功于那类书商，他们来自日耳曼地区，像特洛伊木马一样，传播世界文明的所有观点。到处流传着这样的说法，在美因兹的附近，住着一个名为约翰的人，也就是所说的谷登堡，他是第一个发明了印刷术的人。多亏了这印刷术，无须芦苇笔，也无须羽毛笔，只要用金属活字的方法，图书就被快速、准确、精美地印制出来了。

印 度 说

"印度说"的代表人物是日本人藤田丰八（1869—1929）。唐释义净《南海寄归内法传》卷四《灌沐尊仪》云：

造泥制底及拓模泥像，或印绢纸，随处供养；或积为聚，以砖裹之，即成佛塔；或置空野，任其销散。西方法俗，莫不以此为业。

滕田丰八撰《中国印刷起源》（《图书馆季刊》1932 年第 6 期）因云：

由此条可知当时印度佛像印刷之盛，而中国印刷之最古者亦为佛像或《陀罗尼》，因而可知佛像之印刷，并非始自中国。中国乃印度传去，在中国却集其大成。

韩 国 说

1966 年 10 月 13 日，韩国庆州佛国寺释迦塔内发现一卷印本《无垢净光大陀罗尼经》，三天后的 10 月 15 日，韩国学者黄善必匆忙在《东亚日报》上发表《世界最早木版印刷本的发现》一文，宣称此经是新罗景德王(742—764)时期出版的世界最早印刷品。10 月 16 日，金梦述又在《朝鲜日报》上发表题为《世界最早木版印刷品的发现》一文；1968 年 5 月，高丽大学教授李弘植在《白山学报》上著文，对此经进行了详细研究，认定此经刊于新罗王朝，刻印时间当在 706 年至 751年。针对《无垢净光大陀罗尼经》中的四个武则天时期所制字(证、授、地、初)，李弘植云：

> 即在新罗统一时期，这个《陀罗尼经》往往用来祈求功德，因此，终于从写本发展到木版雕版印刷。

1994 年，韩国清州大学金圣洙撰文呼吁召开国际学术大会，邀请联合国教科文组织参加。1999 年 10 月 19 日，汉城召开世界印刷文化起源国际学术大会，金圣洙发表题为《通过考察〈无垢净光大陀罗尼经〉之刊行事项来研究世界印本书的起源》的论文。2000 年，韩国清州日光出版文化社出版金圣洙著《无垢净光大陀罗尼经之研究》，进一步提出印刷术发明于韩国的观点。2006 年 10 月，韩国在德国举办"韩国是印刷术起源国"的展览。凡此种种，韩国一些学者紧紧抓住《无垢净光大陀罗尼经》，力倡雕版印刷起源"韩国说"。

二、印刷术起源"中国说"

国内绝大多数学者提出"中国说"，在"中国说"之中，又分"东汉说""晋代说""六朝说""隋代说""唐初说""唐中说""唐末说""五代说"等。兹就各种说法的代表介绍如下(以下各书版本见第十章第一节)：

东　汉　说

持"东汉说"者有元王幼学，清郑机，今人刘盼遂、李致忠等。王幼学根据《后汉书》关于"刊章捕俭"的记载，在《纲目集览》卷十二中解释云：

> 刊章，印行之文，如今板榜。

郑机同意王幼学的解释，其《师竹斋读书随笔汇编》卷十二云：

> 《集览》："刊章，印行之文，如今板榜。"是印板不始于五代。

刘盼遂的观点见于《论衡集解·须颂》：

> 今方技之书在竹帛，无主名所从主出，见者忽然，不卸服也。如题曰某甲某子之方，若言已验尝试，则人争刻写，以为珍秘(刘盼遂注云：药方刻板，始见于此。然则谓版刻始于隋唐，犹未为探本之论也)。

李致忠先生《古代版印通论·雕版印刷术的发明》云：

> 有汉灵帝要火速讨捕张俭等人的政治需要；有造纸术在此以前的发明改进和纸的进一步应用；有墨的广泛使用；又有玺印镌刻技术的直接启示；有"刊章捕俭"的证明。因此，说雕版印刷术发明在我国历史上的东汉后期，即二世纪的中叶，是有可能的。

由此可见，"东汉说"的依据除了纸墨的应用、玺印镌刻等条件外，主要依据《后汉书》中关于"刊章捕俭"和《论衡》中关于"刻写"验方的记载。

晋代说和六朝说

"晋代说"的提出者是法国人拉古伯里，据向达《唐代刊书考》：

> 一八九四年法国人拉古伯里著《中国古代文明西源论》竟谓东晋成帝咸和时，蜀中成都即有雕版印书之举。①

"六朝"指吴、东晋、宋、齐、梁、陈六个朝代（均建都南京），也是 3 世纪至 6 世纪末前后 300 余年的泛称。持"六朝说"者有清李元复和日本岛田翰等。李元复《常谈丛录》卷一云：

> 书籍自雕镌版印之法行，而流布始广，亦藉以永传。然创之者初不必甚难，以自古有符玺可师其意，正无待奇想巧思也。窃意汉蔡伦造纸之后，当魏晋六朝宜有继起而为之者矣，但未盛行耳。乃谓肇兴于宋，是其不然。

岛田翰《古文旧书考·雕板渊源考》云：

> 予以为墨板，盖昉于六朝。何以知之？《颜氏家训》曰：江南书本"穴"皆误作"六"。夫书本之为言，乃对墨板而言之也。颜之推，北齐人，则北齐时既知雕板矣。《玉烛宝典》引字训解"瀹"字曰："其字或草下，或水旁，或火旁，皆依书本。"已曰"皆依书本"，亦可以证其对墨板也。是隋以前有墨板之证……先儒云，隋时始有佛书雕本，监本始于冯道，而流俗沿袭，莫之能更，不知其昉于北齐已前，而唐太宗以前已有监刻本。私谓是先儒未道之遗，故举以质诸博雅。

---

① 《中央大学图书馆第一年刊》1928 年。

由此可见，"六朝说"的主要依据是《颜氏家训》、《玉烛宝典》中的有关记载。

隋　代　说

持"隋代说"者有明陆深、胡应麟、方以智，清高士奇、阮葵生、陆凤藻、魏崧、王士禛、顾安、王仁俊、顾槐三，近人孙毓修、柳诒徵、张舜徽、张志哲、路工、叶灵凤、潘吉星、肖东发、陈彬龢、查猛济、傅乐焕、岑仲勉、冯鹏生等。

陆深《河汾燕闲录》上云：

> 隋文帝开皇十三年十二月八日，敕废像遗经，悉令雕撰。此印书之始，又在冯瀛王先矣。

胡应麟《少室山房笔丛·经籍会通四》云：

> 载阅陆《河汾燕闲录》云：隋文帝开皇十三年十二月八日，敕废像遗经，悉令雕板，此印书之始。据斯说，则印书实自隋朝始，又在柳玭先，不特先冯道、毋昭裔也……遍综前论，则雕本肇自隋时，行于唐世，扩于五代，精于宋人。此余参酌诸家，确然可信者也。

方以智《通雅》卷三十一云：

> 雕本印书，隋唐有其法，至五代而行，至宋而盛，今则极矣……废像遗经，悉令雕板。

高士奇《天禄识余》卷八云：

> 唐以前凡书籍皆写本，未有模印之法……然隋文帝开皇十三年十二月八日敕废像遗经，悉令雕撰，则印书之制，又在冯瀛王

25

先矣。

阮葵生《茶余客话》卷六云：

　　《挥麈余话》：毌丘俭贫时，借人《文选》，有难色，自言身贵，当镂板以行。后仕蜀相，遂刊之。按：《十国春秋》蜀毋昭裔传：请后主镂板印经，又令门人句中正、孙逢吉书《文选》、《初学记》、《白氏六帖》刻板行之，误毋昭裔为毌丘俭耳。毌丘俭，《三国志》，魏人，所谓"事虽不成，可谓忠臣"是也。司空表圣《一鸣集》为东京敬爱寺募雕刻律疏印本，疏云：自洛城焚印本，渐虞散失，更欲雕镂。又《隋书》：文帝敕废像遗经，悉令雕撰。则隋唐已有刻印。

陆凤藻《小知录》卷七云：

　　雕本，印书也，隋唐有其法(原注：隋开皇十三年敕废像遗经，悉令雕板，此其最先者)，至五代而行，至宋而极。

魏崧《壹是纪始》卷九云：

　　刻书始于隋……《笔谈》(即《梦溪笔谈》)以为始于冯道奏镂《九经》者，非。

王士禛《池北偶谈》卷十七云：

　　《恕斋丛谈》云：书籍版行，始于后唐。昔州郡各有刊行文籍，《寰宇书目》备载之，虽为学者之便，而读书之功，不及古人矣。且异书多泯没不传，《后汉书》注事最多，所引书今十无二三。如《汉武秋风辞》，见于《文选·乐府》、《文中子》，晦庵收入《楚辞后语》，然《史记》、《汉书》皆不载，《艺文志》又无汉祖歌词，不知祖于何书？予按《五代会要》：后唐长兴三年四月，敕差太子宾客马缟、太常丞陈观、太常博士段颙、尚书屯田员外郎田敏充详勘九经官，委国子监于诸色选人中，召能书人端楷写出，付匠雕刻，每日五纸，与减一选。汉乾祐间，《周礼》、《仪礼》、《公羊》、《穀梁》四经始镂版。周广顺三年六月，尚书左丞判国子监事田敏进印板九经书、五经文字样各二部。显德二年，中书门下奏国子监祭酒尹拙状校勘《经典释文》三十卷，雕造印版，欲请兵部尚书张昭、太常卿田敏同校勘。叶梦得言：唐《柳玭训序》言在蜀见字书，雕本不始冯道，监本始道耳。《河汾燕闲录》：隋开皇十三年，遗经悉令雕版，又毋昭裔有镂版之言。盖刊书始隋，暨唐至五代、宋而始盛耳。

顾安《唐诗消夏录》云：

> 凡书之印，本萌于隋。

《隋书·卢太翼传》云："卢太翼，字协昭，河间人也，本姓章仇氏。七岁诣学，日诵数千言，州里号曰神童。及长，闲居味道，不求荣利。博综群书，爰及佛道，皆得其精微，尤善占候算历之术……其后目盲，以手摸书而知其字。"后卢太翼历事文帝、炀帝，神机妙算，不可称数。据此，王仁俊《格致精华录》卷二说：

> 据传，卢与隋炀有问答语，大业九年（613）从驾辽东，此时书有板甚明，故知所摸为书板。

顾槐三《补五代史艺文志》云：

> 《通考经籍门》以为刻书始于后唐冯道，沈存中《笔谈》、孔平仲《谈苑》、王仲言《挥麈后录》、陶岳《五代史补》并同。然案《猗觉寮杂记》云：唐季益州始有墨板。《石林燕语》则谓唐柳玭

《家训》序中和三年在蜀见市肆字书雕本，则是唐时已有印刷。《河汾燕闲录》又谓隋开皇十三年十二月敕遗经废像，悉令雕撰，王新城尚书以为此刊书所自。然则雕板固肇于隋，行于唐，扩于五代，而精于宋，如胡应麟之说无疑也。

孙毓修《中国雕板源流考·雕板之始》云：

世言书籍之有雕板，始自冯道，其实不然（监本始冯道耳），以今考之，实肇于隋时，行于唐世，扩于五代，精于宋人。

陆深《河汾燕闲录》："隋文帝开皇十三年十二月，敕废像遗经，悉令雕造。"

《敦煌石室书录·大隋永陀罗尼本经》（按："大隋永"当为"大随求"）上面左有施主李和顺一行，右有王文沼雕板一行，宋太平兴国五年翻雕隋本。

按费长房《历代三宝纪》亦谓隋代已有雕本，是我国雕板托始于隋，而实张本于汉。灵帝时，惩贿改漆书之弊。熹平四年，命蔡邕写刻石经，树之鸿都门，颁为定本，一时车马阗溢，摹拓而归，则有颁诸天下，公诸同好之意，于雕板事已近。三代漆文竹简，冗重艰难，不可名状。秦汉以还，寝知抄录，楮墨之功，简约轻省，视漆简为已便矣。然缮写难成，故非兰台、石室，或侯王之家，不能藏书。自有印板，文明之化，乃日以广。汉唐写本，犹用卷轴，抽阅卷舒，甚为烦重。收集整比，弥费辛勤。雕本联合篇卷，装为册子，易成难毁，节费便藏，四善具焉。上溯周秦，下视六代，其巧拙为何如哉！

柳诒徵《中国文化史·雕版印书之盛兴》云：

吾国书籍，代有进化。由竹木而帛楮，由传写而石刻，便民垂远，其法彩矣。降及隋、唐，著作益富，卷轴益多，读书者亦益众，于是雕版印书之法，即萌芽于是时焉。然隋唐之时，雕版之法，仅属萌芽，尚未大行。故唐人之书，率皆写为卷轴，而印刷成册者流传甚稀。雕版大兴，盖在五代，官书家刻，同时并作。

张志哲《印刷术发明于隋朝的新证》云：

唐初道宣《续高僧传》卷三《慧净传》说，慧净本姓房，是隋朝国子博士房徽运之子，在贞观年间，为纪国寺上座，他"十四岁出家，志之宏远，日诵八千余言，摠摠持词义，罕有其比"。他于开皇末年（600）到长安，当时，"安生独步高衢，对扬正法；辽东真本，悬金而不刊，指南所寄，藏群玉而无朽"。下文中又提到有位太子中舍辛谞，"学该文史，傲延自矜，题章著翰，莫敢当拟。预有杀青，谞必裂之于地，谓僧中之无人也"。所谓"杀青"，乃汉代作竹简的俗称……后代刻板印刷，常常用"杀青"这个名称，但上文说"预有杀青"，亦可以作为定稿讲。由于辛谞狂妄骄傲，慧净愤恨他轻侮僧人，写了一篇长文，驳斥说："……然则我净受于熏修，慧定成于缮刻。"这就可以说明上文中所谓"杀青"，是指"缮刻"，即缮写成文章，刻印出来。慧净在文中说："美恶更代，非缮刻而难功。""无缮无刻，美恶之功就著？"是说明了写文章和刻书的重要性。如果不写文章，不刻印书，"美恶之功"怎么能显示著录下来呢？可见隋末佛教僧徒中刻书已经很盛行……

在敦煌所出的印刷品中，就发现有这样的新证。有一张佛像的残页，从内容看，和六朝石刻佛龛相同，印在薄黄麻纸上，是唐初或隋代寺院僧徒刻的，作供佛时烧化用的。此刻本粘贴册上。有隆平的题跋，曰："此刻本刷印佛像，乍见疑是吴越国金涂灶龛拓本，谛审之仍是木刻本，精妙入神，得未曾有，木刻印有先于此者乎？未之见也。"这应该是现存最早的一件印刷品。从这张佛像残页线条朴实、构图粗略推论，它比玄奘刻印普贤像还要早。玄奘刻印普贤像时间，是他从印度回国之后，即公元

650 年左右，而该佛像的刻印时间当在 650 年之前的唐初或隋朝了。①

路工《访书见闻录·我国印刷术始于隋》云：

隋朝至唐初，天台山国清寺有寒山、拾得两位和尚，据元代觉岸编《释氏稽古略》卷三引《国清寺碑刻文》："……闾丘见之，三日到寺，访丰干遗迹，谒二大士……闾丘胤拜之。二士走曰：'丰干饶舌，弥陀不识，礼我何为？'遁入岩穴，其穴自合。寒、拾有诗，散题山林间，寺僧集之成卷，版行于世。"文中所说寒山、拾得散题山林间的诗，寺僧收集成卷，这时离寒山、拾得"遁入岩穴"的时间不会离得很远，因为时间一久，题山林间的诗会消失，所以寒山、拾得的诗集刻板印书，应在唐初贞观年间。

叶灵凤撰《名家谈书·中国雕版始源》云：

关于中国雕板书籍出现的时代，一般本有三种不同的说法：一说始于五代的冯道刊印《九经》；一说始于柳玼《家训》和《猗觉察杂记》等书所记载的唐末益州墨本；另一说则更早，说是始于隋初。其实，这三个不同而又恰巧互相衔接的时代，可能实际上恰是中国书籍雕板逐渐成长的过程，恰如胡应麟在他的《少室山房笔丛》所说："雕本肇自隋时，行于唐世，扩于五代，精于宋人。"雕本始于隋时的根据，是陆深《河汾燕闲录》，其言曰："隋文帝开皇十三年十二月，敕废像遗经，悉令雕撰。"②

潘吉星《中国科学技术史·造纸与印刷卷》云：

① 上海《社会科学》1979 年第 4 期。
② 叶灵凤：《名家谈书·中国雕版始源》，成都出版社 1995 年版。

未来的修正不会将起源下限时间由隋朝向下推了。因为再往下的唐初已有印刷品出土了。今后的研究倒是有可能将起源时间由隋朝向上移，这就是南北朝的中后期，再向上移的可能性估计不大，因为古典复制技术向雕版技术的过渡发生在此之后。

肖东发《中国图书出版印刷史论·雕版印刷的起源及早期发展》云：

在肯定我国唐代初年已有雕版印刷品流行的前提下，亦不能完全否认隋代出现雕版印刷术的可能，尽管目前还缺乏有力的实物遗存和文献的佐证，但是有理由认为捶拓和印章的结合，向印刷的过渡正是这一时期完成的。

陈彬龢、查猛济《中国书史·卷轴时期到雕版时期的书册制度》云：

书籍的雕版，大家以为是从冯道开始，实在不是这样。现在仔细考据，雕版的起源，还在隋代，到了唐代方才流行。

傅乐焕《一件最早的中国印刷品》云：

1949 年冬，伦敦出版的《大亚细亚》杂志新第一卷第二号载有沈德勒《马伯乐关于斯坦因第三次中亚考古所获中文简牍的工作述略》一文，简述马伯乐关于 1913 年至 1916 年斯坦因在新疆和甘肃西北部盗去文物的考释工作，其中有从吐鲁番吐峪沟所获印刷品一件，原说明云："印刷纸条。上下全，左右边撕去。大字，长 27.5 厘米，宽 4.6 厘米。六世纪物。文云：'……□自官私，延昌三十四年甲寅，家有恶狗，行人慎之。□□'这是现在所知的最早印刷品之一，它大概是一个用作避邪用的揭帖，当贴在大门上。"延昌是高昌王麴茂的年号,三十四年当隋文帝的开皇十四年,即公元 594 年,这张揭帖的印刷时代,要比咸通刻的《金刚经》早到几乎 300 年。该文刊出后,曾引起许多专家的注意,经多方的考验,他们都认为确是印品,不过,一派认为由木刻印刷,另一派则认为由泥板印刷,而下列一条记载的发现更加强了他们认原物为印品的信念,《文苑英华》卷五百四十七《判》鸟兽门《狗伤人有牌判》:"癸家养狗,伤人乙,论官请赏,辞云:'有牌记,行者非慎。'对:畜狗不驯,伤人必罪,有标自触,征赏则非。既悬迎犬之书,宁忘慎行之道,癸非用犬,乙岂尤人。防虞自失于周身,啮噬尚贪于求货,有牌记而莫慎,则欲清庚,无标识而或伤,若为加等,征词可拟,往诉何凭?"贴了条子的人家,狗咬了人,在法律上可以减轻责任,因而这招贴是有印行需要的。[①]

岑仲勉撰《隋唐史·印刷术发明》云:

　　旧说举后唐明宗长兴三年(932)冯道等请校正六经、刻板印卖(宋孔平仲《杂说》)为印书之始,确属失考。明胡应麟云:"雕本肇自隋时,行于唐世,扩于五代,精于宋人。"(《少室山房笔丛》四)尚较得其实。隋代发明之应连类记及者,《隋书》卷七十八称:卢大翼"目盲,以手摸书而知其字",术苟可传,则训盲学校,不必待近世而始著矣。

冯鹏生《中国木版水印概说·敦煌隋木刻加彩佛像》云:

　　历史文物向世人证实我国隋代已有印刷术。1983 年 11 月 30 日纽约克里斯蒂拍卖行所出版的《中国书画目录》第 363 号"敦煌隋木刻加彩佛像"就是一个有力的证据。这幅木刻加彩佛像约长

---

① 《历史教学》1951 年第 4 期。

32 厘米、宽 32 厘米，似麻纸，画面呈旧米黄色……此幅下部，有蓝地、墨栏、书写九行，中间一行书"南无最胜佛"，另八行为："大业三年四月大庄严寺沙门智果敬为敦煌守御令狐押衙敬画二百佛，普劝众生，供养受持。"观此画，边框、墨栏线条齐直，蓝地匀净，显为雕版印刷，而人物着色有红、蓝、赭石、朱砂及紫色，显为以笔敷填……依图细观，下部的题字有勾填墨的迹象，即字体先印出墨线，而后填墨。这大抵是印刷术尚未成熟阶段的一种印刷方法。

由此可见，"隋代说"的根据是：（一）《历代三宝纪》关于"废像遗经，悉令雕撰"的记载；（二）《隋书·卢太翼传》关于"以手摸书"的记载；（三）《续高僧传·慧净传》中关于"缮刻"的记载；（四）《敦煌石室书录》中《大隋永陀罗尼本经》题记；（五）敦煌所出佛像残页；（六）吐鲁番所出"家有恶狗，行人慎之"的揭帖；（七）《释氏稽古略》中关于"版行"寒山、拾得诗的记载；（八）敦煌发现的"隋木刻加彩佛像"。以上八点之中，第一、八两点是主要依据。

唐　初　说

持"唐初说"的代表人物是张秀民、李书华等。张秀民在《中国印刷术的发明及其影响》中提出了唐初"贞观说"。"贞观说"的根据是明邵经邦《弘简录》卷四十六："（长孙皇后崩），上为之恸，及官司上其所撰《女则》十篇，采古妇人善事，论汉使外戚预政，马后不能力为检抑，乃戒其车马之侈。此谓舍本恤末，不足尚也。帝览而嘉叹，以后此书，足垂后代，令梓行之。"张秀民在 2006 年浙江古籍出版社出版的《中国印刷史·雕版印刷术的发明》中再次重申了唐初"贞观说"：

《女则》，《旧唐书·经籍志》作《女则要录》十卷，《资治通鉴》作《女则》三十卷，有长孙皇后自己写的序文。唐太宗认为她的作品对维持封建道德有好处，并为纪念夫妇的爱情，所以把它梓行。"梓行"两字即是雕版印行，意义是很明白的……长孙皇后是长孙无忌之妹，卒于贞观十年六月，可见此书的印行，就在这年或稍后。这部妇女作品可说是最早的内府刻本。当时民间或已有印本出现，所以太宗才想起把它出版。问题在于邵氏是十六世纪的史学家，他的话究属是第二手资料。两《唐书》、《通鉴》、《太平御览》，虽然提到《女则》，恰没有"令梓行之"一句，邵氏不知根据什么书转载的。但《弘简录》是一部正式通史，邵氏自比于宋郑樵的《通志》，化了十五年工夫，换了四次草稿才写成，可见他谨慎不苟，又自称"述而不作"，所以相信他是有依据的，可惜未明言述自何书耳。

或以为邵氏所记，只是孤证，则又有唐玄奘印施佛像，可为旁证。唐冯贽《云仙散录》引《僧园逸录》云："玄奘以回锋纸印普贤像，施于四方，每岁五驮无余。"玄奘法师于贞观三年西游印度，十九年回国，麟德元年圆寂，所以这事应该在他回国以后。他用纸印的普贤菩萨像，每年多至五驮，数量不少，可惜它与《女则》一样，都没有传下来。而敦煌发现的五代单幅大张普贤像与文殊观音像，可能与玄奘所印的相仿佛。

唐太宗时，又有页子格(纸牌)，当时士大夫"晏集皆为之"。此种玩具，不会在请客吃酒时临时自己赶制，需要量大，疑当时即有印刷品。

最早对邵氏记载表示怀疑的，有已故胡适博士。旧作《中国印刷术的发明及其影响》出版不久，胡氏就说："《弘简录》这段话是明朝人看惯了刻板书，无意中说出梓行的错话。"又说："这一句十六世纪的无心之误，绝不是七世纪的证据。"至于邵氏为什么要犯无心之误，说出这句错话，他说不出任何理由。前几年有个别先生也有类似说法，以为宋人所撰的两《唐书》、《通鉴》，都没有梓行之说。又说："如《女则》经太宗特旨梓行，后世无论公私载籍，不应缺而不书。书经梓行，比抄本更便于流传。何以《女则》至今不见一著录，又无只字遗留耶？"案：唐人著作十之八九，今已失传，岂止《女则》一种？吴越国延寿和尚印刷佛经、咒语、图像，有数字可计者四十三万本(或卷)，数量庞大，又晚于贞观三百多年，至今亦无片纸留传。宋代最盛行雕版，而宋版书今藏于国内外图书馆者不及千部，且多为残书及复本，则唐本《女则》之亡佚，亦是意中事。明成祖徐皇后说："有所谓《女宪》、《女则》，皆徒有其名耳。"可能永乐二年已失传。

李书华《中国印刷术起源·自序》云：

> 我们知道，无论文献或实物，全找不出唐代以前有雕版印书的证据。但是到了唐代后期，雕版印书已颇发达，五代时期更续有进展。所以雕版印刷的发明，应该在唐代前期……到了唐代前期，中国文化甚高，且已实行考试制度，士子需要书籍甚多。此时雕版印书的各种条件，俱已齐备。因之雕版印书便在此时应运而生，并不是偶然的。

由此可见，"唐初说"的根据是：（一）《弘简录》中关于"梓行"的记载；（二）《云仙散录》关于玄奘"印普贤像"的记载；（三）唐太宗时的纸牌。

唐 中 说

持"唐中说"者有宋程大昌，明胡震亨，清王士禛、赵翼、王国维、叶德辉、王颂蔚，近人赵万里，美国人卡特等。

程大昌《演繁露》卷七云：

> 吾独怪夫刻石为碑，蜡墨为字，远自秦汉，而至于唐张参辈于五经文字皆已立板传本，乃无人推广其事以概经史，其故何也？

胡震亨《读书杂录》卷一云：

> 书籍之有印本，云起于五代者，非也。元微之序白乐天集，

35

已有市井"模勒""衒卖"之说，而司空图《一鸣集》载东都敬爱寺化募雕刻律疏云：洛郊遇焚，印本散失，欲共雕镂，计一书所印，共八百纸。则剞劂之利，在唐世已盛兴矣。

这是根据元稹《白氏长庆集序》推论雕版印刷起源的最早记载，前此多以清代赵翼为最早，不确。《四库全书总目》卷一百二十八该书提要将《读书杂录》误作《读书杂记》，应予纠正。

王士禛《居易录》卷三十四云：

> 刻书始于五代，昔人率以为然。予按司空表圣《一鸣集》，有为东都敬爱寺募雕刻律疏印本疏云："自洛城□□乃焚印本，渐虞散失，欲更雕镂"云云，则唐已刻书，此其昭昭可据者，顾前无行之者，何也？①

赵翼《陔余丛考》卷三十三云：

> 元微之序白乐天《长庆集》亦云"缮写模勒衒卖于市井"，模勒即刊刻也，则唐时已开其端欤！

王国维《两浙古刊本考》云：

> 镂版之兴，远在唐世，其初见于记载者吴蜀也，而吾浙为尤先。元微之作《白氏长庆集序》自注曰："扬越间多作书模勒乐天及予杂诗，卖于市肆之中。"夫刻石可云模勒，而作书鬻卖，自非镂版不可。则唐之中叶，吾浙已有刊板矣。

叶德辉《书林清话》卷一云：

---

① 上文王士禛主"隋代说"，此又主"唐中说"，可见其所主非一，自相矛盾。

吾以为谓雕版始于唐，不独如前所举唐柳玭训序，可为确证，唐元微之为白居易《长庆集》作序，有"缮写模勒衒卖于市井"之语；司空图《一鸣集》九，载有为东都敬爱寺讲律僧惠确化募雕刻律疏，可见唐时刻板书之大行，更在僖宗以前矣。

王颂蔚《藏书纪事诗序》云：

书有抚印，权舆于郑覃之壁经。迨唐长兴三年，国子监刻九经……而其风始盛。

赵万里《中国版刻图录序》云：

我们祖先经过长时期的钻研，到了八世纪前后，又发明了雕版印刷术。

卡特《中国印刷术的发明和它的西传·中国佛寺中雕版印刷的开始》云：

最近似的年代，大致当在唐玄宗时(712—756)，正是中国国势最盛，文化发展到登峰造极的时期。

由此可知，"唐中说"的主要根据是：（一）唐张参"立板传本"之说；（二）柳玭《柳氏家训》中关于蜀中印本的记载；（三）司空图《一鸣集》中关于"雕镂"的记载；（四）元稹《白氏长庆集序》中关于"模勒"的记载；（五）郑覃石经(即开成石经)。其中第四条是"唐中说"的立论支柱。此外，还有人认为《开元杂报》是我国最早的印刷报纸。[1]

---

① 方汉奇：《中国最早的印刷报纸》，载《北京日报》1957年1月17日。

唐 末 说

持"唐末说"者有宋叶梦得、朱翌、叶氏，明郎瑛、张和仲、朱明镐、毛晋，清朱彝尊、纪昀等。

叶梦得《石林燕语》卷八云：

> 世言雕板印书始冯道，此不然，但监本《五经》板，道为之尔。《柳玭家训序》言其在蜀时尝阅书肆，云"字书、小学，率雕板印纸"，则唐固有之矣，但恐不如今之工。

朱翌《猗觉寮杂记》卷六云：

> 雕印文字，唐以前无之，唐末益州始有墨板。后唐方镂《九经》，悉收人间所有经史，以镂板为正。

叶氏《爱日斋丛抄》卷一云：

> 大概唐末渐有印书，特未能盛行，遂始于蜀也。

郎瑛《七修类稿》（文化艺术出版社 1998 年版）卷四十五云：

> 印版书籍，《笔谈》（即《梦溪笔谈》）以为始于冯道奏镂五经，柳玭《训序》又云：尝在蜀时书肆中，阅印板小学书，则印板非始于五代矣，意其唐时不过少有一二，至五代刻五经后始盛，宋则群集皆有也。

张和仲《千百年眼》卷九云：

> 汉以来《六经》多刻之石，如蔡邕石经、嵇康石经、邯郸淳三字石经、裴颜刻石写经，是也。其间流传惟有写本，唐末益州

始有墨板。

朱明镐《史纠》卷五云：

> 愚又以刊板之事不始于周，亦不始于汉，而实始于唐之季代。

毛晋认为雕版印刷始于唐末，据《汲古阁书跋》附毛扆《影宋精钞本五经文字九经字样跋》引用毛晋之语曰：

> （汝曹）知印板始于何时乎？盖权舆于李唐而盛于五代也。……唐末益州始有墨板，皆术数、字书、小学而不及经传。

朱彝尊《经义考》卷二百九十三云：

> 唐末益州始有墨板，多术数、字书、小学。

纪昀等在《四库全书总目》中多次提出"唐末说"：

> 书籍刊板始于唐末，然皆传布古书，未有自刻专集者。①
> 至于六朝，始自编次（文集），唐末又刊版印行。夫自编则多所爱惜，刊版则易于流传。②
> （《爱日斋丛钞》）征据既富，中间订讹正舛，可采者亦多。如辨印书之起于唐末……于考证经史颇有裨益。③

由此可见，"唐末说"并未提出实质性的论据。

---

① 《四库全书总目·禅月集提要》。
② 《四库全书总目·集部总叙》。
③ 《四库全书总目·爱日斋丛钞提要》。

五 代 说

持"五代说"者有宋王明清、罗璧、孔平仲、魏了翁，元脱脱、王祯、吴澂、盛如梓，明罗欣、陆深、秦镁、于慎行、曹安、杨守陈，清王颂蔚、万斯同、袁栋、包世臣、李佐贤等。

王明清《挥麈余话》卷二云：

> 毌丘俭(按：当为毌昭裔)贫贱时尝借《文选》于交游间，其人有难色，发愤，异日若贵，当板以镂之遗学者，后仕王蜀为宰，遂践其言刊之。印行书籍，创见于此。

罗璧《罗氏识遗》卷一云：

> 唐末年，犹未有摹印，多是传写，故古人书不多而精审，作册亦不解线缝，只叠纸成卷，后以幅纸概粘之，其后稍作册子。后唐明宗长兴二年，宰相冯道、李愚始令国子监田敏校六经，板行之。世方知镂甚便。宋兴，治平以前，犹禁擅镂，必须申请国子监、熙宁后方尽驰此禁。然则士生于后者，何其幸也。

孔平仲《珩璜新论》云：

> 昔时文字未有印板，多是写本。齐宗室传：衡阳王钧尝手自细写五经置于巾箱中，巾箱五经自此始也。至后唐明宗长兴三年，宰相冯道、李愚请令判国子监田敏校正九经刻板印卖，朝廷从之，是虽在乱世，九经传播甚广。

魏了翁《鹤山集》卷五十三云：

> 五季而后，镂版繙印，经籍之传虽广，而点画义训谬误自

若，本朝胄监经史多仍周旧。

脱脱《宋史·艺文志序》云：

周显德中始有经籍刻板，学者无笔札之劳，获睹古人全书。

王祯《农书》附《造活字印书法》云：

古时书皆写本，学者艰于传录，故人以藏书为贵。五代唐明宗长兴二年，宰相冯道、李愚，请令判国子监田敏，校正九经，刻板印卖，朝廷从之。锓梓之法，其本于此。

朱彝尊《经义考》卷二百九十三转引吴澂的话说：

锓板肇于五季，笔工简省，而又免于字画之讹，不谓之有功于书者乎？

盛如梓《庶斋老学丛谈》卷中云：

书籍版印始于后唐，昔州郡各有刊行文籍，《寰宇书目》备载之，虽为学者之助，而读书之功不及古人矣，且异书多湮没不存。

罗欣《物原》云：

周宣王始刻文于石，五代和凝始以梨板刊书。

陆深《金台纪闻》云：

后唐明宗长兴三年，令国子监校定九经，雕印卖之，其议出于冯道，此刻书之始也。①

秦镤《九经白文序》云：

> 刊板昉于五代，至宋咸平始颁州县，较汉唐石经传布差广。

于慎行《谷山笔麈》卷七云：

> 后唐长兴三年初，令国子监校定九经雕板印卖，至后周广顺乃成。而蜀人毋昭裔亦请刻印九经，故虽在乱世，而九经传布甚广。及后周和凝始为文章，有集百余卷，尝自镂板以行世，雕印书籍始见于此。

曹安《谰言长语》卷下云：

> 镂板肇于五季，宋益盛。无汉之前，耳受之艰；无唐之前，手抄之勤力。

朱彝尊《经义考》转引杨守陈的话说：

> 后唐以降，乃有木板，昔以梓，今以梨，刊摹者甚便。于是《五经》皆有印本，遍天下，人不复传写，易易甚矣。

万斯同《唐宋石经考》云：

> 按五经之镂板，《宋史》谓始于周显德，不知唐长兴、晋开运已先有之。世宗冯道始镂板，官鬻于市，盖射利也。其射利未可知，而创始之功，实被于万世。

---

① 上文陆深主"隋代说"，此又主"五代说"，可见其所主非一，前后矛盾。

袁栋《书隐丛说》卷十四云：

> 刻书始于五代。陆文裕谓始于隋文帝开皇年，敕废像遗经，悉令雕撰。或谓雕者乃像，撰者乃经也，非雕板之始也。

包世臣《泥版试印初编·序》云：

> 自五季有版本，书传始广。而宋版最工，然皆木而非土。

李佐贤《吾庐笔谈》卷二云：

> 五代蜀相毋公，蒲津人，命工雕版，印成九经诸史，两蜀文字由此大兴，此印板之始。

以上各家观点，见仁见智，互有不同，有必要进行认真的讨论。不过，根据文献记载和出土文物来看，唐末、五代已有不少印刷品出现，雕版印刷的发明时间当在唐末、五代之前。因此，本书主要针对"东汉说""晋代说""六朝说""隋代说""唐初说"和"唐中说"进行讨论，"唐末说""五代说"不复赘述。

第二章 扫描世界，宏观定位

扫描世界，宏观定位，就是在世界范围内，就印刷术起源的问题进行调查研究，确定印刷术起源的大体方位。这是研究印刷术起源的第一步，也是不可或缺的一步。茫茫世界，时空无限。对全世界每一年的每一寸土地进行拉网式扫描，实非易事，也无必要。为了节省时间和精力，我们可以缩小扫描范围：就地理范围而言，印刷术只能起源于文明古国，这些国家有滋生印刷术的土壤，例如中国、埃及、印度、巴比伦、希腊、罗马等，而不必要对全世界大大小小的200多个国家或地区一一进行扫描；就时间范围而言，现存世界最早印刷品的公认时间约在8世纪中期，我们可以排查8世纪中期以前，8世纪中期以后就没有必要进行扫描了；就内容范围而言，要抓住印刷术起源的关键问题，不必对万事万物一一排查。正像我们体检一样，抓住五官、血液、心血管、五脏、六腑等关键部位即可，不必对每根毛发、每块肌肉、每块骨骼，甚至每一个细胞一一排查。

什么是印刷术起源的关键问题呢？如前所言，应该包括三个方面：一是社会需求，其中包括著者需求、读者需求、藏书需求等；著者需求即对古代图书进行扫描，对其著者人数、著作数量有个大概的估计；读者需求即对学校、宗教等进行扫描，因为学生、教徒等是整个社会最大的读者群；藏书需求即对社会藏书进行扫描，了解官方和私人藏书的基本情况。二是物质基础，包括笔、墨、载体等，其中，载体是关键因素。三是技术基础，其中包括文字、雕刻制版和刷印技术。发明印刷术就是为了复制文字。文字是人们交流思想的符号，是发明印刷术的前提。文字要求简单、易写、易识。如果笔画繁复、难写、难认，就失去了复制的意义，失去了读者。雕版是发明印刷术的重要程序之一。没有雕版就没有印刷术的发明。因此，雕刻技术必不可少。印刷术发明前的复制图文的技术包括印章、印染、拓印等。这些化身千百的复制技术引起了人们的联想，催生了印刷术。印章的反文阳刻技术、印染的制版和刷印技术、拓印的综合技术，对印刷术的发明更有直接的影响。印章的反文阳刻技术解决了印刷品必须是正文墨字的问题，只有正文墨字，才易认读。但是印章也有三个缺点：一是版面太小，方寸之地，难以容纳更多的内容；二是用力不匀，印刷品可能深浅不一，因为捺印很难做到用力平衡，用力大的一边，印刷的墨色可能深一些，用力小的一边，墨色可能浅一些；三是印版在上，印纸在下，印刷方法笨重。印章采用捺印的方法，如果版面加大，捺印者要把版面提起来，绝对是一项笨重的体力劳动，非常人所可为。印染和拓印的刷印技术，解决了印章捺印用力不匀，墨色深浅不一的问题。另外，印染的版面也比印章加大了。但印染仍有两个缺点：一是印版在上的问题仍然没有解决，印版在上，每印一次均需搬动一次，容易造成错位和污染；二是印染的内容多为图像，我们最需要的是复制文字。拓印技术解决了印章、印染共同存在的印版在上造成的错位、污染、笨重等问题。印版在下、印纸在上，印版不动，翻转印纸，操作起来方便多了。但是，拓印也有两大缺点：一是版面太重，不便制作；二是黑底白字，不便观览。雕版印刷正是综合印章、染织、拓印等多种图文复制技术优化组合的产物。印章的反文阳刻技术可以通过扫描印章的产生和发展来实现；拓印技术可以通过扫描拓本的产生和发展来实现；印染技术可以通过扫描染织工艺的产生和发展来实现。总之，所谓扫描世界，即对 8 世纪中期以前的世界文明古国的图书、学校、宗教、藏书、笔、墨、纸、雕刻、文字、印章、拓本、染织等关键内容进行调查。从根本上说，最早的印刷技术是一种包括雕刻、印染、拓印在内的工艺性极强的活动。一个国家的工艺水平是所有工艺活动的总和。因此，整个工艺技术也是我们扫描的重要内容。另外，因为日本和朝鲜是中国的近邻，与中国的外交关系源远流长，与印刷术的起源有千丝万缕的联系，也列在我们的扫描范围之内。或者认为，纸张是印刷术起源的关键因素，甚至把造纸的起源同印刷术的起源等同起来，认为纸的发源地必然是印刷术的发源地。其实，这种推测似不全面，纸张固然是印刷术起源的重要物质基础，但是只有纸张而无社会需求、技术基础和物质基础的其他方面，同样不可能产生雕版印刷。

最后，我们还对德国人谷腾堡的金属活字进行了讨论。

一、古代埃及

埃及是世界四大文明古国之一。

古代埃及概述

埃及位于非洲东北部，地处欧、亚、非三大洲交通要冲。北濒地中海，东临红海，南为苏丹，西接利比亚。尼罗河从南向北贯流而过，为农业发展提供了有利条件(图2)。古希腊著名历史学家希罗多德曾说："埃及是尼罗河的赠礼。"

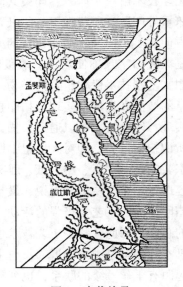

图2 古代埃及

尼罗河畔巍然屹立的金字塔是古代埃及文明的象征。早在一万多年以前，埃及已经进入新石器时代。公元前4000年，埃及从新石器时代进入铜器时代。公元前3500年，原始社会解体，产生了早期国家。公元前3100年，上埃及征服下埃及，完成统一大业。后经早王朝时期（前3100—前2686）、古王国时期（前2686—前2181）、第一中间期（前2181—前2040）、中王国时期（前2040—前1786）、第二中间期（前1786—前1567）、新王国时期（前1567—前1085）、后王朝时期（约前1085—前332）等，历史悠久，文化发达，其中，古王国时期和中王国时期是古代埃及的黄金时代。

古代埃及的文字、草纸和图书

古代埃及的文字是象形文字，早在公元前3000年左右，埃及就出现了自成体系的象形文字。它由表意符号、表音符号和部首符号三部分组成。表意符号用图形表示词语意义，表音符号起初很复杂，同一表音符号，常用不同图形表示。经过长期使用，逐渐规范化，形成24个单辅音、大批双辅音和三个辅音符号。埃及象形文字的单辅音符号是字母的萌芽。部首符号表示该词属于哪类事物的范畴，如同汉字的偏旁部首，埃及的大多数词都有部首符号。部首符号不发音，用于词尾，是句中各词分开的标志。埃及文字在数千年的发展过程中，主要经历了两个发展阶段：第一阶段是简化了的象形文字，即僧侣体文字，因其多用于抄写宗教文献，故名。这种文字约盛行于中王国第十二王朝（前1991—前1786），直到公元1世纪末。第二阶段是更加简化的大众体象形文字，即世俗体文字，这种文字广泛使用于商业活动和日常生活，多写在纸草或其他软性材料中，很少刻在石头或木头上。

早在5000年前，埃及尼罗河三角洲有一种纸草，叶子较长，中有一根大拇指粗的长茎，茎长可达五米，顶端开花，状似灯心草。古埃及人割下茎秆，切成数段，削去绿色的外皮，再将其中白色的茎心切成薄片，浸泡水中六天，后用圆形木杖擀去水分和糖分，以防生虫。再把极薄的茎片像编竹席一样编织在一起压平，就成了草纸。草纸光洁柔韧、富有弹性，纸面可见茎纤维纵横交织，非常美观。这种纸经过纺织与粘接，纸幅可大可小，最长的可达 40 米，短的只有一两米。草纸呈棕色，深浅不一，古雅而又柔和。古埃及的笔是以纸草的茎秆制成的，写字的线条不太尖锐锋利。古埃及使用的墨水是黑色或红色，黑色如同中国的墨水，红色如同砖红。

由于文字、草纸、笔、墨的产生，古代埃及很早就出现了草纸写成的图书。现存最早的草纸书是普利斯文献，因由法国人普利斯在古埃及首都底比斯发现而得名(图 3)。这部书写于古王国时期，时间约在公元前 2500 年，它用对话的形式告诫人们为人处世的良方，现藏巴黎卢浮宫博物馆。古王国时期的文献主要有金字塔咒文和碑传，前者是祈祷法老升天获福的诗歌，后者是大臣墓地的传记。中王国时期，文学有了很大发展，诗歌、箴言流行，其中以《西努梅特的故事》《一个能说善道的农夫的故事》最为著名。箴言大多由统治者撰写，用以训示臣下和子弟，传授统治人民的方法，有的箴言还反映了当时激烈的社会斗争。新王国时期又出现了长篇的《亡灵书》，它是各种咒语、祷文、颂歌、神话等的汇编。1855 年发现的"哈里斯"长卷是新王国时期的著名文献，因英国人哈里斯发现而得名，今藏英国不列颠博物馆。该卷由 79 大张草纸粘连而成，全文分六个部分，是

图 3　草纸书

研究埃及新王国末期经济状况的重要文献。总之，传世草纸文献中有不少关于天文学、数学、医学等科学知识的记载，对于研究古代埃及历史和人类文明的进程，具有重要意义。

古代埃及的学校教育

古代埃及的学校有宫廷学校、职官学校、寺庙学校和书吏学校。宫廷学校约建立于公元前 2500 年，学生是皇子皇孙和大臣的子弟，也有奴隶主的优秀子女，是为统治者培养接班人服务的。初级阶段，学生学习一些普通课程，例如读、写、数学、天文学等基础知识。后期学习一些比较高深的科学文化知识。这里设有图书馆、档案室等，为学生成才创造了一个很好的环境。其中优秀的学生还可参加国家大事和学术问题的讨论。

职官学校的产生晚于宫廷学校，时间大约在中王国时期，它是专门培养官吏的学校。学生 5 岁入学，学制 12 年。这种学校以官府办公处所为校址，以本部官吏为教师。教学内容除了普通课程之外，还进行专门职业教育，具有基础训练和专门业务训练的双重职能。

寺庙学校是在寺庙开设的学校。古代埃及的寺庙既是宗教活动的场所，也是替法老办理天文、建筑、医药等专业事务的机构。学生多为僧侣、军人、建筑家、医生等。学习内容很广，包括神学、伦理学、历史、文学、医学、地理学、法律、雕刻、绘画、舞蹈、音乐等，还有数学、物理学、测量学、建筑学、天文学、水利学等不少自然科学的内容，俨然古代埃及的综合性大学。

书吏学校也叫文士学校，它以培养书吏为目的，多为私人创建，专门培养能文善写的人。古代埃及需要大量书吏，从日常事务的誊写员到高级僧侣和达官贵人，几乎都由书吏充当。这类学校在古代埃及最多，因为书吏是埃及社会仕进的敲门砖。由于具体任务不同，书吏又分公文书吏、书信书吏、军队书吏、国王书吏、圣书书吏等，书吏水平高低不一，低者只能从事阅读书写、简易计算、政府规章、簿记之类的工作。高者除此之外，还要学习数学、天文、医学等，并熟悉政府法令及公文函牍。

总之，古代埃及教育发达。早在古王国时期就出现了学校，中王国时期已产生多种类型的学校。

古代埃及的工艺技术

古代埃及的工艺技术主要表现在陶工艺、石工艺、金属工艺、木工艺、玻璃工艺、纺织工艺等方面。

尼罗河的沃土不仅给埃及人带来农业的丰收，而且也为埃及人慷慨提供了制作陶器的材料。早在氏族社会解体的过程中，古代埃及已能生产精美的黑顶陶器和彩绘陶器，现藏开罗艺术博物馆的一批黑顶陶器简洁大方，具有古朴典雅的风韵，代表了埃及早期陶工艺的面貌。代之而起的彩陶受西亚影响较大，如《鳄鱼纹彩陶钵》为土红色，鳄鱼、河马等动物纹饰用白土描绘，上方口缘部分饰以白色装饰带，极富美感。早在金石并用的时代，埃及人已用石材制作装饰品、奉献用品或纪念物。法国卢浮宫博物馆藏有一把埃及石刀：一面刻有长有鹰足的"神"和危害家畜的猛狮搏斗的场面；另一面刻着两个部落在陆战和水战中相互厮杀的场面。新王国时期埃及的石工艺突破了以前的模式，有了较大发展。后王国时期埃及的石工艺多为王公贵族的雕像，缺乏实用意义。早在金石并用的时代，埃及人已经掌握冶炼金属的技术，可以制造刀、钻、匕首等。古王国时期，手工业进一步从农业中分离出来，形成冶炼、制陶、采石、木作、皮革、纺织、造船等多种手工业。埃及开罗博物馆珍藏的《鹰头》是当时金属工艺的优秀代表，显示了工匠独特的创意和创作水平。著名的金字塔也是在这个时期建造的(图4)。金字塔中除了木乃伊之外，陪葬的古代埃及家具，设计巧妙、技术精湛、装饰华美，体现了古代埃及木工艺的水平。埃及木工艺主要有装饰品和家具两个大类，家具以椅子、凳子为多。金字塔显示了古代埃及综合国力的强盛，也显示了古代埃及人的聪明和才智。中王国时期的第十二王朝，已广泛使用青铜器，还发明了烧制玻璃的技术。这种玻璃工艺先后传到世界各地，为人类文明作出了贡献。新王国时期，已用脚踏风箱代替吹管，提高了冶炼熔炉的温度。还发明了悬式纺绽和立式织布机，促进了麻纺工业的发展。另

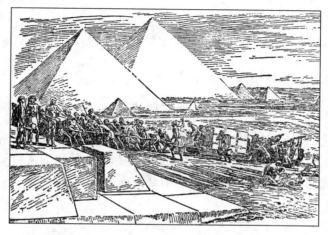

图 4　金字塔

外，还出现了彩色玻璃、彩纹陶等新的工艺美术品。早在 5000 年前，埃及人已能生产玻璃珠；公元前 1500 年，已能生产玻璃器皿，玻璃工艺的成熟时期是在新王国时期的第十八王朝，出土于底比斯的《睡莲纹玻璃杯》，是古代埃及第十八王朝时期典型的玻璃工艺制品。后王国时期，埃及已掌握冶铁技术，铁器已经广泛使用。古代埃及的工艺技术是世界文明史的重要组成部分，具有民族性、广泛性、宗教性等特征。

尼罗河虽然给埃及带来肥沃的土壤，但是，却没有带来适宜雕版印刷的纸张，直到公元 8 世纪，造纸技术才传入埃及，埃及因而缺少发明雕版印刷的重要条件。金字塔虽然表明埃及悠久、辉煌的历史，但是缺乏反文阳刻、拓印等相关技术。尽管埃及有发明雕版印刷的社会需求，因缺乏相关的物质基础和技术基础，而未能发明雕版印刷。525 年，埃及被波斯帝国征服，沦为波斯的一个行省，丧失了独立权，古代埃及的历史从此宣告结束。雕版印刷是社会文化长期积累、沉淀的产物。埃及历史的中断，影响其文化积累的连续性，也是其没有发明雕版印刷术的重要原因。

二、巴 比 伦

巴比伦是世界四大文明古国之一。

巴比伦概述

古代西亚的幼发拉底河和底格里斯河两河流域是世界文明的发源地之一。古希腊人称两河流域为美索不达米亚，故两河文明又称美索不达米亚文明，或统称巴比伦文明（图5）。

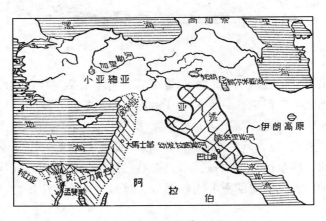

图 5 巴比伦

巴比伦文明大致经历了四个时期：公元前 3000—前 2100 年，为苏美尔文明时期；公元前 19 世纪中期—前 1300 年，为巴比伦文明时期；公元前 1300—前 612 年，为亚述帝国时期；公元前 612—前 539 年，为新巴比伦时期。当然，还有另外划分时期的方法。公元前 539 年后，新巴比伦被波斯人征服，巴比伦的辉煌历史到此而终结。由此可知，巴比伦文明是由苏美尔人、巴比伦人、亚述人、迦勒底人共同创造的。

巴比伦的文字和印章

巴比伦文字的起源是苏美尔文字，约产生于公元前 3200 年，这是世界上最早的文字之一。公元前 3000 年左右，苏美尔文字又发展为楔形文字。

楔形文字是用小木棒角或芦苇角在泥版上刻压出来的。刻压之处印痕较深、较宽，抽出来留下的印痕较细，状如楔子，故名楔形文字（图 6）。泥版的制作过程是这样的：第一步是用力揉搓黏土，做成大小不一的泥块，一面平坦，一面凸出，棱角磨圆。两河流域长期积淀的粘土为制作泥版创造了得天独厚的条件，成为一种取之不竭、用之不尽的资源。粘土有三大优点：一是易得；二是价廉；三是经久。泥版的形状和大小差别较大：形状多为方形，也有椭圆形的；面积小如邮票，大如碑版。第二步是书写。书吏先用细绳在泥版上画好格子，然后用芦苇笔、木棒等书写工具在上面画图或刻字。首先刻写平面，

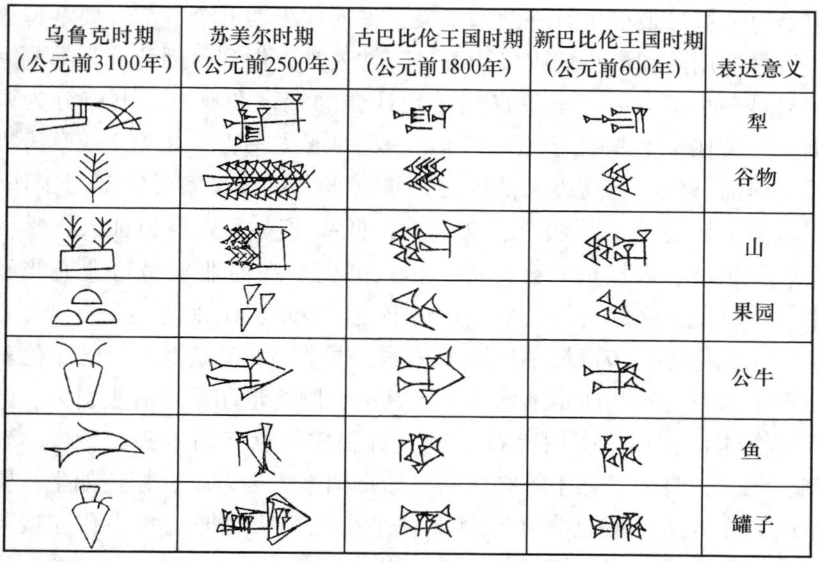

乌鲁克时期 （公元前3100年）	苏美尔时期 （公元前2500年）	古巴比伦王国时期 （公元前1800年）	新巴比伦王国时期 （公元前600年）	表达意义
				犁
				谷物
				山
				果园
				公牛
				鱼
				罐子

图 6　楔形文字

再刻写凸面。小泥版可以拿到手上刻写，大泥版要安置在特制的架上。刻写顺序先是从右到左、自上而下，其缺点是已写好的字易被刻字的手抹掉。到公元前3100年左右，开始变为从左到右，横行书写。为了提高工作效率，书吏还对刻写技术进行了两项改革：一是泥土印章，一是圆筒印章。书吏把文字刻在圆柱上，将圆柱在湿润的泥版上滚动，就把刻好的字复制到泥版上。如果一块泥板写不完一篇文章，就多用几块。每块都有全文的标题和编号。为了便于阅读和查对，相邻两块的首句都是重复的。第三步是晾干或烧制，以便永久保存。第四步是将成套的泥版，用绳子捆起来，附上标示内容的一块小泥版，放在衣架上，也有用篮子、泥坛、泥罐盛放的。有些重要的文件或信件，可用"信封泥版"保存。信封泥版是用另一块空白泥版盖在文件或信件上，用软泥封住泥版的四边，并盖上印章。在空白泥版的表面刻有文件或信件的副本或内容提要，以防伪造、篡改或损坏。

楔形文字是由书吏刻写的。书吏属一个享有极高社会地位的特殊职业阶层。楔形文字的符号总数不到600个，常用字只有300多个，但是每个符号最少也有一两个字义，平均代表四五个音节。要掌握这些符号的用法和语法规则极为不易，常人难以做到。因此，学会刻写的只是一小部分人，书吏自然受到社会的崇拜和尊重。书吏分为两类：一类在王室或政府机关工作，一类是私人书吏。在王室或政府机关工作的书吏又有高级、低级之别：高级书吏在国家要害部门工作，多写国王旨意、军政法令、文书等；低级书吏多充当公证人、掌印员、记录员、审核员、会计等。私人书吏多在商业贸易行业充当秘书、计算员、文牍员等。书吏是由书吏学校培养出来的。

巴比伦也是印章最早出现的国家。早在5000多年前，巴比伦就出现了印章。这些印章形状不一，其中，圆筒形印章最有吸引力。圆筒印章体积较小，多用宝石或半宝石制成，也有用木头、金属、玻璃、象牙、骨头、黏土等制作的。印章图案千姿万态，栩栩如生。图案的制作方法一般是先在印章上钻个小孔，然后把这些小孔连接起来，得到自己所需要的形象。圆筒印章在湿泥版上滚动，就会留下连续的印痕。大约到了公元前3000年，巴比伦人又在圆筒上钻上一个直上直下的小孔，以便把它们钉在衣服上，或用绳子穿起来，或者挂在脖子或手腕上。

巴比伦的图书和图书馆

楔形文字的产生，促使历史文献大量出现。巴比伦的图书馆收藏有众多历史文献。世界上最早的图书馆是亚述巴尼拔图书馆。它比著名的埃及亚历山大图书馆还早 400 年，亚述巴尼拔图书馆因亚述末代国王巴尼拔而得名。巴尼拔国王于公元前 668 年到公元前 627 年在位。该馆藏书多为从各地传抄的摹本，其中，不少是国王巴尼拔的训令，训令要求各地文官搜访泥版图书。巴尼拔还雇请了不少学者和抄写员，专门抄写来自各地的泥版和有价值的铭文。该馆藏书门类齐全，举凡哲学、数学、医学、占星学、语言学、文学等，应有尽有。其中，王朝世袭年表、宫廷敕令、史事札记、神话故事、文学作品等为后人解读巴比伦——亚述文明提供了方便。最著名的文学作品是苏美尔时期的三部史诗：《恩梅卡尔史诗》《卢伽尔班史诗》和《吉尔伽美什》。其中，《吉尔伽美什》被称为"东方的荷马史诗"。实际上，它比希腊的《荷马史诗》要早两千多年。《吉尔伽美什》载于 12 块泥版，共有 3500 行。该诗分前言和正文两个部分：前言概括介绍了吉尔伽其人其事，他是乌鲁克国王，非人非神，是一个貌美的、智勇双全的英雄形象。正文分七个部分，描绘了英雄一生的传奇故事。情节迂回曲折，文字优美，反映了人们勇于探索生死奥秘的愿望，也充满了反抗意志，但最终难逃失败的命运，具有悲剧色彩。该诗不仅有很高的文学价值，而且也有重要的史学价值。《吉尔伽美什》泥版现藏大英博物馆。另外，还有寓言式作品《约伯记》，叙述了受难者巴勒塔·阿特努阿的故事，他笃信宗教，对神灵无比虔诚，然而，他的苦难比谁都多，当然，我们今天能够看到亚述巴尼拔图书馆的藏书，应当感谢英国业务考古学家莱亚德，是他于 1849 年用一把铁锹挖出了亚述王宫遗址，并发现了图书馆建筑及其三万"册"藏书，其面积之大、藏书之多，令人吃惊。由于泥版图书的特殊性，才能一次又一次免遭战火，保存至今(图 7)。

图 7　泥版图书

截至目前的考古发掘，除了亚述巴尼拔图书馆之外，还有不少其他图书馆。这些图书馆可分王室图书馆、神庙图书馆和私人图书馆三种类型。可见当时泥版文献甚多，公私藏书已经蔚然成风。流传至今的泥版图书为我们研究巴比伦文明提供了丰富的资料。

巴比伦的学校教育

世界上最早的学校首推苏美尔的"泥版书屋"。泥版书屋又称"埃杜巴""书吏学校"。

早在 20 世纪初，考古学家就在苏美尔的舒路帕克发现许多泥版"教科书"，时间约在公元前 2500 年。20 世纪 30 年代，法国考古学家安德烈·帕罗特在两河流域上游名城马里发现一处房舍，舍内有一条通道和两个大小不一的教室：大的有四排石凳，可坐 45 人；小的仅有大的三分之一，有三排石凳，可坐 23 人。教室内没有讲台和课

56

桌，却有许多泥版，像是学生作业。四壁没有窗户，光线从房顶射入。墙壁四周底部设有装有泥土的浅水槽，还有一个椭圆形陶盆，可能是制作泥版用的。房舍建造时间在公元前 3500 年左右，比埃及公元前 2500 年左右出现的宫廷学校要早 1000 年左右。巴比伦学校大致可分三类：第一类是宫廷或政府设立的；第二类是寺庙设立的；第三类是文士私立的。学校中有校长、教师、辅助教师、监督、学生等。校长被称为"学校之父"，是师生敬仰的领袖人物；教师各有所长，分科任教，或教计算，或教测量，或教图画等；辅助教师从事教学的辅助工作，如布置作业、书写范字、改正错误等；监督是泥版书屋的管理者，督查校规校纪；学生人数最多，是受教育者。学校对学生的管理特别严格，达不到要求者，就会受到严重体罚，棍击是经常的事情。巴比伦学校主要进行文士教育，文士教育可分两个阶段：第一阶段是普通教育，传授文字、算术、几何、天文学等基础知识；第二阶段是对学生进行神学、法学、医学、音乐等方面的教育，还要到有关政府部门对口实习。

巴比伦经济发达，科学文化先进，与其先进的学校教育密不可分。

巴比伦的工艺技术

巴比伦工艺技术主要表现在陶工艺、石工艺、金属工艺等方面。

巴比伦是世界上最早出现陶工艺的地区之一，早在新石器时代，就有造型多样、装饰华美的陶工艺作品出现。公元前 3500—前 3100 年，巴比伦陶工艺的最大突破是出现了轮制，从而为巴比伦陶工艺生产注入新的活力。后来，这项技术迅速传到西亚，促进了社会的第二次大分工，加速了陶器的批量化生产。公元前 3100—前 2900 年，巴比伦彩绘陶器的色彩更加丰富。到了公元前 2900 年以后，整个陶工艺生产呈现衰落的趋势。巴比伦的石工艺虽然没有留下宏大的建筑，但也不乏精致的石工艺作品留传至今。公元前 3300 年制作的《奉献用石瓶》，以雪花石雕刻，器壁上的浮雕刻饰着人和动物的纹样，十分精致，造型挺拔有力，庄重肃穆，具有纪念碑的意义。公元前

3100—前 2900 年，巴比伦的石工艺进一步发展，制品日趋大型化，多是具有纪念意义的奉献用品和石碑。现藏巴黎卢浮宫博物馆的《汉谟拉比法典碑》是巴比伦石工艺的杰出代表。此碑刻有楔形文字的法典 282 条、8000 多字，雕刻技术纯熟，造型遒劲大方，装饰古朴典雅，是古代第一部完整保存至今的成文法典，也是研究巴比伦历史的珍贵资料。亚述帝国石工艺再创辉煌，各种石工艺装饰品应运而生。新巴比伦时期的石工艺仍以石碑、壁饰以及纪念意义的人或动物雕刻为主。巴比伦的金属工艺也有很大成就。早在公元前 5000 年中后期到公元前 3000 年左右，苏美尔人已掌握了铜、银等金属的冶炼和加工技术，出现了不少精美的青铜制品和黄金工艺制品，动物造型多为羊、鹿、翼狮、牡牛等。黄金工艺品尤其盛行，有不少佳作。还有不少银器和贝壳、木材、天青石等与黄金搭配的工艺品。总之，巴比伦工艺技术在六七千年以前已经取得惊人的成就。由于地理和历史的原因，巴比伦和古代埃及工艺技术的特点有些相似之处。

巴比伦是两河文明的发祥地。从雕版印刷社会需求而言，苏美尔的"泥版书屋"是世界上最早的学校，亚述巴尼拔图书馆、王室图书馆、神庙图书馆和私人图书馆，收藏有数量众多、内容丰富的泥版图书。这些图书馆及其图书，反映了巴比伦的读者需求、抄书者需求和藏书者需求。但从雕版印刷的物质基础而言，由于两河流域长期积淀的粘土，成为他们取之不竭、用之不尽的廉价的文字载体，就自然缺少发明雕版印刷文字载体的最起码的条件。从雕版印刷技术基础而言，巴比伦文字由苏美尔文字发展成为楔形文字，但是这种文字很难识别，只为少数人掌握。巴比伦的印章虽然出现较早，但它和中国的印章不同，对于雕版印刷没有借鉴意义。《汉谟拉比法典碑》虽然是巴比伦石工艺的杰作，但是并没有由此而产生拓印技术，只能是一个历史纪念品。公元前 539 年，巴比伦被波斯人的铁蹄所征服，被送进了历史博物馆。

三、古代印度

印度是世界四大文明古国之一。

印度概述

印度位于亚洲南部。东面是世界上最大的海——阿拉伯海；西面是世界上最大的海湾——孟加拉湾；北部是世界最高的山——喜马拉雅山；南面是印度洋。三面环海，一面靠山，有天然封闭的地理环境。印度领土可分两大区域：南部是德干高原，北部是印度河和恒河地区，这里是印度文明的发祥地(图8)。

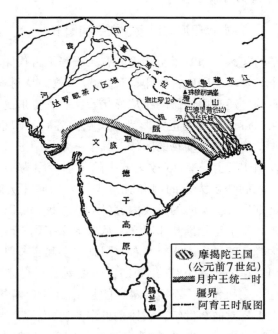

图8　古代印度

早在 4000 多年前，在印度河流域就产生了印度文明。印度历史可分史前时代、吠陀时代与史诗时代/列国争雄时代、殖民地时代和独立时期。史前时代又称哈拉巴时代（约前 3000—前 2000）。"吠陀"就是"知识"的意思。吠陀时代（约前 2000—前 600），因有四部以"吠陀"为名的神话诗集，记述了这个时期的历史，故名。这四部诗集即《梨俱吠陀本集》《娑摩吠陀本集》《耶柔吠陀本集》和《阿闼婆吠陀本集》。史诗时代与列国争雄时代基本同期，以两部重要史诗而得名，它们是《摩诃婆罗多》和《罗摩衍那》。列国争雄时代（约前 600—前 1857）长达 2000 多年，主要有摩揭陀王国[前 7—前 6 世纪创建，盛于孔雀王朝（前 321—前 185）]、阿育王时代（前 268—前 232）、莫卧儿帝国（1526—1837）等。后莫卧儿王朝被英国灭亡，印度沦为英国殖民地，直到 1950 年独立。

古代印度的印章、文字和图书

印度文字的起源与印章紧密相连，有人干脆把古代印度文字称为印章文字。今天发现的印度古代印章有 2500 多枚。从材料看，有陶、象牙、天青石等，还有用铜做的；从形状看，有正方形的、有长方形的，其中以 2.5cm 为直径的正方形为多；从内容看，印章上有大象、骆驼、牛、羊、狗等不少动物的图像。其中，牛的图形最多，在一处出土的 123 枚铜印章上，有 36 枚刻着牛的图形。因为牛不仅可以耕田，而且还向人们提供大量的肉和乳，成为人们向往美好远景的寄托，牛崇拜是古代印度文明的重要内容（图 9）。我们可以通过丰富多彩的印章图像和文字符号推知印度文字从象形文字到表音表义文字的发展过程。学者已破译出 400 个左右的图画文字和音节符号。这些文字和符号说明早在公元前 1000 年初期，印度就有了自己的字母文字婆罗谜文、佉卢文和梵文，而流行最广的是由 51 个字母构成的梵文，梵文大约产生于公元前 9 世纪，载体是贝多罗树叶。

印度古代梵语文献（图 10）的著名代表是四部《吠陀本集》。在四部《吠陀本集》之中，以《梨俱吠陀本集》的价值最高。全书计 10 卷、1028 首诗、10552 颂，其中对因陀罗的赞歌最多，颂扬他与土著居民

图 9　牛形印章

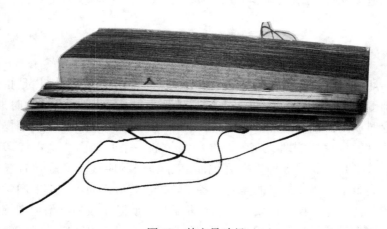

图 10　梵文贝叶经

进行的战争，征服达罗毗荼人的经过，反映了雅利安人进入次大陆以后的生活和战争历程，有重要的文学价值和史料价值。其他三部是其派生著作，成书较晚。《娑摩吠陀本集》计二卷，1549 颂；《耶柔吠陀本集》计二卷，韵文和散文混合；《阿闼婆吠陀本集》计 20 卷、730 首神曲、600 颂，多有巫术、咒语，间有科学思想，古代印度医学即源于此。吠陀文献晚些时候还有森林书和奥义书。森林书因哲学家长期隐居深山老林而得名，内容主要是他们探索和讲授《吠陀本集》的著作。奥义书也是解释《吠陀本集》奥义的著作，约成书于公元前 10 世纪至前 5 世纪，现存 200 多种，其中只有 14 种是原始的，其他多为后人所作。奥义书是唯心论和唯物论思想的总源泉。两部著名史诗《摩诃婆罗多》和《罗摩衍那》以形式优美、内容和谐著称于世。前者约有 18 篇、10 万颂，曾被认为是世界上最长的史诗，完成于公元 4 世纪，内容叙述婆罗多族两支后裔战争故事；后者约有 7 篇、2400 颂，成书于公元 2 世纪末。此外，古代印度梵文文献还有不少文学作品、自然科学方面的内容。民间文学作品如《五卷书》、《佛本生经》等。《佛本生经》叙述佛前生的 550 个故事，流传很广，成书时间约在公元前 3 世纪。自然科学书籍主要集中在数学、医学方面，其中以阇罗迦著医书《阇罗迦本集》最为著名，曾被译成多种文字，流传世界。

古代印度的学校教育

印度古代学校产生于"奥义书时期"。所谓"奥义书时期"是指公元前 8 世纪到公元前 4 世纪人们从理论上钻研《吠陀》经典的时期，这个时期是古代印度科技文化的发展时期。婆罗门教和佛教是同操古代印度教育大权的两大宗教。在相当长的一个时期内，是古代印度人，特别是婆罗门等种姓家庭记诵《吠陀》经的时代。家庭教育已经远远满足不了阐述经义的需要，各类学校也就应运而生。婆罗门学校有三种：吠陀学校、古儒学校和陀儿学校。吠陀学校亦称僧侣训练学校。这类学校起初仅仅招收婆罗门子弟，目的在于保持种姓的延续，训练未来的婆罗门僧侣。公元前 500 年左右，刹帝利和吠舍子弟亦可入学，但教师只能由婆罗门教士担任。古儒学校是古儒举办的学校。所谓"古儒"，指那些粗通经义、专门从事青少年教育工作的人。古儒学校是古代印度最重要的教育中心，是一种免费教育，学制一般为12 年。学习内容十分丰富，而以语言学、韵律学、文法学、字源学、天文学和祭礼六科为主。陀儿学校是一种简易学校，一般有 25 名学生，免交学费，并供应食宿。这类学校多分布在农村集镇，口耳相传，面授《吠陀》语句，不加解释，学生只是死记硬背，教师从不体罚学生。另外，在奥义书时期，约公元5世纪末，也产生了婆罗门高等学校，这些高等学校初由若干"陀儿"联合形成的学术教育中心发展而来。学术中心有两类：一是巴瑞萨，一是隐士林。巴瑞萨是学者集会的场所，众多学者在此讨论神学、哲学等大家关心的问题。隐士林是年老婆罗门学者教学之地。教学内容全靠教师口述，学生笔录。学术中心进一步发展，就出现了大学。其中，塔克撒西大学建于公元前600年，历经数百年之久，最为著名。

古代印度的佛教教育主要是寺院教育。婆罗门教的传统是重视家庭教育，而佛教则要求"出家"修行。寺院多建于人烟稠密的地方，大者可容纳一两万人。寺院设备齐全，环境幽雅，是修行和学习的最佳去处。婆罗门教轻视女子教育，而佛教则重视女子教育，广设尼庵，专收女子。除了寺院和尼庵外，佛教也很重视社会教育，建立了庞大的社会教育体系，在家修行的人同样可以修成正果。在家修行的男性称"优婆塞"，女性称"优婆夷"。他们同样遵守佛教的清规戒律，承担寺庵运转的费用，并慷慨施舍僧众。更需在家诵读经典，定期参加寺庵的宗教仪式，并由僧侣解释教义，回答疑难。由于佛教重视寺院、尼庵以外的广大信徒的教育，影响不断扩大。佛教教育的学习内容包括佛教经典和文化科学知识。文化科学知识包括婆罗门教育中的逻辑学、天文学、数学等。佛教教徒长期钻研哲理，阐明教义，高僧辈出，取得重大学术成就，许多寺院成为高等学府。学术水平最高的寺院有六七所，其中以摩揭陀国的那烂陀寺最负盛名，中国唐代名僧玄奘曾在此留学。当时这里有僧师1500人，僧众8500人左右。这里还有规模宏大的图书馆，图书馆是一座九层高楼，收藏了大量珍贵图书。

古代印度的工艺技术

印度古代工艺技术主要表现在石工艺、陶工艺、金属工艺、纺织工艺等方面。

早在石器时代，印度即有各种石制工具。佛教诞生后，各种石材制作的容器、祭器、石碑、神像和装饰性石版大量出现。孔雀王朝时期，石工艺进一步发展，出现不少纪念性石柱、装饰性石碑、宗教建筑等，这些石工艺多以红砂石为主要材料。贵霜王朝时期，为宗教服务的石工艺最多，精彩纷呈。公元前4世纪末，马其顿国王亚历山大入侵后，对印度石工艺产生了很大影响，制作了不少释迦牟尼的各种形象。笈多王朝提倡宗教、崇尚艺术，涌现出一大批石工艺珍品，石制佛像达到炉火纯青的境界。早在公元前30世纪，印度的陶工艺已相当发达，已有不少土陶雕塑、实用器皿等陶工艺品。《陶塑母神》是出土众多地母神像的一尊，它是孕育生命的大地的象征。孔雀王朝时期，陶工艺技术有更大发展，除了过去的土红色、黄褐色陶器外，还出现了不少白色、浅黄色的陶工艺品，如蛋壳陶、穿孔陶等，百态千姿，造型各异。贵霜王朝时，常见的陶工艺造型有大象、牛、羊、狮、鹰等，各种彩釉也很普遍。到了笈多王朝，工艺美术有了更大发展，出现大量的蓝釉陶、镀金彩陶等工艺品，无论造型或制作技术，都有了更大进步。古代印度的金属工艺也很发达，早在上古文明时代，印度已掌握了青铜冶炼和铸造技术。贵霜王朝时期，金属工艺在祭器、神像、装饰品等的应用上格外重要，佛教用品舍利容器的金属工艺十分盛行。笈多王朝时，金属冶炼、铸造和金属加工技术有了很大进步，各种祭器和神像的制品尤其精美。金属钟铃、金属屏风、金属货币的制作尤具地方特点。印度是世界上最早种植棉花的地区，古代印度的棉纺工艺也很发达，孔雀王朝时期已出现以棉纺品著称的地区。总之，7世纪前的古代印度的工艺技术有四大特征：一是宗教性，印度古代工艺技术充满宗教色彩；二是多样性，具有丰富的形式和内涵；三是官能性，对生殖崇拜和性的直观表现，带有一定的人文主义色彩；四是艺术性，不少印度古代工艺形式夸张，对比强烈，具有浪漫主义色彩，装饰纹样极具节奏感。

古代印度有其悠久的文明史。从雕版印刷的社会需求而言，早在公元前8世纪的"奥义书"时期，就出现了学校。后来的婆罗门教和佛教教育也很发达，有广泛的读者需求。古代印度以四部《吠陀本集》、奥义书、森林书为代表的众多文献，也反映了强烈的著者需求和抄书者需求。但从雕版印刷的物质基础而言，古代印度长时间以贝多罗树叶作为书写材料，直到7世纪，造纸技术才传到印度。从雕版印刷的技术基础而言，虽然古代印度在公元前10世纪就出现了印章文字，但是这些印章和中国的反文阳刻印章不同，都是一些人们难以识别的图画和符号。公元前9世纪出现由51个字母构成的梵文，但是没有拓印技术。至于唐释义净《南海寄归内法传》卷四所谓"造泥制底及拓模泥像，或印绢纸，随处供养"等记载，日本人藤田丰八有两处误读：一是"拓"字并非拓印，而是用泥模印造佛像(第十二章第五节)，这种方法与印刷术无关。二是"纸"字并非纤维纸，而是绢，因为当时印度还不会造纸和绢，这些纸或绢都是从中国进口的。印度自造纸张较晚，在8世纪前后(详本章第九节)。所谓"或印绢纸"，就是在绢上印染佛像。这种技术中国在先秦两汉时已很繁荣(详第八章第四节)。古代印度虽然有发达的工艺技术，但是与雕版印刷技术有关系者还不太多，实现雕版印刷这项综合工程的条件还不充足，因而古代印度终于没有能够发明雕版印刷。

四、古 希 腊

古希腊是西方文明的摇篮，是欧洲古代文明的发源地。

古代希腊概述

古希腊比今希腊要大得多。其地理范围以希腊半岛为中心，包括东面的爱琴海和西面的爱奥尼亚海，还有今天的土耳其西南沿海、意大利南部、西西里岛沿海地区(图11)。

古希腊文明的前身是爱琴文明。公元前6000年，希腊爱琴海地区已进入新石器时代。公元前3000年，已出现青铜文明，它是欧洲最早的古代文明。爱琴海地区约于公元前2000年就出现了奴隶制城邦国家。爱琴文明又叫克里特-迈锡尼文明，因为爱琴海文明先后有

图 11 古希腊

两个中心：前期在克里特岛；后期在希腊半岛南部伯罗奔尼撒半岛的迈锡尼。爱琴文明约于公元前 1100 年消亡。此后，希腊文明经历了一个漫长曲折的道路。过了几个世纪，希腊人才重新建立国家，正式进入希腊文明。从爱琴文明出现到被罗马征服，古希腊文明延续了两千年，经历了产生、发展、繁荣、衰亡的过程。古希腊由众多的以城市为中心的小国家集合而成，其中以斯巴达和雅典为最大。斯巴达尚武，是农奴制城邦的典型代表；雅典尚文，是工商业城邦的典型代表。公元前 776 年，古希腊举行了第一届奥林匹克运动会。公元前 288 年，马其顿国王腓力征服了希腊的许多小国，成为希腊的盟主。腓力死后，其子亚历山大继任马其顿国王。他连年扩张，建立了一个横跨欧亚非三洲的超级帝国——亚历山大帝国。公元前 168 年，罗马人占领马其顿，希腊灭亡。

古代希腊的文字

古希腊文字最早出现在爱琴文明的克里特岛上。最初是图画文字，然后发展为象形文字。公元前 1700—前 1600 年，象形文字发展为有音节的线形文字 A。这种文字盛行于克里特岛的米诺斯文化的鼎盛期。米诺斯文化是一种海上文化，大海塑造了古希腊人开放的性格。米诺斯是一个名副其实的海上霸国。到公元前 1400 年，米诺斯为伯罗奔尼撒的亚该亚人所消灭，线形文字 A 不复存在。时至今日，人们一直未能解读线形文字 A。公元前 1450—前 1400 年，克诺萨斯王宫出现了另一种文字，即线形文字 B，从而迎来了迈锡尼文明的鼎盛期。英国考古学家已对刻在泥版上的线形文字 B 破译成功，确证线形文字 B 是印欧语系中古希腊语的一支，在迈锡尔尼文明盛行时已经广泛应用，具有统一文字样式的迈锡尼文明已在希腊大地形成。线形文字 A 和线形文字 B 都是刻在印章、泥版、泥球、泥棒上的。目前，在克诺萨斯王宫发现的泥版文书共约 4000 件，这些文书多为财务收入的账单，也有关于剥削奴隶、向农民征收贡赋的材料。在线形文字 B 消失之后，希腊便没有了自己的文字。在荷马时代，还没有使用文字的迹象。希腊字母文字的出现，约在公元前 750—前 700年之间的陶器上(图 12)。这种字母文字源于腓尼基的音节文字，腓尼基文字有 22 个字母，而迈锡尼的线性文字 B 使用的字母多于 80个。因腓尼基文字较线性文字 B 简单，希腊人毫不犹豫地借用了这种文字。当然，古希腊人并不完全照搬腓尼基文字，而是有所改造。将其中一些辅音字母改成元音字母，成为包含元音和辅音的 24 个字

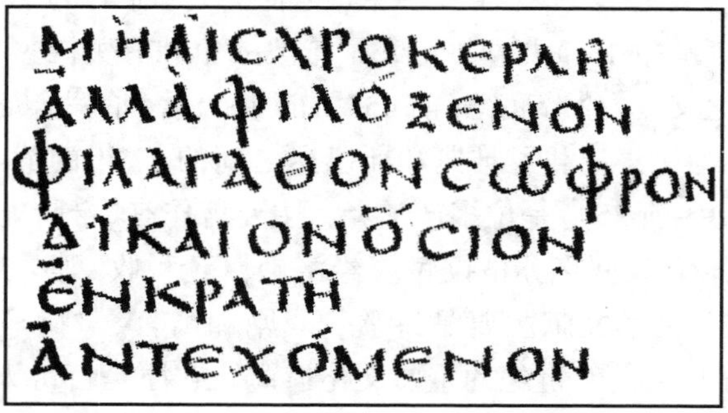

图 12　希腊字母

67

母组成的字母文字。每个字母都有独特的发音，体系极其简洁。直到今天，世界各国的大多数文字仍然采用这种体系。

古代希腊的图书

古希腊文献内容丰富，其中，哲学、史学、文学文献尤其值得研究。

古希腊哲学文献是古希腊文明的重要组成部分。从公元前7世纪到公元5世纪的1000多年间，希腊哲学经历了自然哲学、人本主义哲学、道德哲学、神学唯心主义等几个发展阶段。在其发展过程中，哲学与科学交织在一起，唯物主义和唯心主义、辩证法和形而上学的斗争从来没有停止过。古希腊哲学家的代表人物有柏拉图、亚里士多德、欧几里得等。柏拉图(前427—前347)是亚里士多德的老师，他集古希腊唯心主义之大成，主要著作有《美诺篇》《理想篇》《智者篇》《法篇》等。其中，《理想篇》是西方空想主义的第一部著作。亚里士多德(前384—前322)是古希腊百科全书式的学者，现存论文40多种，其中有《形而上学》《物理学》《尼各马可伦理学》《修辞学》《政治学》《诗学》《雅典政制》等。欧几里得(约前330—前275)著《几何原本》是古希腊科学的最高成就，它奠定了古典几何学的基础，其严谨的逻辑推理方法对近代科学的发展具有重大影响。

古希腊的史学文献也很丰富。希罗多德、修昔底德和色诺芬被称为古希腊"三大史学家"。希罗多德(约前484—前425)著《历史》(一名《希腊波斯战争史》)九卷，记载了希波战争和有关国家的历史，被称为"史学之父"。修昔底德(前455—前400)著《伯罗奔尼撒战争史》八卷，以时为序，记载了雅典和斯巴达之间的27年的战斗历程。色诺芬(前430—前354)是位多产学者，主要著作有《希腊史》《远征史》《斯巴达政体论》《回忆苏格拉底》《经济论》《论税收》等。

古希腊的文学文献主要是诗歌、戏剧和寓言。《荷马史诗》是古希腊公元前11—前9世纪的重要文化遗产。它原是盲诗人荷马所作，本以说唱形式在民间流传。公元前6世纪才写成文字，内容是古希腊远古时代关于人和神的传说。其中《伊利昂记》(一名《伊利亚特》)描写希腊与东方特洛伊人交战的故事。在西方文学史上，荷马经常与但丁、莎士比亚、歌德、巴尔扎克、托尔斯泰等相提并论。古希腊文学的主要成就是戏剧。古希腊三大悲剧家是埃斯库罗斯、索福克勒斯和欧里庇得斯。埃斯库罗斯被称为"悲剧之父"，一生写了390多个悲剧，其中以《波斯人》《被缚的普罗米修斯》等最为著名。索福克勒斯一生写了130个悲剧，其中以《俄狄浦斯王》《安提戈涅》等最为著名。欧里庇得斯一生写了93部悲剧，其中《美狄亚》《特洛亚妇女》等18部流传至今。古希腊杰出的喜剧家有阿里斯托芬，他一生创作了44部喜剧，被称为"喜剧之父"。其中有《和平》《骑士》等。希腊的著名寓言是《伊索寓言》，相传伊索是一个非常聪明的奴隶，后来获得解放。《伊索寓言》的主人公都是动物，其中《狼和山羊》《农夫和蛇》《龟兔赛跑》等比喻恰当，形象生动，影响很大。

古代希腊的学校教育

古希腊重视学校教育。整个古希腊的奴隶制度分为前后两个时期，前期从公元前8世纪到公元前337年；后期从公元前334年亚历山大东征到公元前146年希腊被罗马占领。前后两个时期的学校有明显不同。

前期以两个最大的城邦国家斯巴达和雅典为代表。斯巴达位于伯罗奔尼撒半岛南部肥沃的平原，四面群山环绕，又没有港口，十分闭塞。其教育目的在于通过严酷的军事体育训练，把贵族子弟培养成为体格健壮的武士。在斯巴达，儿童属于国家。7岁以前，父母教养。到了七岁，就被送入国家教育机关过半军营式生活。教育内容主要是军事和体育。到了18岁，送进高一级的教育机构埃弗比团，接受正规军事训练，直到20岁止。斯巴达学校教育有五个特点：一是学校一律公办，禁止私办；二是高度军事化，纪律严明，令行禁止；三是重视道德教育，特别重视爱国主义、英雄主义、道德守法和艰苦奋斗的教育；四是开放式管理，每个公民都有权利和义务教育学生；五是重视女子教育，女子可以和男子一样接受教育。雅典的地理环境和斯巴达不一样，濒临爱琴海，有优良港湾，是国内外商业中心，拥有海上霸权。其教育目的在于通过智育、德育、体育、军事、美育等多方面训练，做到全面和谐发展。在雅典，男孩从 7 岁起，送进私立文法学校和琴法学校接受初等教育。在文法学校，学习初步的阅读、写字、计算等；在琴法学校，学习音乐、吟诵荷马诗、演奏七弦琴，还经常参加奔跑、骑马、投枪等体育活动。到了 13 岁或 14 岁，进入私立体操学校，重点进行体育训练，参加角力、赛跑、跳高、掷铁饼和投枪五项竞技运动，还要学习游泳等。到了 16 岁，一部分富人子弟进入体育馆，进一步接受体操、骑马、射箭和音乐训练，还学习政治、法律和文艺(即辩证法、文法和修辞学)。年满 18 岁可升入相当于高等学校的埃弗比团。马其顿占领古希腊本土后，随着城邦独立性的丧失，无论初等教育、中等教育或高等教育都发生了很大变化。在初等教育方面，智育受到重视，读、写、算成为主要教学内容，体育和美育的地位下降，体操学校和琴法学校逐渐由文法学校代替。在中等教育方面，文法学校逐渐代替体育馆教育，学习内容包括文学、诗歌、作文、演讲、算术、几何等。很多学校由私办变为公办。在高等教育方面，埃弗比团的单纯军事训练已过渡到军事和学园相结合，埃弗比成员可同时到学园和修辞学校学习。训练范围扩大，除了雅典人之外，还吸收外国青年。雅典的学校教育也有五个特点：一是教师个别教学，尚未采用分班教学。教师分科教学，各有其长，各负其责。二是除了国家例假之外，每周 7 天，终年上课，学习生活十分辛苦。三是轻视女子。四是开放式管理，学校邀请著名学者或国家派遣官员来校活动。五是学校多为私办，形式多样，国家不干预学校的具体活动。国家管理的主要手段是立法和监督，最早为雅典教育立法者是梭伦(约前 630—前 560)。雅典最高法院负责有关学校法律的监督。

　　后期亦称希腊化时期。在这个时期中，不少哲学学校和修辞学校合并为真正的高等学校。例如公元前 200 年左右建立的雅典大学就是其中最著名的一所。这所大学是苏格拉底创办的修辞学校、柏拉图创办的阿加德米学园和亚里士多德创办的吕克昂哲学学校联合之后的总称。雅典大学的教学内容主要是哲学和修辞学。著名学者为主讲教师，校内学派林立，学术空气浓厚。学生来自希腊、罗马、西亚等地。雅典大学一直延续了几百年，对希腊古代文化的传播产生了很大影响。公元前332年，在亚历山大远征埃及之后，在尼罗河三角洲建立了亚历山大里亚城，该城很快成为地中海和东亚各国政治、经济、文化和教育中心。其博物馆成为一个研究院和最高学府。博物馆内的图书馆馆藏包括希腊文、犹太文、埃及文、波斯文等在内的各种文献资料数十万册。由于藏书众多，人们干脆称之为亚历山大图书馆。图书的内容分为数学、天文、医学、文学四部。为了搜罗这些图书，国王曾带人到全国各地搜访，甚至不惜重金购藏。著名学者亚里士多德死后的私人藏书也卖给该馆。历届图书馆馆长都是著名学者，管理者也是很有学问的人。管理者除了图书馆的日常工作外，还要从事图书制作、修订、翻译等工作。由于这些工作都与图书馆密切相关，因此，亚历山大图书馆使亚历山大里亚城的图书出版及贸易一直处于垄断地位。公元前168年，罗马军队打败了马其顿军队，不少图书毁于战火，也有不少图书成为罗马的战利品。

古代希腊的工艺技术

古希腊的工艺技术主要表现在陶工艺、金属工艺、雕刻艺术等方面。

陶器是古希腊重要的工艺技术产品之一。公元前11世纪到公元前9世纪的陶器是以雅典为中心，以几何形体为主的几何纹样式陶器。这种陶器形体多样、大小不一，其发展经历两个阶段：第一阶段以平行线、交叉线、三角形、S纹和回形纹等几何图案为主；第二阶段以人物图案为主。从公元前8世纪开始，由于东方文化的影响，出现了不少东方式的陶器，刻意模仿东方各国陶器图案的动植物纹样和怪兽纹样。《双耳陶壶》就是其代表作，其图案采用红、黑、黄三种颜色，黄褐色是其整体色调，陶壶表面不仅色调和谐，且有浑厚、华丽之感。这种东方式陶器以科林斯和阿拉卡为中心。公元前6世纪至公元前5世纪，是古希腊工艺技术的繁荣时期。梭伦改革后，奖励手工业技术，为陶工艺的发展创造了有利条件。下面分别就黑纹式陶器、红纹式陶器和彩绘式陶器加以说明。黑纹式陶器就是在红褐或黄褐的陶壁上用黑色饰以剪影式图案，而物体的内部结构则以刻线手法加以表现。现藏佛罗伦萨国立考古博物馆的《法兰苏奥大陶瓮》就是其代表作。红纹式陶器就是在红褐或黄褐的陶壁上饰以黑色或深褐色图案，然后在形象以外的部分涂上黑色。其艺术效果较黑纹式陶器显得更加灵活自如、丰富多彩。红纹式陶器可分两个大类：一是混酒器和双耳瓶等大型陶器；一是杯、盆等小型陶器。克里奥拉提斯是红纹式陶器图案的著名作者，其《特洛伊城的陷落》影射了雅典陷落的情景，表现了战争的残酷，充满了战场的恐怖和悲壮。彩绘式陶器就是先在陶壁上刷上含铁量较少的石灰水，然后饰以黑、褐、黄、红、绿、蓝等多色图案。日久颜色容易消退，略显图案轮廓。公元前11—前9世纪的青铜工艺曾受古代埃及的影响，饰以圆、三角、平行线等几何纹样，如人的上身，动物的颈、肩为三角形，臂部和股部为圆弧形，形式单纯，表现有力，颇具装饰性和观赏性，柏林国立博物馆藏《青铜马》就是其代表作。古希腊后期青铜工艺的代表作是今藏奥林比亚考古博物馆的《青铜鼎局部》，鼎壁有两个角斗士的形象。古希腊的青铜鼎大多为祭神所用，图案内容多神话故事。公元前6世纪后，古希腊的青铜器更加繁荣，铜镜是古希腊金属工艺制品的重要代表。古希腊的木工艺、玻璃工艺、象牙工艺也有骄人的成绩，《木制凳子》和《单耳波纹玻璃罐》也是体现古希腊工艺水平的珍品。只是传世木工艺品、玻璃工艺品不多，无法对其进行系统研究。古希腊的雕刻艺术已经达到很高的水平。雕塑是古希腊人最卓越的成就之一。希腊人的成功建立在对人体结构和动作形态的细致观察和研究上。青年男子的塑像多为裸体，女性塑像都是身着柔软、飘动的衣服，栩栩如生。公元前776年，第一届奥林匹克运动会在古希腊举行，约在公元前480—前440年，由著名雕刻家米隆创作的《掷铁饼者》生动表现了运动员掷铁饼的瞬间动作，极富神韵，成为体现奥林匹克精神的经典之作。总之，古希腊工艺技术有很高的水平。古希腊的奴隶制的民主制度是其工艺技术发展的社会基础，富于想象力的古希腊神话是古希腊工艺技术繁荣的精神资源。

古希腊不愧为西方文明的摇篮。从雕版印刷社会需求而言，古希腊实行普及教育，儿童从 7 岁起就被送入各类学校。公元前 200 年建立的雅典大学是世界上最早的大学之一。众多学校的建立，反映了古希腊强烈的读者需求。亚历山大图书馆是世界上最早的图书馆之一。图书馆里藏有丰富的哲学、史学和文学文献。众多图书馆和丰富的文献反映了古希腊的著者需求、抄书者需求和藏书者需求。但从雕版印刷的物质基础而言，古希腊的文字载体是泥版，则不能满足发明雕版印刷的需求。从雕版印刷技术基础而言，古希腊很早就有了自己的文字，从象形文字到线性文字 A、线性文字 B，最后又发展成为字母文字。古希腊的工艺技术虽然也达到很高的水平，但和发明雕版印刷的关系不大。发明雕版印刷是一项综合工程，缺一而不可，因而古希腊终于没有能够发明雕版印刷。

五、罗　　马

罗马文明是欧洲古典时代的最后总结。

罗 马 概 述

罗马本来是意大利半岛上的一个城镇，位于地中海中央。整个意大利半岛形似皮靴，南北长约 1000 公里，东西宽约 100 公里。从公元前 6 世纪开始，罗马通过战争，不断扩大自己的领土。从公元前 3 世纪起，开始蚕食意大利半岛南部的希腊城镇，并在公元前 1 世纪征服了马其顿，进而征服了希腊全境，建立了一个横跨欧亚非大陆的罗马帝国(图 13)。古代罗马的发展经历了三个时期：公元前 8 世纪到公元前 6 世纪末为王政时期；公元前 6 世纪末到公元前 1 世纪后期为共和时期，这个时期罗马进入奴隶社会；公元前 30 年起，到公元 476 年为帝政时期。

罗马的文字、羊皮纸和图书

公元前 6 世纪，罗马已经有了文字。罗马人的文字被称为"拉丁

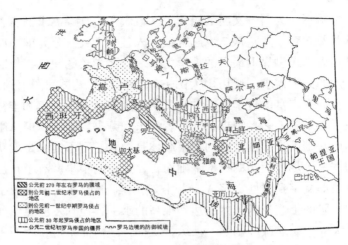

图 13　1—4 世纪的罗马

文"（图 14）。拉丁文字母（亦名"罗马字母"）由受到腓尼基文字和希腊文影响的埃特鲁斯坎文字母发展而来。起初，拉丁文字母有 21 个，中世纪增加到 26 个。罗马人创造的拉丁字母，由于形体简单、匀称、美观，易于认读和书写而流传极广，是世界各种文字系统中使用最广的字母体系。后来，它又成为日耳曼诸语共用的文字字母。就连中国

图 14　拉丁文

当代的汉语拼音方案用的也是拉丁字母。拉丁字母随着罗马的对外扩张，传播到西欧、南欧的广大地区。在罗马帝国时代，成为国际性通用语言。由于拉丁字母的稳定性、中立性和准确性，直到现在，拉丁语已经成为世界上的学术用语，是现代医药学、生物学等学术领域重要的交流工具，许多国际条约的文本也使用拉丁文本。

罗马人用的纸张是用小羊皮或牛皮加工而成的"皮纸"，通常叫做"羊皮纸"。羊皮纸的制作方法比较简单：首先把羊皮或牛皮加工鞣制，使其软化。然后刮去皮上的附属物，使其表面平整光滑，而且柔韧稀薄，就可以写字了。罗马人用羽毛或芦管当笔，蘸了墨水之后写在羊皮纸上，然后装订成册(图 15)。由于当时的图书全靠手抄，富贵之家都有专门抄书的奴隶。为了便于携带和保存，罗马人还把厚厚的书册在木板上下固定，这样可以防止掉页、乱页。

在罗马拉丁文产生以后，陆续出现了不少哲学、法学、史学、文学方面的文献。在哲学方面，著名哲学家有西塞罗、卢克莱修等。西塞罗是罗马折中主义思想的代表，代表作有《神的本性》《论善与恶的定义》《论目的》等。卢克莱修是罗马共和时期唯物主义哲学家，代表作有《物性论》等。在法学方面，公元前 450 年，罗马颁布了第一部

图 15　羊皮纸图书

成文法典《十二铜表法》，此法因刻于 12 块铜板上而得名。公元前 3
世纪中叶之前，罗马政府颁布了公民法，这是一个针对本国公民的法
律。公元前 3 世纪之后，罗马政府又颁布了万民法，万民法适于对外
征服之后罗马境内的所有民族。公民法和万民法并行而治，成为罗马
法的两大体系。528 年，东罗马皇帝查士丁尼敕令对历代法律进行整
理和审定，编为《查士丁尼法典》。接着，又先后完成了《法学阶梯》
《法学汇编》和《查士丁尼新律》三部法典，与《查士丁尼法典》总称
《查士丁尼民法大全》。在公元 2—3 世纪之交，出现了乌尔比安、盖
乌斯、伯比尼安、保罗斯、莫迪斯蒂努斯等五位著名法学家，编撰了
大量法学著作。在史学方面，出现了老加图、恺撒、李维等著名史学
家。老加图是罗马史学的奠基者，代表作是《罗马历史源流》；恺撒
不仅是罗马共和后期的风云人物，也是出色的史学家，代表作是《高
卢战纪》《内战纪》等；李维是罗马帝国初期史学家，代表作是《罗马
建城以来史》(简称《罗马史》) 142 卷，开创了西方史学的通史体例。
在文学方面，戏剧和诗歌令人注目。安德罗尼库斯是罗马第一位诗人
和剧作家。他首次把荷马史诗《奥德赛》译成拉丁文，还创作了罗马
第一部拉丁喜剧和悲剧。普劳图斯是著名喜剧作家，代表作有《一罐
金子》《孪生兄弟》《商人》《俘虏》等。泰伦斯也是喜剧作家，代表作
有《婆母》《两兄弟》等六部喜剧。公元前 1 世纪中叶，罗马文学进入
黄金时代，出现维吉尔、贺拉斯和奥维德三大诗人。维吉尔的代表作
有《牧歌集》《农事诗集》《埃涅阿斯记》等；贺拉斯的代表作有《歌集》
《诗艺》《讽刺诗集》等；奥维德的代表作有《变形记》《恋歌》《爱的艺
术》等。另外，还有天文、动物、植物、矿物、医学、农学等自然科
学方面的著作。天文如托勒密著《天文大全》，确立了地心说体系。
农学如加图著《农业志》、互罗著《论农业》、科路美拉著《农业
论》等。

罗马的学校教育

　　王政时期可供研究的教育史料较少，一般把罗马教育史划分为共
和时期和帝国时期。共和时期又分共和前期(前 3 世纪以前)和后期

（前 3 世纪以后）。

共和前期的罗马教育以家庭教育为主，家庭教育的内容以读、写、算为主，辅以简单的几何、测量等。《十二铜表法》是公元前 451—前 450 年罗马制定的维护奴隶制度的法律，是每个公民必读的"教科书"，儿童尤其要熟记其中的法律条文，这也是家庭教育的重要内容。公元前 3 世纪，罗马通过对外战争，扩大了地盘，疯狂掠夺大量的财物和奴隶，罗马教育深受希腊教育的影响，进入共和后期。至迟在公元前 3 世纪，罗马就出现了学校教育。共和后期的小学教育主要由收费的私立小学担任，只有贵族子弟和条件较好的平民子弟才有可能上学。学生从 7 岁读到 12 岁，教学内容仍以读、写、算为主，也要学习《十二铜表法》。教学方法是机械背诵。对学生要求很严，常常伴以野蛮体罚。中等教育是由收费的私立文法学校承担，学生多为 12~16 岁的贵族和奴隶主子弟，文法学校实则外国语学校，教师大多是希腊人，开始用的是希腊文教材，后来才有拉丁文教材，并出现拉丁文法学校。文法学校的教育内容以文法、文学和作文教学为主，兼及历史、地理等。拉丁文法学校不重视体育，甚至排斥体育，这一点与希腊教育完全不同。16 岁至 20 岁的青年学生进入修辞学校，接受高等教育。当时罗马的社会风尚以能言善辩为人生教养的主要标志，能言善辩也是一种政治资本。因此，罗马高等教育的最终目的就是要培养演说家或雄辩家。修辞学校的学制、教学内容和教学方法多仿希腊教育。教学内容有修辞学、辩证法、法律学、数学、天文学、伦理学、音乐等。总之，共和后期的中等教育和高等教育受希腊教育的影响较大。

公元前 1 世纪，随着罗马对外扩张的加剧和版图的扩大，需要大量的政府官员和速记之类的办公人员，罗马教育也发生了很大变化，从而进入帝国教育时期。帝国时期的小学教育几乎没有什么发展，教学内容仍然以读、写、算为主。中等教育仍然是文法学校，但拉丁文和罗马文学的地位远远超过了希腊文和希腊文学。高等教育的培养目标和教学内容也有明显改变，培养目标不再是演说家和雄辩家，而是官吏和文士。在帝国时代，皇帝独裁，不允许臣民以雄辩的才能干预政治，只能服服帖帖地顶礼膜拜。帝国时期的罗马教育与过去相比，有三点不同：第一，许多私立学校改为国立公办，建立了国家教育行政制度，加强了国家对学校的监督和管理。第二，教师由国家委派，工资由国家支付，同时赋予教师某些特权，提高了教师的社会地位。第三，各级学校的教育目的发生了变化，由培养演说家或雄辩家变为培养驯服臣民。

另外，基督教学校在罗马也有广泛影响。基督教产生于公元 1 世纪，奉耶稣为救世主。罗马帝国开始采用镇压的政策，后来教徒越来越多，改以怀柔为主，镇压为辅。最后采用利用的政策，公元 392 年，罗马帝国宣布基督教为国教。为了扩大基督教的影响，罗马建立了许多宣传基督教教义的问答学校。这种学校有两个目的：一是弘扬基督教义；二是培养教会的神职人员，如牧师等。到公元 4 世纪，罗马信奉基督教的人数已达 600 万。

罗马的工艺技术

罗马的工艺技术表现在陶工艺、玻璃工艺、金属工艺、玉石工艺等方面。

"罗马赤陶"是古罗马时代的朱红色并带有光泽的陶器的总称，也是罗马陶工艺的杰作。这种陶器是在继承希腊制陶技术的基础上，直接受到意大利南部生产的黑陶器的影响而产生的。这种朱红色陶器的明显特征是带有嵌花贴饰和模型翻印的浮雕装饰。罗马的玻璃工艺也很有名，它以抽象的装饰纹样和色彩美，受到人们的重视。与陶器相比，罗马人更喜欢玻璃器皿。豪华的装饰用品和简单的日用器皿，无所不有，罗马进入玻璃的黄金时代。玻璃工艺的杰出代表是"万花玻璃"制品，它是将扭卷的各色玻璃合起来，熔成棒形，接着将棒切断，并置于器壁上，形成四方连续纹样，最后进行热熔处理，使各色互相熔合，产生绮丽的辉煌的梦幻效果。玻璃工艺品的制作方法有很多种，充气制作是常见的一种。它是将加热后的玻璃置于吹管的前端，通过管子向里面吹气，并按照需要不规则转动，从而加工成形体各异的玻璃制品。罗马的金属工艺特别是银工艺和铜工艺也很有名。

共和末期的银器浮雕多为希腊神话故事。卢浮宫博物馆展出的银器是罗马古典样式银器的代表作。其中，有表现裸体胜利女神的水瓶，有将骸骨形象作为浮雕装饰的器皿。从公元 2 世纪到 3 世纪，银工艺逐渐展现罗马的风格，人物形象表现和空间多呈平面化。用乌金(银、铜、铅的合金，呈黑色)镶嵌银器的技法也很盛行，装饰效果更加复杂而好看。银器虽然优美，但它毕竟只是贵族阶层的奢侈品。作为一般平民，青铜器仍然占绝大多数。从大型门扉、床铺，到厨房、文房用品，青铜器皿无所不有。青铜器皿的装饰以自然主义手法表现得最多。罗马的玉石工艺盛行于共和后期，帝国时代达到顶峰。玉石的材质丰富多彩，有约玉髓、紫水晶、石榴石、绿桂石、橄榄石、绿宝石、蓝宝石等。玉石料制品多为印章、戒指、护身符、装饰品等。工艺价值最高的玉石首推玉石浮雕，罗马人巧妙地利用玉石中的色彩和明暗变化，在有限的面积上精雕细刻，刻画出极其柔软的肌肤效果和飘逸的底纹形象，表现出高超的制作技艺和艺术感染力。现藏维也纳艺术博物馆的一块玛瑙雕制品就是一个代表作，藏品在深暗底面上刻有众多人物浮雕，这是公元 12 年奥古斯都战胜日耳曼人的凯旋场面。玉石雕刻有宫廷、神话等多种题材，关于帝王及其家族的肖像也不少。从上述金属工艺、玉石工艺可以看出，罗马的雕刻艺术有卓越的表现。其雕版内容主要有叙事浮雕和肖像雕刻两个大类。叙事浮雕以反映公共事件和历史场面为主要内容，经常出现在凯旋门、神庙、祭坛等纪念性建筑中。肖像雕刻以马可·奥利略骑马的雕像为代表，这位皇帝紧握缰绳、端坐马背，战马昂首前往，显示出罗马帝国的太平与稳定。罗马象牙工艺、木工艺、染织工艺等也有不凡的表现，但因传世作品极少，而未能进行全面研究。总之，7 世纪以前的罗马工艺技术，无论在形式上，或是在技艺上，都把欧洲古代工艺水平推向一个崭新的阶段。罗马工艺对欧洲工艺技术的迅速发展产生深远的影响。

罗马是一个欧洲文明古国。从雕版印刷社会需求而言，至迟在公元前 3 世纪就出现了学校教育，后来的基督教学校也很发达。随着学校的大量增加，罗马也产生了不少哲学、法学、史学、文学等文献。众多的学校和文献，反映罗马有广泛的著者需求、读者需求和抄书者需求。但从雕版印刷物质基础而言，罗马使用的文字载体是羊皮纸，根本无法满足雕版印刷的需求。从雕版印刷技术而言，罗马人公元前6世纪发明了拉丁文，在世界上产生了广泛的影响。工艺技术也比较发达。由于罗马不具备发明雕版印刷综合工程的若干物质和技术条件，因而，罗马终于没有能够发明雕版印刷。

六、古代朝鲜

古代朝鲜是中国的近邻，与雕版印刷术的发明密切相关。

古代朝鲜概述

朝鲜位于东亚朝鲜半岛上(图16)。四五千年以前，朝鲜历史已经进入新石器时代。早在三千多年以前，中朝关系就密不可分。公元前11世纪，商纣无道，太师箕子力谏未果而被囚。周武王灭商后，释放箕子。箕子率五千之众开赴朝鲜，与当地人共同生活，并建立了国家，定都王俭城(今平壤)，史称"箕氏王朝"。朝鲜臣属于中原王朝，周武王封之为朝鲜侯。在和朝鲜人长期的共同生活中，中国的先进生产技术和思想文化传入朝鲜。据《后汉书·东夷列传》："昔武王封箕子于朝鲜，箕子教以礼义田蚕，又制八条之教。其人终不相盗，无门户之闭，妇人贞信。"可见箕氏王朝对于朝鲜影响之大。在秦灭六国和秦末战乱期间，又有数万中国人逃往朝鲜避难。后燕人卫满取代箕氏，建立"卫氏朝鲜"。卫氏朝鲜仍然臣属于汉朝，得到汉朝不少帮助。汉武帝元封元年(前110)，因卫氏朝鲜右渠王的骄横和无礼，汉武帝发兵五万，灭掉卫氏朝鲜，在朝鲜设置"汉四郡"，即乐浪郡、临屯郡、玄菟郡和真番郡，推行汉朝的郡县制度。当时不少汉人到四郡任职，又有不少汉人迁居朝鲜。汉四郡对朝鲜产生了深远的影响，至今平壤南郊还有一个区，名叫乐浪。在考古发掘中，发现不少带有"乐浪礼官""乐浪富贵"铭文的瓦当和许多当年乐浪郡县的官

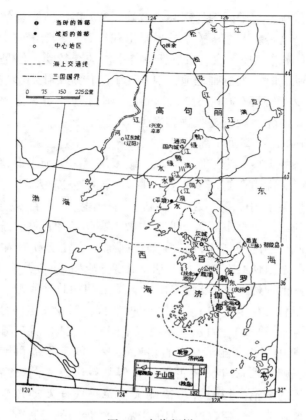

图 16　古代朝鲜

印。魏晋南北朝时期，朝鲜分为高句丽、百济和新罗三个国家，形成三国鼎立之势，史称"三国时代"。三个国家均与中国保持密切关系。公元 378 年，高句丽遣使向前秦皇帝苻坚朝贡。晋安帝义熙九年（413），高句丽与东晋正式建立邦交。据统计，高句丽曾向北朝遣使 102 次，向南朝遣使 42 次。百济早在晋武帝咸宁三年（277）就与晋朝建交，百济古尔王（234—258）在位期间，仍照中国的"六典"制，用六部大臣分管国家政务，确立中央集权的国家体制。据统计，百济向南朝遣使 27 次，向北朝遣使 5 次。新罗偏据朝鲜半岛东南方，加上饱受倭军侵扰，与中国的外交起步较晚。377 年，新罗奈勿王遣使来前秦朝贡，这是新罗对华关系的最早记载。后来，新罗向南朝梁遣使 1 次，向南朝陈遣使 8 次。虽然新罗与中国建交较晚，但是因为新罗多为秦汉乱离时华人避难之地，因此受中国传统文化的影响也是比较大的，新罗王智证(500—513)曾仿照中国封建王朝实行州、郡、县三级管理，还先后颁行丧服法、谥法等。

6 世纪初期，朝鲜半岛仍然是三国鼎立。不过，新罗经常受到高句丽和百济的夹攻。为了保全自己，新罗竭尽全力力求取得唐朝的保护和支持。唐高祖册封新罗王为"柱国乐浪郡公新罗王"，拉开了唐与新罗友好关系的序幕。625 年，新罗向唐告急，在新罗的一再要求下，唐与新罗结为军事同盟，联合击败了高句丽和百济，统一了朝鲜半岛。从此，两国的交往特别频繁。据统计，在唐朝存在的 290 年间，新罗的遣唐使共有 126 次，唐代派遣新罗的使节共有 34 次，远远超过了其他周边国家。9 世纪由于新罗王朝的政治腐败、统治阶级内部争权夺利的斗争，加上广大人民的反抗，新罗又走向分裂，形成高句丽(后改称高丽)、百济和新罗三个国家，史称"后三国"。

10 世纪中期，高丽消灭了百济和新罗，朝鲜半岛再度统一，建立了高丽王朝。1258 年，蒙古军队入侵朝鲜半岛，消灭高丽，建立了蒙古贵族的统治。1392 年，高丽大将军李成桂发动政变，建立李朝，后改名朝鲜。李朝政权在朝鲜半岛的统治时间最长，一直延续到 1910 年。

古代朝鲜的文字和学校

朝鲜古代没有自己的文字。在公元 1 世纪后的一千数百年中，官方语言和书面语言一直是汉字，汉字在朝鲜处于统治地位。汉字的传入经历了先汉字、次汉文、次汉籍的有序的、漫长的发展过程。中外学者一般把汉字传到朝鲜的时间定在中国战国到汉初这段时间。公元 1 世纪初，已有不少朝鲜人不但能够背诵《诗经》《书经》《春秋》等中国典籍，而且能用汉字写作。卫氏朝鲜时期，大同觯公霍里子高看到一个精神恍惚的老汉，提着水壶，披头散发，在乱流中穿渡。其妻看到险状，拼命追赶，没有追上，老汉终被淹死，妻子非常悲痛，弹起了箜篌，唱起了《公无渡河》这首歌："公无渡河，公竟渡河。堕河而死，将奈公何！"这首诗后称《箜篌引》，创作者霍里子高之妻丽玉就是用汉文写成的。这首诗歌成为汉乐府《相和六引》之一，至今仍然保留在晋人崔豹的笔记《古今注》中。朝鲜民族是一个能歌善舞的民族，非常喜欢"乡歌"。而严谨、精练、深奥、难懂的古代汉语基本上是一种书面语言，不适于传唱，难以表达朝鲜人内心丰富的感情。三国时期，出现了一种利用汉字的音义标记朝鲜语的方法，即所谓的"乡札标记法"。新罗王朝统一朝鲜后，学者薛聪对乡札标记法进行了系统的加工和整理，使之正规化、统一化。这种记录朝鲜语的方法，叫做"吏读"。三国时期的诗歌《薯童谣》《彗星歌》和新罗王朝统一三国后的 11 首乡歌，都是靠这种方法记录下来的。保存于《三国遗事》中的这些诗歌成为朝鲜早期珍贵的国语文献。直到公元 15 世纪中叶，仿照汉语言文字创造的拼音字母"谚文"的诞生，才取代了吏读，成为朝鲜的文字，并沿用至今。

朝鲜古代的教育，深受中国的影响，教学内容多为中国汉字儒家经典。372 年和 4 世纪 70 年代，高句丽和百济先后设立大学。新罗晚一些，682 年始设国学。8 世纪中叶，新罗改国学为太学监，各州配有博士和助教，必修科目有《论语》和《孝经》，选修科目有《礼记》《周易》《左传》《毛诗》《尚书》《文选》等。入学者为 15～30 岁的贵族子弟，学习期限 9 年。新罗又于 788 年设置读书出身科，以《论语》《孝经》《礼记》《曲礼》《左传》等为考试内容。根据学生对儒家著作的理解程度分为上、中、下三品出身。高丽时代特别重视儒家教育，上至国王，下至儿童所受教育均以儒家经典为主。此外，私学也很盛行，崔冲首开私人讲学之风，被称为"海东孔子"，教学内容有《周礼》等九经、《史记》等三史。除了崔冲之外，郑倍杰等 11 人举办的私举也很有名，当时称 12 人教过的学生为"十二徒"。高丽时代，贡举开始制度化。考试科目有制述、明经二科和若干杂业。李朝时代设有成均馆、五部学堂等，专门讲授儒学。

中国文化对古代朝鲜的影响

除了文学、学校教育之外，就整个外交关系史而言，中国文化对古代朝鲜的影响也是很大的。

早在箕子朝鲜时期，中国的诗、书、礼、乐、医学、卜筮等就开始传入朝鲜。在秦汉之际，随着中国流民大量迁入朝鲜，中国和朝鲜的文化交流更加密切。汉四郡时期，随着汉字的传入并在朝鲜广泛使用，朝鲜人陆续创作了不少优秀汉文作品，构成朝鲜古代文学的重要内容。三国时代，高句丽从中国大量引进《论语》《史记》《汉书》《东观汉记》《晋阳秋》等儒家经典和史学名著，更多的朝鲜人不仅能够诵读讲解汉文著作，而且还能使用汉文写作。南朝梁武帝时，《玉篇》《字林》《字统》《文选》等流入高句丽，受到文人学者的普遍欢迎。南朝陈天嘉二年(561)苏州人知聪携带医书《本草经》《脉经》等164卷，亲到高句丽居住并传授医术，培养了不少高徒。东晋宁康元年(373)，前秦王苻坚遣使护送僧人顺道携带佛经、佛像前往高句丽弘扬佛法，这是中国佛教传入朝鲜的最早记载。宁康三年(375)僧人阿道又奉命前往高句丽传法。为了礼待顺道、阿道两位僧人，高句丽先后建立两座寺院隆重欢迎，这也是朝鲜寺庙建筑的最早记载。公元576年前后，高句丽名僧义渊、波若、慧灌等相继来华学习佛法，对中朝两国文化交流作出重要贡献。高句丽名僧道朗深研鸠摩罗什之学，512年，南朝梁武帝派10名僧人师从道朗。梁武帝还根据道朗的义解撰写章疏，这是高句丽名僧对于中土佛教文化的重要贡献。西晋太康年间(280—289)，百济的阿直歧、王仁等人已是著名汉学家。南朝宋文帝元嘉二十七年(450)，百济王余毗遣使到建康进贡，请赐《易林》《式占》《元嘉历》等书，宋文帝如数赐给。百济王还把《元嘉历》作为百济的历法。梁武帝大同七年(541)，百济王遣使来朝，梁武帝赐给经义诸书，并派《三礼》学者陆诩前往百济讲学，同行者还有工匠、画师和医生。百济还按照中国的医疗体制设置太医丞、药藏丞、医博士、采药师等，并将葛洪《肘后方》中的常用验方收在《百济新集方》中。百济也有不少技工和画师先后到中国留学。百济佛教也是由中国传入的。东晋孝武帝太元九年（384），久居中土的印度僧人摩罗难陀前往百济传教，受到百济王的热烈欢迎。第二年，摩罗难陀还应邀为百济度僧10人。从此，百济寺院日多、僧尼日众，佛教得到迅速传播，还有不少高僧到中国求法。在中国传统文化的长期影响下，新罗人重视儒学，逐渐形成"事君以忠，事亲以孝，交友以信，临阵勿退，慎于杀生"的传统思想。新罗人接受佛教比高句丽要晚50年左右。佛教传入新罗的途径除了高句丽民间之外，主要是通过中国官方。由于南朝梁武帝多次舍身入寺的影响，新罗有几个国王和王妃也曾削发而为僧尼。他们还按照梁朝的制度设置寺典、僧房典等机构。一时间，新罗境内寺院林立，名僧辈出。高僧明观、慈藏、义湘、惠亮等先后来华求法。明观回国时，带回1700多卷佛教经典。

668年，新罗在唐朝的帮助下，统一了朝鲜半岛，和唐朝的关系越来越密切。为了接待日益增多的新罗使团，唐于沿海登陆港登州（今山东蓬莱）开设了新罗馆。在登州至京城长安之间，还建立了多处馆驿，随时接待包括新罗客人在内的八方来宾。新罗使者来唐，常常带来大批金、银、铜制品，药材，纺织品等珍贵物品。唐朝遣使回访新罗，也同样带去不少金器、银器、服装、茶叶等珍贵物品。此外，还有不少《道德经》《孝经》等大量中国书籍。为了接待蜂拥而至的新罗商人，唐朝还专门在山东、江苏沿海设置多处"勾当新罗所"。不少新罗客商定居山东、江苏沿海地区从事商业活动。新罗还专门派遣特使来华寻求各类图书和字画。如648年，新罗遣使来华求书，唐太宗赐予新撰《晋书》；686年，新罗遣使来华寻求图书，女皇武则天赐书50卷。通过各种方式，新罗文人和商人从中国购求了大量图书。同时，新罗还派遣了不少留学生来华学习，终唐一代，新罗共向中国派遣留学生2000人左右，其中837年一年就派留学生216人。840年学成回国者一次就有105人。新罗留学生在华学习期间，还可参加唐代的科举考试，先后有58人金榜题名。及第后还可以在唐朝任职，崔致远是新罗留学生中尤其著名的一位。崔致远（857—915），字孤云，新罗京城沙梁郡（部）人。868年，崔致远11岁来华留学，874年正好17岁，在长安考中进士，历仕唐侍御史内供奉、溧水县尉、淮南都统巡官高骈幕府从事、都统巡官承务郎等职。崔致远在唐生活17 年，885 年回国。在唐先后著有《桂苑笔耕》二十卷、《中山复匮集》五卷、《杂诗赋》一卷等。回国后，崔致远受到新罗国王的重视，历仕翰林学士、太山郡太守等职，并继续创作诗文，成为朝鲜汉文学的开山祖师，与崔匡裕、朴仁范、崔承祐等十人被称为"新罗十贤"。

韩国发现的《无垢净光大陀罗尼经》

1966 年 10 月，韩国庆州佛国寺释迦塔内发现一卷《无垢净光大陀罗尼经》(图 17)印本，一些韩国学者没有经过认真研究，就匆忙得出结论：这是世界上最早的印刷品，并声称要从中国人手中夺回印刷术的发明权。此事在中韩两国学术界，甚至在国际上引起了强烈反响。真相如何，让我们认真加以讨论。

图 17　无垢净光大陀罗尼经

先介绍一下武则天和《无垢净光大陀罗尼经》的翻译经过。武则天(624—705)，名曌，并州文水人。著名唐代女皇。14 岁被唐太宗选入皇宫为才人。太宗死后，削发为尼。高宗时复被召为昭仪，永徽六年(655)立为皇后，参与朝政。弘道元年(683)，高宗死，垂帘听政，先后废掉中宗和睿宗。武则天是一位佞佛的女皇，她是靠《大云经》上台的。《大云经》亦名《大方等无想经》，北凉昙无谶译。《大云经》的另一译本称《大云无想经》，竺法念译。薛怀义等以经中有"释迦牟尼七百年后为女王下世，威伏天下"语，乃造《大云经疏》，为武则天上台大造舆论。天授元年(690)九月，武则天终于登上了皇帝的宝座。称帝后，敕两京、诸州各建大云寺一所，并收藏《大云经》，令高僧解说。长寿二年(693)，僧菩提流志译《宝雨经》十卷，说明武则天为菩萨现身，理当称帝，比《大云经》说得更加露骨。武则天高兴万分，亲自作序，并颁布了一系列佞佛的措施，使唐代崇佛活动达到一个新的高潮。与此同时，大力推行改革措施，令行禁止，杀人如麻。垂拱四年(688)，"宗室诸王相继诛死者，殆将尽矣。其子孙年幼者，咸配流岭外。诛其亲党数百余家"①。被杀宗室包括韩王李元嘉、鲁王李灵夔、范阳郡王李蔼、常乐公主等。永昌元年(689)杀死包括天官侍郎邓玄挺、洛州司马弓嗣业、洛阳令弓嗣明、陕州刺史郭正一和刘延荣、相州刺史弓志元、蒲州刺史弓彭祖、尚方监王令基等在内的二三十位王公臣僚。天授元年(690)杀死宗室、高官多达四五十人。"杀"字成为该年的关键词，兹将《新唐书》卷四记载的该年被杀者照录如下：

> 二月丁卯，杀地官尚书王本立。
> 五月戊子，杀春官尚书范履冰。己亥，杀梁郡公李孝逸。
> 六月戊申，杀汴州刺史柳明肃。
> 七月壬午，杀豫章郡王李亶。丁亥，杀随州刺史、泽王李上金、舒州刺史、许王李素节。癸卯，杀太常丞苏践言。
> 八月辛亥，杀许王李素节之子李璟、曾江县令白令言。甲寅，杀裴居道。壬戌，杀将军阿史那惠、右司郎中乔知之。癸亥，杀尚书右丞张行廉、太州刺史杜儒童。甲子，杀流人张楚金。戊辰，杀流人元万顷、苗神客。辛未，杀南安郡王李颖、鄹国公李昭及诸宗室李直、李敞、李然、李勋、李策、李越、李黯、李玄、李英、李志业、李知言、李玄贞。

---

① 《旧唐书·则天皇后》。

九月乙亥，杀钜鹿郡公李晃、麟台郎裴望及其弟司膳丞裴瑝。

十月丁卯，杀流人韦方质。己巳，杀许王李素节之子李瑛、李琪、李琬、李瓒、李玚、李瑗、李琛、李唐臣。

以上仅是见于正史的杀害名人的记载，可以想见，该年杀死的平民更是难以数计。武则天刚主政时，还不到 60 岁，身体健康，精力充沛。在大刀阔斧推行改革的同时，滥杀无辜，草菅人命。然而斗转星移，到了圣历二年（699），武则天已经成为 71 岁的老人了。在她开始考虑接班人的时候，健康状况已是每况愈下。据司马光《资治通鉴·唐纪二十二》，"（圣历二年）二月壬辰，太后不豫"，在给事中阎朝隐到少室山代为祈福之后，"太后疾小愈"。这里的"不豫"，绝对不是伤风感冒之类的小病，而是攸关性命的重病。"疾小愈"并不是完全治好，而是稍有好转。圣历三年（700）五月，太后"使洪州僧胡超合长生药，三年而成，所费巨万，太后服之，疾小瘳"。这里的"疾小瘳"，也是稍有好转，并没有完全治好。可见在圣历二年（699）"不豫"以后，武则天的重病耗费"巨万"，仍然久治不愈。武则天想到找她算账的死鬼和冤魂，想到久治不愈的疾病，如坐针毡，不寒而栗。她在《中岳投金简文》中说："乞三官九府除武曌罪名。"①《离垢净光陀罗尼经》是佛教密宗典籍之一。密宗源于印度，是印度佛教和印度教相结合的产物。密教的主要特征是高度组织化的各种咒术、坛场、仪轨等，对设坛、供养、诵经、念咒、灌顶等宗教仪式都有严格的规定。"陀罗尼"为梵文的意译，意译为"咒"，是把菩萨倡导的善行或制止恶行的真言用密语形式表达出来，具有消灾避邪、祛病延年、星象占验、召神驱鬼、护国护法等功能。魏晋南北朝时期，"陀罗尼"已经流入中国。唐太宗时，玄奘取经回国后，已经译出《不空羂索神咒心经》、《六门陀罗尼经》等十部密宗典籍。唐高宗时，中印度人阿地瞿多译《陀罗尼集经》十二卷。武则天时，由于武则天的推崇，出现一股"陀罗尼热"。于阗僧实叉难陀等译出多部陀罗尼经，

---

① 陈垣，陈志超：《道家金石略·中岳投金简文》。

其中就包括《离垢净光陀罗尼经》。该经内容包括六咒，每咒都有一段咒语和一个故事，故事解释咒语的用法。例如第一咒说：一位大婆罗门教徒知道自己的生命仅剩七天，非常恐惧，乞求释迦如来佛保佑。如来命她每月八日或十三日或十四日或十五日绕舍利塔 77 圈，诵经 77 遍，抄经 77 本，并造 77 座小塔供养。只要这样做，就可以延寿，过去的一切罪恶即可一笔勾销，满足一切愿望。看来《离垢净光陀罗尼经》正是挽救性命的灵丹妙药。

《无垢净光大陀罗尼经》与《离垢净光陀罗尼经》是同书异本，唐智昇《开元释教录》卷九称《无垢净光大陀罗尼经》是"第二出，与实叉难陀《离垢净光陀罗尼经》同本"。二者书名不同，内容也有不少差异。二经的译者不一，《离垢净光陀罗尼经》的译者是实叉难陀，《无垢净光大陀罗尼经》的译者是弥陀山和法藏。前者为敕译，是由钦定的官方译场翻译的。据《开元释教录》卷九著录，这个译场总共翻译了《大方广佛华严经》、《文殊师利授记经》、《大乘入楞伽经》、《离垢净光陀罗尼经》等 19 部佛经，《离垢净光陀罗尼经》正是其中之一。虽然，《开元释教录》卷九也著录了《无垢净光大陀罗尼经》，但它不在 19 经之列，可见该经当为弥陀山和法藏自译。武则天对实叉难陀非常相信，据《开元释教录》卷九：

> 沙门实叉难陀，唐云喜学，于阗国人。智度弘旷，利物为心，善大小乘兼异学论。天后明扬佛日，敬重大乘，以《华严》旧经处会未备，远闻于阗有斯梵本，发使求访，并请译人实叉与经同臻帝阙。

实叉难陀是武则天专门引进的专家。既然已请他翻译了《离垢净光陀罗尼经》，怎么可能又让他重新翻译并改易经名呢？《无垢净光大陀罗尼经》当是在武则天病危期间，弥陀山和法藏为了表达他们的耿耿忠心，于官方译场之外自发翻译的。日本《大正藏》本《无垢净光大陀罗尼经》称该经为"诏译"，似无根据。二经的翻译时间是不一样的。据《开元释教录》卷九，《大方广佛华严经》译于证圣元年（695）至圣历二年(699)。《离垢净光陀罗尼经》等十八经从久视元年(700)一直译到长安四年(704)元月五日实叉难陀"缘母年老，请归觐者"为止。前后十年之中，法藏和弥陀山都是官方译场的参与者。其间，法藏还参与了义净译场翻译《金光明最胜王经》的工作，似无时间自译《无垢净光大陀罗尼经》。况且，当时官方已经翻译了《离垢净光陀罗尼经》，也根本没有重译的想法。但到后来，《离垢净光陀罗尼经》翻译之后，并没有收到什么效果，武则天的病情反而越来越重。因此，在官方译场译完十九经之后，弥陀山和法藏为了表达自己的拳拳之心，就迫不及待地重译《离垢净光陀罗尼经》，希望能够挽救武则天岌岌可危的生命，重译时间在长安四年(704)正月五日之后。把时间定在长安四年(704)正月五日之后，还有弥陀山和法藏的行踪为证，据《开元释教录》卷九：

> 　　沙门弥陀山，唐言寂友，睹货逻国人。幼小出家，游诸印度，遍学经论。于楞伽俱舍最为精妙。志弘像法，无恡乡邦。杖锡而游，来臻皇阙。于天后代共实叉难陀译《大乘入楞伽经》。后于天后末年，共沙门法藏等译《无垢净光陀罗尼经》一部，译毕进内，辞帝归邦。天后厚遗，任归本国。

由此可知，弥陀山是睹货逻国人。睹货逻国即吐火罗国，在今阿富汗北部。他曾西游印度，精于《大乘入楞伽经》。武则天时，曾与实叉难陀等共译《大乘入楞伽经》。"天后末年"与法藏共译《无垢净光大陀罗尼经》。这里的"天后末年"当指长安四年(704)正月五日之后，似非指长安四年(704)正月五日之前。因为长安四年(704)正月五日之前弥陀山和法藏还在官方译场工作。"天后末年"也可能指神龙元年(705)十一月之前，因为神龙元年(705)十一月武则天已经去世，唐中宗李显已经登上皇位。为了挽救武则天的生命，翻译《无垢净光大陀罗尼经》肯定是抢在武则天去世之前。武则天去世的前两年是长安四年(704)和神龙元年(705)，这是翻译《无垢净光大陀罗尼经》仅有的时间范围。如果再具体一些，翻译时间当在长安四年(704)正月五日至神龙元年(705)十一月之间。法藏(632—712),唐代高僧,华严宗的创始者。原籍西域康居,人称康藏国师。曾师从智俨学习《华严经》,是武则天时的著名翻译家。武则天赠以"贤首"之称,后人因尊称"贤首大师"。据记载,法藏祈雨特别灵验:有一年,西安大旱,法藏于西明寺设坛祈之,"未七日而沾洽";景龙二年(708)大旱,法藏于荐福寺设坛祈之,"近七朝,遽致滂沱";景云二年(711),少雨雪,法藏于蓝田山悟真寺龙池所设坛祈之,"未旬大雪"①。据《开元释教录》卷九,法藏参与义净译场翻译《金光明最胜王经》的时间是久视元年(700)至长安三年(703)。《宋高僧传·法宝传》也说:"长安三年,于福先寺、京西明寺预义净译场,宝与法藏、胜庄等证义。"可见长安三年(703)法藏确实无暇自译《无垢净光大陀罗尼经》,翻译该经的时间只能定在长安四年(704)元月五日至神龙元年(705)十一月之间,别无选择。陈永革著《法藏评传》称"唐中宗神龙元年(705)法藏受诏与弥陀山共译《无诟净光陀罗尼经》",时间亦在此范围之内,只是"受诏"二字不知何据。《宋高僧传·弥陀山传》称翻译时间是"天授中"。"天授中"正当武则天执政初期,既无必要,又无可能。武则天正忙于《大云经疏》和《宝雨经》的宣传工作。到证圣二年(696),又正式开办译场,翻译《华严经》,根本无暇顾及其他。天册万岁元年(695)明佺奉诏编写的《大周刊定众经目录》没有著录《离垢净光陀罗尼经》和《无垢净光大陀罗尼经》也是必然的,因为当时这两个版本都没有翻译,不可能无中生有。"天后末年"翻译《无垢净光大陀罗尼经》既有必要性,又有可能性。必要性是武则天当时"老且病"②,正有消病灭罪的主观愿望;可能性是弥陀山和法藏正有这样的机会。

《无垢净光大陀罗尼经》翻译之后,刻印时间是一个可以讨论的问题。不少学者认为,鉴于抢救武则天生命的紧迫性,翻译之后当会

① 陈永革:《法藏评传·从"华严和尚"到华严宗主》,南京大学出版社2006年版。
② 《新唐书·中宗纪》。

马上雕版印刷。也就是说，雕版印刷的时间也在武则天当政时期。我认为，似不可能：第一，为了抢救武则天的生命，不一定非要火速雕版。虽然，印刷大量复本是件功德无量的事情，但是当务之急是抢救武则天的生命。既然如此，除了"译毕进内"之外，马上要做的事情就是照办《无垢净光大陀罗尼经》所指出的方法，何印刷为？第二，当时似不具备刻印佛经的能力。《云仙散录》关于玄奘"印普贤像"的记载（详第十二章第五节）、《弘简录》关于"梓行"《女则》的记载（详第十二章第四节），都是不足为训的。从目前发现的最早印刷品来看，只有武则天天授二年（691）发现的"印纸"似可相信，吐鲁番出土的《妙法莲华经》还有疑问。日本学者根据该经有武则天的新制字（图18），就断定为武则天刻本，理由似不充分。历史上不少后代的

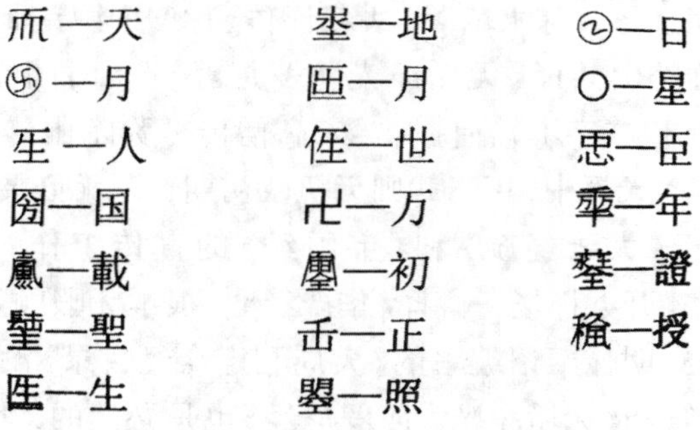

而—天	埊—地	⊘—日
囝—月	囗—月	○—星
埊—人	倥—世	忠—臣
囗—国	卍—万	䎶—年
戴—载	壂—初	瑝—證
壐—聖	舌—正	稦—授
囗—生	曌—照	

图18　武则天新制字

人为了表示对前代的怀念和敬意，使用前代的特制字和讳字是常见的。如果该经确实在武则天时刻印，石破天惊，理应产生重大影响。为什么在以后60多年的漫长岁月里无声无息，没有任何反响呢？直到唐代宗广德二年（764）之前才出现东传日本的《无垢净光大陀罗尼经》。日本学者还利用当时法藏撰《华严五教章》卷一的几句话说明当时已经出现雕版印刷，这几句话是：

　　一切佛法并第二七日一时前后说，前后一时说。如世间印

法，读文则句义前后，印之则同时显现。同时，前后理不相违，
当如此中道理亦尔。

这段话用了"印"字，此"印"与印纸之"印"不一样，似非雕版印刷，
而是印章之意。对于一枚印章而言，不管文字多少，捺印时确实"同
时显现"字迹，不会出现"时间差"，它不像阅读那样，因为文句有
"前后"之别，而出现"时间差"。而雕版印刷就不像一枚印章那些简
单，第一块版和第二块版不可能同时印刷，必然会出现"时间差"。
当然，只有一个版面的印刷品，印刷时才"同时显现"。但法藏所言，
似非指单版印刷品，而是指印章，《无垢净光大陀罗尼经》也不是一
个版面可以印完的。再以"世间印法"四字分析，似乎雕版印刷的方
法已在"世间"普及，家喻户晓，这也不符合当时社会的实际情况。
当时的实际情况如何呢？《大云经疏》和《宝雨经》对于武则天来说，
是非常重要的，没有雕版印刷的记载；《不空羂索陀罗尼经》"方写流
布"，没有雕版印刷的记载；武则天亲自作序的实叉难陀等译《华严
经》、弥陀山等译《大乘入楞伽经》等，没有雕版印刷的记载；受到武
则天高度赞扬的法藏撰《华藏世界品》，也没有雕版印刷的记载①……
难道长安四年（704）至神龙元年（705）会突然出现雕印佛经的奇观吗？
黄永年先生在《古籍版本学·雕版印刷的出现》中说：

> 至于1966年韩国发现的我国武周末年汉译的《无垢净光大陀
> 罗尼经》的刻印本，其中有"地"、"授"、"初"、"证"四个字作
> 武周造新字的写法，但另有"日"、"月"、"天"等字并未用武周
> 的新字，可见它只是后来的刻本，仅在少数地方沿用武周时译本
> 上的新字而已。

《无垢净光大陀罗尼经》刻印的具体时间有待进一步研究。就总
体而言，因为《无垢净光大陀罗尼经》有消灾避邪、祛病延年等多种

---

① （宋）赞宁：《宋高僧传·法藏传》。

功能，对广大佛教信徒而言，有很强的吸引力，加上当时社会刮起的"陀罗尼热"，在条件成熟的时候，是完全可以刻印的。刻印《无垢净光大陀罗尼经》，不仅可以满足佛教信徒的种种需求，而且也是大造功德的一个重要手段。完全可以相信，刻印《无垢净光大陀罗尼经》的时间距翻译的时间当不会太远。根据日本"百万塔陀罗尼"的有关文献记载，如果《无垢净光大陀罗尼经》于唐代宗广德二年（764）之前传入日本可信的话（详本章第七节），则唐代刻印《无垢净光大陀罗尼经》的大概时间当在 8 世纪中期。

那么，为什么《陀罗尼经》不是朝鲜刻印的呢？

第一，雕版印刷术的发明不是一朝一夕的事，其发明过程是十月怀胎、一朝分娩的过程。雕版印刷术的发明是社会文化长期积累、沉淀的结晶。本节已从古代朝鲜文字的产生、学校的建立和中朝文化交流的历史等方面，简单回顾了古代朝鲜社会文化的发展过程。在文字方面，汉字早在战国至汉初已经传入朝鲜。在以后的 1500 多年里，汉字一直是朝鲜社会的主流语言，直到 15 世纪中叶，朝鲜才有了自己的正式文字。在教育方面，朝鲜的学校也是在中国影响下建立的，教学内容也是以中国的儒家经典为主。在图书文化方面，早在箕子朝鲜时期，中国图书已经流入朝鲜。其后，中国图书流入朝鲜的数量越来越多，内容越来越广。在外交方面，中朝外交来往次数之多，古代朝鲜留学生来华人数之多，在整个世界，尤其是在周边国家中都是绝无仅有的。总之，古代朝鲜的社会文化深受中国古代传统文化的影响，各个方面无不深深打上中国文化的烙印。在中朝两国文化双向交流的历史上，虽然朝鲜文化对中国文化产生了一定的影响，但是，中国文化对朝鲜文化的影响是主流，具有压倒性的优势，古代朝鲜不具备发明雕版印刷的条件。古代朝鲜最早的印刷品是 1007 年（中国北宋景德四年）高丽总持寺印造的《宝箧印陀罗尼经》。

第二，朝鲜当年君王没有刻印《无垢净光大陀罗尼经》的迫切需求。如前所言，《无垢净光大陀罗尼经》是一种消病灭罪之经。神龙二年（706）五月三十日，新罗第三十三代主圣德王把《无垢净光大陀罗尼经》藏于释迦塔内。当年圣德王年方二十七岁，如日中天，无病可"消"。其前任新罗第三十二代主孝昭王寿终正寝，圣德王正常世袭，绝无弑君、抢班夺权之嫌；世袭之后，又没有滥杀无辜，亦无罪可"灭"。圣德王缺乏刻印《无垢净光大陀罗尼经》之内因。先前，该经收藏于庆州皇福寺石塔金铜舍利函，其盖有铭文云："神龙二年景（丙）午五月三十日，今主大王（施）佛舍利四，全金弥陀佛像六寸一躯，《无垢净光大陀罗尼经》一卷，安置石塔第二层。"①后又将该经装在锦袋内，移置佛国寺。可见圣德王丝毫没有"消病灭罪"的明确目的。据玄奘《大唐西域记》卷九："印度之法，香末为泥，作小窣堵波；高五六寸，书写经文，以置其中，谓之法舍利也。数渐盈积，建大窣堵波，总聚于内，常修供养。""窣堵波"是梵文"塔"的音译。这就是说，"法舍利"是印度的古风，其供养方法是将佛经装在"小窣堵波"内，而不是装在锦袋内。又据唐初高僧义净《南海寄归内法传》卷四："造泥制底及拓模泥象，或印绢纸，随处供养；或积为聚，以砖裹之，即成佛塔；或置空野，任其销散。西方法俗，莫不以此为业。"而圣德王对于这些全然不知，糊里糊涂收藏了事。至于将《无垢净光大陀罗尼经》复制 77 份等要求，更是不知有汉、无论魏晋了。总而言之，当年圣德王不知"法舍利"为何物，收藏《无垢净光大陀罗尼经》的目的纯粹是收藏，绝无消病灭罪的主观愿望，刻印该经更是不可能的。正如邱瑞中先生所说："27 岁的圣德王只是藏经的主人，不是刻经的功德主。"②

　　第三，从韩国发现的《无垢净光大陀罗尼经》本身看，它也应该是中国刻本。让我们从该经的字体、纸张等方面加以说明。从字体看，经中使用了"坔"（地）等四个武周特制字和"阤"（陀）等 63 个宋代以前使用的俗体字或异体字，也说明它是中国刻本。这和后代人使用先辈的特制字和讳字还不一样，国与国之间就不存在这个问题。一个具有独立主权的国家，如果按照别国的规定办事，使用别国"钦

　　① 邱瑞中：《再论韩国藏〈无垢净光大陀罗尼经〉为武周朝刻本》，载《中国典籍与文化》2000 年第 3 期。
　　② 邱瑞中：《再论韩国藏〈无垢净光大陀罗尼经〉为武周朝刻本》。同上。

定"的字，那就自辱其身、国将不国了。启功先生指出：

　　那时的韩国古朝代，和唐朝是有外交关系的邻邦，并没有"臣属"的关系，也就没有必要服从武则天的命令使用她所创造的一些新字的义务。武后的一些新字在当时西域一些分明"臣属"而奉唐朝"正朔"的小国中尚未见强制推行，怎能忽然出现在邦国古代的刻经中呢？这毫无疑问是中土印本流传到当时的韩国寺庙中被装入佛塔藏中去的一件法物，正如近年山西应县辽代木塔中出现辽代的佛经佛像之外，甚至还有其他古书正是同一情况。应县木塔中所出非佛典的竟有《水浒传》，其非辽国之书更为明显，那么韩国古塔中出现唐刻佛典就更不足奇了。①

从纸张看，韩国发现的《无垢净光大陀罗尼经》由 12 张以黄檗染成的楮纸印成，纸数与唐智昇《开元释教录》的著录完全相同。《开元释教录》卷九云："无垢净光大陀罗尼经一卷，十二纸。唐天后西域沙门弥陀山等译。"这里的"十二纸"就是刻本所需要的纸数。一般常识告诉我们：写本字体较大，刻本字体较小，写本不如刻本那样整齐划一。同样一本书，写本比刻本用纸要多。《无垢净光大陀罗尼经》正是这样，唐代写本多用 15 纸或 17 纸。而韩国某些学者称，韩国发现《无垢净光大陀罗尼经》所用楮纸是新罗特产，也与历史事实不符。早在东汉蔡伦造纸时，树皮就是原料之一，据《后汉书·蔡伦传》："伦乃造意，用树肤、麻头及敝布、渔网以为纸。""树肤"就是树皮，可见东汉时中国人已经使用树皮造纸。三国陆玑《毛诗草木鸟兽虫鱼疏》云："今江南人绩其皮以为布，又捣以为纸，谓之榖皮纸。"榖树也叫构树或楮树，可见三国人已经会用榖皮造纸。北魏贾思勰《齐民要术·种榖楮第四十八》云："煮剥卖(楮)皮者，虽劳而利大(其柴足

---

　　① 启功：《喜见中朝友好文化交流的新鉴证》，载《中国文物报》1997 年 3 月 16 日。

以供燃），自能造纸，其利又多。种三十亩者，岁斫十亩，三年一遍，岁收绢百匹。"可见南北朝时人们已经懂得用楮皮造纸，有巨大的经济价值。唐代楮纸已很盛行，并成为唐代佛经的主要用纸。据唐释法藏《华严经传记第五》：僧人修德"植楮树凡历三年，兼之花药，灌以香水，洁净造纸"，然后召善书人为之抄写《华严经》。据考证，现存最早的新罗用纸为755年写本《大方广佛华严经》，这也是新罗楮纸的最早记载。可见《无垢净光大陀罗尼经》本身所用楮纸就是中国造的。

唐代刻本《无垢净光大陀罗尼经》是通过两种途径传入朝鲜的：一是新罗僧人来华者，二是华人东渡者。已如上言，唐代新罗来华人员甚多，他们回国的时候，大多满载而归，把大量包括《无垢净光大陀罗尼经》在内的中国图书带回新罗。据考证，武周前后来华的僧人有义湘、顺璟、神昉、道隆、胜诠、智忍、圆测、金思让等。义湘（625—702），新罗僧人。唐高宗龙朔二年（662）来唐求法。通过海路乘船在扬州登陆。后经登州，最后投奔长安终南山至湘寺智俨禅师门下。智俨是研究《华严经》的大师。义湘六年学成后，全盘接受了智俨的佛学思想。唐高宗总章元年（668）智俨圆寂后，义湘又在唐代求法三年，于唐高宗咸亨二年（671）回国。义湘的同门法藏是智俨的高徒，继智俨之后，成为华严宗的继承人，有100多卷著作，其中《华严探玄记》、《华严五教章》等对朝鲜华严宗的影响较大。义湘回国后，二人仍然保持密切联系。20年后，法藏委托新罗僧人将《华严探玄记》带给义湘。义湘如获至宝，闭门精读数十天，认为这是一部集华严宗思想大成的重要著作，马上面授弟子，广为传诵。义湘圆寂于702年，享年78岁。他有3000多位弟子，其中，悟真、智通、表训、真定、真藏、道融、良圆、能仁、义寂、相源等十位著名弟子，被称为义湘门下"十大德"。神昉，唐初来华，贞观十九年（645）奉诏到长安弘福寺，参加玄奘主持的译经工作，任证义大师。玄奘翻译《大毗婆沙论》时，任笔录。迁到玉华宫后，又协助玄奘翻译《大般若经》等。他是玄奘的得意门生之一。圆测（613—696），新罗王族子弟。15岁入唐求法。初从法常和僧辨，学习唯识学。太宗贞观九年

（635），玄奘西行回国后，对玄奘深为佩服，旋即投奔玄奘门下，学习玄奘从印度带回的法相唯识学，成为玄奘的得意门生。玄奘移居西明寺，圆测被诏同住。46 岁任西明寺大德。玄奘圆寂后，圆测仍然留居西明寺，继续弘扬玄奘之学，著有《唯识论疏》、《解深密经疏》等。后来，圆测还曾得到武则天的赏识。新罗国王曾派使请他回国，因武则天没有答应而未果。留华后继续从事《华严经》的翻译工作，未竟而卒于东都，享年 84 岁，著有《仁王经疏》、《解深密经疏》、《心经赞》等 19 部、83 卷著作。众多来华僧人直接携经回国的可能性是存在的。

七、古 代 日 本

日本是中国的近邻，与雕版印刷术的发明密切相关。

古代日本概说

日本位于亚洲东北部，是太平洋上一个群岛国家，由本州、九州、四国、北海道四个大岛和 3000 多个小岛组成，面积 372200 平方公里，其中本州面积 228000 多平方公里，占全国总面积的 61% 左右，是日本最重要的岛屿(图 19)。

数万年前，日本已有人类居住。从公元前五六千年开始，进入新石器时代。这个时期因大量发现带有绳纹的陶器，又叫绳纹时代。公元前 2 世纪以后，原始社会逐渐解体，因出土的褐色陶器发现于东京弥生町，因名弥生时代。2 世纪末，九州北部形成早期奴隶制国家。3 世纪中期，本州中部形成的奴隶制国家统一了日本，建立了大和政权，从此，日本历史进入大和时期(4 世纪末到 6 世纪 30 年代)。公元 646 年，为了缓和阶级矛盾，加强统治，日本孝德天皇仿照中国隋唐的封建制度实行改革，因孝德天皇的年号叫"大化"，因名"大化革新"。大化革新打击和削弱了氏族贵族奴隶主统治，建立了中央集权制。从此，日本开始过渡到封建社会。

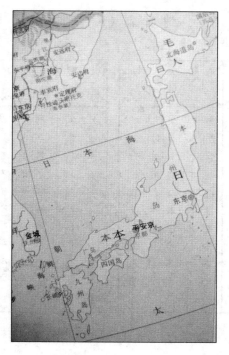

图 19　古代日本

日本古代的文字、纸张和图书

日本历史的飞鸟时代（593—710）、奈良时代（710—794）和平安时代（794—1192）的前中期还没有自己的文字，一直使用汉字。汉字大约在 3 世纪初已经传入日本。据《宋书·蛮夷传》，南朝宋顺帝后，日本在汉字的基础上创造了本土的文字——假名（图 20）。《古今和歌集》的问世，标志假名作为一种正式文字已获官方认可。日本称"汉字"为"真名"，其中"名"就是"字"。清顾炎武《日知录·以字为纬》云："吕后微时，尝字高，祖为季。"这里的"字"与"名"同义。可见日文保留了汉字的古意。传世至今的日本最早印刷品，除佛经中偶尔有一些梵文之外，所有佛经、儒书、医典、课本、文学作品等都是用

清音表（五十音图）

平假名

行＼段	あ段	い段	う段	え段	お段
あ行	あ	い	う	え	お
か行	か	き	く	け	こ
さ行	さ	し	す	せ	そ
た行	た	ち	つ	て	と
な行	な	に	ぬ	ね	の
は行	は	ひ	ふ	へ	ほ
ま行	ま	み	む	め	も
や行	や		ゆ		よ
ら行	ら	り	る	れ	ろ
わ行	わ	ゐ		ゑ	を
拨音	ん				

片假名

行＼段	ア段	イ段	ウ段	エ段	オ段
ア行	ア	イ	ウ	エ	オ
カ行	カ	キ	ク	ケ	コ
サ行	サ	シ	ス	セ	ソ
タ行	タ	チ	ツ	テ	ト
ナ行	ナ	ニ	ヌ	ネ	ノ
ハ行	ハ	ヒ	フ	ヘ	ホ
マ行	マ	ミ	ム	メ	モ
ヤ行	ヤ		ユ		ヨ
ラ行	ラ	リ	ル	レ	ロ
ワ行	ワ	ヰ		ヱ	ヲ
拨音	ン				

图20　假名

汉字印刷的。《古今和歌集》的真名、假名两序，反映了日本由汉字向假名转变的开始。平安时代中后期，假名文字日渐丰富，在文学领域假名已渐普及。但是，平安时代的政治、宗教领域，汉字仍具权威地位。

关于日本造纸之始，传统看法以推古天皇十八年为最早。推古天皇十八年相当于隋炀帝大业六年（610）。其根据是《日本书纪》卷二十二的一段话："十八年春三月，高丽王贡上僧昙征、法定。昙征知五经，且能作彩色及纸、墨，并造碾硙，盖造碾硙始于是时欤。"但是不少学者认为，上述记载只是说昙征"能作彩色及纸、墨"，并非说是造纸之始。日本造纸之始应由此而前推，具体时间待详考。

8 世纪初，由于受中国文化的影响和日本文字的出现，日本相继出现《古事纪》《万叶集》《枕草子》《源氏物语》《日本书纪》《国土纪》《怀藻》等著作。《古事纪》记录了不少日本古代历史、宗教、文学和风俗神话传说。它的出现，标志着日本书面文字的产生。《万叶集》是日本最早的一部诗歌总集。作者众多，著名诗歌的作者就有 450 人，它在日本文学史上的地位相当于《诗经》在中国文学史上的地位。清少纳言著《枕草子》和紫式部著《源氏物语》被称为平安文学的"双璧"，这两部书的作者都是女性。《枕草子》记录了作者在宫廷做女官时所见所闻。《源氏物语》成书于 11 世纪初期，"物语"又称"物语文学"，是日本特有的古典文学体裁，相当于中国的小说与评话形式，全书 54 卷、80 万字，是世界最早的长篇小说之一。在 8—9 世纪与中国交往的过程中，日本出现不少著名学者或学问僧，吉备真备、空海、阿倍仲麻吕、最澄、圆仁等就是其杰出代表。最澄著有《守护国界章》《法华秀句》等，圆仁著有 100 多部著作，其《入唐求法巡礼行记》与《马可波罗行记》和玄奘《大唐西域记》并称为"世界三大旅行记"。

古代日本的学校教育

5 世纪前半期，日本皇室和贵族接受了中国汉字和儒学的影响，开始宫廷教育。宫廷教育源于宫廷开办的学习所。受教育者除了太子之外，还有皇族和宫廷贵族子弟。当时，尚无"学校"这个名称，宫廷教育只是一种有组织的宫廷教育而已。大化革新以后，日本教育逐渐发展起来。不仅向中国大量派遣留学生，而且鼓励私人办学。文武天皇大宝元年(701)制定了《大宝律令》，《学令》是其重要的组成部分。按照《学令》规定，在京城设立大学寮(即大学)，学生定额 400 人。大学培养的目标是国家官吏，教学内容和教科书以汉文儒家经典为主。课程分经学、音、书、算四科：经学即汉文儒家经典；音即汉字音义；书即汉文书写；算即算术。教科书包括《周易》《尚书》《周礼》《仪礼》《毛诗》《礼记》《春秋左氏传》《孝经》《论语》等。地方设立国学，地方国学是为地方上层人物设置的，培养目标和教学内容与大学大同小异。当时日本分为 60 多国，每国学生人数以面积大小而定，大国定额 50 人，中等国定额 30 人，小国定额 20 人。九州和六国合在一起，称府学，定额 240 人。在大学、国学之外，还有私学。私学教学内容很广，有儒学、文学艺术、工艺美术等实用技能。招生对象上至贵族子弟，下至平民子弟。《大宝律令》完善了日本贵族的教育制度，使日本教育法制化，在日本教育史上具有划时代意义。不过，这种教育制度是专门为封建贵族制定的，劳动人民被剥夺了受教育的权力。

12世纪末，日本开始了军事独裁封建统治，被称为幕府时期。幕府时期先后经历了镰仓（1192—1333）、室町（1336—1573）、江户（1603—1867）三个阶段。这个时期幕府统治代替天皇统治。虽然天皇仍然存在，但军事贵族掌握实际权力，直到19世纪上半叶的700多年间，日本一直处于幕府统治时代。

古代日本的工艺技术

日本善于吸收外国文化。工艺技术主要表现在陶器工艺、漆工艺、金属工艺、染织工艺等方面。

日本的陶器工艺可以追溯到8000年前的绳纹式陶器，它代表了上古文明的艺术特色。这种陶器数量众多，形状各异，施纹方法以磨削为主，纹样有押型纹、捻绳纹、贝壳纹等。弥生时代的陶器与绳纹时代相比，烧制温度较高，以罐形、瓮形的赤褐色陶器为多。古坟时代的陶器以埴轮为代表。埴轮相当于中国的明器，是古坟的附属物。埴轮有圆筒埴轮、形象埴轮两类类型：圆筒埴轮呈圆筒状；形象埴轮以与人们生活内容相关内容为特征。奈良时代出现了类似中国的"唐三彩"。以色釉烧制的陶器，多为宫廷、寺院的特殊用品。日本最早的漆工艺是飞鸟时代的《玉虫橱子》。奈良时代的漆工艺有了长足进步，官六省的大藏省设置有"涂部司"，专门负责漆工艺的工作。因此，这个时期的漆工艺丰富多彩、层出不穷，采用干漆、漆皮、油色、平脱、密陀绘、金银泥绘等技法的精美作品大量出现。日本金属工艺的杰出代表是弥生时代的金属制品——铜铎。飞鸟时代的金属工艺生动活泼，丰富多彩，救世观音《宝冠》、四十八体佛的《光背》就是其代表作。奈良时代重视佛教，佛教成为当时的主流文化。金属工艺的分工更加明确，铸工、铜工、铁工、金工等已区别开来，铸造技术突飞猛进，开始铸造以药师寺《药师三尊》为主的大型作品。染织工艺大约始于弥生时代。现存最古老的染织工艺品是正仓院珍藏的飞鸟、奈良时代的残片和法隆寺珍藏的一些遗品，这些藏品具有浓重的大陆色彩。随着佛教的盛行，"绣佛"在飞鸟、奈良时代的刺绣工艺中占据重要地位，中宫寺的《天寿国曼荼罗绣帐》是现存最古老的作品。

总之，7世纪前的日本工艺技术取得了很大成就。

中国文化对古代日本的影响

除了文字、学校教育、工艺技术之外，就整个外交关系史而言，中国文化对日本的影响也是很大的。

早在先秦两汉时期，中国文化对日本的影响主要是通过移民实现的。在殷商和春秋时，中国人已开始移居日本，秦汉时有增无减。据《史记·始皇本纪》：

> （始皇二十八年）南登琅玡，大乐之，留三月。……既已，齐人徐市（福）等上书，言海中有三神山，名曰蓬莱、方丈、瀛洲，仙人居之。请得斋戒，与童男女求之。于是遣徐市（福）发童男女数千人，入海求仙人。

又据《史记·淮南衡山列传》：

> 秦皇帝大说，遣振男女三千人，资之五谷种种百工而行。徐福得平原广泽，止王不来。于是百姓悲痛相思，欲为乱者十家而六。

以上就是历史上徐福东渡的故事。至今日本佐贺县诸富町海边还立着"徐福上陆地"的石碑。日本民间传说认为：徐福一行在日本定居后，就在当地传授农耕、纺织、冶炼、捕鲸、医学等技术，使日本由采集、狩猎、捕捞为主的绳纹时代进入以种植水稻为主的弥生时代。徐福被日本人称为"司农之神"、"司药之神"。目前，学术界关于"徐福东渡"的看法不一，或者认为，徐福东渡只不过是一个美丽的传说，并非确有其事。但是，可以肯定，这种传说并非无中生有，它反映了当时确有大量移民东渡日本的客观存在。中日文化交流的明确记载始于汉代。据《后汉书·东夷传》记载，当时日本有 100 多个岛国，与汉代有关系者 30 多个，"光武中元二年，倭奴国奉贡朝贺，使人自称大夫，倭国之极南界也，光武赐以印绶"。这颗金印的印文为"汉倭奴国王"。这颗尘封了 1700 多年后的印章，终于于 1784 年 3 月 14 日在日本九州福冈县志贺岛被人发现，这颗金印是中日两国友好往来和文化交流的标志和最早实证。它无可辩驳地表明：早在东汉时，"倭奴国"的使臣，曾冲破层层惊涛骇浪，不远千里，来到中国腹地洛阳，向东汉王朝进贡，并得到紫绶金印的赏赐。

魏晋南北朝时期，中日关系和文化交流有了迅速的发展。《三国志·魏书》专门设立了《倭人传》。根据该传记载，魏明帝景初二年（238），"倭女王遣大夫难升米等诣郡，求诣天子朝献，太守刘夏遣吏将送诣京都"；魏齐王正始元年（240）"太守弓遵遣建忠校尉梯俊等奉诏书、印绶诣倭国，拜假倭王，并赍诏赐金、帛、锦罽、刀、镜、采物，倭王因使上表答谢恩诏"；正始四年（243），倭王遣使八人"上献生口、倭锦、绛青缣、锦衣、帛布、丹木、狦、短弓矢"；正始八年（247），倭人内部不和，遣使诣郡，以求调停。据《晋书·武帝纪》：泰始二年（266）十一月，"倭人来献方物"。南朝宋历经 60 余年，倭使朝贡十三次之多。梁武帝天监十二年（513），百济人将《诗经》、《尚书》、《周易》等儒家经典传入日本，对日本封建文化的发展有相当大的影响。日本开始以仁、义、礼、智、信"五常"作为德治的最高标准，并用以命名各级官吏名称，将各级内官分为大德、小德、大仁、小仁、大义、小义、大礼、小礼、大智、小智、大信、小信等 12 个阶。外官亦如魏晋制度，称"大夫"、"使持节"、"都督诸军事"、"中郎将"、"校尉"等。中国佛教也是在南朝梁时传入日本的，据日本虎关师练《元亨释书》：

　　第廿七代继体天皇即位十六年壬寅，南梁人案部村主司马达止，此年春二月入朝，即结草堂于大和国高市郡坂田原，安置本尊，归依礼拜，举世皆云：是异域神之出缘起。

这就是说，继体天皇十六年（522），即南朝梁武帝普通三年，中国梁人司马达把佛教传入日本。另外，西晋以后，又有不少中国人移居日本，对中日两国文化交流也发挥了重要作用，据《日本书纪·雄略纪》等书记载，中国南朝宋明帝泰始间，雄略天皇遣使来贡，曾带一批贵重丝织品和纺织女工回到日本。还接纳了不少来自朝鲜半岛的"秦人"和"汉人"。在他们的影响下，日本广栽桑树，促进了丝织业的迅速发展。随着丝织品业的发展，日本人一改过去简朴的衣着，开始讲究穿戴，据《北史·倭国传》记载：日本人"每至正月一日，必射戏饮酒，其余节，略与华同"。这些风俗习惯和节日喜庆活动，多与魏晋南北朝的影响有关。

　　隋代中日两国的文化交流有了更大的发展。在隋朝享国的 38 年间，日本共派了四次遣隋使：第一次是在隋文帝开皇二十年（600）。使者到了隋都大兴，受到了隋文帝的接见，双方互相通报了有关情况。第二次在隋炀帝大业三年（607）。圣德太子任命小野妹子为大使来到隋朝。第二年，隋炀帝任命文林郎裴世清为使节，陪送日使回国。裴世清一行来到日本筑波（今大阪），日本皇室为此专门建筑了一座迎宾馆，并派出彩船 30 艘表示热烈欢迎。裴世清等进入日本东京城时，日本专门设置了仪仗队，鼓角齐鸣，隆重接待。第三次是在隋炀帝大业四年（608）。隋使裴世清等回国，圣德太子又派小野妹子为大使同行来到中国。和小野妹子同来者还有日本首批八名留学生和学问僧。这批留学生和学问僧，是日本直接向中国全面汲取文化的开始。第四次是在隋炀帝大业十年（614）。圣德太子派犬上御田锹为大使，部分留学生和学问僧同行。遣隋使的派遣，为后来大规模的中日文化交流奠定了基础。

　　唐代是中日文化交流的鼎盛时期，唐代中日关系之密切史无前例。唐代诗人留下大量讴歌中日友好往来的诗篇，例如钱起《重送陆侍御使日本》、刘禹锡《赠日本僧智藏》、徐凝《送日本使还》、贾岛《送褚山人归日本》、皮日休《送圆载上人归日本国》、方干《送人游日本国》、韦庄《送日本国僧敬龙归》、无可《送朴山人归日本》、栖白《送圆仁三藏归本国》、齐己《送僧归日本》、马总《赠日本僧空海离合诗》、王维《送秘书晁监还日本国》、李白《哭晁卿衡》、刘长卿《同崔载华赠日本聘使》、沈颂《送金文学还日本》、朱少端《送空海上人朝谒后归日本》、孟光《送最澄上人还日本国》等等。这些诗歌反映了中日两国人民的鱼水之情。从唐太宗贞观四年（630）到唐昭宗乾宁元年（894）日本共派 19 次遣唐使。遣唐使中不乏擅长文史的学者，其中可考的留学生有 27 人，留学僧有 100 余人，例如吉备真备（约 693—775），开元五年（717）来华，留学 19 年，深入钻研中国学术文化，开元二十三年（735）回国后，历任教育、军事、政治等方面的重要职务；天宝十一载（752）任遣唐副使，再次来华，天宝十三载（754）回国，在介绍唐代制度和文化上作出重要贡献。阿倍仲麻吕（698—770），汉名晁衡（或朝衡），开元五年（717）与吉备真备一起来华，学成后仕于唐，任司经局校书、从三品秘书监等职，与著名诗人李白、王维等有深厚友谊。天宝十二载（753）回国，途中船只遇险，漂至越南，几经波折，又返回京都长安，老死中国，共 54 年。日僧圆仁，在唐逗留十余年，带回经典 800 余部，成为日本天台宗的第五代座主。遣唐使对日本的影响是多方面的：在天文历算方面，日本废止了《仪凤历》，而改用唐之《大衍历》；在建筑方面，奈良、京都的城市布局多与长安相似；在史学方面，日本史书《日本书纪》《文德实录》等采用了中国史籍的编纂方法；在文学方面，随着杜甫、白居易等人的诗歌传入日本，日本也兴起了书写绝句、律诗的热潮；在文字方面，汉字的日本化与日本假名的形成，也是通过遣唐使才得以最终实现的。当然，在日本选派遣唐使的同时，也有不少唐人东渡，鉴真大师就是一个杰出代表。鉴真（688—763），扬州人，任扬州大明寺主持。从天宝二载（743）开始，先后五次东渡，历尽艰险，均告失败。天宝十二载（753），他不顾 65 岁高龄，进行第六次东渡，终于成功。他不仅把佛教律宗传入日本，而且对日本的建筑、雕塑、医学等都作出了有益的贡献。在唐代中日交往的过程中，大量中国图书流入日本，据《旧唐书·东夷传》：

> 开元初，（日本国）又遣使来朝，因请儒士授经……所得锡赉，尽市文籍，泛海而还。

据日本人木宫彦泰著《日中文化交流史》，遣唐使从中国带回汉籍者有：

> 智藏抄写并带回《三藏要义》等。
> 永忠带回《律品旋宫图》、《日月图》等。
> 最澄利用台州刺史陆淳赠给他的纸张，雇用经生数十人，抄写并带回经疏 230 部、460 卷。另外，最澄还带回数十种碑帖。
> 空海带回新译经 142 部、240 卷，梵字真言赞 42 部、44 卷，论疏 32 部、170 卷。
> 常晓带回经论 31 部、63 卷。
> 圆仁带回经论章疏、传记等 584 部、802 卷。
> 圆珍带回经论章疏 441 部、1000 卷。
> 宗睿带回经论章疏 134 部、143 卷。

唐代流入日本的中国图书总数已无从查考，但是，通过吉备真备编《将来目录》和藤原佐世编《日本国见在书目录》可见一斑：《将来目录》（一名《携来目录》）是吉备真备在唐留学时带回日本的汉籍目录，其中包括《唐礼》130 卷、《大衍历经》1 卷、《大衍历立成》12 卷等，可惜该目已经亡佚，我们无法知其全貌。《日本国见在书目录》（一名《本朝见在书目录》）约编于阳成天皇贞观末年至元庆元年之间，相当于唐僖宗乾符三年（876）至中和四年（884）之间。该目仿照《隋书·经籍志》分类，各类著录卷数如下：

> 易家 177 卷　　　尚书家 113 卷　　　诗家 166 卷

礼家 1909 卷	乐家 207 卷	春秋家 374 卷
孝经家 45 卷	论语家 269 卷	说异家 85 卷
小学家 598 卷	正史家 1372 卷	古史家 240 卷
杂史家 616 卷	霸史家 122 卷	起居注家 39 卷
旧事家 20 卷	职官家 70 卷	仪注家 95 卷
刑法家 110 卷	杂传家 306 卷	土地家 341 卷
谱系家 16 卷	簿录家 22 卷	儒家 134 卷
道家 458 卷	法家 38 卷	名家 4 卷
纵横家 3 卷	墨家 3 卷	杂家 26 卷
农家 13 卷	小说家 48 卷	兵家 227 卷
天文家 461 卷	历数家 167 卷	五行家 919 卷
医方家 1309 卷	楚辞家 32 卷	别集家 1568 卷
总集家 1568 卷		

共计 40 家、15516 卷。关于该目著录的部帙卷数，历来说法不一，据严绍璗统计，共计 1568 部、17209 卷①。此数相当于隋唐汉籍总数的二分之一，可见唐代流入日本汉籍数量之多。而且，该目著录的汉籍之中，有 300 余种不见于《隋书·经籍志》《旧唐书·经籍志》和《新唐书·艺文志》，其中易家就有 21 种。以上图书对于日本文化的发展起了重要作用。

通过大量派遣遣唐使和中国图书的大量输入，中国文化对日本产生了重大影响。郭沫若指出："把中国的文化、各种上层建筑的意识形态，差不多和盘地输运了去。"②让我们从政治制度、法律、经济、天文历法、建筑、文学、历史等方面加以介绍。在政治制度方面，导致日本著名的"大化革新"。日本天皇建立初期，并无年号。645 年，孝德天皇仿效中国，使用日本历史上第一个年号"大化"。大化革新，废除世袭的氏族等级制，确立中央集权制。有不少礼政机构，都是仿

---

① 《汉籍在日本的流布研究·日本的汉籍目录学著作研究》。
② 《郭沫若文集》卷十二《日本民族发展概况》。

照唐朝设置的。在法律方面，日本天智天皇七年（667）颁布的《近江津令》、天武天皇十一年颁布的《天武律令》、文武天皇大宝元年（710）颁布的《大宝律令》等都是根据唐武德、贞观、永徽三朝法令制定的。大化革新颁布的律令和唐朝律令相似者就有420条。在经济方面，日本孝德天皇的"租庸调制"，不仅名称与唐代相同，而且内容也很相似。农业生产受到中国著名农书《齐民要术》的影响，推广先进的生产技术，扩大水稻种植面积，学会制造手推水车、脚踏水车、牛拉水车、唐犁、唐箕等先进工具。手工业生产技术也有很大提高，冶炼、陶瓷、纺织等工艺品巧夺天工。在天文历法方面，唐代的《麟德历》《大衍历》《宣明历》等先后被日本采用。中国著名的数学著作《周髀算经》《九章算术》等成为日本的教科书。在建筑方面，日本的奈良和京都都是仿照唐朝长安修建的，布局和结构有许多相似之处。在文学、历史方面，日本贵族模仿唐诗而写汉诗已经蔚然成风，甚至在日本科举考试中也设有汉诗的科目。日本人先后编成的"六国史"，即《日本书纪》《续日本纪》《日本后纪》《续日本后纪》《文德实录》和《三代实录》，都受到了中国史籍编撰方法的巨大影响。

总之，中国文化的各个方面对古代日本的影响是深刻的。当然，中日文化交流是双向的，中国也向日本学到不少东西。但是，应该指出：在中日双向文化交流过程中，日本接受中国文化的影响则是主要的，这是历史的事实。

日本的"百万塔陀罗尼"

据日本人藤原继绳（727—796）著《续日本纪》卷三十《宝龟元年夏四月》条：

初天皇八年乱平，乃发弘愿，令造三重小塔一百万基。各高四寸五分，基径三寸五分。露盘之下各置《根本》、《恋心》（即《自心印》）、《相论》、《六度》等陀罗尼，至是功毕，分置诸寺，赐供事官人以下、仕丁以上一百五十七人爵，各有差。

又据奈良《东大寺要录》卷四《诸院章》：

> 东西小塔院：神护景云元年造东西小塔堂，实忠和尚所建
> 也。天平宝字八年甲辰秋九月一日，孝谦天皇造一百万小塔，分
> 配十大寺，各笼《无垢净光陀罗尼》折本。

在日语中，"折本"就是印本。由上述记载可知，宝龟元年（神护景云四年，770年）相当中国唐代宗大历五年，日本已经雕印《无垢净光大陀罗尼经》，因其藏在一百万小塔中，简称"百万塔陀罗尼"（图21）。中日专家都认为，《无垢净光大陀罗尼经》的底本是由中国雕版，然后传入日本的。

图21　百万塔陀罗尼

如前所言，唐代女皇武则天晚年病魔缠身，想到自己过去杀人如麻，担心无数冤魂找她算账，这也许正是沉疴在身的重要原因。《无垢净光大陀罗尼经》翻译后，虽无法马上付诸梨枣，但终究是会雕版

印刷的。后来的印本数量当会很多，不仅在国内广泛流传，而且很快传到新罗、日本等地。那么日本称德天皇为什么要刻《无垢净光大陀罗尼经》呢？早在太平十年（738），圣武天皇次女立为皇太子，即位后称孝谦天皇。天平宝字二年（758）孝谦天皇让位于淳仁天皇，自己削发为尼，拜僧人道镜为国师。当时外戚藤原麻仲吕为太政大臣，相当于宰相，见上皇宠信道镜而疏远自己，心怀不满。天平宝字八年（764）九月，藤原麻仲吕发动叛乱。叛乱之初，来势凶猛，上皇乃发弘愿，称如能平叛，愿造百万佛塔，每塔供养《无垢净光大陀罗尼经》一卷。可见孝谦上皇造塔供佛的初衷同武则天一样，也是为了消灾。由于叛乱不得人心，很快得以平息。第二年（765）正月初一，孝谦上皇废掉淳仁天皇，重返皇位，史称称德天皇，并更改年号为神护景云，任命国师道镜为太政大臣。据日本正仓院文书记载，早在一年前，即太平宝字七年（763）五月十六日，道镜已经奉命从东大寺取出刻本《无垢净光大陀罗尼经》，藏于兴福寺，并为女皇讲经。第二年，即太平宝字八年（764）平叛之后，为了履行诺言，就开始了刻经、造塔工作。塔为樱木制造，有三层、七层、十三层多种，塔高 13.5cm，塔座直径 10.5cm。因塔内空间较小，只选了《无垢净光大陀罗尼经》中的四咒：《根本》、《自由印》、《相轮》和《六度》，刻印在麻纸和楮纸上。为了防虫，还染以黄柏。从天平宝字八年（764）到神护景云四年（770），广泛动员了 31.6 万人参与其中，砍伐了大片森林，耗费了大量纸墨，费时五年零七个月，终于大功告成，分置京畿地区的法隆寺、东大寺、药师寺、大安寺、元兴寺、福兴寺、西大寺、弘福寺、崇福寺、四大王寺等十大名寺，每寺十万塔十万经，作为镇国之宝。这就是"百万塔陀罗尼"的简单来历。有人对此表示怀疑："百万塔陀罗尼"号称"百万"，五年零七个月总共 2039 天，平均日产 490座塔和 490 部经，其耗工耗费之巨，难以令人置信。而且，"百万塔陀罗尼"分置十寺之后，千余年间，竟悄然消失，无人谈及，更是不可思议。据说，现在日本法隆寺还有 300 余座"百万塔陀罗尼"保存至今，但这与"百万"相比，实在相差太远。"百万"之数，概言其多，非其实也。

为什么日本没有能够最早发明雕版印刷术呢？已如前言，雕版印刷的发明是社会文化长期积累、沉淀的产物，它不可能突然从天而降。应该承认，在中日古代文化的长期交往中，日本接受中国文化的影响是主要的，这是一个不可回避的历史事实。就拿《无垢净光大陀罗尼经》来说，随着唐代佛教的盛行，它首先传到中国，然后再由中国传到朝鲜、日本等地。唐代包括《无垢净光大陀罗尼经》在内的佛经东传日本的途径是很多的。当时日本的遣唐使、学问僧和留学生一批又一批来到中国，随时都可能把各种佛经带回日本。唐代也有鉴真等不少中国僧人东渡日本，《无垢净光大陀罗尼经》和印刷技术由他们直接传到日本也是可能的。日本佛教印刷史专家秃氏祐祥说："从奈良朝到平安时代与中国大陆交通的盛行和中国给予我国显著影响的事实来看，此《陀罗尼》的印刷绝非我国独创的事业，不过是模仿中国早已实行的作法而已。"①

八、德国人谷腾堡的金属活字

不少西方人认为，谷腾堡是印刷术的发明者。

谷腾堡其人

谷腾堡是德国斯特拉斯堡金匠行会的一名会员，他的主要工作是雕刻珍宝和制造玻璃(图22)。他从15世纪30年代开始金属活字印刷的实验工作，长期实验需要大量金钱，耗费了他的所有积蓄。1450年，他以实验工具和印刷设备为担保，向一位名叫约翰·弗斯特的金融家借了3500盾钱。经过不懈努力，1454年谷腾堡终于实验成功，他用金属活字完成了《圣经》的印制工作(图23)。谷腾堡在金属活字印刷方面的革新包括四项内容，即制造金属活字的模版、制造多种金属组成的合金活字、把一台榨汁机改装成活字印刷机(图24)和发明以油为主适宜印刷的油墨。谷腾堡成功之后，弗斯特旋即把谷腾堡告上法庭，

---

① 《东洋印刷史研究》，日本东京青裳堂书店1981年版。

图 22　谷腾堡

图 23　圣经

113

图 24　谷腾堡发明的印刷机

要求他马上还钱。法庭判决谷腾堡如数偿还弗斯特的货款和复合利息，并无偿占有《圣经》等书的模版和一些印刷设备。在曾经是谷腾堡助手的女婿的帮助下，弗斯特开办了自己的印刷所，他以正常价格五分之一的低价印售《圣经》，曾经引起了专业抄书者的恐慌和反对。

　　当然，谷腾堡并不一定是欧洲第一个使用金属活字印刷的人，但是可以肯定地说，谷腾堡对于欧洲金属活字印刷的革新和普及，作出了重大贡献。

金属活字印刷是雕版印刷的延续

　　不少西方学者至今把谷腾堡当作印刷术的发明者，法国人费夫贺和马尔坦说："金匠谷腾堡才是传统上公认的印刷术的发明者，而事实也应该如此。"[1]其实，早在 11 世纪 40 年代，中国宋代毕昇就发明

---

①　《印刷书的诞生·技术问题与解决之道》，广西师范大学出版社 2006 年版。

了泥活字，这在宋沈括《梦溪笔谈》卷十八中有明确记载。这个记载比谷腾堡金属活字要早近 400 年。12 世纪下半叶西夏有人继承了毕昇的事业，成功采用木活字印书，流传至今的西夏木活字印本有《维摩诘所说经》《大乘百法明镜集》《三代相照言文集》《德行集》等 10 多种，这比谷腾堡金属活字要早 300 多年。13 世纪末叶，中国元代王祯又用木活字印出了《旌德县志》，这比谷腾堡金属活字也早 250 年。由此可见，中国的活字印刷远远早于谷腾堡。金属活字印刷和泥活字、木活字印刷，只有原料的不同，没有本质的区别。从根本上说，金属活字印刷同雕版印刷也没有本质的区别：二者都要刻制文字。即使谷腾堡的铸字也不例外，铸字的第一步是制造字模，而制造字模的第一步就是刻制文字。离开刻制文字，就没有字模，就没有铸字，也就没有谷腾堡的金属活字印刷，谷腾堡的活字印刷只是在雕版印刷的基础上前进了一小步：版面可以拆开，活字可以反复使用，节省了不少原材料；动力由人工变为机械，提高了工作效率；油墨可以沾着在金属上，使印刷品更加清晰。除此之外，并无什么质的飞跃。我们完全可以这样说：谷腾堡的金属活字印刷是雕版印刷的延续。没有雕版印刷就没有活字印刷，活字印刷是在雕版印刷的基础上发展起来的，美国人卡特指出：

> 在追溯中国印刷的历史时，我们不妨举出若干人物来，他们虽不是谷腾堡这个人的生身祖先，但就某种意义说，却是谷腾堡这位发明家事业上的老祖宗。①

费夫贺和马尔坦也不得不承认：

> 这并不是说木板印刷对印刷术毫无贡献。纸张用以大量复制文本的潜力，可能是借着整块木板印出的文字和图画，才格外彰

① 卡特：《中国印刷术的发明和它的西传·古腾堡发明的世系》，商务印书馆 1991 年版。

115

显的，要是没有版画和雕版书的成功，恐怕当时的人也无法预见更加理想的印制方法，竟能带来如此进步。简而言之，谷腾堡最初的热情，乃至于说服傅斯特（即弗斯特）资助其实验，可能就是受到雕版书广泛通行的激励所致。①

当然，雕版印刷对于活字印刷的影响，不仅使后者受到"激励"，而且直接移植了前者的方法。既然如此，为什么长期以来某些西方人不顾事实、颠倒黑白呢？2008 年在北京举办的第 29 届奥林匹克运动会开幕式上，展现有中国古代发明印刷术的画面，某些西方人当即向中国提出抗议，认为印刷术是他们发明的，我们夺走了他们的发明权。诸如此类的事情还有不少，不值得大惊小怪。造成这种情况，大抵有两个原因：一是他们所说的"印刷术"只是金属活字印刷术，不包括泥活字、木活字等，更不包括雕版印刷。如上所言，这种说法显然是没有道理的。其实，就金属活字而言，谷腾堡也不是最早的。二是与媒体传播有关。虽然古代中国有悠久的传播历史，但是明末清初以来，中国在包括传播在内的不少科技领域落后了，西方捷足先登，利用各传媒优势，声嘶力竭地宣传其观点。尽管这些观点不一定正确，但是先入为主，人们长期形成的观点很难在短期内改变。我们的对策应该是充分利用各种传播媒体，用事实说话，以理服人，耐心等待，少安毋躁。我们坚信终究有一天事实会大白于天下，一定会还历史的本来面目。

九、印刷术的发明权属于中国

我们在世界范围内，对 7 世纪以前的世界主要国家与印刷术发明的关键因素进行了扫描。那么，结论到底是什么呢？简言之，结论就是：7 世纪初，世界上所有国家都没有发明雕版印刷的社会文化积累

---

① 《印刷书的诞生·技术问题和解决之道》，广西师范大学出版社 2006 年版。

和沉淀，因而都不可能发明雕版印刷。

雕版印刷的发明是一项重大的综合工程，社会需求、物质基础和技术基础缺一不可。在社会需求方面，由于中国较早进入封建社会，教育比较发达，历代学校培养了数以万计的读书人。"学而优则仕"的用人制度更加激发了他们读书的欲望。汉字是表意文字，方块字多至四五万个，难字的笔画多至三十多笔，认字尚且困难，抄书之难，更是"难于上青天"了。在雕版印刷发明之前，图书全靠手工抄写，其速度之慢、效率之低，可想而知。抄书者希望改变现状的呼声越来越高。中国古代的著者和藏书家多如牛毛，据不完全统计，隋唐以前有姓名可考的诗人有 3007 人，散文作者有 6324 人，私人藏书家有 3449 人①。众多著者希望自己的作品用最先进的制作方式公开出版，众多藏书家希望自己拥有更多的藏书。总之，隋唐之前的著者需求、读者需求、抄书者需求、藏书家需求等是很强烈的。对比之下，国外的任何一个国家进入封建社会的时间远远晚于中国，著者人数、读者人数、藏书家人数远远少于中国，社会需求远远不如中国强烈。再拿文字来说，外国多为字母文字，由 20 多个字母排来排去，可以表达无限的内容。对于抄书者而言，远比抄写汉字容易，抄书者的需求就不一定那么高。在物质基础方面，造纸术是中国四大发明之一，这是中国首先发明雕版印刷的得天独厚的条件。而埃及的草纸、巴比伦和希腊的泥版、印度的贝多罗树叶、罗马的羊皮纸等，根本不能作为雕版印刷的文字载体。造纸术使中国发明雕版印刷捷足先登，其他国家无与伦比。至于义净所谓"拓模泥像"就是用泥模制造佛像。这种复制方法中国早已有之（详第十二章第五节），而且这种复制方法，不能叫做印刷。绢和纸原产中国，7 世纪初，印度还不能生产绢和纸，只能付出昂贵的金钱从中国购买。义净本人在《大唐西域求法高僧传》卷下说："净于佛逝江口昇舶，附书凭信广州，见求墨纸，抄写梵经，并雇手直。"可见他在印度抄写梵文佛经，找不到纸，只好托

———
① 私人藏书家人数详见范凤书《中国私家藏书史》，大象出版社 2001 年版。

117

人到中国广州购买。因此，当时印度"莫不以此为业"是不可能的。实际上，自汉至唐，中国先后有 100 多位高僧到印度取经数千卷，带回的都是梵文写本贝叶经。如果当时确有雕版印刷，当有印本佛经带回。在技术基础方面，制版和刷印是发明雕版印刷的关键程序。制版与雕刻技术、反文阳刻技术、魏晋南北朝后期的反文阳刻印章密切相关，凸版印染技术早在先秦就已使用，唐初中国又发明了拓印。雕版印刷的发明就是众多先进技术优化组合的产物。外国虽然早有雕刻技术，但是没有拓印技术；外国如印度、巴比伦等虽然早有印章，但与反文阳刻印章相去甚远；外国虽然也有印染，但内容多半是一些纺织品的装饰图案。把图案印在布或纸上，已是很晚的事情了。而在我们中国，已经发现一批世界上最早的印刷品。

事实胜于雄辩，大量传世印刷品表明，雕版印刷术的发明权非我莫属，中国是雕版印刷的故乡。从下一章起，我们将从社会需求、物质基础和技术基础三个方面讨论中国发明雕版印刷的具体原因。

第三章　著者、读者需求雕版印刷

著者写书，读者读书，著者和读者都与图书有着不解之缘。雕版印刷是在著者、读者的呼唤声中呱呱坠地的。

一、从题壁诗看著者需求

雕版印刷与著者的关系十分密切。雕版印刷是复制图书的重要方法。然而，图书不是从天上掉下来的，而是著者青灯黄卷、一字一句写出来的。图书的字里行间凝结着著者的心血，"两句三年得，一吟双泪流"。没有著者，就没有图书；没有图书，发明雕版印刷就缺乏必要性。著者越多，书稿越多，靠人工抄写流传的机会就越少；流传的机会越少，发明雕版印刷的呼声就越高，发明雕版印刷的可能性就越大。

古人的传世意识

每一种图书，虽然并非一定是著者的发愤之作，但总是有所寄托的。对于笔下的内容，著者总是耿耿于怀，"剪不断，理还乱"。著者有强烈的"发表欲"，必欲公布于世而后快。司马迁忍辱负重写完《史记》之后，感慨万千，他在《报任安书》中说：

> 仆诚以著此书，藏之名山，传之其人，通邑大都，则仆偿前辱之责，虽万被戮，岂有悔哉！

司马迁死后的唯一希望就是将《史记》"藏之名山，传之其人"。

119

为了达此目的，"虽万被戮"，亦在所不辞。为了广为流传，除了正本之外，司马迁自己还抄一副本，据《史记·太史公自序》：

> 藏之名山，副在京师，俟后世圣人君子。

《史记》全书数十万言，简策堆积如山，对于刑余之人来说，抄写两遍所付出的艰巨劳动是可想而知的。这说明对于著者来说，只要作品能够公开发表，永久流传，千难万险，无所畏惧。曹丕《典论·论文》指出：

> 盖文章，经国之大业，不朽之盛事。年寿有时而尽，荣乐止乎其身，二者必至之常期，未若文章之无穷。是以古之作者，寄身于翰墨，见意于篇籍，不假良史之辞，不托飞驰之势，而声名自传于后。故西伯幽而演《易》，周旦显而制《礼》，不以隐约而弗务，不以康乐而加思。夫然，则古人贱尺璧而重寸阴，惧乎时之过已。而人多不强力，贫贱则慑于饥寒，富贵则流于逸乐，遂营目前之务，而遗千载之功。日月逝于上，体貌衰于下，忽然与万物迁化，斯志士之大痛也。

古人把著书立说当作借以永垂不朽的"千载之功"，规劝人们"不以隐约而弗务，不以康乐而加思"。古代儒家把"立言"当作"三不朽"的手段之一，著书就是"立言"。那么，作品写好之后，怎样才能"发表"呢？在雕版印刷发明之前，"发表"作品的主要手段是抄写。抄写速度实在太慢，一个人竭尽毕生的精力，又能抄几本书呢？"出书难"在无情地折磨着众多著者，他们陷入无限困惑、惆怅之中。强烈的"发表欲"驱使他们又找到一些"发表"作品的办法。

杜预为了"传世"，曾刻二碑，据宋庄绰《鸡肋编》卷上：

> 杜预好后世名，刻石为二碑，纪其勋绩。一沉万山之下，一立岘山之上，曰："焉知此后不为陵谷乎？"

魏收《魏书·文苑传》云：

> 古之人所贵名不朽者，盖重言之尚存，又加之以才名，其为贵显，固其宜也。自余或位下人微，居常亦何能自达。及其灵蛇可握，天网俱顿，并编缃素，咸贯儒林，虽其位可下，其身可杀，千载之后，贵贱一焉。非此道也，孰云能致。凡百士子，可不务乎！

刘知几《史通·史官建置》云：

> 上起帝庄，下穷匹庶，近则朝廷之士，远则山林之客，谅其于功也名也，莫不汲汲焉，孜孜焉。夫如是者何哉？皆以图不朽之事也。何者而称不朽乎？盖书名竹帛而已。向使世无竹帛，时阙史官，虽尧、舜之与桀、纣，伊、周之与莽、卓，夷、惠之与跖、蹻，商、冒之与曾、闵，但一从物化。坟土未干，则善恶不分，妍媸永灭者矣。苟史官不绝，竹帛长存，则其人已亡，杳成空寂，而其事如在，皎同星汉。用使后之学者，坐披囊箧，而神交万古，不出户庭，而穷览千载，见贤而思齐，见不贤而自省。

唐代"发表"作品的方法有刻石、即兴、寄赠、行卷、题壁等。刻石就是把作品刻在石头上，以广流传。在雕版印刷发明之后，石刻虽然很多，但在雕版印刷发明之前，石刻更多。历代封建统治阶级为了宣传儒家思想，多有刻经之举，如熹平石经、正始石经等。历代名家书迹多有刻石，在拓印技术发明之后，石刻尤多。因为通过石刻，可以大量复制复本。据《全唐文纪事·表扬》：

> 夜读白乐天《秦中吟》十诗，其《立碑》篇云："我闻望江县，鶆令抚惸嫠（鶆名信陵）。在官有仁政，名不闻京师。身没欲归葬，百姓遮路歧。攀辕不得去，留葬此江湄。至今道其名，男女

涕皆垂。无人立碑碣，唯有邑人知。"予因忆少年寓无锡时，从钱伸仲大夫借书，正得《信陵遗集》，才得诗三十三首，祈雨文三首。信陵以贞元元年鲍防下及第，为四人，以六年作望江令……至大中十一年，寄客乡贡进士姚辇，以其文示县令萧缜，缜辍俸买石刊之。乐天十诗，作于贞元、元和之际，距其亡十五年耳，而名已不传。

可见《信陵遗集》的刻石时间是唐大中十一年（857）。明胡震亨《唐音癸签》卷三十三著录的唐诗刻石有李绅《法华寺》、韩愈《送李愿归盘谷》、袁高《茶山》、李吉甫《神女庙》等。据杨殿珣编《石刻题跋索引》（商务印书馆1957年版），唐代诗词刻石传世者有165首。即兴即即席赋诗，宫廷、宴会的唱和之作多属此类。唐代卢纶、李端等"大历十才子"经常在豪门的宴会上即兴赋诗，而名声大振。寄赠就是把诗文寄给"文友"或其他人"发表"作品，如元稹、白居易就多次通过寄赠的方式"发表"作品，白居易《秋寄微之十二韵》诗云："忙多对酒榼，兴少阅诗筒。"自注云："比在杭州、两浙，唱和诗赠答于筒中递来往。"诗筒是传递所用的工具，以竹制筒状而得名。行卷就是考生把自己的得意之作，面呈显官名流，请他们在科举考试中帮助推荐。唐人著名文人韩愈、白居易、牛僧孺、朱庆余、李商隐、皮日休等都曾利用行卷"发表"作品。题壁就是把作品写在墙壁、物壁上"发表"作品，这是一种常见的方式。题壁简单易行，只要把作品写在墙壁上就行了。天南海北的过往行人，见而读之，读而抄之，就可以把作品传得很远很远。下面重点介绍题壁诗的有关情况。

题壁诗概说

就载体而言，题壁诗虽然都是题在墙壁上，但墙壁又有屋壁、寺壁、驿壁、石壁、邮亭壁、殿壁、楼壁之分。题于屋壁者如宋王安石《书湖阴先生壁》：

茅檐常扫净无苔，花木成畦手自栽。

一水护田将绿绕，两山排闼送青来。

题于寺壁者如宋苏轼《题西林壁》：

> 横看成岭侧成峰，远近高低各不同。
> 不识庐山真面目，只缘身在此山中。

题于驿壁者如宋无名氏《题壁》：

> 白塔桥边卖地经，长亭短驿最分明。
> 如何只说临安路，不较中原有几程！

题于石壁者如唐寒山子一首无题诗：

> 一住寒山万事休，更无杂念挂心头。
> 闲于石壁题诗句，任运还同不系舟。

题于邮亭壁者，据宋魏庆之《诗人玉屑》卷十：

> 余旧见邮亭壁间题云："山月晓仍在，林风凉不绝。殷勤如有情，惆怅令人别。"

题于殿壁者，据《旧唐书·柳公权传》：

> 文宗夏日与学士联句，帝曰："人皆苦炎热，我爱夏日长。"公权续曰："薰风自南来，殿阁生微凉。"时丁、袁五学士皆属继，帝独讽公权两句，曰："辞清意足，不可多得。"乃令公权题于殿壁，字方圆五寸，帝视之，叹曰："钟、王复生，无以加焉。"

题于楼壁者如《水浒传》第三十七回宋江在江州浔阳楼壁题的一首"反诗"：

> 心在山东身在吴，飘蓬江河漫嗟吁。
> 他时若遂凌云志，敢笑黄巢不丈夫。

就内容而言，题壁诗约有以下类型：

第一，政治抱负，这类诗大多对现实不满，不平则鸣。上举无名氏《题壁》就讽刺了南宋某些人苟且偷安、不思收复中原的现实。又据《宋诗纪事》卷四十五：

> 南北通和时，聘使往来，旁午于道。凡过盱眙，例游第一山，酌玻璃泉，题诗石壁，以记岁月，遂成故事，镌刻题诗几满。绍兴癸丑，国信使郑汝谐一诗，可谓知言矣（按：郑诗为《题盱眙第一山》："忍辱包羞事北庭，奚奴得意管逢迎。燕山有石无人勒，却向都梁记姓名。"）。

该诗讽刺了那些置国难于不顾，肆意游山玩水的人，抒发了作者强烈的爱国主义精神。清末戊戌变法失败后，谭嗣同《狱中题壁》诗云：

> 望门投止思张俭，忍死须臾待杜根。
> 我自横刀向天笑，去留肝胆两昆仑。

此诗表达了他视死如归的英雄气概。

第二，经济目的，或希望得到社会赞助，或带有商品性质，题诗者据以牟利。据魏庆之《诗人玉屑》卷二十：

> 唐末一山寺，有僧卧病，因自题其户曰："枕有思乡泪，门无问疾人。尘埋床下履，风动架头巾。"适有部使者经从过寺中，恻然怜之，邀归坟庵疗治，后部使者贵显，因言于朝，遂令天下

寺置延寿寮，专养病僧也。

此诗抱怨"门无问疾人"的孤独和凄凉，最后竟得以治疗。又据厉鹗《宋诗纪事》卷七：

> 许洞以文辞称于吴，尤邃于《左氏春秋》，嗜酒，尝从酒店贷饮。一日大写壁，作歌数百言，乡人竞来观之，售数倍，乃尽捐其所负。

许洞把题壁诗变成商品，借以筹措酒钱，竟"尽捐其所负"。

第三，志趣爱好，其中不乏警句。据《宋诗纪事》卷九十六：

> 宣和癸卯，仆游嵩山峻极中院，法堂后檐壁间有诗云："一团茅草乱蓬蓬，蓦地烧天蓦地空。争似满炉煨榾柮，漫腾腾地暖烘烘。"其旁隶书四字云："勿毁此诗。"寺僧指示曰："此四句司马相公亲书也。"

这首诗用两个比喻说明了一个道理："暴发户"往往来得快，走得急，来如风雨，去似微尘；而老老实实循序渐进的人往往能顺利地到达目的地。

第四，发思古之幽情，抚今追昔，感慨万千。唐代宰相王播，自幼贫寒，寄居扬州惠昭寺木兰院攻读，和尚嫌贫爱富，瞧不起他。寺里有个规矩：敲钟开饭，天天如此。王播习以为常，可是一天中午，王播听到钟声去吃饭时，饭堂杯盘狼藉，开饭时间已过。王播意识到是有人故意戏弄他，遂题诗寺壁，愤然离去。20 年后，王播出任扬州刺史这个地方最高行政长官，下车伊始，就决定重游惠昭寺，寺僧一片惊慌，匆忙把王播当年的题壁诗用碧纱笼罩起来，然后列队迎候。王播来到寺中，一眼就看到当年的题壁诗被罩起来，暗暗发笑，遂挥笔又题诗于壁：

上堂已了各西东，惭愧阇黎饭后钟。

二十年里尘扑面，如今始得碧纱笼。①

此诗用前后对比的手法，用"饭后钟"和"碧纱笼"两件事情尖锐地讽刺了和尚前倨后恭、趋炎附势的卑鄙行为。

题壁诗历史悠久，始于两汉，盛于李唐。

汉魏六朝题壁诗

《晋书》卷三十六转引卫恒《四体书势》云：

> 至(汉)灵帝好书，时多能者，而师宜官为最，大则一字径丈，小则方寸千言，甚矜其能。或时不持钱诣酒家饮，因书其壁，顾观者以酬酒，讨钱足而灭之。

师宜官，南阳人，书法家，性嗜酒。师宜官是古人题壁者最早的记载之一。可惜其题诗的具体内容已无从得知。汉代之后，题壁者代不乏人。据《晋书·宋纤传》：

> 酒泉太守马岌，高尚之士也，具威仪，鸣铙鼓，造焉。纤高楼重阁，距而不见。岌叹曰："名可闻而身不可见。德可仰而形不可睹，吾而今而后知先生人中之龙也。"铭诗于石壁曰："丹崖百丈，青壁万寻。奇木蓊郁，蔚若邓林。其人如玉，维国之琛。室迩人遐，实劳我心。"

宋纤，字令艾，敦煌效谷人，晋代著名隐士，隐居于酒泉南山，太守马岌求见不得，感慨系之，于是铭诗于壁。南北朝时期，题壁诗渐多，据《南史·刘孝绰传》：

---

① （五代）王定保：《唐摭言》卷七。

126

孝绰词藻为后进所宗，时重其文，每作一篇，朝成暮遍，好事者咸诵传写，流闻河朔，亭苑柱壁莫不题之。

可见"莫不题之"是人们传诵刘孝绰诗的重要手段之一。据《南史·王僧虔传》：

昇明二年，为尚书令。尝为飞白书题尚书省壁曰："圆行方止，物之定质。修之不已则溢，高之不已则栗，驰之不已则踬，引之不已则迭，是故去之宜疾。"当时嗟赏，以比座右铭。

这是王僧虔题壁之例。王僧虔，南齐书法家，历仕尚书令、侍中等职。再据《南史·柳恽传》：

恽立性贞素，以贵公子早有令名，少工篇什，为诗云："亭皋木叶下，陇首秋云飞。"琅玡王融见而嗟赏，因书斋壁及所执白团扇。

这是王融题壁之例。王融，字元长，南齐人，举秀才，累官中书郎。据《南史·王筠传》：

(沈)约于郊居宅阁斋请筠为《草木十咏》，书之壁，皆直写文辞，不加篇题。

这是王筠题壁之例，王筠，字元礼(一字德柔)，梁人，著名学者，累官太子詹事。据《南史·刘杳传》：

(沈)约郊居斋时新构阁斋，杳为赞二首，并以所撰文章呈约，约即命工书人题其赞于壁。

据《南史·刘显传》：

> 尝为《上朝诗》，沈约见而美之，命工书人题之于郊居宅壁。

可见沈约对于题壁诗的偏爱，其郊居宅壁至少题有 13 首诗（王筠 10 首、刘杳 2 首、刘显 1 首）。隋代虽然时间不长，但是也有题壁之例，据《隋书·孙万寿传》：

> 万寿本自书生，从容文雅，一旦从军，郁郁不得志，为五言诗赠京邑知友曰："贾谊长沙国，屈平湘水滨。江南瘴疠地，从来多逐臣。粤余非巧宦，少小拙谋身。欲飞无假翼，思鸣不值晨。如何载笔士，翻作负戈人！飘飘如木偶，弃置如刍狗。失路乃西浮，非狂亦东走。晚岁出函关，方春度京口。石城临兽据，天津望牛斗。牛斗盛妖氛，枭獍已成群。郗超初入幕，王粲始从军。裹粮楚山际，被甲吴江濆。吴江一浩荡，楚山何纠纷。惊波上溅日，乔木下临云。系越恒资辩，喻蜀几飞文。鲁连唯救患，吾彦不争勋。羁游岁月久，归思常搔首。非关不树萱，岂为无杯酒！数载辞乡县，三秋别亲友。壮志后风云，衰鬓先蒲柳。心绪乱如丝，空怀畴昔时。昔时游帝里，弱岁逢知己。旅食南馆中，飞盖西园里。河间本好书，东平唯爱士。英辩接天人，清言洞名理。凤池时寓直，麟阁常游止。胜地盛宾僚，丽景相携招。舟汛昆明水，骑指渭津桥。祓除临灞岸，供帐出东郊。宜城醅始熟，阳翟曲新调。绕树乌啼夜，雊麦雉飞朝。细尘梁下落，长袖掌中娇。欢娱三乐至，怀抱百忧销。梦想犹如昨，寻思久寂寥。一朝牵世网，万里逐波潮。回轮常自转，悬斾不堪摇。登高视衿带，乡关白云外。回首望孤城，愁人益不平。华亭宵鹤泪，幽谷早莺鸣。断绝心难续，惝恍魂屡惊。群纪通家好，邹鲁故乡情。若值南飞雁，时能访先生。"

> 此诗至京，盛为当时之所吟诵，天下好事者多书壁而玩之。

在这首诗里，孙万寿以贾谊、屈原自比，抒发了他"如何载笔士，翻作负戈人"的苦闷心情。全诗 420 字，当是古代题壁诗中最长的一首。

唐代题壁诗

唐代题壁诗骤然大增，开始形成一种风气。项斯《赠姚合使君》云：

> 官壁诗题尽，衙庭看鹤多。

元稹《骆口驿二首》其一云：

> 邮亭壁上数行字，崔李题名王白诗。
> 尽日无人共言语，不离墙下至行时。

可见官壁、驿墙题诗之多，元稹甚至尽日"不离墙下"。唐宪宗元和间，白居易、元稹诗歌盛行一时，号为"元和体"。元白诗体题壁者随处可见，据元稹《白氏长庆集序》：

> 二十年间，禁省、观寺、邮候墙壁之上无不书，王公妾妇、牛童马走之口无不道。

元稹曾在骆口驿、通州等地多次看到白诗题于壁上，据白居易《骆口驿旧题诗》云：

> 拙诗在壁无人爱，鸟污苔侵文字残。
> 唯有多情元侍御，绣衣不惜拂尘看。

元白二人甚至亲为题壁，葛立方《韵语阳秋》卷三云：

> 元白齐名，有自来矣。元微之写白诗于阆州西寺，白乐天写
> 元诗百篇，合为屏风，更相倾慕如此。

元稹曾在阆州开元寺壁题写白居易诗，他在《阆州开元寺题乐天诗》中写道：

> 忆君无计写君诗，写尽千行说向谁？
> 题在阆州东寺壁，几时知是见君诗。

作为至交，白居易也非常喜欢元稹的诗，他把元稹诗百首题在屏风上，正如白居易在《答微之》诗中所说：

> 君写我诗盈寺壁，我题君句满屏风。
> 与君相与知何处，两叶浮萍大海中。

白居易每到一处，也往往会在墙壁上发现挚友元稹的作品。例如白居易在贬江州司马途中，路过蓝桥驿，就在驿墙上发现元诗残句："江陵归时逢春雪。"兴奋之极，也信手写了一首诗，题为《蓝桥驿见元九诗》：

> 蓝桥春雪君归日，秦岭秋风我去时。
> 每到驿亭先下马，循墙绕柱觅君诗。

可见"循墙绕柱觅君诗"已成为白居易旅途生活的重要内容。崔颢《黄鹤楼》诗尤负盛名：

> 昔人已乘黄鹤去，此地空余黄鹤楼。
> 黄鹤一去不复返，白云千载空悠悠。
> 晴川历历汉阳树，芳草萋萋鹦鹉洲。
> 日暮乡关何处是，烟波江上使人愁。

黄鹤楼是江南名楼之一，作者登楼远眺，想到了古代的神话传说，看到眼前的浩渺烟波，心潮逐浪，遂题此诗。杜牧《题乌江渡》诗云：

> 胜败兵家事不期，包羞忍耻是男儿。
> 江南子弟多才俊，卷土重来未可知。

乌江亭是项羽兵败自刎的地方，作者认为项羽当年如果忍辱负重，返回江东，重整旗鼓，或许还能转败为胜。寒山(一称寒山子)，著名诗僧，贞观时人，居始丰县(今浙江天台)寒岩，好吟诗唱偈，与国清寺僧拾得交友。据《全唐诗·寒山小传》：

> 尝于竹木石壁书诗，并村墅屋壁所写文句三百余首，今编诗一卷。

可见寒山之诗均是题壁诗，寒山当是古代写题壁诗最多的一个诗人。寒山到底有多少题壁诗？他曾在一首无题诗中作了回答：

> 自从出家后，渐得养生趣。伸缩四肢全，勤听六根具。
> 褐色随春冬，粝食供朝暮。今日恳恳修，愿与佛相遇。
> 五言五百篇，七字七十九，三字二十一，都来六百首。
> 一例书岩石，自夸云好手。若能会我诗，真是如来母。

可见寒山题壁的总数是：五言诗 500 首，七言诗 79 首，三言诗 21 首，都 600 首。《全唐诗·寒山小传》所云"三百余首"者当是其中传世之作。寒山之诗，均无诗题，而且"一例书岩石"，在中国文学史上是仅见的。唐元和间，廖有方举仕不第，西游宝鸡。在旅馆中碰到一位潦倒仕途、贫病交加的书生，对廖有方说："辛勤数举，未遇知者。将死，以残骨相托。"言毕而逝。廖有方卖掉自己的马匹，不负重托，埋葬了这位客死他乡的举子，并在棺壁上题诗云：

> 嗟君没世委空囊，几度劳心翰墨场。
> 半面为君申一恸，不知何处是故乡？①

此诗有重要的史料价值，说明封建社会的科举制度给莘莘学子带来的灾难。雍陶，字国钧，成都人。太和进士，曾任简州刺史。有一次，他送客至"情尽桥"的地方，问左右何以名之，答曰："送别行人，至此情尽而止"，雍陶大笔一挥，在桥柱上题字，更为"折柳桥"，并题诗一首：

> 从来只有情难尽，何事名为情尽桥。
> 自此改名为"折柳"，任他离恨一条条。②

从此，"情尽桥"成为"折柳桥"，成为人们依依惜别、寄托离愁别恨的地方。

举凡唐代道观、名刹、妓院、酒楼、码头、驿站、山水名胜之处都有大量题壁诗。有的还专门设置"诗板"供人题诗。关于诗板的起始年代，明胡震亨《唐音癸签》卷二十九云：

> 或问诗板始何时，余曰："名贤题咏人爱重，为设板，如道林寺宋、杜两公诗，初只题壁，后却易为板是也。"又问："今名胜处，少有宋、杜两公诗，而此物正不少，奈何？"余曰："亦有故事，刘禹锡过巫山庙，去诗板千，留其四；薛能蜀路飞泉亭，去诗板百，留其一。有此辣手，会见清楚在？"

题壁诗是唐代各地一道亮丽的风景线。这些题壁诗虽然大多是信手拈来，但诗人们总想在公共场合展现自己的超人才华，题壁诗因而成为诗人塑造自我形象的一个重要平台。题壁诗不乏超群绝伦的精品，在

---

① 刘洪生：《唐代题壁诗·前言》，中国社会科学出版社 2004 年版。
② 刘洪生：《唐代题壁诗·题情尽桥》。

中国文学史上写下重要的一页。

刘洪生《唐代题壁诗》收录唐代 324 位诗人的 841 首诗，其中，刘长卿、孟浩然、韩翃、皇甫冉、顾况、窦巩、王建、刘言史、李德裕、曹邺、皮日休、司空图各 4 首，秦系、戴叔伦、权德舆、温庭筠、刘沧、张乔、罗隐、王仁裕各 5 首，高适、李商隐、赵嘏、郑谷、韦庄各 6 首，李嘉祐、顾况、雍陶各 7 首，武元衡、贾岛、李群玉、徐夤、贯休各 8 首，韩愈、吕岩各 9 首，李白、钱起、杜荀鹤各 10 首，杜甫 11 首，李涉 12 首，岑参、刘禹锡各 13 首，薛能、齐己各 14 首，许浑 15 首，张祜 17 首，杜牧 25 首，元稹 30 首，白居易 73 首。总之，题诗留名已经成为唐代的社会风尚，而强烈的"发表欲"正是题壁诗众多的原因之一。

为进一步说明问题，请看下表中历代著者的人数：

书　　名	先秦	秦	汉	三国	晋	南北朝	隋	唐	总计
《先秦汉魏南北朝诗》和《全唐诗》			58	39	196	427	87	2200	3007
《全上古三代秦汉三国六朝文》和《全唐文》	174	11	774	282	801	1075	165	3042	6324
《中国丛书综录》	72	6	142	65	158	150	19	493	1105
《中国妇女著作考》			7	1	15	9	1	21	54
辞海（文学分册）	5		43	10	35	56	3	141	293

可见唐代著者人数为诸代（先秦至唐）之冠，唐诗作者占历代诗人总数的 73%。任何事物都有两重性：一方面，著者众多，标志一代文化的发达；但是另一方面，由于图书制作方式的落后，"出书难"的矛盾就会更加尖锐，就会有更多好作品被打入冷宫，唐代题壁诗就是在这种历史背景下大量出现的。除了题壁之外，唐人还挖空心思，想出其他办法"发表"作品，唐求以诗瓢"发表"作品，颇富传奇色彩，

据《山堂肆考》卷一〇七：

> 唐求放达疏旷，唐末方外人也。吟诗有得，将稿捻为丸，投大瓢中。后卧病，投瓢于江曰："有得之者，方知吾苦心耳！"瓢至新渠，江有识之者曰："此唐山人诗瓢也。"其诗遂传。

刘蜕以"文冢"流传作品，陆龟蒙以佛像流传作品，据《山堂肆考》卷一二七：

> 唐刘蜕取平生所为文一千一百八十纸，起冢以封之，自作铭曰："文乎文乎，其鬼神乎！风水惟贞，将利子孙乎！"陆龟蒙以平日诗文移藏之佛像腹中。至宋咸淳中，里人醉仆其像，腹稿始传。古人藏文，各创独见，不相师袭。

题壁、投诗瓢、起文冢、藏像腹的目的都是为了传之久远，清王士禛曾说：

> 古人著述诗文，一生心力所寄，必有所托，以思传于后世。如白乐天写集三本：一付庐山东林寺，一付苏州南禅，一付龙门香山寺。陆鲁望诗文手稿尽置白莲寺佛像腹中，唐求诗草置大瓢中投诸岷江之流，皆名心未忘故也。如来自言四十九年来未曾说著一字，乃亦以身后结集属大迦叶，岂名心亦未尽忘耶！[①]

当然，除了希冀传之久远之外，有些题壁者也包含有借以仕进的个人目的。唐代以科举取士，考试成绩是重要的。此外，还要委托名人向考官推荐。要想名人推荐，就必须拿出过硬的诗文作品。这些作品可以亲自献给名人，也可以题诗于壁，增加自己的知名度，然后通过名

---

① （清）王士禛：《分甘余话》卷二。

人推而荐之。有不少人就是在题壁诗被名人看中之后加以推荐的。但是，题壁等办法并没有、也不可能从根本上解决"出书难"的矛盾，只是一种权宜之计。题壁诗大多属于即兴"小品"，还不是著者的"拳头产品"。因此，对作品一往情深的著者们翘首以待一种高效率的图书制作方式，雕版印刷就是在"藏之名山，传之其人"的呼唤中诞生的。最后还需要说明一点：题壁虽然是"发表"作品，使作品"传之久远"的一种方式，因此而题壁者确也不乏其人，但并不是说所有题壁者的动机都是为了"发表"。有些题壁诗是心血来潮，即兴而作，作者当时并没有想到"传之久远"。尽管如此，客观上却达到了公开发表、传之久远的目的。

二、从学校史和借书史看读者需求

当今出版社林立。大凡一个办得好的出版社，都十分注意跟踪读者，甚至形影不离。他们的出版计划不是来自会议室里的缕缕青烟，而是来自广泛的社会调查，因为他们知道，读者数量是出版社的寒暑表：谁拥有读者，谁就赢利，日子就好过，否则，日子就不好过，甚或垮台。出版社必须密切关注读者信息，读者信息是出版社的生命。同样道理，古代雕版印刷的发明也与读者有关。雕版印刷复制图书的目的是供人阅读，如果根本无人阅读，发明雕版印刷同样缺乏必要性。读者越多，图书的需求量就越大，"读书难"的矛盾就越尖锐，发明雕版印刷的呼声越高，发明雕版印刷的可能性就越大。因此，要弄清雕版印刷的起源，就必须调查一下古代的"读者信息"。"读者信息"的调查方法多种多样，而考察学校教育和借书活动则是其中两种最重要的方法。学校是读者最集中的地方，课本人手一册，一个学生就是一个读者，学生是最大的读者群。课本往往是所有图书中发行量最大的一种，请看当代许国璋编《英语》课本以及湖北地区初中《英语》《语文》课本的发行情况：

课 本		第一册	第二册	第三册	第四册
许编《英语》	出版时间	1986 年 1 月	1979 年 5 月	1979 年 5 月	1979 年 6 月
	印 数	17.4 万	30.2 万	30.1 万	26 万
初中《英语》	出版时间	1990 年 4 月	1990 年 8 月	1991 年 3 月	1991 年 9 月
	印 数	618.12 万	595.6 万	553.2 万	542 万
初中《语文》	出版时间	1991 年 4 月	1990 年 9 月	1991 年 4 月	1991 年 8 月
	印 数	683.35 万	591.62 万	620.8 万	579.94 万

古代课本的需求量同样很大，单靠手抄是供不应求的。学生越多，发明雕版印刷的紧迫性就越明显。借书活动是解决供与求矛盾的一个方法，它从一个侧面反映了读书之"难"。什么时候借书活动越频繁，什么时候"读书难"的矛盾就越尖锐。借书活动并不能从根本上解决"读书难"的矛盾。下面让我们首先看一下历代学校教育的发展情况。

先秦两汉的学校

早在先秦，我国已有了各类学校，国学称为瞽宗、辟雍、泮宫、太学等，乡学称为庠、序、校、塾等。汉何休《春秋公羊传解诂》卷七云：

> 八岁者学小学，十五者学大学。其有秀者，移于乡学；乡学之秀者，移于庠；庠之秀者，移于国学，学于小学。诸侯岁贡小学之秀者于天子，学于大学，其有秀者，命曰造士。

西周和西周以前的学校教育是"学在官府"，原因有二：一是"唯官有书，而民无书也。典、谟、训、诰、礼制、乐章，皆朝廷制作，本非专教民之用。故金滕、玉册藏之秘府，悉以官司典之"。二是"官有其器，而民无其器也。古之学术如礼、乐、舞、射诸科，皆有

136

器具，以资实习，如今之学校实验格致器具，非一人一家所能备"①。
由于政教合一，当时自上而下，没有专职教师。除了少数教师由退休
官员担任之外，大多由现任官员兼任。"学在官府"的现象是社会、
经济和文化事业不发达的表现。当时学校教育的主要目的是培养统治
阶级的接班人，而非普及全民教育。

春秋时期，随着奴隶制度的瓦解和封建制度的建立，"学在官
府"的现象全面崩溃，"时君时主，好恶殊方。是以九家之术，蜂出
并作，各引一端，崇其所善"②。当时的"士"阶层成为中国历史上第
一批教师群体，私人讲学和养士之风甚盛，学者聚徒讲学、士人择师
而从成为一种新的社会风尚。先后涌现出孔子、少正卯、邓析、墨
翟、孟轲、荀况等一大批著名学者，战国"四公子"（田文、黄歇、赵
胜和魏无忌）和吕不韦的"食客三千"、齐国的稷下学宫也很著名（图
25）。孔子是我国最早的著名教育家之一，他有弟子三千，"传十余

图 25　汉代画像砖《授经图》

---

① 黄绍箕：《中国教育史》卷三，商务印书馆 1925 年版。
② 《汉书·艺文志》，中华书局 1983 年版。

世，学者宗之。自天子王侯，中国言六艺者折中于夫子，可谓至圣矣"①。稷下学宫汇集了来自全国的众多学者，万紫千红，百花齐放，在古代教育史上写下光辉的一页。

秦始皇统一中国，实行书同文、行同伦等文化教育措施，对文化教育的发展作出了重大贡献。但是焚书坑儒、严禁私学、公布"挟书令"等文化专制政策，又严重影响和限制了文化教育的发展。物极必反，这种极端政策又为汉代文化教育的发展埋下了伏笔。

汉代初期调整了文化教育政策，废除了"挟书令"和私学之禁。汉武帝时，"罢黜百家，独尊儒术"，极大促进了儒学的发展，"武安君田蚡为丞相，黜黄老、刑名百家之言，延文学儒者以百数，而公孙弘以治《春秋》为丞相封侯，天下学士靡然向风矣"②。汉代官学有太学、官邸学、鸿都门学、郡国学校等。太学设有五经博士，经书是学生的必修课。国家规定，文化水平与官职大小挂钩，"能通一艺以上，补文学掌故缺，其高第可以为郎中，太常籍奏。即有秀才异等，辄以名闻。其不事学若下材，及不能通一艺，辄罢之，而请诸能称者"③。汉武帝时，太学不过50人，汉昭帝时增至100人，汉宣帝时有200人，汉元帝时增至1000人。到西汉末年，汉成帝年间，太学已有弟子3000人之多。西汉末年，战火纷飞，各地学者纷纷遁逃林薮避难，学校荒废。东汉光武中兴，博访儒雅，广求阙文，学者复出，云集京师。建武五年(29)于京师洛阳重建国家最高学府——太学。恢复了教学秩序。汉明帝时，皇帝亲自出马讲学，听众数以万计，"其后复为功臣子孙、四姓末属别立校舍，搜选高能以受其业，自期门羽林之士，悉令通《孝经》章句，匈奴亦遣子入学"④。汉安帝时，不重视教育，学校再度荒废。汉顺帝时，一改前轨，建筑校舍1850间，广招生徒。汉质帝时规定，大将军以下至600石的各级官

---

① 《史记·孔子世家》，中华书局1983年版。

② 《汉书·儒林传叙》。

③ 《汉书·儒林传叙》。

④ 《汉书·儒林传叙》。

吏，必须送孩子上学，学生增至 3 万余人。官邸学包括东汉贵族学校和宫廷学校，是专门为上层子弟创办的学校。鸿都门学以建于洛阳鸿都门而得名，是世界第一所文学艺术专科学校。郡国学校是指地方各郡、县、乡设立的学校，这种学校数量很多，遍于全国。

除了汉代官学之外，汉代私学也很发达。民间私学多如牛毛，学生人数动至数千，甚至上万。民间私学除了以识字、习字为主的蒙学之外，还有高级私学"精舍"（又叫精庐、经馆）。这类私学相当中央的太学，是著名学者聚徒讲学的场所。学生分为及门弟子和著录弟子两类。及门弟子又称授业弟子，多为经学大师的高徒，可以直接聆听大师讲课；著录弟子即把名字著录在大师门下，不必亲来授业。老师承认其为弟子，必要时可当面求教。东汉著名学者郑玄曾是经学大师马融的著录弟子，三年不得相见，直到毕业时，才有幸与马融见了一面。马融非常佩服，相见恨晚，说："郑生东去，吾道东矣！"①据《后汉书·儒林传》：

张兴，字君上，习《梁丘易》，以教授，弟子自远至者，著录且万人。

曹曾，字伯山，门徒 3000 人。

牟长，字君高，自为博士，及在河南，诸生讲学者，常有千人，著录前后万人。

宇登，字叔阳，教授数千人。

丁恭，字子然，教授常数百人。诸生自远至者，著录数千人。

楼望，字次子，教授不倦，世称儒宗，诸生著录 9000 余人。

蔡玄，字叔陵，门徒常千人，著录 16000 人。

以上事迹可见东汉私人讲学的盛况。《后汉书·儒林列传论》对此也有一番总结：

自光武中年以后，干戈稍戢，专事经学，自是其风世笃焉。其服儒衣，称先王，游庠序，聚横塾者，盖布之于邦域矣。若乃

① 《后汉书·郑玄传》。

139

经生所处，不远万里之路，精庐暂建，赢粮动有千百。其著名高义开门受徒者，编牒不下万人，皆专相传祖，莫或讹杂。

魏晋南北朝的学校

三国时期，金戈铁马，学校教育受到严重破坏。但由于统治阶级的重视，也取得一些成就。建安八年（203），曹操曾发布《修学令》，要求兴办郡县学校。曹丕执政后，"始扫除太学之灰炭，补旧石碑之缺坏"①。黄初五年（224）正式设立太学，历经40余年，太学生由几百人增至三千人。但是，由于环境条件的限制，教学质量有待提高，"诸博士率皆粗疏，无以教弟子；弟子本亦避役，竟无能习学，冬去春来，岁岁如是"②。蜀国本是著名教育家文翁的家乡，早有兴学重教的传统。加上著名学者许慈、胡潜、孟光、来敏、尹默、谯周的努力，蜀国的太学等也有不少成就，正如《三国志》作者陈寿所说："许、孟、来、李，博涉多闻，尹默精于《左氏》，虽不以德业为称，信皆一时之学士。谯周词理渊通，为世硕儒。"③众多学者推动了蜀国教育的发展。吴国孙权也很重视学校教育。他的《谕吕蒙读书》，影响很大。吴景帝颁布的《置学官立五经博士诏》，推动了吴国教育的发展。另外，曹魏的国渊、邴原，吴国的虞翻是民间私学的讲学大师，推动了民间教育的发展。

晋代教育不甚发达，但是，由于少数统治者尊儒重教，也取得一些成就。西晋初期，太学由曹魏的3000人发展到7000人。后来经过整顿，也还保持了3000人的规模。这些学生来自全国14州70县，还有一些边远地区包括西域的学生。由于九品中正制的推行，还建立了与之相适应的、与太学有同等地位的国子学，国子学只收五品以上的官员子弟。东晋亦有太学与国子学，不过规模稍小，且因战争，几

---

① 《三国志·王肃传》。
② 《三国志·王肃传》注引《魏略》。
③ 《三国志·杜周许孟来尹李谯邵传》。

度中辍。西晋地方官学似有若无，只是一些尊儒重教的地方长官张兆、庾亮、范宁等，在他们管辖的范围内推行一些措施，取得了一些成就。民间私学的范平、刘兆、续咸等都是著名的讲学大师，推动了民间教育的发展。

南北朝时期，学校教育比晋代有所发展。南朝宋的宋武帝、宋文帝、宋明帝等都很重视文化教育事业。宋文帝元嘉十九年（442）恢复了国子学，宋明帝时建立了总明观，培养了一批人才。南齐武帝亲颁《选学官诏》，选择优秀学官，广招学子。王俭在家中开设学士馆，培养人才。后来，他总揽了南齐行政、人事和教育大权，更加促进了南齐教育的发展。梁武帝萧衍博学多才，重视教育，先后颁发了《建学诏》《遣皇子及王侯子弟入学诏》《置五经博士诏》等，建立了五馆、国学、士林馆、集雅馆等，大大推动了梁代教育的发展。陈承梁制，也很重视教育，但因内外交困，成就不大。北魏建国之初，"便以经术为先，立太学，置《五经》博士，生员千有余人。天兴二年春，增国子太学生员至三千人"①。还建立了一个比较完备的郡国学校制度：大郡立博士 2 人，助教 2 人，学生 80 人；中郡立博士 1 人，助教 2 人，学生 60 人；下郡立博士 1 人，助教 1 人，学生 40 人。北齐文宣帝下诏兴复学校，研习《礼经》。郡学建立孔庙，每月礼拜孔子。北周建国时间不长，但儒学相当兴盛。先后建立了麟趾殿、露门学等，培养了不少人才。南北朝的私学大师有雷次宗、刘献、顾欢、刘兰等，他们为私学的发展作出了贡献。

隋唐的学校

隋代建国之初，隋文帝重视学校教育，专门设置国子寺，主管中央官学，一改汉武帝以来由太常兼管中央官学的局面，标志封建教育发展到一个新的阶段，在中国教育史上具有划时代意义。中央官学下辖国子学、太学、四门学、书学、算学等五学。据《隋书·百官下》，各学的教师、学生人数如下表：

---

① 《北史·儒林列传》。

学 校 名 称	教 师 人 数		学生人数
	博　士	助　教	
国 子 学	5	5	140
太　　学	5	5	360
四 门 学	5	5	360
书　　学	2	2	40
算　　学	2	2	80
总　　计	19	19	980

其中算学为隋朝独创，为我国数学事业的发展提供了有利条件。各地也纷纷开办地方官学，地方长官令狐熙、梁彦光等作出了榜样。与此同时，包恺、包愉、刘焯、刘炫等也创办了不少私学，"京邑达乎四方，皆启黉校，齐、鲁、赵、魏，学者尤多，负笈追师，不远千里。讲诵之声，道路不绝。中州儒雅之盛，自汉魏以来，一时而已"①。隋文帝晚年不如前期重视教育，遂废天下之学，唯存国子学一所，学生只剩72人，隋代学校教育跌入低谷。隋炀帝即位后，积极发展教育事业，各类学校重新建立起来。大业三年（607），国子寺易名国子监，从此国子监成为中国封建社会中央政府主管教育的专门领导机关，其名一直沿用到清朝。隋炀帝还恢复了太学，学生增至500名。地方官学和私学也有很大发展，办学规模超过了隋文帝时期。可惜好景不长，由于隋炀帝穷奢极欲，穷兵黩武，社会动荡，学校逐渐衰落，隋朝也随之灭亡。

唐代皇帝重视学校教育，其中尤以唐高祖、唐太宗为甚。早在唐代建国之初，唐高祖便下令设置国子学、太学和四门学。唐太宗继承皇位以后，继续采取措施，加强学校教育，增建校舍1200间，太学、四门学扩大编制，学生猛增到3260人。四方儒士纷纷负笈长安，甚至高丽、百济、新罗等周边国家的国王也把子弟送到唐朝来上学，学生最多时有8000多人。

---

① 《隋书·儒林传叙》。

唐代学校教育体制空前完备,《唐六典》《旧唐书·职官志》《新唐书·选举志》和《新唐书·百官志》等言之甚详,兹整理如下:

(一)管理体制、招生对象、教师人数和招生人数:中央学校由国子监统一管辖的有国子学、太学、四门学、书学、算学和律学。国子监的最高长官是祭酒。由中央各行政部门分别管辖的有弘文馆、崇文馆、崇玄学、医学、天文、历数等。其中,弘文馆归门下省管辖,崇文馆归东宫管辖,崇玄学归尚书省祠部管辖,医学归太医署管辖,天文、历数归司天台管辖。地方官学有京都府学、都督府学、州学和县学等。据黄绍箕《中国教育史》,各校的招生对象、教师人数和招生人数如下表:

主管单位	学校	教师数		学生数	招 生 对 象
		博士	助教		
国子监	国子学	2	2	300	文武三品以上子孙,若从二品以上曾孙,勋官二品、县公、京官四品带三品勋封之子
	太学	3	3	500	文武官五品以上子孙,取事官五品期亲,若三品曾孙,勋官三品以上有封之子
	四门学	3	3	1300	500人为勋官三品以上无封、四品有封,文武七品以上子;800人为庶人之俊异者(即俊士)
	书学	2		30	八品以下子及庶人之通其学者
	算学	2		30	同上
	律学	1	1	50	同上
门下省	弘文馆	学士无定额		30	皇缌麻以上亲,皇太后皇后大功以上亲,宰相及散官一品,中书门下三品同中书门下平章事,六尚书、功臣身食实封者,京官职事正三品供奉官三品子孙,京官职事从三品,中书黄门侍郎子

续表

主管单位	学校	教师数		学生数	招 生 对 象
		博士	助教		
东　宫	崇文馆	学士无定额		20	同 上
尚书省祠部	崇玄学	1	1	两都各100	专门人才
太医署	医　科	1	1	40	同　上
	针　科	1		20	同　上
	按　摩	1		15	同　上
	咒　禁	1		10	同　上
	药　师			16	同　上
太卜署	卜　筮	2	2	45	同　上
司天台	天　文	2		50	同　上
	历　数	2		55	同　上
	漏　刻	20		40	同　上
太仆寺	兽　医	4		100	同　上
校书郎	校　书			30	同　上
京都府学	经　学	1	2	80	京兆府、河南府、太原府
	医　学	1	1	20	
都督府学 大	经　学	1	2	60	本区之内
	医　学	1	1	15	
中	经　学	1	2	60	同　上
	医　学	1	1	15	
下	经　学	1	1	50	同　上
	医　学	1	1	12	

续表

主管单位	学校		教师数		学生数	招 生 对 象
			博士	助教		
州学	上	经 学	1	2	60	本州之内
		医 学	1	1	15	
	中	经 学	1	2	50	同 上
		医 学	1	1	12	
	下	经 学	1	1	40	同 上
		医 学	1		10	
县学	京县	经 学	1	1	50	长安、万年、河南、洛阳、太阳、晋阳
	畿县	经 学	1	1	40	京兆、河南、太原所辖诸县
	上	经 学	1	1	40	本县之内
	中	经 学	1	1	35	同 上
	中下	经 学	1	1	35	同 上
	下	经 学	1	1	25	同 上

(二)学费：新生入学之后，要向老师交纳学费——束修。据《文献通考·学校二》：

神龙二年敕学生在学各以长幼为序，初入学，皆行束修之礼于师。国子太学各绢三匹，四门学绢二匹，俊士及律书算学州县各绢一匹，皆有酒脯。其束修三分入博士，二分助教。

(三)学制与课程：国子学、太学、四门学专授经学。经书分正经、旁经两类，正经又分大经、中经、小经三类，兹将各经包含课程及学习时间列表如下：

145

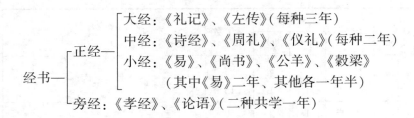

正经不必全学，可以选修。但选修也有规定：若选修两经，则大经、小经各一，或中经二种；选修三经，则大经、中经、小经各一；选修五经，则大经两种、中经、小经各一，兼通旁经。算学学制七年，学生分两组：第一组学八门课：三年学《九章算术》和《海岛算经》；一年学《孙子算经》和《五曹算经》；一年学《张丘建算经》；一年学《夏侯阳算经》；一年学《周髀算经》和《五经算术》。第二组学两门课：四年学《缀术》；三年学《辑古算经》。另外，算学学生都要学《数学记遗》和《三等数》。书学学制六年：石经三体三年，《说文解字》二年，《学林》一年。此外，还要兼学时务、《国语》《三苍》《尔雅》等，还要求学生每日习字一纸。崇玄学有《老子》《庄子》《列子》《文子》等课程。医学下设医学、针学、按摩、咒禁四个专业。医学专业又分体疗、疮肿、少小、耳目口齿、角法五科，其中体疗学七年，疮肿、少小学五年，耳目口齿、角法学二年。必修课有《本草》《甲乙》《脉经》等。学校平时每十日休息一日，每年放长假两次：一次在五月，称为"田假"，相当于今之农忙假，时间一个月；一次在九月，称为"授衣假"，让学生回家拿过冬衣服，也是一个月。路程超过200里的，可适当延长假期。以下三种情况勒令退学：无故不归，超过30日；因故超过百日；因亲人有病超过200日。

（四）考试制度：中央学校的考试分三种：旬试、岁试和毕业考试。旬试即每十天考试一次，考试十日之内所学课程；岁试每年举行一次，考试一年内所学课程；毕业考试在修业期满时举行，考试所学全部课程，由国子监祭酒亲自监考。有下列情况之一者勒令退学：超假未归者（见上文）；考试成绩两次不及格者；行为卑劣，不堪教诲者。

唐代私学见于《新唐书·儒林传》者有：

曹宪，扬州江都人，仕隋为秘书学士，聚徒教授凡数百人，公卿多从之游。

王恭，滑州白马人，少笃学，教授乡里，学生数百人。

马嘉运，魏州繁水人，隐居白鹿山，诸方来学者至千人。

以上是唐代以前的学校发展情况。当然，唐代学校的发展与科举制度的形成密切相关。早在公元前 21 世纪至公元前 5 世纪的奴隶制时代，统治者实行"亲贵合一"的选官制度，任人唯亲。到了战国时期(前 475—前 221)，统治者采用"养士"和"军功"两种选官办法：所谓"养士"，即统治者把有才干的人供养在自己身旁，随时选用，著名的战国四公子(即齐之孟尝君、赵之平原君、魏之信陵君和楚之春申君)手下各有食客数千人，这些食客就是他们所养之"士"；所谓"军功"，即按照在战争中的表现情况任用官吏。到了汉朝，采用"察举"和"征辟"的选官办法：所谓"察举"，即由地方长官在自己管辖的地区选拔人才，推荐给中央政府，被荐者经过考核就可做官；所谓"征辟"，即皇帝或地方长官直接征聘属员。比较而言，察举是一种最常用的办法。察举使地方政府控制了官吏的推举权，对巩固中央集权非常不利。而且，有些地方官徇私舞弊，以致"举秀才，不知书。察孝廉，父别居。寒素清白浊如泥，高第良将怯如鸡"①。魏晋南北朝时期实行九品中正制选拔官吏。所谓"九品中正制"，就是各郡推选有名望的人，出任"中正"，中正把管辖范围内的各类人物分为上上、上中、上下、中上、中中、中下、下上、下中、下下九个等级(称"九品")，然后按照级别先后推荐他们做官。但是由于中正都是世家大族出身，所以他们品评人物的标准除了门第还是门第，最后形成"上品无寒门，下品无世族"的局面。到了隋朝，开始采用科举制度选拔人才。科举制度就是通过考试选拔人才的制度。尽管隋代科举制度并不完善，隋代考试的内容主要是时务策，即有关国家政治生活

---

① (晋)葛洪：《抱朴子·审举》。

方面的政治论文，但是从选举到科举，这种选官制度的重大改革对中国历史产生了深远的影响，历代相沿不废。到了唐代，科举制度日趋完善，规模越来越大。唐朝科举考试的科目极多，计有秀才、明经、俊士、进士、明法、明字、明算、道举、童子、一史、三史、开元礼、三传等，其中明经、进士二科尤为重要。明经、进士要考经义和实务，考试办法有帖经、墨义等。帖经即从经书中抽出一句话，让考生默写上下文。墨义即要求考生把经文、注疏全部默出。"一史"考《史记》，"三史"考《史记》、《汉书》和《后汉书》。"三礼"考《周礼》、《仪礼》和《礼记》，"三传"考《左氏传》、《公羊传》和《穀梁传》。唐高宗时，进士科加考诗赋杂文。唐玄宗时，诗赋定为科举的必试项目。考生主要有生徒、乡贡两个来源：所谓"生徒"，即各级学校的学生；所谓"乡贡"，即自学考试者。二者相比，生徒是考生的主要来源。为了适应科举制度的需要，各级学校都制定了相应的课程。这样，科举制度就把读书、考试和做官三件事情紧密地联系在一起。读书可以做官，做官必须读书。上学读书成为封建知识分子跻身官场、取得高官厚禄的必由之路。

汉至唐的借书活动

由于文献无征，先秦的借书活动已无从得知。根据现存文献，我国最早的借书记载始于汉代刘向和匡衡。刘向，字子政，沛（今江苏沛县）人，西汉经学家、目录学家。他在奉诏校书、网罗众本的过程中，曾向私人借书。他在《管子书录》中说：

> 所校雠中管子书三百八十九篇，大中大夫卜圭书二十七篇，臣富参书四十一篇，射声校尉立书十一篇，太史书九十六篇，凡中外书五百六十四篇，以校，除复重四百八十四篇，定著八十六篇，杀青而书，可缮写也。

这里大中大夫卜圭、臣富参和射声校尉立都是私人藏书家，他们为刘向校书都作出了自己的贡献。匡衡，字稚圭，西汉东海（今属江苏）

人。据葛洪《西京杂记》卷二：

> 邑人大姓文不识，家富多书，衡乃与其佣作而不求偿，主人怪问衡，衡曰："愿得主人书遍读之。"主人感叹，资给以书，遂成大学。

匡衡从富豪家借书苦读，终于成为解说《诗经》的专家。

三国时，蜀国向朗丢官后，藏书二十年，"开门接宾，诱纳后进"[①]，是古代最早的开放型藏书家之一。

晋代参与借书活动可考者有范蔚、司马攸等人。范蔚，临河太守范平之孙，吴郡钱塘人，任关内侯等职，他是我国古代主动开展借书工作的藏书家之一。据《晋书·范蔚传》：

> 远近来读者恒有百余人，蔚为办衣食。

可见范蔚出借图书有两个特点：一是读者多，拥有100多名读者；二是善于为读者着想，一日三餐有饭可吃，天气变化有衣可换，真是宾至如归，无微不至。司马攸，字大猷，晋武帝之弟，封齐王，据《太平御览》卷六一八：

> （攸）好学不倦，借人书，皆治护，时以还之。

可见司马攸借书有两个特点：一是保护图书，二是按时归还。

南北朝时期，借书已成时尚，参与借书活动可考者有崔慰祖、袁峻、元晏、裴汉等。崔慰祖，字悦宗，南齐清河东武城（今属河北）人，学术造诣极深，每为沈约所称许。《南齐书·崔慰祖传》说：

> （祖）聚书至万卷，邻里年少好事者来从假借，日数十帙，

---

① 《三国志·向朗传》。

149

慰祖亲自取与，未常为辞。

可见崔慰祖出借图书有三个特点：一是读者面广，除了中老年读者外，还包括"年少好事者"；二是借书量大，"日数十帙"；三是对读者热情，每书必"亲自取与，未常为辞"。袁峻（生平详第四章第一节），家贫无书，借书必抄。元晏，字俊兴，北魏末人，著名藏书家，历仕吏部尚书等职，据《北史·元晏传》：

（晏）好集图籍，家书多秘阁，诸有假借，咸不逆其意，亦以此见称。

可见元晏对于借书者是有求必应，因此受到人们的称赞。裴汉，字仲霄，河东闻喜（今属山西）人，据《周书·裴汉传》：

（汉）借人异书，必躬自录本。

可见裴汉也从别人那里借了不少书。南北朝时，还有不少借读于寺院、借读于师门的例子。梁代刘勰就曾借读于寺院十余年，最后写出了文学名著《文心雕龙》。梁代范缜、周代樊深等曾从师借读，学到了不少东西。另外，北齐天保七年（556）诏令校定群书，为了网罗众本，根据樊逊的建议，官方从藏书家邢子才、魏收、辛术、穆子容、司马子瑞、李业兴等处借书数千卷。北齐颜之推是我国古代第一位研究借书问题的学者，他在《颜氏家训·治家第五》中说：

借人典籍，皆需爱护。先有缺坏，就为补治，此亦士大夫百行之一也。济阳江禄，读书未竟，虽有急速，必待卷束整齐，然后得起，故无损败，人不厌其求假焉。或有狼藉几案，分散部帙，多为童幼婢妾之所点污，风雨虫鼠之所毁伤，实为累德。

这是我国古代文献中第一次专论借书问题。可见借书已成为南北朝时期人们普遍关心的一个社会问题。

唐代参与借书活动可考者有李敬玄、段成式、李邕、王绩、刘知几、倪若水、徐修矩等。李敬玄,亳州谯人,贞观末"借御书读之"①。段成式,字柯古,临淄人,唐末文学家,"秘阁书籍,披阅皆遍"②。唐初王绩曾向陈叔达借阅隋代史书。刘知几在游历京洛期间,"公私借书,恣情披阅"③。倪若水,字子泉,恒州藁城(今属河北)人,历仕中书舍人、尚书右丞等职,据彭大翼《山堂肆考》卷一二四:

> (若水)藏书甚多,子弟直日看书,有借书者先束修投贽,然后写之。

这大约是我国历史上最早的"有偿"借阅图书之例。读者借书先要"束修投贽",然后才予办理。这种借阅方式虽较免费者稍逊一筹,但它毕竟属于开放型的有偿服务,和封闭型相比,是一种大的进步。徐修矩,著名藏书家,历仕恩王府参军等职,著名诗人皮日休在《二游诗·序》中说:

> (矩)守世书万卷,优游自适,余假其书数千卷,未一年,悉偿夙志,酣饫经史,或日晏忘饮食。

皮日休借书"数千卷",既说明了皮日休读书之勤奋,也说明了徐修矩藏书之开放性。唐代官方多次组织人力抄书,据《旧唐书·经籍志序》:开元七年(719)"诏公卿士庶之家所有异书,官借缮写"。可见官方抄书所依据的底本,都是从"公卿士庶之家"借来的。

以上是汉至唐代的借书情况。

---

① 《旧唐书·李敬玄传》。
② 《旧唐书·段成式传》。
③ 《史通·自叙》。

151

　　从历代(先秦至唐)的学校教育和借书活动中，我们可以得到如下"读者信息"：早在汉代，随着官学、私学的兴盛，学生"读书难"的矛盾已经明显地暴露出来；晋代向藏书家范蔚借书者"恒有百余人"，反映了借书的普遍性；南北朝时期，针对借书活动中出现的问题，古典文献中第一次出现关于借书问题的专论。唐代学校规模之大，学生之多，体制之完备，史无前例。据《新唐书·地理志》记载，贞观十四年(640年)，唐代设有3个京都府、24个都督府、360个州、1557个县。若京都府学以100个学生计，都督府学以60个学生计，州学以50个学生计，县学以30个学生计，则京都府、都督府、州、县共有学生约54000人，如果加上中央各类学校及民办私学，则全国学生总数当不少于6万人。6万学生需要6万套教材。对于手工抄写来说，这无疑是一个天文数字。教材短缺，成了一个严重的社会问题。解决"读书难"的问题迫在眉睫，雕版印刷就是在响彻云霄的朗朗读书声中诞生的。

第四章　抄书者、书商需求雕版印刷

　　抄书者抄书，书商卖书。抄书者和书商都与图书有着千丝万缕的
联系。雕版印刷是在抄书者、书商的热切期待中发明的。

一、抄书者需求雕版印刷

> 平生久耍毛锥子，
> 岁晚相看两秃翁。
> 却笑孟尝门下士，
> 只能弹铗傲东风。

　　这是宋代朱熹写给抄书工人的一首诗，题为《赠书工》①。这首诗形象
地描绘了书工的工作特点，高度评价了书工的牺牲精神。书工是一种
专以抄书谋生的社会职业，是古代抄写图书的主力军。书工又叫经
生、书手、楷书、佣书、赁书等。有的书工终生抄书，直到晚年人秃
顶、笔秃头，生命不息，挥笔不止，功莫大焉。在雕版印刷发明前的
漫长岁月里，无书不抄，流布社会的大量图书就是靠他们一本一本抄
出来的。为了抄书，书工独伴青灯，送走了一个个漆黑的夜晚；为了
抄书，书工手不停挥，送走了一个个冰封的寒冬。除了书工之外，许
多文人学者都抄过书。手工抄书效率实在太低。宋周辉撰《清波杂
志》和《清波别志》两书共计 15 卷、350 页，明人姚咨抄写两书费时

---

　　① 《晦庵集》卷十。

70 余天，平均每天仅抄 5 页。清人梁同书抄写梁萧统《文选》16 册，费时 5 年。清人蒋衡抄写《十三经》，费时 12 年，他在抄后跋语中说：

> 余矢志力书，计全经八十余万言，于是先其难者，以《春秋左传》二十万言始，凡五年讫工；继以《礼记》十万言，又二年；其余《周易》、《尚书》、《毛诗》、《周礼》、《仪礼》、《公羊》、《穀梁》、《尔雅》、《孝经》、《论语》、《孟子》，又五年，共历一纪乃毕。①

由此可知其抄写进度如下：

书　　名	字　　数	抄写时间	平均每天抄写字数
春秋左传	20 万	5 年	110 字
礼　　记	10 万	2 年	137 字
其他各经	50 万	5 年	274 字
总　　计	80 万	12 年	183 字

平均每天仅抄一二百字，何其慢也。当然，抄书慢的原因除了工具落后之外，汉字数量很多，也是一个重要原因，汉字不是用字母表示发音的文字，而是一种表意文字，即用一定体系的象征性符号表示词或词素的文字，不直接或不单纯表示发音。汉字的数量很多，难学难记。兹据赵诚《中国古代韵书》(中华书局 1980 年版) 和刘叶秋《中国字典史略》(中华书局 1983 年版)，将历代字典字数列表如下：

---

① （清)钱泰吉：《曝书杂记·蒋氏自跋十三经字册》。

书　　名	卷　　数	朝　代	著者姓名	字　　数
苍颉篇	3	汉	佚　名	3300
说文解字	15	汉	许　慎	9353（重文 1163）
方　言	15	汉	扬　雄	9000
声　类	10	三国魏	李　登	11520
广　雅	3	三国魏	张　楫	18150
字　林	6	晋	吕　忱	12824
字　统		北魏	杨承庆	13734
玉　篇	30	梁	顾野王	16917
切　韵	5	隋	陆法言	12158
刊谬补缺切韵		唐	王仁昫	18000
唐　韵	5	唐	孙　愐	15000
五经文字	3	唐	张　参	3235
大广益会玉篇	30	宋	孙　强	209770
班马字类	5	宋	娄　机	1800
类　篇	45	宋	司马光等	31319
广　韵	5	宋	陈彭年等	26194
集　韵	10	宋	丁度等	53525
龙龛手鉴	41	辽	行　均	26430
中原音韵	2	元	周德清	5876
字　汇	14	明	梅膺祚	33179
正字通	12	明	张自烈	33000
康熙字典	42	清	张玉书等	47035
中华大字典		民国	欧阳溥存等	48000
汉语大字典		当代	徐中舒等	56000

面对这么多密密麻麻的汉字，抄书者眼花缭乱，即使终身努力，也认不了多少字。字既很难认完，抄书的效率自然要慢得多。

写工的生活待遇也十分微薄，后梁贞明五年(919)四月，敦煌郡金光寺学士郎安友盛抄《秦妇吟》有题识云：

> 今日写书了，合有五斗米。高代不可得，还是自身灾。①

辛辛苦苦，连抄数日，仅能得到五斗米的报酬，要想得到高报酬，简直是不可能的。抄来抄去，到头来还惹一身灾祸。书工用毕生的心血为"抄书难"三字作了最好的注脚。鉴于抄书之苦和生活之苦，书工及所有抄书者期待一种新的高效率的图书制作方式问世，以取代手工抄书。什么时候抄书的记载越多，什么时候发明雕版印刷的呼声越强烈，下面让我们看一看历代抄书情况。

汉魏两晋抄书

汉代是简策、帛书盛行的时代，无论官方或民间，抄书之例比比皆是。

汉代官方重视抄书。汉武帝元朔五年(前 124)诏令置"写书之官"，"写书之官"是专门主持抄书的机构。抄什么书？怎样抄？抄工如何选择？诸如此类问题均由该部门组织安排，其职能大体相当于国家出版事业管理局。汉成帝河平三年(前 26)诏刘向等整理国家藏书，每书《叙录》之后，都有"定以杀青，书可缮写"之类的话。这两句话反映了官方抄书的简单过程：第一步，先写在简策上，以众本相比较，误者削去；第二步，把定本抄在缣素之上。正如清臧琳《经义杂记》卷三所说：

> 西汉无纸，故先书于竹简，有误者用刀刊削之。及校雠已定，则缮写于缣素，此刘向校书之式也。

可见《七略》著录的 13000 多卷图书都是帛书。《七略》之后，汉代又

---

① 《斯坦因劫经录》0692。

156

抄了许多图书，由于文献无征，而不得其详。

汉代私人抄书可考者有刘德、司马迁、梁子初、杨子林、路温舒、班超等。

刘德，汉景帝第三子，封为河间王，据《汉书·河间献王传》：

> 河间献王以孝景前二年立，修学好古，实事求是，从民得善书，必为好写与之，留其真，加金帛赐以招之，由是四方道术之人，不远千里，或有先祖旧书，多奉以奏献王者。故得书多，与汉朝等。

由此可知，刘德藏书都是以"好写之书"换来的真本，数量之多"与汉朝等"。刘德所在的景帝时期，中央有多少藏书呢？以《七略》推之，当在万卷以上。可见刘德抄书之多，当居汉代之冠。

司马迁，字子长，夏阳(今陕西韩城南)人，西汉史学家、文学家和思想家，曾抄《史记》正副二本(详第三章第一节)。

梁子初和杨子林生平不详，抄书事迹见于桓谭《新论》：

> 余同时佐郎官梁子初、杨子林好学，所写万卷，至于白首，尝有所不晓，百许寄余。余观其事，皆略可观。

梁、杨二人终生抄书"至于白首"，平均每人抄有 5000 卷之多，其抄书之勤如此。

路温舒，字长君，钜鹿东里人，据《汉书·路温舒传》：

> 温舒取泽中蒲，截以为牒，编用写书。

可见他经济条件不好，只能以蒲编牒抄书。

班超(32—102)，字仲升，扶风平陵人，东汉外交家、军事家，据《后汉书·班超传》：

家贫，常为官佣书以供养。久劳苦，尝辍业投笔叹曰："大
丈夫无它志略，犹当效傅介子、张骞立功异域，以取封侯，安能
久事笔砚间乎？"

可见班超曾以抄书起家，后来欲"立功异域，以取封侯"，才投笔
从戎。

以上仅仅是几位可考的抄书者，无考者何止千万。东汉熹平石经
建成之后，"其观视及摹写者，车乘日千余两，填塞街陌"①，可见当
时抄写石经定本的人就有成千上万。

三国时期官方抄书可考者仅有曹魏蔡琰抄书一例。蔡琰，字文
姬，陈留人，蔡邕之女，著名女诗人。一生含辛茹苦，久经磨难。初
嫁于河东卫仲道，"夫亡无子，归宁于家。兴平中，天下丧乱，文姬
为胡骑所获，没于南匈奴左贤王，在胡中十二年，生二子。曹操素与
邕善，痛其无嗣，乃遣使者以金璧赎之，而重嫁于（董）祀，祀为屯
田都尉，犯法当死"，后在曹操帮助下，得以幸免，"操因问曰：'闻
夫人家先多坟籍，犹能忆识之不？'文姬曰：'昔亡父赐书四千许卷，
流离涂炭，罔有存者，今所诵忆，裁四百余篇耳。'操曰：'今当使十
吏就夫人写之。'文姬曰：'妾闻男女之别，礼不亲授。乞给纸笔，真
草唯命。'于是缮书送之，文无遗误。"②可见蔡琰继承先父遗书4000
余卷，后来全部毁于战火；之后在曹操的要求下，根据回忆，完整无
误地抄了400多篇。曹操原打算"使十吏就夫人写之"，后因"男女之
别"，才没有实现。不过由此可以看出，曹操手下有大量书吏，随时
待命，专事抄写。

三国时期私人抄书可考者有诸葛亮、阚泽等。

诸葛亮（181—234），字孔明，琅玡阳都人，蜀汉政治家、军事
家。他在运筹帷幄、调兵遣将之余，曾抄过一些兵书和法家著作，据
《三国志·蜀书·先主传》注引先主诏敕后主云：

---

① 《后汉书·蔡邕传》。
② 《后汉书·列女传》。

> 闻丞相为写《申》、《韩》、《管子》、《六韬》一通已毕，未
> 送，道亡，可自求闻达。

《申》即战国申不害著《申子》，《韩》即战国韩非著《韩非子》，诸葛亮抄这些书是为了辅佐君王。

阚泽（？—243），字德润，会稽山阴人，"居贫无资，常为人佣书，以供纸笔，所写既毕，诵读亦遍"①。可见阚泽是为谋生而抄书。

晋代官方大规模的抄书活动至少有六次：第一次是在晋武帝泰始间，荀勖"领秘书监，与中书令张华依刘向《别录》整理记籍"②。既是依刘向《别录》进行整理，那就说明他们整理图书的方法和刘向是一样的：首先网罗众本，确定书名，接着审定篇第，校勘文字，最后抄写定本。抄书总数有 1885 部、20935 卷③。比汉代刘向《七略》多出 7000余卷。第二次是在晋武帝太康二年（281），荀勖在整理汲冢竹书时，抄了一个定本，他在《穆天子传序》中说：

> 汲郡收书不谨，多毁落残缺，虽其言不典，皆是古书，颇可
> 观览，谨以二尺黄纸写上，请事平（按：指平定八王之乱）以本
> 简书及所新写并付秘书缮写，藏之中经，副在三阁。

可见这次整理，除了在"二尺黄纸"之上抄写定本之外，又另抄副本。第三次抄书活动是在晋惠帝践祚之初，当时国子祭酒裴頠"奏修国学，刻石写经"④，惠帝采纳了他的建议，这次"写经"知多少？由于文献无征，不得而知。第四次在晋元帝初，李充任大著作郎，国家藏书校刊、抄写后，编为《晋元帝四部书目》。第五次是在晋孝武帝太元中，贾弼

---

① 《三国专·阚泽传》。
② 《晋书·荀勖传》。
③ （梁）阮孝绪：《古今书最》。
④ 《晋书·裴頠传》。

之为谱学名家，弼之"广集百氏谱记，专心治业。晋太元中，朝廷给弼之令史书吏撰定缮写，藏秘阁及左民曹"，抄书总数有数百卷①。第六次在晋安帝义熙初，著名学者徐广主持了这次校书、抄书活动。

晋代私人抄书可考者有郭璞、纪瞻、葛洪、范汪、王伟之等人。

郭璞（276—324），字景纯，河东闻喜人，训诂学家。曾抄"京费诸家要最"。②

纪瞻，字思远，丹阳秣陵人，"性静默，少交游，好读书，或手自抄写"。③

葛洪（284—364），字稚川，丹阳句容人，"少好学，家贫，躬自伐薪以贸纸笔，夜辄写书诵习，遂以儒学知名"。④

范汪，字玄平，博学多才，历仕安西长史、江州刺史等职，据《晋书·范汪传》：

> 年十三丧母，居丧尽礼，亲邻哀之。及长，好学，外氏家贫，无以资给，汪乃庐于园中。布衣蔬食，然薪写书。写毕，诵读亦遍，遂博学多通，善谈名理。

范汪家里贫穷，燃柴借光抄书，其好学可知。

王伟之，临沂人，历仕乌程令等职，自幼好学，尝手抄当代诏令表奏，精研政事。

另外，"洛阳纸贵"的典故更说明了晋代抄书的普遍性，为了抄《三都赋》，人们抢购纸张，纸价为之暴涨，抄家之多，于此可见。《三都赋》既然为众手抄传，那就说明晋人尚未采用雕版印刷。1924年新疆鄯善出土的《三国志》残卷，可见东晋写本之一斑（图26）。

---

① 《南齐书·贾渊传》。
② 《晋书·郭璞传》。
③ 《晋书·纪瞻传》。
④ 《晋书·葛洪传》。

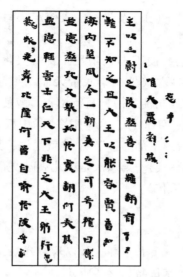

图 26　东晋写本《三国志》残卷

南北朝抄书

南北朝时期，官方抄书见于记载者有 14 次：第一次是在宋文帝元嘉年间，主持者为谢灵运。文帝"使秘书监谢灵运整理秘阁书，补足遗阙"①，"补足遗阙"的唯一手段就是抄写。谢灵运等编《元嘉八年秘阁四部目录》著录图书 1564 帙、14582 卷②，此数较东晋李充《晋元帝四部书目》多出 11568 卷，这 11568 卷图书多刘宋时抄写。第二次在南朝宋后废帝元徽元年（473），主持者为王俭。图书校对、抄写后，编为《七志》。第三次在南齐明帝时，主持者为庾于陵。当时"齐随王子隆为荆州，召（庾于陵）为主簿，使与谢朓、宗夬抄撰群书③"。第四次是在南齐永元末，主持者为王泰。当时"后宫火，延烧

---

① （清）朱铭盘：《南朝宋会要·文学·藏书》。
② 《隋书·经籍志》以为 64582 卷，似不确，此据阮孝绪《古今书最》。
③ 《梁书·庾于陵传》。

秘书，图书散乱殆尽。（王）泰为丞，表校定缮写，高祖从之"①。第五次是在梁武帝天监初年。张率奉诏主持抄乙部书，"又使撰妇人事二十余条，勒成百卷，使工书人琅玡王深、吴郡范怀约、褚洵等缮写，以给后宫"②。第六次是在梁武帝天监二年（503），主持者是到洽。这一年，"到洽迁司徒主簿，直待诏省，敕使抄甲部书"③。第七次是在梁武帝天监七年（508），这年张率"除中权建安王中记室参军，俄有敕直寿光省，治丙丁部书抄"④，这就是说，到梁武帝天监年间，把四部群书全部抄了一遍。第八次是在北魏献文帝天安中，主持者为高谧，据《魏书·高谧传》：

> 天安中，以功臣子召入禁中，除中散，专典秘阁。肃勤不倦，高宗深重之，拜秘书郎。谧以坟典残缺，奏请广访群书，大加缮写。由是代京图籍，莫不审正。

第九次在北魏孝文帝太和中，主持者为李修，据《魏书·李修传》：

> 太和中，（李修）常在禁内。高祖、文明太后时有不豫，修侍针药，治多有效。赏赐累加，车服第宅，号为鲜丽。集诸学士及工书者百余人，在东宫撰诸药方百余卷，皆行于世。

可见这次抄书的内容都是药方。

第十次是在北魏宣武帝景明中，主持者是秘书丞孙惠蔚。他上疏云：

> 观阁旧典，先无定目，新故杂糅，首尾不全，有者累帙数十，无者旷年不写。或篇第褫落，始末沦残；或文坏字误，谬烂

---

① 《梁书·王泰传》。
② 《梁书·张率传》。
③ （清）朱铭盘：《南朝梁会要·文学·藏书》。
④ （清）朱铭盘：《南朝梁会要·文学·藏书》。

相属。篇目虽多，全定者少。臣今依前丞臣卢昶所撰《甲乙新录》，欲禅残补阙，损并有无，校练句读，以为定本，次第均写，永为常式。①

第十一次是在北魏孝庄帝时。这次抄书数量很多，但是没有编目，杂乱无章，翻检颇为不易，后来，孝庄帝诏令高道穆编了一个秘书目录，一改混乱局面。② 第十二次是在西魏大统三年（537），主持者是寇俊，据《北史·寇俊传》：

> （大统五年）将家及亲属四百口入关，拜秘书监。时军国草创，坟典散逸，俊始选置令史，抄集经籍，四部群书，稍得周备。

第十三次在北齐文宣帝天保七年（556），主持人为樊逊，校勘、抄写图书 3000 多卷。第十四次在北周明帝时，诏元伟、韦孝宽、明克让等 80 余人参加这次校勘、抄写活动。

以上是南北朝规模较大的官方抄书活动。

南北朝时期，私人抄书可考者有谢灵运、王淮之、陶贞宝、沈骥士、庾震、周山图、萧绎、崔慰祖、朱异、王俭、臧逢世、袁峻、王筠、王僧孺、沈崇傃、陆倕、庾仲容、郑灼、陆瑜、崔浩、刘芳、李彪、蒋少游、穆子容、房景伯、崔光、崔亮、赵隐、沈光、郎基、高澄、虞世基、裴汉、薛澄、萧大圜、姚察等。

谢灵运（385—433），陈郡阳夏人，移籍会稽，著名文学家，其"诗书皆兼独绝，每文竟，手自写之，文帝称为二宝"③。

王淮之，字元曾，琅玡临沂人，曾任丹阳尹等职，生前抄书甚多，死后"有遗抄一篚，谓之青箱学"④。

---

① 《魏书·孙惠蔚传》。
② 《魏书·高崇传》。
③ 《宋书·谢灵运传》。
④ （唐）许嵩：《建康实录》卷十二。

陶贞宝，字国重，家贫，以写经为业，世人每以重金购藏。

沈驎士，字云祯，吴兴武康人，藏书数千卷。晚年火焚其书殆尽，他"以反故（即纸背）抄写，火下细书，复成二三千卷，满数十箧"①。

庾震，字彦文，新野人，"丧父母，居贫无以葬，赁书以营事，至手掌穿，然而葬事获济"②。

周山图，字季寂，义兴人，"少贫微，佣书自业"③。

萧绎，即梁元帝，少时抄书甚多，其《金楼子·聚书篇》云：

> 为琅玡郡时，蒙敕给书，并私有缮写。为东川时，写得《史》、《汉》、《三国志》、《晋书》，又写刘选部孺家、谢通直彦远家书，又遣人至吴兴郡就夏侯亶写得书，又写得虞太中阐家书……为扬州时，就吴中诸士大夫写得起居注，又得徐简肃勉起居注。前在荆州时，晋安王子时镇雍州，启请书写。比应入蜀，又写得书……安成炀王于湘州薨，又遣人就写得书……

崔慰祖（生平详第三章第二节），藏书万卷，多为手抄，撰《海岱志》等书，临死对其从弟说：

> 《海岱志》良未周悉，可写数本，付护军诸从事人一通，及友人任昉、徐寀、刘洋、裴揆。④

朱异，字彦和，吴郡钱塘人，"居贫，以佣书自业，写毕便诵"⑤。

王俭（452—489），字仲宝，临沂人，著名目录学家，他采用全

---

① 《南齐书·沈驎士传》。
② 《南史·孝义传》。
③ 《南齐书·周山图传》
④ 《南齐书·崔慰祖传》。
⑤ 《南史·朱异传》。

抄的方法，将何承天《礼论》三百卷抄为八帙；又采用节抄的方法，将《礼论》抄为十三卷①。另外还抄有《百家谱》。

臧逢世，东莞人。他在20多岁的时候，"欲读班固《汉书》，苦假借不久，乃就姊夫刘缓乞丐客刺书翰纸末，手写一本"②。可见他是用名片、信纸边抄了一部百卷大书。

袁峻，字孝高，陈郡阳夏人，"笃志好学，家贫无书，每从人假借，必皆抄写，自课日五十纸，纸数不登，则不休息"③。每天抄50张纸，每纸以200字计，则有万言之多，可见抄书速度之快。

王筠（生平详第三章第一节），琅珂临沂人，他曾说：

> 余少好书，老而弥笃，虽偶见瞥观，皆即疏记。后重省览，欢兴弥深。习与性成，不觉笔倦。自年十三四，齐建武二年乙亥至梁大同六年，四十六载矣。幼年读五经，皆七八十遍。爱《左氏春秋》，吟讽常为口实。广略去取，凡三过五抄。余经及《周官》、《仪礼》、《国语》、《尔雅》、《山海经》、《本草》并再抄。子史诸集皆一遍。未尝倩人假手，并躬自抄录，大小百余卷，不足传之好事，盖以备遗忘而已。④

可见王筠抄书46年未尝中辍的目的在于"备遗忘"，他把抄书当作一种学习方法。

王僧孺，字僧孺，东海郯人，幼时"家贫，常佣书以养母，所写既毕，讽诵亦通"⑤。

陆倕，字佐公，吴郡吴人，"尝借人《汉书》，失《五行志》四卷，乃暗写还之，略无遗脱"⑥。

---

① 《南史·王昙首传》。
② （北齐）颜之推《颜氏家训·勉学》。
③ 《梁书·袁峻传》。
④ 《梁书·王筠传》。
⑤ 《梁书·王僧孺传》。
⑥ 《梁书·陆倕传》。

庾仲容，字子仲，颍州鄢陵人，"抄诸子书三十卷，众家地理书二十卷，《列女传》三卷，文集二十卷，并行于世"①。

郑灼，字茂昭，东阳信安人，幼时"家贫，抄义疏以日继夜，笔毫尽，每削用之"②。由"笔毫尽"可知其抄书之多。

陆瑜，字干玉，曾任东宫学士、太子洗马等职，为了辅导皇太子学习，遵命节抄子集群书，未就而卒，时年44岁③。可见陆瑜终生抄书，直至生命最后一息。

崔浩，字伯渊，清河东武城人。据《魏书·崔浩传》：

> 浩既工书，人多托写《急就章》，从少至老，初不惮劳，所书盖以百数。

刘芳（生平详第四章第二节），佣书自给。

李彪，字道固，顿丘卫国人，少有大志，笃学不倦。晚与高悦等隐于名山，"彪遂于悦家手抄口诵，不暇寝食"④。

蒋少游，博昌人，"以佣书为业，而名犹在镇"⑤。

穆子容，代州人，"少好学，无所不览，求天下书，逢即写录"⑥。

房景伯，字长晖，清河绎幕人，少以教闻，"家贫，佣书自给，养母甚谨"⑦。

崔光，字长仁，清河人，"家贫好学，昼耕夜诵，佣书以养父母"⑧。

崔亮（生平详第四章第二节），因为家穷，十岁就当了童工，"佣

---

① 《梁书·庾仲容传》。
② 《陈书·儒林传》。
③ 《陈书·陆瑜传》。
④ 《魏书·李彪传》。
⑤ 《魏书·蒋少游传》。
⑥ 《北史·穆子容传》。
⑦ 《北史·房景伯传》。
⑧ 《北史·崔光传》。

书为业"①。

赵隐，字大隐，南阳宛人，后迁齐州清河。"初为尚书令司马子如贱客，供写书"②。

沈光，字总持，吴兴人，"家贫，父兄并以佣书为事"③。

郎基，字世业，中山人，在官无所营求，"唯颇令写书"。潘子义曾遗之书曰："在官写书，亦是风流罪过。"④

高澄，字子惠，北齐神武皇帝高欢长子，据《北齐书·祖珽传》：

> 州客至，请买《华林遍略》，文襄（即高澄）多集书人，一日一夜写毕，退其本曰："不须也。"

可见高澄手下有许多书手，待命抄书。

虞世基，字茂世，会稽余姚人，"贫无产业，每佣书养亲"⑤。

裴汉，抄书亦多（详第三章第二节）。

薛澄，字景猷，河东汾阴人，"不交人物，终日读书，手自抄略，将二百卷"⑥。

萧大圜，字仁显，梁简文帝二十子。据《周书·萧大圜传》：

> 《梁武帝集》四十卷，《简文集》九十卷，各止一本，江陵平后，并藏秘阁。大圜既入麟趾，方得见之。乃手写二集，一年并毕，识者称叹之。

二集共一百三十卷，一年之内抄完，抄书之快，于此可见。

姚察，字伯审，吴兴武康人，据《陈书·姚察传》：

---

① 《北史·崔亮传》。
② 《北史·赵隐传》。
③ 《北史·沈光传》。
④ 《北齐书·郎基传》。
⑤ 《北史·虞世基传》。
⑥ 《周书·薛澄传》。

尚书令江总与察尤笃厚善，每有制作，必先以简察，然后施用。总为詹事时，尝制登宫城五百字诗，当时副君及徐陵以下诸名贤并同此作。徐公后谓江曰："我所和弟五十韵，寄弟集内。"及江编次文章，无复察所和本，述徐此意，谓察曰："高才硕学，庶光拙文，今须公所和五百字，用偶徐侯章也。"察谦逊未付，江曰："若不得公此制，仆诗亦须弃本，复乖徐公所寄，岂得见令两失。"察不获已，乃写本付之。

姚察作为一代高才硕学，尚须握管抄书，其作品均以写本流传，至于一般芸芸众生，就可想而知了。

以上是可考的抄书者，无考者何止千万，请看下列几则史料：

每有一诗至都邑，贵贱莫不竞写，宿昔之间，士庶皆遍，远近钦慕，名动京师。

——《宋书·谢灵运传》

孝绰词藻，为后进所宗，世重其文，每作一篇，朝成暮遍，好事者咸讽诵传写，流闻绝域。

——《梁书·刘孝绰传》

每一文出手，好事者已传写成诵，遂被之华夷，家藏其本。

——《陈书·徐陵传》

后主所制文笔，卷轴甚多，乃别写一本付（姚）察。

——《陈书·姚察传》

（申徽）及代还，人吏送者数十里不绝，徽自以无德于人，慨然怀愧，因赋诗题于清水亭。长幼闻之，竞来就读，递相谓曰："此是申使君手迹。"并写诵之。

——《周书·申徽传》

　　谢庄作哀策文奏之，帝卧览读，起坐流涕曰："不谓当今复
有此才。"都下传写，纸墨为之贵。

——《南史·后妃传》

刘孝绰、徐陵、谢庄名重一时，众人仰慕，然其作品尽皆抄传，甚至
包括陈后主所为文，亦是写传。可见南北朝时期，从官方到民间，手
工抄写是图书流布的唯一方式，也是制作图书的唯一方式。

<h2 style="text-align:center">隋唐抄书</h2>

　　隋朝官方对抄书十分重视，政府各个部门都备有大量书手，据
《隋书·百官上》：

　　　　（中书省）有中书舍人五人，领主事十人，书吏二百人，书
　　吏不足，并取助书。

又据《隋书·百官下》：

　　　　（秘书监）增校书郎员四十人，加置楷书郎员二十人，掌抄
　　写御书。

这些书手除了抄写公文之外，也是抄写图书的重要力量。隋朝官方抄
写佛经以外的各类图书共有五次：第一次是在隋文帝开皇三年
（583）。这一年，文帝根据牛弘建议，派官员到各地搜访图书，"每
书一卷，赏绢一匹。校写既定，本即归主"①。第二次是在开皇九年
（589）平陈之后。据《隋书·经籍志序》：

　　　　平陈已后，经籍渐备。检其所得，多太建时书，纸墨不精，
　　书亦拙恶。于是总集编次，存为古本。召天下工书之士，京兆韦

---

① 《隋书·经籍志序》。

霈、南阳杜额等于秘书内补续残缺，为正副二本，藏于宫中，其余以实秘书内、外之阁，凡三万余卷。

可见这次抄书数量之多，书法之精。第三次是在开皇十七年（597），许善心主持了这次抄书工作。第四次是在开皇二十年（600），王劭等参加了这次抄书工作。第五次抄书是在隋炀帝即位之后，据《隋书·经籍志序》：

炀帝即位，秘阁之书，限写五十副本，分为三品：上品红琉璃轴，中品绀琉璃轴，下品漆轴。

不言而喻，"五十副本"的数量相当可观。又把它们分为三个等级，用不同材料的卷轴加以区别，体现了当时人们对于版本形式美的追求。

隋代民间抄书亦相当普遍。书生孙万寿从军诗抄传之广，已详上文（第三章第一节）。又据《隋书·律历下》：

胄玄以开皇五年，与李文琮，于张宾历行之后，本州贡举，即赍所造历拟以上应。其历在乡阳流布，散写甚多，今所见行，与（刘）焯前历不异。

可见隋代历书均为手抄。历书需求量大，遍及千家万户，抄历数量之多，可想而知。另外，王羲之七世孙、著名书法家智永临书 30 年，抄写《千字文》（图 27）800 余本（详第八章第五节）。

唐代官方大规模抄书约有七次：第一次在高祖武德五年（622），主持者为令狐德棻。当时，国家初定，图书在隋末战乱中亡佚殆尽，令狐德棻"奏请购募遗书，重加钱帛，增置楷书，令缮写"[1]。几年以后，常用书基本抄齐。第二次是在太宗贞观间，主持者是魏徵等。太宗"命秘书监魏徵写四部群书，将进内贮库。别置雠校二十人、书手

---

[1]　《旧唐书·令狐德棻传》。

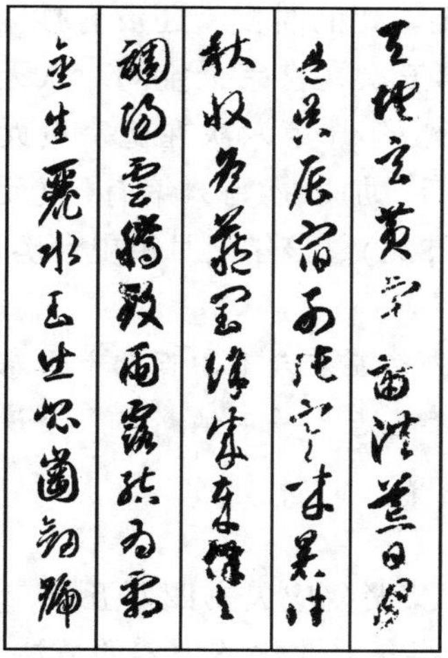

图27 隋智永书《千字文》唐人临本

一百人。徵改职之后，令虞世南、颜师古等续其事，至高宗初，其功未毕。显庆中，罢雠校及御书手，令工书人缮写，计其酬佣，择散官随番雠校"①。魏徵出任秘书监的时间是贞观二年（628），从贞观二年一直抄到高宗显庆中，历时30余年，抄书之多，可想而知。第三次在高宗乾封间，乾封元年（666）十月十四日，高宗"以四部群书传写讹谬，并亦缺少，乃诏东台侍郎赵仁本、兼兰台侍郎李怀俨、兼东台舍人张文瓘等，集儒学之士刊正，然后缮写"②。第四次在唐玄宗开元五年（717），主持者是褚无量。据《旧唐书·褚无量传》：

> （褚无量）以内库旧书自高宗代即藏在宫中，渐致遗逸，奏请缮写刊校，以弘经籍之道，玄宗令于东都乾元殿前施架排次，大加搜写，广采天下异本。数年间，四部充备。仍引公卿已下入殿前，令纵观焉。开元六年驾还，又敕无量于丽正殿以续前功。

---

① 《旧唐书·崔行功传》。
② （宋）王溥：《唐会要·经籍》，上海古籍出版社1991年版。

171

到开元八年（720）褚无量死的时候，还没有抄完，"临终遗言以丽正殿写书未毕为恨"。第五次在玄宗天宝间。从天宝三载（744）至天宝十四载（755），历时十二年。第六次在德宗贞元间。贞元二年（786）七月开始，校定群经后，加以抄写，编有《贞元御府群书新录》。第七次在文宗开成元年（836）。该年七月御史台奏：

> 秘书省管新旧书五万六千四百七十六卷，长庆二年已前，并无文案。太和五年已后，并不纳新书。今请创立簿籍，据阙添写卷数，逐月申台。①

该年九月"敕秘书省、集贤院应欠书四万五千二百六十一卷，配诸道缮写"②。可见这次抄书是采取化整为零的方法，把"应欠书"分配到各地抄写。除了上述七次带有突击性质的抄书活动外，平时官方也从未停止抄书，兹举数例：

魏徵撰《类礼》二十卷，"太宗览而善之，赐物一千段，录数本以赐太子及诸王，仍藏之秘府"③。

许叔牙，润州句容人，贞观间任崇贤馆学士等职，"尝撰《毛诗纂义》十卷，以进皇太子，太子赐帛百段，兼令写本付司经局"④。

裴行俭（619—682），字守约，绛州闻喜人，高宗以其"工于草书，尝以绢素百卷，令行俭草书《文选》一部，帝览之称善，赐帛五百段"⑤。

睿宗四子李范死，"上哭之甚恸，辍朝三日，为之追福，手写《老子经》，彻膳累旬，百僚上表劝喻，然后复常"⑥。

开元十八年（730），吐蕃使奏云："公主请《毛诗》、《礼记》、

---

① 《旧唐书·文宗下》。
② 《旧唐书·文宗下》。
③ 《旧唐书·魏徵传》。
④ 《旧唐书·儒学上》。
⑤ 《旧唐书·裴行俭传》。
⑥ 《旧唐书·睿宗诸子》。

《左传》、《文选》各一部。"①制令秘书省写与之。

司马永祯，字子微，洛州温人，善篆隶书，"玄宗令以三体写《老子经》，因刊正文句、定著五千三百八十言为真本以奏上之"②。

唐代政府各个机关都配备有大量书手，据张九龄《唐六典》记载：唐玄宗时，集贤院有书直及写御官 100 人、装书直 14 人、造笔直 4 人；秘书省有校书郎 8 人、楷书手 80 人、熟纸匠 10 人、装潢匠 10 人、笔匠 6 人；著作局有楷书手 5 人；太史局有楷书手 2 人、装书历生 5 人；弘文馆有楷书手 75 人、笔匠 3 人、熟纸装潢匠 8 人；司经局有楷书 25 人。这些书手为官方抄书作出了重要贡献。集贤院有位书手叫阳城，"代为宦族，家贫不能得书，乃求为集贤写书吏，窃官书读之，昼夜不出房，经六年，乃无所不通"③。集贤院每年十一月都要抄写历书 120 本，颁赐大臣、亲王、公主等，据胡应麟《玉海·艺文·赐书》：

> 自置院之后，每年十一月内即令书院写新历日一百二十本颁赐亲王、公主及宰相、公卿等，皆令朱墨分布、具注历星、递相传写，谓集贤院本。

到官府充当书手，必须符合两个条件：一是出身官宦，二是书法优秀。唐太宗时，入弘文馆抄书，必须是五品以上子弟。唐代官方抄书知多少？开元年间，"凡四部库书，两京各一本，共一十二万五千九百六十卷"④。这些书在安史之乱中亡佚殆尽。后来，肃宗、代宗、文宗等朝又陆续抄书数万卷，这些书在唐末毁于战火。

唐代私人抄书可考者有李袭誉、李怀俨、李大亮、王元感、王绍宗、韦述、柳仲郢、皇甫湜、孟郊、张参、杜牧、李商隐、李九龄、

---

① 《旧唐书·吐蕃上》。
② 《旧唐书·隐逸传》。
③ 《旧唐书·阳城传》。
④ 《旧唐书·经籍志》。

杜荀鹤、吴彩鸾、陆龟蒙等。

李袭誉（生平详第五章第三节），"凡获俸禄，必散之宗亲，其余资多写书而已"[①]。

李怀俨，李袭誉兄子，颇以文著，"受制检校写四部书进内，以书有污，左授郢州刺史"[②]。

李大亮，泾阳人，文武双全，"在越州写书百卷，及徙职，皆委之廨宇"[③]。

王元感，鄄城人，长安三年（703）撰《尚书纠谬》、《礼记绳愆》等书成，"请官给纸笔，写上秘书阁"[④]。

王绍宗，字承烈，扬州江都人，"家贫，常佣力写佛经以自给，每月自支钱足即止，虽高价盈倍，亦即拒之。寓居寺中，以清净自守，垂三十年"[⑤]。

韦述（生平详第五章第三节），抄书甚多，据《旧唐书·韦述传》：

> 好谱学，秘阁中见常侍柳冲先撰《姓族系录》二百卷，述于分课之外，手自抄录，幕则怀归。如是周岁，写录皆毕，百氏源流，转益详悉。

柳仲郢（生平详第五章第三节），藏书万卷，据《新唐书·柳仲郢传》：

> 仲郢尝手抄六经，司马迁、班固、范晔史皆一抄，魏、晋及南北朝史再，又类所抄它书凡三十篇，号《柳氏自备》，旁录仙佛书甚众，皆楷小精真，无行字。

---

① 《旧唐书·李袭誉传》。
② 《旧唐书·李袭誉传》。
③ 《旧唐书·李大亮传》。
④ 《旧唐书·王元感传》。
⑤ 《旧唐书·王绍宗传》。

皇甫湜(约777—约835)，字持正，睦州新安人，"一日命其子录诗，一字误，诟跃呼杖，杖未至，啮其臂血流"①。

孟郊(751—814)，字东野，湖州武康人，著名诗人。抄书甚多，他在《自惜》诗中说："倾尽眼中力，抄诗过于人。"

张参，代宗大历间名儒，曾任国子司业等职。他曾遍抄《九经》，据宋罗大纲《鹤林玉露·补遗》：

> 唐张参为国子司业，手写《九经》，每言读书不如写书，高宗以万乘之尊、万机之繁，乃亦亲洒宸翰，遍写《九经》，云章灿然，终始如一。

可见唐高宗李治也抄过《九经》。

杜牧(生平详第五章第三节)在抚州抄书甚多。今传《张好好诗》就是杜牧亲手所写(图28)。

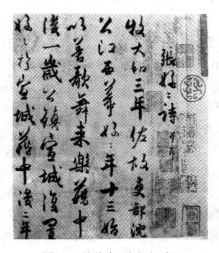

图28　杜牧书《张好好诗》

---

① 《新唐书·皇甫湜传》。

　　李商隐(约 813—约 858)，字义山，号玉溪生，怀州河内人，著名诗人。他在《韩碑》诗中说："愿书万本诵万遍，口角流沫右手胝。"

　　李九龄，洛阳人，唐末进士，抄书甚多，他在《写庄子》诗中说："闲中亦有闲中计，写得《南华》一部书。"

　　杜荀鹤(生平详第五章第三节)，家中穷苦，多所抄书。他在《闲中即事》诗中说："鬓白祇应秋炼句，眼昏多为夜抄书。"

　　吴彩鸾，古代女子抄书的杰出代表，抄有《唐韵》《广韵》《佛本行经》《玉篇》《法苑珠林》等书。唐代是古代诗歌的黄金时代，作诗离不开韵书，陆法言《切韵》和孙愐《唐韵》流行一时，写本到处可见。王国维《观堂集林·艺林》指出：

　　　　唐人盛为诗赋，韵书当家置一部，故陆、孙二韵当时写本当以万计。陆韵即巴黎所藏三本已有异同，孙韵传之后世可考见者，除鹤山所藏外，如欧阳公见吴彩鸾书页子本、黄山谷所见凡六本，鲜于伯机藏一卷。传写既多，故名称部目不能尽同。

　　陆龟蒙(生平详第五章第三节)，"得书熟诵乃录，雠比勤勤，朱黄不去手，所藏虽少，其精皆可传"①。

　　除了以上可考抄书者之外，无考者当有更多。白居易作品广为传抄，已见前文。另如王仲舒"文思温雅，制诰所出，人皆传写"②，吴筠"每制一篇，人皆传写"③。

　　以上就是历代抄书的大概情况。唐代以前的抄书史，反映了如下社会现实：第一，唐代以前，尚无发明雕版印刷，东汉之摹写石经、三国之诸葛亮抄书、晋代之洛阳纸贵、南北朝抄写陈后主别集、隋代之历书抄本……都说明手工抄写是制作图书的唯一方式，从皇帝(陈后主)、名臣(诸葛亮)到一般平民，一无例外。即使到了唐代，从官

---

　　①　《新唐书·陆龟蒙传》。

　　②　《旧唐书·王仲舒传》。

　　③　《旧唐书·吴筠传》。

府到民间，抄书之例，仍然比比皆是。第二，从南北朝开始，抄书的规模越来越大。南北朝时期，官方组织了 11 次大规模的抄书活动，民间抄书不可胜数。隋代秘阁之书"限写五十副本"，如正本以三万卷计，则 50 副本就是 150 万卷。唐代官府配备大量书手，太宗、高宗二朝抄书 30 余年，开元间抄书 125960 卷，开成间抄书近 10 万卷。由于唐代诗歌盛行，陆法言《切韵》和孙愐《唐韵》几乎家置一部，"写本当以万计"。抄书是一件非常辛苦的事情，清顾炎武指出：

> 唐以前书卷，必事传写，甚者编韦续竹，裁蒲茸柳，而浮屠之言亦唯山花贝叶，缀集成文。学者于时，穷年笔札，不能聚其一，难矣！①

广大抄书者不安于现状，希望改变现状，雕版印刷正是在他们望眼欲穿的期待中诞生的。

二、书商需求雕版印刷

图书出版和书业贸易是互为因果的关系：书业贸易的繁荣，能够促进图书出版的繁荣；图书出版的繁荣，也能促进书业贸易的繁荣。图书出版的繁荣可以表现为管理、设备、出书品种、印数等方面。就拿印数来说，同种图书的印数越多，成本、书价就越低，读者负担就越轻，销售量就越大，书业贸易就越红火；反之，同种图书的印数越少，成本、书价就越高，读者负担就越重，销售量就越小，书业贸易就不景气。1988 年 8 月赵晓恩先生根据北京地区的印刷工价，对一部 30 万字的书稿的直接成本进行了如下计算②：

---

① （清）顾炎武：《金石文字记》卷二十八。
② 赵晓恩：《出版企业管理概论》，东方出版社 1991 年版。

印数(册)	单位印张直接成本(元)	印数(册)	单位印张直接成本(元)
1000	0.805	9000	0.185
2000	0.449	10000	0.177
3000	0.336	20000	0.143
4000	0.279	30000	0.130
5000	0.245	50000	0.118
6000	0.223	70000	0.114
7000	0.206	100000	0.111
8000	0.194		

由此可以看出印数与成本之间的反比关系。另外，还有一组反映 1987 年全国各省(市)出版利润和书店销售利润名列前七名的统计数字:①

出版利润			销售利润		
名次	省(市)别	总额(万元)	名次	省(市)别	总额(万元)
一	上 海	12875	一	上 海	3013
二	四 川	5130.7	二	江 苏	2143
三	湖 南	4809.7	三	湖 南	1828.5
四	山 东	4419	四	四 川	1546.4
五	浙 江	4228	五	山 东	1417
六	江 苏	4163	六	浙 江	1325
七	河 南	3652.7	七	河 南	1193.4

出版利润和销售利润的前七名都是这几个省(市)，两项的第一、三、七名均由上海、湖南、河南夺得，这绝不是巧合，它正反映了图书出

---

① 罗紫初:《图书发行学概论》，武汉大学出版社 1988 年版。

版与书业贸易之间的因果关系。古代也是这样，图书出版越发达，图书品种和印数越多，书业贸易越兴旺。图书品种和印数的多寡与图书制作方式密切相关。手工抄书，图书品种和复本有限，很难满足市场需求。只有先进的图书制作方式，才能为市场提供更多的图书品种和复本。下面让我们看一下历代书市贸易的情况。

汉魏南北朝的书市贸易

我国至迟在汉代已有了书店。"好书而不要诸仲尼，书肆也"①，书肆就是书店。这是我国古代书店见诸文字的最早记载，可见公元前1世纪，我国就有了书店。汉平帝元始四年（4），京师长安的最高学府——太学，已发展到相当的规模，为了解决学生"买书难"的问题，官方在太学附近植槐数百行，每月初一、十五两天在这里举办书市，以便学生能买到自己所需的经书等物品。由于买卖经书是在槐树林里进行的，故史称"槐市"。据唐欧阳询等《艺文类聚》卷八十八木部《槐》：

> 元始四年，起明堂辟雍，为博士舍三十区，为会市。但列槐树数百行，诸生朔望会此市，各持其郡所出物及经书，相与买卖，雍雍揖让，论议树下，侃侃訚訚。

可惜这次书市贸易活动存在的时间不长，到淮阳王更始元年（23），刘玄攻陷长安时，槐市随着太学的解体而消失。东汉首都洛阳也有不少书店，据《后汉书·王充传》：

> （王充）家贫无书，常游洛阳市肆，阅所卖书，一见辄能诵忆，遂博通众流百家之言。

可见王充的知识是从书店里学来的，书店的众多图书孕育了这位伟大

---

① （汉）扬雄：《法言·吾子》。

的唯物主义哲学家。另外，汉代还有以书换书的书业贸易活动，例如河间献王刘德以"好写"之书换取民间"善书"（详第四章第一节）便是一例。刘梁是东汉时的一个书商，据《后汉书·文苑传》记载，刘梁（一名岑）字曼山，东平宁阳人。"梁宗室子孙，而少孤贫卖书于市以自资"。

晋代书市贸易已不可考。古典文献中关于南北朝时期书市贸易的记载较多，兹择要举例如下：

萧锋，齐高帝十二子。梁武帝时，诸王不得读异书，除了五经之外，只能读《孝子图》。萧锋"乃密遣人于市里街巷买图籍，期月之间，殆将备矣"①。一个月就购置了所有日常用书，可见金陵书市之兴盛。

傅昭，字茂远。北地灵州人。六岁而孤，为外祖所养，"于朱雀航卖历日"②。朱雀航即朱雀桥，在金陵秦淮河上。历日是千家万户不可一日或缺的常用书，销量极大，书估争鬻之。

庾诜，字彦宝，新野人，邻人被诬为盗，当坐法，庾诜怜之，"乃以书质钱二万"，为之赎罪，终获免。③

刘勰（？—约520），字彦和，东莞莒人，《文心雕龙》写成之后，"欲取定于沈约。约时贵盛，无由自达，乃负其书，候约出，干之于车前，状若货鬻者"④。可见当时有不少"货鬻"图书的人，刘勰"状若货鬻者"，是迫不得已的。

崔亮，字敬儒，清河东武城人。族兄崔光打算寄食陇西李冲手下，对崔亮说："彼家饶书，因可得学。"崔亮回答："弟妹饥寒，岂容独饱？自可观书于市，安能看人眉睫乎！"⑤可见当时书店已很普遍，否则崔亮就不可能"观书于市"。

---

① 《南史·萧锋传》。
② 《南史·傅昭传》。
③ 《梁书·庾诜传》。
④ 《梁书·刘勰传》。
⑤ 《北史·崔亮传》。

刘芳，字伯文，彭城丛亭里人，据《北史·刘芳传》：

（芳）常为诸僧佣写经论，笔迹称善，卷直一缣，岁中能入百余匹，如此数年，赖以颇振。

可见刘芳以抄写佛经谋生，因为字写得好，每抄一卷可得缣帛1匹，一年可得缣帛100多匹，也就是说，每三天左右，抄经1卷，换缣1匹。

李遵业，太原晋阳人，任著作佐郎等职。北魏宣武帝延昌初，李遵业"买书于市"，得到书法家崔潜手书《本草》原件，宝其书迹，秘不示人（详第八章第五节）。

常景，字永昌，河内人，酷爱文史，"若遇新异之书，殷勤求访，或复质买，不问价之贵贱，必以得为期"①。

阳俊之，阳尼次子，和高澄是同时代的人，据《北史·阳俊之传》：

多作六言歌辞，淫荡而拙，世俗流传，名为《阳五伴侣》，写而卖之，在市不绝。俊之尝过市，取而改之，言其字误。卖书者曰："阳五，古之贤人，作此《伴侣》，君何所知，轻敢议论！"俊之大喜。

这则记载说明两个问题：第一，书商以赢利为目的，所卖之书多半是一些《阳五伴侣》之类，这些书"淫荡而拙，世俗流传"，颇能迎合一些人的低级趣味。第二，书商的文化水平大多不高，连书的作者都搞不清，把当代著作误作"古人"著作。当然也有这种可能，书商深知"尊古卑今"的读者心理，有意将今人之作说成古人之作，以广招徕。

唐代书业贸易

随着政局的稳定，经济的繁荣，文化的发展，唐代书业贸易有了

————

① 《魏书·常景传》。

长足的进步。从文献记载看，唐代书市交易活动相当普遍，书侩的产生是唐代书业发达的一个重要标志。书侩是书业中心的中介人、经纪人。唐代书业中心往往是书商云集，为了审定真伪、确定书价、协调书商之间以及书商与读者之间的关系，才出现了书侩。书商大量出现，会出现很多纠纷，要解决这些纠纷，必然会需要解决纠纷的中介人、经纪人。

诗人杜甫、王建、李中、杜兼、牟融、杜荀鹤、刘禹锡、张籍、李廓、周贺、项斯、徐夤、齐己等都曾参与过书市贸易活动①。下面从书市图书内容、书价、售书方式、书业中心等方面加以具体说明。

就内容而言，唐代书市经史子集无不具备。陇西王李博乂衣必罗绮，食必粱肉，朝夕弦歌，不学无术，高祖鄙之，曰：

> 我怨雠有善，犹擢以不次，况于亲戚而不委任？闻汝等唯昵近小人，好为不轨，先王坟典，不闻习学。今赐绢二百匹，可各买经史习读，务为善事。②

可见书市多有经史著作。封建帝王以此作为治世、治人的法宝，用200匹绢买回书的数量，定然可观。子书之中，历书最多，据冯宿《禁版印时宪历奏》：

> 准敕禁断印历日版，剑南两川及淮南道，皆以版印历日鬻于市，每岁司天台未奏颁下新历，其印历已满天下，有乖敬授之道。③

从"满天下"数字可知，当时书市历书之多。从元稹《白氏长庆集序》中"至于缮写模勒衒卖于市井"、徐夤"拙赋遍闻镌印卖"等记载可知，唐代书市也有不少诗文作品。书商为了牟利，往往以假乱真，兜售伪

---

① 《中国出版通史·隋唐五代卷》第十一章第二节《唐代图书流通》。
② 《旧唐书·李博乂传》
③ 《全唐文》卷六二四。

作，即元稹所谓"盗窃名姓，苟求自售"者（详第十二章第六节）之所为。

就书价而言，千钱一卷比较多见。据《山堂肆考》卷一二四：

> 唐元载为相，奏以千钱购书一卷。

这是官方规定的统一价格。据叶德辉《书林清话·女子抄书》：

> （吴彩鸾）写《唐韵》，运笔如飞，日得一部，售之，获钱五缗。

《唐韵》是唐人孙愐所作，全书五卷，正好一卷一缗，一缗就是一千文钱。除了以钱购书外，还可以以物换书。据明郑瑄《昨非庵日纂》卷五：

> 唐交河王凫昭少好学，尝有鬻异书于市者，其母将为买之，搜索家财，不足其价，惟椟中有金钗数枚，既而叹曰："何爱此物，令吾子不有异闻！"促令货易此书，昭后以诗咏流誉。

这是以金钗购书的例子。据元稹《白氏长庆集序》中关于"或持之以交酒茗者"的记载说明，唐代绍兴也有用酒和茶叶换书的。此外，还有以官爵换书的例子，据《旧唐书·王涯传》：

> 前代法书名画，人所保惜者，以厚货致之，不受货者，即以官爵致之。

可见王涯是以"厚货"和"官爵"两种方法换取法书名画的。

就售书方式而言，既有行商、又有坐贾，即既有流动售书的商人，又有以固定店铺售书的商人。据《全唐文·禁坊市铸佛写经诏》：

> 佛教者，在于清净，存乎利益。今两京城内，寺宇相望。凡欲归依，足申礼敬。下人浅近，不悟精微，睹菜希金，逐焰思水，浸以流荡，颇成蠹弊。如闻坊巷之内，开铺写经……

这里所谓"开铺写经"者，就是指在固定地点开设店铺，抄写、出卖佛经的人。一些书铺采取开架的方式，允许读者任意挑选。那些无钱买书的读者，也可以就室阅览。据《旧唐书·徐文远传》：

> 属江陵陷，（文远）被虏于长安，家贫无以自给，其兄休鬻书为事，文远日阅书于肆，博览五经，尤精《春秋左氏传》。

又据《新唐书·吕向传》：

> 每卖药，即市阅书，遂通古今。

可见徐文远、吕向像汉代王充一样都是在书店读书成才的。除了固定书商之外，也有不少流动书商，据《全唐诗·李梦符》：

> 开平初人，在洪州与布衣饮酒狂吟，尝以钓竿悬一鱼，向市肆唱《渔父引》，卖其词。好事者争买之，得钱便入酒家，或抱冰入水。

《渔父引》共二首，词文如下：

> 村寺钟声度远滩，半轮残月落山前。
> 徐徐拨棹却归湾，浪叠朝霞锦绣翻。
>
> 渔弟渔兄喜到来，波官赛却坐江隈。
> 椰榆杓子木瘤杯，烂煮鲈鱼满案堆。①

---

① 《全唐诗》卷八六一。

李梦符就是边走边唱边卖《渔父引》的，为了引人注目，他别出心裁，结合《渔父引》内容"以钓竿悬一鱼"吸引了大批"好事者"，这堪称我国最早的书业广告之一。

就全国书业中心而言，长安、洛阳、成都、扬州、绍兴、敦煌等地的书业贸易比较发达。长安作为都城，是全国的文化中心，书肆所在皆是，据《太平广记·李娃传》，常州刺史、荥阳公之子与名妓李娃相识，坐车出游，"至旗亭南偏门鬻坟典之肆，命生拣而市之，计费百金，尽载而归"。一次买书就用费"百金"，可见买书之多。《太平广记·李秀才》还记载了一个有趣的故事：

> 唐郎中李播典蕲州日，有李生称举子来谒。会播有疾病，子弟见之。览所投诗卷，咸播之诗也。既退，呈于播，惊曰："此昔应举时所行卷也，唯易其名矣。"明日，遣其子邀李生，从容诘之曰："奉大人咨问，此卷莫非秀才有制乎？"李生闻语，色已变曰："是吾平生苦心所著，非谬也。"子又曰："此是大人文战时卷也，兼笺翰未更，却请秀才不妄言。"遽曰："某向来诚为诳耳。二十年前，实于京辇书肆中，以百钱赎得。殊不知是贤尊郎中佳制，下情不胜恐悚。"子复闻于播，笑曰："此盖无能之辈耳，亦何怪乎！饥穷若是，实可哀也。"

这说明长安书商为了牟利，大量出售举业之文，才演出了这场冒名顶替的笑剧。东都洛阳是唐代第二大城市，书肆也相当多，据吕温《上官昭容书楼歌》：

> 贞元十四年，友人崔仁亮于东都买得《研神记》一卷，有昭容(即上官婉儿)列名书缝处，因用感叹而作是歌：
> …………
> 君不见洛阳南市卖书肆，
> 有人买得《研神记》。
> 纸上香多蠹不成，

令人惆怅难为情。①

《研神记》当属传奇之类，发行量大。又据陈子昂《陈拾遗集》附录《陈氏别传》：

> 时洛中传写其书，市肆间巷吟讽相属，乃至转相货鬻。

这里讲的也是洛阳书市情况。成都书市也较发达，据宋王谠《唐语林》卷七：

> 僖宗入蜀，太史历本不及江东，而市有印货者，每差互朔晦。货者各征节候，因争执。里人拘而送公，执政曰："尔非争月之大小尽乎？同行经纪，一日半日，殊是小事。"遂叱去。而不知阴阳之历，吉凶是择，所误于众多矣。

这说明民间所编历书的质量非常糟糕，"每差互朔晦"。当然，书商之间"争月之大小尽"只是表面现象，否定对方历书的质量，从而占领市场，才是争吵的真正目的。可见成都书市的竞争相当激烈。据元稹《白氏长庆集》序："扬越间"书市贸易"处处皆是"。"扬"即扬州地区，"越"即绍兴地区。"处处皆是"就是说书市不是一个地方有、两个地方有，而是每个地方都有，可见扬州、绍兴两地书市的繁荣情况。敦煌地处丝绸之路要冲，是中西文化交流的中心之一。唐代敦煌地区佛教尤其盛行，寺院林立，抄写、贩卖佛经成为经生的谋生之道。经生既抄书又卖书，集出版、发行于一身，是古代出版发行一体化的典型代表。

唐代可考书商有吴彩鸾、徐休、李梦符、王绍宗、孙仲容、孙盈、张赞、穆详、王昌、叶丰、田颖、杜福、刘翌、齐光、郭德、萧敬、彭楷、王谦、王思谦、蔡义哲、杨文泰、刘意思、马元礼、程度

---

① 《全唐诗》卷三七一。

等24人。吴彩鸾、徐休、李梦符三人事迹已详上文。王绍宗以抄写、贩卖佛经为生(详第四章第一节)。孙仲容、孙盈是父子关系,据唐李绰《尚书故实》：

> 京师书侩孙盈者,名甚著,盈父曰仲容,亦鉴书画,精于品目。豪家所宝,多经其手,真伪无逃焉。

可见孙盈父子精于鉴别,名动京师。张赞事迹见于《太平广记·李客》："百姓张赞,卖书为业。"穆详以下诸人事迹见于唐张彦远《历代名画记·论鉴识收藏购求阅玩》：

> 开元中有商胡穆聿,别识图书,遂直集贤,告讦搜求,至德中白身受金吾长史,改名详……辽东人王昌,括州人叶丰,长安人田颖,洛阳人杜福、刘翌,河内人齐光,皆别识贩卖,此辈虽业邻好事,而迹类藩身。

这些人原先以卖书为业,后来竟然受到官方的青睐,跻身仕林。郭德以下10人均为敦煌地区书商,是专门抄写、贩卖佛经的经生。

唐代书商没有留下姓名者很多,据《太平广记》卷二○九：

> 大历中,东都天津桥有乞儿,无两手,以右足夹笔,写经乞钱。欲书时,先用掷笔高尺余,以足接之,未尝失落,书迹官楷书不如也。

可见这个乞丐也是以写经谋生的。为了招揽生意,扩大影响,每当写经时,还要进行"特技表演",把笔抛向空中一尺多高,然后用脚接住,万无一失。这种特技表演,带有广告宣传的性质。

以上是汉至唐代书市贸易简史。由此可见,唐代以前虽然早已出现书肆,但是尚未形成书业贸易中心。唐代书业贸易空前繁荣,已经形成长安、洛阳、成都、扬州、绍兴、敦煌等书业贸易中心。唐代可考书商有数十人之多，书商之间的竞争相当激烈，开架售书者有之，钓竿悬鱼者有之，特技表演者有之，拘而送公者有之。由于货源短缺，不少书商被迫亲自动手抄书，边抄边卖，书商就是经生。在货源不足的情况下从事书业贸易活动，实属不易。广大书商希望有一天社会能为他们提供取之不竭的书源，雕版印刷正是在广大书商的叫卖声中诞生的。唐代书商的大量出现，刺激并孕育了雕版印刷的发明。事实证明：书商的确是雕版印刷的最早受益者之一。早在雕版印刷刚刚印出第一批图书的时候，书商们就迫不及待地把这些图书推向市场，获得较好的经济效益，上文所引《唐语林》等内容就说明了这一点。当然，还有更多的书商，他们密切注意图书制作的新动向，雕版印刷发明之后，他们迫不及待地接过这种先进技术，为我所用，刻印了大量民间常用书籍，如唐代印制《阴阳书》的京中李家、印制《金刚经》的西川过家和成都卞家、印制历书的成都樊赏（详第九章第二节）等，是中国印刷史上可考的集出版、发行于一身的第一批书商，这些可敬可爱的书商为印刷术的发生和发展作出了重要贡献。

第五章　藏书家需求雕版印刷

弹铗归来抱膝吟，
侯门今似海门深。
御车扫径皆多事，
只向慈仁寺里寻。

这是清人孔尚仁写的一首诗，题为《燕台杂兴》。该诗说明王士禛龙门高峻，人不易见，只有到书肆中方能找到，因为王士禛访书的时间是雷打不动的，据王士禛《古夫于亭杂录》卷三：

> 昔在京师，士人有数谒予而不获一见者，以告昆山徐尚书健庵，徐曰："此易耳，但值每月三五，于慈仁寺市书摊候之，必相见矣。"如其言，果然。

藏书家获取图书的手段，除了借抄、赠送之外，大多是买来的。欧阳修《集古录序》说：

> 物常聚于所好，而常得于有力之强。有力而不好，好之而无力，虽近且易，有不能致之。

这就是说，对于收藏而言，必须有两个条件：一是"好之"，二是"有力"。有力者，有钱也。有钱才能买书。在众多的藏书家中，除了少数人经济并不富裕之外，大多属于小康之家，甚或富家大族，"有力"不成问题。逛书肆是他们的业余爱好。但是，有些图书可以买到，有些图书则是"踏破铁鞋无觅处"，因为在雕版印刷发明之前，图书制作全靠人工抄写，一部书要成年累月地抄，图书品种和复本是极为有限的，远远满足不了藏书家的需要。人们常常责备古代藏书家是"封闭型"的，的确，不少藏书家秘不示人，从藏书印文字可见一斑。明钱谷有印云："百志寻书志亦迂，爱护不异随侯珠。有假不返遭神诛，子孙不宝真其愚。"吴晗在《江浙藏书家史略·序言》中也说：

> 然其弊也在于自私，在于保管之不得当，在于一般民众之无识，有储书贻后而责以鬻及借人为不孝者，有深藏秘阁宁饱书虫蠹而不借阅者……

古代藏书家为什么"自私"？原因是多方面的，除了私有制社会长期养成的积习之外，恐怕也与得书不易有关，钱谷"百志寻书"，寻书之苦，可想而知。清藏书家陈鳣有印云："得此书，费辛苦。后之人，其鉴我。""费辛苦"恐怕也是实话。既然如此，他们怎么不"爱护不异随侯珠"呢？物以稀为贵，图书数量太少，自然就会珍之贵之。藏书家越多，对图书的需求量就越大，藏书就越是困难，发明雕版印刷的愿望就越强烈。如果我们对历代藏书家的发展情况进行一次扫描，也许就能捕捉到雕版印刷诞生前夕隐隐约约的图像。

一、先秦两汉魏晋藏书家

先秦私人藏书家可考者有墨子、惠施、苏秦等。

墨子（约前468—前376），名翟，宋国人，长期居鲁。春秋战国之际的思想家、政治家，墨家的创始人。据《墨子·贵义》：

> 子墨子南游使卫，关中载书甚多。弦唐子见而怪之，曰："吾夫子教公尚过曰：'揣曲直而已。'今夫子载书甚多，何有也？"子墨子曰："昔者周公旦朝读书百篇，夕见漆十士。故周公旦佐相天子，其修至于今。翟上无君上之事，下无耕农之难，吾

安敢废此？翟闻之：'同归之物，信有误者。'然而民听不钧，是以书多也。今若过之心者，数逆于精微，同归之物，既已知其要矣，是以不教以书也。而子何怪焉？"

可见墨子藏书颇丰，出游外地，随身携带。

惠施（约前370—约前310），宋国人，战国时期哲学家，名家的代表人物，据《庄子·天下篇》："惠施多方，其书五车"，"方"就是书，"五车"的卷数虽然不得而知，但数量肯定不少。"学富五车"的成语即源于此。

苏秦（？—前284），字季子，东周洛阳人，战国时期纵横家。据《史记·苏秦传》：

> （苏秦）出游数岁，大困而归……乃闭室不出，出其书遍观之，曰："夫士业已屈首受书，而不能以取尊荣，虽多亦奚以为？"于是得周书《阴符》，伏而读之。期年，以出揣摩，曰："此可以说当世之君矣！"

又据《战国策·秦策》：

> （苏秦）去秦而归，赢滕履跷，负书担囊，形容枯槁，面目黧黑，状有愧色。归至家，妻不下纴，嫂不为炊，父母不与言。苏秦喟然叹曰："妻不以我为夫，嫂不以我为叔，父母不以我为子，是皆秦之罪也。"乃夜发书，陈箧数十，得太公阴符之谋，伏而诵之，简练，以为揣摩。

苏秦充分利用藏书，发愤苦读，终于转败为胜。

先秦无考的私人藏书家还有不少，据《韩非子·五蠹》：

> 今境内之民皆言治，藏商、管之法者家有之，而国愈贫，言耕者众，执耒者寡也。境内皆言兵，藏孙、吴之法者家有之，而

191

兵愈弱，言战者多，被甲者少也。

既然法家著作和兵书"家有之"，那就说明藏书家之多，又据《韩非子·显学》：

> 藏书策，习谈论，聚徒役，服文学而议说，世主必从而礼之，曰："敬贤士，先王之道也。"

可见"藏书策"是当时贤士的风气。又据《史记·六国年表》：

> 秦既得意，烧天下《诗》、《书》，诸侯史记尤甚，为其有所刺讥也。《诗》、《书》之所以复见者，多藏人家。

可见民间收藏《诗》、《书》的普遍性。由于藏家之多，所以秦始皇焚书之举并不能将图书一烧而光。

汉代私人藏书家可考者有刘德（详第四章第一节）、刘安、桓谭、曹曾、郭泰、郑玄、杜林、驷先生、文不识、蔡邕等。

刘安（前179—前122），汉高祖之孙，沛郡丰人，西汉思想家、文学家。藏书甚富，据《汉书·河间献王传》：

> 淮南王亦好书，所招致率多浮辩。

桓谭（？—56），字君山，沛国相人，东汉著名学者。据明胡应麟《少室山房笔丛·经籍会通》："累朝中秘所蓄外，荐绅文献名藏书家代有其人，汉则刘向、桓谭……"清王岩《过桓君山藏书处诗》云："当年石室虽云古，此日风流犹可睹。图书插架犹连云，翰墨淋漓尚如雨。"

曹曾，字伯山，山东济阴人。据王子年《拾遗记》卷六："及世乱，家家焚庐，曹虑先文湮没，乃积石为仓以藏书，故谓曹氏为书仓。"

郭泰（127—169），字林宗，太原介休人。虞世南《北堂书抄》卷一百一十引《郭泰别传》称："泰字林宗，家有书五千卷。"

郑玄（127—200），字康成，北海高密人，东汉经学家、藏书家。据《后汉书·郑玄传》，郑玄临终诫子云："吾所愤愤者，徒以亡亲坟垄未成，所好群书，率皆腐敝，不得于礼堂写定，传与其人。"可见其所藏之书因年代久远，"率皆腐敝"，原想重抄一遍而未果。

杜林，东汉学者，扶风人，"家多书，王莽末，客河西，于河南得漆书《古文尚书经》一卷"①。《后汉书·杜林传》称其有先祖所传之书。

驷先生，原为齐人，精通《司马兵法》，有大将之才。据《汉书·宣元六王传》：

> 驷先生蓄积道术，书无不有，愿知大王所好，请得辄上。

文不识，生平不详。概因目不识丁而名之，藏书甚富，匡衡曾以出卖劳力的方式换取借读之权（详第三章第二节）。

蔡邕（132—192），字伯喈，陈留圉人。据《三国志》卷二十八《魏书》注：

> 蔡邕有书近万卷，末年载数车与（王）粲，粲亡后，相国掾魏讽谋反，粲子与焉，既被诛，邕所与书悉入（王）业。

可见蔡邕的藏书先后传给王粲和王业。

三国时期藏书家可考者有王修、向朗、袁涣、王弼、王粲、王业、管辂、吉茂等。

王修，字叔治，营陵人，据《三国志·魏书》：

> 及破南皮，阅修家，谷不满十斛，有书数百卷，太祖叹曰：

---

① 《册府元龟》卷八一一。

"士不妄有名。"

向朗，字巨达，宜城人，"潜心典籍，孜孜不倦。年逾八十，犹手自校书，刊定谬误，积聚篇卷，于时最多"。①

袁涣，字曜卿，扶乐人，据《三国志·魏书》注引《袁氏世纪》云：大败吕布之后，"众人皆重载，唯涣取书数百卷，资粮而已"。

王弼（226—249），字辅嗣，魏国山阳人，玄学家，藏书近万卷。

王粲（177—217），字仲宣，山阳高平人，汉末文学家。他继承了蔡邕的大部分藏书。

王业，刘表之外孙，他继承了王粲的藏书。

管辂，字公明，平原人，藏书甚丰，"夫术数有百数十家，其书有数千卷"②。

吉茂，字叔畅，池阳人，据《三国志·魏书·常林传》注云：

建安二十二年，坐其宗人吉本等起事被收。先是科禁内学及兵书，而茂皆有，匿不送官。及其被收，不知当作本等，顾谓其左右曰："我坐书也。"

可见吉茂自以为是因藏书而坐牢的。

晋代私人藏书家可考者有张华、范蔚、葛洪、应詹、王恭、裴宪、荀绰等人。

张华（232—300），字茂先，范阳方城人，西晋大臣，文学家。"雅爱书籍，身死之日，家无余财，唯有文史溢于机箧。尝徙居，载书三十乘。"③

① 《三国志·蜀书·向朗传》。
② 《三国志·魏书·方技传》注。
③ 《晋书·张华传》。

范蔚(生平详第三章第二节)，"家世好学，有书七千余卷"①。

应詹，字思远，汝南南顿人。"与陶侃破杜弢于长沙，贼中金宝溢目，詹一无所取，唯收图书，莫不叹之。"②

葛洪，家中藏书，多由他亲手所抄(详第四章第一节)。

王恭，字孝伯，酷嗜典籍，"家无财帛，唯书籍而已，为识者所伤"③。

裴宪，字景思，河东闻喜人，好儒学，足不出户数年，后石勒欲委以官，宪坚辞不就，"勒乃簿王浚官寮亲属，皆赀至巨万，惟宪与荀绰家有书百余帙，盐米各十数斛而已"④。

荀绰，字彦舒，著名学者荀勖之孙。据上引《晋书·裴宪传》，其家藏书百余帙。

以上是先秦两汉魏晋藏书家的简单情况。

二、南北朝藏书家

南北朝时期是金戈铁马的动荡时期，大动荡促进了南北各族文化的大融合，藏书家们在偏安一方的夹缝中竟然开始了自己的聚书生涯，这个时期可考的藏书家有：

刘善明，平原(今属山东)人，历仕宋齐二朝。南齐建元二年(480)死时，"家无遗储，唯有书八千卷"⑤。

陆澄，字彦渊，少好学，时人号为"书橱"。南齐历仕国子祭酒、光禄大夫等职。《南齐书·陆澄传》说："(陆澄)家多坟籍，人所罕见。"《南史·张率传》说："时陆少玄家有父澄书万余卷，率与少玄善，遂通书籍，尽读其书。"

---

① 《晋书·范平传》。
② 《晋书·应詹传》。
③ 《晋书·王恭传》。
④ 《晋书·裴宪传》。
⑤ 《南齐书·刘善明传》。

崔慰祖，藏书万卷(详第三章第二节)。

马枢，字要理，南朝梁人，寓居京口。好学博才，梁邵陵王萧纶为南徐州刺史，甚为推重。萧纶"及征侯景，留书二万余卷与之"①。

沈约，字休文，梁武康(今浙江德清武康镇)人，文学家。笃志好学，博通群籍，宋齐二代历仕尚书仆射、尚书令等职，著有《宋书》、《齐纪》、《四声谱》等。沈约"好坟籍，聚书至二万卷，京师莫比"②。

任昉，字彦升，乐安博昌(今山东寿光)人，南朝梁文学家。宋齐梁三朝历仕义兴太守、新安太守等职。任昉好学，"坟籍无所不见，家虽贫，聚书至万余卷，率多异本"③。

王筠，七岁能文，少负才名。著名文人沈约极为称赞，曾对王筠说："昔蔡伯喈见王仲宣称曰：'王公之孙也，吾家书籍，悉当相与。仆虽不敏，请附斯言。"④可见沈约藏书后来传给王筠。王筠本人也抄了不少书(详第四章第一节)。

张缅，字元长，南朝梁人。历仕豫章内史、御史中丞等职，"性爱坟籍，聚书至万余卷"⑤。

萧钧，南朝齐高帝第十一子，封衡阳王。《南史·萧钧传》云：

> 常手自细书写五经，部为一卷，置于巾箱中，以备遗忘。侍读贺玠问曰："殿下家自有坟素，复何须蝇头细书，别藏巾箱中？"答曰："巾箱中有五经，于检阅既易，且一更手写，则永不忘。"

根据"殿下家自有坟素"一语，可知其家是有藏书的。

---

① (唐)许嵩：《建康实录》卷二十。
② 《梁书·沈约传》。
③ 《梁书·任昉传》。
④ 《梁书·王筠传》。
⑤ 《梁书·张缅传》。

萧劢，字文约，梁天监时仕广州刺史等职，"聚书至三万卷，披玩不倦，尤好《东观汉记》，略皆诵忆"①。

张缵，字伯绪，南朝梁人，任北将军等职，性贪婪，积物甚多，"及死，湘东王皆使收之，书二万卷并挺还斋，珍宝财物悉付库"②。

孔休源，字庆绪，会稽山阴（今浙江绍兴）人，历仕尚书仪曹郎、御史中丞等职，"聚书盈七千卷，手自校练"③。

李业兴，后魏上党长子（今属山西）人，历仕校书郎、太原太守等职。《魏书·李业兴传》云：

> 业兴爱好坟籍，鸠集不已，手自补治，躬加题帖，其家所有，垂将万卷。

元延明，安丰王元猛之子，北魏世宗时，任太中大夫，"延明既博极群书，兼有文藻，鸠集图籍万有余卷"④。

辛术，字怀哲，北齐人。魏齐二朝历仕散骑常侍、吏部尚书等职。《北齐书·辛术传》云：

> 及定淮南，凡诸资物，一毫无犯，唯大收典籍，多是宋、齐、梁时佳本，鸠集万余卷，并顾、陆之徒名画，二王已下法书数亦不少，俱不上王府，唯入私门。

惠蔚，北齐儒生。《北齐书·孙灵晖传》云：

> （蔚）一子早卒，其家书籍多在焉。（孙）灵晖年七岁，便好学，日诵数千言，唯寻讨惠蔚手寻章疏，不求师友。

---

① 《南史·萧劢传》。
② 《南史·张缵传》。
③ 《南史·孔休源传》。
④ 《魏书·元延明传》。

穆子容，后魏人，自幼好学，藏书万余卷（详第四章第一节）。

魏收，字伯起，下曲阳（今河北晋县西）人，北齐史学家，历仕散骑常侍、尚书右仆射等职，奉诏编撰《魏书》。天保七年，诏令校定群书，樊逊建议说：

> 按汉中垒校尉刘向受诏校书，每一书竟，表上，辄言：臣向书、长水校尉臣参书、太史公书、太常博士书、中外书合若干本以相比校，然后杀青。今所雠校，供拟极重，出自兰台，御诸甲馆。向之故事，见存府阁，即欲刊定，必藉众本。太常卿邢子才、太子少傅魏收、吏部尚书辛术、司农少卿穆子容、前黄门郎司马子瑞、故国子祭酒李业兴并是多书之家，请牒借本参校得失。①

据此，魏收藏书，名著一时。

陈元康，字长猷，北齐广宗（今河北威县）人，历仕大丞相功曹、大行台左丞等职。颇喜文史，藏书甚富。据上引《北史·祖珽传》可知，祖珽盗其"家书数千卷"。

刘智海，后周武强交津桥（今属河北）人，其家"素多坟籍，（刘）焯就之读书，向经十载，虽衣食不继，晏如也"②。

李谧，字永和，后魏人，博通群经，周览百家。常年"杜门却扫，弃产营书，手自删削，卷无重复者四千有余矣"③。他常说："丈夫拥书万卷，何假南面百城。"

杨愔，字遵彦，北魏弘农华阴（今属陕西）人，历仕右丞、尚书令、骠骑大将军等职，自幼颖悟，学识渊博，"轻货财，重仁义，前后赏赐，积累巨万，散之九族，架箧之中，唯有书数千卷"④。

---

① 《北齐书·樊逊传》。
② 《北史·刘焯传》。
③ 《魏书·李谧传》。
④ 《北齐书·杨愔传》。

王僧孺，南朝梁人，历仕南海太守、御史中丞等职（参见第四章第一节）。僧孺"好坟籍，聚书至万余卷，率多异本，与沈约、任昉家书相埒"①。

陆爽，字开明，隋临漳人，历仕中书侍郎等职，"及齐灭，周武帝闻其名，与阳休之、袁叔德等十余人俱征入关，诸人多将辎重，爽独载书数千卷"②。

许善心，字务本，隋高阳北新城人，历仕通议大夫等职，"家有旧书万余卷，皆遍通涉"③。

张文诩，隋河东人，博通群经，"有书数千卷，教训子侄，皆以明经自达"④。

南北朝藏书家还有谢弘微、王昙首、沈亮、褚渊、刘慧斐、萧静、孔奂、刘显、江总、姚察、刘苞、萧锋、陆瑜、陆从典、萧机、萧循、徐伯阳、江式、宋繇、平恒、阳尼、元顺、邢劭、宋世良、司马子瑞、贺拔胜、黎景熙、徐勉、蔡大宝、李顺、高闾、李冲、祖珽、张轨、沈驎士、元晏等，共计 62 人（含隋 3 人）。

三、唐代藏书家

唐代是封建社会的重要发展时期，政治的稳定，经济的繁荣，文化的发达，为公私藏书提供了一个优越的社会环境。可考的藏书家有：

李袭誉，字茂实，陇西狄道（今甘肃临洮南）人，历仕光禄卿、蒲州刺史、江南道巡察大使等职。《旧唐书·李袭誉传》说：

及从扬州罢职，经史遂盈数车，尝谓子孙曰："吾近京城有

---

① 《梁书·王僧孺传》。
② 《隋书·陆爽传》。
③ 《隋书·许善心传》。
④ 《隋书·张文诩传》。

赐田十顷，耕之可以充食；河内有赐桑千树，蚕之可以充衣；江东所写之书，读之可以求官。吾没之后，尔曹但能勤此三事，亦何美于人！"

吴兢（670—749），汴州浚仪（今河南开封）人，励志勤学，博通经史，史学家。历仕起居郎、水部郎中、修文馆学士等职。"兢家聚书颇多，尝目录其卷第，号《吴氏西斋书目》。"①

李范，睿宗第四子，历仕刺史、太子太傅等职。《新唐书·李范传》说：

> 范好学，工书，爱儒士，无贵贱为尽礼。与阎朝隐、刘庭琦、张谔、郑繇等善，常饮酒赋诗相娱乐。又聚书画，皆世所珍者。初，隋亡，禁内图书湮放，唐兴募访，稍稍复出，藏秘府。长安初，张易之奏天下善工潢治，乃密使摹肖，殆不可辨。窃其真藏于家。既诛，悉为薛稷取去。稷又败，范得之，后卒为火所焚。

韦述，京兆（今陕西西安）人，自幼聪慧，年少举进士第，历仕集贤学士、工部侍郎等职。《旧唐书·韦述传》说：

> （述）家聚书二万卷，皆自校定铅椠，虽御府不逮也。兼古今朝臣图、历代知名人画、魏晋已来草隶真迹数百卷，古碑、古器、药方、格式、钱谱、玺谱之类，当代名公尺题，无不毕备。

蒋乂，字德源，常州义兴（今江苏宜兴）人，博学强记，历仕兵部郎中、秘书监、史馆修撰、太常少卿等职。"好学不倦，老而弥笃。虽甚寒暑，手不释卷。旁通百家，尤精历代沿革，家藏书一万五千卷。"②

---

① 《旧唐书·吴兢传》。
② 《旧唐书·蒋乂传》。

张谭，唐代书画家，善草隶，工山水，官至刑部员外郎，与著名诗人、画家王维往还甚密。唐刘希夷《夜集张谭所居》诗云：

> 江南成久客，门馆日萧条。
> 唯有图书在，多伤鬓发凋。①

王维《戏赠张五弟谭三首》之二云：

> 张弟五车书，读书仍隐居。
> 染翰过草圣，赋诗轻子虚。②

"五车书"有多少卷，不得而知，但肯定是不少的。

萧颖士（708—759），字茂挺，兰陵（今山东苍山西南）人。南朝梁鄱阳王萧恢七世孙。开元进士，历仕秘书正字、扬州功曹参军等职。自幼聪慧，精通谱学，家富藏书，有《萧茂挺文集》。安史之乱时，颖士"因藏家书于箕、颍间，身走山南，节度使源洧辟掌书记"③。

杜兼，字处弘，建中进士，历仕濠州刺史、苏州刺史、河南尹等职。"（兼）家聚书万卷，署其末，以坠鬻为不孝，戒子孙云。"④其书末原话见《全唐诗》卷八七三杜兼《题书卷后语》：

> 清俸写来手自校，汝曹读之知圣道，坠之鬻之为不孝。

杜暹，濮州濮阳（今属河南）人，历仕婺州参军，安西副都护、礼部尚书等职。宋王闢之《渑水燕谈录》卷六说：

---

① 《全唐诗》卷八十二。
② 《全唐诗》卷一二五。
③ 《新唐书·萧颖士传》。
④ 《新唐书·杜兼传》。

唐杜暹家书跋尾皆自题诗以戒子孙曰：清俸买来手自校，子孙读之知圣教，鬻及借人为不孝。京兆苏维岳家杜氏书尤多，所题皆完。

倪若水，藏书甚多(详第三章第二节)。

薛居士，生平不详。杜甫《送薛居士和州读书》诗云：

孤云独鹤共悠悠，万卷经书一叶舟。①

此诗既为杜甫所赠，则薛居士亦当为盛唐之人。

李泌(727—789)，字长源，京兆(西安)人。唐代大臣，历仕肃宗、代宗、德宗三朝，位至宰相，封邺侯。韩愈《送诸葛觉往随州读书》诗云：

邺侯家多书，插架三万轴。
一一悬牙签，新若手未触。
为人强记览，过眼不再读……②

又据明彭大翼《山堂肆考》卷一二四：

唐李邺侯起书楼，积书三万余卷，经用红牙签，史用绿牙签，子用青牙签，集用白牙签。

侯钊，生平不详。卢纶《同柳侍郎题侯钊侍郎新昌里》诗云：

清源君子居，左右尽图书。
三迳春自足，一瓢欢有余。③

---

① 《全唐诗》卷二六三。
② 《全唐诗》卷三四三。
③ 《全唐诗》卷二七七。

卢纶为"大历十才子"之一,则侯钊亦当为大历前后时人。

张使君,寿州(今安徽寿县)人。独孤及云:"公独以百家言为宝,藏书至八千卷而不至,以斯道也施于有政,故其德形于事业。"①考独孤及为天宝进士,则张使君亦当为天宝前后之人。

韦应物(737—约790),京兆长安人,著名诗人。历仕滁州、江州、苏州刺史,人称"韦江州"或"韦苏州",有《韦苏州集》。他在《燕居即事》诗中说:

> 燕居日已永,夏木纷成结。
> 几阁积群书,时来北窗阅。②

可见韦应物不仅藏书丰富,而且勤于读书。

韦少保,生平不详。孟郊《题韦少保静恭宅藏书洞》诗说:

> 书秘漆文字,匣藏金蛟龙。
> 闲为气候肃,开作云雨浓。
> 洞隐谅非久,岩梦诚必通。
> 将缀文士集,贯就真珠丛。③

孟郊生于天宝十年(751),卒于元和九年(814),韦少保当与孟郊同时。

刘言史,邯郸(河北)人,与孟郊友善,藏书甚富,初拜枣强令,辞疾不受,人称"刘枣强"。他在《放萤怨》诗中说:

> 放萤去,不须留,聚时年少今白头。

---

① (唐)独孤及:《毗陵集·祭寿州张使君》。
② 《全唐诗》卷一九三。
③ 《全唐诗》卷三七六。

架中科斗万余卷，一字千回重照见。①

刘禹锡(772—842)，字梦得，洛阳人，贞元进士，历仕监察御史、朗州司马、连州刺史等职，著名文学家、哲学家。和柳宗元交谊极深，人称"刘柳"；与白居易唱和甚多，人称"刘白"。有《刘梦得文集》。刘在《郡斋书怀寄江南白尹兼简分司崔宾客》诗中说：

> 谩读图书三十车，年年为郡老天涯。
> 一生不得文章力，百口空为饱暖家。②

白居易(772—846)，字乐天，晚号香山居士。其先太原人，后迁居下邽(今陕西渭南东北)人，贞元进士，历仕秘书省校书郎、左拾遗、江州司马、杭州刺史、苏州刺史等职，唐代著名诗人，有《白氏长庆集》。他在《池上篇》中说：

> 东都风土水木之胜在东南偏，东南之胜在履道里，里之胜在西北隅，西闬北垣第一第，即白氏叟乐天退老之地。地方十七亩，屋室三之一，水五之一，竹九之一，而岛树桥道间之。初乐天既为主，喜且曰："虽有池台，无粟不能守也。"乃作池东粟廪。又曰："虽有子弟，无书不能训也。"乃作池北书库。③

由此可知，白居易的藏书室名曰"池北书库"，环境幽雅，有岛树桥道之胜。

柳宗元(773—819)，河东解(今山西运城县解州镇)人，世称"柳河东"，著名文学家、哲学家。贞元进士，历仕校书郎、蓝田尉、礼部员外郎、永州司马、柳州刺史等职，有《河东先生集》。据白居易

---

① 《全唐诗》卷四六八。
② 《全唐诗》卷三六○。
③ 《旧唐书·白居易传》。

等《白孔六帖》卷八十八：

> 柳宗元贻京兆尹许孟容书曰：“家有赐书三千卷，尚在善和里旧宅，宅今久易主，书存亡不可知。”

朱庆馀，闽中人，一作越州（今浙江绍兴）人，宝历进士，历仕秘书省校书郎等职，有《朱庆馀诗集》，藏书甚多。唐牟融《题朱庆馀闲居》诗云：

> 闲居幽栖处，潇然一草庐。
> 路通元亮宅，门对子云居。
> 按剑心犹壮，琴书乐有余。
> 黄金都散尽，收得邺侯书。①

王涯（？—835），字广津，太原人。“家书数万卷，侔于秘府。”②

柳公绰，字起之，京兆华原（今陕西耀县）人，历仕渭南尉、吏部尚书、河东节度使等职。《旧唐书·柳公绰传》说：“（绰）家甚贫，有书千卷，不读非圣之书。”

柳仲郢，柳公绰之子，字谕蒙，元和进士，历仕谏议大夫、刑部尚书、天平节度使等职。《新唐书·柳仲郢传》说：“家有书万卷，所藏必三本：上者贮库，其副常所阅，下者幼学焉。”

柳玭，柳仲郢之子，历仕御史大夫、泸州刺史等职。《柳氏家训序》云：

> 余家昇平里西堂藏书，经史子集皆有三本：一本纸墨签束元华丽者，镇库；一本次者，长将随行披览；又一本次者，后生子

---

① 《全唐诗》卷四六七。
② 《旧唐书·王涯传》。

孙为业。①

柳氏三代聚书而不散，可谓藏书世家。

苏弁，字元容，京兆武功（今属陕西）人，历仕度支郎中、汀州司户参军、滁州刺史等职。《旧唐书·苏弁传》说："弁聚书至二万卷，皆手自刊校，至今言苏氏书，次于集贤、秘阁焉。"柳宗元《柳河东集·先君石表阴先友记》说："苏弁，武功人，好聚书，至三万卷。"苏弁藏书数量，一说"二万卷"，一说"三万卷"，当以"三万卷"为确，因为柳记为原始材料，为《旧唐书》所本，从而误"三"为"二"。

刘伯刍，字素芝，第进士、行修谨，历仕给事中、刑部侍郎、左常侍等职。据佚名《大唐传载》："刘常侍伯刍皆聚书至二万卷。"②

窦群，字丹列，扶风平陵（今属陕西）人，少有孝行。历仕左拾遗、御史中丞、吏部郎中、开州刺史等职，"家无余财，唯图书万轴耳"③。

张弘靖，字元理，历仕河南府参军、蓝田尉、殿中侍御史、监察御史、礼部员外郎、工部侍郎、陕州观察等职，"聚书侔秘府"④。

杜牧（803—852），字牧之，京兆万年（今陕西西安）人，太和进士，杜佑之孙，著名文学家。历仕江西观察使，宣、歙观察使，黄、池、睦诸州刺史，中书舍人等职。后人称为"小杜"，有《樊川文集》。他在《冬至日寄小侄阿宜诗》中说：

旧第开朱门，长安城中央。
第中无一物，万卷书满堂。
家集二百编，上下驰皇王。

① （宋）叶廷珪：《海录碎事》卷十八。
② 台湾"商务印书馆"影印《四库全书》第1035册。
③ （元）辛文房：《唐才子传》卷三。
④ （唐）白居易等：《白孔六帖》卷八十八。

多是抚州写，今来五纪强。
尚可与尔读，助尔为贤良。
经书括根本，史书阅兴亡。
高摘屈宋艳，浓薰班马香。
李杜泛浩浩，韩柳摩苍苍。
近者四君子，与古争强梁。
愿尔一祝后，读书日日忙。
一日读十纸，一月读一箱。①

可见杜牧藏书万卷，多是50多年前在抚州时的抄本。他还给小侄制定了读书计划。

李磎，字景望，博学多才，大中十三年（859）进士，历仕吏部郎中、史馆修撰、翰林学士、中书舍人等职，"聚书至多，手不释卷，时人号曰'李书楼'"②。

皮日休（约834—883），字逸少（后字袭美），襄阳（今属湖北）人，唐代文学家，藏书甚多，早年住鹿门山，自号鹿门子、间气布衣等。咸通进士，曾任太常博士，后参加黄巢起义军，死因不详，有《皮子文薮》。他在《读书》诗中说：

家资是何物？积帙列梁梠。
高斋晓开卷，独共圣人语。
英贤虽异世，自古心相许。
案头见蠹鱼，犹胜凡俦侣。③

陆龟蒙（？—约881），字鲁望，姑苏（江苏苏州）人，唐代文学家、藏书家。曾任苏、湖二郡从事，后隐居甫里，自号江湖散人、甫

---

① 《全唐诗》五二〇。
② 《旧唐书·李蹊传》。
③ 《全唐诗》卷六〇八。

里先生、天随子等。诗文与皮日休齐名，人称"皮陆"，有《甫里集》。该集附胡宿《甫里先生碑铭》称其"癖好藏书，本皆有副"。五代王定保《唐摭言》卷十云：

> 陆龟蒙，字鲁望，三吴人也。幼而聪悟。文学之外，尤善谈笑。常体江谢赋事，名振江左，居于姑苏，藏书万余卷。

徐修矩，藏书数万卷（详第三章第二节），皮日休《二游诗·徐诗》云：

> 东莞为著姓，奕代皆隽哲。
> 强学取科第，名声尽孤揭。
> 自为方州来，清操称凛冽。
> 唯写坟籍多，必云清俸绝。
> 宣毫利若风，剡纸光于月。
> …………
> 保兹万卷书，慎守如羁绁。
> 念我曾苦心，相逢无间别。
> 引之看秘宝，任得穷披阅。
> 轴闲翠钿剥，签古红牙折。
> 帙解带芸香，卷开和桂屑。①

陆龟蒙《奉和袭美二游诗·徐诗》说：

> 吾闻徐氏子，奕世皆才贤。
> 因知遗孙谋，不用黄金钱。
> 插架几万轴，森森若戈铤。

---

① 《全唐诗》卷六〇九。

　　风吹签牌声，满室铿锵然。①

可见徐氏藏书多由宣笔、剡纸写成，装帧也很讲究。

　　司空图（837—908），字表圣，河中（今山西永济）人，唐代诗人、藏书家。咸通进士，历仕知制诰、中书舍人等职。后隐居中条山王官谷，自号知非子、耐辱居士，有《司空表圣文集》。他在此集《书屏记》中说：

　　　　丙辰春正月，陕军复入，则前后所藏及佛道图记共七千四百卷，与是屏皆为灰烬……光化三年八月三日泗水司空图衔涕撰录谨记。

　　杜荀鹤（846—904），字彦之，号九华山人，池州石埭（今安徽太平）人，唐末著名诗人，藏书家，46岁中进士，有《唐风集》。他在《书斋即事》一诗中说：

　　　　时清只合力为儒，不可家贫与善疏。
　　　　卖却屋边三亩地，添成窗下一床书。
　　　　沿溪摘果霜晴后，出竹吟诗月上初。
　　　　乡里老农多见笑，不知稽古胜耕锄。②

　　罗绍威，字端己，魏州贵乡（今属河北）人，历仕左散骑常侍、检校太傅、长沙王等职。《旧唐书·罗绍威传》说："威性明敏，达于吏道，伏膺儒术，招纳文人，聚书至万卷。"
　　陆处士，生平不详。曹松《拜访陆处士》诗中说："万卷书边人半白，再来唯恐降玄纁。"③考曹松系光化进士，陆处士当与曹松同时。

———————————

① 《全唐诗》卷六一七。
② 《全唐诗》卷六九二。
③ 《全唐诗》卷七一七。

又据唐张彦远《历代名画记·论鉴识收藏购求阅玩》：

> 又有从来蓄聚之家，自号图书之府（开元中邠王府司马窦瓒，颍川人也；右补阙席异，安定人也；监察御史潘履慎，荥阳人也；金部郎中蔡希寂，济阳人也；给事中窦绍，歙州婺源县令；滕昇，吴郡人也；陆曜，东都人；福先寺僧胐，同官尉高至，渤海人也；国子主簿晁温，太原人也；鄠县尉崔曼倩，永王府长史陈闳，颍川人也；监察御史薛邕，太原人；郭晖并是别识收藏之人。近则张郎中从申；侍郎惟素，从申子也。萧桂州祐、李方古、归侍郎登、道士卢元卿、韩侍郎愈、裴侍郎璘、段相邹平公、中书令晋公裴度、李太尉德裕），蓄聚既多，必有佳者。

由此可知，窦瓒、席异、潘履慎、蔡希寂、窦绍、滕昇、陆曜、僧胐、高至、晁温、崔曼倩、陈闳、薛邕、郭晖、张从申、张惟素、萧祐、李方古、归登、卢元卿、韩愈、裴璘、段邹平（按：即段文昌，字墨卿，穆宗朝为相，文宗时封邹平郡公）、裴度、李德裕等25人也是藏书家，可惜他们藏书的具体情况不得而知。唐代藏书家还有李素立、李元嘉、魏徵、颜师古、元行冲、王方庆、钟绍京、孙沆、尹崇、杨凭、杨绾、田弘正、羊士谔、卢仝、韦处厚、许浑、段成式、员太祝、孙樵、杜荀鹤、徐夤、赵处士、华良夫等，共计87名。

比较而言，南北朝以后，藏书家数量大幅度增加，唐代藏书家为历代（先秦至唐）藏书家之冠。就藏书数量而言，南北朝以后，藏书万卷者亦大量增加，具体情况见下表：

朝　　代	可考藏书家数	藏书数量		
		可考藏数者	万卷以下	万卷以上
先　秦	3	2	2	0
汉	10	1	0	1
三　国	8	3	2	1

续表

朝　　代	可考藏书家数	藏 书 数 量		
		可考藏数者	万卷以下	万卷以上
晋	7	4	4	0
南北朝	59	33	21	12
隋	3	2	1	1
唐	87	30	8	22

南北朝万卷户占可考藏书者的 36%，唐代万卷户占可考藏书者总数的 73%，比南北朝增加一倍还多。但是，唐代私人藏书有一种现象值得深思：唐代藏书家中出现"鬻及借人为不孝"的家训，这在古代藏书史上还是第一次。杜暹诫子孙曰："清俸买来手自校，子孙读之知圣教，鬻及借人为不孝。"杜兼诫子孙云："清俸写来手自校，汝曹读之知圣道，坠之鬻之为不孝。"这就是说，在唐代藏书家之中，开始刮起一股珍秘之风，这是为什么？原因很多，主要是因为图书得之不易。藏书之中，有节衣缩食买来者，如朱庆馀"黄金都散尽，收得邺侯书"；杜荀鹤"卖却屋边三亩地，添成窗下一床书"等。但是由于图书市场货源短缺，大多数图书都是自己亲手所抄，李袭誉、杜牧、陆龟蒙、徐修矩等人抄书都有万卷之多，柳仲郢每书必抄三本："上者贮库，其副常所阅，下者幼学焉。"藏书家的每一册图书都在诉说聚散无常的书林故事；藏书家的每一册图书都在倾听字里行间的阵阵叹息。藏书之难，难于上青天。为了改变"藏书难"的现状，藏书家寄希望于图书制作方式的革命，雕版印刷就是在藏书家充满希望的目光中诞生的。

第六章　外交、佛教需求雕版印刷

对外文化交流需求图书，佛教传播需求图书（佛经），雕版印刷是在丝绸之路的驼铃声和佛寺殿堂的祈祷声中诞生的。

一、外交需求雕版印刷

> 九流三藏一时倾，
> 万轴光凌渤澥声。
> 从此遗编东去后，
> 却应荒外有诸生。

这是唐人陆龟蒙写的一首诗，题目是《闻圆载上人挟儒书泊释典归日本国，更作一绝以送》①。这首诗反映了唐代汉籍东传的事实。图书从来都是中外文化交流的重要组成部分。中外交流越是频繁，图书的需求量就越大；需求量越大，发明雕版印刷的呼声就越高。

秦汉魏晋南北朝的中外交流

早在先秦，中国就开始和世界各国友好往来。春秋战国时期就开辟了通往西方的道路。中国的特产丝绸就运往古希腊等地，中国的兵器、马具和动物纹饰艺术已传至中亚、西亚以及欧洲各国。

汉代张骞出使西域，进一步开辟了通往西方的正式道路。汉武帝建元三年（前138），张骞带领100多人第一次出使西域，途中历尽艰

---

① 《全唐诗》卷六二九。

难险阻，曾两次被匈奴扣留，虎口余生，先后到达匈奴、大宛、康居、大月氏等国，获得了不少西域各国军事、地理、物产方面的信息，于汉武帝元朔三年(前 126)回到长安，历时 13 年。汉武帝元狩四年(前 119)，张骞奉命第二次出使西域，率领 300 人组成的庞大使团，每人备马两匹，带有牛羊万头及许多金帛货物，先后到达乌孙、大宛、康居、月氏、大夏等国。汉武帝元鼎二年(前 115)返回长安，历时六年。虽然张骞两次出使西域是出于汉武帝征服匈奴的军事目的，但在客观上确也加强了汉与西域各国的联系。此后，汉代又先后派使臣到过安息、身毒、奄蔡、条支等国。《汉书》《后汉书》的《西域传》详细记载了各国的国名、都城、距离、户数、人口和士兵，兹将《汉书·西域传》的记载列表如下：

国　名	都　城	距长安(里)	户　数	人　口	士　兵
婼　羌		6300	450	1750	500
鄯　善	扞泥城	6100	1570	14100	2912
且　末	且末城	6820	230	1610	320
小　宛	扞零城	7210	150	1050	200
精　绝	精绝城	8820	480	3360	500
戎　卢	卑品城	8300	240	1610	300
扜　弥	扜弥城	9280	3340	20040	3540
渠　勒	鞬都城	9950	310	2170	300
于　阗	西　城	9670	3300	19300	2400
皮　山	皮山城	10050	500	3500	500
乌　秅	乌秅城	9950	490	2733	740
西　夜	呼犍谷	10250	350	4000	1000
蒲　黎	蒲黎谷	9550	650	5000	2000
依　耐		10150	125	670	350

国　名	都　城	距长安(里)	户　数	人　口	士　兵
无　雷	卢　城	9950	1000	7000	3000
难　兜		10150	5000	31000	8000
罽　宾	循鲜城	12200			
乌弋山		12200			
安　息	番　兜	11600			
大月氏	监氏城	11600	100000	400000	100000
康　居		12300	120000	600000	120000
大　宛	贵山城	12550	60000	300000	60000
桃　槐		11080	700	5000	1000
休　循	鸟飞谷	10210	358	1030	480
捐　毒	衍敦谷	9860	380	1100	500
莎　车	莎车城	9950	2339	16373	3049
疏　勒	疏勒城	9350	1510	18647	2000
尉　头	尉头谷	8650	300	2300	800
乌　孙	赤谷城	8900	120000	630000	188800
姑　墨	南　城	8150	3500	24500	4500
温　宿	温宿城	8350	2200	8400	1500
龟　兹	延　城	7480	6970	81317	2176
乌　垒			110	1200	300
渠　犁			130	1480	150
尉　犁	尉犁城	6750	1200	9600	2000
危　须	危须城	7290	700	4900	2000
焉　耆	员渠城	7300	4000	32100	6000
乌贪訾离	于娄谷	103300	41	231	57
卑　陆	乾当国	8680	227	1387	422

续表

国 名	都 城	距长安(里)	户 数	人 口	士 兵
卑陆后	番渠类谷	8710	462	1137	350
郁立师	内咄谷	8830	190	1445	331
单 桓	单桓城	8870	27	194	45
蒲 类	疏榆谷	8360	325	2032	799
蒲类后		8630	100	1070	334
西且弥	于大谷	8670	332	1926	738
东且弥	兑虚谷	8250	191	1948	572
劫 国	丹渠谷	8570	99	500	115
狐 胡	车师柳谷	8200	55	264	45
山 国		7170	450	5000	1000
车师前	交河城	8150	700	6050	1865
车师后	务涂谷	8950	595	4774	1890
车师都尉			40	333	84
车师后城长			154	960	260

可见汉代与西域各国绝非一般关系，否则对其户口、人数、士兵等情况就不可能如数家珍。西域各国距长安的距离当是汉代使臣沿途测量的结果。《汉书·西域传》还记载了通往西域的两条主要通道：北路由敦煌沿天山南麓，经车师前王廷(吐鲁番)、疏勒(喀什)等地，越葱岭北部，到大宛、康居、安息、大秦等国；南路由敦煌沿昆仑山北侧的楼兰(鄯善)，经于阗(和田)、莎车等地，越葱岭(帕米尔高原)，到大月氏、大夏、安息、条支、大秦等国。这两条通道就是著名的"丝绸之路"(图29)，可以想见，当年丝绸之路上使者相望，车水马龙，流传着无数中外宾客亲如手足的动人故事。汉代丝绸等源源不断地运往西域各国，西域各国的核桃、葡萄、石榴、蚕豆、苜蓿等传入中土，汉镜已用葡萄作为装饰图案(图30)。

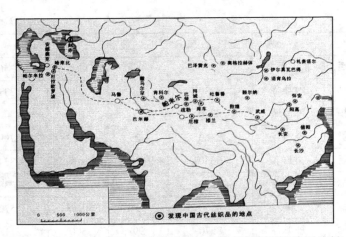

图29 丝绸之路示意图(据科学出版社《中国科技史稿》附图绘制)

图30 出土汉鉴

据《史记·大宛列传》:

　　自大宛以西至安息……其地皆无丝漆，不知铸钱器。及汉使亡卒降，教铸作他兵器。

216

大宛即今乌兹别克，安息即今伊朗。可见制漆、铸铁技术也是在汉代传入西方的。特别值得注意的是汉代与印度的交往，据《史记·西南夷列传》：

> 及元狩元年，博望侯张骞使大夏来，言居大夏时见蜀布、邛竹杖，使问所从来，曰："从东南身毒国，可数千里，得蜀贾人市。"或闻邛西可两千里有身毒国。

"身毒"就是印度。可见早在公元前 2 世纪张骞出使西域之前，中国四川的布、邛竹杖等物品已经传入印度。《后汉书·西域传》在谈到印度时说：

> 天竺国(即印度)一名身毒，在月氏之东南数千里……和帝时，数遣使贡献，后西域反叛，乃绝。至桓帝延熹二年、四年，频从日南徼外来献。世传明帝梦见金人，长大，顶有光明，以问群臣，或曰："西方有神，名曰佛，其形长丈六尺而黄金色。"帝于是遣使天竺问佛道法，遂于中国图画形像焉。

可见到了东汉，中国和印度的交往仍然频繁。当然，交流是双向的，在中国影响印度的同时，印度同样影响了中国，佛教、琉璃等就是从印度传入中国的。佛教经典有印度高僧直接送来的，也有中国名僧到印度"留学"取来的。晋代名僧法显到天竺取经是一个尽人皆知的例子(详本章第二节)。法显撰《佛国记》就是他在行程中所见所闻的忠实记录，至今成为研究中外交通史的瑰宝，对增进中印友谊作出了杰出贡献。根据正史记载，晋孝武帝太元六年(381)，天竺国献火浣布于苻坚；刘宋元嘉五年(428)，天竺迦毗黎国遣使献金刚指环诸宝物并赤白鹦鹉各一；梁天监初，天竺王屈多遣使献琉璃唾壶、杂香、吉贝等。北魏时天竺遣使朝贡尤其频繁，共计 17 次，单是魏宣武帝永平四年(511)就有 5 次之多。

除了陆路之外，先秦汉魏六朝时期也开辟了通往东亚、西亚、非洲各国的水上航线，即所谓"水上丝绸之路"。通过水上丝绸之路，中国和南亚、西亚以及非洲各国的交往尤其频繁，据《史记·货殖列传》：

> 番禺亦其一都会也，珠玑、犀、玳瑁、果、布之凑。

番禺即今广州，显然，番禺的珠玑、犀等均通过水路来自非洲等热带地区。《汉书·地理志》详细记载了坐船到达南亚、西亚、非洲各国所需要的天数：

> 自日南障塞、徐闻、合浦船行可五月，有都元国；又船行可四月，有邑卢没国；又船行可二十余日，有谌离国；步行可十余日，有夫甘都卢国；自夫甘都卢国船行可二月余，有黄支国，民俗略与珠崖相类。其州广大，户口多，多异物，自武帝以来皆献见……平帝元始中，王莽辅政，欲耀威德，厚遗黄支王，令遣使献生犀牛。自黄支船行可八月，到皮宗；船行可二月，到日南、象林界云。黄支之南，有已程不国，汉之译使自此还矣。

其中日南在今越南广治，都元国在今印度尼西亚（或马来西亚），邑卢没国、谌离国和夫甘都卢国在今缅甸，黄支国在今印度（或印度尼西亚），皮宗在今新加坡（或印度尼西亚），象林在今越南广南，已程不国在今印度（或斯里兰卡）。引文中所列坐船天数当为汉人亲自坐船实践的记录。为什么汉代海上丝绸之路得以开通呢？第一，汉代造船规模和造船技术有了较大发展。据《后汉书·马援传》，马援手下就有"楼船大小二千余艘"，可见造船数量之多。再从广州汉墓出土的陶船模型可知，汉船已分前、中、后三舱，舱有顶篷，船尾有望楼、尾舵，两侧有甲板和供撑篙用的走道，还有船桨、船首悬锚等。这体现了当时世界上最先进的造船技术。第二，汉代航海技术也有了较大发展，汉代已广泛利用信风，并开始使用风帆。造船技术的先进为海上交通提供了物质基础；航海技术的先进为海上交通提供了安全保证。

三国时期造船业有了更大发展。吴国能造容纳 3000 人的大船，曾派遣万人船队横渡台湾海峡，还派朱应、康泰等沿水路到相当于今日之柬埔寨、泰国、马来西亚、缅甸、印度等地，至斯里兰卡而还。朱应《扶南异物志》和康泰《吴时外国传》记载了各国的物产和贸易情况。另外，魏鱼豢撰《魏略》也是记载三国时代中非交通的重要文献，该书《西戎传》说：

> 大秦国一号犁靬……其国在海西，故俗谓之海西。有河出其国，西又有大海。海西有迟散城，从国下直北至乌丹城，西南又渡一河，乘船一日乃过……凡有大都三，却从安谷城陆道直北行之海北，复直西行之海西，复直南行经之乌迟散城，渡一河，乘船一日乃过。周回绕海，凡当渡大海六日乃到其国。

这里所谓海西、海北泛指波斯湾、红海一带西北地区；乌丹为亚丁或红海西岸地区；安谷城位于幼发拉底河下游；乌迟散城指埃及的亚历山大城。可见中国船队三国时已到达非洲。

两晋南北朝时期中外各国不乏海路交往的记载。晋太康间，大秦商人先后三次来到中国，东晋末年长江中游的江陵一次就接待了三艘天竺船只。当然，中国船队扬帆出海之例更多。

隋唐时期的中外交流

边城暮雨雁飞低，
芦笋初生渐欲齐。
无数铃声遥过碛，
应驮白练到安西。

这是唐代著名诗人张籍写的《凉州词》[①]。它生动地反映了隋唐时期满

---

① 《全唐诗》卷三八六。

载丝绸等货物的驼队在铃声组成的鸣奏曲中艰难行进之况，这是隋唐时期中西交往的一个特写镜头。

隋大业三年（607）炀帝派常骏等出使赤土国，据《隋书·南蛮传》：

> 炀帝即位，募能通绝域者。大业三年，屯田主事常骏、虞部主事王君政等请使赤土。帝大悦，赐骏等帛各百匹，时服一袭而遣，贵物五千段，以赐赤土王。其年十月，骏等自南海郡乘舟，昼夜二旬，每值便风。至焦石山而过，东南泊陵伽钵拔多洲，西与林邑相对，上有神祠焉。又南行，至师子石，自是岛屿连接。又行二三日，西望见狼牙须国之山，于是南达鸡笼岛，至于赤土之界。其王遣婆罗门鸠摩罗以舶三十艘来迎，吹蠡击鼓，以乐隋使，进金锁以缆骏船。月余，至其都，王遣其子那邪迦请与骏等礼见……寻遣那邪迦随骏贡方物，并献金芙蓉冠、龙脑香。

赤土国在今马来半岛一带，这是我国历史上官方开展丝绸外交的首次明确记载。不久，首都洛阳还举行过一次变相的商品交易会，与会者不少是"贡方物"的外国人。为了加强同中国的联系，早在隋代，日本就多次派遣隋使，互通有无，相互学习。此外，据《隋书》记载，林邑、真腊、婆利、高昌、康国、安国、石国、女国、焉耆、龟兹、米国、史国、曹国、何国、乌那曷、穆国、波斯、漕国等曾于隋大业中遣使"贡方物"。

唐代是我国古代中外交流的鼎盛时期，下面让我们从中印、中非关系加以说明。

唐代也是中印关系史上的鼎盛时期。季羡林指出唐代中印交往的两个特点：

> 第一，交通频繁的程度是颇为惊人的，有的时候年年都有往来，甚至一年数次。有的时候有点间隔，也不过几年的功夫。这是中印文化交流史上空前绝后的。第二，交流的内容并不限于宗教，政治

（外交）、经济、哲学、科学技术、文学艺术，几乎都有。①

就中国来说，接受印度的影响表现在佛教、文学、史学、艺术、科技、天文历算、医学等方面。在佛教方面，印度佛教对中国的影响是众所周知的，毋庸赘述；在文学方面，唐代变文和传奇文学受到印度文学的影响；在史学方面，中国正史受到印度寓言、传说的影响；在艺术方面，印度雕塑、绘画、音乐等对中国的影响是很大的；在科技方面，制糖等技术由印度传入中国；在天文历算方面，不少印度天文历算著作传入中国。《隋书·经籍志》著录的印度天文历算著作有《婆罗门天文经》、《婆罗门天文》等；在医学方面，不少印度医书传入中国，《隋书·经籍志》里著录的印度医书有《龙树菩萨药方》、《龙树菩萨养性方》等。就印度来说，接受中国的影响表现在印刷术、造纸术、罗盘、火药等方面。由于文献无征，印刷术等四大发明传入印度的具体过程尚不得而知。季羡林指出：

> 印度人民是伟大的、富有幻想力的民族，但对历史事实不太注意。因此，他们古代基本上没有历史典籍。而中国人民则正相反，是世界上最重视历史的民族。这个特点也表现在中国和尚身上。在上千年的中印佛教徒往来的历史上，印度僧人来华，是有来无回。中国僧人赴印，是有去有回。回来后往往撰写游记，把在印度的所见所闻，细致地实事求是地记录下来。②

1981 年，印度著名史学家阿里在给季羡林的信中写道：

> 如果没有法显、玄奘和马欢的著作，重建印度史是完全不可能的。③

---

① 季羡林：《中印文化交流史》，新华出版社 1991 年版。
② 季羡林：《中印文化交流史》，第 77 页。
③ 季羡林：《中印文化交流史》，第 77 页。

也许正是由于上述原因，造成印度方面史料缺乏，中国对印度的影响是很大的。中国图书大量流入印度也是肯定的，据《旧唐书·西戎传》：

> 王玄策至(天竺之伽没路国)，其王发使贡以奇珍异物及地图，因请老子像及《道德经》。

这只是中国图书流入印度的一个例子。

　　唐代造船业发达，大船或长 60 米、高 15 米，上下分五层，可以载六七百人。贞观间，单是阎立德在洪州(今南昌)就造浮海大船 500 艘，唐代航海技术也进一步提高，为下海远航提供了有利条件。当时广州、扬州、泉州等地都是对外贸易的重要港口。广州专门成立了市舶司，管理进出船只。唐代正式开通了广州至波斯湾的航线(图 31)，《新唐书》卷四十三详细记载了这条航线：

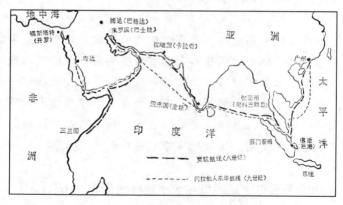

图 31　唐代广州至波斯湾、东非航线图

　　广州东南海行，二百里至屯门山(今九龙西南)，乃帆风西行，二日至九州石(海南岛东北)，又南二日至象石(今独珠山)。又西南三日行，至占不劳山(越南占婆岛)，山在环王国(古代林邑或占城)东二百里海中。又南二日行至陵山(越南燕子岬)。又一日行，至门毒国(越南芽庄)。又一日行,至古笪国(越南庆和省)。又半日行,至奔陀浪州(越南藩朗)。又两日行,到军突弄山(昆仑岛)。又五日行至海硖(新加坡海峡和马六甲海峡),蕃人谓之"质",南北百里,北岸则罗越国(马来半岛南部),南岸则佛逝国(室利佛逝国、苏门答腊巨港附近)。佛逝国东水行四、五日,至诃陵国(今爪哇),南中洲之最大者。又西出硖,三日至葛葛僧祇国(马六甲海峡南部一岛),在佛逝西北隅之别岛,国人多钞暴,乘舶者畏惮之。其北岸则祇罗国(克拉地峡),祇罗西则哥谷罗国(克拉地峡西南)。又从葛葛僧祇四、五日行,至胜邓州(苏门答腊岛北部东海岸)。又西五日行,至婆露国(苏门答腊岛北部巴罗斯)。又六日行,至婆国伽蓝洲(尼科巴群岛)。又北四日行,至师子国(斯里兰卡),其北海岸距南天竺大岸百里。又西四日行,经没来国(印度奎隆),南天竺之最南境。又西北经十余小国,至婆罗门(印度)西境,又西北二日行,至拔飓国(似布罗奇)。又十日行,经天竺西境小国五,至提飓国(巴基斯坦卡拉奇),其国有弥兰太河,一曰新头河(印度河),自北渤昆国来,西流至提飓国北,入于海。又自提飓国西二十行,经小国二十余,至提罗卢和国(波斯湾近阿巴丹处),一曰罗和异国,国人于海中立华表,夜则置炬其上,使舶人夜行不迷。又西一日行,至乌剌国(奥波拉),乃大食国之弗利剌河(幼发拉底河),南入于海。小舟泝流,二日至末罗国(巴士拉),大食重镇也。又西北陆行千里,至茂门王(哈里发)所都缚达城(巴格达)。

由于中非航线的开通,不少中国人到过非洲,介绍非洲的著作也就出现了。杜环《经行记》根据他十年漂洋过海的经历,记载了埃及等国的风土人情、物产等。段成式《酉阳杂俎》记载了拔拔力国(索马里的柏培拉)、勿斯离(埃及)、仍建国(突尼斯)等国的物产和风俗习惯。随着中非航线的开通,中国瓷器源源不断运往非洲。根据非洲出土文物情况来看,非洲堪称中国古瓷博物馆。

唐代和朝鲜、日本的交往历史详第二章第六节和第七节。由此可见，中国与世界各国人民的友好往来源远流长，至唐代而极盛。和今日的"出国热"形成对比，当时世界各地形成一股"来华热"，外国人争先恐后来到中国，希望一睹大唐帝国的风采。在双向交流的过程中，外国更需要中国，更需要中国的文化，更需要中国的图书。图书成为中外交流的重要内容。既然如此，手工抄书远远满足不了这种如饥似渴的外交需求，雕版印刷正是在丝绸之路的马蹄声和遣唐使船头的风浪声中诞生的。

二、佛教需求雕版印刷

佛教信徒把念佛、诵经、造像、布施等视为"功德"之事。写经也是造"功德"的重要手段之一，据《妙法莲华经·普贤菩萨劝发品》云：

> 若有受持读诵，正忆念，修习书写是《法华经》者，当知是人则见释迦牟尼佛。

《华严经·普贤行愿品》云：

> 是故汝等闻此愿王，莫生疑念，应当谛受，受已能读，读已能诵，诵已能持，乃至书写为人说，是诸人等，于一念中所有行愿，皆得成就。所获福聚，无量无边。

《金刚般若波罗蜜经论》卷中云：

> （写经等）有五种胜功德：一如来忆念亲近，二摄福德，三赞叹法及修行，四天等供养，五灭罪。

可见写经对于佛教信徒来说是多么重要。只要怀着虔诚之心书写佛经，"所获福聚，无量无边"，就可以"见释迦牟尼佛"，就可以"灭罪"。因此，佛教信徒大量抄写佛经，写经越多，功德越大。当然，抄写佛经也是一件极为辛苦的事情，要求非常严格，据《太平广记·尼法信》记载：

> 唐武德时，河东有练行尼法信，常读《法华经》，访工书者一人，数倍酬值，特为净室，令写此经。一起一浴，燃香更衣，仍于写经之室凿壁通，加一竹筒，令写经人每欲出息，径含竹筒，吐气壁外，写经七卷，八年乃毕。

为了抄写佛经，又是洗澡，又是换衣，又是燃香，甚至连呼吸都不能随便，简直难以忍受。再说，人工抄写的速度实在太慢，对于那些想造大功大德的佛教信徒来说，很难尽快满足他们的要求。佛教信徒期待着高效率的图书制作方式的诞生，佛教信徒呼唤雕版印刷。可见佛教兴衰与雕版印刷密切相关，佛教越兴盛，写经越多；写经越多，发明雕版印刷的呼声就越高。下面就让我们看看历代佛教的发展情况。

汉 魏 佛 教

汉哀帝元寿元年(前2)大月支国国王派使者伊存到了西汉都城长安，把佛经传给一个名叫景卢的博士弟子，这是中国历史上佛教传入中土的最早记载。汉明帝是中国历史上第一个正式承认佛教的皇帝。汉明帝永平七年(64)派遣使者12人前往西域访求佛法，这是中国历史上遣使取经的最早记载。汉明帝永平十年(67)使者同迦叶摩腾、竺法兰回到东汉首都洛阳，开始翻译佛经，并建立了中土第一寺——洛阳白马寺。这是中国历史上译经和建立佛寺最早的记载。之后，其他地方也建立了一些佛寺，据《三国志·吴书·刘繇传》：

> (笮融于广陵、彭城)大起浮图祠，以铜为人，黄金涂身，衣以锦采，垂铜槃九重，下为重楼阁道，可容三千余人，悉课读佛经，令界内及旁郡人有好佛者听受道，复其他役以招致之，由此远近前后至者五千余人户。每浴佛，多设酒饭，布席于路，经

数十里，民人来观及就食且万人，费以巨亿计。

可见寺内还有涂金造像，这是中国佛教史上造像最早的记载之一。

汉代著名佛经翻译家有安世高、支娄迦谶、康僧铠、康僧会、安玄、严佛调、康孟祥、支曜等。汉译佛经总数各目著录不一：梁释僧祐《出三藏记集》著录54部74卷(不含失译经)，隋费长房《历代三宝纪》著录359部427卷(或云464卷)，唐释道宣《大唐内典录》著录334部416卷，唐释智昇《开元释教录》著录292部395卷，唐释圆照《贞元新定释教目录》著录294部395卷。汉代译经有两个系统：一是以安世高为代表的小乘学派，该派以《阿含经》和"禅数"之学为主；一是以支娄迦谶为代表的大乘学派，该派以《般若经》和净土信仰为主。汉代佛教传播地区有洛阳、南阳、颍川、许昌、彭城、丹阳、会稽、下邳、广陵、苍梧等地。为什么佛教能于汉代传入中土呢？主要原因是汉武帝元狩四年(前119)，张骞出使西域，开辟了通往西域各国的"丝绸之路"，沟通了中外经济文化交流，佛教随之传入中土。当然，由于汉代佛教刚刚传入中土，影响还不大。上层人物多好黄老之术，兼及浮屠。文人学士除了襄楷、张衡略为述及之外，余皆等闲视之，或有多加讥毁者。

三国时期，蜀国佛教史无明据，不得而知。曹魏佛教传播中心在洛阳，著名佛教翻译家有朱士行、柯迦罗、昙谛等。孙吴佛教传播中心在建业(今南京)，著名翻译家有支谦、维祇难、竺律炎、支强梁接等。三国时期，译经总数各目著录亦不相同：《出三藏记集》著录42部68卷(不含失译经)，《历代三宝纪》著录312部483卷，《大唐内典录》著录161部215卷(其中魏13部25卷；吴148部190卷，不含失译经)，《开元释教录》著录201部435卷(其中魏12部18卷；吴189部417卷，不含失译经)，《贞元新定释教目录》著录201部435卷。戒律传入中土，是三国佛教的重大事件，也是中国佛教史上僧人依照戒律受戒的最早记载。

晋 代 佛 教

晋代佛教有了较大发展。

晋代佛教传播中心有五处：洛阳、建业、凉州、长安和庐山。洛阳、建业早在汉魏时已有佛事活动。凉州（今武威）地处丝绸之路要冲，是中外文化交流的中心之一。长安（今西安）历史悠久，文化发达，是佛教传播的理想场所。庐山是名僧慧远在江南经营的一个佛教中心。据唐法琳《辩正论》卷三记载，西晋共有寺院 180 所，僧尼 3700 余人；东晋共有寺院 1768 所。清刘世珩《南朝寺考》载有东晋佛寺 37 所。以上数字孰是孰非，已不可考。杨衒之《洛阳伽蓝记》载有晋代洛阳佛寺 42 所，今日可考者计有白马寺、东牛寺、菩萨寺、石塔寺、满水寺、磐鸹山寺、大市寺、宫城西法始立寺、竹林寺等。建业及其附近的寺院有长干寺、高座寺、东安寺、瓦官寺、新亭寺、枳园寺、道场寺等。庐山有西林寺、东林寺等。此外其他佛寺还有会稽寻嘉寺、山阴嘉祥寺和昌原寺，襄阳檀溪寺，江陵长沙寺，荆州上明寺等。随着寺院的增加，造像和佛画艺术也有了较大发展，著名造像作品如道安在襄阳檀溪寺铸造的丈六释迦金像、竺道邻在山阴昌原寺铸造的无量寿像等。还有外国进口的造像，如晋义熙二年（406）狮子国所献高四尺二寸的玉佛像等。前秦苻坚建元二年（366）沙门乐僔在敦煌鸣沙山开洞造像，震惊中外的敦煌石窟从此开始了她的艺术生涯。在绘画方面，出现了卫协、戴逵、顾恺之等著名佛画家。

晋代名僧有竺法护、竺佛图澄、道安、支遁、僧伽提婆、慧远、鸠摩罗什、法显、僧肇等。竺法护，祖籍月氏人，出家后在敦煌长期从事佛教活动。他博学强记，通晓 36 种西域各国语言，译经 150 余部，僧徒千余人，人称"敦煌菩萨"。道安（314—385），常山扶柳（今河北冀县）人，东晋杰出佛教领袖，在中国佛教史上，道安堪称三个"第一"：他第一个健全了僧伽制度，制定了全国风从的僧尼规范；他第一次总结了翻译佛经的经验，提出"五失本、三不易"的翻译理论；他第一次整理出佛经目录——《综理众经目录》（简称《安录》），开了佛教目录学的先河。梁启超指出：

《安录》虽仅区区一卷，然其体裁足称者盖数端：一曰纯以年代为次，令读者得知兹学发展之迹及诸家派别。二曰失译者别自为篇。三曰摘译者别自为篇，皆以书之性质为分别，使眉目犁然。四曰严真伪之辨，精神最为忠实。五曰注解之书别自为部，不与本经混，主从分明（注佛经者自安公始）。凡此诸义，皋牢后此经录，殆莫之能易。[1]

慧远（334—416），雁门楼烦（今山西崞县）人，尝从名僧道安游，后隐居庐山东林寺30余年，影不出山，迹不入市。平时送客，以虎溪为界，未尝超越一步。他弘扬佛学，广招门徒，使庐山东林寺成为净土宗的发祥地之一。法显（？—约422），平阳郡武阳（今山西襄丘）人。为了正定佛教版本，晋安帝隆安三年（399），他离开长安，踏上了西行取经的万里征程，一路栉风沐雨，历尽艰难险阻，翻越万水千山，先后到达印度、巴基斯坦、斯里兰卡、印度尼西亚等30多个国家，访得佛教经律论多部，于晋安帝义熙八年（412）回归，历时14年之久，堪称5世纪初的伟大旅行家。

晋代佛经翻译有了长足进展，兹将各目著录列表如下：

佛经目录	西晋译经	东晋十六国译经						
		东晋南方译经	前秦	后秦	西秦	前凉	北凉	译经总数
出三藏记集	167部366卷							98部995卷
历代三宝纪	451部717卷	263部585卷	164部914卷		22部32卷		37部283卷	486部1814卷
大唐内典录	451部717卷	263部585卷	40部239卷	124部665卷	23部33卷		37部283卷	487部1805卷
开元释教录	333部590卷	168部468卷	15部197卷	94部624卷	15部24卷	4部6卷	82部311卷	429部1716卷
贞元新定释教目录	333部590卷	168部468卷						419部1716卷

---

①　梁启超：《佛学研究十八篇·佛学目录在中国目录学之位置》，江苏文艺出版社2008年版。

随着佛教影响的不断扩大，晋代上层人物和文人学士开始对佛教发生兴趣。晋元帝造瓦官、龙宫二寺，度僧千余人；明帝造皇兴、道场二寺，并画佛像于乐贤堂。晋代文人学士与僧人多有交往，王羲之、孙绰、李充、许询等与名僧支遁相处甚笃，在以记载清谈家言行为主的《世说新语》中，关于支遁的记载就有 40 余条。晋代写经的人也越来越多(图 32)。荀勖编《中经新簿》已为佛经立了专类。晋代佛

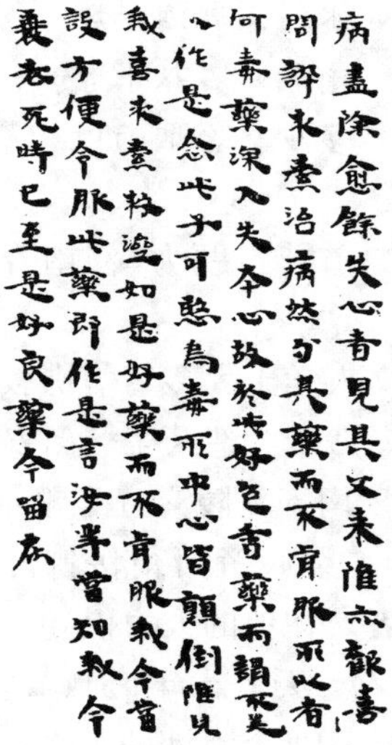
病盡除愈餘失心者見其父來雖亦歡喜
問訊求索治病然與其藥而不肯服所以者
何毒氣深入失本心故於此好色香藥而謂不美
父作是念此子可愍為毒所中心皆顛倒雖見
我喜求索救療如是好藥而不肯服我今當
設方便令服此藥即作是言汝等當知我今
衰老死時已至是好良藥今留在

图 32　晋人书《妙法莲华经》

教传播不断扩大的原因何在？除了道安、慧远等人的努力之外，是因为清谈之风为佛教传播提供了优越的社会环境。汤用彤指出：

> 西晋天下骚动，士人承汉末谈论之风、三国旷达之习，何晏、王弼之《老》、《庄》，阮籍、嵇康之荒放，均为世所乐尚。约言析理，发明奇趣，此释氏智慧之所以能弘也；祖尚浮虚，佯狂遁世，此僧徒出家之所以日众也。故沙门支遁以具正始遗风，几执名士界之牛耳。而东晋孙绰，且以竺法护等七道人匹竹林七

贤。至若贵人达官，浮沉乱世，或结名士以自眩，或礼佛陀以自慰，则尤古今之所同……盖世尚谈客，飞沉出其指顾，荣辱定其一言。贵介子弟，依附风雅，常为能谈玄理之名俊。其赏誉僧人，亦固其所。①

南北朝佛教

千里莺啼绿映红，

水村山郭酒旗风。

南朝四百八十寺，

多少楼台烟雨中。

这是唐代诗人杜牧写的一首诗，题为《江南春》。它反映了南朝佛教的繁盛景况。

南朝最高统治者和文人学士大多笃信佛教。宋文帝重视佛教，常与慧严等精研佛理。宋孝武帝尝造药王、新安两寺，使僧人慧琳参与政事，人称"黑衣宰相"。南齐竟陵文宣王萧子良从事佛教理论研究，著《维摩义略》等116卷。梁武帝萧衍佞佛之甚，在封建帝王之中，堪称前无古人，后无来者。在他的大力倡导下，仅建康一地就有寺院500余所，僧尼10余万人。天监十年(511)他亲自发布了断酒肉文，天监十六年(517)又发布了废除牺牲的敕令。他与高僧法宠、僧迁、僧旻、法云、慧超、宝志、僧祐、宝唱、宝琼、慧胜、法规、智藏等过往甚密，结为至交。他还四次舍身同泰寺：第一次是在大通元年(527)，舍身四天；第二次是在中大通元年(529)，后由群臣出钱一亿"赎"回；第三次是在中大同元年(546)，后由群臣出钱二亿"赎"回；第四次是在太清元年(547)，舍身37天，后由群臣出钱一亿"赎"回。前后四次舍身，使同泰寺得钱四亿，简直是一种变相的资助。梁武帝也精通佛理，写有《三慧经义记》《净名经义记》《制旨大集经疏》《立神明成佛义记》《净业赋》等一批佛教著作。《南史·梁本

---

① 汤用彤：《汉魏两晋南北朝佛教史·释道安》。

纪》云：

> （武帝）晚乃溺信佛道，日止一食，膳无鲜腴，唯豆羹粝饭
> 而已。或遇事拥，日傥移中，便漱口以过。制《涅槃》、《大品》、
> 《净名》、《三慧》诸经义记数百卷。听览余闲，即于重云殿及同
> 泰寺讲说，名僧硕学，四部听众，常万余人。

由于佛教的影响，南朝佛教文学作品越来越多，宋谢灵运、颜延之、
宗炳，齐沈约、周颙，梁萧统、阮孝绪、江淹、刘勰，陈江总、徐陵
等文人学士均善于用佛理撰写诗文。随着佛事活动的频繁，南朝造像
和佛画也有较大发展。著名造像如齐明帝造千躯金像、梁武帝造丈六
弥陀铜像、陈文帝造等身檀像 12 躯和金铜像数万躯、陈宣帝造金铜
像两万躯。著名佛画如宋顾宝光画天竺僧像、齐毛惠秀画释迦十弟子
图、梁张僧繇画卢舍那佛像等。张僧繇是南朝著名佛画家，梁天监
中，武帝所建寺院，大都令他作画。关于南朝佛教盛行情况，唐法琳
《辩正论》和道世《法苑珠林》中载有如下统计数字：宋有佛寺 1913
所、僧尼 36000 人；齐有佛寺 2015 所、僧尼 32500 人；梁有佛寺
2846 所、僧尼 82700 人，后梁（治所江陵）有佛寺 108 所、僧尼 3200
人；陈有佛寺 1232 所，僧尼 32000 人。

北朝虽然出现魏太武帝、周武帝两起排佛事件，但大多数帝王是
佞佛的。北魏道武帝好黄老，览佛经，礼敬沙门。明元帝于都城四方
大建佛像，令沙门开导民俗。献文帝嗜好黄老浮屠之学，退位后于宫
中建寺习禅。孝文帝广作佛事，迎像、度僧、立寺、设斋、起塔等无
所不为，著名的嵩山少林寺就是孝文帝时建造的，据统计，孝文帝太
和元年（477）平城有佛寺 100 多所、僧尼 2000 余人，各地佛寺 6478
所、僧尼 77258 人。宣武帝在洛阳修房舍 1000 余间，接待外国僧人
1000 余人，《魏书·释老志》云：

> （魏孝明帝）正光已后，天下多虞，王役尤甚，于是所在编
> 民，相与入道，假慕沙门，实避调役，猥滥之极。自中国之有佛

法，未之有也。略而计之，僧尼大众二百万矣，其寺三万有余。
流弊不归，一至于此，识者所以叹息也。

北齐文宣帝请高僧法常入内廷宣讲《涅槃》等经，并拜为国师。此后，
北齐诸帝亦重佛教。据统计，北齐邺都大寺约 4000 所、僧尼近 8 万
人，全境佛寺 4 万余所、僧尼 200 余万人。北周明帝亲建大陟岵、陟
屺二寺，大度僧尼。宣帝在周武帝排佛之后，竭尽全力，重新恢复了
佛教的地位。随着佛教的盛行，北朝石窟造像的发展迅猛异常，这在
中国佛教史上是值得大书特书的事情。现存北朝石窟有炳灵寺石窟、
凉州南山石窟、敦煌石窟、克孜尔石窟、库木吐拉石窟、森木塞姆石
窟、克孜尔尕哈石窟、七格星石窟、胜金口寺院石窟、雅尔湖石窟、
麦积山石窟、庆阳石窟、云冈石窟、鹿野苑石窟、龙门石窟、巩县石
窟、鸿庆寺石窟、西沃石窟、水泉石窟、天龙山石窟、响堂山石窟、
水峪寺石窟、小南海石窟、须弥山石窟，等等。其中以敦煌石窟、云
冈石窟和龙门石窟最为著名。敦煌石窟位于甘肃敦煌市东南 25 公里
处，在北魏时进行大规模开凿，遗留到现在的北魏洞窟有 31 个。遗
留到现在的彩塑佛像有 2411 尊，其中北魏有 729 尊，这些塑像从面
相、衣着上看，明显地带有印度艺术的痕迹。云冈石窟位于山西大同
西 16 公里的武周山上，最早开凿于北魏文成帝和平元年（460）至孝
文帝太和十八年（494），历时 35 年。其中第 16~20 窟被称为"昙曜五
窟"，是云冈开凿最早的洞窟。第 20 窟的露天大佛高 13.7 米，其丰
腴的容颜、深邃的双眼、宽阔的双肩、下垂的双耳，造型雄伟，气势
不凡，是云冈艺术的代表作。龙门石窟位于河南洛阳南 13 公里处，
开凿于北魏孝文帝迁都洛阳前后。北魏所凿石窟约占石窟总数的三分
之一。其中宾阳洞是宣武帝为纪念其父母而建造的，从景明元年
（500）开始，至孝明帝正光四年（523），历时 24 年，用工 802366 个，
才仅仅建成宾阳中洞，南北二洞延至隋唐才陆续竣工。

南北朝时期佛教盛行，佛教翻译卷帙丛重。兹将各目录列表
如下：①

---

① 此表引自任继愈：《中国佛教史》第三卷。

经 录 名 称		历代三宝纪	大唐内典录	开元释教录	贞元新定释教目录
南朝	宋	210 部、490 卷	210 部、496 卷	465 部、717 卷	465 部、717 卷
	齐	48 部、341 卷	47 部、346 卷	12 部、33 卷	12 部、33 卷
	梁	88 部、875 卷	90 部、780 卷	46 部、201 卷	47 部、217 卷
	陈	50 部、247 卷	50 部、247 卷	40 部、133 卷	40 部、133 卷
南朝译经总数		396 部、1953 卷	397 部、1869 卷	563 部、1084 卷	564 部、1100 卷
北朝	魏	87 部、355 卷	87 部、302 卷	83 部、274 卷	83 部、274 卷
	北齐	8 部、53 卷	8 部、53 卷	8 部、52 卷	8 部、52 卷
	北周	34 部、106 卷	32 部、104 卷	14 部、29 卷	14 部、29 卷
北朝译经总数		129 部、514 卷	127 部、459 卷	105 部、355 卷	105 部、355 卷
南北朝译经总数		525 部、2467 卷	524 部、2328 卷	668 部、1439 卷	669 部、1455 卷

以上各经均以写本流传, 当时写经已成风气(图 33)。南北朝时期可考的写经者有梁刘慧斐, 北魏冯熙、张阿胜、张显昌、马天安、令狐世康、令狐礼太、曹清寿、刘广周、李道胤等。

图 33　南北朝经生抄经图

刘慧斐，字文宣，彭城人，少博学，好释氏，工篆隶，"手写佛经二千余卷，常所诵者百余卷"①。

冯熙，字晋昌，信都人，"为政不能仁厚，而信佛法，自出家财，在诸州镇建佛图精舍，合七十二处，写一十六部一切经"②。每部以3000卷计，抄经总数则有48000卷。

张阿胜以下诸人均为敦煌地区专业经生，据《敦煌遗书总目》著录，张阿胜写有《大方等陀罗尼经》等，张显昌、令狐礼太分别写有《华严经》等，马天安、令狐世康分别写有《摩诃衍经》等，曹清寿、刘广周分别写有《诚实论》等，李道胤写有《十地论初欢喜地》等。

隋 唐 佛 教

隋文帝执行佛教治国之策。开皇十年(590)剃度僧侣50余万。开皇十一年(591)下诏说："朕位在人皇，绍隆三宝，永言至理，弘闻大乘。"③隋代造像、抄经之数详本书第十二章第三节。早在北魏时，民间就有一种叫做"义邑"的佛教组织，由佛教信徒组成，共同进行造像、写经、诵经、斋会等佛事活动。这种"义邑"到了隋代有了更大发展，成员多至一两千人。隋代佛教还流传到高丽、百济、新罗、日本等国。

唐代重视对佛教的整顿和利用，唐高祖武德二年(619)在京师聚集高僧，立十大德，管理一般僧尼。唐太宗重视佛教翻译，译经由国家主持，为译经提供了优越的环境。从太宗贞观三年(629)开始，由国家组织译场，历朝相沿，直到宪宗元和六年(811)才终止，前后译师凡26人。唐太宗亲为玄奘所译佛经撰写序文。唐高宗是佛教的忠实信徒，为了给母亲求福，下令修建大慈恩寺，度僧300余人。武则天统治时期形成唐代第一次崇佛高潮。武则天利用佛教徒薛怀义伪造的《大云经》，说其夺取政权符合弥勒的授意，并将《大云经》颁行天

---

① 《梁书·刘慧斐传》。
② 《魏书·冯熙传》。
③ 《历代三宝纪》卷十二。

下，还令长安、洛阳以及诸州各建大云寺一所，还亲自主持了《华严经》80 卷的翻译工作。唐玄宗曾一度沙汰僧尼，但由于善无畏、金刚智等传入密教，有利于巩固政权，受到玄宗信任，促进了密宗的形成。据统计，玄宗时全国寺院之数比唐初几乎增加了一半。唐肃宗、唐代宗时形成唐代第二次崇佛高潮。肃宗召集 100 多个和尚入宫，朝夕诵经，以求保佑。代宗甚至任用元载、王缙、杜鸿渐三个佛教徒为相。据《旧唐书·王缙传》：

> 缙弟兄奉佛，不茹荤血，缙晚年尤甚。与杜鸿渐舍财造寺无限极。妻李氏卒，舍道政里第为寺，为之追福，奏其额曰"宝应"，度僧三十人住持。每节度观察使入朝，必延至宝应寺，讽令施财，助己修缮。初，代宗喜祠祀，未甚重佛，而元载、杜鸿渐与缙喜饭僧徒。代宗尝问以福业报应事，载等因而启奏，代宗由是奉之过当，尝令僧百余人于宫中陈设佛像，经行念诵，谓之内道场。其饮膳之厚，穷极珍异，出入乘厩马，度支具廪给。

物极必反。佛教的盛行带来严重的社会弊病，寺院经济和国民经济的矛盾越来越尖锐。唐武宗时采取了排佛措施，但是没过多久，唐懿宗上台以后，又形成了唐代第三次崇佛高潮。凤翔法门寺珍藏一块骨头，据说是释迦牟尼的手指骨，因被尊为佛门圣物。早在唐玄宗时期，就曾耗资动众，导演了一出迎佛骨到长安来的闹剧。懿宗即位后，危机四伏，国势江河日下，为了乞求高佛保佑，重演迎佛骨的闹剧，懿宗向佛骨顶礼膜拜，涕泪交流，虔诚之至。

唐代士大夫普遍崇佛，写经、刻经、铸佛、建寺、施财、饭僧等无所不为，设斋诵经更是司空见惯的事情。萧瑀采用 10 多家注疏为《法华经》作注，他的家族中有 20 人出家，其兄萧璟一生诵《法华经》1 万余遍、雇人抄写《法华经》1000 多部。道宣《续高僧传》卷二十八说："萧氏一门，可为天下楷模矣！"王维不为华服，无食荤血，居京师日，每日饭僧十数人。退朝回家，一意坐禅诵经，其《叹白发》诗云，"人生几许伤心事，不向空门何处销！"萧颖士、李华、段成式、柳宗元、刘禹锡、白居易等深研佛理，于志宁、来济、许敬宗、杜正伦、李义府、徐坚、苏晋、陆象先、郭元振、张说、魏知古、孟简、刘伯刍等都曾参与译经活动。《全唐诗》共收诗歌 48900 多首，而文人所写佛理诗就有 2700 首，加上僧人诗 2500 首，二者合计 5200 多首，占全书总数的十分之一强。

唐代佛教艺术也有较大发展。从唐高宗到武后的 50 年间，龙门石窟又增添了大量造像，西山佛窟密如蜂窝，每一尊佛像都体现了唐人高超的艺术水平。敦煌石窟保留到现在的唐代石窟有 247 个，唐代塑像有 442 尊，其中最大的几尊佛像都是在唐代完成的。第 130 窟的佛像高达 23 米，第 96 窟的佛像高达 33 米。此外，唐代还于山西太原天龙山、甘肃天水麦积山、山东历城千佛崖、四川广元千佛崖等处开凿石窟，雕塑佛像。乐山大佛就是唐玄宗开元初年开凿的，费时 90 余年迄工。该佛坐落在凌云山，背山面水，身高 71 米，肩宽 24 米，一只耳朵有 6 米长，一只脚板可放 24 辆汽车，一个脚趾甲可坐十几个人。顶天立地，气势非凡。堪称中国古代雕塑艺术的瑰宝。

唐代佛教的盛行，促进了各种学派的兴起和佛经翻译的发展。唐代佛教宗派除了隋代天台宗之外，又新增慈恩宗、律宗、贤首宗、密宗、净土宗、禅宗等。据统计，唐代总共翻译佛经 372 部、2159 卷，其中玄奘译 75 部、1335 卷，义净译 61 部、260 卷，不空译 104 部、134 卷。佛经翻译的发展又促进了佛经目录的编纂。贞观初年，玄琬编德业、延兴二寺《写经目录》，著录佛经 720 部、2690 卷；显庆三年（658）编西明寺《入藏录》，著录佛经 800 部、3361 卷。其他佛经目录还有《大唐内典录》、《开元释教录》、《众经目录》、《古今译经图记》、《大唐东京大敬爱寺一切经论目》、《大周刊定伪经目录》、《续大唐内典录》、《续古今译经图记》、《大唐贞元续开元释教录》等。这些佛经目录从一个侧面反映了唐代译经之多、写经之盛（图 34）。关于唐代写经的具体情况，请参阅《中国出版通史·隋唐五代卷》第十章第四节《唐代佛经的出版》。不仅如此，佛经也是古代最早印刷品之一。这一切说明佛教对于雕版印刷的发明是多么迫切，又是多么敏感，儒家经典始刻于后唐长兴三年（932），比佛教的最早印刷品晚了

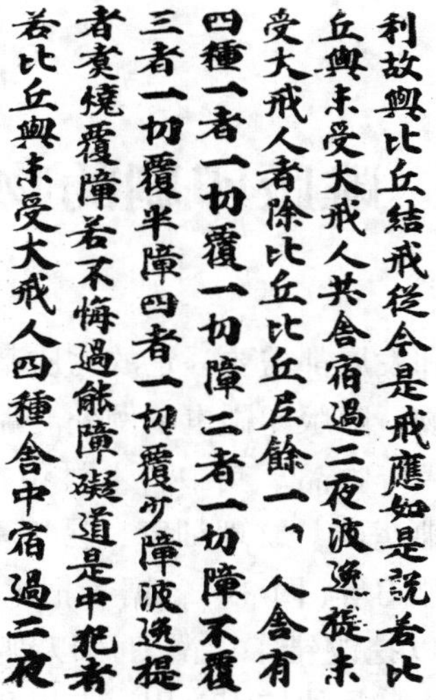
利故與比丘結戒從今是戒應如是説若比
丘與未受大戒人共舍宿過二夜波逸提未
受大戒人者除比丘比丘尼餘一〻人舍有
四種一者一切覆一切障二者一切障不覆
三者一切覆半障四者一切覆少障波逸提
者煑燒覆障若不悔過能障礙道是中犯者
若比丘與未受大戒人四種舍中宿過二夜

图 34　唐人写经墨迹

整整两个世纪。佛教对于印刷术的发生和发展作出了极为重要的贡献，这是一笔应该大书特书的历史功勋。除了佛教以外，道教对于雕版印刷也有强烈的需求。古代的“具注历”专门趋吉避凶，就是道教阴阳杂术图书的延伸；古代的针灸术和民间婚丧礼仪的文字，也与道教方术仪轨密切相关。

第七章　雕版印刷的物质基础

任何事物的产生和发展都需要一定的物质基础。没有物质就没有世界，就没有万事万物，雕版印刷也不例外。雕版印刷需要木材、刀具、刷具、纸、笔、墨等物品。其中，木材包括梨、枣、梓、黄杨、银杏等，这些木材质地坚硬，纹理细密，易于奏刀。刀具包括锯子、刨刀、铲刀、凿刀、雕刀等（图 35），锯子把木材锯成木板，刨刀用以刨平板面，铲刀用以挖改错字，凿刀用以剔空打洞，雕刀用以刻字。刷具包括各种大小型号的棕刷，用以上墨和刷印纸张。木材、刀具、刷具三类物品所在皆是，易得价廉，因而对于雕版印刷的发明影响不大，姑置勿论。比较而言，对于雕版印刷的发明具有决定意义者只有纸、笔、墨三类物品。

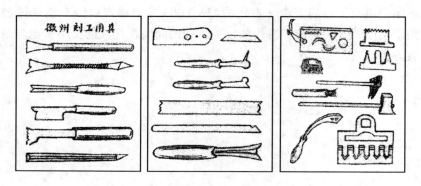

图 35　雕版印刷的部分工具

一、雕版印刷的承印物——纸

韩愈《韩昌黎全集·毛颖传》云：

> 颖与绛人陈玄、弘农陶泓及会稽楮先生友善，相推致，其出处必偕。

这里"毛颖"即毛笔，"陈玄"即墨，"陶泓"即砚，"楮先生"即纸，四样文具合称"文房四宝"。明钟岳秀《文苑四先生传》指的也是"文房四宝"。纸为什么叫"楮先生"呢？因为古纸多以楮皮制成，故名。

纸是文字载体，是承印物。作为雕版印刷的承印物，必须符合以下五个条件：（一）有一定的平滑度。因为版面是平的，承印物也必须平，否则二者就不能紧贴在一起。（二）有一定的吸墨性。印刷的实质，从工艺角度看，就是油墨向承印物上的转移，要想顺利地完成这种"转移"，除了墨本身的性能之外，承印物本身也有一定的吸墨性，必须"两厢情愿"。（三）承印物体积要小，便于存放。雕版印刷效率高，如果承印物体积大，那么印刷物将会堆积如山，充塞宇宙。（四）承印物要有足够的数量。雕版印刷比起人工抄写，速度大幅度加快，如果没有足够数量的承印物作为后盾，就会"吃不饱"，甚至停工待料。（五）承印物要价廉易得。如果承印物价格昂贵，得之不易，雕版印刷也就英雄无用武之地了。自从文字发明以后，载体几经变易，由甲骨而金石，由金石而竹帛。用上述五个条件衡量，甲骨、金、石、竹帛等都不适宜作为雕版印刷的承印物，最佳的承印物非纸张而莫属。但是，纸是什么时候发明的？纸是什么时候普及的？什么时候才能生产雕版印刷用纸？要回答这些问题，必须研究一下纸张的发生、发展历史。

汉代造纸术的产生

策马龙亭日欲曛，江头遥见蔡侯坟。

239

汉封遗迹空怜在，青史香标世共闻。

漫拂鱼笺铭旧德，不烦竹简谢夫君。

频过多少千秋意，感慨依依望断云。

这是陕西洋县蔡伦墓碑上的一首诗。造纸术是中国古代四大发明之一。千百年来，人们把蔡伦尊为"纸神"，把蔡伦当作造纸术的发明者。然而，从文献记载和出土文物考察，这种传统说法面临着严峻的挑战。

在蔡伦之前，关于纸的记载已有多例，例如：

《唐类函·三辅旧事》记载：西汉征和二年(前91)汉武帝生病，长子刘据因鼻子高大，"以纸蔽其鼻"探望父亲。这条记载比蔡伦造纸的记载要早146年。

《后汉书·贾逵传》云：建初元年(76)，汉章帝令贾逵选20人教以《左氏传》，并"给简、纸经传各一通"。这条记载比蔡伦造纸的记载要早26年。

《后汉书·邓皇后纪》云：永元十四年(102)邓后即位，在此之前，"方国贡献，竞求珍丽之物。自后即位，悉令禁绝，岁时但供纸墨而已"。这条记载比蔡伦造纸的记载要早三年。

从出土文物看，西汉古纸的发现至少有下列四种：

第一种是罗布淖尔纸(图36)。1933年夏天，著名考古学家黄文弼带领考古队在新疆罗布淖尔古烽燧亭遗址中发现一种古纸，长约4厘米，宽约10厘米，白色、麻质、纸面较粗糙。同时，出土的还有黄龙元年(前49)书写的木简。"黄龙"是西汉宣帝的年号，人们因以断定此纸当为西汉黄龙元年之前的产品，它至少比蔡伦纸要早154年。

第二种是灞桥纸。1957年5月8日，陕西省西安市灞桥砖瓦厂工人挖土时，在古墓中发现一批出土文物，其中有大小不等的纸片88块，其主要原料是大麻和少量苎麻。同时出土的还有三弦钮铜镜、麻布等。据考证，此墓的时间下限不会晚于西汉武帝。也就是说，该纸是西汉武帝之前的产品，它至少比蔡伦纸要早200年左右。

图 36　罗布淖尔纸残片

　　第三种是居延纸，亦名金关纸。1973 年 8 月 15 日甘肃居延考古队在金关遗址中，发现两团古纸，据化验，其主要原料是麻类纤维。同时出土的还有写有"甘露二年"（前 52）年号的木简，"甘露"是西汉宣帝刘询的年号。人们因以断定此纸当为西汉甘露二年之前的产品，它至少比蔡伦纸要早 157 年。

　　第四种是扶风纸，亦名中颜纸（图 37）。1978 年 12 月 24 日在陕西省扶风县太白乡中颜村的西汉古建筑遗址中，出土三张古纸，古纸的最大尺寸是长 6.8 厘米，宽 7.2 厘米，乳黄色，有一定的韧性，其制作原料仍然是麻类纤维。考古学家根据同时出土的陶罐、五铢钱等物品的时代，断定此纸当为西汉宣帝之前的产品，它至少比蔡伦纸要早 150 余年。

　　以上四种西汉古纸除了第一种毁于兵火之外，其余三种至今犹存，已被列为国家一级文物。此外，尚有马圈湾纸、放马滩纸、悬泉纸等。

　　虽然远在蔡伦之前已经发明了造纸术，但是蔡伦作为一位宫廷造纸的组织者，他认真总结了民间造纸技术，对于造纸技术的普及和提

图 37　扶风纸残片

高作出了重要贡献，这是毫无疑义的。蔡伦仍然不愧是一位造纸技术专家，仍然不愧是中国古代科技史上的重要人物(图 38)。

图 38　蔡伦

关于蔡伦的生平，据《后汉书·蔡伦传》：

242

蔡伦，字敬仲，桂阳人也。以永平末始给事宫掖，建初中，为小黄门。及和帝即位，转中常侍，豫参帷幄。

伦有才学，尽心敦慎，数犯严颜，匡弼得失。每至休沐，辄闭门绝宾，暴体田野。后加位尚方令。永元九年，监作秘剑及诸器械，莫不精工坚密，为后世法。

自古书契多编以竹简，其用缣帛者谓之为纸。缣贵而简重，并不便于人。伦乃造意，用树肤、麻头及敝布、鱼网以为纸。元兴元年奏上之，帝善其能，自是莫不从用焉。故天下咸称"蔡侯纸"。

元初元年，邓太后以伦久宿卫，封为龙亭侯，邑三百户。后为长乐太仆。四年，帝以经传之文多不正定，乃选通儒谒者刘珍及博士良史诣东观，各雠校家法，令伦监典其事。

伦初受窦后讽旨，诬陷安帝祖母宋贵人。及太后崩，安帝始亲万机，敕使自致廷尉。伦耻受辱，仍沐浴整衣冠，饮药而死。国除。

由此可知，蔡伦虽然一生官运亨通，但最后却自杀身亡，以悲剧告终。蔡伦对于造纸技术的贡献至少有两点：第一，改进了造纸技术。如上所述，西汉古纸多以麻类纤维作为原料，而蔡侯纸除了麻头之外，还有树皮、破布、鱼网等，这就为纸张的大规模生产提供了取之不尽、用之不竭的资源。第二，对于普及造纸技术也有一定贡献。蔡侯纸制成之后，"帝善其能，自是莫不从用焉"，可见影响之大。蔡伦之所以作出上述贡献，有两个原因：第一，蔡纶本人"有才学"，干一行，爱一行，精一行。早在监作"秘剑及诸器械"的时候，就初露锋芒，所刻器物"莫不精工坚密，为后世法"。这是主观原因。第二，蔡伦长期在宫廷工作，"尚方令"这个职务主管皇室手工工场，专门制作御用器物，拥有显赫的权势和雄厚的财力，也使他有更多的机会了解和熟悉一些手工业的生产技术，这是客观原因。

除了蔡伦之外，东汉还有一位造纸专家叫左伯(字子邑)，东莱(今属山东)人，其纸妍妙辉光，盛行一时。从文物遗存看，东汉古纸的出土只有如下两种：

第一种是额济纳纸。1942 年考古学家劳干和石璋如在居延额济纳河(今属内蒙)的汉代遗址中发现了一页信纸残片。据考证，该纸的生产时间约在两汉交替之际。

第二种是旱滩坡纸。1974 年 1 月甘肃武威县柏树乡旱滩坡村的农民在兴修水利时发现一座东汉墓葬，出土文物除了陶器、手镯等器物外，还有一个粘有薄纸的牛车模型，纸上字迹隐约可见。

相比之下，汉代竹书、帛书的记载相当可观。可见汉代尽管发明了造纸技术，但是文字载体仍然以竹帛为主。汉代墓砖上的《抱简图》正反映了当时的社会现实(图 39)。为什么纸张没有普及呢？第

图 39　汉代墓砖所刻《抱简图》

一，汉代是造纸技术的产生时期，造纸技术的普及需要一个过程；第二，由于习惯势力的影响，人们对"纸张"这个新生事物的认识也需要一个过程。据《北堂书钞·纸四十六》记载：

　　　崔瑗与葛元甫书云：今遣送许子十卷，贫不及素，但以纸耳。

可见当时腰缠万贯的达官贵人是不屑用纸的，只有穷人才使用纸张。这就大大影响了纸的普及速度，因为穷人饥寒交迫，无力上学，甚至目不识丁，几乎没有用纸的机会。

魏晋南北朝的纸

魏晋南北朝时期，造纸技术有了长足的发展，纸张已经作为最佳文字载体走进千家万户。

两汉时期，全国的政治、经济、文化中心在北方，造纸术已首先出现在北方地区。汉代的罗布淖尔纸、灞桥纸、居延纸、扶风纸、蔡伦纸、左伯纸、额济纳纸、旱滩坡纸等均出自北方。西晋时期，长安、洛阳以及山东等地已经成为北方的造纸中心。随着晋室的东迁，造纸技术从北方逐渐传播到长江流域，浙江会稽、安徽南部和建业（今南京）、扬州、广州等地，成为南方的造纸中心。江南广大地区气候温和、物产丰富、人才众多，为造纸业的发展提供了雄厚的物质基础和技术基础。

就造纸原料看，麻类纤维仍然是魏晋南北朝造纸的主要原料。造纸技术史专家潘吉星对上百种魏晋南北朝古纸进行检验，发现90%以上的纸张均为麻纸。20世纪初，奥地利人威斯纳对新疆敦煌等地出土的魏晋南北朝古纸进行化验，发现其原料以大麻、苎麻居多。流传至今的《三希堂法帖》（即晋王羲之书《快雪时晴帖》、王献之书《中秋帖》和晋王珣书《伯远帖》）用的也是麻纸。新疆出土的东晋写本《三国志》也是麻纸。除了以麻类纤维作为原料造纸之外，也采用桑皮、楮皮、藤皮等作为原料。宋苏易简《文房四谱》卷四说：

> 雷孔璋曾孙穆之，犹有张华与其祖书，所书乃桑根纸也。

由此看出，晋代著名学者张华写信用的是桑皮纸。《太平御览》卷九百转引晋裴渊《广州记》的话说：

> 取榖树皮，熟挞椹为纸。

梁陶宏景《名医别录》云：

> 楮，此即今构树也。南人呼穀纸为楮纸。武陵人作穀皮衣，甚坚好尔。

后魏贾思勰《齐民要术》卷五云：

> 楮宜涧谷间种之……煮剥卖皮者，虽劳而利大。自能造纸，其利又多。

可见魏晋南北朝时期多以楮皮（即穀皮）造纸。又据张华《博物志》：

> 剡溪古藤甚多，可造纸，故即名纸为剡藤。

唐徐坚《初学记》卷二十一转引东晋浙江地方官范宁的话说：

> 土纸不可以作文书，皆令用藤角纸。

可见晋代浙江一带多以藤皮造纸。至于范宁所谓"土纸"是何物，目前尚有争论，或者认为"土纸"即是草纸，如果这种说法可信，那就说明我国早在公元 4 世纪前后就能采用稻草、麦秸造纸了，比 1756 年德国人采用稻草、麦秸造纸要早 1000 多年。

就造纸技术而言，魏晋南北朝时期在以下三个方面有所进步：第一，发明了帘床抄纸器。帘床是一个木制的长方框架，上有竹条编连而成的帘子。帘尺在帘床两端，用以绷紧帘子，使之保持平直（图40）。抄纸时，将竹帘斜插纸槽中，让纸浆均匀地附着在帘子上；然后，提起竹帘，让多余的水分从竹条缝隙中滤出，帘面上就形成一张湿纸；最后，把这张湿纸刷在墙上烘干，一张纸就制成了。帘床抄纸器是一种具有划时代意义的发明，它既能造出匀细的薄纸，又能提高工作效率。这种帘床在以后的 1000 余年中，风行于整个世界。第二，

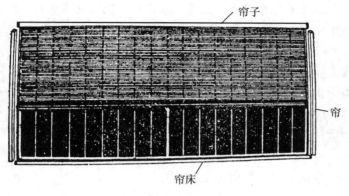

图 40 帘床抄纸器

采用了涂布技术。所谓"涂布"，就是将白色矿物细粉用胶粘剂或淀粉糊刷在纸面上，再予以砑光。这样做可以增加纸张的洁白度和平滑度，减少纸张的透光度，提高纸张的吸墨性能。有关专家对前凉建兴三十六年(348)古纸和东晋写本《三国志·孙权传》用纸进行检验，发现它们都是涂布纸。涂布技术始于魏晋之际，比欧洲要早 1400 多年。第三，大量采用了染潢技术。所谓"染潢"就是把纸浸泡在一种叫做黄柏的染制液中，染成黄色。这种纸不仅颜色好看，而且防虫，一举两得。贾思勰《齐民要术》卷三详细介绍了染潢的具体办法：

> 凡潢纸，灭白便是，不宜太深，深则年久色暗也……(黄)
> 檗熟后，漉滓捣而煮之，布囊压讫，复捣煮之。凡三捣三煮，添
> 和纯法者，其省四倍，又弥明净。写书，经夏然后入潢，缝不绽
> 解。其新写者，须以熨斗缝缝熨而潢之。不尔，久则零落矣。

这里讲的是先写后潢，晋荀勖《穆天子传序》所谓"谨以二尺黄纸写上"则是先潢后写之例。从总体来看，先潢后写者多一些。南北朝时还出现了一个著名造纸专家张永(生平详本章第三节)，据《宋书·张永传》：

　　　纸及墨皆自营造，上每得永表启，辄执玩咨嗟，自叹供御者
了不及也。

可见张永所造纸墨深得皇帝厚爱，以为超过了供御者所造。

　　以上讲的是魏晋南北朝的造纸情况。下面谈谈用纸情况。

　　三国时代是简策、帛书（图41）、纸书并行的时代。《三国志·魏
书·刘放传》云：

　　　帝纳其言，即以黄纸授放作诏。

图41　帛书

像汉代一样，纸的社会地位仍然不高，用纸用素（帛），因人而异：
富贵之家多用素，贫寒之士多用纸；为帝王抄写诗文多用素，为一般

臣民抄写诗文多用纸。《三国志·魏书·文帝纪》注引胡冲《吴历》说：

> 帝以素书所著《典论》及诗赋饷孙权，又以纸写一通与张昭。

孙权为吴国之王，以素书之；张昭为孙权手下之臣，以纸书之。《三国志·吴书·赵达传》说：

> 饮酒数行，达起取素书两卷，大如手指。

这当是我国最早的袖珍帛书抄本之一。赵达，河南人，以神机妙算著称于世，阚泽、殷礼等名儒善士多屈节就学，其社会地位是很高的。三国时代简策继续使用，据《三国志·魏书·张既传》注引《魏略》说：

> 少小工书疏，为郡门下小吏，而家富。自唯门寒，念无以自达，乃常蓄好刀笔及版奏，伺诸大吏有乏者辄给与，以是见识焉。

又据《三国志·吴书·赵达传》：

> 有书简上作千万数，著空仓中封之，令达算之。达处如数，云："但有名无实。"其精微若是。

以上是使用简策的例子。

晋代纸张已大量使用。官府中储备大量纸张。据《初学记》卷二十一转引晋虞预《请秘府纸表》云：

> 秘府中有布纸三万余枚，不任写御书而无所给，愚欲请四百枚付著作吏，书写起居注。

《太平御览》卷六〇五转引《语林》云：

　　　　王右军为会稽谢公乞笺纸，库中唯有九万枚，悉与之。

笔者曾对《晋书》进行过一次粗略统计，该书有 17 处内容涉及载体，其中只有一处是绢，其余 16 处都是纸，这 16 处是《何曾传》、《裴秀传》、《刘卞传》、《王浑传》、《刘曒传》、《愍怀太子传》、《楚王玮传》、《赵王伦传》、《刘弘传》、《陶侃传》、《葛洪传》、《王羲之传》、《王隐传》、《左思传》、《褚陶传》和《慕容云传》。如果说三国时代官宦之家还不屑用纸的话，那么晋代官宦之家已是无不用纸。据《晋书·何曾传》：

　　　　人以小纸为书者，敕记室勿报。

何曾是西晋大臣，位至三公，给他写信非用大纸不可，小纸一概谢绝。这虽然与何曾的华靡之习有关，但也说明当时纸张已广泛应用于书信往来。到了东晋末年，官方甚至明令以纸代简，东晋豪族桓玄废晋安帝，自立为王，改国号为楚，诏曰：

　　　　古无纸，故用简，非主于敬也。今诸用简者，皆以黄纸代之。①

上有所好，下必有甚焉。不可否认，官方的行政命令对于纸张的广泛应用起了重要作用。但由于用户太多，纸张仍然供不应求，不少学者饱尝了无纸之苦，据《晋书·王隐传》：

　　　　（王隐奉诏撰史）贫无资用，书遂不就。乃依征西将军庾亮于武昌。亮供其纸笔，书乃得成，诣阙上之。

如果不是庾亮提供纸张，王隐就写不成书。据《山堂肆考》卷一七七转引《晋干宝表》曰：

---

　　① （唐）徐坚：《初学记·文部·纸》。

　　臣前聊欲撰古今怪异之事，乏纸笔，或书故纸，于是诏赐纸二百枚。

可见干宝写《搜神记》乏纸的苦恼，甚至写到废纸背上，后来皇帝赐纸200张，才得以大功告成。典故"洛阳纸贵"反映晋纸的紧张程度，偌大一个京师洛阳，连抄写一篇文章(《三都赋》)的纸张都难以供应，可见当时纸的产量是极为有限的。物以稀为贵。纸张数量之少，必然导致价格之昂；价格之昂，又必然导致用纸之难。因此晋代还有使用简策、帛书的例子，上举桓玄命令之中所谓"今诸用简者"是有所指的。

　　南北朝时期，纸张已经普及，东晋末年，"宋武入关，收其图籍，府藏所有，才四千卷"①。宋武入关的时间是永初元年(420)，11年之后，即宋文帝元嘉八年(431)，谢灵运编目的时候，比11年前增加了三倍多。当然，影响书数的因素很多，但是纸张的普及无疑是一个极为重要的因素。笔者曾对《南史》、《北史》、《宋书》、《南齐书》、《梁书》、《陈书》、《魏书》、《北齐书》、《周书》等九种正史进行过统计，有22处内容涉及文字载体，其中只有《南史·张讥传》谈到帛书：

　　讥幼丧母，有错彩经帕，即母之遗制，及有所识，家人具以告之。

这大约是为了教子成才而写的帛书。除此之外，其余21处都是纸，这21处是《宋书·张永传》、《南史·简文帝纪》、《南史·元帝纪》、《南史·后妃上》、《南史·张兴世传》、《南史·蔡廓传》、《南史·裴松之传》、《南史·萧子云传》、《南史·萧晔传》、《南史·萧锋传》、《宋书·礼二》、《北史·长孙道生传》、《北史·杜正玄传》、《北史·崔暹传》、《北史·邢劭传》、《北史·魏收传》、《北史·杨

---

　　① 《隋书·经籍志叙》。

谅传》、《北史·傅竖眼传》、《魏书·萧道成传》、《南齐书·沈骥士传》和《梁书·袁峻传》。南北朝时期，除了抄书用纸之外，书法、书信、公文亦无不用纸，据《南史·萧子云传》：

> 百济国使人至建邺求书，逢子云为郡，维舟将发，使人于渚次候之，望船三十许步，行拜行前。子云遣问之，答曰："侍中尺牍之美，远流海外。今日所求，唯在名迹。"子云乃为停船三日。书三十纸与之，获金货数百万。

此为书法用纸例。据《北史·崔暹传》：

> 甚贫匮，得神武、文襄与暹书千余纸，多论军国大事。

此为书信用纸例。公文用纸最多，据《南史·蔡廓传》：

> 征为吏部尚书。廓因北地傅隆问亮："选事若悉以见付，不论；不然，不能拜也。"亮以语录尚书徐羡之，羡之曰："黄门郎以下悉以委蔡，吾徒不复厝怀。自此以上，故宜共参同异。"廓曰："我不能为徐干木署纸尾。"遂不拜。干木，羡之小字也。选案黄纸，录尚书与吏部尚书连名，故廓言署纸尾也。

从这场争权纠纷中可知，当时有关人事方面的公文，俱用黄纸。据《北史·魏收传》：

> 文襄时在晋阳，令收为檄五十余纸，不日而就。又檄梁朝，令送侯景，初夜执笔，三更便了，文过七纸，文襄善之。

此为檄文用纸例。不过，在刘宋之初，檄文尚有使用版牍之例。据《南史·张兴世传》：

时台军据赭圻，朝廷遣吏部尚书褚彦回就赭圻行选。是役也，皆先战授位，檄板不供，由是有黄纸札。

可见当时由于檄板供不应求，才改为黄纸。据《北史·杨谅传》：

先是，并州谣言："一张纸，两张纸，客量小儿作天子。"时伪署官告身皆一纸，别授则二纸。谅闻谣言喜曰："我幼字阿客，'量'与'谅'同音，吾于皇家最小。"以为应之。

此为官告身用纸例。官告亦名官诰、告身，相当于今日之任职通知。据《北史·邢劭传》：

每洛中贵人拜职，多凭劭为谢章表。尝有一贵胜初授官，大事宾食，（袁）翻与劭俱在坐，翻意主人托其为让表，遂命劭作之，翻甚不悦。每告人曰："邢家小儿常客作章表，自买黄纸，写而送之。"劭恐为翻所害，乃辞以疾。

此为章表用纸例。南北朝时期，名片也开始用纸制作。臧逢世把名片、信纸的边缘无字部分裁下来抄写《汉书》（详第四章第一节）。

尽管南北朝时期纸张已经普及，已是无书不纸，但是由于造纸和用纸没有同步发展，纸张的缺口仍然很大，南齐高帝萧道成早年"虽为方伯，而居处甚贫，诸子学书无纸笔"[1]，方伯尚且如此，遑论平民。南齐沈驎士用纸背抄书，也说明得纸之难。谢庄作哀策文，"都下传写，纸墨为之贵"[2]，邢劭"每一文初出，京师为之纸贵"[3]，也说明当时纸张供不应求。

---

① 《南史·萧晔传》。
② 《南史·后妃上》。
③ 《北史·邢劭传》。

唐　代　的　纸

唐代是古代造纸史上的重要发展时期。

纸张的大量需求刺激了造纸业，唐代的造纸业有了长足的进展。其主要特点有三：一是造纸地区不断扩大，二是纸张品种不断增多，三是质量不断提高。

唐代造纸技术迅速扩大到全国各地。据《新唐书·地理志》《元和郡县图志》《通典·食货志》等书记载，陕西的长安、凤翔、洋县，四川的成都、广都，安徽的宣州（含宣城、泾县、南陵、太平、宁国、旌德等）、池州、歙县等，浙江的杭州（含余杭、富阳）、衢州、婺州、越州（含嵊县）、睦州，广东的韶州、罗州、广州，江西的江州、信州、临川，江苏的常州、扬州，湖南的衡州，山西的蒲州，河南的洛州，河北的巨鹿，湖北的均州，甘肃的武威、敦煌，新疆的吐鲁番等地均生产纸张。各地充分利用其资源优势，八仙过海，各显神通。韶州（今广东韶关）竹材资源丰富，以竹造纸，唐李肇《国史补》因有"韶之竹笺"之记载。广州一带产穀纸。据《新唐书·萧放传》：

> 放领南海，解官往侍，为人退约少合。南海多穀纸，放敕诸子缮补残书，廪谏曰："州距京师且万里，书成不可露贵，必贮以囊筒，贪者伺望，得无蕙苾嫌乎?"放曰："善，吾思不及此。"

南海即今之广州地区。江州（今江西九江）产云蓝纸，据段成式《寄温飞卿笺纸序》：

> 予在九江造云蓝纸，既乏左伯之法，全无张永之功，辄送五十板。①

比较而言，陕西、四川、安徽、浙江为全国四大造纸中心。陕西造纸

---

① 《全唐诗》卷五八四。

多以大麻为原料，产地有长安、凤翔、洋县等。长安为唐代都城，是全国政治、经济、文化中心，造纸历史悠久。凤翔以大麻做原料的白呈文纸最为著名。四川造纸多以大麻、楮皮为原料，产地有广都（今双流）、成都等地，广都纸物美而价廉。成都的薛涛笺久负盛名，据《全唐诗·薛涛小传》：

> 薛涛，字洪度，本长安良家女，随父宦流落蜀中，遂入乐籍，辨慧工诗……称为女校书，出入幕府，历事十一镇，皆以诗受知。暮年屏居浣花溪，著女冠服，好制松花小笺，时号薛涛笺。

唐代诗人姚合、司空图、郑谷、李商隐、韦庄等在诗中多次提到薛涛笺，郑谷《蜀中三首》云：

> 蒙顶茶畦千点露，浣花笺纸一溪春。[1]

安徽泾县、宣城等县出产的宣纸以青檀皮为原料，闻名天下，张彦远《历代名画记》卷二说：

> 好事家宜置宣纸百幅，用法蜡之，以备摹写。

浙江造纸多以藤树皮、桑树皮为原料，产地有杭州、嵊县、富阳、绍兴、衢州、婺州等地。杭州、嵊县等地出产的藤纸非常有名。唐代名人顾况、皮日休、徐夤、崔道融、舒元舆等在诗文中多次提到，徐夤《纸帐》诗云：

> 几笑文园四壁空，避寒深入剡藤中。
> 误悬谢守澄江练，自宿嫦娥白兔宫。[2]

---

[1]《全唐诗》卷六七六。
[2]《全唐诗》卷七一〇。

可见藤纸纸色之白、纸质之坚。唐黄滔《黄御史集·大唐福州报恩定光多宝塔碑记》云：

> 其经也帙十卷于一函，凡五百四十首一函，总五千四十有八卷，皆极剡藤之精……

可见 5048 卷经文都是用剡藤之纸抄写的。舒元舆《悲剡溪古藤文》云：

> 剡溪上绵四、五百里，多古藤，株枿逼土，虽春入土脉，他植发活，独古藤气候不觉，绝尽生意。予以为本乎地者，春到必动。此藤亦本乎地，方春且死绝。遂问溪上人，有道者云："溪中多纸工，刀斧斩伐无时，擘剥皮肌，以给其业。"异日过数十百郡，泊东洛西雍，历见言书文者，皆以剡纸相夸。①

可见藤纸影响之大。然纸工"斩伐无时"，唐代藤已枯死，藤纸已成历史故事，未见传世实物。

1973 年在新疆吐鲁番阿斯塔那高昌国古墓中，出土了两张重光元年（620）的古纸残片，一张写有"当上典狱配纸坊驱使"等字样；一张写有"纸师隗头六奴"等字样。重光元年相当于唐武德三年（620），这就说明早在 7 世纪初期，新疆地区也能造纸，那里既有纸坊，又有技术高明的纸师。

随着造纸技术的不断发展，纸的品种越来越多，其中最著名的是宣纸。宣纸在制作过程中，选料严格，加工精细，手艺高超。其色纯白，柔软均匀，质地坚韧，吸水性较强。隋唐纸张的加工技术也有很大提高，所谓"加工"就是采用砑光、拖浆、填粉、加蜡、施胶等手段堵塞纸面纤维间的多余毛细孔，以便在运笔时不致走墨而晕染。经过加工的纸通常称为"熟纸"，反之叫生纸。唐代各级官府专门配有

---

① （宋）祝穆：《古今事文类聚》卷十四《别集》。

熟纸匠。据张九龄《唐六典》记载，秘书省有熟纸匠十人，弘文馆有熟纸匠八人。抄写文字一般都用熟纸，生纸用于居丧间，据清陈鸿墀《全唐文纪事·杂记二》：

> 唐人用纸，有生熟二种。熟者妍妙辉光，生者不经洗治，粗涩碍指，非丧中不敢用。韩昌黎曾上陈给事书，急于自辩，遂用生纸。书尾仍叙仓猝不能复俟更写之意。

另外，装裱书画也多用生纸。加工纸（即熟纸）有三大类别：第一类是黄纸、薛涛笺等染色纸。黄纸用量最大，唐人写经几乎全用黄纸，书法家也多用黄纸。薛涛笺是以芙蓉皮原料，将其煮烂以后，用毛刷把芙蓉皮的红色汁液涂在纸上，自然阴干，制作红色小笺。第二类是硬黄纸、金花纸等。硬黄纸是把纸染色之后，涂上黄蜡，并用熨斗把纸熨平，晾干之后即成。这种纸质地硬密，呈深黄色，防水防蛀，唐人多用来抄写佛经。国家图书馆至今还保存了一些硬黄纸经文实物。金花纸是把真金碾成薄片，撒在涂有胶料和颜色的纸面上，晾干而成。这种纸装饰效果较好，色彩对比鲜丽，豪华而又精细，秀美而又严谨。第三类是带有各色花卉图案的印花纸。五代南唐有一种又长又厚的会府纸，据《文房四谱》卷四：

> 江南伪主李氏常较举人毕，放榜日，给会府纸一张，可长二丈，阔一丈，厚如缯帛数重，令书合格人姓名。

南唐后主李煜的祖父在金陵有一处官邸，叫澄心堂，专门收藏纸张，人称"澄心堂纸"。其实，澄心堂纸的产地并不在金陵，而在安徽南部贵池、歙县一带，金陵澄心堂只不过是存放之所。澄心堂纸用楮皮制成，经过打磨、上蜡等工序，纸面平滑有光。李煜祖名李昪，唐末人，澄心堂纸既然以李昪收藏而得名，则澄心堂纸早在唐末已能制造。

随着造纸业的迅猛发展，唐代纸张已是无处不有，无处不用。唐代官方需要大量纸张，官库贮备甚丰。据刘太真《诸道供纸张奏》：

准贞元元年八月二日敕，当司权宜停减诸色粮外，纸数内停减四万六千张。①

停减之数4.6万张，应交之数当是4.6万张的数十倍，可见官方贮纸之多。官纸有以下用处：

第一，抄写书籍。唐代官方组织抄写了大量书籍。唐代大规模抄书至少有七次(详第四章第一节)。《旧唐书·经籍志》云："凡四部库书，两京各一本，共一十二万五千九百六十卷，皆以益州麻纸写。"《新唐书·艺文志》云：太府"月给(集贤院)蜀郡麻纸五千番"。《唐会要·经籍》云："大中三年正月一日以后至年终，写完贮库及填阙书籍三百六十五卷，计用小麻纸一万一千七百七张。"可见唐代抄书用纸之多。

第二，抄写公文。公文种类繁多，唐代对公文用纸专门作了规定，据《全唐文纪事》卷十三：

封拜策书，用简，以竹为之。画旨而施行者，曰发日敕，用黄麻纸。承旨而行者，曰敕牒，用黄藤纸。赦书皆用绢黄纸，始贞观间，或曰取其不蠹也。纸以麻为上，藤次之。用此为重轻之辨。学士制不自中书出，故独用白麻纸而已，因谓之白麻。

当然，封拜策书用简，非无纸也，庄重而已。唐初诏书用白麻纸，贞观始用黄麻，据《全唐文纪事》卷二：

凡诏书德音、立后建储、行大诛讨、拜免三公宰相枢密使、命将日制，并用白麻纸，不使印……盖唐贞观以诏敕多蠹，始用黄麻纸书写尔。

唐宪宗元和初年，李藩任给事中，曾拒绝以白纸批敕，据《旧唐书·李藩传》：

---

① 《全唐文·拾遗》卷二十二。

制敕有不可，（李藩）遂于黄敕后批之，吏曰："宜别连白纸。"藩曰："别以白纸，是文状，岂曰批敕耶？"

在各级官府任职的工作人员，每月可领到一定数量的办公用纸，这相当于今日之办公费，不发现钱，直接发给办公物品。著名诗人白居易任左拾遗时，每月可以领到 2000 张纸，因有"月惭谏纸二千张，岁愧俸钱三十万"的诗句。①

民间用纸也相当多，归纳起来有以下几种用处：

第一，抄书。民间经生以抄书为业，需要大量纸张。佛教的善男信女抄写大量佛经，需纸也多。

第二，制作灯笼、纸衣、纸被、纸帐等日常用品。20 世纪初在甘肃敦煌发现唐代一个账簿，其中写道：

（正月）十四日，出钱一百文，买白纸二帖（帖别五十文），糊灯笼卅八个，并补贴灯笼用。②

此为以纸做灯笼例。据《资治通鉴·唐纪四十》：

二百里间，财畜殆尽，官吏有衣纸，或数日不食者。

此为纸做衣之例。唐徐寅《纸被》诗云：

文采鸳鸯罢合欢，细柔轻缀好鱼笺。
一床明月盖归梦，数尺白云笼冷眠。③

此为以纸做被之例，纸帐之例已见前文。纸张既可做衣、做被、做帐，可见当时纸质之好。

---

① （宋）洪迈：《容斋五笔》卷八。
② 转引自潘吉星：《中国造纸技术史稿·隋唐五代时期的造纸技术》。
③ 《全唐诗》卷七百一十。

第三，装饰品及迷信用品。当时民间流行的剪纸是一种装饰品。纸钱、纸人则属于迷信用品，据《旧唐书·王玙传》：

> 玙专以祀事希倖，每行祠祷，或焚纸钱，祷祈福祐，近于巫觋，由是过承恩遇。

总而言之，唐代纸张的应用范围愈来愈广，已经到了无所不用的地步了。唐纸不仅数量多，而且质量好。关于唐纸质量之好，我们可以举出一个有力的证据：历代书画家之多寡与载体密切相关。甲骨、金石、竹帛作为载体，或坚、或贵、或狭小、或难得，实在不易写字作画，书画家则寥寥可数。纸张作为载体，尽去上述弊病，独擅其美，书画家如鱼得水，挥毫自如，人才彬彬而出。考察一代书画家的多少，可知纸的应用情况。尽管历代书画家尚无精确的统计数字，但无论任何一部书画家辞典，唐代书画家人数均独占鳌头，请看明陶宗仪《书史会要》、俞剑华《中国美术家人名辞典》、《辞海》、薛锋等编《简明美术家辞典》等书的统计结果：

书　名	类　别	先秦	秦	汉	三国	晋	南北朝	隋	唐
辞　海	书法家			6	2	4	5	1	14
	画　家				1	3	3	1	24
简明美术辞典	书法家		4	23	6	6	5	1	23
	画　家			10	5	15	32	4	72
中国美术家人名辞典	书法家	14	5	76	43	155	215	25	500
	画　家	6	2	9	8	20	84	23	357
书史会要	书法家	21	5	72	44	190	200	20	401

通过此表，似可得出结论：唐代纸张的盛行，史无前例，远轶前代。当然，影响书画家人数多寡的因素可能很多，但不能不承认，唐纸数量之多和质量之高是一个极为重要的因素。

以上就是纸的产生和发展简史。由此可见，汉代刚刚发明纸张的时候，各项指标都很难满足雕版印刷的要求，文字载体以竹帛为主。三国时期，竹帛、纸书并行。晋代纸张虽已大量使用，但仍有使用竹帛之例。南北朝时期，纸张已经普及，但是由于用户大增，供不应求。纸张至唐而大盛，无论纸张的数量或质量，都能满足各方面的需要。唐代书画家的大量出现，不仅证明了唐纸数量之多，而且证明了唐纸质量之高。唐纸为雕版印刷的发明创造了条件。

二、雕版印刷的重要工具——毛笔

毛笔是文房四宝之一。毛笔除了"毛颖"之外，还有"毛锥子""管城子""中书君"等名称。雕版印刷的第一步工作是"写样"。所谓"写样"，就是把文稿誊写在一张极薄的纸上，然后再把文字移置于木板。工欲善其事，必先利其器。没有毛笔，就无法写样。笔砚精良，人生一乐。古人讲究毛笔质量，把它当作一种崇高的享受。毛笔质量的关键在于笔毫，笔毫要有尖、齐、圆、健"四德"："尖"指毛笔尖而有锋；"齐"指毛笔发开之后，笔毫长短一致；"圆"指整个笔毫周身饱满；"健"指笔毫富有弹性。唐代著名书法家柳公权曾说：

> 出锋太短，伤于劲硬。所要优柔，出锋须长，择毫须细。管不在大，副切须齐。齐则波切有凭，管小则运动有力，毛细则点画无失，锋长则洪润自由。①

这里对笔管、笔毫等都提出了具体要求。以上要求对于雕版印刷"写样"所需毛笔同样是适宜的。毛笔是什么时候产生的？什么时候的毛笔最能适应"写样"的需要？要回答这些问题，必须研究一下毛笔的制作历史。

毛笔的起源

早在五六十年以前，西安半坡遗址出土陶器上的彩色花纹，当是

---

① （明）高濂：《遵生八笺·燕闲清赏笺》，巴蜀书社1992年版。

用毛笔之类的工具描绘出来的。这些笔可能不像样子，但它却是我国最早的笔。

商代甲骨文中已有"聿"字，字的形状像一手握"筆"之形。虽然绝大多数甲骨文是用刀刻出来的，但也有少数卜辞是用红笔写在甲骨上的。

周代毛笔的使用已经相当普遍。《庄子》中就有"臣以秉笔事君""画者吮笔和墨"等记载，不过，当时的文字载体以竹简为主，如果写错，需要用书刀把字迹削掉，所以笔和刀同时使用，不可或缺。战国时各国对笔的称呼也不一样。许慎《说文解字》释"笔"云："秦谓之笔"；释"聿"云："所以书也。楚谓之聿，吴谓之不律，燕谓之弗。"先秦时期的毛笔大多是将笔毛捆绑在笔杆的四周。1954 年，湖南长沙左家公山战国古墓中，出土一支竹制毛笔，笔杆长 18.5 厘米，直径 0.4 厘米，笔头用兔箭毛制成。同时还出土了一把用来刮削竹简的铜制书刀。1987 年在湖北荆门仓山战国楚墓中出土一支毛笔，该笔置于竹筒之内，筒口有木塞封闭，笔长 22.3 厘米，其中毫长 3.5 厘米。1988 年在甘肃天水放马滩战国墓中，也发现了毛笔，杆长 23 厘米，笔锋长 2.5 厘米，全笔插在由竹管制成的笔套中(图 42)。

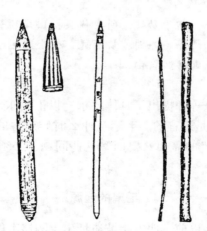

图 42　古代毛笔(右为战国毛笔和笔套，中为汉代"白马作"
毛笔，左为唐代毛笔和笔帽)

秦汉的毛笔

秦将蒙恬曾对毛笔加以改进，后人因有"蒙恬制笔"的传说。晋崔豹《古今注》卷下云：

> 牛亨问曰："自古有书契以来，便应有笔，世称'蒙恬制笔'，何也?"答曰："蒙恬始造，即秦笔耳。以枯木为管，鹿毛为柱，羊毛为被。所谓苍毫，非兔毫竹管也。"

这就是说，蒙恬所造是秦笔，并不是最早的笔。但是，他以"被柱法"改进了毛笔的制作方法。所谓"被柱法"，即以不同的兽毛制成笔芯和外被。这种兼用不同兽毛的制作方法是我国古代制笔史上的一个重大变化，蒙恬的贡献还是不可埋没的。1975 年湖北云梦睡虎地秦墓中出土三支秦笔，其中一支杆长 21.5 厘米、毫长 2.5 厘米，笔杆也是插在竹管制成的笔套中。

汉代制笔技术有了进一步发展。汉刘安《淮南子·本经》云：

> 昔者仓颉作书，而天雨粟，鬼夜哭。（高诱注云："鬼恐为书文所劾，故夜哭也。鬼或作兔，兔恐见取毫作笔，害及其躯，故夜哭。"）

可见，汉代以兔毫作笔已很普遍。兔毫是秦汉以来制笔的主要材料之一，除了兔毫之外，还有羊毫、狼毫、鸡毛、鼠须、鹿毫、麝毫、貂毫、狸毫、獭毫、鹅毫、猪毫、人须等。羊毫不如兔毫劲健，但材料易得，价格低廉，而且吸水性能较强，蓄墨也多。笔毫大而言之可分硬毫、软毫两类：硬毫笔力遒劲，但寿命不长；软毫笔力柔软，寿命较长。汉代兼毫笔逐渐增多，即把硬毫、软毫合在一起制成笔头，一般多以兔毫、羊毫为原料。由于毛笔在政治、经济、文化生活中的作用越来越重要，因此汉人非常注意笔的装饰和保管。汉蔡邕《笔赋》云："唯其翰之所生于季冬之狡兔，性精亟以剽悍，体遄迅以骋步。

削文竹以为管，加漆丝之缠束。形调抟以直端，染玄墨以定色。"对
笔杆、笔毫、笔管和缠束方法，都作了说明。明高濂《遵生八笺·燕
闲清赏笺》云：

汉末一笔之匣，雕以黄金，饰以和玉，缀以隋珠，文以弱
翠。非文犀之桢，必象之管，丰狐之柱，秋兔之翰，则古人重笔
之意殷矣。

进一步说明了汉笔的珍贵程度。汉代毛笔实物出土较早。1931 年在
甘肃居延就发现了一支西汉末的毛笔，笔杆用数条长木片捆绑在一
起，笔头夹在中间，如果笔头用坏，笔杆松绑后可以退出，换上新
的。1972 年在甘肃武威磨咀子东汉墓中，出土东汉毛笔两支：一支
笔杆上刻有"白马作"三字，一支笔杆上刻有"史虎作"三字。"白马"
"史虎"当是制笔工匠或作坊的名称。"白马作"笔，杆长 21.9 厘米，
毫长 1.6 厘米，笔尾削尖，以便插入头发之中，因为古人有簪笔的习
惯。1975 年在湖北江陵凤凰山汉墓中也出土了竹杆毛笔，其形制与
秦笔极为相似。

魏晋南北朝的毛笔

魏晋南北朝时期继承了汉代制笔技术，出现不少制笔专家，韦诞
就是其中之一。北魏贾思勰《齐民要术·笔法》中，详细介绍了韦诞
的制笔方法。晋代著名书法家王羲之在《笔经》中也谈到东晋的制笔
方法：

凡作笔须用秋兔。秋兔者，仲秋取毫也。所以然者，孟秋去
夏近，则其毫焦而嫩；季秋去冬近，则其毫脆而秃。唯八月寒暑
调和，毫乃中用。其夹脊上有两行毛，此毫尤佳。胁际扶疏，乃
其次耳。采毫竟，以纸裹石灰汁，微火上煮，令薄沸，所以去其
腻也。先用人发抄数十茎，杂青羊毛并兔毳(凡兔毛长而劲者曰
毫，短而弱者曰毳)，唯令齐平，以麻纸裹柱根令治(用以麻纸

者，欲其体实，得水不胀)，次取上毫薄薄布柱上，令柱不见，然后安之，唯须精择去其倒毛，毛杪合锋令长九分。管修之握，须圆正方可。后世令或为削管，或笔轻重不同，所以笔成合，蒸之令熟三斗米饭，须以绳穿管，悬之水器上一宿，然后可用。

可见笔毫是制笔的关键所在。笔毫以兔毫为最好，兔毫之中又以仲秋所取之毫为最佳。兔毫造好之后，还要经过煮、蒸等工序，技术性是相当强的。晋武帝爱好笔艺，曾以辽国所献麟角笔管赐与当时名士张华。南朝梁元帝萧绎在称帝前任湘东王时，把笔管饰以金、银、斑竹等。撰写人物传记时因人而别：忠孝两全的人，用金管笔写之；德行高尚的人，用银管笔写之；文章赡丽的人，用斑竹管笔写之。

隋唐的毛笔

自先秦至隋唐，毛笔从产生到发展经历了一个漫长的历程。硬毫、软毫和兼毫笔的出现，刚柔相济，可以写出不同风格的书体。笔管的出现，可以保护笔毫、多蓄墨汁，对于延长毛笔的寿命，有效提高书写质量和速度，都有重要意义。隋唐时期的毛笔制造，无论在数量上还是质量上，都达到了空前未有的水平。随着书法艺术的繁荣，毛笔的需求量大增。单是隋代智永一人就用过十瓮笔头。据唐李绰《尚书故实》(四库全书本)：

> 右军孙智永禅师自临(《千字文》)八百本散与人间，诸寺各留一本。永往住吴兴永欣寺，积年学书，秃笔头十瓮，每瓮皆数石。人来觅书，并请题头者如市，所居户限为之穿穴，乃用铁叶裹之，人谓"铁门限"。后取笔头瘗之，号为"退笔冢"，自制铭志。

智永所用笔头知多少？如果每瓮笔头以千计，十瓮笔头则已逾万，那么推而广之，全国所需毛笔之多可想而知，则制笔业的发达于此可见。唐代官方抄书卷帙浩繁，需要大量的毛笔，政府各部门都配备有

专门制笔、修笔的笔匠。据张九龄《唐六典》记载，唐玄宗时集贤院
有造笔匠四人，秘书省有笔匠六人，弘文馆有笔匠三人。唐代科举制
度的发展，毛笔是举子们不可或缺的重要工具。据《清异录》卷下：

> 唐世举子将入场，嗜利者争卖健毫圆锋笔，其价十倍，号定
> 名笔。笔工每卖一支，则录姓名，俟其荣捷，即诣门求阿堵，俗
> 呼谢笔。

又据《旧唐书·张亮传》："后至相州，又有郏县小儿，以卖笔为业，
善歌舞，李(亮)见而悦之。"可见毛笔对笔商和举子的吸引力是很大
的，笔商靠此发财，举子靠此仕进。

就民间而言，唐代宣州的紫毫笔最负盛名，唐代宣笔无论制作技
巧、选用材料，还是在笔杆的雕镂艺术上，都已日臻完善，是唐代的
御用笔，被称为"贡品"。白居易《紫毫笔》诗云：

> 紫毫笔，
> 尖如锥兮利如刀，
> 江南石上有老兔，
> 吃竹饮泉生紫毫。
> 宣城之人采为笔，
> 千万毛中拣一毫。
> 毫虽轻，工甚重，
> 管勒工名充岁贡……①

当时宣州还出现了陈氏、诸葛氏等名工巧匠。据说，唐代著名书法家
柳公权曾向陈氏求笔，也只得到两支，可见陈笔难得之至。随着中日
交往的频繁，唐代毛笔也漂洋过海，传到日本。唐德宗贞元二十年
(804)，日本高僧空海来华学习，把"二王"的书法艺术和文具制作方

---

① 《全唐诗》卷四二七。

法带回日本，所著《执笔法》《使笔法》两书是日本最早研究笔艺的专著。现在日本奈良正仓院还保藏着唐笔多支。

总而言之，古代毛笔的生产在汉魏六朝时期已经相当成熟。隋唐时期制笔数量之多、名牌笔之产生、专业笔匠之大量出现、毛笔之东渡扶桑等，标志着隋唐毛笔制作已经达到空前未有的水平，完全能够适应雕版印刷"写样"的需要，为雕版印刷的发明作了准备。

三、雕版印刷的颜料——墨

墨是文房四宝之一。墨除了"陈玄"之外，又有"乌金"、"松滋侯"等名称。墨是雕版印刷不可缺少的物质。没有墨，版面上的文字和图像就无法显现在纸上。现代金属版印刷所用的墨一般包括颜料、连接料和附加剂三种成分。颜料决定油墨的颜色、着色力、干燥性、遮盖力等；连接料是使油墨成为流体的原料，是使颜料等牢固附着于纸的媒介物；附加剂是指那些用以改变和提高油墨印刷适性的物质。古代雕版印刷用墨虽然不像现代金属版印刷所用油墨那样复杂，但它同样包括颜料、连接料和附加剂三种成分。松烟等是颜料，动物胶是连接料，麝香等是附加剂。雕版印刷用墨必须具有黏着性、遮盖性、光泽性、永久性等。所谓"黏着性"，就是说具有较强的黏着纸的能力，如果粘不上纸，就不能用。所谓"遮盖性"，就是说具有遮盖纸色的能力，如果连白纸都盖不住，同样不能用。所谓"光泽性"，就是说墨色带有光泽，而不是黑糊糊一片，面目可憎。所谓"永久性"，就是说墨色经久不变，永不褪色。墨是什么时候产生的？什么时候的墨最能适应雕版印刷的要求？要回答这些问题，必须研究一下制墨的历史。

先秦两汉的墨

墨的起源最早可追溯天然墨。天然墨是指天然的黑色氧化物和用过的炊具底部的墨烟（称为炭黑）。许慎《说文解字》云："墨者，黑也，从土从黑。"指的就是天然墨。天然墨开始于新石器时代，如

1980 年陕西临潼姜寨村仰韶文化墓葬中出土的黑红色氧化铁矿石就是天然墨实物。人工墨是西周出现的。1975 年 12 月，湖北云梦睡虎地秦墓出土的丸状墨，是迄今为止发现的最早的人工墨，至今已有 2200 多年的历史。有关专家对殷墟甲骨进行考证，确认有些甲骨文是墨和朱砂写的，陈梦家《殷墟卜辞综述・总论》云：

> 在甲骨上用笔书写硃书或墨书，有两个特点：一是字写得特别粗大，比同版的契文大得多；二是写在背面的居多。就我所知道的，还没有写在正面的……甲和骨正面富胶质和磁质，不容易上墨，所以很少写在正面的……所可决定者是刻辞涂以殷朱和墨以及刻兆，都盛于武丁一时。

此例确证早在商代武丁称王之前，已有人造墨。人造墨有石墨、烟墨等品种。石墨由石油制成，烟墨由油脂丰富的树木烧制而成。墨的用途非常广泛，《尚书・伊训》云：

> 臣下不匡，其刑墨。

这就是说，臣下不能匡正其君，则施以墨刑。墨刑是一种在面上刺字、以墨涅染的刑法。《庄子・逍遥游》引惠子语云：

> 吾有大树，人谓之樗，其大本拥肿而不中绳墨，其小枝卷曲而不中规矩，立之途，匠者不顾。

这里"绳墨"是指木工用以取直木材的墨线。《周礼・春官・卜师》云：

> 凡卜事，视高，扬火以作龟，致其墨。（郑玄注："致其墨者，孰灼之，明其兆。"）

又《礼记・玉藻》云：

卜人定龟，史定墨。（郑玄注："墨，视兆坼也。"孙希旦集解："其巨纹谓之墨，其细纹旁出谓之坼。谓之墨者，卜以墨画龟腹而灼之，其从墨而裂者吉，不从墨而裂者凶。"）

这里说的是古人占卜的一种方法，先用墨画在龟上，然后灼之，视其裂纹，以定凶吉。

以上墨刑、墨绳、墨龟是墨的三种不同用途，秦汉时期是石墨、烟墨并用的时期。松木含油脂较多，因此，用松烟制成的墨最佳。

汉代墨的产量不多，国家专门设置官吏严格管理，定量供应。据宋苏易简《文房四谱·墨谱》：

尚书令仆丞月赐隃糜大墨一枚，小墨一枚。

隃糜即今陕西省千阳县，这里地处终南山区，古松参天，有丰富的松木资源，加上地近大都长安，经济文化发达，自然形成制墨中心。墨是由碳素和动物胶调合而形成的。碳素虽然不会变质，但动物胶却极易受潮，失去黏合性能，从而损坏墨的形体。在制墨业不甚发达的时候，这个技术问题是难以解决的。所以现在很难发现最古老的墨块实物。

最初的墨当是墨粉，使用时调制成墨水。汉代已将墨粉制成墨丸。从墨粉到墨丸的变化，是制墨史上的一次重大进步。这种进步与纸的发明和墨的改进密切相关。1965 年河南陕县刘家渠东汉墓出土了五锭残墨，其中三锭已成土粉，两锭尚存部分形体。墨体呈圆柱形，两端留有研磨痕迹(图 43)，这是我国现存最早的墨块实物之一，在墨史研究中具有重要意义。后来，墨锭和墨模的广泛出现，墨的样式渐趋规整，而且便于以手研墨。墨脱离研石或为独立的"文房四宝"之一，对于墨的广泛使用尤具重要意义。

图 43　东汉残墨

魏晋南北朝的墨

　　钟繇、韦诞、王羲之、顾恺之、陆探微等人为代表的书画艺术，推动了制墨业的发展。

　　三国时期仍然是石墨、烟墨并用。为了使用方便，曹操收藏石墨极多，据陆云《陆士龙集·与兄平原书》：

> 一日上三台，曹公藏石墨数十万片。

可见当时石墨供应比较紧张，曹操利用职权大量收藏，以备久远。韦诞不仅是著名书法家，而且是三国时期烟墨制造专家，据陆友《墨史》（丛书集成初编本）卷上：

> 韦诞，字仲将，京兆人，太仆端之子，善隶楷，魏太和中为武都太守，以能书留补侍中，洛阳、许、邺三都宫观始就诏令诞题署，以为永制，给御笔墨，皆不任用，因奏蔡邕自矜能书，兼斯喜之法，非纨素不妄下笔。夫欲善其事，必利其器。若用张芝笔、左伯纸及臣墨，兼此三具，又得臣手，然后可以成径丈之

势，方寸千言。诞仕至光禄大夫，嘉平三年卒，年七十五。

可见韦诞所制之墨远远超过了御墨的质量。张芝笔、左伯纸，加上韦诞墨及其手迹，真可谓"四美具"。韦诞的制墨配方见于贾思勰《齐民要术》卷九：

> 好醇烟，捣讫，以细绢筛。于缸内，筛去草莽若细沙尘埃。此物至轻微，不宜露筛，喜失飞去，不可不慎。墨𪱷一斤，以好胶五两浸梣皮汁中。梣，江南樊鸡木皮也，其皮入水绿色，解胶，又益墨色。可下鸡子白，去黄五颗。亦以其硃砂一两、麝香一两，别治细筛，都合调。下铁臼中，宁刚不宜泽，捣三万杵，杵多益善。合墨不得过二月、九月，温时败臭，寒则难干潼溶，见风日解碎。重不过二三两，墨之大块如此，宁小不大。

由此可知，制墨大致包括去杂、配料、春捣、合墨等工序。"去杂"就是把烟灰的杂物筛去，筛时不要在露天进行。"配料"就是把颜料（烟灰）、连接料（胶）、附加剂（硃砂、麝香、梣皮等）按一定比例搭配在一起。附加剂不仅使墨品香味独特，而且提升了墨品的价值。"春捣"即把配料置铁臼中反复春捣，次数不得少于三万次，多多益善。"合墨"是制墨的最后一道工序，时间以每年二月、九月为宜。这两个月不热不冷，是合墨的最好时间。其他时间过热过冷都不行，天热墨易发臭，天冷墨块难干。早在三国时期，人们就掌握了如此复杂的制墨技术，可见古代劳动人民的聪明和才智。

随着烟墨的大量生产，烟墨的用途越来越广。除了写字之外，或用作礼品，如东晋名将陶侃献给晋帝的礼物就是笺纸 30 张，好墨 20 丸；或用作殉葬品，晋墓出土的烟墨不一而足。1958 年南京挹江门外老虎山南麓四座晋墓均有墨砚出土，1974 年南昌两座晋墓也有墨砚出土。

南北朝时期，制墨业有了进一步发展。庐山是著名制墨中心地区之一，庐山劲松久负盛名，是造墨的绝好材料，因此庐山松烟墨名噪一时。张永是南北朝时期的著名制墨专家之一，据陆友《墨史》卷上：

> 张永，字景云，吴郡吴人，裕之子，仕宋至征西将军，涉猎书史，能为文章，善隶书，又有巧思，益为文帝所知，纸墨皆自营造。

北魏贾思勰《齐民要术》总结了历代制墨经验，对于研究制墨历史具有重要意义。南北朝时期墨的使用比晋代更加广泛。在考试中，甚至把"饮墨汁一升"当作惩罚成绩低劣者的一种手段。

唐 代 的 墨

唐代用人，讲究"身、言、书、判"，"书"是重要条件之一。唐代出现了欧阳询、褚遂良、颜真卿、柳公权等著名书法家。以李思训、吴道子为代表的山水画、人物画也有很大进步。唐代书画艺术的进步，极大地推动了制墨业的发展，涌现出大批以制墨为业的墨工，他们师传弟承，子承父业，呈现一片繁荣景象。制墨地区由陕西、江西扩大到山西、河北、安徽等地，据晁氏《墨经》：

> 唐则易州、潞州之松，上党松心尤先见贵。

易州治所在今河北易县，辖境相当于今天河北省内长城以南，安新、满城以北地区。唐代在易州专门设立墨务官，负责制墨事宜。潞州治所在上党(今山西长治)，辖境相当于今天山西长治、武乡、襄垣、沁县、黎城、屯留、平顺、长子、壶关以及河北涉县地区。

唐代制墨名家有李阳冰、祖敏、奚鼐、奚鼎、奚超、李慥等数十人。

李阳冰，字少温，赵郡(今河北赵县)人，著名文学家、书法家，河北人，官至将作监，创制"文华阁"巨锭御用墨，后为宋代书法家米芾所得，据《墨史》卷上：

宋元符间，襄阳米芾游京师。于相国寺罗汉院，僧寿许见阳冰供御墨一巨铤，其制如碑，高逾尺而厚二寸，面礲犀文坚泽如玉，有篆款曰"文华阁"，中穴一窍，下画泰卦于麒麟之上，幕篆六字曰"翠霞"、曰"臣李阳冰"。左行书"大历二年二月造，得旨降入翻经院"。

可见这挺巨墨是唐大历二年（767）李阳冰所造御墨，其规模之大，堪称"墨王"。

祖敏，号济上，易州人，唐代墨官，据《墨史》卷上：

今墨之上，必假其姓而号之，大约易水者为上，其妙者必以鹿角胶煎为膏而和之，故祖氏之名，闻于天下。

可见当时祖敏所造之墨闻名遐迩，不少墨商甚至伪托其名，以假乱真。

奚鼐、奚鼎兄弟为唐末墨工。奚鼐所制之墨，墨面有"庚申"字样，考"庚申"为唐昭宗光化三年（900），则奚氏兄弟的制墨时间当在唐末。奚超也是唐末著名墨工，他是奚鼐的儿子。奚超在唐末战乱中背井离乡，举家南迁，从易水之畔来到江南宣州一带，在松涛阵阵如海啸的皖南山区定居下来，重操制墨旧业，他们以古松为基本原料，又加入了胶漆、珍珠、麝香等。加胶和漆，可以增加墨的深度和黏合力；加珍珠，可以加强墨的光泽性；加麝香，可以去掉墨的臭气，香气升鼻。还改进了捣松、和胶等技术，终于制成了墨润如脂、香味浓郁、经久不褪的佳墨，因而名声大振。其子奚庭珪亦以制墨著称。但是有一个问题需要考辨：唐末皖南山区另有两位著名墨工李超和李庭珪，二人也是父子关系。传统看法认为李超即奚超，李庭珪即奚庭珪。因奚超、奚庭珪父子为南唐李后主李煜赏识，故赐以国姓。《全唐诗》中有一首佚名诗，题为《李庭珪藏墨玦》："赠尔乌玉玦，泉清研须洁。避暑悬葛囊，临风度梅月。"可见李墨质量之高，因称其墨为"李墨"。民间有"黄金易得，李墨难求"的谚语。陆友《墨史》卷上则认为：

> 赵寅达夫尝收得一种，上印文曰："宣府奚庭珪"，乃知居歙者李氏，籍宣者奚氏，各是一族而名偶同耳。《新安志》云：自蔡君谟以来，皆言李庭珪即奚庭珪，唯黄秉、李孝美云："奚墨不及李友。"按《墨经》云："观易水奚氏、歙州李氏皆用大胶，所以养墨。"又云："奚鼐之子超，鼎之子起，而别叙歙州李超，超子庭珪以下世家。"是族有奚、李之异，居有易、歙之分矣。

以上二说孰是，待详考。

出于抄书、办公的需要，唐代官方贮墨甚丰，每到一定时间就给政府各个部门颁发纸墨等办公用品，据《新唐书·艺文志》叙：

> 太府月给(集贤书院)蜀郡麻纸五千番，季给上谷墨三百三十六丸，岁给河间、景城、清河、博平四郡兔千五百皮为笔材。

古代"太"、"大"二字通用，"太府"亦可写作"大府"。据考证，近年安徽祁门宋墓出土的"大府墨"即为唐初太府所制。

先秦至唐的制墨、用墨简史大致如上所述。由此可知，早在先秦就出现了墨，秦汉三国是石墨、烟墨并用的时期，三国时期的制墨技术已经相当成熟。晋代以后，烟墨逐渐取代了石墨。唐代制墨地域之广、名家之多、技术之精，是其他朝代无与伦比的，这也为雕版印刷的发明创造了条件。

第八章　雕版印刷的技术基础

发明印刷术的最终目的，主要是为了复制文字。文字是信息的主要载体。从这个意义上说，没有文字，就很难催生印刷术。而印刷术不同于一般的手写，印刷字体的选择是首要的一步。因此，在我们研究雕版印刷的技术基础时，首先就是印刷字体的选择问题。雕版印刷包括制版、刷印两个主要程序。制版与雕刻、印染、印章等密切相关；刷印与拓印等密切相关。我们需要研究雕刻（尤其是石刻）、印染、印章、拓印对于发明雕版印刷的影响。中国古代有发达的手工业，有巧夺天工的陶工艺、石工艺、木工艺、青铜工艺、染织工艺、拓印工艺等，众多工艺孕育了雕版印刷的发明。造纸、制笔、制墨、雕刻、制版、染织、拓印等都属于手工业劳动，这些技术性极强的手工业劳动尤其与雕版印刷的发明密切相关，雕刻工艺、印染工艺、拓印工艺对于发明雕版印刷尤其重要。关于古代造纸、制笔、制墨工艺的产生和发展，本书第七章已作讨论，本章主要讨论印刷字体、石刻、印章、印染、拓印等相关问题。

一、印刷字体的形成

当代印刷常用字体有宋体、楷体、仿宋体、黑体等，诸体风格各异：宋体端方正直，比较庄重；楷体流利自然，比较活泼；仿宋体纤细秀丽，比较轻巧；黑体粗犷厚实，比较雄浑。到底采用什么字体？这是古代发明雕版印刷时不可回避的问题。早在 4000 多年以前，我们的先人就发明了汉字，星移斗转，4000 年后的今天，我们仍然使用汉字，其使用时间之长，在世界文字史上是仅见的。汉字在历史长河中，经历了一次又一次的冲刷，几经改易，由甲骨而金文，由金文而大篆，由大篆而小篆，由小篆而隶书，由隶书而草书，由草书而楷书，由楷书而行书……变得愈来愈美，愈来愈具有艺术魅力。一般来说，雕版印刷大多使用楷体。截至目前，我们所见到的最早印刷品全部都是楷体。为什么不使用别的字体呢？这就需要研究一下汉字的演变历史，比较一下各种字体的特点。

甲 骨 文

甲骨文(图44)是指龟甲或兽骨上的文字。它盛行于商代后期。但是很多世纪以来，它却长眠地下，直到19世纪末叶，人们才在河南安阳小屯村商代故都遗址发现了它。现在发现的甲骨文总数有4500字左右，可识者仅900余字。甲骨文是汉字发展史上已经形成体系的古文字，它的点画结构已具有均衡、对称、稳定等特征。它标志着汉字结构已由对客观事物的简单模拟而发展成为有艺术造型因素的形体，从而在形式上为汉字书写升华为书法艺术奠定了基础。具体

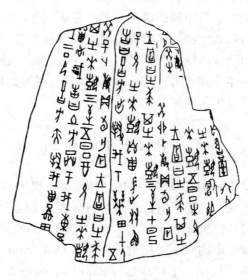

图44 甲骨文

276

来说，甲骨文有如下特征：（一）由于刀刻不易刻出圆笔，甲骨文的笔画直而粗，锋芒明显，转折处均为方形，整个字形显得瘦劲挺拔。（二）三不定：一字或正写，或反写，或横写，方向不定；象形字的图形繁简不定；会意字的表意成分多少不定。"三不定"的结果，造成异体字大量增加，例如"羊"字，竟有 45 种写法，"车"字也有多种写法。（三）直行书写。每行都是从上到下，一行写完，另起一行。分行书写是文字书写形式演变过程中的一大进步。（四）整篇布局或参差疏落，如繁星丽天；或整饬严谨，如武库剑戟。字的大小也没有一定，小字或如毫发，大字或逾方寸。

金　文

金文是指青铜器上的文字，又叫钟鼎文（图 45）。金文盛行于西周至春秋时期。西周早期的青铜器形制厚重，铭文字体凝重，用笔方正，有竖行而无横行，与商代甲骨文区别不大。字形繁简依然不定，字形向左向右依然不定，字形偏旁依然不定。西周后期的青铜器制作渐趋

图 45　金文

精美，铭文日趋成熟，用笔由方整一变而为圆润，结体紧密、稳定，全篇章法纵有行、横有距。在用笔、结体、章法方面已构成书法艺术的初步格局。春秋时期，随着学术空气的活跃，青铜器的形制、花纹、铭文也受到很大影响，特别是南方的吴、越、楚等国铭文字体变化很大，铭文或加圆点，或故作波折，或把字形装饰成鸟虫一样的花纹……人们已经开始注意美化文字的基本要素——点画与结构。金文的这种装饰化、艺术化倾向，是文字书写向书法艺术迈出的重要一步。

大　篆

传说周宣王时有个太史，名叫史籀，编了一本儿童识字课本，名为《史籀篇》，后人因把该书的字体名为籀文。虽然该书已经失传，但是许慎《说文解字》的正体字后附有 200 多个籀文，尚可略窥籀文的原貌。籀文就是大篆，大篆是战国时期的文字。它有两个特点：一是结构繁复，在一个字里同一个偏旁往往重复出现；二是笔道匀称，结构整齐。石鼓文（图 46）是刻在石鼓上的文字，该石所刻年代，论

图 46　石鼓文

278

者聚讼纷纭，罗振玉等以为文公（前765—716）时刻，马衡以为穆公（前659—前621）时刻，郭沫若以为襄公（前777—前766）时刻，迄无定论。石鼓文的字形跟《说文解字》里的籀文相近，属于大篆的一种。石鼓文字，代有剥落，自宋迄今诸家著录互有异同：欧阳修见465字，薛尚功见451字，潘迪见386字……不一而足。石鼓文的行款大致如下：第一鼓11行、行6字；第二鼓9行、行7字；第三、四鼓10行、行7字，第六鼓11行、字数不清；第九鼓15行、行5字；第五、七、八、十各鼓泐甚，行款不清。

小　篆

小篆（图47）是秦始皇统一全国之后规定全国通行的标准字体。

图47　小篆

它由大篆变化而来，据王国维《观堂集林》卷七：

　　班孟坚言《苍颉》、《爰历》、《博学》三篇文字多取诸《史籀篇》，而字体复颇异，所谓秦篆者也。许叔重言秦始皇帝初兼天

279

下，丞相李斯乃奏同文字，罢其不与秦文合者，斯作《仓颉篇》，中车府令赵高作《爰历篇》，太史令胡毋敬作《博学篇》，皆取《史籀》大篆，或颇省改，所谓小篆者也。

秦代小篆发展的原因有三：一是国家的统一，小篆的使用范围和影响不断扩大。二是政务的繁忙，小篆的使用日益频繁。全国统一之后，百端待举，甚或日理万机，小篆是上传下达的工具。三是秦始皇为了歌功颂德，开了在名山刻石记功之先河，这些用小篆书写的铭文产生了深远的影响。许慎《说文解字》以小篆为正体，收录了9300多个字。小篆有四个特点：（一）形体固定，一个字一般只有一个写法；（二）偏旁位置固定，不得随意变换；（三）偏旁符号固定，不得随意增减；(四)字形简化，在书写的线条化和文字的符号化方面取得长足进展。

隶 书

隶书是由小篆演变而成的一种简化字体，它的字形扁阔，笔画平直，横画蚕头燕尾，完全摆脱了象形文字的遗意，更具造型艺术的特征。

隶字始于秦代。1975 年 12 月湖北云梦睡虎地秦墓出土的 1100 余枚墨书竹简，字体端整，书体虽属小篆，但笔法已有隶书笔意，是由小篆向隶书过渡的产物，现称秦隶。秦朝虽用小篆统一了文字，但在民间使用最多的却是秦隶。秦朝灭亡之后，小篆消亡，隶书代之而起。汉代官方重视书法，甚至把书法纳入法制的轨道，《汉书·艺文志》云：

> 汉兴，萧何草律，亦著其法，曰："太史试学童，能讽书九千字以上，乃得为史。又以六体试之，课最者以为尚书御史、史书令史。吏民上书，字或不正，辄举劾。"

又据唐张怀瓘《书断》：

> 灵帝好书，征天下工书者于鸿都门，至数百人。

280

汉代采用这些措施对正定文字、普及隶书起了重要作用。1973 年湖南长沙马王堆汉墓出土的西汉早期竹简和秦隶相比，笔画稍有一些波形的粗细变化，显得古拙，因称"古隶"。1972 年至 1976 年甘肃居延出土的汉简体现了西汉中期的隶书特点，字形渐趋长方，笔画出现波磔，是古隶向成熟汉隶的演变时期。1972 年甘肃武威旱滩坡出土的汉医药简，体现了西汉晚期的隶书特点：字形由长方变为扁方，撇、捺相背而开张之势更加强烈，波势愈加明显，标志隶书已进入成熟时期。到了东汉，隶书的风格由平实、朴拙渐趋华美多姿，这当然与东汉碑石林立的社会风气有关(图 48)。

图 48 东汉隶书《曹全碑》

和小篆相比，隶书的简化主要表现在以下几个方面：（一）分解小篆弯弯曲曲的线条，把曲笔变为直笔。（二）合并部首，用同一部首代替原来各不相同的部首，如"春"、"秦"、"奉"、"泰"、"奏"五字原来上部写法并不相同，隶书变为相同的写法。（三）有些字省去了某些部分，如"屈"字，原字上"尾"下"出"，隶书则省去"尾"字之"毛"。（四）有些字用简单的部分代替了复杂的部分，如"晋"字，原来上部为两个"至"字，隶书变简单了。总而言之，汉字由篆而隶，是从复杂到简单、从书写不便到书写方便的变化过程，是汉字发展的必然趋势。

草　书

草书(图 49)的兴起，为书法艺术开拓了广阔的前景。从广义上说，草书是指文字书写简捷草率的字体。所谓"秦隶"实则秦篆之草书。不过，一般所谓"草书"是指隶书的草体。

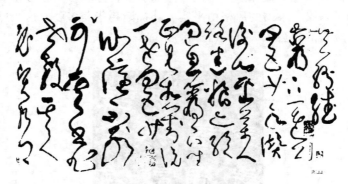

图 49　唐张旭草书

草书有章草、今草两类，章草带有隶书的遗意，一个个字分开来写，间或露出波磔。章草有两个优点：一是笔画简单，它往往省去一个字的某些部分，如"時"省去右上之"土"。有些本来并不相同的偏旁，草书变得非常相似，如"系"、"月"、"车"等。二是笔画交代得比较清楚。它的缺点是字形结构和小篆、隶、楷等大相径庭，难于记识。草书发展到东晋形成今草，连笔多是今草的显著特征。今草往往把很多字连在一起，用一笔写成，因此，人们常用"龙飞凤舞""笔走龙蛇"来形容它。

楷　书

楷书是由隶书为基础发展起来的。楷书初叫"正书"，稍后又叫"真书"，"楷书"之名是唐代才有的。"楷"是模范、法式的意思，顾名思义，楷书就是供人们学习模仿的标准字体。楷书是汉字由象形文字向表意文字过渡的最后阶段，它的出现，标志着汉字向书法艺术的成熟迈出决定性一步。楷书的基本特点是形体方正，笔画平直，一丝不苟。它与隶书的区别是形体由扁而方，横和撇的末尾不再上挑，点由长变为圆形。

楷书出现于东汉末年。南北朝时期的"魏碑体"属于楷书的一大流派，魏碑体因北魏碑版多用此体而得名，这种字体带有隶书遗意，字形偏方，用笔方折劲健，质朴雄浑，表现出北方民族质朴豪爽的性格，康有为《广艺舟双楫·备魏》云：

> 古今之书，唯南碑与魏碑可宗。可宗为何？曰有十美：一曰魄力雄强，二曰气象浑穆，三曰笔法跳越，四曰点画峻厚，五曰意态奇逸，六曰精神飞动，七曰兴趣酣足，八曰骨法洞达，九曰结构天成，十曰血肉丰美。

"十美"之说虽然有些过分，但魏碑体的书法成就确实不可等闲视之。楷书至唐而极盛。唐代重视书法，书法优秀甚至是升官必须具备的条件之一，据宋洪迈《容斋随笔·唐书判》：

> 唐铨选择人之法有四：一曰身，谓体貌丰伟；二曰言，言辞辩正；三曰书，楷法遒美；四曰判，文理优长……既以书为艺，故唐人无不工楷法。

为了培养书法人才，唐代还专门设有书法专科学校，据《新唐书·百官志》：

> （太宗）贞观元年，诏京官职事五品以上子嗜书者二十四人，隶馆习书，出禁中书法以授之。

唐太宗李世民酷爱书法，千方百计搜罗王羲之书品，还亲自为《晋书·王羲之传》写了传赞。上有好者，下必有甚焉。由于官方重视书法，从而把唐代书法推向中国书法史的黄金时代，唐代书法人才之多是史无前例的(详第七章第一节)。实际上，唐代名不见经传的书法家则有更多，正如宋朱翌《猗觉寮杂记》卷下所说：

> 唐人无不善书，远至边裔书史里儒，莫不书字有法，至今碑刻可见也，往往胜于今之士大夫。

马宗霍《书林藻鉴》卷八说：

> 唐代书家之盛，不减于晋，固由接武六朝，家传世习，自易为工。而考之于史，唐之国学凡六，其五曰书学，置书学博士，学书日纸一幅，是以书为教也。又唐铨选择人之法有四，其三曰书，楷法遒美者为中程，是以书取士也。以书为教仿于周，以书取士仿于汉，置书学博士仿于晋。至专立书学，实自唐始，宜乎终唐之世，书家辈出矣。

唐代楷书水平之高也是史无前例的。宋马永卿《嬾真子》卷三说：

> 唐人字画见于经幢碑刻文字者，其楷法往往多造精妙，非今人所能及。盖唐世以此取士，而吏部以此为选官之法，故世竞学之，遂至于妙。

当代著名书法家启功也说：

> 吾观唐世经生楷书手之字迹，笔墨流动，结构谨严，常出碑上名家法度之外。①

唐代著名书法家欧阳询、虞世南、褚遂良、李邕、颜真卿、柳公权等均精于楷书，欧阳询的楷书结体长方，于平正中见险劲，用笔以方为主。虽然字形、笔画极尽变化，仍感沉稳。点画多呈三角形，横画向

---

① 刘石：《中国书法》，三环出版社1990年版。

右上取势，撇笔细长，捺笔锋芒毕露，直钩平出。代表作有《九成宫醴泉铭》(图50)、《化度寺碑》等。虞世南的楷书继承了"二王"的书法传统，内柔外刚，笔致圆融遒丽，代表作有《孔子庙堂碑》等。褚遂良的楷书丰艳流畅，变化多姿，代表作有《孟法师碑》、《房玄龄碑》等。李邕的楷书取二王之长，而有所创新，笔力沉雄，自成面目，代表作有《云麾将军李思训碑》等。颜真卿的楷书气势雄伟，笔画丰肥，用笔以圆为主。笔画横细竖粗，顿挫分明，点画讲究呼应连贯，撇笔迅挺，捺笔分量重、斜度大、出脚长。代表作有《多宝塔碑》(图51)、《颜家庙碑》等。柳公权的楷书字形比颜体稍长，筋骨外露，笔画富有弹性，顿挫不如颜体明显，无论横、竖、撇、捺，笔势都向四方伸展。代表作有《玄秘塔碑》(图52)、《金刚经》、《神策军碑》等。随着唐代书学的兴盛，全面系统的书学理论已经形成，出现了不少书学专著，其中有孙过庭《书谱》、张怀瓘《书断》、窦臮《述书赋》、颜真卿《述张长史笔法十二意》等。宋元明清书法家代不乏人，但大多取法于欧阳询、虞世南、褚遂良、李邕、颜真卿、柳公权等。

图50 欧阳询书
《九成宫醴泉铭》

图51 颜真卿书
《多宝塔碑》

图52 柳公权书
《玄秘塔碑》

在草书、楷书之后，还有行书。草书写得快，但苦于认读；楷书易认，但书写较慢。行书取二体之长，补二体之短，可以说是楷书之草化，草书之楷化。

以上就是汉字演变的大致过程。作为雕版印刷的字体，最起码的要求是文字清晰，便于阅读。如果满纸涂鸦，不便阅读，甚至根本看不懂，那就失去了雕版印刷的意义。著名史学家吕思勉指出："文字书写必求其捷速，观览则求其清晰。捷速利用行草，清晰莫如楷则。"①唐柳仲郢抄书甚多，"小楷精谨，无一字肆笔"②，就是为了便于自己阅读。古往今来很多抄书者使用的都是楷书。让我们就"日"、"月"、"水"、"土"四字的各体比较如下（图53）：

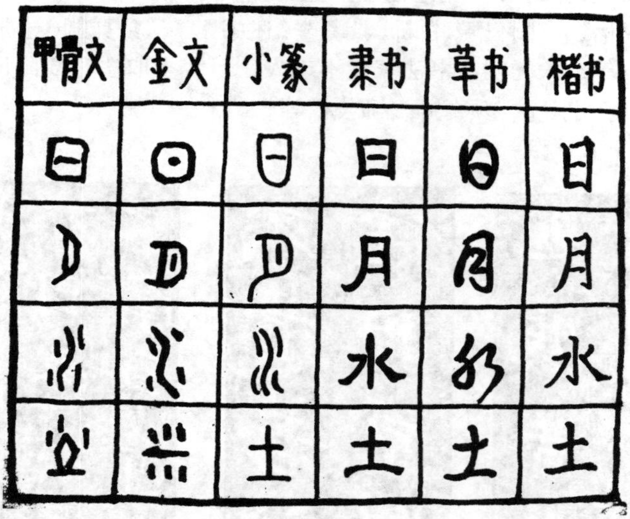

图 53　各种书体比较

不难看出，楷书是所有字体中最易识读的一种字体。作为印刷字体，

---

①　吕思勉：《隋唐五代史·隋唐五代学术》，上海古籍出版社 1984 年版。
②　《旧唐书·柳仲郢传》。

楷体是最适宜的。楷体虽然东汉末年已经出现，但它发展到唐代才最后成熟。唐代精于楷书的书法家举不胜举，例如徐峤之、唐玄度、李磎、詹鸾、顾绍孙、张颜、崔远、戎昱、扬庭、钮约、卢知猷、李枢、宋儋、韩秀实、徐放、张从申、韦陟、陆曾、韩志清、朱思慎、吕向、齐皎等。著名书法家张旭除了以草书著称之外，也很精于楷书。著名女子钞书家吴彩鸾也经常以楷字钞书。唐代著名的楷书碑铭除了上例之外，还有《昭仁寺碑》、《段志玄碑》、《皇甫诞碑》、《陆让碑》、《孔颖达碑》、《郭荣碑》、《雁塔圣教序》、《昭提寺圣教序》、《尉迟恭碑》、《高士廉碑》、《于志宁碑》、《令狐德棻碑》、《吴广碑》、《述圣颂碑》、《嵩山少林寺碑》、《述圣记》、《东方朔画赞碑》、《麻姑仙坛记》、《元结碑》、《干禄字书》、《颜勤礼碑》、《徐浩碑》、《开成石经》、《冯宿碑》、《弥勒像碑》、《少林寺戒坛铭》、《张九成碑》，等等。金其桢《中国碑文化·百花盛开的唐代碑文化》指出：

> 著名的唐代六大家欧阳询、虞世南、褚遂良、李邕、颜真卿、柳公权，除李邕擅长行书外，其他五人留下的几乎全是楷书名碑。在唐代碑刻中，数量最多的是楷书碑刻，其艺术成就最高，对后世影响最大的也是楷书碑刻。

唐代众多书法家把楷书艺术推向炉火纯青的境地。唐代楷书的成熟，为唐代发明雕版印刷又创造了一个条件。

二、石刻与刻字技术

既然楷书是雕版印刷的最佳字体，那么，楷书转移到印板上，离不开雕刻工艺中的刻字技术。刻字技术与石刻、木刻、玉刻等的产生和发展密切相关，其中与石刻尤其密切，甚至可以说，一部石刻史就是一部刻字技术发展史。登过泰山的人，永远不会忘记，从中天门到南天门的摩崖石刻叫你目不暇接，那苍劲的大字，那娴熟的刀法，使你不得不驻足而观。在崇高的享受中竟致忘记了十八盘的威严。其实，石刻何止泰山一处。石刻在我国有着悠久的历史，整个华夏大地犹如一座宏伟的石刻博物馆。无论你走到哪里，都可以看到古代石刻的遗迹。千千万万的石刻工人用自己智慧的双手矗立起一座座历史的丰碑。历代石刻数量之多、内容之丰富、艺术之精湛，令人叹为观止。程章灿指出：

> 刻石是石刻文献成立之必不可少的关键环节之一，而刻工则是具体实施并完成这一环节的重要因素。从内容上说，正是刻工将文本从纸帛转移到石材，实现了文献载体的转移，这在相当程度上促进甚至保证了文献的广泛传播和长远流传。从形式上说，刻工利用自己的技艺，再现了笔划字形乃至图画形象，高者甚至巧妙传达了笔墨的神韵，达到逼真的效果。刻工中的佼佼者往往同时在书法、绘画、篆刻乃至诗文方面具有良好的素养，有些人甚至堪称工艺美术大师。①

石刻和雕版印刷有着十分密切的关系，尽管石刻以石为雕刻对象，雕版印刷以木为雕刻对象，但二者在本质上是一样的，都是以刀作为工具进行工作的。刀法之高下，决定其艺术成就的生命力。石刻早出，雕版印刷后起，雕版印刷借鉴了石刻的刻字技术。不仅如此，石刻还与拓印技术的产生密切相关，因此，研究雕版印刷的起源必须研究石刻的发展历史。

先秦两汉石刻

石刻是一种寄托。在雕版印刷没有发明的时候，石刻更是一种传之久远的寄托方式。历代石刻源远流长。《汉书·艺文志》六艺略春秋类有《奏事》二十篇，班固注云："秦时大臣奏事及刻石名山文也。"此为古代著录石刻文字之权舆。

---

① 程章灿：《石刻刻工研究·绪论》，上海古籍出版社 2008 年版。

先秦及秦代石刻可考者有石鼓文、峄山刻石、泰山刻石、琅玡刻石、之罘刻石、碣石刻石、会稽刻石等。其中，石鼓文最为著名（详本章第一节）。峄山、泰山、琅邪三石刻于始皇二十六年（前221）第一次东巡；之罘刻石刻于始皇二十九年（前218）第二次东巡；碣石刻石刻于始皇三十三年（前214）第三次东巡，此石早已坠入海中，历代均无著录；会稽刻石刻于始皇三十七年（前210）第四次东巡。六石文字除了峄山石文之外，其余五石之文均载司马迁《史记》中。

西汉石刻不多，宋赵明诚《金石录》、郑樵《通志·金石略》仅著录数种，清翁方纲《两汉金石记》仅收录三种，今人施蛰存《汉碑目录》著录最多，也只有22种。西汉石刻不仅数量少，而且文字也没有秦石之长，例如西汉初刻《群臣上寿刻石》只有15个字："赵廿二年八月丙寅群臣上寿此石北。"

东汉石刻日渐增多。正如刘勰《文心雕龙》所说："后汉以来，碑碣云起。"蔡邕《蔡中郎集》中碑文几乎占了一半。《水经注》著录的270余种碑刻中，有120种属于汉代石刻。而在汉代石刻之中，东汉石刻又占了绝大多数。不过东汉碑文多为谀辞，蔡邕曾坦率地承认过这一点。据《水经注·汾水篇》：

> 故蔡伯喈（蔡邕之字）谓卢子干、马日碑曰："吾为天下碑文多矣，皆有惭容，唯郭有道（林宗）无愧于色矣！"

单是熹平元年（172）至光和七年（184）的10余年中，可考刻石已有90余种，堪称汉代刻石的全盛时期。著名的《熹平石经》刻于灵帝熹平四年（175），这是我国古代儒家经典首次刻石（图54）。

汉代石刻的载体形态以石阙石刻、碑版石刻为多。如前所言，著名的河南嵩山三阙就是汉代刻的。碑版石刻如山东曲阜的《孔庙碑》、《孔褒碑》、《礼器碑》、《乙瑛碑》等均刻于汉代。就书体而言，汉代石刻以隶书为主，篆书亦不同于秦篆。汉代石刻书体对研究由秦篆到汉隶的转变具有重要价值。

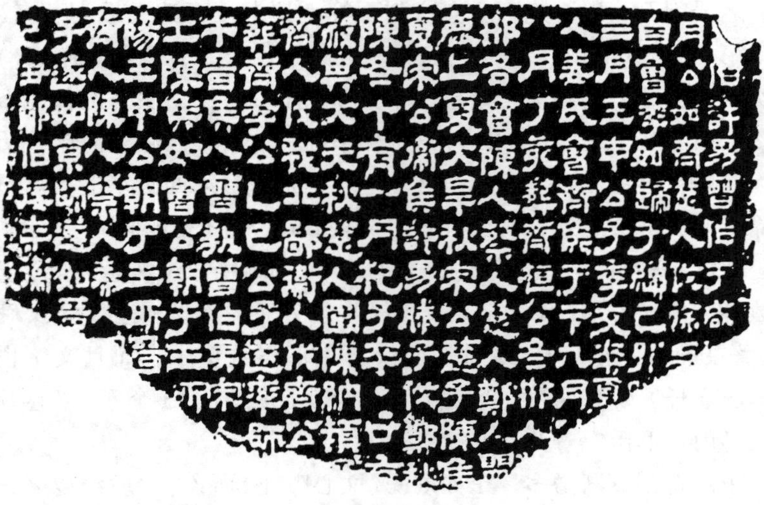

图 54　熹平石经

魏晋南北朝石刻

　　《水经注》著录三国石刻 34 种。《通志·金石略》著录三国石刻 36 种，曹魏碑刻今见 10 余种，其中全石仅见《魏郡公上尊号表》、《魏受禅表》和《孔子庙碑》三种，余皆残石。此外，曹魏时期还刻了曹丕《典论》和正始石经（图 55）。据《三国志·魏书·明帝纪》：

　　　　太和四年春二月戊子，诏太傅三公，以文帝《典论》刻石，立于庙门之外。

　　正始石经刻于魏正始间（240—248），这是我国古代第二次刻经于石。就整体来看，三国的碑刻是不多的。"建安十年，魏武帝以天下雕弊，下令不得厚葬，又禁立碑。魏高贵乡公甘露二年，大将军参军太原王伦卒，伦兄俊作《表德论》，以述伦遗美，云：'祇畏王典，不得

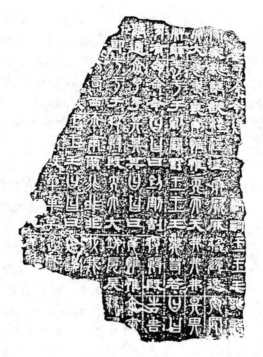

图 55　正始石经

为铭，乃撰录行事，就刊于墓之阴云尔'。"①这说明当时碑禁甚严。

晋初碑禁一仍魏例，据《宋书·礼二》：

> 晋武帝咸宁四年，又诏曰："此石兽碑表，既私褒美，兴长虚伪，伤财害人，莫大于此，一禁断之。其犯者虽会赦令，皆当毁坏。"

到了晋元帝大兴元年(318)，碑禁稍弛，故骠骑府主簿故恩营葬旧君顾荣始得立碑。此后，立碑之风又起，无论大小官吏，死后均可树碑

---

① 《宋书》卷十五。

立传。《水经注》著录晋代石刻 60 余种,《通志·金石略》著录约 55 种,其中有《南乡建国碑》、《阮籍碑》、《潘岳碑》、《王戎碑》、《杜预碑》、《洛神碑》、《北岳祠堂颂》、《云南太守碑》、《遗教碑》等。今存泰始六年(270)刻《南乡太守郛休碑》、泰始八年(272)刻《任城太守夫人孙氏碑》,义熙元年(405)刻《爨宝子碑》等。

鉴于当时碑铭之滥,东晋义熙中,裴松之曾上表劝阻,据《宋书·裴松之传》:

> 松之以世立私碑,有乖事实,上表陈之曰:"碑铭之作,以明示后昆,自非殊功异德,无以允应兹典。大者道勋光远,世所宗推,其次节行高妙,遗烈可纪。若乃亮采登庸,绩用显著,敷化所莅,惠训融远,述咏所寄,有赖镌勒,非斯族也,则几乎僭黩矣。俗敝伪兴,华烦已久,是以孔悝之铭,行是人非;蔡邕制文,每有愧色。而自时厥后,其流弥多,预有臣吏,必为建立,勒铭寡取信之实,刊石成虚伪之常,真假相蒙,殆使合美者不贵,但论其功费,又不可称。不加禁裁,其敝无已。"以为"诸欲立碑者,宜悉令言上,为朝议所许,然后听之。庶可以防遏无徵,显彰茂实,使百世之下,知其不虚,则义信于仰止,道孚于来叶"。由是并断。

此表对东晋晚期及南朝产生了较大影响。《通志·金石略》著录南北朝石刻 156 种,而南朝不到 20 种。今天可以看到的有刘宋大明二年(458)刻《爨龙颜碑》,南齐刻《吴郡造维卫尊佛背题字》和《吕超墓志》,梁刻《始兴忠武王萧憺墓碑》等。相比之下,北朝则是另外一番景象。《通志·金石略》著录的 156 种南北朝石刻中,130 余种属于北朝石刻。北朝皇帝不但自己喜欢刻石记功,而且也奖励民间刻石。太延三年(437)刻《皇帝东巡碑》是北魏第一碑,该碑记道武帝拓跋焘东巡时与群臣比赛射箭事。北魏还将崔浩《国记》刊石,据《魏书·崔浩传》:

初，郄标等立石铭刊《国记》，浩尽述国事，备而不典。而石铭显在衢路，往来行者咸以为言，事遂闻发。

又据《南齐书·魏虏》记载，为了刊刻《国记》，"于邺取石虎文石屋基六十枚，皆长丈余，以充用"。北齐武平四年（573）刻《兰陵王高肃碑》，大字雄健，堪称北碑中之瑰宝。此外，北朝著名的碑版还有北魏太和十八年（494）刻《皇帝吊比干文》、太安三年（457）刻《嵩高灵庙碑》、永平三年（510）刻《南石窟寺碑》、永平四年（511）刻《郑文公碑》、东魏兴和二年（540）刻《修孔子庙碑》、北齐乾明元年（560）刻《夫子庙碑》、北周天和三年（568）刻《华山神庙碑》等。清代晚期以来，洛阳北邙出土大量北魏贵族的墓志石，具有较高的史料价值。王壮弘《六朝墓志检要》著录北魏墓志 380 种，西魏和东魏 56 种，北齐和北周 87 种，南朝墓志 20 余种。

随着魏晋南北朝时期石刻的大量增加，出现了专门著录石刻的著作。《隋书·经籍志》著录《碑集》、《杂碑集》、梁元帝《释氏碑文》、陈勰《碑文》、车灌《碑文》、《荆州杂碑》、《雍州杂碑》、《羊祜堕泪碑》、《桓宣武碑》、《长沙景王碑文》、《广州刺史碑》、《义兴周处碑》、《诸寺碑文》、谢庄《碑集》等 17 种。可惜诸书今已亡佚，独见北魏郦道元《水经注》著录秦汉以降石刻 270 余种，其中魏晋南北朝时期有 110 余种。

隋 唐 石 刻

据《通志·金石略》著录，隋代石刻约有 73 种。其中有薛道衡《平陈碑》、开皇二年（583）刻《兴福寺碑》和《老子庙碑》、开皇六年（586）刻《兴国寺碑》、开皇九年（589）刻《广业郡守郑君碑》、开皇十年（590）刻《午卯寺碑》和《潞州颂德碑》、开皇十二年（592）刻《宝塔碑》、开皇十五年（595）刻《化善寺碑》、仁寿元年（601）刻《蒙州普光寺碑》、大业元年（605）刻《梁州刘炫碑》、大业六年（610）刻《西平太守上官政墓志》，等等。此外，著名的房山石经也是隋代始刻的。释迦牟尼认为，万事万物有生有灭，佛法也不例外。佛法存在的历史可分正法、像法、末法三期。所谓"正法"即佛法正确无误，历时 500 年；所谓"像法"即佛法貌似正法，其实已有变化，历时亦 500 年；所谓"末法"即佛法灭亡之时，历时 1000 年。南北朝时期距释迦牟尼逝世大约 1000 年，加上当时确实发生了北魏太武帝、北周武帝两次排佛事件，佛教徒有一种危机感，惶惶不可终日，以为"末法"就在眼前，于是千方百计保存佛教经典。这就是房山石经的历史背景。房山石经的发起人是隋释静琬，静琬发愿造一部石刻大藏，封藏起来。于是在幽州西南五十里大房山的白带山开凿岩壁为石室，磨光四壁，镌刻佛经。又取方石，另刻藏在石室里面，每一间石室藏满，就用石头堵门，并熔化铁汁把它封锢起来，到贞观五年(631)《大涅槃经》才告成功。

　　唐代石刻是石刻史的黄金时代。《通志·金石略》著录唐代石刻1000 多种，其中碑版、石幢极多。也许由于开采山石的技术还不过关，汉碑比较矮小。与汉碑相比，唐碑高大，一般高 200 厘米左右，宽 140 厘米左右，加上精雕细刻的碑额和碑座，一座唐碑本身就是一件雄伟的石雕艺术品。昭陵有 100 多座陪葬墓，一墓一碑，构成一座规模宏大的碑林，至今尚存三四十块，雄伟的《李勣碑》至今巍然屹立，给人留下深刻的印象。华山的《华山铭》有 4 丈多高，空前绝后。可惜已经毁于唐末战火。嵩山徐浩书《圣德感应碑》立于唐玄宗天宝三年(744)，碑高约 3 丈、宽 8 尺、厚 4 尺。唐碑的书法水平很高，不少书法家都在碑石上留下了他们的手迹。据不完全统计，李邕写了《开元寺碑》、《普光寺碑》、《岳麓寺碑》等数百块，为唐代之冠；颜真卿写了《多宝塔感应碑》、《放生池碑》等 40 多块；史维则写了《香谷渠记》、《李德逊碑》等 40 多块；柳公权写了《神策军碑》、《太子太保李听碑》等 60 多块；李阳冰写了《三坟记》、《迁先茔记》等三四十块；欧阳询写了《九成宫醴泉铭》、《皇甫诞碑》等 20 余块；徐浩写了《昙真碑》、《王建昌碑》等 48 块；韩择木写了《孔子庙碑》、《三绝碑》等 21 块。好大喜功的唐玄宗也亲自出马，写了《道德经》、《孝经》等 30 余块。据《通志·金石略》著录，褚遂良、薛稷、梁升卿、苏灵芝、徐矫之、归登、萧诚、刘禹锡、郑余庆、魏华、畅整、裴休、卢藏用、殷仲容、张弘靖、张谊、张从申、徐放、钟绍京、冯晓、盖巨源、柳仲年、李德裕等也写碑不少。唐代立碑成风，一些文人因此而发财，请看下列记载：

> （李华）晚事浮图法，不甚著书，唯天下士大夫家传、墓版及州县碑颂，时时赍金帛往请，乃强为应。
>
> ——《新唐书·李华传》

> （李）邕之文，于碑颂是所长，人奉金帛请其文，前后所受巨万计。
>
> ——《新唐书·李邕传》

> （裴）度修福先寺，将立碑，求文于白居易。（皇甫）湜怒曰："近舍湜而远取居易，请从此辞。"度谢之。湜即请斗酒，饮酣，授笔立就。度赠以车马缯绲甚厚，湜大怒曰："自吾为《顾况集序》，未常许人。今碑字三千，字三缣，何遇我薄邪？"度笑曰："不羁之才也。"从而酬之。
>
> ——《新唐书·皇甫湜传》

> 当时公卿大臣家碑板，不得公权手笔者，人以为不孝……公权志耽书学，不能治生，为勋戚家碑板，问遗岁时巨万，多为主藏竖海鸥、龙安所窃。
>
> ——《旧唐书·柳公权传》

> 长安中争为碑志，若市贾然。大官卒，造其门如市，至由宣竞构致，不由丧家。
>
> ——《全唐文纪事·杂记》

可见撰写碑文、镌刻墓志，成为唐代文人的发财之道，竞争相当厉害。正是这种风气促进了唐代碑刻的繁荣。墓志在唐代碑版石刻中占有重要地位。唐代举办丧事，墓志必不可少。现在出土的唐代墓志，至少有4000种，河南张钫一人就藏有唐代墓志石刻1200多种，因名其斋曰"千唐志斋"。墓志有重要的史料价值，施蛰存先生在《金石丛话》中曾举过一个例子：

> 夏承焘先生作《词人温飞卿年谱》，以不能考知他们的卒年为憾，我据《宝刻丛编》（墓志）的记录写信告诉他：温飞卿卒于咸通七年。他非常高兴，记入他的《承教录》，这一件事就说明了墓志的史料价值。

当然，唐代碑版石刻中，规模最大的作品当属《开成石经》。开成石经刻于唐开成年间（836—840），这是我国古代第三次刻儒经于石。据《旧唐书·文宗纪》：

> 开成二年冬十月癸卯，宰臣判国子祭酒郑覃进《石壁九经》一百六十卷。时上好文，郑覃以经义启导，稍折文章之士，遂奏置五经博士，依后汉蔡伯喈刊碑列于太学，创立《石壁九经》，诸儒校正讹谬。上又令翰林勒字官唐玄度复校字体，又乖师法，故石经立后数十年，名儒皆不窥之，以为芜累甚矣。

其实，开成石经的经数并非九经，而是十二经。万斯同《石经考》卷下云：

> 按《旧唐书·文宗本纪》及《郑覃传》皆言《石壁九经》，即黎持之《记》（指宋元祐五年黎持撰《京兆府学石经记》）亦然。其实九经之外，更有《孝经》、《论语》、《尔雅》凡十二经，不止九经也。其时《孟子》尚杂诸子中，未与《大学》、《中庸》共列为四书也。然此十二经之外，张参之《五经文字》、唐玄宗之《九经字样》与之并行。历五代、宋、元、明，迄今载祀九百，而此刻一无损失，则以吕公置请学校之故也。然汉魏石经亦在学校，不及

四百年残毁殆尽，则以洛阳帝都屡遭大乱，长安自唐以后无建都者，故反获保全耳。

　　唐代石幢亦多，石幢用来刊刻佛经，又称为经幢。佛经之中，刊刻最多的是《金刚经》和《陀罗尼经》。这种经幢的史料价值和书法价值都不高，人们等闲视之。但是，不少经生书写的经幢，其书法却令人刮目相看。清末学者叶昌炽酷嗜金石，积经幢石本有 500 种之多，名其斋曰"五百经幢馆"。

　　历史石刻情况大致如上所述。比较而言，于唐为盛。唐代石刻数量之多，内容之丰富，为它代所不及。唐代石刻之盛还可以找到一个证据，据曾毅公《石刻考工录》(书目文献出版社 1987 年版)、程章灿《石刻刻工研究》(上海古籍出版社 2008 年版)、金其桢《中国碑文化》(重庆出版社 2002 年版)等论著，计有汉代刻工 20 人、三国 5 人、南北朝 18 人、隋 5 人，唐代达到 351 人，约为唐代以前刻工总和的七倍。为了表彰刻工的历史性功勋，兹不惜篇幅，将其名单开列如下：

汉　代	宋高	孟孚	邯邯公修	苏张	陈兴	王明　刘武
	刘盛	武卯	孙宗	卫改	张伯严	□□赵　□张
	□绛	□咸明	王迁	刘元存	赵兴	程福(共 20 人)
三　国	钟繇	朱□	殷政	何赦	王基(共 5 人)	
南北朝	杜芡子	邵元明	房贤明	荔非薄非	荔非辐	
	荔非归	袁道与	田平诚	苏　□	武阿仁	
	张文	曹和	穆映清	刘同和	于仙	
	武遇	赵义林	僧绪(共 18 人)			
隋　代	李宝	杨邻岩	郭登	郭悦	万文韶(共 5 人)	
唐　代	张爱	□大□	沈道元	常长寿	范素	辛胡师
	朱静藏	杨惠庆	洛滨兴	赵怀哲	王客师	赵文素
	乔继玟	董大□	李檀度	董修祖	李阿四	索洪亮
	张敬	史正勤	高思礼	田文远	□伯□	李□节
	贾行表	丁处约	□慎非	□凤仁	伏灵芝	安祚

朱罗门	诸廷诲	王希贞	邵建初	朱　暎	杜元贞
沈　隐	吴光远	徐元礼	卫　鹤	朱曜光	王庭训
陈须达	史子华	严大斌	张乾爱	刘　遇	薛遂之
李□节	解崇光	慈　敏	张　昂	张□庆	史　荣
刘承恩	李　兴	杨子岩	杜南金	韩休烈	史　华
李崇绚	张　伽	檀如洛	张景升	李志□	蒲志常
徐公□	张　浑	栗　光	张　遵	林　云	屈集臣
炅光道	雍慈顺	郭　端	庞英干	杨　炭	勾海朝
吴崇休	尚　献	□　秀	魏清海	葛　蒙	马　瞻
张伯伦	张文凑	白太清	杨　诚	姜　浚	屈　贲
王　雅	焦献直	程元辅	宋　液	实　悟	安常皎
鲁　建	尧　叟	承仕荣	谈　寂	马　迁	宋　准
李叔齐	安政兴	杨怀政	薛　元	徐智端	郑公逸
王贞素	鲁元楚	杨怀直	范良信	韩　持	陈德方
章武及	沈　郁	奉　和	邵建和	杨全庆	杨怀顺
宋弘度	黄公素	马　成	瞿文剀	秦　锷	李从暎
阳怀顺	陆　永	司马弘	司马简	周　儒	闰　郎
戚文憓	何　亮	吴　伦	张　甫	吴　晏	杨　荣
杨君亮	张继□	王庆宾	李少鸿	刘　新	□　庆
郏□□	杨君建	汤惟晟	周　瑛	贾从政	孙　璋
陈　政	王　锅	王居安	陆傅□	李　约	鲁敬存
陈承鼎	陈文昌	郁　□	鱼宗会	任行礼	贾　玫
贾敬文	梁清闰	刘居泰	杨元会	□　爽	甄景通
胡　璋	守　因	崔重忠	崔重宝	崔重资	张元从
张元庆	孔神相	李延照	万□俗	万保哲	蒋　文
张义本	孙弘秀	万三奴	万元抗	安金藏	姚思义
陈怀义	李思节	□凤仙	万　光	常思恩	徐思忠
赵　礼	吴光遠	万　钧	栗仙鹤	朱曜乘	卫灵鹤
李仙琦	刘传琏	张彦升	杨　嵒	张乾护	石　公
赵　峤	范　炭	李宗洵	刘玄觉	张　濯	杨秀岩

胡超□	杨 萱	陈 僧	张履信	李 蒋	实 悟
程 进	李秀岩	陈 初	程用之	石从建	高元瞻
吴文休	乔 倩	李坦然	李太清	白 清	刘 □
李 清	赵从义	冯惟政	郑重逸	强 琼	毛季平
郭 耄	吕少琼	孙 济	力季文	李自昌	邵 契
刘玉珪	李 昌	朱士良	郑兰临	强 演	陈子春
紫 羽	左 仇	马大同	蒋 浑	邢公素	曹 骏
朱 弼	曾光幽	韩弘庆	李 惠	王朝顺	彭 誓
邵建和	元 晟	从 颍	从 隐	韦师谏	祝 郁
祝 咸	李元楚	白 仅	恋宏庆	陈 建	慎惟南
向 □	程 昙	韩师复	李 郓	强 琮	王贞右
周 沂	王良祐	李从庆	周 鉴	沈 咸	赵季随
张大安	朱圆郎	李 砡	王少直	陈常建	周 镒
许元从	柴 质	李可诠	潘 骈	潘 引	王 柬
邵建初	张公武	王少从	鲁 球	张元绪	陈从谏
屈 瑗	尹仲俭	李 直	杨维晟	祝 位	强存章
邵宗异	鱼元诚	赵 庆	王□□	强 存	许 从
陆 政	周 瑛	刘 玮	强 颍	邵 宗	曲 武
邵 易	吴 淑	韦从敏	韦 敏	张以德	李 厚
冼 亚	杨万岁	盖 尧	刘 瞻	韦从实	韦从敏
秦 礼	李 贵	强 审	尹 鉄	任 迁	陈存宝
李彦容	□□武	王 绪	王 安	孔 诠	王允章
王 昌	袁进德	白希琳	赵执珪	僧昙远	陈 琼
李 制	谷 亮	檀 卿(共351人)			

当然，由于资料所限，这只是一个挂一漏万的名单。其中，镌刻褚遂良书《雁塔圣教序》的万文韶、镌刻虞世南书《孔子庙堂记》的安祚、镌刻欧阳通书《道因法师碑》的范素、镌刻沮渠智烈书《奉仙观太上老君石像碑》的赵文素、镌刻武则天书《升仙太子碑》的韩神威和朱罗门、镌刻卢藏用书《汉忠烈纪信碑》的史正勤和张敬、镌刻《僧大雅集

王书吴文碑》的徐思忠、镌刻史惟则书《大智禅师碑铭》的史子华、镌刻李隆基书《忠宪公裴公庭碑》的诸廷海、镌刻《易州铁像碑》的王希贞和解崇元、镌刻《云麾将军李秀碑》的慈敏和张昂、镌刻颜真卿书《多宝塔感应碑》的史华、镌刻李阳冰书《三坟记》的栗光、镌刻张从申书《改修吴延陵季子庙碑》的魏青海、镌刻孙藏器书《昭圣寺慧坚禅师碑》的强琼、镌制韩愈撰、陈谏书《南海广利五庙碑》的李叔齐、镌刻徐峤之书《阿育王寺常住田碑》的韩持、镌刻柳公权书《圭峰定慧禅师传法碑》的邵建初、镌刻《三藏大遍觉法师塔铭》的宋宏度等，都是名工巧匠。众多刻工用他们精巧的双手把雕刻艺术推向一个又一个高峰。欧阳修是宋代酷嗜金石的代表人物之一，有《集古录》一千卷，其《六一题跋·唐石壁寺铁弥勒像颂》云："余所集录古文，自周秦以下迄于显德，凡为千卷，唐居七八。"笔者曾对杨殿珣编《石刻题跋索引》(商务印书馆1957年版)著录的造像、题字、诗词、杂刻、经幢等进行过一次统计，结果如下：

类别	汉	三国	晋	南北朝	隋	唐	总计
造像				850	250	995	2095
题字	68	12	3	45	5	500	633
诗词	2			8		165	175
杂刻	340	45	22	154	76	1400	2037
经幢				44	16	600	660
总计	410	57	25	1101	347	3660	5600

可见唐代石刻的数量是最多的。金其桢著《中国碑文化》是一部洋洋117万言的巨著，他在《百花盛开的唐代碑文化》中说：

> 据查考，在唐朝统治的286年间，丰碑、巨碣、造像、墓志、经幢等各类碑刻数以万计。今所存者，墓志一项就有二千余种，其中西安碑林即藏有唐代墓志420多种，河南新安千唐志斋

藏有唐代墓志 1200 多种。唐代造像及题记仅龙门一山就有千余种，现尚存于世的唐代碑碣不下数百种。在这成千上万的各类碑刻中，名垂青史的精品佳刻数以百计。

唐代炉火纯青的刻字技术正是在这一碑一石中淋漓尽致地表现出来，从而为雕版印刷的发明创造了条件。

三、印章与反文阳刻技术

雕版印刷的反文阳刻技术是从雕刻印章学来的。为什么要刻"反文"？因为只有像印章那样雕刻"反文"，才能在纸上印出"正文"。如果雕成"正文"，那么在纸上只能印出"反文"，就不可卒读了。为什么要阳刻？因为只有像印章那样雕刻阳字（即笔画凸起之字，也称阳文），才能在纸上印出白纸黑（或其他颜色）字。雕版印刷反文阳刻（图 56）的刻字方法从印章本身受到直接的启发，因此探索雕版印刷的起源，有必要研究一下印章的发展历史。

图 56　雕版印刷所用反文阳刻版

印 章 概 说

印章是一种信物。它是社会经济发展到一定阶段的产物。在商品交换的过程中，为了保证商品的安全转移和存放，需要有一种凭证，这种凭证就是印章，正如刘熙《释名》所说："玺，徙也，封物使可转徙而不可发也。"又说："印，信也，所以封物以为验也。亦言因也，封物相因付也。"印章有玺、印、章、印章、宝、图书、关防等名称。先秦印章无论官私统称"玺"，应劭《汉官仪》云："玺，施也，信物，古者尊卑共之。"秦始皇统一中国以后，规定皇帝之印称"玺"，臣下只能称"印"，此制历代相沿不变。汉代官印按照等级或称"印"，或称"章"，也有"印章"二字连用者，武则天不喜"玺"字，遂改"玺"为"宝"。宋代以后，多称印章为"图书"，据宋张耒《柯山集·汤克一图书序》："图书之名，予不知其所取，盖古所谓'玺'，用以为信者。"明太祖为防止官场作弊，用半印之法，两相勘合，以严关防。后来，勘合之制虽废，但那些非正式设置的官员，其印信仍称"关防"。无论印章的名称如何纷杂，就其执掌者而言，无非官印、私印两大类：官印是官方就职、颁发文告、开展外交活动等凭信物，私印是民间交往的凭信物。清陈介祺《十钟山房印举》收录古代印章最富，多达一万余方，并将其分为 28 个大类，其中古钵 597 方，周秦印 916 方，官印 1110 方，金铁铅银印 64 方，玉印 61 方，钩印 17 方，巨印 5 方，泉钮印和龙钮印 10 方，五面印和六面印 13 方，套印 87 方，言事、白事、启事、言疏、白笺印 59 方，姓名表字印 37 方，姓名吉语印 53 方，等等。方寸之地，气象万千。小小印章不仅具有重要的艺术价值，而且具有重要的史料价值。

先 秦 印 章

印章的起源可以追溯到 3700 年前的商代。早在那时，我们的祖先就掌握了娴熟的刻字技巧，许多甲骨文就是他们一笔一画刻在龟甲和兽骨上的。安阳殷墟出土的三方商代铜玺更是流芳千古的杰作（图57）。这三方铜玺中的两方原藏旧中央研究院，现藏台湾省，另一方原藏济南尊古斋古玩店，后来辗转流传，不知下落。

图57　商玺

周代印玺（图58）以青铜质为主，文字用当时流行的籀书。周代典籍

图58　周玺

中已经出现有关印玺的记载，例如：

　　　凡通货贿，以玺节出入之……（郑玄注：玺节者，今之印章也）
　　　　　　　　　　　　　　　　　　　　　　　——《周礼·地官·司市》

　　　受其入征者，辨其物之嫩恶与其数量，楬而玺之。（郑玄
注：玺者，印也。即楬书揥其数量，又以印封之）
　　　　　　　　　　　　　　　　　　　　　　　——《周礼·秋官·职金》

季武子取卞，使公冶问，玺书追而与之，曰："闻守卞者将叛，臣帅徒以讨之，既得之矣，敢告。"

——《左传·襄公二十九年》

以上印文中的"玺"字均作商品交换或征讨之用。另如《庄子·胠箧篇》云："焚符破玺，而民朴鄙。"《吕氏春秋·适威篇》云："故民之于上也，若玺之于涂也，抑之以方则方，抑之以圆则圆。"这说明当时印章使用非常普遍，连写文章打比喻都离不开印章。战国时期，"物勒工名"式的印章很多，手工业者常把印章钤印在所制器物上，兹摘录山东省博物馆编《临淄制陶工人姓名住址简表》如下：

人　　名	住　　址	陶文(即记名玺全文)
雠	东 蒦 圍	东 蒦 圍 雠
矗	蒦 圍 南 里	蒦 圍 南 里 人 矗
造	蒦 圍 匋 里	蒦 圍 匋 里 人 造
喜	东 匋 里	绍 迁 东 匋 里 喜
帅	关　里	楚城迁关里帅
王间	丘齐平里	丘齐平里王间

这些人不仅是战国时期的手工劳动者，而且是战国时代的篆刻家。春秋战国之印，大小极不一致，一般私印小的 1～2 厘米见方，官印通常 2～3 厘米见方。最大的还有 7 厘米见方的，如"日庚都萃车马"朱文巨玺便是。由于春秋战国印章产生于书不同文之世，故其书体诡异，常常增损笔画，不易识别。先秦印章的数量相当可观，仅罗福颐《古玺汇编》就收录了 5708 方：其中官玺 369 方，姓名私玺 3391 方，复姓私玺 381 方，成语玺 785 方，单字玺 610 方。

秦汉印章

秦始皇玺的形制，据说是蓝田玉质，螭虎钮，字体小篆。印文内

304

容说法不一，或曰"受命于天，既寿永昌"；或曰"受天之命，皇帝寿昌"。《史记·始皇本纪》曾经多次谈到秦始皇使用玉玺的情况：

> （始皇死前）乃为玺书赐公子扶苏曰："与丧会咸阳而葬。"书已封，在中车府令赵高行符玺所，未授使者。
> …………
> （二世死后）子婴为秦王四十六日，楚将沛公破秦军入武关，遂至霸上，使人约降子婴。子婴即系颈以组，白马素车，奉天子玺符，降轵道旁。

可见秦朝灭亡后，始皇玺传至汉高祖刘邦。一般秦印的特点是有边栏界格，字体多小篆，笔意多取圆势，带有先秦时代大篆的风格(图59)。

图59　秦印

汉高祖刘邦规定，始皇玺为"传国玺"，世代相传。传国玺成为真命天子的标志，成为国家权力的象征。从此，传国玺成为历代野心家虎视眈眈的争夺目标。其实，这方传国玺至迟到汉献帝末年就丢失了。两汉时期，传国玺并不使用，经常使用的是另外六方印章："皇帝行玺""皇帝之玺""皇帝信玺""天子行玺""天子之玺"和"天子信玺"。这些印章均白玉质、螭虎钮，形制与传国玺差不多。汉代印章不用边栏界格，字体由小篆演变为缪篆，篆法平直方正，近似隶书，浑厚古朴，外朴内巧。有一种笔画极粗的"满白文"印，苍劲庄重，气势雄伟，如"别部司马""巧工司马""东郡守丞"等(图60)。还有一

图60　汉印

种被称为"急就章"，当时急需用印，来不及从容制作，仓促刻成。其印刀痕明显，笔迹锋利，毫无修饰，别具天趣。如"牙门将印"、"东阳亭侯之印"等，这种印大多属于军用官印。汉代印章多为白文，因为它是钤在封泥上的，当时纸张刚刚发明，文字载体以简牍为主。作为信函的木牍是这样制成的：木牍是一块凹形木板，文字写于凹下部分。其上加盖一块长短、宽狭与凹部相同的小木板，此谓之"检"。检上有三道用以盛放捆绑绳索的绳槽。第二道绳槽之中，又凿以盛放绳结的方槽，此谓之"印巢"或"印齿"。绳结之上，填以湿泥。湿泥之上，钤以印章。泥干绳固，不易拆开（图61）。简的文字多，用竹

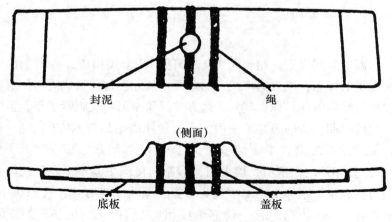

封泥　　　　　　　　　　　绳

（侧面）

底板　　　　　　　　　　盖板

图61　汉代木牍信函示意图

306

板编连成册，固封方法与木牍大同。经过这样处理以后，就可以防止私拆往来文书，达到保密的目的。钤在封泥上的阴文印章，翻阴为阳，更加醒目，极易识别。还有一种肖形印，多钤于封泥之上，其题材十分丰富：或描写统治阶级穷奢极欲，或刻画武士射骑场面，或表现神话故事，或反映劳动人民的生产活动。有些肖形印以娴熟的技巧刻画出鱼、龟、壁虎、甲虫等小动物，栩栩如生，极富生活气息。肖形印的数量也比较多，仅《古图形玺印汇》就收录先秦两汉肖形印 800余方。吴幼潜编《封泥汇编》收录周秦两汉封泥 1115 枚，其中不少封泥上就钤有肖形印。汉代官印多为四字，如"海右盐丞"、"建春门侯"、"武宁令印"、"南乡左尉"等。汉武帝太初元年（前 140）改为五字，如"广武将军印"、"武都太守章"等。因为印玺是权力的象征，所以汉武帝时还制定了一整套印玺制度，印玺的名称、质料、钮形、绶色等按照职官等级严加区别，不得越雷池一步，据卫宏《汉旧仪》：

> 诸侯王印，黄金橐驼钮，文曰玺；列侯黄金印龟钮，文曰印；丞相将军，黄金印龟钮，文曰章；中二千石，银印龟钮，文曰章；千石、六百石、铜印鼻钮，文曰印。

汉代规定的这套印章制度，一直沿用了数百年，直到两晋南北朝纸张代替竹简、封泥失去作用之后，印章制度才发生了变化。总而言之，汉代印章承前启后，极富创造精神，是印学史上的重要发展时期。

魏晋南北朝印章

魏晋南北朝官印式样一遵汉制，而文字风格渐趋单薄。这是魏晋南北朝人多习真草、不善篆隶而造成的。这个时期，研究古文字的人也不多。因为不谙六书之法，印章中往往杂参隶楷，无章法可言。晋代道教信徒刻印一种多字印，据晋葛洪《抱朴子·内篇》卷十七：

> 古之人入山者，皆佩黄神越章之印，其广四寸，其字一百二

十，以封泥著所住之四方各百步，则虎狼不敢近其内也。

"黄神越章"之印四寸见方，印文长达 120 字，简直可以说是一篇短文了。汉代文学家刘禹锡《陋室铭》也只有 81 字，唐宋八大家之一的王安石《读孟尝君传》也只有 89 字，说黄神越章之印是一篇短文，毫不夸张。魏晋南北朝的传世官印数量也不少，例如三国印有魏"魏率善羌佰长"、蜀"虎步司马"等；晋有"亲晋羌王"、"晋鲜卑率善邑长"等；南北朝有"南乡太守章"、"梁博士印"等。为什么数量这么多呢？因为隋唐以前，官印作为装饰品随身佩戴，离职后佩戴回家，无须转交，死后殉葬。据《史记·苏秦列传》：

> （苏秦游说成功之后）苏秦之昆弟妻嫂侧目不敢仰视，俯伏侍取食。苏秦笑谓其嫂曰："何前倨而后恭也？"嫂委蛇蒲服，以面掩地而谢曰："见季子位高金多也。"苏秦喟然叹曰："此一人之身，富贵则亲戚畏惧之，贫贱则轻易之，况众人乎！且使我有洛阳负郭田二顷，吾岂能佩六国相印乎！"

可见苏秦就是佩戴六国相印，东奔西跑，神气至极。既然一任一印，数任数印，镌造之费甚巨。为了节省开支，东晋曾经有人建议人去印留，前后相承，但未予采纳。所以南北朝以前，一官多印之例屡见不鲜。隋唐以后，建立了印章交接制度，据沈括《梦溪笔谈》卷十九：

> 今人地中得古印章，多是军中官。古之佩章，罢免迁死，皆上印绶，得以印绶葬者极稀。土中所得，多是没于行阵者。

就整体而言，魏晋南北朝时期是白文印章、朱文印章并行的时代。现在仍然可以看到一些晋代白文印章的封泥，"晋卢水率善佰长"印就是其中之一（图 62）。据《晋书·惠帝纪》："匈奴郝散弟度元帅冯翊、北地马兰羌、卢水胡反。"又据《晋书·姚苌传》："卢水胡称帝于长安，湄北尽应之。"可见卢水为晋代地名，这是传世最晚的晋

图 62　钤于封泥的白文印章"晋卢水率善佰长"

代封泥之一。换言之，"晋卢水率善佰长"是传世最晚的钤于封泥的白文印章之一。南北朝官印已有小型白文改为大型朱文，它标志着纸张的普及以及简牍、印泥的废止。这在南北朝文献上就有一些记载，如《魏书·卢同传》云："令本曹尚书以朱印印之"；《北齐书·陆法和传》云："其启文朱印名上，自称司徒。"也有一些朱文印章的实物，如钤于敦煌写经《杂阿毗昙心论》卷末和卷背的朱文"永兴郡印"就是传世最早的朱文印章之一（图 63）。据考证，永兴自晋至唐均称县，南齐改称郡，可见此印当为南齐使用的印章。1993 年 8 月，在咸阳市底张乡陈马村出土的"天元皇太后玺"是一方朱文金印（图 64）。天

图 63　永兴郡印

309

图 64 天元皇太后印

元皇太后是指北周武帝宇文邕的阿史那皇后。据《北史·后妃下》记载：宣帝即位，尊后为皇太后。大象元年（579），改为天元皇太后。可见此印制于大象元年（579），也是传世最早的朱文官印之一。官印因钤于印泥而使用白文，是秦汉以来长期形成的习惯，直到南北朝时都没有改变，传世南北朝官印大多是白文印章。后来纸张普及之后，不再使用简牍、印泥，印体加大，朱文取代白文，成为官印的基本形式。朱文又称阳文，白文又称阴文，清俞樾曾说：

> 凡后人之印章，以印纸故，凸起者其印文亦凸，凹陷者其印文亦凹。古人之印章以印泥故，凸起处其印文反凹，而凹陷处其印文反凸。所谓阳文，正谓印之泥，而其文凸也；所谓阴文，正谓印之泥，而其文凹也。盖从其所印言之，非从其所刻言之也。①

因此，明甘旸《印章集说》云："六朝印章因时改易，遂作朱文白文。印章之变，则始于此。"

隋 唐 印 章

尽管传国玺早在汉献帝时已经失传，但汉以后历代皇帝仍然都说

---

① （清）俞樾：《茶香室三钞》卷十六。

自己有传国玺，并且是秦始皇的原印，借以表明自己属于正统。隋代也不例外，隋代两方传国玺：一名"神玺"，一名"受命玺"。隋代虽然时间短暂，但它是我国印章史上的分水岭：隋代以前的印章大多钤于封泥，故印章面积不大，字体多为阴文；而隋代之后，随着纸的普及，印章多钤于纸，故印章面积不断扩大，字体多为阳文。

唐代鉴藏印大量出现，王建《宫词百首》三十二云：

> 集贤殿里图书满，点勘头边御印同。
> 真迹进来依数字，别收锁在玉函中。

"御印"即帝王之印。可见集贤殿官书都有印章，不过，集贤殿图书多钤墨印。可考的唐代官方藏书印有"贞观"、"开元"、"集贤"、"秘阁"、"翰林"、"元和"等。唐代官印之中，有一种叠文印，所谓"叠文"，就是那种把笔画折叠成弹簧一样的字体，叠文印既失掉了多年来传统文字之美，又破坏了秦汉印文朴茂的雄厚气概，给后世带来了不良影响。唐代私人藏书家李泌、刘禹锡、白居易、皮日休等和书法家虞世南、颜真卿(图 65)等均有自己的藏书印①，皮日休《鲁望戏题书印囊奉和次韵》云：

图 65　唐印

----

① "端居室"为李泌之印，"真卿"、"世南"二印或有疑。

金篆方圆一寸余，可怜银艾未思渠。

不知夫子将心印，印破人间万卷书。

据唐张彦远《历代名画记·叙古今公私印记》，唐代私人藏书印可考者还有金部郎中刘绎之"彭城侯书画记"、王府司马张怀瓘之"张氏永保"、邓州司马刘知章之"刘氏书印"、故相国邺侯李泌之"邺侯图书之章"、故宰相王涯之"永存珍秘"、仆射马总之"马氏图书"等。

　　以上就是先秦至唐的印章简史，可见早在先秦已经出现印章。汉印承前启后，是印学史上的重要发展时期。但是由于纸张尚未普及，直到南北朝以前，印章因钤于印泥而多呈阴文，印章面积也比较小。这就是说，南北朝以前的阴文印章，对于雕版印刷没有任何借鉴意义。南北朝以后，随着纸张的普及，印章面积不断扩大，字体大多变为阳文。由于简牍的废止，封泥不再使用。印章钤于纸上，朱文较白文醒目，也易于施盖清晰。隋唐官印一律采用阳文，是一次划时代变革，而且成为一种制度，历代沿用。明甘旸《印章集说》指出："唐之印章因六朝作朱文。"这种划时代变革，也成为发明雕版印刷的一个技术因素。

四、印染与制版技术

　　中国的工艺技术历史悠久。早在先秦，就有了石器工艺、青铜工艺、陶器工艺、印染工艺、漆器工艺、玉雕工艺等。秦汉以降，又有金属工艺、家具工艺、雕塑工艺等，品种越来越多，水平越来越高。当然，不少工艺对于雕版印刷都是不可缺少的，其中与雕版印刷的发明关系尤为密切者当属印染工艺。下面我们重点介绍印染工艺。

先秦至南北朝的印染工艺

　　1834 年，法国的佩罗印花机发明之前，我国一直拥有世界上最先进的手工印染技术。1937 年，在北京周口店龙首山的山顶洞里，就发现了红色氧化铁粉末和若干涂红色颜料的装饰品。这说明早在五万年以前，山顶洞人已开始使用红色矿物颜料。在六七千年前的新石器时代，我们的先人就已经开始使用植物染料。

西周的印染工艺已经有了专门的分工，其中包括缲丝、织帛、漂白、晾丝、染色等工艺。《尚书·皋陶谟》云："以五彩彰施于五色，作服。"蔡沈传云："彩者，青、绿、赤、白、黑也；色者，言施之于缯帛也。"《周礼·天官》云："染人染丝帛。"可见当时已有专业染色人员。《考工记》还记载了当时缲丝、织帛、漂白、晾丝、染色的具体方法。春秋战国时期的印染工艺迅速发展，冀州、并州、青州、兖州、徐州、扬州、荆州、豫州等广大地区都掌握了这项工艺技术，其中，"齐纨"、"鲁缟"等已成为当时的名牌产品。

秦汉的印染工艺有了更大发展。丝织以齐、蜀、陈留等地为主要产地。印染已有涂染、浸染、套染、媒染等多种工艺技法。涂染是将矿物染料调和胶粘剂直接涂抹在织物上；浸染是将织物直接在染料中泡染；套染是采用多种染料依次加染后产生的效果，如染蓝之后，再用黄色染料套染而为绿色；染红之后，再用蓝色染料套染而为紫色；染黄之后，再用红色染料套色而为橙色，等等。媒染是根据染料的物理或化学性能，用媒染剂使之呈现一定的色彩。如茜草用明矾为媒染剂可以染出红色。据《三辅黄图》："未央宫有暴室，主掖织作染练之署。"可见暴室是汉代中央主管染织的部门。1972 年，长沙马王堆一号汉墓出土的印花敷彩纱和金银色印花纱代表了汉代印染工艺的最高水平。印花敷彩纱是印花和彩色涂绘相结合的一种工艺方法，其具体方法是先印出底纹，然后用笔涂上颜料。1983 年，广州南越王古墓中出土了两件青铜印花凸版，其中一件呈扁薄版状，有火焰状花纹凸起(图 66)。另外，该墓还出土了一件与之吻合的带有火焰状花纹的丝织品，这件丝织品当由青铜凸板捺印而成。金银色印花纱是一种十分精细的捺印作品(图 67)，其具体印制过程是用三套凸版先后分三次印成：第一版印出银色龟背形定位骨架，第二版印出银灰色主面花纹，第三版印出金色或朱色的装饰点。不过，整体而言，其技术水平还不十分成熟，有定位不准、印纹重叠、疏密不匀等现象。

魏晋南北朝的印染工艺又有新的进步。三国时期以蜀锦为最著

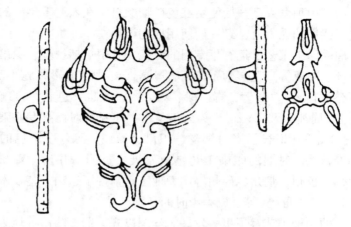

图 66　西汉青铜印花凸版

图 67　汉代金银色印花纱

名，也是当时蜀国最主要的军费来源。魏国的马钧是当时著名的纺织工艺家，对纺织工艺作了重大改革。晋代的印染工艺仍以蜀锦为最，左思《蜀赋》云："阛阓之里，使巧之家，百室离房，机杼相和。贝锦斐成，濯色江波。"可见当时四川织锦业十分发达。南北朝各国也很重视印染业。北魏专门设立司染署、绸绫司等机构主管印染。北魏明帝时，河南荥阳的郑云，曾用紫花丝绸四百匹向官府行贿，最后捞到一个安州刺史的职位。这些丝绸是用镂空版印花法印成的。所谓"镂空版"，就是将图案在木板（或皮革等）上雕刻后，制成漏版，然后进行涂染，去掉镂空版，就是图案的印染品。新疆吐鲁番阿斯塔那古墓出土了不少南北朝印染品实物。

隋唐的印染工艺

隋唐时期的印染工艺达到很高的水平。隋唐的织染署是主管染织的部门。隋代的印染中心是定州、相州和四川。隋代的夹缬已很有名，夹缬的方法有两种：一种是漏印，即将图案在木板（或皮革等）上雕刻后，制成漏版，然后在镂空处染色，去掉镂空版，就是图案的印染品。另一种方法是用两块雕镂相同的图案花板，将布帛对折夹在中间，然后在雕空处着色夹染成为对称的各色花纹。夹缬的图案特点是花纹对称，具有均衡美（图68）。隋炀帝三次出游，随行船只数千艘，彩锦为帆，绵延二百余里，李商隐《隋宫》诗云："春风举国裁宫锦，半作障泥半作帆。"可见当时染织品已经广泛运用。唐代的印染业分布更广，名牌产品更多。剑南、河北的绫罗，彭州、越州的缎，宋州、亳州的绢，常州的绸，润州的绫，益州的锦都很有名。唐代的夹缬水平更高，流行更为广泛。据王谠《唐语林》卷四：

> 玄宗柳婕妤有才学，上甚重之。婕妤妹适赵氏，性巧慧，因使工镂板为杂花，象之而为夹缬。因婕妤生日，献王皇后一匹。上见而赏之，因敕宫中依样制之。当时甚秘，后渐出，遍于天下，乃为至贱所服。

可见夹缬在唐玄宗时"甚秘"，后来才"流行"天下。此说与隋代已有夹缬的说法似有矛盾，然隋文帝开皇六年（586）的夹缬已在吐鲁番出土，在大蓝色绢地上布满白色小团花，团花正中有一小点，周围有七个小点环绕。说明隋代确实已经出现夹缬，唐代"遍于天下"，理所

图 68　唐代对鹿夹缬屏风

当然。除了夹缬之外，唐代的印染方法还有蜡缬、绞缬、碱缬、捺印
等。蜡缬即蜡染，即用蜡在织物上画出图案，然后入染，加热脱蜡
后，形成色地白花。绞缬的具体做法有两种：一是用线将布缝遮成各
种花纹，然后入染。由于缝遮部分不能染色形成色地白花；一是将谷
粒包裹在缝遮部分，入染后产生复杂的花纹。绞缬方法简单，朴实大
方，多用于民间。碱缬即碱染，是利用碱对织物产生的化学作用，染
后产生不同色彩的花纹。捺印即将图案刻成印模，涂上染色，像盖图
章一样印出相同的图案。以上多种印染方法，说明唐代印染技术有了
突飞猛进的发展。直到今天，日本著名的正仓院内还珍藏着唐代流入
日本的利用夹缬、蜡染等技术印染的各种锦、绫丝织品。当时还有不
少印染品沿着丝绸之路向西方传递。

　　以上就是隋唐以前的印染概况。古代印染的制版技术与发明雕版

印刷有密切关系。尤其是阳纹凸版印染对于雕版印刷的制版有重要的启示作用。阳纹凸版印染不会晚于汉代，如上所述，1972 年长沙马王堆一号汉墓出土的金银色印花纱就是阳纹凸版印染。捺印的发明时间不会晚于唐代，这种印模是阳刻，比石刻前进了一步；图文是正的，比印章又后退了一步。它是介于石刻和印章之间的一种形式，敦煌石室中不少佛像就是这样制作出来的（图 69）。罗振玉亲眼见过这种佛像印模，其《敦煌石室秘录》云："（印模）上刻阳文佛像，长方形，上安木柄，如宋以来之官印，乃用以印像者，其余朱尚存。"在敦煌和吐鲁番等地曾发现数千个此类佛像。英国博物馆有一幅这样的手卷，全长 17 英尺，印有 468 个佛像。另外，漏版的刷印对雕版印刷的发明也有重要影响。

图 69　唐代捺印佛像

五、拓印与刷印技术

雕版印刷晚于拓印，拓印又叫椎拓、捶拓、槌拓等，它是一种最早的文字复制技术(图70)。拓印的程序比较复杂，大致可以分为六步：(一)清理金石器物上的灰尘和污垢，使文字和图像非常清晰地

图70　捶拓工具

显现出来；(二)在器物表现涂一层水蜡或带黏性的白芨水；(三)把柔软的薄纸(多用生宣纸)浸湿后，刷在石碑等金石、器皿上；(四)用棕刷和小槌隔着毡布轻轻捶拍，使薄纸紧贴文字图像，嵌入图文的凹入部分；(五)晾干薄纸，薄纸不可太干或太湿，将干未干，恰到好处；(六)朴墨，即用朴子蘸墨(多用油烟墨)反复轻拍纸面，使文字图像显现出来。朴子是用无油的脱脂棉(原棉有油，不宜粘墨)挤压捆成。为使其出墨均匀，不大量渗墨，外面再裹上一层细绸布。雕版印刷与拓印有着十分密切的关系：(一)拓印和雕版印刷都是复制技术，拓印在前，雕版印刷在后。雕版印刷是由于拓印的直接启示而产生的。(二)拓印采用印纸在上、印版在下的办法，解决了印章印纸在下、印版在上，不堪负重印刷的弊病。(三)雕版印刷的"反文阳刻"技术是由于拓印反面教训的启示而产生的，从而解决了"黑底白字"不便览观的问题。(四)雕版印刷的大面积版面是由于拓印大面积碑版的启示而产生的，从而解决了印章面积小、容字少的问题。(五)雕版印刷的刷印方法是由于拓印刷纸、朴墨的启示而产生的，从而解决了按捺印章压力不匀、印色不均的问题。钱存训在比较拓印

和雕版印刷异同时说：

> 以墨拓印石刻文字的技术，是雕版印刷发明的先河。有些学者认为，拓印对印刷的影响未免夸大。事实上，二者的原则和目的大致相同，无论材料是石块、青铜或木板，模拓和印刷都是以纸从雕刻物的表面取得复本。二者的差异，只是雕刻的过程和复印的技术不同。石面上所刻的字都是正写凹入，而雕版印刷的字则都是凸出的反文。拓印是将纸覆在石面，用墨在纸面上捶拓。而印刷的方法则是以墨施于木板，覆纸板上，刷压纸背，将板上的反文印成纸上的正字。①

潘吉星在比较拓印与雕版印刷异同时说：

> 拓印复制技术与雕版印刷的共同之处是，产物都主要供阅读之用，又都是将大幅硬质平面材料上刻的字通过墨和压力转移到纸上。二者不同点是，拓印石碑时碑面刻凹面阴文正体，将纸置于碑面上，以墨在纸上捶拓，成为黑地白字；而雕版印刷在板面上刻有凸面阳文反体，将墨置于板面上，再覆纸刷压，成为白地黑字。②

这是一般情况，其实也有另外的情况：南朝梁文帝萧顺之的陵墓③，神道碑文字一正一反，均有"太祖文皇帝之神道"八个大字（图 71）。如将反书印于纸上，则呈正书，与印刷品相同。因此，拓印对于印刷术发明的影响多是间接的，但也有直接的，李书华指出：

---

① 钱存训：《书于竹帛·拓印的起源和技术》，上海书店出版社 2002 年版。
② 潘吉星：《中国科学技术史·造纸与印刷卷》，科学出版社 1998 年版。
③ 朱偰：《史地小丛书·建康兰陵六朝陵墓图考》，商务印书馆 1936 年版。

图71 南朝梁文帝萧顺之神道碑正反体碑文

摹搨对于印刷的启发是间接的。然而，六朝的反文墓阙，对于印刷的启发，也是直接的。此种直接与间接的启发，对于雕版印刷的发明，均有影响。①

总而言之，没有拓印就没有雕版印刷，研究雕版印刷的起源必须研究拓印的起源。拓印起源于何时？论者聚讼纷纭：或曰汉，或曰晋，或曰南北朝，或曰隋……迄无定论。让我们逐一论辩。

两汉魏晋无拓印

汉代尚无拓印。许慎《说文解字》释"拓"："拾也，陈、宋语。从手，石声。"可见汉代"拓"字无椎拓意。郦道元《水经注》著录的120种汉代石刻中，均不见椎拓的记载。《后汉书·蔡邕传》云：熹平石经建成之后，"其观视及摹写者，车乘日千余两，填塞街陌"。可见

---

① 李书华：《中国印刷术起源》，香港新亚研究所1962年版。

汉代石经全凭"摹写",尚无椎拓之法。

魏晋时期亦无拓印。郑樵《通志·金石略》著录三国石刻 36 种,《水经注》著录晋代石刻 60 种,均无椎拓的记载。明徐应秋《玉芝堂谈荟》卷八云:

> 魏王粲读道边碑,人问卿能记乎,诵之不失一字。杨修从曹公读陈实碑,既去,恨不写取,修乃诵之,驰使往勘,唯石缺二字不同耳。

可见曹魏时没有拓本,人们只好就碑前记诵,王粲、杨修的记忆能力因此著称于世。如果当时有拓本,曹操就不会"恨不写取",并"驰使往勘"。唐李绰《尚书故实》云:

> 苟舆能书,尝写《狸骨方》,右军临之,至今谓之《狸骨帖》。

王羲之《题卫夫人〈笔阵图〉后》云:

> 予少学卫夫人书,将谓大能。及渡江北游名山,见李斯、曹喜等书;又之许下,见钟繇、梁鹄书;又之洛下,见蔡邕石经三体书(按:当为一体书);又于从兄洽处,见张旭《华岳碑》。始知学卫夫人书徒费年月耳,遂改本师,仍于众碑学习焉。

可见著名书法家王羲之练习书法均据真迹临写,并无见过什么拓本,只是后来"渡江北游"之后,才见到李斯、曹喜、蔡邕、张旭等名家碑版。又据《晋书·赵至传》:

> 年十四,诣洛阳,游太学,遇嵇康于学写石经,徘徊视之不能去,而请问姓名。

又《晋书·石季龙传》云:

季龙虽昏虐无道，而颇慕经学，遣国子博士诣洛阳写五经，
校中经于秘书。

可见晋代嵇康、国子博士并无见过什么拓本，除了亲临石经抄写之
外，别无他法。

南北朝和隋代无拓印

南北朝时有无拓本？在魏徵等撰《隋书·经籍志》中，著录有秦
始皇东巡会稽刻石文一卷、一字石经周易一卷、一字石经尚书六卷、
一字石经鲁诗六卷、一字石经仪礼九卷、一字石经春秋一卷、一字石
经公羊传九卷、一字石经论语一卷、一字石经典论一卷、三字石经尚
书九卷、三字石经尚书五卷、三字石经春秋三卷等 12 种。据小字注，
另有今字石经郑氏尚书八卷、毛诗二卷等梁石经文 7 种，共计 19 种。
《隋书·经籍志》说，这 19 种图书均为"相承传拓之本，犹在秘府"。
后人因以作为拓本之源。王国维《观堂集林·魏石经考四》云："《隋
志》著录之二种石经，确为拓本。"不少金石著作也都异口同声。难道
真的如此吗？有不少问题值得深思：唐封演《封氏闻见记》卷二云：
"贞观初，魏徵为秘书监，始收聚之，十不存一。其相承传拓（原注：
一作"秘"）之本犹存秘府，而石经自此亡矣。"可知唐代另一版本为
"相承传秘"之本，而非"相承传拓"之本。如果真的如此，则"相承传
拓"之误不待辩矣。退一步说，假定唐代文献真有"相承传拓"的记
载，也是不足为训的。让我们从以下四个方面来作讨论。

第一，从训诂来看，"相承传拓"似为"相承传搨"之误。"相承"
之意，犹接力赛跑，前后相接，乙承甲，丙承乙，丁承丙，以致无
穷。"传拓"之"传"亦有相承传世之意，即甲传乙，乙传丙，丙传丁，
以致无穷，此"传"与传闻、传达、传抄之"传"意同。"传闻"即非本
人亲闻，由他人传述而知之；"传达"即非直接到达，由他人转告而
达之；"传抄"即非抄自原本，仅据副本而抄之。如果直观一些，"相
承"似可图示为"甲→乙→丙→丁……"假定"传拓"为椎拓意，那么，

每一种拓本只能就金石器物而为之，不可能"相承"椎拓。如果直观一些，这里的"传拓"似可如下所示(图72)。搨本和拓本明显不同：

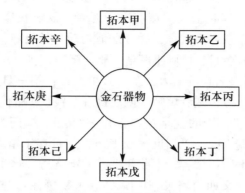

图72 "传拓"示意图

搨本即响搨本、影写本。其具体方法是：将字画置于明亮处，以白纸覆其上，借着亮光勾勒出字画轮廓，再以浓墨填实，其中，响搨的光线更强。这种方法始于晋代，据张彦远《历代名画记·论画体工用搨写》云：

> 古时好搨画，十得七八。不失神采笔踪。亦有御府搨本，谓之官搨。国朝内库、翰林、集贤、秘阁，搨写不辍。承平之时，此道甚行。艰难之后，斯事渐废。故有非常好本，搨得之者，所宜宝之。既可希其真踪，又得留为证验。遍观众画，唯顾生画古贤得其妙理。对之令人终日不倦，凝神遐想，妙悟自然。物我两忘，离形去智。身固可使如槁木，心固可使如死灰，不亦臻于妙理哉！所谓画之道也，顾生首创维摩诘像。

这里"顾生"指顾恺之。顾恺之(约345—406)，字长康，晋陵无锡人，东晋著名画家。"搨"的方法似由晋代顾恺之首创。他用此法画的第一幅像就是维摩诘像。维摩诘，简称维摩，据说他是耶离城中一位大乘居士，和释迦牟尼同时，善于应机化导。尝以称病为由，向释迦牟尼派来问讯的舍利弗、文殊师利等阐扬大乘佛教的深奥义理。东晋兴宁中，顾恺之在建康瓦棺寺北小殿画维摩诘像，"僧众设会，请朝贤鸣刹注疏，其时士大夫莫有过十万者。既至长康，直打刹注百万。长康素贫，众以为大言，后寺众请勾疏。长康曰：'宜备一壁。'遂闭户往来一月余日，所画维摩诘一躯。工毕，将欲点眸子，乃谓寺僧曰：'第一日观者请施十万；第二日可五万；第三日可任例责施。'及开户，光照一寺，施者填咽，俄而得百万钱。"①唐代文献中，大量出现的"搨书人"，干的就是这项工作。"传搨"一词为唐人所习用，唐窦泉《述书赋》序云："刊讹误于形声，定目存于指掌。其所不睹，空居名额，并世所传搨者，不敢凭推，一皆略焉。"这里"传搨"二字，就是影写之意。又如唐窦泉《述书赋》卷上窦蒙注："杨肇，字季初，荥阳人，晋荆州刺史。今见草书一纸，共十行，有古署榜，无姓名，今共传搨之。"从引文可以看出，后人所传搨的不是金、石器物上的文字图像，而是晋代著名书法家杨肇写在纸上的十行草书，这里的"传搨"也是影写的意思。又据唐张彦远《历代名画记》卷九：

　　张燕公以画人手杂，图不甚精，乃奏追法明，令独貌诸学士。法明尤工写貌，图成进之，上称善，藏其本于画院。后数年，上更索此图，所由惶惧。赖唐子元先写得一本以进。上令却送画院，子元复自收之。子元卒，其子货之，莫知所在，今传搨本。

这里"搨本"是"传"的宾语，"今传搨本"是说流传到现在的都是搨本。当然，归根结底，搨本的产生也是"传搨"的结果。由于"搨本"非由金石器物本身而致之，都是复制品，所以称为"传搨"，此"传搨"之所由来也，"传搨"大多为"相承传搨"。"传搨"之上如无"相承"二字，则此之搨本亦可能是就原金石器物而为之。"拓本"的方法

①　(唐)张彦远：《历代名画记·叙历代能画人名(晋代)》。

上文已作介绍。由此可知，每一种拓本都出自原来的金石器物，离开金石器物，拓本就不可能产生。"拓"字由来已久，如上所言，《说文解字》释"拓"云："拾也。陈、宋语，从手，石声。摭，拓或从庶。"到南北朝，"拓"字仍无椎拓之意，梁顾野王《玉篇》释"拓"云："同摭，之石切，取也，拾也。"但是，南北朝以后，新出一个"搨"字，此字《说文解字》未收。宋丁度《集韵·合韵》释"搨"云："搨，冒也，一曰摹也。"这就是说，新出"搨"字即摹写、影写之意。宋钱易《南部新书·丁》云：

> 兰亭者，武德四年欧阳询就越访求得之，始入秦王府。麻道嵩奉教搨两本，一送辩才，一王自收。嵩私搨一本。

此之"搨"字即影写之意。又据《北史·崔宏传》：

> 初，宏父潜为兄浑等诔手笔《本草》。延昌初，著作佐郎王遵业买书于市，遇得之，年将二百，宝其书迹，深藏秘之。武定中，遵业子松年将以遗黄门郎崔季舒，人多摹搨之。

此之"摹搨"也即影写，影写的是崔宏之父崔潜所抄写的医书《本草》。南北朝时期，影写又单称"摹"或"模"。前者如《北史·王世弼传》：

> (王由)好学有文才，尤善草隶书，性方厚，有名士风，又工摹书，为时人所服。

后者如《周书·冀俊传》：

> 性沉谨，善隶书，特工模写。

其中"摹"和"模"均为影写之意。在拓本出现之前，人们练习书法的主要手段是"临"和"摹"。黄伯思《东观余论·论临摹二法》云：

临谓之在古帖旁观其形势而学之，若临渊之临，故谓之临摹，谓以薄纸覆古帖上，随其细大而摹之，若摹画之摹，故谓之摹。

宋代以后，名人书迹多以刻木、刻石之法流传，不再采用影写之法，但"摹"字并没有因此而废弃，而和椎拓之"拓"混在一起了。例如欧阳修《集古录·跋后汉武班碑》云："后得别本，模摹粗明，后辨其一二。"这里"摹"字即与椎拓之"拓"是一个意思。既然宋代以后"拓"、"摹"二字通用，加上"摹"的方法又很少用，"摹"字笔画又比"拓"字为繁，"拓"字的使用频率又较"摹"字为高，那么，今日所见宋元以后的本子把"传摹"写成"传拓"也就理所当然。例如：

唐初，郑魏公鸠集所余，十不获一，而传拓之本犹存秘府。

——（宋）方勺《泊宅编》卷上

右军之迹，流传人间，讵止千万。传摹失真，肉眼莫辨，遂使他刻乃敢狡然夺嫡。而此纸为摹工朝夕糊口计，击扑之声，晓然不断，行复剥落尽矣。

——（明）郭世昌《金石史》卷一

贞观初，魏徵始收聚之，十不一存。其相承传拓之本，犹在秘府。

——（明）顾起元《说略》卷十三

杨文襄与孙为姻家，戒之曰：碑版出自禁庭，纷纷传摹，倘为人指摘，祸且叵测，窃为君危之。

——（清）姜绍书《韵石斋笔谈》卷下

以上引文中的"传摹"、"传拓"皆误，"传摹"当为"传拓"，"传拓"当

326

为"传搨"。以上各例均出自四库全书本，再次证明《四库全书》不是善本书。《隋书》的最早版本为宋刻本，则《隋书·经籍志》把"相承传搨"改为"相承传拓"，始作俑者当为宋本矣。图书传抄(刻)致误之例实在太多，不值得大惊小怪。上引《隋书·经籍志》著录的19种图书就有错误，"今字石经郑氏尚书八卷"和"毛诗二卷"均系无中生有，正如王国维《观堂集林·魏石经考二》所说：

> 《洛阳伽蓝记》所举之《礼记》，《隋志》注之梁时郑氏尚书八卷、毛诗二卷，既非博士所业，又增此三种，则与石数不能相符，此皆可决其必无者。

第二，从著录体例看，著录复本是《隋书·经籍志》的体例之一。复本或以大字并题，例如"三字石经尚书五卷"和"三字石经尚书九卷"并题，王国维《观堂集林·魏石经考》认为五卷本"即九卷中之复本"；复本或以小字注出，例如"一字石经周易一卷"有小字注："梁有三卷"；"一字石经春秋一卷"有小字注："梁有一卷"，小字注均为复本。如果"传拓"之"拓"真的作椎拓解，那么，"其相承传拓之本"当有很多，为什么一字石经尚书六卷、一字石经鲁诗六卷，一字石经仪礼九卷、一字石经公羊传九卷等，没有著录复本呢？很可能本非拓印，"其相承传拓之本，犹在秘府"只是空话而已。

第三，从石经的流传情况看，南北朝时期汉魏石经已多所毁损，南北朝人从原石椎拓似不可能。根据文献记载，隋代之前，汉魏石经的劫数至少有下列三次：第一次在晋安帝义熙十二年(416)，经石"多崩坏"。据《太平御览》卷五百八十九征引《西征记》云：

> 太学堂前石碑四十枚，亦表里隶书《尚书》、《周易》、《公羊传》、《礼记》四部，石塸相连，多崩坏。

清姚振宗《隋书·经籍志考证》云："此《西征记》或谓即戴延之撰，时亦在晋安帝义熙十二年也。"第二次在北魏神龟元年(518)，当时官私

"多构图寺"，因以经石为础基。据《北史·崔光传》：

> 神龟元年，光表曰："寻石经之作，起自炎刘，昔来虽屡经戎乱，犹未大崩侵。如闻往者刺史临州，多构图寺，官私显隐，渐加剥撤，由是经石弥减，文字增缺。今求遣国子博士一人堪任干事者，专主周视，驱禁田牧，制其践秽，料阅碑牒所失次第，量厥补缀。"诏曰："此乃学者之根源，不朽之永格，便可一依公表。"光乃令国子博士李郁与助教韩神固、刘燮等勘校石经，其残缺，计料石功，并字多少，欲补修之。后灵太后废，遂寝。

第三次在隋开皇六年（586）之前，据《隋书·刘焯传》："（开皇）六年，运洛阳石经至京师，文字磨灭，莫能知者，奉敕与刘炫等考定。"又据宋姚宽《西溪丛语》卷上："往年，洛阳守因阅营造司所弃碎石，识而收之，凡得《尚书》、《论语》、《仪礼》，合数十段。"可知石经由洛阳运至京师长安为确，而非《隋书》所谓"自邺都载入长安"，此《隋书》之误记也。石经在洛阳时，"文字磨灭"，多为"碎石"。如上所述，既然汉魏石经在南北朝时多已损毁，那么南北朝人"相承"影写则可，"相承"就原石椎拓则不可。至于《隋书·经籍志》著录三字石经俱为完帙，尤不可信。汉魏石经同处一地，同遭劫难，而汉经损毁，魏经独完，理或难解。

第四，从文献记载看，南北朝时期似无拓本。据《魏书·崔浩传》：

> 浩既工书，人多托写《急就章》，从少至老，初不惮劳，所书盖以百数……世宝其迹，多裁割缀连，以为模楷。

《魏书·崔玄伯传》：

> 尤善草隶行押之书，为世摹楷。

此之"摹"字当为影写之意。可见南北朝人练习书法，亦无拓本之类可供临摹，名人书迹的获得方式全靠影写。当然，南北朝人临写真迹，并不说明当时没有拓本，因为临写真迹比临写拓本的效果要好得多。但问题是人们从来没有见过南北朝文献关于拓本的记载。郦道元，字善长，范阳(今河北涿县)人，北魏地理学家。他不辞劳苦，亲临江河进行实地考察，对碑石多所注意。在《水经注》一书中，著录碑刻270余块，其根据有二：一是亲眼所见，如《河水篇》记龙门二碑"文字紊灭，不可复识"；《汾水篇》记介子推祠碑"文字剥落，无可寻也"；《洛水篇》记晋潘岳父子墓碑"碑石破裂，文字缺败"；《谷水篇》记广野君庙碑"文字剥落，不复可识"；《渭水篇》记太公庙碑"文字褫缺，今无可寻"；《颍水篇》记汉蔡昭墓碑"碑字沦碎，不可复识"；《渠水篇》记汉陈相王君造四县邸碑"文字剥缺，不可悉识"；《沔水篇》记华君铭"文字磨灭，不可复识"；《湍水篇》记汉左雄碑"碑字紊灭，不可复识"；《涢水篇》记三王城碑、《湘水篇》记舜庙二碑和春陵故城碑均作"文字缺落，不可复识"。可见以上各碑均系郦道元于碑前所见。二是根据文献记载。如《渭水篇》记秦昭王华山勒铭云：

> 《韩子》曰：秦昭王令工施钩梯上华山，以节柏之心为博箭，长八尺，棋长八寸，而勒之曰："昭王尝于天神博于是。"

可见郦道元并无亲见铭文，而据《韩子》记之。又如《泗水篇》记孔林诸碑云：

> 《孔丛》曰："夫子墓茔方一里，在鲁城北六里泗水上。诸孔氏封五十余所，人名昭穆不可复识，有碑铭三所，兽碣具存。"

这里转引的是《孔丛子》里的记载。由此可知，郦道元《水经注》所载各碑无一是据拓本著录者。如果当时确有拓本，郦道元作为考证碑刻的著名学者岂能不置一词？如果当时确有拓本，郦道元面对"文字剥落"的碑刻，定然不肯罢休，一定会找拓本加以核对。像郦道元这样雅嗜碑刻者尚且不知拓本为何物，遑论其他。

隋代其他文献亦无拓印的记载。汉魏石经传至隋代，丢失、磨灭益甚。《隋书·经籍志》云：

> 至隋开皇六年，又自邺京载入长安，置于秘书内省，议欲补缉，立于国学。寻属隋乱，事遂寝废，营造之司，因用为柱础。

上引《隋书·刘焯传》记载刘焯和刘炫"考定"石经的一段文字，也说石经"文字磨灭"。既然"文字磨灭"，不可能有人就石椎拓，因此隋代出现石经拓本是不可能的。隋代新增的 73 种碑刻，亦不见椎拓的记载。另外，隋人学习书法，仍然只有临、摹（模）二途。隋代智永禅师系王羲之七世孙，他所珍藏的王书《千字文》就是全凭临摹二法传世的，据宋桑世昌《兰亭考》卷二：

> 智永禅师，逸少七世孙，克嗣家法，居永欣寺阁三十年，临逸少真草千文，择八百本散在浙东，后并模帖传弟子辩才。

可见"散在浙东"的八百本为智永所"临"；"传弟子辩才"者为智永所"模"。假定真如《隋书·经籍志》所言，唐初确有"相承传拓之本"，"拓"字并非"搨"字之误，则据"相承传拓"四字，则捶拓之法已经"相承"多年，由来已久，隋时已晚，甚至上可追到汉魏时期，尤不足信。

唐代出现拓印

拓印最早出现在唐代。这可从以下三个方面得到证实：

第一，从文献记载看，唐代已有拓本。韦应物《石鼓歌》云："令人濡纸脱其文，既击既扫黑白分。"很明显，"既击既扫"是拓本的制作方法；"黑白分"是拓本的外观形式。韦应物，唐代诗人（生平详见第五章第三节）。韩愈《石鼓歌》云："公从何处得纸本？毫发尽备无差讹。"这里"纸本"即拓本。韩愈（768—824），字退之，河阳（今河南孟县）人，著名文学家、哲学家。西安有一唐代尊胜陀罗尼经幢，末附题识云："元和八年八月五日，女弟子那罗延建尊胜碑，打本散施，同愿受持。"这里"打本"即拓本，"元和"为唐宪宗的年号。

第二，从唐碑的书写形式看，字行多分段书写，以便装订拓片。而唐代以前的碑文都是贯通上下书写的。因为唐代以前，人们尚未掌握椎拓技术，不存在拓片的装订问题。今人马衡《凡将斋金石丛稿》指出：

> 历代石经皆刻于长方形之碑，汉魏碑一行直下，如寻常刻碑之式。自唐以后，则每碑分为若干列，每列分为若干行。所以然者，汉魏时未有拓碑之法，其碑仅供人摹写，唐以后既知传拓，将拓本分列剪裁，即可装成卷子本，取其便于应用也。

第三，从现存实物看，唐代已有拓本流传至今。传世唐拓有《化度寺塔铭》《孟法师碑》《温泉铭》等。《化度寺塔铭》，李百药撰、欧阳询书，贞观五年（631）刻石，敦煌石室有唐拓本，后伯希和劫往巴黎。《孟法师碑》为岑文本撰，褚遂良书，唐贞观十六年（642）刻，碑石久佚，清人李宗瀚所藏唐拓本，早已流入日本。《温泉铭》为唐太宗李世民撰书，刻石不传。敦煌石室中有此铭拓本，拓本末题"永徽四年八月围谷府果毅儿"，"永徽"是唐高宗李治的年号，"果毅"是唐代统帅府兵的武官，因此前人定为唐拓（图73），后伯希和劫往巴黎。传世唐拓还有褚遂良书《善才寺碑》、柳公权书《金刚经》和《神策军纪圣碑》数种（图74）。但是，需要指出的是，由于唐代刚刚出现拓本，影写仍然是名人书迹的主要获得方式。据唐刘悚《隋唐嘉话》卷下：

> 太宗为秦王日，见（《兰亭集序》）搨本惊喜，乃贵价市大王书《兰亭》，终不至焉。及知在辩师处，使萧翊就越州求得之，以武德四年入秦府。贞观十年，乃搨十本以赐近臣。帝崩，中书令褚遂良奏："《兰亭》先帝所重，不可留。"遂秘于昭陵。

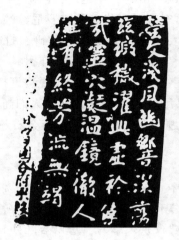

图 73　唐拓《温泉铭》　　　　　图 74　唐拓《神策军纪圣碑》

《新唐书·百官志》记弘文馆有搨书手三人、集贤殿书院有搨书手六人。"搨书手"就是专门负责影写的工作人员。赵模、韩道政、冯承素、诸葛贞等就是唐太宗时期的著名搨书手。又据桑世昌《兰亭考》卷三：

> 太宗命供奉搨书人赵模、韩道政、冯承素、诸葛贞等四人各搨数本以赐皇太子、诸王、近臣。

《太平广记·二王真迹》云：

> 开元十六年五月，内出二王真迹及张芝、张旭等书，总一百六十卷，付集贤院。令集字搨两本进、赐诸王。

以上"搨"字都是影写的意思（图 75）。由于唐初拓本罕见，唐初人练习书法，除了影写之外，多研观真迹。据《白孔六帖》卷三十二：

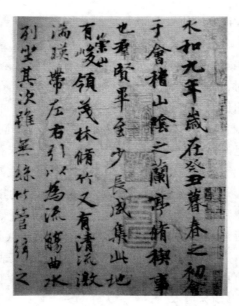

图 75　唐人影写的《兰亭集序》

欧阳询行见索靖所书碑，驻观良久而去。行数百步，复还，下马立观，疲倦即坐，因宿其旁三日而后启行，欣然若有所得。

索靖是西晋书法家，擅长章草。当时如有拓本，欧阳询当不会"宿其旁三日"而后去的。据宋朱长文《续书断》：

（欧阳询）子通蚤孤，母徐教以父书，惧其惰，常遗钱使市父遗迹，通乃刻意模仿以求售，数年遂继父名，号大小欧阳体。

以上两例也从侧面说明唐代拓本之少。另外，从唐代以前著名书迹的最早拓本来看，唐代拓本也不多见。根据韦应物、韩愈的《石鼓歌》可知，《石鼓文》唐代中期始有拓本。秦始皇泰山刻石，北宋大中祥符间，真宗东封，兖州太守始以拓本献呈。秦始皇会稽刻石，原石唐前已佚，元代申屠駉重刻，始有拓本传世。秦始皇峄山刻石，宋淳化四年（993）郑文宝据其师徐铉摹本重刻于长安，世传各本以此为早。王羲之书《曹娥碑》，宋欧阳修《集古录》和赵明诚《金石录》均无著录，南宋始有拓本。王羲之书《兰亭序》，据说唐玄宗李隆基刻之于石，五代石晋时，为耶律德光取至定州，德光死，此石流落民间，宋初，宋祁在定州做官，访得此石，置于公库，始有拓本流传，此即所谓《定武兰亭》。王羲之书《乐毅论》，原石与唐太宗同葬昭陵，后陵为人所盗，石已破裂，宋代传至高绅，束之以铁，末行仅存"海"字，世称其拓本为"海字本"。智永书《千字文》在北宋大观间刻石西安，今传诸本以宋大观拓本为最早。以上就是若干名迹的拓本情况。既是著名书迹，其崇拜者何啻千万，其临摹者何可胜计，如果唐代椎拓盛行，首先拓印者当是这些名迹。如上所述，既然唐代拓本稀如星凤，那就似可说明，唐代椎拓技术还不甚普及。大量事实表明，椎拓技术至北宋始盛。可见《隋书·经籍志》所谓"传拓"当为"传搨"之误，其著录的 11 种图书均为搨本。

或者认为，唐代关于"摹拓"峄山碑（图 76）的记载，说明唐代以前已经出现椎拓技术，让我们对有关文献分析如下。唐封演《封氏闻见记》卷八云：

> 始皇(峄山)刻石纪功，其文字李斯小篆。后魏太武帝登山，使人排倒之。然而历代摹拓，以为楷则。邑人疲于供命，聚薪其下，因野火焚之。由是残缺，不堪摹写。然犹上官求请，行李登陟，人吏转益劳弊。有县宰取旧文勒于石碑之上，凡成数片，置之县廨，须则拓取。自是山下之人，邑中之吏，得以休息。

张秀民《中国印刷术的发明及其影响·印刷术的起源》云：

> 大历二年(767 年)大诗人杜甫为他的外甥李潮所作的《八分小篆歌》，有"峄山之碑野火焚，枣木传刻肥失真"的诗句。秦代李斯所写的峄山碑，被摹拓下来为学篆书的范本，因为被野火烧

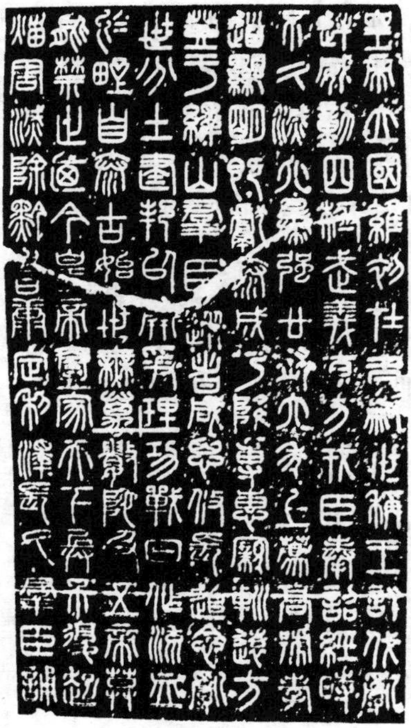

图 76　峄山碑（后世摹本）

掉，就有人用枣木翻刻，字肥失真。碑文二百二十字，字大逾寸，自然比道士的枣木符印更大。不过，它同普通石碑一样，刻的是阴文，只能正面捶拓为搨片，并不是蘸墨刷纸为印刷品。

其中《封氏闻见记》卷八的"后魏太武帝"有两解：一曰三国魏武帝曹操，一曰北魏太武帝拓跋焘。据司马光《资治通鉴·宋文帝元嘉二十七年》："魏王至邹山……见秦始皇石刻，使人排而仆之。"可见"后魏太武帝"当指后者。以上两段文字反映了峄山碑文由"搨"到"拓"的三个发展阶段：第一阶段是"搨"的时期，封氏所谓"历代摹拓"当为"历代摹搨"之误。"搨"和"拓"是两个不同的概念，不能混为一谈。拓印

335

和摹揭的方法已如前言。不过，这里的"摹揭"与一般书画的摹揭不同，为了更加逼真，是在石碑现场临写，没有离开石碑，故《封氏闻见记》才有"邑人疲于供命"之说。摹揭是由东晋著名画家顾恺之发明的，"历代"沿用，直到后魏太武帝"排倒"峄山碑之后。张秀民认为，这里的"历代摹拓"即后之"椎拓"，非也。下文明有"因野火焚之，由是残缺不堪摹写"之语，怎么可能是"椎拓"呢？第二阶段是以木代石时期，由于"峄山之碑野火焚"，加上石碑有笨重、难刻等缺点，后人以木代之，继续摹揭，正如唐窦泉《述书赋》注所云："峄山碑，其石毁，土人刻木代之。"时间当在杜甫撰写《李潮八分小篆歌》的盛唐之前，或在唐代初期。由于"枣木传刻肥失真"，已非原汁原味，以木代石的时间不会太长，否则，封氏怎么会略而不载呢？不过，以木代石的方法，解决了石碑笨重、难刻的弊病，必定对雕版印刷的发明和发展产生重大影响。第三阶段是"拓"的时期。封氏所谓"拓取"，就是"椎拓"，时间当在盛唐之后。当然，这是就本碑而言。实际上，早在唐初就出现了椎拓之法。"凡成数片"，就是把碑文刻成数段，以便制作卷轴装。分段刻写，正是唐碑的重要特点之一，也是卷轴装形式的需要。

总而言之，拓印始于唐代，唐代以前似无拓印之法。著名学者罗振玉曾经指出：

石刻墨本所自始，则前人未有能确徵之者。程大昌《演繁露》卷七曰："刻石为碑，蜡墨为字，远自秦汉，而至于唐。"方以智《通雅》亦谓《汉书·蔡邕传》鸿都石经"观视及摹写者，车乘日千余两"，即石刻传拓之始。予谓此皆想象之词，固未足以徵信。"摹写"云者，殆谓以笔摹取，非若后世之濡纸施墨也。唯《隋书·经籍志》著录一字、三字石经，其言曰："相承传拓之本，犹在秘府。"似梁隋所藏石经信为墨本者。然"传拓"之名，书画家皆用之，乃就本响拓摹放。《隋志》之言"传拓"，果为就石施墨与否，亦尚未能断定。而确可徵信，殆在李唐之世，此有三证焉：许祭酒《说文解字》自序言郡国山川，往往得彝鼎，其铭即前代之古文。而其书中所载古文，则无言某字出某器者，唯间载秦刻石文而已，此汉代金石刻尚无墨本之证。山川所出彝鼎，许君固不能得墨本以证据之。至秦石刻，当代殆有摹写者，故许君得据以入录。然则梁隋著录石经，所谓"相承传拓之本"，恐亦如许君所见之秦刻石，此秦汉未有墨本之明徵，其证一也。许君《说文解字》序，虽曰"著于竹帛谓之书"，然当时经籍著之简册者为多，诸生受经削牍写经文，师口授其义，鸿都所刊，意在定正文字，示当世准则已耳。故刊以穹碑，每行字数虽未可确知，而就宋人所录推之，每行盖七十余字。观其刊石之制，则非能以拓墨代简册，盖可知也。至唐代开成石经，一石刻数列，每列横截而连属之，则成卷轴，始可以拓墨代传钞。因唐代既有拓墨之法，故易直书为横刻，其证二也。古金石刻拓本出唐代者，世人每言之，然未尽可信。唐拓确可信者，莫如敦煌石室之唐太宗《温泉铭》、欧阳询《化度寺塔铭》、柳公权《金刚经》。《温泉铭》后有永徽题字，其出于李唐初纪，了然无疑。《金刚经》虽已装卷轴，其连合之处尚可见。盖亦为巨碑而横刻数列，每列首行傍记数字，其第三、第九两列，尚存"三"、"九"两半字，未尽割弃。盖每列为四十行，制与开成石经正同，故已横截连合而为卷轴。则予初意开成石经，可横截连合成卷，以代传钞者，至此乃确有明验，其证三也。然则，金石墨本虽未必自唐始，意亦必去唐不远。程、方两家谓秦汉有之，其说之未可信，亦明矣。予往岁见敦煌三刻，既喜遘天壤间之墨皇，又喜墨本之出于唐代，得此益可徵信。巫影寄沪上印之。乃拙工鲁莽，致与原本大小殊形，印本尤劣，存形似而已。①

---

① 罗振玉：《罗振玉校刊群书叙录·墨林星凤序》，江苏广陵古籍刻印社1998年版。

罗振玉列举三个证据，"确可徵信，（拓本）殆在李唐之世"正式出现。其中，第三个证据以唐拓《金则经》为例，说明唐人在制作卷轴时，"第三、第九两列，尚存'三'、'九'两半字，未尽割弃"，"益可徵信"拓本之"出于唐代"。

第九章 结　　论

在论述了历代各种社会需求、物质基础、技术基础之后，现在可以做出结论了。

一、唐代发明雕版印刷

为了便于比较，现将各代基本情况列表如下：

比较内容		先秦	秦	汉	三国	晋	南北朝	隋	唐	备注
社会需求	著者需求	174	11	774	282	801	1075	165	3042	可考散文著者
	抄书者需求			少	少	少	多	较多	最多	可考抄书者
	书商需求			2			2		24	可考书商
	读者需求			数万	数千	数千	万余		6万以上	可考学生数
	藏书家需求	3		7	8	7	59	3	87	可考藏书家
	佛教需求					少	多	较多	最多	可考写经者
	外交需求				1				1568部 17209卷	汉籍流入日本者
物质基础	纸			发明		大量使用	普及	盛	极盛	纸的使用情况
	笔	发明				良	精	精	精	极精	制笔技术
	墨	2		2	1	1	2		10	可考墨匠

339

续表

比较内容		先秦	秦	汉	三国	晋	南北朝	隋	唐	备注
技术基础	刻字技术	1	6	120	36	60	156	73	1000	可考石刻数
				20	5		18	5	351	可考石刻刻工数
	印刷字体	甲骨文金文大篆	小篆	隶书草书			魏碑		楷书极精	汉字演变过程
	反文阳刻	正文阴刻多						反文阳刻多		印章字体
	制版	凸板						夹缬		
	拓印	无						有		

　　从社会需求看，唐代可考散文著者有 3042 人，可考书商有 24 人，可考学生不少于 6 万，可考藏书家 87 人，流入日本的汉籍有 1568 部、17209 卷，各项数字均居诸代之冠。另外，可考抄书者和写经者也是最多的。以上情况表明：唐代对于雕版印刷的需求，比任何一个朝代都更为迫切。

　　从物质基础看，虽然早在汉代就发明了纸张，但是直到南北朝才得以普及，至唐代而极盛，唐代造纸地区已遍及全国各地，纸张品种大量增加，纸张无处不有，无处不用。笔和墨早在先秦已经出现，三国时期的制笔、制墨技术已有相当水平，至唐代而极精，唐代出现不少名牌笔和名牌墨，并出现大量制造笔墨的名工巧匠，毛笔生产技术已经传到日本。以上情况表明：唐代对于发明雕版印刷所需物质基础的奠定，比任何一个朝代都更为牢固。

　　从技术基础看，先秦已有的刻字技术不断发展，至唐代而极精，唐代可考的石刻、石匠总数均为诸代之冠。印刷字体（楷体）虽然东汉已经出现，但是远未成熟，多如繁星的唐代书法家始把楷书推向炉火纯青的艺术境界。在纸张没有普及的时候，印章因钤于印泥而多用阴刻，对于雕版印刷没有什么借鉴意义；南北朝纸张普及之后，反文阳刻印章大量增加，雕版印刷始得加以借鉴。拓印技术最早出现在唐初，隋代以前没有。以上情况表明：唐代对于发明雕版印刷所需技术条件，比任何一个朝代都更为具备。

总而言之，从社会需求、物质基础、技术基础三个方面全面衡量，唐代以前发明雕版印刷的条件还不具备，万事俱备的时间是在唐代。唐代发明雕版印刷已是瓜熟蒂落、水到渠成。从发现、出土的文物来看，唐代已有多件印刷品出现。据日本"百万塔陀罗尼"的有关文献记载，《无垢净光大陀罗尼经》传入日本的时间是在唐代宗广德二年（764）之前。这就是说，该经的刻印当在 8 世纪中期。照此推理，最早简单印刷品当出现在 7 世纪末至 8 世纪初期。这时候首先出现叶子、驿券、印纸等最早简单印刷品。到 8 世纪中期，又出现了比叶子、驿券、印纸等文字复杂的最早印刷品，如相书、字书、佛经等。最早印刷品是在最早简单印刷品的基础上发展起来的，没有最早简单印刷品就没有最早印刷品。

二、最早简单印刷品

要研究印刷术的起源，就必须研究最早简单印刷品，最早简单印刷品是印刷术起源的标志。

最早简单印刷品的候选物

能否成为最早简单印刷品当有两个基本条件：一是文字简易。雕版印刷初兴，技术水平不高，那些文字复杂的图书是难以付梓的。二是需求量大。雕版印刷的发明是需求量刺激的结果，如果需求量不大，手工抄写即可满足需求，就没有必要发明雕版印刷。以上两条缺一不可：单是文字简单而需求量不大，雕版印刷缺乏实用价值；单是需求量大而文字复杂，雕版印刷之初缺乏技术基础。据此，广告、试卷、度牒、名片、叶子、驿券、历书、印纸等，都可作为最早简单印刷品的候选物。

广告是传播商品信息的重要工具之一，对于繁荣商业贸易是不可缺少的。广告在我国有悠久的历史，但版印广告却是雕版印刷发明以后的事情。从目前掌握的材料来看，版印广告始于宋代，唐代还没有发现版印广告。宋代四川眉山万卷堂以刻印医书著称于世，该堂刻《新编近时十便良方》附有我国古代最早的一个书目广告：

太医局方　　　　　普济本事方
王氏博济方　　　　海上方
斗门方　　　　　　初虞世方
集验方　　　　　　鸡峰普济方
苏沈良方　　　　　李畋该闻集
孙尚药方　　　　　本草衍义
南阳活人书　　　　郭氏家藏方

万卷堂作十三行大字刊行，庶便检用，请详鉴（图77）。

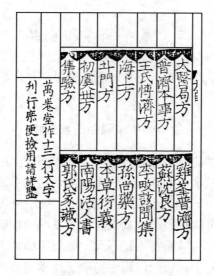

图77　《新编近时十便良方》附书目广告

宋代济南刘家功夫针铺印行了现存我国古代第一个商业广告，该广告中有白兔捣药商标，四周有文字云：

342

　　济南刘家功夫针铺，认门前白兔儿为记，收买上等钢条，造功
夫细针，不误宅院使用。客转与贩，别有加饶，请记白（图78）。

图 78　宋济南刘家针铺广告

以上两则广告均印于宋代，因此，它们不能称为最早简单印刷品。
　　试卷在实行科举制度之后，随着考生的增多，需求量也日益增
多，那么，刻印试卷始于何时？据明周祈《名义考》卷二：

　　　《白居易集》：礼部试士，例用书册，兼得通宵。《容斋随
笔》：大中祥符元年试进士，出《清明象天赋》，仍录题解摹印以
示之。景祐元年诏试日题目，其经史所出，摹印给之，更不许上
请。是挟书给烛，自唐已然；摹印题目所出，则宋事也。

又据明佚名《事物纪原》卷三：

　　　大中祥符五年二月二十二日，真宗亲试进士于崇政殿内，出
策题摹印以赐，印题自兹始也。

可见宋真宗大中祥符年间始有刻印试卷之举，试卷也不是最早简单印
刷品。
　　度牒是古代僧尼的出家文凭，上有僧尼本籍、俗名、年龄、所属

寺院、师名等。僧尼持此，不仅可以证明身份，而且还可以免除地税徭役，得到政府的保护。南北朝时已制定了有关僧尼的登记制度，度牒的产生不会晚于南北朝。唐代僧尼隶属祠部管辖，因此唐代度牒又称祠部牒。我国古代最早的印版度牒始于宋代，据宋王栐《燕翼诒谋录》卷五：

> 僧道度牒，每岁试补刊印板，用纸摹印。新法既行，献议者立价出卖，每牒一纸，为价百三十千。然犹岁立为定额，不得过数。熙宁元年七月，始出卖于民间。

可见北宋熙宁元年（1068）七月才出现印版度牒，度牒也不是最早简单印刷品。

名片在我国有悠久的历史，据《史记·郦食其传》：

> 使者惧而失谒，跪拾谒，还走，复入报曰："客，天下壮士也。叱臣，臣恐，至失谒，曰：'走，复入言，而公高阳酒徒也。'"

这里，"谒"就是名片，可见早在秦汉时代就有了名片。不过，在一个相当长的历史时期中，由于纸张刚刚发明，尚未普及，名片皆由竹木削制而成，三国时"祢衡尚气刚傲，好傲时慢物，建安初自荆州北游许都，书一刺怀之，漫灭而无所遇"①。这里，"刺"即名片，可见祢衡的名片就是用竹木制成的，否则，字迹怎么会磨掉呢？纸张普及之后，人们开始用纸制作名片，因称名纸、名帖等。但有时也沿用"刺"的叫法。名片上除了姓名之外，间有爵里，据记载：

> 魏夏侯渊七岁能属文，诵书日千言。文帝闻而诣焉，宾客百余人，人奏一刺，书其乡里姓名，世所谓爵里刺也。②

---

① （宋）祝穆：《古今事文类聚》卷二十七。
② （宋）祝穆：《古今事文类聚》卷二十七。

唐宋以后的门状、手本也和名片相当，但文字较繁。就制作方式而言，今之名片概由印制而成，而古之名片皆临时书写，据宋阮阅《诗话总龟》卷五：

> 寇莱公镇洛暇日，写刺访魏野，野葛巾布袍，长揖莱公，礼甚丰简，顷之议论骚雅，相得甚欢，将别，谓莱公曰："盛刺不复还，留为山家之宝。"

又据清王士禛《香祖笔记》卷八：

> 唐宋启事用门状，即今士大夫彼此拜谒之名刺也。上书某官谨祗候某官。陆务观《老学庵笔记》云，见东都时苏、王诸名公门状一卷，率皆手书。古人郑重不苟如此，今则小胥之事耳。

可见寇莱公（即寇准）、苏轼、王安石等名人的名片都是临时写成的。既然名片全由手写，不可能成为最早简单印刷品。

叶子，又名叶子格、骰子格，不少文献中都有记载，不过以《太平广记》、欧阳修《归田录》、王闢之《渑水燕谈录》为较早，兹照录如下：

> 唐李郃（按：郃或作邰）为贺州刺史，与妓人叶茂莲江行，因撰骰子格，谓之叶子。咸通以来，天下尚之。殊不知应本朝年祚。正体书葉字，卅世木子，自武德至天祐，恰二十世。
>
> ——《太平广记》卷一百三十六《李郃》

> 叶子格者，自唐中世以后有之。说者云，因人有姓叶号叶子青者，撰有此格，因以为名，此说非也。唐人藏书，皆作卷轴，其后有叶子，其制似今策子。凡文字有备检用者，卷轴难数卷舒，故以叶子写之，如吴彩鸾《唐韵》、李郃《彩选》之类是也。骰子格，本备检用，故以叶子写之，因以为名尔。唐世士人宴

聚，盛行叶子格，五代国初犹然，后渐废不传。

——（宋）欧阳修《归田录》卷二

　　唐太宗问一行世数，禅师制叶子格进之。叶子，言"二十世李"也。当时士大夫宴集皆为之。其后有柴氏、赵氏，其格不一。蜀人以红鹤格为贵，禁中则以花虫为宗。近世，职方员外郎曹谷损益旧本，撰《旧欢新格》尤为详密。

——（宋）王闢之《渑水燕谈录》卷九

由此可知，古人所谓"叶子"有四种含义：第一种是谶语，"叶子"包含"卅世李"数字，暗示唐代年祚，自武德至天祐，恰二十世。第二种是叶子青撰有此格，因名叶子。第三种是册叶之叶，因为唐代卷轴装，不便翻检，因将关键词写在单叶（页）上，故名。第四种是纸牌，犹今之扑克牌之类（图 79），第四种由第三种发展而来。以上四义之

图 79　古代印刷纸牌

中，第一种荒诞不经。唐太宗李世民死于公元 649 年，一行生于公元 633 年，也就是说唐太宗死时，一行刚刚 16 岁，还是少年儿童。唐太宗生前怎么可能向一行请教唐代"世数"呢？第二种只是道听途说，并无实据。第三、四两说比较可信，由便于翻检的页子演变为一种纸牌。由于"天下尚之"，"盛行"全国，需求量很大，作为最早简单印刷品是可能的。

驿券是驿站征发驿夫、驿马、驿船等的凭证，是由铜符发展而来的。唐代各级官吏的流动性很强，需求量是很大的，成为最早简单印刷品也是可能的。发放驿券的标准主要根据出差的时间、里程和出差者的级别。当时有许多具体规定，如：

> 凡乘驿者，在京于门下给券，在外于留守及诸军、州给券。
> ——李林甫《唐六典》卷五

> 禁滥给驿券敕：诸道进奉却回，及准敕发遣官健家口，不合给驿券人等。承前皆给路次转达牒，令州县给熟食程粮草料。自今以后，宜委门下省检勘，凭据分明，给传牒发遣，切加勘责，勿容逾滥，仍准给券例，每日一度，具状闻奏。
> ——《全唐文·拾遗》卷五《德宗皇帝》

> 禁中使传券违越敕：中使转券，素有定数。如闻近日多越券牒，宜令诸司府据元和十四年四月五日敕分明晓示。自今已后，如更违越，所在州县俱当时具名闻奏。
> ——《全唐文·拾遗》卷六《穆宗皇帝》

> 私假不给公券奏(大和八年八月门下省)：常参官私事请假，从来准例并给券牒。今商量或缘家事乞假，各申私志，须约公费。自今后应有此色假官，并任私行，门下省不得给公券。如或事出特恩，不在此限。
> ——《全唐文·拾遗》卷五十五《阙名》

因为驿券关系国家财政，"素有定数"，不得滥发，必须"凭据分明"，"切加勘责，勿容逾滥"。"私假不给公券"，如"事出特恩"，高官品者，致仕还乡，可以例外，如《全唐文拾遗·滕珦乞给券奏》：

> 伏蒙天恩致仕，今欲归乡。家在浙东，道途遥远。官参四品，伏乞特给婺州以来券，庶使衰赢获安。①

国家对驿券的发放严加掌握。驿券的内容，除了姓名、级别、事由、日期、里程、驿夫和驿马等数量外，加盖官印后，才是有效凭证。官府丢了印章可是大事，据宋钱易《南部新书·辛部》：

> 晋公在中书，左右忽白以印失所在，闻之者莫不失色。度即命张宴举乐，人不晓其故，窃怪之。夜半宴酣，左右复白以印存焉。度不答，极欢而罢。或问度以故，度曰："此徒出于胥盗印书券耳。缓之则存，急之则投水火，不复更得之矣。"时人服其宏量。

裴度是唐宪宗时中书省的长官，丢了大印，"闻之者莫不失色"，可见当时问题的严重性。然裴度心中有数，知道有人偷印去盖驿券，从容不迫，终于化险为夷。但据宋吴处厚《青箱杂记》卷八：

> 唐以前馆驿并给传往来。开元中，务从简便，方给驿券。驿之给券，自此始也。

可见驿券始于唐玄宗开元间。和纸牌一样，驿券文字简单，需求量大，作为最早简单印刷品是可能的。

历书也叫历日、历本、时宪历（清避弘历讳，易名《时宪书》）等。它是专门排列日月时令节候的书，文字比较简单，需求量也大，亦可成为我国古代最早的简单印刷品。据《宋书·律历下》：引用元嘉二十年(443)承天的奏章说：

---

① 《全唐文·拾遗》卷二十九。

景初历春分日长，秋分日短，相承所用漏刻，冬至后昼漏率长于冬至前。且长短增减，进退无渐，非唯先法不精，亦各传写谬误。

说明南北朝的历书均为抄写，不曾刻印。据《隋书·律历志》，隋代历书"散写甚多"（详第四章第一节）。说明隋朝的历书均为抄写，也不曾刻印。唐代前期历书亦无刻本，1973 年新疆吐鲁番阿斯塔那古墓中发现多种唐代写本历书：其一为唐高宗显庆三年（658 年）写本具注残历（图 80）。时间最晚的一种为唐玄宗开元八年（720）写本具注残历①。这就是说，直到唐玄宗开元八年（720）历书尚无刻本。那么唐代刻印历书到底始于何时？据《全唐文·冯宿禁版印时宪历奏》（详第四章第二节），唐代刻印历书的最早记载是唐文宗太和九年（835），现存最早的历书实物是唐文宗太和八年（834）刻印的具注历（见上海古籍出版社《俄藏敦煌文献》第 10 册）、唐僖宗乾符四年（877）刻印的

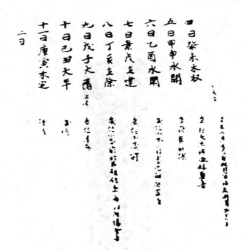

图 80　唐高宗显庆三年（658）具注历写本

----

① 阿斯塔那 201 号墓出土显庆历，见《吐鲁番出土文书》第 6 册；341 号墓出土开元历，见《吐鲁番出土文书》第 8 册。

具注历(图81)和唐僖宗中和二年(882)成都樊赏刻印的历书(图82)。按照史学界关于历史分期的习惯划法,以上历书的刻印时间均属"晚唐",因此,历书不能称为最早简单印刷品。

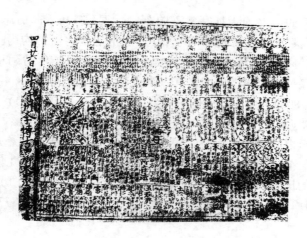

图81　唐僖宗乾符四年(877)刻印的历书

图82　唐僖宗中和二年(882)樊赏刻印的历书

关于"印纸"

"印纸"一词在唐宋文献中大量出现。"印纸"是何物？它是官方颁发的一种凭证，其作用是：

第一，考核官吏任职功过，相当今日之人事档案，是晋级与否的凭证，例如：

> 太平兴国七年(982)五月诏："京朝官出使，所给印纸，委本属以实状书，不得增减功过，阿私罔上。其关涉书考之官，悉署姓名，违者论其罪。"
>
> ——《续资治通鉴·宋纪十一》

> 太宗淳化五年(994)八月庚寅，殿中丞建安李虚己，以得御书印纸，上表献诗，自陈祖母年八十余，喜闻其孙中循吏之目，帝悦，批纸尾曰："朕得良二千石矣。"赐以五品服，改知遂州，又别赐钱五十万以遗其祖母。
>
> ——《续资治通鉴·宋纪十八》

> 太宗至道元年(995)六月丁酉诏："许民请佃诸州旷土，便为永业，仍蠲三岁租，三年外输三分之一，州县官吏劝民垦田，悉书其数于印纸，以俟旌赏。"
>
> ——《续资治通鉴·宋纪十八》

> 金兵薄宝庆，通判泰和曾公如骥遣弟如骏归，曰："吾既以身许国，不得顾先人宗祀矣，汝其图之!"涕泣与别。复取考功印纸，题其上曰："谨将'节义'二字，结果印纸一宗。了却神游何处，澄江明月清风。"
>
> ——(清)厉鹗：《宋诗纪事》卷四十二

> 余性疏拙，初注官时，铺吏授一卷书，曰："谨视之，是吏

351

部印纸，仕之久速，官之功过，将于是乎考。"余曰："唯。"

——(宋)刘宰：《漫塘文集·书印纸后》

宝祐二年，监察御使陈大方言："士风日薄，文场多弊，乞将发解士人初请举者，从所司给帖赴省，别给一历，如命官印纸之法，批书发解之年及本名年贯、保官姓名，执赴礼部，又批赴省之年，长式印署，赴监试者同。如将来免解、免省，到殿批书亦如之。如无历则不收试。候出官日赴吏部缴纳，换给印纸。"

——《宋史·选举二》

可见这类印纸由吏部统一颁发。唐代规定："凡应考之官家，具录当年功过行能，本司及本州长官对众读，议其优劣，定为九等考第，各于所由司准额校定，然后送省。"①宋代规定："凡将集议前期三日，持考功状遍示当议之官，使先绅绎而后集于都堂以询之，庶几有所见者得以自申，以称朝廷博谋尽下之意。"②这就是说，在正式填写"印纸"之前，还要广泛征求各方面的意见，要求填写者"以实状书，不得增减功过，阿私罔上"，否则要追究填写者的责任。唐宋时代对官吏的考核均由吏部考功郎中负责。官诰是古代授官的凭证，印纸对于大小官吏来说和官诰同等重要。据唐圭璋《宋词纪事》卷一〇〇：

宋时，吏部一胥好滑稽，有董公迈参选，失去官诰，但存印纸，遂投状给据。一日，侍郎问其胥曰："此事无碍否？"胥答曰："朝官大夫董公迈，失一官诰印纸在，也不碍。"侍郎觉其谑侮，杖一百罢之。

"吏部一胥"挨打的原因是他哼了两句顺口溜，极不严肃。其实，他的话并没有讲错。

---

① 《旧唐书·职官二》。
② 《宋史·职官三》。

第二，登记各类名物，以便官方考核。如：

> 除陌法：天下公私给与货易，率一贯旧算二十，益加算为五十，给与他物或两换者，约钱为率算之。市牙各给印纸，人有买卖，随自署记，翌日合算之。有自贸易不用市牙者，验其私簿，无私簿者，投状自集。其有隐钱百者没入，二千杖六十，告者赏十千，取其家资。法既行，而主人市牙得专其柄，率多隐盗。
>
> ——《旧唐书·食货志下》

> 太宗虑京城狱囚淹系，命(李)允正提总之。尝请诏御史台给开封府司录司、左右军巡、四排岸司印纸作囚簿，署禁系月日，条其罪犯，岁满较其殿最。诏从其请。
>
> ——《宋史·李允正传》

> 宋真宗《州军户额增减仰转运司批书印纸以定奖罚诏》(咸平二年十月五日)：诸路转运使、副，今后应辖下州、军、监，如增添得户口，及不得因灾伤逃移却人户，并仰分明批书上御前印纸。候得替到阙日，仰三司比较诣实数目，牒报审官院，依先降敕命磨勘。
>
> ——《全宋文》卷二一五

> 韦寿隆有能诗声，族子能谦调四安税，因部使者市炭，不顺其意，至索印纸，即书词于印纸云："风清日晚溪桥路，绿暗摇残雨。闲亭小立望溪山，画出明湖深秀水云间。漫郎疏懒非真吏，欲去无深计。功名英隽满凌烟，省事应须速上五湖船。"虽列荐于朝，仅分司数月耳。
>
> ——唐圭璋：《宋词纪事》

上举第一、四例"印纸"似经商所用卖物登记簿，它是向政府交税的凭证；第二例"印纸"似罪犯登记簿，是犯人的原始档案；第三例"印纸"似户口登记簿，是核查某地户口增减的凭证。

第三，出入宫廷的凭证。据唐刘肃《大唐新语·从善第二十》：

> 则天称尊号，以睿宗为皇嗣，居东宫。洛阳人王庆之希旨，率浮伪千余人诣阙，请废皇嗣而立武承嗣为太子。召见，两泪交下。则天曰："皇嗣我子，奈何废之？"庆之曰："神不享非类，今日谁国，而李氏为嗣也！"则天固谕之令去，庆之终不去，面覆地，以死请。则天务遣之，乃以内印印纸，谓之曰："持去矣。须见我，以示门者，当闻也。"庆之持纸，去来自若。

可见武则天天授二年（691）给王庆之的印纸相当于今之特别出入证。这是"印纸"一词见诸文献的最早记载。

印纸的作用大致如上所述。印纸既然有考核、登记等功能，其内容与今之鉴定表、登记表、账簿之类大体相当，文字必定简易。作为出入证的"印纸"，文字当比登记表之类还要简单。就使用者而言，各级官府需要印纸，大小官吏需要印纸，行商坐贾需要印纸，其需求量之大，更是不言而喻。因此，"印纸"作为最早简单印刷品，既有必要，又有可能。

唐德宗建中四年（783）六月，施行除陌法，"市牙各给印纸，人有买卖，随自署记，翌日合算之"①。张秀民先生认为：此之"印纸"就是印刷品，"统治者想利用印刷品来增加剥削"②。武则天天授二年（691）的"印纸"比德宗时之"印纸"早了94年，天授二年（691）的印纸是不是印刷品呢？回答是肯定的。顾名思义，"印纸"可有两种解释：一是钤印之纸，二是雕版"印刷"之纸。究竟哪种解释正确？当以第二种为确，原因是：（一）武则天作为皇帝，和其他皇帝一样，"印"一般称"玺"，但武则天不喜欢"玺"字，改"玺"为"宝"，正如

---

① 《旧唐书·食货志下》。

② 《中国印刷史·雕版印刷术的发明与发展》，浙江古籍出版社2006年版。

《旧唐书·职官二》所说：

> 两汉得秦六玺及传国玺，后代传之。隋置符玺郎二员，从六品。天后恶"玺"字，改为"宝"。其受命传国等八玺文，并改雕"宝"字。

武则天使用的八宝是："一曰神宝，所以承百王，镇万国；二曰受命宝，所以修封禅，礼神祇；三曰皇帝行宝，答疏于王公则用之；四曰皇帝之宝，劳来勋贤则用之；五曰皇帝信宝，征召臣下则用之；六曰天子行宝，答四夷书则用之；七曰天子之宝，慰抚蛮夷则用之；八曰天子信宝，发番国兵则用之。凡大朝会，则捧宝以进于御座。车驾行幸，则奉宝以从于黄钺之内。"[①]既然如此，钤有武则天大印之纸，当称"宝纸"，不能叫做"印纸"。退一步说，即使特别出入证上所钤非武后印，而是有关保卫部门的印章，也不当称为"印纸"，因为纸和印章的历史悠久，如果钤印之纸可以称为"印纸"的话，那么"印纸"一词早在唐宋之前就应该出现了，为什么姗姗来迟，直到武则天天授二年(691)才第一次出现呢？这也说明此之"印纸"并非钤印之纸，而和唐宋文献中的"印纸"一样，都属于印刷品，它是雕版印刷发明之后的产物。(二)作为雕版印刷之意的"印"字在唐代已经大量出现，人们习以为常。例如唐范摅《云溪友议》卷下称纥干尚书泉"乃作《刘宏传》，雕印数千本"，其中"印"字就是印刷之意。又如柳玭《柳氏家训序》：

> 中和三年癸卯夏，銮舆在蜀之三年也。余为中书舍人，旬休，阅书于重城之东南，其书多阴阳、杂记、占梦、相宅、九宫五纬之流，又有字书、小学，率雕版印纸，浸染不可尽晓。

这里用了"雕版印纸"四字，它清楚地告诉我们：这不是一般的纸，

---

① 《旧唐书·职官二》。

而是雕版印刷之纸。当然，这里讲的是唐僖宗中和三年(883)的事情，比天授二年(691)要晚192年。汉语常识告诉我们：词义随着时间的流逝，既有继承性，又有变异性。具体到某个特定的词，是继承，还是变异，不可一概而论，要结合语言环境进行分析。既然"印纸"一词在唐宋文献中均属印刷品，那么，天授二年(691)的印纸概莫能外。而且，根据日本"百万塔陀罗尼"的有关文献，如果唐代宗广德二年(764)之前《无垢净光大陀罗尼经》已经东传日本，说明该经刻印在广德二年(764)之前。那么，具体"前"到何时？因为当时中日交往不断，日本僧人、学者来华者络绎不绝，唐代一旦刻印《无垢净光大陀罗尼经》，随时都有可能传到日本。因此，刻印《无垢净光大陀罗尼经》的具体时间距广德二年(764)当会不远，也在八世纪中期。由此可以推知，比佛经更加简单的印刷品的出现当在七世纪末至八世纪初。天授二年(691)出现简单印刷品印纸是完全可能的。

总而言之，古代名片尽皆手写，与印刷无缘；试卷、度牒、历书等的刻印时间或在晚唐，或在宋代，不能称为最早简单印刷品；叶子、驿券、印纸很可能成为中国古代最早的简单印刷品。

三、可考最早佛经印刷品

佛教著作是中国古代图书的重要组成部分，它对古代图书编撰、古代藏书、古代出版等产生了重要影响。中国图书史的发展离不开佛教，雕版印刷的产生和发展也离不开佛教。佛教著作的数量多、影响大，是中国古代最早印刷品之一。之所以不称其为"最早简单印刷品"，是因为其文字比较复杂。让我们先来论述一下佛教对中国图书史的巨大影响。

佛教著作对古代图书编撰的影响

佛教著作对古籍编撰的影响表现在古籍编目、翻译、义疏、学案、语录、文学等方面，兹分述如下：

第一，佛经目录对古籍编目的影响很大。古代佛经目录甚多，兹

将唐代以前(含唐代)的佛经目录择要列表如下:

书目	卷数	时代	著者	存佚	内容
《汉录》	1	曹魏	释朱士行	佚	专录东汉译经。
《众经目》	1	西晋	释竺法护	佚	专录自译经论。
《经论都录》	1	东晋	释支敏度	佚	通录古今。
《经论别录》	1	东晋	释支敏度	佚	通录古今。
《综理众经目录》	1	东晋	释道安	佚	通录古今。
《庐山录》	1	东晋	释慧远	佚	专录庐山译经。
《二秦录》	1	东晋	释僧睿	佚	专录秦凉译经。
《魏世经录目》	1	东晋	释道流、竺道祖	佚	专录魏代译经。
《吴世经录目》	1	东晋	释道流、竺道祖	佚	专录吴代译经。
《晋世杂录》	1	东晋	释道流、竺道祖	佚	专录晋代译经。
《河西经录目》	1	东晋	释道流、竺道祖	佚	专录河西译经。
《佛经录》		南朝宋	王俭	佚	《七志》之一。
《众经目录》	2	南朝齐	释王宗	佚	通录古今。
《宋齐录》	1	南朝齐	释道慧	佚	专录宋齐译经。
《定林寺藏经录》		南朝齐	刘勰	佚	专录定林寺藏经。
《出三藏记集》	15	南朝梁	释僧祐	存	历代译经、经序和僧传。
《华林佛殿众经录》	4	南朝梁	释僧绍	佚	专录梁华林殿经藏。
《众经目录》	4	南朝梁	释宝唱	佚	专录梁代佛经,创"禅经"类。
《释正度录》	1	南朝梁	释正度	佚	通录古今。
《真谛录》		南朝梁	释真谛	佚	专录自译经论。
《佛法录》	3	南朝梁	阮孝绪	佚	《七录》之一。

续表

书目	卷数	时代	著者	存佚	内容
《魏众经目录》	10	北魏	李廓	佚	大乘、小乘分别以经、律、论分类。
《大隋众经目录》	6	隋	释法经	存	大乘、小乘分别以经、律、论分类。
《历代三宝纪》	15	隋	费长房	存	分帝年、代录和入藏目三部分。
《隋仁寿年内典录》	5	隋	释彦悰	存	专录藏经。
《众经目录》	15	唐	释静泰	存	唐东京大敬爱寺入藏目。
《大唐内典录》	10	唐	释道宣	存	唐西明寺佛典目录。
《古今译经图记》	4	唐	释靖迈	存	翻译佛经者的生平、翻译经过等。
《大周刊定众经目录》	15	武周	释明佺等	存	东汉至武周的佛典目录。
《续大唐内典录》	1	唐	释智昇	存	《大唐内典录》之续编。
《开元释教录》	20	唐	释智昇	存	东汉至唐开元间的佛典目录。
《开元释教录略出》	4	唐	释智昇	存	《开元释教录》的入藏目录。
《贞元新定释教目录》	30	唐	释圆照	存	《开元释教录》的续编。

这些佛教目录是中国目录学史上的宝贵财富，它一方面反映了一时、一地、一人所藏佛典的翻译、流传情况，为其保管和利用提供了方便；另一方面，也为普通古籍编目提供了丰富的经验，极大影响了普通古籍编目的进程。归纳起来，佛教目录对普通古籍编目的影响表现在以下几个方面：

（一）考镜源流。佛经目录通过不同方式表达了古今的源流关系，为书目编撰树立了榜样。例如，《出三藏记集》是在《综理众经目录》的基础上编成的，《综理众经目录》是"源"，《出三藏记集》是"流"。《出三藏记集》一方面继承了《综理众经目录》的成果，依时代著录译人译经、各地失译经、疑经和注经；另一方面，为了避免"本源将没，后生疑惑"，又"沿波讨源，缀其所闻"，新增了不少内容①，源流关系非常明显。《历代三宝纪》分为帝年、代录、入藏目录等内容。"帝年"是古代最早的佛教年表，源流关系不言而喻；"代录"以时代先后为序，每个译人之下，先列译目，后列译人简历，孰前孰后，前后源流关系一望而知。隋释法经等撰《大隋众经目录》、唐释静泰等撰《众经目录》均有"别生"类，该类的特点是先列若干子目，后列出处，如"三方便经一卷，积骨经一卷，地狱赞经一卷"，下注"右三经出七处三观经"。也就是说《三方便经》等三经是子目，《七处三观经》是出处、是母体，母子关系就是源流关系。唐智昇《开元释教录》"记人代之古今，标卷部之多少"，一改前人"未极根源，尚多疏阙"的缺点②。该目第一卷至第十卷的"总录"部分，以时代先后为序，著录从汉到唐19个朝代的译人、译目，在每个朝代之中，众多译人也以生年先后为序，源流关系井然有序。《大唐内典录》著录的译经，均标明"第一出"、"第二出"、"第三出"等，源流关系非常明确。但是，应该看到，不少普通古籍书目是"甲乙丙丁，开中药铺"，成了简单的流水账，佛经目录成为这些普通目录考镜源流的典范。

（二）古籍编目与古籍整理相结合。佛经目录都是历代佛学大师整理佛典的结果，也为普通古籍编目树立了榜样。佛经编目是一项学术性很强的活动，参与佛经编目者都是佛学大师，例如晋释道安就是著名佛学家和翻译家，他的著作有《人本欲生经法》《小十二门经法》等66种，传世至今有25种③。他也是般若学的六大家之一，还多次参加佛经翻译工作，慧远、慧持等都是其著名弟子，其《综理众经目录》是我国古代最早的大型综合性佛典目录。汤用彤先生指出："晋时佛教之兴盛，奠定基础，实由道安。"④僧祐是南朝梁著名佛学家，以精通律学著称于世，有《释迦谱》《弘明集》等著作，其《出三藏记

---

① （南朝梁）僧祐：《出三藏记集序》，中华书局1995年版。
② （唐）智昇：《开元释教录总序》，中华大藏经本。
③ 方广锠：《道安评传著作综述》，昆仑出版社2004年版。
④ 汤用彤：《汉魏两晋南北朝佛教史·释道安》，中华书局1985年版。

集》是我国古代现存最早的一部佛经目录。道宣是唐初著名僧人，中国佛学律宗的创立者。曾参加玄奘译场，思想颇受玄奘影响，有《四分律删繁补阙行事钞》《广弘明集》《续高僧传》等著作，其《大唐内典录》是唐初重要佛经目录之一，该目"体例之完善，内容之精详，殆称空前绝后"①。智昇，唐代著名僧人、目录学家。自幼聪慧好学，酷爱佛典，把自己的一生献给佛典目录事业，计有《续大唐内典录》《续古今译经图记》《开元释教录》等著作，其中，《开元释教录》流传较广，影响最大。当然，普通古籍编目和古籍整理相结合也是古代编目的优良传统，刘向等《七略》就是这样：刘向是著名经学家和文学家，负责整理经传、诸子、诗赋等；任宏是军事家，负责整理兵书；尹咸精通阴阳五行，负责整理数术图书；李柱国是医学家，负责整理医书。这就从根本上保证了编目的质量。后来的古籍编目者荀勖、许善心、郑樵、朱彝尊、纪昀、章学诚等无一不是著名学者，他们的编目工作得到社会的肯定。但是，也有不少古籍书目出于种种原因，或苟简从事，或源流不清，或真伪莫辨，或错误百出，没有给人提供一个可以信赖的善本。众多佛学大师亲自参与佛经整理工作，从佛经整理入手，开展编目活动，保证了佛经目录的质量，从而为古籍编目树立了榜样。

（三）书目类型。在长期的编目实践中，佛经目录一方面受到传统目录的影响，与传统目录有许多共同之处；另一方面，也创立了版本目录、伪书目录、著者目录、专题目录、传录体目录、辑录体目录等一些新的目录类型，有不少可圈可点之处。书目是图书的忠实记录，版本特征是同书异本相区别的重要标志。《出三藏记集》就是古代最早的版本目录之一②。在《出三藏记集》《历代三宝纪》《大唐内典录》《开元释教录》等一批版本目录的影响下，古籍版本目录越来越多，版本信息的记载越来越丰富。当然要能客观地、全面地著录版本

---

① 姚名达：《中国目录学史·宗教目录》，上海书店1984年版。
② 曹之：《〈出三藏记集〉是一部版本目录》，《中国图书馆学报》2007年第3期。

信息，首先需要编目者校勘文字、精研版本，这又推动了校勘学的发展，造就了一代又一代的校勘学家。伪书目录是图书著者不真实的目录。读书不辨真伪，就会误导，就会贻误研究工作。佛经目录重视辨别真伪，早在《出三藏记集》卷五中就有《新集安公疑经录》和《新集疑经伪撰杂录》二目。法经《大隋众经目录》卷二《众经疑惑五》著录疑经22 部、29 卷，《众经伪妄六》著录伪经80 部、217 卷；卷四《众经疑惑五》著录疑经29 部、31 卷，《众经伪妄六》著录伪经53 部、93 卷。彦悰《众经目录》卷五著录疑伪经书209 部、490 卷。《大唐内典录》卷十也有《历代所出疑伪经论录》一目。《大周刊定众经目录》卷十五有《伪经目录》一卷，著录伪书228 部、419 卷。当然，儒家早已注意辨伪，孟子、司马迁、刘向、王充等已开其先河。但是伪书目录却出现较晚，明胡应麟《少室山房笔丛·四部正讹》、清姚际恒《古今伪书考》是矣。佛教著作伪书目录的大量出现，反映其早期的著作权思想。著者目录汇集了一个著者的著作，利于对著者进行专题研究。早期的佛经目录均把译者的作品集中在一起，以译人为经，以译经为纬，堪称最早的著者目录。《历代三宝纪》卷六至卷十二以时为序，依次著录译人、译目，加上译者生平简历，极便后人对译者进行研究。唐代的《大唐内典录》和《开元释教录》也都照此办理。在早期佛经目录中，还有不少"失译"的著录。所谓"失译"，就是译者不明的佛经。例如法经《大隋众经目录》卷一《众经失译》类就著录失译佛经134 部、275 卷；《历代三宝纪》卷四和卷五《诸失译经》类著录失译佛经315 部、369 卷。和伪书著录一样，失译的著录，同样反映了古人对于著作权的重视。当然，译者目录和著者录还是有区别的，但译者也享有相应的著作权。对于梵文佛经而言，译者的著作权也是很重要的。专题目录是围绕某一学科专题编制的目录。汉代杨仆的《兵录》是可考我国古代最早的专科目录。其实，大而言之，古代佛经目录专门著录佛教文献，也是当之无愧的专科目录；小而言之，《历代三宝纪》卷四至卷十二、《大唐内典录》卷一至卷五、《开元释教录》卷一至卷八，专门著录历代翻译的佛经，也是译经专题目录。传录体目录是有著者小传的目录，辑录体目录是汇辑一书序、跋、解题、注释等相

关资料的目录。早期的佛经目录已有传录体、辑录体目录的萌芽。如
《历代三宝纪》卷四至卷十二、《大唐内典录》卷一至卷五、《开元释教
录》卷一至卷八每个译者都有小传，就是名副其实的传录体。南朝梁
僧祐撰《出三藏记集》卷十三至卷十五为 32 位高僧的传记，实开传录
体目录的先河。《出三藏记集》卷六至卷十二汇辑的 120 篇序言，实
开了辑录体目录的先河。

（四）编目方法。佛经目录的不少编目方法也是普通古籍编目的
榜样，让我们举例说明。佛经自东汉传入中土之后，译者日多。但有
不少译作不标译者姓名、不标译者时代、不标版本新旧，为后人读经
带来不少困难。晋释道安撰《综理众经目录》第一次标识译者姓名、
译者时代和版本新旧，此法遂为后来目录所沿用。正如梁释慧皎所
说："自汉魏迄晋，经来稍多。而传经之人，名字弗说，后人追寻，
莫测年代。安乃总集名目，表其时人，诠品新旧，撰为《经录》，众
经有据，实由其功。"①梁启超高度评价《综理众经目录》，他说："其
体裁足称者盖数端：一曰纯以年代为次，令读者得知兹学发展之迹及
诸家派别。二曰失译者别自为篇。三曰摘译者别自为篇，皆以书之性
质为分别，使眉目犁然。四曰严真伪之辨，精神最为忠实。五曰注解
之书别自为部，不与本经混，主从分明（注佛经者自安公始）。凡此
诸义，皋牢后此经录，殆莫之能易。"②也就是说，其以编年著录以
及失译、摘译、伪经、注经等分别著录的方法，为普通古籍编目树
立了榜样。后出的僧祐《出三藏记集》、费长房《历代三宝纪》、智
昇《开元释教录》等都采用了这种方法，对普通古籍编目产生了重
要影响。佛经目录"分类复杂而周备，或以著译时代分。或以书之
性质分。性质之中，或以书之涵义内容分，如既分经律论，又分大
小乘。或以书之形式分，如一译多译、一卷多卷，等等。同一录
中，各种分类并用，一书而依其类别之不同交错互见动至十数，予

---

① （南朝梁）慧皎：《高僧传·道安传》，中华书局 1992 年版。
② 梁启超：《佛学研究十八篇·佛家目录在中国目录学之位置》，江苏文
艺出版社 2008 年版。

学者以种种检查之便"①。此种分类方法也对普通古籍编目产生了重要影响。又如佛经目录在著录书名、卷数、著(译)者之外，还有小字注解。小字注解的内容除了异名、出处之外，还有纸数和难字注音。著录纸数确为隋唐佛经目录的一大特色。例如，《开元释教录》卷十九著录："有德女所问大乘经一卷，四纸"，小字注云："时有一本可八九纸，文错不堪。"显然，"四纸"本为正本，"八九纸"者为误本。又如"大方广普贤所说经一卷，五纸"，小字注云："别有一本，向三十纸，非是本经，□须拣择。"显然，"五纸"本是本经，"三十纸"本不是本经。又如《阿弥陀经》有三个译本，唐道宣《大唐内典录》中均有著录：姚秦鸠摩罗什译本为"五纸"；南朝宋求那跋陀罗译本为"四纸"；唐永徽元年(650)玄奘译本为"十纸"，三种版本的区别一望而知。佛经目录著录纸张对后世产生了深远的影响。直到今天，出版物的版权页仍然有"印张"的记载。虽然它已不是出版社向官方申报用纸的根据，但它是同书异本互相区别的重要标志之一。为什么古代佛经目录要著录纸张呢？有三个原因：一是用纸数量是向官方申报用纸总数的依据，也是官方检查的凭证，因为古代佛经翻译均为官办，抄经用纸是由国家供应的；二是纸数可供私人抄经的参考，私人抄经，先要准备纸张，佛经目录为其提供了方便；三是为人们鉴别版本提供了方便。另外，为了方便读者，隋释彦悰撰《众经目录》卷后还有难字注音，如该目卷一后注，"殓，力焰反"；卷二后注："刷，所八反"；卷四后注："胸，音匈"；卷五后注："底，音抵。"说明编目者在著录佛经的时候，清醒地认识到目录是为读者而编，要使读者能够读懂。这种为读者着想的思想，对普通古籍编目产生了深远的影响。

总之，在考镜源流、古籍整理、书目类型、编目方法等方面，佛经目录对于普通古籍编目的影响都是很大的。大量事实表明，古代佛经目录的编制水平远远超出了普通目录，它极大推动了古籍编目的进

---

① 梁启超：《佛学研究十八篇·佛家目录在中国目录学之位置》，江苏文艺出版社 2008 年版。

程，在中国书目编撰和中国目录学史上具有重要意义，值得我们认真总结。梁启超在《佛家目录在中国目录学之位置》中指出："吾侪试一读僧祐、法经、长房、道宣诸作，不能不叹刘《略》、班《志》、荀《簿》、阮《录》之太简单、太素朴，且痛惜于后此踵作者之无进步也。郑渔仲、章实斋治校雠学，精思独辟，恨其于佛录未一涉览焉。否则，其所发抒必更有进，可断言也。"①

　　第二，佛教著作对翻译的影响也很大。佛教著作大多来自印度，都是用梵文写成的。佛教著作入传中土的第一步是将梵文译成汉文。为了传播佛教，中国古代的佛经翻译是很多的，据唐代智昇《开元释教录》和陈士强《汉译佛教发生论》②，自汉至清，我国古代佛经翻译的总数为 2767 部，7865 卷。据唐释智昇《开元释教录》，其中东汉释安世高翻译 65 部 115 卷，曹魏释支谦翻译 88 部 118 卷，晋释道安翻译 13 部 123 卷③，唐释彦悰翻译 1 部 6 卷，唐释玄奘翻译 76 部 1349 卷。在长期的翻译实践中，一代又一代的佛经翻译人员摸索出许多翻译的方法，例如直译、意译、会译、五失本、三不易、八备、十条、五不翻等。自古翻译有直译、意译和会译三个大类。直译是直接按照原文字句的翻译；意译是不拘泥于原文字句、撮其大意而译之。二者各有优劣，未可厚此薄彼。东汉安世高是直译的开山祖师，三国支谦是意译的最早代表。会译也叫编译或注释，就是集引众经，比较其文，以明其义。会译也是由支谦开始的，吕澂说：支谦"曾将所译有关大乘佛教陀罗尼门实践的要籍《无量门微密持经》和两种旧译对勘，区别本(母)末(子)，分章断句，上下排列，首创了'会译'的体裁。支谦另外于自译的经也偶尔加以自注，像《大明度无极经》首卷，就是一例，这种办法足以济翻译之穷，而使原本的意义能够洞然明白，

---

　　① 梁启超：《佛学研究十八篇·佛家目录在中国目录学之位置》，江苏文艺出版社 2008 年版。

　　② 陈士强：《汉译佛经发生论》，复旦学报 1997 年第 3 期。

　　③ 方广锠：《道安评传·传译经典》，昆仑出版社 2004 年版。

实在是很好的"①。"五失本"和"三不易"是由晋释道安提出的。所谓
"五失本"即"一者，梵语尽倒而使从秦，一失本也；二者，胡经尚
质，秦人好文，传可众心，非文不可，斯二失本也；三者，胡经委
悉，至于叹咏，叮咛反复，或三或四，不嫌其烦，而今裁斥，三失本
也；四者，胡有义说，正似乱辞，寻说向语，文无以异，或千五百，
刈而不存，四失本也；五者，事已全成，将更傍及，反腾前辞，已乃
后说，而悉除此，五失本也"②。也就是说，下列五种情况容易使译
文失去本来面目：一是胡文词序颠倒，译时改从汉语习惯；二是胡经
质朴，汉人喜欢华美，译文有所修饰；三是胡语有些啰嗦，译文加以
删削；四是胡语结尾有小结，复述上文内容，译时多或删去；五是胡
文中本来语已说完，节外生枝又说别事。别事说完后，又把前面说完
的事简述一遍，然后开始说下文。像这种情况，翻译时要删去多余的
话。"三不易"即"圣必因时，时俗有易，而删雅古，以适今时，一不
易也；愚智天隔，圣人叵阶，乃欲以千载之上微言，使合百王之末
俗，二不易也……今离千年，而以近意量裁，彼阿罗汉乃竞竞若此，
此生死人而平平若此，岂将不知法者勇乎，斯三不易也"③。也就是
说，下列三种情况不好处理：一是古今时俗不同，要使古俗适应今时
不容易；二是要把古代圣贤的微言大义传达到后世浅识者不容易；三
是释迦牟尼死后，弟子结集非常慎重，现在由凡人传译，也不容易。
"八备"与"十条"是由隋代彦悰提出的。"八备"即翻译者在品质和学
术上应当具备的八个条件；"十条"指翻译者的十项注意，即字声、
音韵、问答、名义、经论、歌颂、咒功、品题、专业、异本等。"五
不翻"是唐代玄奘提出的，即遇到下列五种情况，可以音译：一是神
秘咒语，二是多义词，三是中土未有之物，四是见怪不怪、习以为常
之词，五是意思别具的佛教用语。除了"五不翻"之外，玄奘还有补
充法、省略法、变位法、分合法、译名假借法、代词还原法等。限于

① 吕澂：《中国佛学源流略讲·支谦》，中华书局 1979 年版。
② 吕澂：《中国佛学源流略讲·般若理论的研究》。
③ 吕澂：《中国佛学源流略讲·般若理论的研究》。

篇幅，不再一一列举。以上这些方法都是中国古代翻译史上的宝贵财富，对古代翻译和当代翻译都产生了较大影响。佛经翻译著作极大丰富了国语宝库，例如世界、实际、平等、现行、刹那、相对、绝对、清规戒律、一针见血等都是来自佛教的词语，梁启超指出："近日本人所编《佛教大辞典》，所收乃至三万五千余语。此诸语者非他，实汉晋迄唐八百年间诸师所创造，加入吾国语系统中而变为新成分者也。夫语也者所以表观念也，增加三万五千语，即增加三万五千个观念也。由此观之，则自译业勃兴后，我国语实质之扩大，其程度为何如者！"①

第三，佛教著作对古籍义疏、学案、语录、文学著作的影响也很大。

义疏是古代图书的著作方式之一。什么叫义疏？义即撮其大义，疏即疏通文句。也就是说，义疏是一种兼释经义的著作方式，它既解释文句，又概括其义。这种著作方式盛行于南北朝时期，当时"俗间儒士，不涉群书，经纬之外，义疏而已"②。儒家著作《周易》有《宋明帝周易义疏》、《齐永明国学讲周易义疏》等；《孝经》有梁武帝《孝经义疏》、李铉《孝经义疏》等；"三礼"有沈重《周礼义疏》、皇侃《礼记义疏》、熊安生《三礼义疏》等。古籍义疏著作盛行的原因是多方面的，其中一个重要原因就是佛经义疏的影响。早在晋代，道安首开义疏之风，他先后为《安般经》、《道地经》、《人本欲生经》等作了义疏。南朝梁释慧皎《高僧传·道安传》说："序致渊富，妙尽深旨。条贯既叙，文理会通。经义克明，自安始也。"汤用彤先生也说："佛典译本，或卷帙太多，研读不易；或意义深奥，或译文隐晦，了解甚艰。不借注疏，普通人士，曷能通达。道安以前，虽有注经，然注疏创始，用功最勤，影响甚大者，仍推晋之道安。"③南北时期，佛经义疏已经蔚成风气，如南朝宋僧镜的《法华》、《维摩》、《泥洹》等义

---

① 梁启超：《佛学研究十八篇·翻译文学与佛典》。

② 王利器：《颜氏家训集解·勉学篇》，上海古籍出版社 1982 年版。

③ 汤用彤：《汉魏两晋南北朝佛教史·南北朝佛教撰述》。

疏，释慧通的《大品》、《杂心》、《毗昙》等义疏；南齐释昙度的《成实论》义疏，慧基的《法华》义疏，法安的《净名》、《十地》义疏；南朝梁释宝亮的《大涅槃》义疏、慧集的《毗昙》义疏，等等。义疏也有疏义、义章、义钞、章疏等名称。义疏在当时产生了广泛的影响，对弘扬佛教发挥了重要作用，也成为古代图书编撰史上的一个亮点。

学案体是记述学术源流的史书体裁，它将学术的发展分为若干派别，条析各个派别的师承源流关系。每个学案先作序，概述本学派的特点和源流，然后介绍该学派的代表人物。每个人物先立小传，然后介绍能够反映其学术水平的代表作。学案体始于佛教的灯录体，佛教喻法为灯，佛法传承犹如灯火相传，灯录就是记载佛法代代相传历史的著作，它通过佛教代表人物言行的记载和世次的排列顺序，说明佛教发展的历史。我国古代最早的灯录著作当属五代南唐保大十年（952）释静、筠二人合撰的《祖堂集》。该书首叙七佛，次叙西天、东土，共 33 代 53 人，按法嗣传承世系先后排列，每人先列生平行状，后列代表著作和观点。在《祖堂集》的影响下，相继出现不少灯录体著作，如北宋的"三灯"和南宋的"二灯"，"三灯"即《景德传灯录》、《天圣广灯录》和《建中靖国续灯录》；"二灯"即《联灯会要》和《嘉泰普灯录》。后来宋释普济将"三灯"和"二灯"合编为《五灯会元》，《五灯会元》删繁就简，将原来"五灯"150 卷压缩为 20 卷，用师徒问答的方式汇辑了从七佛到唐宋禅宗各派名僧关于佛教教义的论证和故事，广为流传。明清两代也有不少灯录著作，明代如明释居顶《续传灯录》、文琇《增集续传灯录》、吴侗等《禅灯世谱》、朱时恩《居士分灯录》等；清代如释通容《五灯严统》、净符《祖灯大统》、释超永《五灯会书》、释通醉《锦江禅灯》、释善一如纯《黔南会灯录》等。在佛教灯录的影响下，儒家也陆续出现不少类似灯录的学案体著作。宋朱熹《伊洛渊源录》首开了儒家学案体著作的先河，至清初黄宗羲撰《明儒学案》而最后定型，继之者有黄宗羲始撰、黄百家续撰、全祖望成书的《宋元学案》、江藩《国朝汉学师承记》和《国朝宋学渊源记》、唐鉴《国朝学案小识》、唐晏《两汉三国学案》等。学案体著作是我们研究古代学术史的重要资料，也是我国古代图书编撰的重要组成部分。

　　语录体著作是汇辑有关语录而成的著作。《论语》是我国古代最早的一部语录体著作,它是孔子弟子和再传弟子关于孔子言行的记录。但是先秦的语录体著作并不多。汉代佛教传入中土以后,尤其是唐宋时期,佛教语录体著作铺天盖地而来,流传至今的佛教语录个人别集约有 300 多种,如《镇州临济慧照禅师语录》《黄檗断际禅师宛陵录》《云门匡真禅师广录》《汾阳无德禅师语录》,等等。佛教语录多人总集如《古尊宿语录》《续古尊宿语录》《四家语录》《五家语录》等。佛教语录体著作对中国古籍产生了广泛而深刻的影响。《河南程氏遗书》《朱子语类》《象山语录》《传习录》等不仅在思想上从佛教语录中多有移植和借鉴,而且在编撰形式上亦多仿佛教语录体著作。清代雍正皇帝不仅亲自编纂《御选语录》,而且在这部佛教语录总集中竟然收进他本人做亲王时的参禅语录,可见佛教语录体著作对中国古代图书编撰影响之大。

　　佛教著作对于诗歌、小说、戏曲等文学著作也有较大影响。马鸣是古代印度著名佛学理论家、文学家和音乐家,其著作有《大庄严论》《佛所行赞》等。《佛所行赞》堪称一首三万余言的长诗,中国古代的《孔雀东南飞》深受其影响。《大庄严论》堪称一部《儒林外史》式的小说,我国古代自干宝《搜神记》以后的同类小说,都与其有密切关系。后来的《水浒传》《红楼梦》等,其结体运笔都受到《华严》《涅槃》的影响。就是宋元以后的平话、杂剧、传奇、弹词等也间接受到变文和《佛所行赞》等书的影响。赵朴初指出:"佛教为中国的文学带来了许多从来未有的、完全新的东西——新的意境、新的文体、新的命意遣词方法。马鸣的《佛所行赞》带来了长篇叙事诗的典范。《法华》《维摩》《百喻》诸经鼓舞了晋唐小说的创作。《般若》和禅学的思想影响了陶渊明、王维、白居易、苏轼的诗歌创作。"①另外,佛经著作也促进了音韵学的发展,宋郑樵云:"华人苦不别音,如切韵之学,自汉以前,人皆不识,实自西域流入中土。所以韵图之类,释子多能言之,而儒者皆不识起例,以其源流出于彼耳。华书制字极密,点画极多,

---

　　① 赵朴初:《佛教常识答问》,江苏古籍出版社 1988 年版。

梵书比之，实相辽邈。故梵有无穷之音，华有无穷之字，梵则音有妙义，而字无文彩。华则字有变通，而音无锱铢。梵人长于音，所得从闻入。"①中国人受到"长于音"的梵人的影响，才创制了反切。反切从而成为古代一种常用的注音方法。

综上所述，佛教著作对于古籍编目、翻译、义疏、学案、语录、文学著作的影响是很大的。佛教源于印度，它能够东传中土，并在中土生根开花，反映了中华民族海纳百川的博大胸怀，又反映了文化开放的必要性。实行文化开放政策，只会促进民族文化的发展，这是一条历史的经验。佛教著作对于中国文化的影响是全方位的，我们在研究包括古籍编撰在内的中国古代文化时，不能离开佛教文化。否则，就是不全面的。

古代寺院藏书对古代藏书的影响

寺院藏书是中国古代藏书的重要组成部分。寺院里有僧尼，有僧尼就有诵经活动。佛经是寺院的共同财产，需要集中管理，于是就产生了寺院藏书。东汉明帝以还，佛经东传，汉译佛经越来越多，传抄的复本越来越多，这就成为寺院藏书的主要来源。东汉洛阳白马寺是古代最早的寺院藏书地，佛经东传的第一站就在这里。星移斗转，随着佛教的盛行，寺院越来越多，僧尼越来越多，寺院藏书的地点越来越多，寺院藏书的读者群越来越大。源源不断的藏书来源，不断扩大的藏书地点，日益增多的读书群，加上历代统治者的利用，为寺院藏书的繁荣奠定了坚实的基础。古代寺院藏书对古代藏书的影响表现在以下几个方面：

第一，古代寺院藏书数量众多，内容广泛，对古代藏书产生了很大影响。据《隋书·经籍四》，梁武帝于华林园收藏佛典 5400 卷；据《开元释教录·入藏录》，唐开元间西崇福寺收藏佛典 480 帙、1076 部、5048 卷。寺院藏书除了大量收藏佛典之外，也收藏了不少非佛典古籍。唐释道宣说：南朝宋丹阳南牛头山佛窟寺有不少藏书，"一

---

① （宋）郑樵：《通志略·六书略第五》，上海古籍出版社 1990 年版。

佛经、二道书、三佛经史、四俗经史、五医方图符"①，其中，道书、俗经史、医方图符等，都属于非佛典古籍。在敦煌莫高窟的藏经洞中，虽然佛经占了绝大多数，但也有不少儒家经典、史书、医书、天文、历算等各类文献资料，甚至还有户籍、契账、便条等。现代佛学图书馆也是这样，台湾福严佛学院藏有大藏经六套，单本佛典 2000 册，另有非佛典图书 2000 册。台湾圆光佛学院的两个图书馆藏有各类大藏经 23 套，单本佛典图书 12600 册，另有非佛典图书 4000 余册。为什么寺院藏书收藏非佛典图书呢？有四个原因：一是僧众本身为了弘扬佛教，需要学习儒家经典和一些必要的文史知识，需要收藏包括文字学、音韵学、训诂学在内的各种非佛典图书，不断充实自己。不少僧人别集的"外集"部分都有大量无关佛理的诗文，例如清释敏历《香域内外集》中的"内集"是释家语录、偈语，"外集"七卷就是无关佛理的诗文。这说明清释敏历的儒学功底也是很深的，其功底都是在寺院里学得的。二是寺院也有教育职能。不少寺院曾经开设寺学，为僧众讲授最基本的文史知识。还有一些平民因为贫穷、年幼等原因，一方面作为寺院的勤杂人员，干些扫地、挑水之类的工作；另一方面也常常利用空闲时间借读。著名文学评论家刘勰、著名茶学专家陆羽等就是这样培养出来的。据《梁书·刘勰传》："勰早孤，笃志好学，家贫不婚娶，依沙门僧祐，与之居处，积十余年。"刘勰在寺院里十年寒窗，博览群书，为后来创作《文心雕龙》打下坚实的基础，他还协助高僧僧祐编撰了我国古代著名的佛经目录《出三藏记集》。唐代陆羽也曾在寺院借读，后来写出我国古代第一部茶叶专著《茶经》。唐代归义军节度使张议潮少时也曾在寺院里学习过。很显然，他们在寺院里学到许多东西，寺院藏书不可能没有非佛典图书。三是寺院远离"红尘"，不易受到外界的干扰，具有相对的保险性和稳定性。古代不少文人为了著作传世，把目光锁定寺院，心甘情愿把著作交给寺院托管。例如唐代诗人白居易把编定的文集抄了几个副本，分藏庐山东林寺、洛阳圣善寺和香山寺、苏州南禅院等。南宋洪咨夔把

---

① （唐）道宣：《续高僧传·法融传》，大正藏本。

13000 卷藏书寄藏于天目山宝福寺。清代阮元把藏书分藏于杭州灵隐寺和镇江焦山西麓海西庵，建"灵隐书藏"和"焦山书藏"。其《焦山书藏记》云："史迁之书，藏之名山。白少傅藏集于东林诸寺，孙洙得《古文苑》于佛龛。闲僻之地，能传久远，故仿之也。"①两寺各以两僧看管，"书既入藏，不许复出，纵有缮阅之人，照天一阁之例，但在楼中，毋出楼门。烟灯毋许近楼。寺僧有鬻借霉乱者，外人有携窃涂损者，皆究之"。② 焦山书藏藏书最盛时多达 3570 种、4002 部、21470 册、59747 卷。可见寺院藏书数量既多，也很安全可靠。四是古代一些州县，常将谱牒交寺院保管，更加丰富了寺院藏书的内容。直到近代，一些家族续修家谱时，还常常到寺院里查考有关家谱，以便弄清先人的世系、生卒年等，如浙江省长兴县吉祥寺就曾藏有唐至清代周围村落的家谱，十分完整，可惜已全部毁于战火。如同寺院藏书一样，我国古代藏书也不排斥佛教、道教等三教九流著作，数量多，内容广，成为古代藏书的重要特点之一。

第二，寺院藏书的具体方法对古代藏书影响巨大，相当于"国家标准"，指导并统一了佛教藏书。早在隋代，费长房《历代三宝纪》的"入藏录"，为寺院藏书勾画了一个蓝图；唐道宣《大唐内典录·历代众经见入藏录》成为当时寺院藏书的重要依据，这也是《敦煌遗书》中《大唐内典录》零种复本较多的原因所在。唐智昇《开元释教录》卷十九和卷二十《大乘入藏目录》和《小乘入藏目录》成为开元十八年（730）以后唐代寺院藏书的"国家标准"，成为寺院《大藏经》建设的依据。晚出的《开元释教录略出》以千字文编号，从"天"至"群"，共有 480 号，一字代表一帙，简洁易记，为入藏佛经的整理、排架和检索提供了方便。千字文编号的使用，沟通了藏书、管理者和读者三者之间的联系。每种图书在排架和目录中都有了固定的位置，管理者能够根据千字文的顺序很快找到读者需要的图书。这种以千字文编号的方法在当时的影响也是很大的。过去人们多认为《开元释教录》和《开

---

① （清）叶德辉：《书林清话·书林余话》，中华书局 1987 年版。
② （清）叶德辉：《书林清话·书林余话》，中华书局 1987 年版。

元释教录略出》同出智昇。方广锠认为:《开元释教录略出》并非智昇所撰，主要有两个原因:一是智昇《开元释教录》、圆照《续开元释教录》和《贞元新定释教目录》都没有著录《开元释教录略出》;二是《开元释教录》和《开元释教录略出》有许多不同:《开元释教录·入藏录》有480帙、1076部、5048卷，而《开元释教录略出》有478帙、1080部，卷数和纸数也因本而异。千字文帙号亦非智昇发明，因为据智昇《开元释教录》开凿的房山石经、圆照《续开元释教录》和《贞元新定释教目录》、玄逸《开元释教录广品历章》都没有千字文帙号，说明千字文帙号当是晚唐、五代或宋初人发明的，是当时广为流传的大藏经上架目录。《开元释教录略出》有许多版本，最初来自何地何人，已不可考①。不管作者是谁，它对寺院的大藏经建设产生了积极的影响。白居易《香山寺新修经藏堂记》云:"以《开元经录》按而校之，于是绝者续之，亡者补之，稽诸藏目，名数乃足。"②这里的《开元经录》指的就是《开元释教录略出》，可见《开元释教录略出》在当时产生了广泛的影响。宋初雕印的《开宝藏》也是以此为据的。另外，寺院藏书所用的转轮法对佛教藏书也有较大影响。轮藏是一座两三层楼的木制建筑，上下贯通，中有转轴，转轴四周有六面或八面的大木龛，每面有抽屉若干，贮藏佛经。就整体而言，就像一个可以转动的大书架(图83)。宋释契嵩说:"夫转轮藏者，非佛之制度。乃行乎梁之异人傅翕大士者，实取乎转法轮之义耳。其欲人皆预于法也。"③也就是说，轮藏是由南朝梁傅翕发明的。傅翕，字玄风，东阳郡乌伤县稽亭里人，自号"双林树下当来解脱善慧大士"，简称"傅大士"。据记载:"大士在日，常以经目繁多，人或不能遍阅，乃就山中建大层龛，一柱八面，实以诸经，运行不碍，谓之轮藏。仍有愿言:登吾藏门者，生生世世不失人身，从劝世人有发菩提心者，志诚竭力，能推轮藏不

---

①　方广锠:《中国写本大藏经研究·汉文大藏经帙号考》，上海古籍出版社2006年版。

②　(唐)白居易:《白居易集·香山寺新修经堂记》，岳麓书社1992年版。

③　(清)契嵩:《镡津文集·无为军崇寿禅院转轮大藏记》，四库全书本。

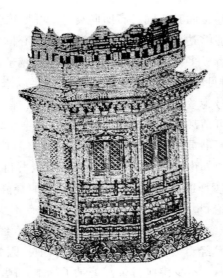

图83 轮藏

记转数。是人即与持诵诸经功德无异，随其愿心，皆获饶益。今天下所建轮藏皆设大士像，实始于此。"①简言之，轮藏是为目不识字或虽识字而无暇读经者而建，形式简便，旋转一周，相当遍阅群经，建立功德。它是佛教走向世俗化的一个重要表现。轮藏也对后世产生了重要影响。唐代白居易曾用八年时间为苏州南禅院千佛堂造过一个转轮，"堂之费计缗万，藏与经之费计缗三千六百。堂之中，上盖下藏。盖之间，轮九层，佛千龛，彩绘金碧以为饰，环盖悬镜六十有二。藏八面，面二门，丹漆铜错以为固，环藏敷座六十有四。藏之内，转以轮，止以柅，经函二百五十有六，经卷五千五十有八"②，可见转轮的规模是不小的。又据宋叶梦得为常熟法胜寺撰《轮藏记》："唯转轮藏侈，极雕刻彩绘之观，以致其庄严之意，可使凡徼福悔过者，一皆效诚于此。次蠡伐鼓，机发轴运，像设骇于目，而音声接于

---

① （宋）楼颖：《善慧大士传录》卷一，续金华丛书本。
② 《白居易集·苏州南禅院千佛堂转轮经藏石记》。

耳，不待发函展卷，而其心固已有所向矣。"①可见轮藏注意雕饰，营造庄严之气氛，能够达到"不待发函展卷，而其心固已有所向"的目的。后世造轮藏者极多，式样越来越华美，仪式越来越复杂，宋代叶梦得说："吾少时见四方为转轮藏者无几。比年以来，所至大都邑，下至穷山深谷，号为兰若，十而六七。吹蠡伐鼓，音声相闻，襁负金帛，踯躅户外，可谓甚盛。"②

第三，寺院藏书重视典藏，编了不少目录，促进了古代藏书建设和目录学的发展。如南朝梁僧绍编《华林佛殿藏书目录》、隋释法经编《众经目录》、唐释道宣编《京师西明寺录》、唐释静泰编《大唐东京大敬爱寺一切经论目录》等，《敦煌遗书》中也有不少佚名编藏经目录，如《三界寺藏经目》《金光明寺藏经目》《安国寺经目》《乾元寺经目》《沙州诸佛寺藏经目》等。佛典在流传过程中，因为种种原因，总有或多或少的阙失。不少佛典目录都著录了阙本。阙本目录，使人心中有数，细心搜访，往往可以成为完帙。例为隋彦悰撰《大隋众经目录》卷五著录阙本 378 部、677 卷，唐释明佺等撰《大周刊定众经目录》卷十四和卷十五著录阙本 1148 部、1980 卷。而唐代一般图书的收藏"只记其有，不记其无，是致后人失其名系，所以崇文、四库之书，比于隋唐亡书甚多，而古书之亡尤甚焉"③。寺院编撰的阙本目录为继续搜访图书、保证藏书的完整性作出了贡献。

佛经出版对古代出版的影响

佛教源于印度，佛经原本大多是由印度梵文写成的。由梵文变成汉文的翻译过程就是出版过程。它包括翻译和抄写两个紧密相连、不可或缺的环节。这两个环节犹如今日出版社的编辑部和出版部，谁也离不开谁，是不可分割的。若干翻译人员把梵文佛经译成汉文佛经，相当于编辑部；若干抄写人员把译文抄写出来，相当于出版部。整个

① （宋）范成大：《吴郡志》卷三十一，四库全书本。
② （宋）叶梦得：《建康集·建康府保守轮藏记》，四库全书本。
③ （宋）郑樵：《通志·校雠略》。

译场就是一个出版社,其出版物就是汉文佛经写本。汉文佛经出版知多少?兹据唐释智昇《开元释教录》和陈士强《汉译佛经发生论》①,列表如下:

朝　代	译　人	部　数	卷　数
东　汉	12	292	395
曹　魏	5	12	18
孙　吴	5	189	417
西　晋	12	333	590
东　晋	16	168	468
前秦(苻秦)	6	15	197
后秦(姚秦)	5	94	624
西秦(乞伏秦)	1	56	110
前　凉	1	4	6
北　凉	9	82	311
南朝宋	22	465	317
南朝齐	7	12	33
南朝梁	8	46	201
南朝陈	3	40	133
北　魏	12	83	274
北　齐	2	8	52
北　周	4	14	29
隋	9	64	301
唐	48	470	2523
宋	11	286	828

---

① 陈士强:《汉译佛经发生论》。

续表

朝 代	译 人	部 数	卷 数
元	8	16	20
明	1	9	9
清	5	9	9
总 计	212	2767	7865

由此可知，我国古代佛经翻译出版总数是 2767 部、7865 卷。如果加上复本，将是一个天文数字。就主持者而言，古代佛经翻译活动有私译、官译两个大类：私译是民间私人译经；官译是译场译经。官译是古代佛经翻译出版活动的主体。为什么译场译经是官译呢？主要有四个原因：一是译场由官方提供。玄奘所在的弘福寺、玉华宫等，义净所在的福先寺、西明寺等都是这样。二是译经活动及其人选均由"钦定"。如开元五年（717）善无畏"奉诏于菩提院"译经①，开元十七年（729）金刚智"奉敕于资圣寺"译经②。三是经费由官方提供。如玄奘在弘福寺译经，唐太宗诏令"诸有所需，一共玄龄平章"③，也就是说，所需一切经费，都由房玄龄负责。四是译经进呈御览，皇帝甚或御制序言。如武后先后为实叉难陀、日照、义净等所译之经写序，不空译《密严》《仁王》二经，唐代宗为之写序。晋代译场是古代官译的最早记载。晋代译场制度首创于道安，完善于鸠摩罗什。早期道安主持的长安译场只有 500 余人，后来鸠摩罗什主持的长安逍遥园译场增至 800 余人，据记载，晋代姚兴"如逍遥园，引诸沙门于澄玄堂听鸠摩罗什演说佛经。罗什通辩夏言，寻览旧经，多有乖谬，不与胡本相应。兴与罗什及沙门僧略、僧迁、道树、僧睿、道坦、僧肇、昙顺等八百余人，更出大品，罗什持胡本，兴执旧经，以相考校，其新文异

---

① （宋）赞宁：《宋高僧传·善无畏传》，中华书局 1987 年版。
② 《宋高僧传·金刚智传》。
③ （唐）慧立、彦悰：《大慈恩寺三藏法师传》卷六，中华书局 2000 年版。

旧者皆会于理义。续出诸经并绪论三百余卷。今之新经皆罗什所译"①。晋代以后，译场制度历代相沿。南朝宋有江左建业祇洹寺等；南朝梁有建业寿光殿、华林园、正观寺、占云馆、扶南馆等；北魏有洛阳永宁寺、汝南王宅等；北齐有邺之太平寺等；隋有长安大兴善寺、洛阳上林园等；唐有长安弘福寺、玉华宫、慈恩寺等。在长期的发展过程中，佛经出版活动积累了丰富的经验，在理论和实践上，都为古代出版作出了重要贡献，是一笔极可宝贵的财富。归纳起来，佛经出版活动在以下几个方面对于古代出版产生了重大影响：

第一，重视底本。底本是决定出版质量的关键因素。对于佛经翻译而言，梵本是来自佛教故乡印度的最原始的本子，是最可靠的善本。为了寻求善本，自汉至唐，先后有 100 多位高僧不辞辛劳，翻越万水千山到西天取经，其路途之远、时间之长、困难之多，远远超出了人们的想象，有许多可歌可泣的故事在民间广为流传。佛学大师玄奘从印度带回梵本佛经 657 部，义净带回梵本佛经近 400 部，这些梵本佛经在翻译过程中发挥了重要作用。佛经译本有先有后，众多译本良莠不齐。晋释支敏度在翻译、整合众多译本时，也十分注意底本的选择。据隋费长房《历代三宝纪》卷六著录，支敏度译有《合首楞严经》八卷和《合维摩诘经》五卷。此前，《首楞严经》已有支越、支法护和竺叔兰三种译本。经过认真分析之后，支敏度说："披寻三部，劳而难兼，欲令学者即得其对，今以越所定者为母，护所出为子，兰所译者系之。其所无者辄于其位记而别之。"②也就是说，支敏度在翻译、整合三个译本时，以支越本作为底本，支法护本和竺叔兰本择善而从。《维摩诘经》也有支恭明、支法护、竺叔兰三种译本，经过认真分析之后，支敏度"以明所出为本，以兰所出为子，分章断句，使事类相从"③。也就是说，支敏度在翻译、整合三个译本时，底本选择了支恭明本。可见支敏度对于底本的选择多么认真。晋释道安也很

---

① （唐）房玄龄等：《晋书·姚兴传》，中华书局 1983 年版。
② （南朝梁）僧祐：《出三藏记集·合首楞严经第十》。
③ （南朝梁）僧祐：《出三藏记集·合维摩诘经序》。

注意底本选择。在翻译《阿毗昙八犍度论》时，发现"底本"竟是僧迦提婆背诵出来的，中间还加入了不少僧迦提婆的解说。道安非常恼怒，"深谓不可，遂令更出。夙夜匪懈，四十六日而得尽定，损可损者四卷焉"①。可见晋释道安对于底本的重视。为了从源头上消除底本的隐患，历代对佛经伪本的查禁特别严厉。南朝梁天监九年(510)曾发生一起伪造《萨婆若陀眷属庄严经》佛经案，据记载："郢州头陀道人妙光，戒岁七腊，矫以胜相，诸尼妪人，金称圣道。彼州僧正议欲驱摈，遂潜下都，住普弘寺，造作此经。又写在屏风，红纱映覆，香花供养，云集四部，嚫供烟塞。事源湿发，敕付建康辩核疑状，云抄略诸经，多有私意妄造，借书人路琰属辞润色。狱牒：'妙光巧诈，事应斩刑，路琰同谋，十岁谪戍。'即以其年四月二十一日，敕僧正慧超，令唤京师能讲大法师、宿德如僧祐、昙准等二十人，共至建康前辩妙光事。超即奉旨，与昙准、僧祐、法宠、慧令、慧集、智藏、僧旻、法云等二十人于县辩问。妙光伏罪，事事如牒，众僧详议，依律摈治。天恩免死，恐于偏地复为惑乱，长系东治。即收拾此经，得二十余本，及屏风于县烧除。"②这就是说，妙光会同路琰伪造《萨婆若陀眷属庄严经》，经过专家会审，伪经无疑，烧其所抄二十余本。妙光本应处以死刑，皇帝开恩，免其一死，"长系东治"，路琰判处十年徒刑。可见古人为了维护佛经底本的纯洁性，对于伪本的打击毫不手软，根据伪本抄写的佛经一律烧毁。当然，古代出版早就重视底本的选择。汉代《七略》堪称我国最早的版本目录之一③。其著录各书的底本都是刘向等众多专家整理的定本，叙录之后都有"定以杀青，书可缮写"之类的话语。但是，由于种种原因，古代不少出版家并不重视底本的选择，或追求数量，滥竽充数；或标新立异，以假乱真。佛经翻译的出版活动在慎选底本方面为其作出榜样，产生了较

① （南朝梁）僧祐：《出三藏记集·阿毗昙序》。
② （南朝梁）僧祐：《出三藏记集·新集安公注经及杂经志录》。
③ 曹之：《中国古籍版本学·古籍版本学史略》，武汉大学出版社 2007 年版。

大影响。宋代朱熹、廖莹中，元代岳浚，明代顾起经，清代鲍廷博、黄丕烈等都很重视选择底本。当听到有人把讲稿作为底本匆匆出版时，朱熹认为讲稿还不成熟，还要修改，他立即加以禁止，并自掏腰包，买下书版，自行销毁。元代岳浚为了刻好"九经三传"，网罗众本，用23种版本认真校勘，最后才确定底本。清代黄丕烈《国语》《战国策》《宣和遗事》《舆地广记》《仪礼》《洪氏集验方》《夏小正》等都是用宋本作为底本的。

第二，组织严密。从事佛经翻译的译场都有一个严密的组织。据宋赞宁《宋高僧传》卷三，其组成人员和分工如下：

译　主　译场主持人。正襟危坐，手持梵本。面对大家，口宣梵语。译主要精通显、密二教，熟悉梵、汉二语，能够解决翻译中出现的各种问题。

证　义　又称证梵义。地位仅次于译主，与译主评量梵文，以求正确理解梵文，不滋生歧义。

证梵本　位在译主右方，静听译主诵读，审查梵本原文有无讹误。

证禅义　专门评量禅法的含义。

度　语　或称译语、传语。把梵文口译为汉语。

书　字　音译梵语。

笔　受　或称执笔。译主宣译完毕，立即将梵文笔录为汉文。本职要求精通汉语和梵语，佛学造诣较深。

缀　文　或称次文。理顺文句，按照汉语的习惯处理梵文的倒装句。

证　译　或称参译。参核汉梵两种文字，避免语意错误。

校　勘　或称刊定、铨定、总勘。校雠译文，刊削冗长之句，以简代繁。

润　文　或称润色。位于译主对面，润色文辞。任职者都是经皇帝遴选的来自全国的名僧或学者。

梵　呗　宗教仪式之一。即在翻译开始时按照音韵颂唱音译的汉字经文。唐代宗永泰年间（765—766）始设。

正 字 纠正译文中的文字错误。

监护大使 皇命钦命，总理译场，监阅译经。多由官吏充任，如房玄龄曾为玄奘译场的监护大使。

可见译经是众多僧人、学者通力合作的结果，缺一不可。因此梁启超说："每译一书，其程序之繁复如此，可谓极谨严之态度也已。"[①]雕版印刷包括选择底本、写版、刻字、校勘、印刷、装订等环节，每个环节由若干人组成，形成一个严密的系统。虽然这种组织系统形成的原因是多方面的，但是可以肯定，来自佛经翻译出版活动的影响是不可忽视的。

第三，校勘精审。校勘是出版工作的重要环节之一。如果校勘不精，甚至错误百出、亥豕相望，无论其他环节多么认真，也将前功尽弃。对于佛经翻译来说，无论底本多么优秀，译场组织多么严密，如果校勘不慎，同样是功亏一篑。佛经翻译重视校勘工作，力避差错。在佛经翻译之后，复本的抄写仍然重视校勘，他们把校勘同建立"功德"紧密联系在一起。在《敦煌遗书》中，不少佛经写本题记中都有"三校"的姓名，甚至还有装潢、详阅的姓名，兹据《敦煌遗书》将唐代官方抄写的《妙法莲华经》列表举例如下：

编号	卷次	判官	监造	抄写	校勘	装潢手	详阅
伯 2195	6	李 德	阎玄道	袁元悊	①僧义威 ②僧义威 ③僧义威	解善集	神符、嘉尚 慧立、道成
伯 2644	3	向义感	虞 昶	王思谦	①王思谦 ②仁 敬 ③思 忠	解善集	神符、嘉尚 慧立、道成

----

① 梁启超：《佛家研究十八篇·翻译文学与佛典》。

续表

编号	卷次	判官	监造	抄写	校勘	装潢手	详阅
斯0456	3	李　德	虞　昶	萧　敬	①僧智彦 ②僧苻轨 ③僧怀贤	解善集	神符、嘉尚 慧立、道成
斯0312	4	李　德	虞　昶	封安昌	①僧怀福 ②僧玄真 ③僧玄真	解善集	神符、嘉尚 慧立、道成
斯1456	5	李　德	阎玄道	孙玄爽	①僧法界 ②僧法界 ③僧法界	解善集	神符、嘉尚 慧立、道成
斯2637	3	李　德	阎玄道	任　道	①僧无及 ②僧道善 ③僧道善	解善集	神符、嘉尚 慧立、道成
斯3348	6	李　德	虞　昶	萧　敬	①僧智彦 ②僧苻轨 ③僧怀瓒	解善集	神符、嘉尚 慧立、道成
斯4209	3	向义感	虞　昶	赵文审	①赵文审 ②僧智藏 ③僧智兴	解善集	神符、嘉尚 慧立、道成
斯4551	4	向义感	虞　昶	刘大慈	①刘大慈 ②僧行礼 ③僧惠冲	解善集	神符、嘉尚 慧立、道成

表中"详阅"都是大德之类的高僧，他们深谙佛理，随时都可能纠正文中的错误。参与佛经翻译出版活动的判官、监造、抄写、校勘、装潢手、评阅等人亲自署名，一方面反映了他们对佛教的虔诚，是建立功德的一种手段；另一方面，也反映其高度的责任感，有各负其责的意思。佛经翻译的校勘活动对古代出版也产生了较大影响。例如宋代国子监刻书，校勘工作放在首位。一书付刻之前，总要聘请诸多专家

认真进行校勘工作，校书成为整个刻书活动的第一道不可或缺的工序。宋代著名学者李昉、杜镐、孙奭、崔颐正、吴淑、邢昺、舒雅、陈彭年、掌禹锡、林亿、苏颂等都曾参与其中。朱熹刻印《程氏遗书》时，当事人为了省事，只用一人校勘，朱熹非常生气，坚持五人参校。明代毛晋刻书，专门聘请周荣起、戈汕、陈瑚、顾梦麟、陆贻典、王咸、冯武等学者参与校勘工作，有的一干就是几十年。

第四，经生和经折装。佛经在长期的抄写过程中，造就了一大批专门抄写佛经的书法家。这些以抄经为业的书法家，在中国图书史上被称为"经生"。千千万万的经生为中国古代佛经的出版作出了重要贡献。不仅如此，经生在抄写过程中，还有不少发明创造，经折装就是其中之一。在中国图书史上，卷轴装是最早的装订形式。由于其翻检不便，后来又出现了旋风装和经折装。虽然旋风装不知何人发明，但就目前的实物遗存来看，无一不是佛经，经生发明的可能性最大。旋风装虽较卷轴装有所进步，有容量大、便于翻检等优点，但并未从根本上改变卷轴装的旧制。就外观而言，仍然像卷轴装。于是经生煞费苦心，发明了经折装。经折装之"经"字指的就是佛经，可见经折装的发明权非经生莫属。经折装从根本上改变了卷轴装的旧制，为册页装的产生创造了条件。经折装天长日久，折纸处断裂，形成一张张散页，把散页粘连在一起，不正是册页装吗？因而元吾丘衍《闲居录》云："古书皆卷轴，以卷舒之难，因而为折，久而折断，复为簿帙。"经折装是中国古代图书装订形式由卷轴装过渡到册页装的关键，没有经折装也就没有册页装，经生为之作出开创性贡献。在古代出版中，经折装曾是广泛应用的装订形式之一。经折装的发明，在古代出版上产生了重大影响。在敦煌遗书中，有两本册页装《坛经》，周绍良先生考证说："《坛经》是中国南方的产物，估计是由南方辗转流传至敦煌。因之可以断定，方册本的起源，而在南方区域。而使用这种方册形式，也是由佛教经籍最先设计出来的。"①方册装即册页装，册

---

① 文史知识编辑部：《佛教与中国文化·书籍形成的过程》，中华书局1988年版。

页装是古籍装订形式的划时代革命，在中国乃至世界图书史上都具有重要意义。

可考最早佛经印刷品

综上所述，可知佛教对古代图书编撰、古代藏书和古代出版产生了重大的影响。不仅如此，佛教还是古代雕版印刷的先行者和传播者，可考最早佛经印刷品有：

（一）唐代宗广德二年（764）之前刻印的《无垢净光大陀罗尼经》传到日本，成为"百万塔陀罗尼"的底本。因为当时中日两国交往频繁，具体的刻印时间距传到日本的时间不会太远，刻印的具体时间亦当在八世纪中期。

（二）唐肃宗至德二年（757）之后刻印的《陀罗尼经咒》（图 84）。据《中国版刻图录》图 1："一九四四年出成都市内一唐墓人骨架臂上

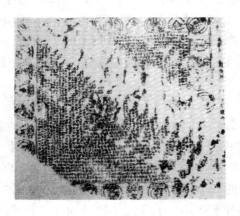

图 84　唐肃宗至德二年（757 年）后刻《陀罗尼经咒》

银镯内。四周双边，框外镌'成都府成都县龙池坊卞家印卖咒本'一行。唐肃宗至德二年（757）成都改称府，因推知经咒板行，当在是年以后。"同墓出土的铜钱"开元通宝"钱背有"益"字。丁福保撰《古钱学纲要·唐》云：

　　武宗会昌年铸(会昌开元),时初废天下佛寺,宰相李德裕奏请以废寺铜钟、佛像、僧尼饭碗等所在本道铸钱。扬州节度使李绅乃于新钱背加"昌"字,以表年号而进之。有敕遂敕铸钱之所各以本州郡名为背文。

故钱背有"益"字者当为益州(成都)所铸。"会昌开元"于唐武宗会昌五年(845)七月开铸,会昌六年(846)二月使用,可知墓葬年代不能早于会昌六年(846),则《陀罗尼经咒》的刻印时间也不一定早于唐懿宗咸通九年(868)。

　　(三)唐武宗会昌年间(841—846)之前刻印的佛经。据司空图《司空表圣文集·为东都敬爱寺讲律僧惠确化募雕刻律疏》:"自洛城罔遇时交,乃焚印本,渐虞散失,欲更雕镂。"武宗排佛,"焚印本"事当发生在会昌(841—846)间,所焚"印本"当刻于会昌之前。又上文标题有小字注:"印本共八百纸",可知当时确有"印本"。

　　(四)唐懿宗咸通九年(868)王玠刻印的《金刚经》(图85)。该经用七张纸粘连而成,长16尺,完整无缺,卷末有"咸通九年四月十五日王玠为二亲敬造普施"一行。此经现藏英国。

　　(五)唐昭宗天祐四年(907)之前西川过家刻印的《金刚经》。据国家图书馆藏《敦煌遗书》中"有"字九号《金刚经》残卷,末有"西川过家真印本"七字。又有"丁卯年三月十二日八十四岁老人手写流传"题记。又《伯希和劫经录》3493号也有后晋天福八年(943)据"西川过家真印本"传抄的写本《金刚经》残卷。由此可知,据"西川过家真印本"传抄的《金刚经》不一而足。按"丁卯年"即唐昭宗天祐四年(907)。既然84岁老人于该年抄定,则"西川过家真印本"的刻印时间当在该年之前。

　　以上便是知见五种可信的佛经早期印刷品,如果加上字书、历书、诗赋、杂书等,唐代早期印刷品约有十多种,佛经几乎占了一半。而且,唐懿宗咸通九年(868)刻印《金刚经》的王玠是我国现知最早的家刻主人,其《金刚经》扉页版画"祇树给孤独园"是我国古代现

图 85　唐懿宗咸通九年(868 年)王玠刻印的《金刚经》

存最早的插图版画；唐肃宗至德二年(757)后刻印《陀罗尼经咒》的成
都龙池坊卞家是我国现知最早的坊刻主人，也是我国现知最早的利用
牌记保护版权的出版家；唐昭宗天祐四年(907)之前刻印《金刚经》的
四川过家是我国现知最早的具有反盗版意识的出版家，他在刻书牌记
中，专门加了一个"真"字，说明当时鱼目混珠的盗版甚多，特加
"真"字以示区别。除了上述唐代早期佛经印刷品之外，还有时代稍
晚但有重要意义的印刷品，例如五代后晋开运四年(947)刻《文殊师
利菩萨像》的刻工雷延美是我国古代可考的第一位刻书工人；宋太祖
开宝年间刻印的《开宝藏》是我国古代第一部丛书刻本。该藏在益州
(今成都)雕版，在汴梁(今开封)刷印，硬黄纸、卷轴装，共 480 函、
5048 卷。西夏的《维摩诘所说经》《大乘百法明镜集》《地藏菩萨本愿
经》《诸密咒要语》《大方广佛华严经》等是我国古代最早的木活字印刷
品，是研究早期活字印刷的重要资料。这些木活字印刷品比德国谷腾
堡的活字印刷要早 300 多年。辽代统和年间(983—1011)套印的《南
无释迦牟尼佛》是我国现知最早的套印作品。元代至元六年(1340)湖

北江陵资福寺套印的无闻和尚注《金刚经》也是较早的套印作品。木活字和套印技术的成功，标志着雕版印刷技术已经走向新的更高的阶段。为什么佛教能够成为雕版印刷的先行者？第一，历代帝王佞佛为佛经刻印创造了一个无与伦比的优越条件。中国古代只有四个皇帝排佛，这四个皇帝即所谓"三武一宗"：魏太武帝、北周武帝、唐武宗和五代后周世宗。其他帝王出于巩固政权的需要，大都佞佛。历代大藏经的刻印，大都得到皇帝的支持。第二，佛教善于开展宣传活动。佛教能够区别对象，因材施教。对于文化水平不高的普通群众，重点宣传佛教的灵验，说什么出几个钱抄写或刻印几卷佛经，甚至多念几遍"阿弥陀佛"，就会得到"善报"，非常廉价。对于高层次的知识分子，则大讲其理，津津有味。真正做到了雅俗共赏、少长咸宜。第三，施主多。由于佛教善于宣传，善男信女较多。他们慷慨施财施物，积极参与佛经刻印工作。施主包括各种各样的人，最高者可以是帝王将相，最低者可以是普通百姓。众多财物为佛教传播提供了雄厚的物质保证。

　　总之，佛经出版活动是古代出版的重要组成部分。在重视底本、组织严密、校勘精审、经生和经折装等方面对古代出版产生了较大影响。纵观整个中国书史，佛教著作对于古籍编撰、古籍传播、古籍收藏等方面的影响也是重大的。中国图书史的任何一个变化都与佛教的产生和发展密切相关。佛教著作作为雕版印刷的先行者和传播者，已是无可争议。

第十章　唐代发明雕版印刷的旁证(上)

以上我们正面论述了雕版印刷的起源,我们还可以从论者时代、古籍的发现和出土、装订形式、时间周期、国外最早印刷品等方面找到许多旁证。

一、从论者的时代分析

宋代以降,论及雕版印刷起源者无虑数十人,其主要观点,第一章已作介绍。为了便于比较,兹将各说的代表人物列表如下:

论点	时代	论者	论点出处	版本
东汉说	元	王幼学	《纲目集览》卷十二	张秀民《中国印刷术的发明及其影响》,人民出版社1958年版
	清	郑机	《师竹斋读书随笔汇编》卷十二	同上
		刘盼遂	《论衡集解·须颂》卷二十	中华书局1959年版
		李致忠	《中国古代书籍史》	文物出版社1985年版
		戴南海	《版本学概论》	巴蜀书社1989年版
晋代说	法国	拉古伯里	《中国古代文明西源论》	张秀民《中国印刷术的发明及影响》,人民出版社1958年版
六朝说	清	李元复	《常谈丛录》卷一	同上
	日本	岛田翰	《古文旧书考》卷二	民国十六年(1927)北京藻玉堂铅印本

论点	时代	论者	论点出处	版本
隋代说	明	陆深	《河汾燕闲录》卷上	笔记小说大观本
	明	胡应麟	《少室山房笔丛》卷四	中华书局 1964 年版
	明	方以智	《通雅》卷三十一	四库全书本
	清	高士奇	《天禄识余》卷八	古今说部丛书本
	清	阮葵生	《茶余客话》卷六	笔记小说大观本
	清	陆凤藻	《小知录》卷七	张秀民《中国印刷术的发明及其影响》，人民出版社 1958 年版
	清	魏崧	《壹是纪始》卷九	同上
	清	王士禛	《池北偶谈》卷十七	中华书局 1984 年版
	清	顾安	《唐诗消夏录》	路工《访书见闻录》，上海古籍出版社 1985 年版
	清	王仁俊	《格致精华录》卷二	清末吴县王仁俊刻本
		顾槐三	《补五代史艺文志》	二十五史补编本
		孙毓修	《中国雕版源流考》	上海古籍出版社 2008 年版
		柳诒徵	《中国文化史》	中华书局 2008 年版
		张舜徽	《中国古代劳动人物创物志》	华中工学院出版社 1984 年版
		路工	《访书见闻录》	上海古籍出版社 1985 年版
		傅乐焕	《一件最早的中国印刷品》	《历史教学》1951 年第 4 期
		张志哲	《印刷术发明于隋朝的新证》	《社会科学》1979 年第 4 期
		岑仲勉	《隋唐史》	中华书局 1980 年版
		吕思勉	《隋唐五代史·隋唐五代学术》	上海古籍出版社 1984 年版
		叶灵凤	《名家谈书》	成都出版社 1995 年版
		潘吉星	《中国科学技术史·造纸与印刷卷》	科学出版社 1998 年版
		肖东发	《中国图书出版印刷史论》	北京大学出版社 2001 年版
		陈彬龢等	《中国书史》	上海古籍出版社 2008 年版

续表

论点	时代	论者	论点出处	版本
唐初说		向 达	《中国印刷术的起源》	《中学生》1930 年第 5 期
		张秀民	《中国印刷术的发明及其影响》	人民出版社 1978 年版
唐中说	宋	程大昌	《演繁露》卷七	四库全书本
	明	胡震亨	《读书杂录》	四库全书存目丛书本
	清	王士禛	《居易录》卷三十四	四库全书本
	清	赵 翼	《陔余丛考》卷三十三	中华书局 2006 年版
	清	王国维	《两浙古刊本考》	北京图书馆出版社2003年版
	清	叶德辉	《书林清话》卷一	中华书局 1987 年版
	清	王颂蔚	《藏书纪事诗序》	上海古籍出版社1989年版
		赵万里	《中国版刻图录序》	文物出版社 1960 年版
	美	卡 特	《中国印刷术的发明和它的西传》	商务印书馆 1991 年版
唐末说	宋	叶梦得	《石林燕语》卷八	中华书局 1997 年版
	宋	朱 翌	《猗觉寮杂记》卷六	四库全书本
	宋	叶 □	《爱日斋丛钞》卷一	上海古籍出版社 1991 年版
	明	郎 瑛	《七修类稿》卷下	文化艺术出版社 1998 年版
	明	张和仲	《千百年眼》卷九	《笔记小说大观》本
	明	朱明镐	《史纠》卷五	四库全书本
	清	朱彝尊	《经义考》卷 293	中华书局 1998 年版
	清	纪 昀	《四库全书总目》	中华书局 1981 年版
	明	焦 竑	《焦氏笔乘》卷三	明代笔记小说丛书本
	明	毛 晋	《汲古阁书跋》	上海古籍出版社 2005 年版
五代说	宋	王明清	《挥麈录话》卷二	四库全书本
	宋	罗 璧	《罗氏识遗》卷一	同上
	宋	魏了翁	《鹤山集》卷五十三	同上
	宋	孔平仲	《珩璜新论》	同上
	元	脱 脱	《宋史·艺文志序》	中华书局 1983 年版
	元	王 桢	《造活字印书法》	四库全书本《农书》附录
	元	盛如梓	《庶斋老学丛谈》卷中	四库全书本
	明	罗 梓	《物原》	丛书集成初编本
	明	秦 鏷	《九经白文序》	明末无锡秦鏷求古斋刻本
	明	于慎行	《谷山笔麈》卷七	明于慎行刻本
	清	万斯同	《唐宋石经考》	昭代丛书本
	清	顾炎武	《金石文字记》卷二	四库全书本
	清	包世臣	《泥版试印初编序》	清泾县翟金生泥活字本
	清	袁 栋	《书隐丛说》卷十四	清吴江袁栋锄经楼刻本
	清	李佐贤	《吾庐笔谈》卷二	清山东李佐贤石泉书屋刻本

表中有两个问题发人深省：其一，讨论雕版印刷起源始于宋人，为什么宋代以前无人论及呢？雕版印刷是一影响人类文明进程的重大事件，学者对于雕版印刷具有特殊的感情，如果唐代以前出现雕版印刷的话，历史文献中不可能没有记载，学者不可能熟视无睹，不置一词。既然唐代以前无人论及，那就似可说明唐代以前尚未出现雕版印刷，学者不可能无中生有。其二，"东汉说""六朝说""隋代说"多是明清人提出来的，今人更多。宋人除了罗璧、王明清主张"五代说"之外，叶梦得、朱翌、沈括等力主"唐代说"。向达曾经指出：

> 宋人笔记俱谓刊书始于李唐，明陆深著《河汾燕闲录》方创昉自隋代之论，清代承其说者，颇不乏人。①

比较而言，宋人提出的时代较晚，这又说明什么？难道是宋人保守吗？赵宋去唐未远，唐代文献资料多来散失，唐末遗老甚或健在，宋人议论或据唐代文献，或据先人传闻，其可信度当然要比明、清议论大得多。正如当代重大事件二万五千里长征一样，因为距今不过70余年，一些参加过长征的老同志至今健在，当代人关于长征的论述，自然要比数百年后的论述可信。关于雕版印刷的讨论始于宋人，宋人力主"唐代说"，这是唐代发明雕版印刷的旁证之一。

二、从古籍的发现、出土情况分析

从汉武帝末年孔壁发现古文经书以来，古籍代有发现和出土。尤其是近百年来，古籍发现和出土的数量最多。这些发现、出土古籍可以作为唐代发明雕版印刷的旁证。下面请看《简策出土情况表》《帛书出土情况表》《吐鲁番阿斯塔那古墓出土写本古籍一览表》《〈敦煌遗书〉中印刷品一览表》和《国内外发现、出土其他古籍一览表》：

---

① 《唐代刊书考》，载《中央大学图书馆第一年刊》1928 年。

（一）简策出土情况表

编号	出土时间	出土地点	断代	数　量	出　处
1	汉武帝末年	孔子宅壁	战国		《汉书·艺文志》
2	汉宣帝时	河内女子老屋			《论衡·正说篇》
3	晋太康二年（281）	河南汲郡战国魏襄王墓		16种75篇	《晋书·束皙传》
4	晋武帝元康间	河南嵩山下	汉	1枚	《晋书·束皙传》
5	刘宋昇明二年（478）	延　陵		1枚	《南史·齐高帝纪》
6	南齐建元元年（479）	襄阳战国楚王墓	战国		《南齐书·文惠太子传》
7	南朝梁	任昉访得（地址不详）	先秦	《古文尚书》缺简	《南史·刘显传》
8	北周末年	居　延			《玄怪录》
9	五代	陈守元访得（地址不详）	汉	木札数十	《十国春秋·谭紫霄传》
10	宋崇宁初	天　都	汉		《河南邵氏闻见录》卷二十七
11	1913—1915年	敦　煌	汉	84枚	《敦煌汉简》
12	光绪二十五年（1899）	新疆塔里木河	晋	100余枚	《居延汉简甲编·编后记》
13	光绪二十七年（1901）	新疆古于阗废址	晋	40余枚	《斯坦因西域考古记》
14	光绪二十七年（1901）	新疆古楼兰遗址	魏晋	120枚	《文物》1988年第7期
15	光绪三十二年（1906）	新疆古楼兰遗址	魏晋	173枚	《文物》1988年第7期
16	光绪三十二年（1906）	玉门关遗址		1枚	《文物》1988年第7期

续表

编号	出土时间	出土地点	断代	数　量	出　处
17	光绪三十二年 (1906)	长城故垒	汉	数百枚	《文物》1988 年第 7 期
18	宋政和年间 (1111—1118)	关　右	汉		《东观余论》
19	光绪三十三年 (1907)	敦　煌	汉	708 枚	《敦煌汉简》
20	光绪三十四年 (1908)	西夏古都黑城		2 枚	《中国简牍学综论》
21	光绪三十五年 (1909)	新疆古楼兰遗址	晋	5 枚	《文物》1988 年第 7 期
22	民国三年 (1914)	新疆古楼兰遗址	晋	51 枚	《文物》1988 年第 7 期
23	民国三年 (1914)	敦　煌	汉	150 枚	《流沙坠简》
24	民国九年 (1920)	敦　煌	汉	17 枚	《敦煌汉简》
25	民国十九年 (1930)	新疆罗布淖尔		71 枚	《罗布淖尔考古记》
26	民国十九年 (1930)	甘肃居延	汉	1 万余枚	《居延汉简释文》
27	民国三十三年 (1944)	敦　煌	汉	49 枚	《敦煌汉简》
28	1951 年	长沙市郊	战国	38 枚	《科学通报》3 卷 7 期
29	1953 年 7 月	长沙仰天湖古墓	战国	43 枚	《考古学报》1957 年第 2 期
30	1954 年	长沙杨家湾古墓	战国	72 枚	《文物参考资料》1954 年第 12 期
31	1955 年 4 月	武昌任家湾古墓	魏晋	3 枚	《文物参考资料》1955 年第 12 期

编号	出土时间	出土地点	断代	数　量	出　　处
32	1956 年 4 月	河南陕县刘家渠汉墓	汉	2 枚	《考古通讯》1957 年第 4 期
33	1957 年	河南信阳长台关古墓	战国	229 枚	《文物参考资料》1957 年第 9 期
34	1959 年 7 月	甘肃武威磨咀子 6 号汉墓	汉	600 枚	《考古》1960 年第 5 期
35	1959 年	甘肃武威唐咀子 18 号汉墓	汉	10 枚	《考古》1960 年第 4 期
36	1959 年	新疆巴楚县脱库子文沙来古城		20 枚	《文物》1959 年第 7 期
37	1962 年	江苏连云港海州汉墓	汉	木札 2	《考古》1963 年第 6 期
38	1965 年	湖北江陵纪南城楚墓	战国	36 枚	《文物》1966 年第 5 期
39	1971 年 12 月	甘肃甘谷县渭阳公社	汉	23 枚	《汉简研究文集》
40	1972 年 4 月	山东临沂银雀山古墓	汉	4900 枚	《汉简研究文集》
41	1972 年 11 月	甘肃武威旱滩坡	汉	92 枚	《武威汉代医简》
42	1972 年	甘肃武威小西沟岘		1 枚	《考古》1974 年第 3 期
43	1972—1974 年	甘肃居延	汉	20000 枚	《文物》1978 年第 1 期
44	1972 年	湖北云梦西汉墓	汉	木方 1	《文物》1973 年第 9 期
45	1973 年	河北定县汉墓	汉		《文物》1981 年第 8 期
46	1973 年 7 月	湖北江陵藤店	汉	24 枚	《文物》1973 年第 9 期

编号	出土时间	出土地点	断代	数量	出　处
47	1973 年 12 月	江苏连云港	汉	木方 2	《考古》1975 年第 3 期
48	1973 年	江苏海州小礁山	汉	木方 7	《考古》1974 年第 3 期
49	1973 年	湖北江陵凤凰山汉墓	汉	400 枚	《文物》1974 年第 6 期
50	1973 年	湖北光化西汉墓	汉	30 枚	《考古学报》1976 年第 2 期
51	1973 年 12 月	长沙马王堆汉墓	汉	610 枚	《文物》1974 年第 7 期
52	1974 年 3 月	江西南昌西晋墓		木方 1	《考古》1974 年第 6 期
53	1975 年	湖北江陵凤凰山汉墓	汉	67 枚	《文物》1976 年第 10 期
54	1975 年	湖北江陵凤凰山	汉	74 枚	《文物》1976 年第 6 期
55	1975 年	湖北云梦睡虎地	秦	1150 枚	《文物》1976 年第 6 期
56	1976 年	广西贵县化肥厂	汉	简 10 枚 木方 5	《文物》1978 年第 9 期
57	1977 年	湖北随州雷鼓墩	战国	200 枚	《文物》1977 年第 7 期
58	1977 年 8 月	甘肃花海农场	汉	91 枚	《汉简研究文集》
59	1977 年	安徽阜阳双古堆汉墓	汉		《文物》1978 年第 8 期
60	1978 年 9 月	山东临沂金雀山		简牍碎片 8	《文物》1984 年第 11 期
61	1979 年	江苏盱眙东阳汉墓		木札 1	《考古》1979 年第 5 期

续表

编号	出土时间	出土地点	断代	数 量	出 处
62	1979 年	青海大通县上孙家寨	汉		《文物》1981 年第 2 期
63	1979 年 6 月	江西南昌内阳明路东吴墓	三国	简 21 木方 2	《考古》1980 年第 3 期
64	1979 年	四川青川县战国秦墓	战国	木牍 2	《文物》1982 年第 1 期
65	1980 年	新疆古楼兰遗址	晋	63 枚	《文物》1988 年第 7 期
66	1981 年 3 月	敦煌汉代烽燧遗址	汉	76 枚	《汉简研究文集》
67	1983 年	湖北江陵张家山汉墓	汉	1000 枚	《文物》1985 年第 1 期
68	1986 年 11 月	湖北荆门十里铺镇包山楚墓	战国	444 枚	《文物》1988 年第 5 期
69	1986 年	敦 煌	汉	137 枚	《敦煌汉简》
70	1987 年 6 月	湖南慈利县石板村战国墓	战国	数百枚	《人民日报》1987 年 7 月 8 日
71	1989 年	湖北江陵九店楚墓	战国	127 枚	《中国国家地理》2001 年第 12 期
72	1988 年	湖北江陵毛家园西汉墓	汉	74 枚	《丝绸之路》2009 年第 10 期
73	1989 年	甘肃武威旱滩坡东汉墓	汉	17 枚	《丝绸之路》2009 年第 10 期
74	1989 年	湖北云梦龙冈秦墓	秦	木牍 1 件、竹简 293 枚	《文史知识》1999 年第 9 期
75	1990 年	甘肃清水沟	汉	41 枚	《简帛研究》第二辑
76	1990 年	湖北江陵高台汉墓	汉	4 枚	《中国国家地理》2001 年第 12 期

编号	出土时间	出土地点	断代	数 量	出 处
77	1990—1992 年	甘肃敦煌悬泉驿汉遗址	汉	20000 枚	《中国国家地理》2001 年第 12 期
78	1990 年	湖北沙市关沮周家台秦墓	秦	387 枚	《考古》2009 年第 2 期
79	1991 年	湖北江陵杨家山西汉墓	秦	75 枚	《丝绸之路》2009 年第 12 期
80	1991 年	湖北江陵鸡公山楚墓	战国	不详	《丝绸之路》2009 年第 10 期
81	1992 年	湖北沙市萧家草场西汉墓	汉	35 枚	《丝绸之路》2009 年第 10 期
82	1992 年	湖北江陵砖瓦厂楚墓	战国	6 枚	《丝绸之路》2009 年第 10 期
83	1992 年	湖北老河口战国墓	战国	10 多枚	《丝绸之路》2009 年第 10 期
84	1993 年	湖北沙市周家台秦墓	秦	390 枚	《考古》2009 年第 2 期
85	1993 年	江苏东海尹湾汉墓	汉	木牍 24 件竹简 133 枚	《丝绸之路》2009 年第 10 期
86	1993 年	湖南长沙望城坡古坟院西汉墓	汉	100 余枚	《丝绸之路》2009 年第 10 期
87	1993 年	湖北荆门郭店楚墓	战国	804 枚	《丝绸之路》2009 年第 10 期
88	1993 年	湖北黄冈黄州区曹家冈楚墓	战国	7 枚	《丝绸之路》2009 年第 10 期
89	1993 年	湖北江陵范家坡战国墓	战国	1 枚	《丝绸之路》2009 年第 10 期
90	1993 年	湖北江陵王家山秦墓	秦	800 多枚	《文物》1995 年第 1 期

续表

编号	出土时间	出土地点	断代	数 量	出 处
91	1993 年	湖北沙市关沮秦墓	秦	木牍 1 件、381 枚	《丝绸之路》2009 年第 10 期
92	1993 年	湖北沙市周家台秦墓	秦	390 枚	《中国国家地理》2001 年第 12 期
93	1994 年	上海博物馆收购	战国	1200 多枚	《丝绸之路》2009 年第 10 期
94	1994 年	河南新蔡葛陵村楚墓	战国	1000 多枚	《文物》2002 年第 8 期
95	1996 年	湖南长沙走马楼		136729 枚	《丝绸之路》2009 年第 10 期
96	1999 年	湖南沅陵虎溪山汉墓	汉	1000 枚	《中国国家地理》2001 年第 12 期
97	2000 年	湖北随州孔家坡汉墓	汉	785 枚	《文物》2001 年第 9 期
98	2000 年	甘肃武都琵琶乡赵坪村	汉	12 枚	《丝绸之路》2009 年第 10 期
99	2000 年	内蒙古额济纳旗居延遗址	汉	500 余枚	《丝绸之路》2009 年第 10 期
100	2002 年	山东日照海曲西汉墓	汉	不详	《丝绸之路》2009 年第 10 期
101	2002 年	重庆云阳县双江镇	战国西汉	5 枚	《丝绸之路》2009 年第 10 期
102	2002 年	河南信阳长台关楚墓	战国	不详	《丝绸之路》2009 年第 10 期
103	2002 年	湖南龙山里耶战国故城	战国	36000 枚	《丝绸之路》2009 年第 10 期
104	2002 年	陕西西安南郊西汉墓	汉	木牍数件	《丝绸之路》2009 年第 10 期
105	2000 年	湖北枣阳九连墩楚墓	战国	1000 枚	《丝绸之路》2009 年第 10 期

(二)帛书出土情况表

编号	书 名	出土时间	出土地点	断代	出 处
1	《四时》、《天象》、《月季》	1934 年(或作 1942 年)	湖南长沙子弹库	战国	
2	《周易》、《丧服图》、《春秋事语》、《战国纵横家书》、《老子》甲本、《老子》乙本、《黄帝书》、《九主图》、《刑德》三种、《五星占》、《天文气象占》、《篆书阴阳五行》、《隶书阴阳五行》、《出行占》、《木人占》、《符箓》、《神图》、《筑城图》、《园寝图》、《相马经》、《五十二病方》、《胎产书》、《养生方》、《杂疗方》、《导引图》等	1973 年	长沙马王堆三号汉墓	战国末年至汉文帝初年	李学勤《古文字学十二讲·纸以前的书籍》,载《文史知识》1985 年第 6 期

(三)吐鲁番阿斯塔那古墓出土写本古籍一览表

编号	书 名	出土墓穴	断 代	出 处
1	《毛诗郑笺》(残)	阿 524 号	晋	第一册
2	《孝经》	阿 169 号	晋	第二册
3	《论语》			第二册
4	《孝经》	阿 313 号	晋	第二册
5	《毛诗·关雎序》	阿 9 号		第一册
6	《佛说七女经》		十 六 国	第一册
7	《晋阳秋》	阿 151 号	隋 之 前	第四册
8	《千字文》	阿 151 号		第四册
9	《典言》(残)	阿 134 号	唐龙朔二年(662)前	第五册
10	《唐历》(残)	阿 507 号	唐	第五册

编号	书　　名	出土墓穴	断　　代	出　　处
11	《唐历》（残）	阿 201 号	唐显庆三年（658）	第六册
12	《唯识论注》（残）	阿 44 号	唐	第六册
13	《法华经疏》（残）	阿 44 号	唐	第六册
14	《五土解》	阿 332 号	唐	第六册
15	郑注《论语·公冶长》	阿 19 号	唐	第六册
16	孔传《尚书·禹贡》等	阿 179 号	唐	第七册
17	郑注《礼记·檀弓》	阿 222 号	唐	第七册
18	《千字文》（残）	阿 222 号	唐	第七册
19	《论语集解》（残）	阿 67 号		第七册
20	《十二月新三台词》	阿 363 号	唐	第七册
21	《孝经》（残）	阿 67 号		第七册
22	《开蒙要训》（残）	阿 67 号	唐	第七册
23	《论语》郑注	阿 363 号	唐	第七册
24	《具注历》	阿 341 号	唐开元八年（720）	第八册
25	《海赋》	阿 230 号		第八册
26	郑注《论语·述而》等	阿 184 号	唐	第八册
27	《论语》（残）	阿 27 号	唐	第八册
28	刘向《谏营昌陵疏》	阿 216 号	唐	第八册
29	《千字文》	阿 216 号	唐	第八册
30	郑注《论语·公冶长》	阿 85 号		第九册
31	《唐律疏义》（残）	阿 532 号	唐	第九册
32	《法句经》	阿 506 号		第十册

　　注：1959—1979 年新疆地区考古工作者在吐鲁番高昌古城北郊阿斯塔那、哈拉和卓等地发掘了数百座晋至唐代墓葬，清理出 2000 件左右的文书，已汇为《吐鲁番出土文书》10 册，由文物出版社出版。此表所列系阿斯塔那古墓出土纸质写本古籍。"出处"栏所列为《吐鲁番出土文书》册次。

(四)《敦煌遗书》中印刷品一览表

编号	名 称	刻印时间	刻 印 者	出 处
1	金刚经	唐咸通九年(868)	王 玠	翟 8083
2	阿弥陀像		曹元忠舍资	翟 8086
3	观音像	后晋开运四年(947)	曹元忠舍资、雷延美雕印	翟 8087
4	文殊像	后晋开运四年(947)	曹元忠舍资、雷延美雕印	伯 4514
5	地藏像	后晋开运四年(947)	曹元忠舍资、雷延美雕印	伯 4514
6	毗沙门像	后晋开运四年(947)	曹元忠舍资、雷延美雕印	翟 8093
7	金刚经	后晋天福十五年(947)五月十五日	曹元忠舍资、雷延美雕印	翟 8084
8	普贤像	后周广顺三年(953)	曹元忠舍资	
9	大随求陀罗尼	宋太平兴国五年(980)六月二十五日	李知顺舍资、王文沼雕印	斯坦因《西域考古图记》
10	一切如来尊胜佛顶陀罗尼加句灵验本	唐		伯 4501
11	圣观自在菩萨千转灭罪陀罗尼			
12	无量寿佛密句			
13	圣观自在菩萨莲花部心真言			

400

编号	名 称	刻印时间	刻 印 者	出 处
14	佛说观世音经			
15	故圆鉴大师二十四孝押座文	后周广顺元年（951）至宋咸平五年（1002）		翟 8102
16	丁酉年具注历日	唐乾符四年（877）		翟 8099
17	剑南西川成都府樊赏家历	唐中和二年（882）	成都樊赏	翟 8100
18	"上都东市大刁家大印"历日	唐	长安刁家	翟 8101
19	大唐刊谬补阙切韵			伯 2014
20	观音像			伯 4514
21	经变画			伯 3024
22	千佛像与千菩萨像			伯 4514
23	大般若波罗蜜多经卷第五百二十四第三分方便善巧品第二十六之二	宋刻本		《敦煌文物研究所藏敦煌遗书目录》
24	金刚经		西川过家	斯 5444
25	阴阳书	唐咸通二年（861）前	京中李家	伯 2675

注：①"翟"代表 1957 年伦敦出版的翟理斯《敦煌汉文写本书题解目录》；"伯"代表《敦煌遗书索引》中《伯希和劫经录》；"斯"代表《斯坦因劫经录》。

②此表据白化文《敦煌汉文遗书中雕版印刷资料综述》一文整理而成，该文载《大学图书馆通讯》1987 年第 3 期。

（五）国内外发现、出土其他古籍一览表

编号	书　名	发现时间	发现地点	断代	出　处
1	《三国志》(残)	1924 年	新疆鄯善	晋抄本	《文物》1972 年第 8 期
2	利玛窦《两仪玄览图》	1949 年	沈阳故宫	明万历刻本	《北方文物》1986 年第 1 期
3	《说唱词话》16 种和《新编刘知远还乡白兔记》	1967 年	上海嘉定县明成化墓	明成化刻本	《戏剧艺术论丛》1979 年第 1 期
4	《书集传辑录纂注》、《增入音注括例始末胡文定公春秋传》、《四书集注》、《少微家塾点校附音通鉴节要》、《黄氏补千家注纪年杜工部诗史》、《朱文公校昌黎先生集》等 6 种	1970 年	山东邹县明鲁荒王朱檀墓	元刻本	《文物》1983 年第 12 期
5	《邵尧夫先生诗全集》	1975 年	江西星子县和平村宋墓	宋刻本	《考古》1989 年第 5 期
6	戚蓼生序《石头记》	1976 年	上海书店	清抄本	《文物》1976 年第 1 期
7	《大藏经》	1979 年	云南图书馆	元刻本	《文物》1984 年第 12 期
8	《昌黎先生集考异》	1979 年	山西祁县图书馆	宋刻本	《山西日报》1979 年 3 月 9 日
9	《大方广佛华严经合论》	1979 年	山西省图书馆	金刻本	《山西日报》1979 年 3 月 9 日
10	傅山《荀子评注》	1979 年	山西省文物工作委员会	稿本	《山西日报》1979 年 3 月 9 日
11	《阳春白雪》(残)		辽宁省图书馆	明抄本	《文献》1980 年 2 辑

续表

编号	书　　名	发现时间	发现地点	断代	出　　处
12	《交趾总志》		北京图书馆	明抄本	《兰州大学学报》1981 年第 1 期
13	蒲松龄《七言杂文》	1983 年	山东沂蒙	清抄本	《文物》1983 年第 8 期
14	徐光启《考工记解》		复旦大学图书馆	清初抄本	《文汇报》1983 年 11 月 7 日
15	徐光启《定法平方算术》		北京图书馆	清抄本	《文汇报》1983 年 11 月 7 日
16	徐光启《兵机要诀》		莫文骅将军原藏	清抄本	《文汇报》1983 年 11 月 7 日
17	《居家必用事类全集》、《古今考》、《尺牍清裁》等 4 种	1984 年	江苏太仓县明墓	明刻本	《文物》1987 年第 3 期
18	《佛经》	1985 年	洛阳东郊史家湾	后唐刻本	《文物》1992 年第 3 期
19	《妙法莲华经》	1986 年	山东青岛	宋抄本	《人民日报》1987 年 5 月 2 日
20	《郎潜纪闻》四笔			清抄本	《文献》1986 年 2 辑
21	张洽《春秋集注》	1989 年	辽宁省图书馆	宋刻本	《文献》1992 年 1 辑
22	《霜崖曲话》	1989 年	南京大学图书馆	稿本	《南京大学学报》1990 年第 4 期
23	蒋以化《花编》		上海辞书出版社图书馆	明刻本	《图书馆杂志》1989 年第 8 期
24	《大方广佛华严经》	1990 年	美国普林斯顿大学图书馆	元活字本	《文物》1992 年第 4 期

编号	书 名	发现时间	发现地点	断代	出 处
25	褚龙祥《改正好逑传》以及《清医》、《捉妖》、《五人墓》、《闹宴》、《卖饼》、《上庙》等15种戏曲		天津图书馆	清抄本	《文献》1990年2辑
26	《精订纲鉴二十一史通俗衍义》		天津图书馆	清雍正泥活字本	《图书馆工作与研究》1992年第1期
27	《周书》		四川成都	宋眉山刻本	《文物参考资料》1955年第4期
28	《三吴水利便览》	1963年	四川理县明墓	明刻本	《文物》1974年第4期
29	《大般若波罗蜜经》		山西陵川县	宋刻本	《文物》1965年第6期
30	《契丹藏》等61种	1974年	山西应县佛宫寺木塔	辽刻本	《文物》1982年第6期
31	《王状元集百家注编年杜陵诗史》		江苏苏州	宋建安刻本	《文物》1975年第8期
32	《妙法莲华经》		苏州瑞光寺塔	宋刻本	《文物》1979年第11期
33	《金光明经》	1980年	江西瑞昌县宋墓	宋刻本	《文物》1982年第12期
34	《佛说北斗七星经》		山西	宋刻本	《山西省图书馆善本书目》
35	《永乐南藏》		甘肃省图书馆	明刻本	《文物》1985年第4期
36	《类编伤寒活人书括指掌图》	1988年	江西上饶明墓	明刻本	

以上五表反映了 2000 多年来发现、出土古籍的基本情况。让我们对以上五表作一个简要的分析：第一、二两表所列简策、帛书的时代下限止于晋代，这就是说，晋代以前是竹、帛并行的时代，文字载体以竹帛为主，而竹帛是不适宜雕版印刷的。第三表列举写本 30 余种，其中唐代写本 19 种。这说明唐代虽然有了雕版印刷，但是才刚刚开始，手工抄写仍然是图书制作的主要手段。第四表所列印刷品的时限横跨李唐、五代、赵宋诸朝，绝无汉魏六朝时期的印刷品。第五表列举晋抄本 1 种、五代刻本 1 种、宋刻本 9 种、宋抄本 1 种、辽刻本 1 种、金刻本 1 种、元刻本 2 种、元活字本 1 种、明刻本 7 种、明抄本 2 种、清抄本 7 种、清活字本 1 种，仍然没有汉魏六朝时期的印刷品。自从汉代从鲁壁中发现古文经书以来，历史的长河奔腾向前，至今已逾 2000 余年。在这漫长的岁月里，一座又一座的古墓打开了神秘的墓道，一件又一件珍贵文物走出了窒息的墓穴。据不完全统计，自汉武帝以来，文物出土达数百次之多，文物分布几乎遍及祖国大地的各个角落。然而，在发现、出土的众多古籍中，虽然不乏简策、帛书、纸写本和唐代以后的刻本，却从来没有见过一件唐代以前的印刷品。如此悠悠的岁月，如此茫茫的大地，如此密密的墓穴，如此频频的机会，却没有发现一件汉魏六朝和隋代印刷品，这绝不是古墓的吝啬、历史的偶然，它向人们传递了一个重要信息：唐代以前确实没有发明雕版印刷，雕版印刷的发明时间非唐代莫属。这又为唐代发明雕版印刷提供了一个有力的旁证。

三、从装订形式的演变分析

装订对于图书是不可缺少的，它是我们探索印刷术起源的旁证之一。就整体而言，图书装订形式可分两个时期：唐代以前为卷轴时期；唐代以后为册页装时期。而唐代的旋风装、经折装等是从卷轴装到册页装的过渡时期。

唐代以前的图书主要采用卷轴装（图 86）。简帛时期的卷子装就是卷轴装的最初形式。纸书出现以后，这种装订形式更加完善了。卷轴装由卷、轴、褾、带、签五个部分组成。"卷"是整个卷轴的主要部分，它由若干张纸粘连而成。纸的长短不一，长的可达二三丈，短的只有数尺，这主要依据文字多少而定。"轴"是一根短棒，卷子就缠绕在上面。轴可用檀木、象牙、琉璃、玳瑁、珊瑚等多种材料制成。到底用什么材料，主要依据藏书者的地位和图书价值而定。藏书者官高位显，图书本身为难得善本，就用名贵材料；反之，就用一般材料。"褾"也叫包头，是卷端另加粘接的厚纸或丝织品，有保护全卷的作用。"带"指褾头的丝带，用以捆扎卷子。"签"是指轴头所系标明书名、卷次等内容的牌子。签和轴一样，也用象牙、骨、玉等不同材料表示不同的内容和价值。

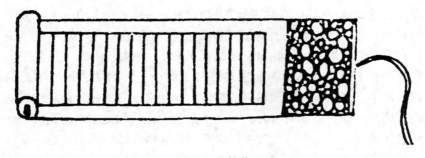

图 86　卷轴装

到了唐代，仍然有许多图书采用卷轴装，文献中有不少记载，如《旧唐书·经籍志下》云：

> 其集贤院御书：经库皆钿白牙轴，黄缥带，红牙签；史书库钿青牙轴，缥带，绿牙签；子库皆雕紫檀轴，紫带，碧牙签；集库皆绿牙轴，朱带，白牙签，以分别之。

这是以不同质料、不同颜色区别不同图书的卷轴装。据明徐应秋《玉芝堂谈荟》卷二十八：

> 隋唐藏书，皆金题玉躞，锦贉绣褫。金题，轴头也；玉躞，轴心也。锦贉，卷首贴绫，又谓玉池，又谓之贉。有球路锦贉、有楼台锦贉、有标蒲锦贉、有蠲纸贉。

这里讲的也是唐代的卷轴装，装帧之豪华，匪夷所思。

卷轴装虽然有卷面可大可小等特点，但是卷面过长，翻阅极不方便。因此，唐人进行了大胆改革，李致忠先生指出：

> 唐代是个富有创新精神的时代，站在书史研究的角度，鸟瞰敦煌遗书中所存唐五代时期的书籍装式，我们可以清楚地领略到唐末五代是我国书籍装帧形制演化的大变革时期，是书籍从卷轴装向册页装的过渡期，或者叫作转型期。①

在这个过渡时期中，人们解放思想，进行了种种探索，出现了旋风装、经折装等装订形式。旋风装的表现形式不一而足，杜伟生先生就举出四个例子：（一）法国国家图书馆藏唐写本《切韵》，将长短不齐的书页以右侧为准码齐，每页右端上下两面涂上糨糊，逐页粘连，在最后一张书页下面粘上底纸。由于书页较长，收藏的先将全部书页对折，再用底纸包裹。（二）法国国家图书馆藏《敦煌遗书》2046 号（原件无题名），全部书页以左侧为准码齐，各页之间先以糨糊粘连，然后用宽约 5 厘米的竹条两根夹住书页，再在竹条上打眼七个，用一根麻线循环串连装订，线头结在第二眼外侧。（三）法国国家图书馆藏《敦煌遗书》2490 号（原件无题名），全部书页以右侧为准集齐，然后再粘在一根直径一厘米左右的小木棍上。（四）英国国家图书馆《敦煌遗书》S6349 号《筮宅凶吉法》，全部书页以左侧为准集齐，逐页粘好，再用一根直径约为 9 毫米的竹棍破开，夹住书页，竹棍上再打三眼，

---

① 李致忠：《敦煌遗书中的装帧形式与书史研究中的装帧形制》，载《文献》2004 年第 2 期。

用麻线串连缝好①。李致忠先生见过不列颠图书馆东方部藏唐写本《切韵》的一张照片。末页单面书字，其余各页双面书字，然后将每幅书页都等距离用针打眼，逐眼穿绳，绳尾系在一根细圆木杆上。最后以木杆为轴心，从右向左卷起，再以绳系捆。以上各例有许多共同之处，"最重要的一点，这种装帧的书籍展阅时书页有序排列，可逐页阅览。卷收时以书页集齐的一侧为轴心，卷起收藏"②。故宫博物院藏唐写本《切韵》就是这种形式(图87)。文献中关于唐代旋风装的记载很多，例如：

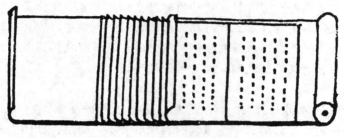

图87　旋风装

唐人藏书，皆作卷轴，其后有页子，其制似今策子。凡文字有备检用者，卷轴难数卷舒，故以页子写之，如吴彩鸾《唐韵》、李邰《彩选》之类是也。

——(宋)欧阳修《归田录》卷二

成都古仙人吴彩鸾善书小字，尝书《唐韵》鬻之。今蜀中导江迎祥院经藏，世称藏中《佛本行经》六十卷，乃彩鸾所书，亦异物也，今世间所传《唐韵》犹有，皆旋风页，字画清劲，人家往往有之。

——(宋)张邦基《墨庄漫录》卷三

---

① 杜伟生：《从敦煌遗书的装帧谈旋风装》，载《文献》1997年第3期。
② 杜伟生：《从敦煌遗书的装帧谈旋风装》，载《文献》1997年第3期。

　　吴彩鸾龙鳞楷《韵》(按：指《唐韵》)……鳞次相积，皆留纸缝了。

——(元)王恽《玉堂嘉话》卷二

　　相传彩鸾所书《韵》，散落人间者甚多。余从延陵季氏曾睹其真迹……逐页翻看，展转至末，仍合为一卷。张邦基《墨庄漫录》云旋风页者即此，真旷代之奇宝。

——(清)钱曾《读书敏求记》卷三

　　当然，尽管以上各种装订形式的命名说法不一，但可以肯定地说：这些五花八门的形式都是对卷轴装的改进。

　　经折装(一名折子装)也是唐代产生的一种新的装订形式(图88)。其制作方法是将写好的长条卷子，按照特定的行数，就像折扇那样，均匀地折叠成长方形折子，再在前后分别加上两块硬纸片，保护封面和封底。它和旋风装的区别在于：旋风装是双面书写，仍保留卷子形式；经折装则是单面书写，已变为折子形式了。经折装的折叠处容易裂开，裂开的经折装成为一张张散页，和后来的册页装非常相似。元人吾丘衍《闲居录》云："古书皆为卷轴，以卷舒之难，因而为折，久而折断，复为簿帙。"这段话说明了古书装订形式由卷轴而经折、而册页的演变过程。经折装也是由卷轴装向册页装过渡的一种形式。

图88　经折装

经折装虽然容易裂开，但是，它对册页装的产生却作出了重要贡献，它最终导致了蝴蝶装的出现。当经折装开始裂开的时候，人们在散页右侧用粘连(图 89)或缝缋(图 90)的办法把一张张散页连在一起，这不就是最初的蝴蝶装吗？据明张懋修《谈乘》：

图 89　粘页装

图 90　缝缋装

王古心问僧永光："前代如一线，日久不脱，何也?"永光曰："古法用楮树叶、飞面、白芨末三物调和如糊，粘接纸缝，如胶漆之坚。"此法文房可用。

这里讲的就是粘连，粘连用料是一种特制的胶状物，纸张可经久不脱。又据宋罗璧《识遗》卷一：

唐末书犹未有模印，多是传写，故古人书不多而精审。作册亦不解线缝，只叠纸成卷，后以幅纸概粘之，其后稍作册子。

这里讲的也是粘连。粘连和线缝两种方法到底哪种好? 据张邦基《墨庄漫录》卷四：

王洙原叔内翰尝云："作书册，粘页为上。久脱烂，苟不逸去，寻其次第，足可抄录。屡得逸书，以此获全。若缝缋，岁久断绝，即难次序。初得董氏《繁露》数册，错乱颠倒，伏读岁余。寻绎缀次，方稍完复，乃缝缋之弊也。"尝与宋宣献谈之，公悉令家所录者作粘法。予尝见旧三馆黄本书及白本书，皆作粘页，上下栏界皆界出于纸页。后在高邮，借孙莘老家书，亦作此法。又见钱穆父所蓄亦如是。多只用白纸作褾，硬黄纸作狭签子，盖前辈多用此法。予性喜传书，他日□得奇书，不复作缝缋也。

可见宋人喜用粘连之法的蝴蝶装。

蝴蝶装简称蝶装，因书页展开似蝶而得名，这是古代册页装的最初形式(图91)。最早产生于唐代末期。其装订方法是将每一页有字的一面向内对折，然后把书口的背部连在裹背纸上，再装上硬纸作为封面。蝴蝶装的图书可以在书架上直立，书口向下，书背向上，书根向外，与现代图书的排架形式差不多。由于这种装订形式是版心向内，单口向外，因此，书背保护完好。其余三边若有污损，可以裁去，而不影响文字内容，这是它的优点。其缺点是每读一页，必须连

411

翻两页，不胜其烦。接着，唐人在长期实践中，又发明了包背装、线装等。

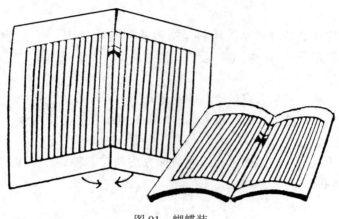

图91　蝴蝶装

至迟到唐末装订形式已经完成从卷轴装到册页装的过渡。唐代后期，来华日本人所编的众多目录中已有不少"策子"、"册子"或"帖"、"本"的记载，例如日本《惠运律师书目录》著录：

> 诸佛境界摄真实经一部三卷
> 观世音说多利心咒经一卷
> 以上四卷为一册子
> 慈氏菩萨略修愈念诵法一部二卷
> 以上(二卷)为一策子

日僧宗睿《新书写请来法门等目录》也有不少"策子"的记载，例如：

> 青颈观自在菩萨经一卷(三纸策子)
> 不动明王摧怨他敌等法一卷(二纸策子)
> 仪轨法一卷(五纸策子)

　　毗那夜迦经一卷(十二纸策子)

"策子"的容量可大可小：就卷数而言，一策少则一卷，多则十卷；就纸数而言，一策少则一张纸，多则十余张纸。又据《根本大和尚真迹策子等目录》，虽然书目名称标有"策子"二字，但正文著录却没有"策子"二字，每称"□帖第□帙"，例如：

　　六波罗蜜经一部(复十卷)右一部一帖第七帙
　　金刚顶略出经一部(复四卷)右一部一帖第十帙
　　十一面仪轨经一部(三卷)右一部一帖第十三帙

可见该目所谓"策子"者，指的就是"帖"，"策子"和"帖"是同义语。像"策子"一样，帖的容量可大可小，少则一二卷，多则数十卷。唐人又称"策子"为"本"，例如唐咸通六年(865)日僧圆载《新书写请来法门等目录》著录：

　　七俱胝佛毋准泥赞一本(一纸策子)
　　贤劫千佛心陀罗尼一本(一纸策子)
　　金刚顶莲花部一百八名赞一本(二纸策子)
　　梵字降三世一百八名赞一本(二纸策子)

说明唐人所谓"本"者，亦指策子。综上所述可知，诸目所谓"策子"、"册子"、"帖"、"本"云者，指的都是册页装。

　　这里有一个问题值得深思：为什么蝴蝶装在唐以前没有产生，而恰恰出现在唐代呢？这正说明唐代发明了雕版印刷，原因是：第一，从工人刻版的情况看，册页大小的版面规格最适宜他们工作，一般版片的规格为：0.3米(长)×0.2米(宽)×0.02米(厚)(图92)。版片长度正好与肩宽差不多，雕版的时候，一手紧按版面，一手奏刀，雕刻效果最佳。第二，从保管的角度看，上述版片规格最易存放，最易搬动。如果版片规格过大，存放、搬动都不方便。第三，从木材本身情况看，上述规格的版片最易制作。木材本身的长短、粗细对于上述版片规格的形成也有密切关系。一般地说，适宜雕版的梨、枣等木的树身并不大，截掉树根、树冠之后，能够用来雕版的树干长度一般不会超过2米，直径一般不会超过0.4米。刻版之前，先把树干纵向锯成木板，这些木板的规格为2米(长)×0.4米(宽)×0.02米(厚)左右(其实0.4米宽的木板并不多)。这样的木板规格制成上述规格的版片也是最适宜的。

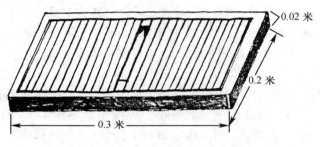

图92　版片规格示意图

总而言之，唐代蝴蝶装的出现是发明雕版印刷的结果，它是唐代发明雕版印刷的旁证。雕版印刷带来了蝴蝶装，促进了装订形式的转变。清末罗振玉《墨林星凤序》云：

> 书卷之改叶子式，亦始于有唐。敦煌三刻(按：指《温泉铭》、《化度寺塔铭》和《金刚经》)中，《化度寺塔铭》存装本二叶，此录所印一叶，乃法京所藏。斯坦因博士更得一叶，则存英京，影本未由致也。又古人装碑版文字，多为巨轴，宋欧诸家尚尔。今日剪装之法，罍不知始于何时，意当在有宋以后。今观《化度寺铭》，剪装成叶子，《温泉铭》则剪装为卷，乃知此事自唐代已然。宋人装轴者，取存原式耳。①

---

① 罗振玉：《罗振玉校刊群书叙录》卷上，江苏广陵古籍刻印社1998年版。

四、从时间周期分析

印刷术作为一项发明创造，从发明到普及当有一定的时限范围，如果我们弄清了雕版印刷的普及时间，逆流而上，算一算时间周期，也许对我们弄清雕版印刷的起源会有重要参考价值。这个时间周期也可以作为我们确定雕版印刷起源时间的旁证。

雕版印刷普及于何时？从文献记载看，五代尚未普及，据《五代会要·经籍》：

> 后唐长兴三年二月，中书门下奏请依石经文字刻九经印板，敕令国子监集博士儒徒，将西京石经本各以所业本经句度，抄写注出，仔细看读，然后顾召能雕字匠人，各部随帙刻印板，广颁天下。如诸色人要写经书，并需依所印敕本，不得更使杂本交错。

可见五代监本经书只是一个官方所颁"诸色人要写经书"的范本，经书主要依靠人工抄写。赵宋建国之初，雕版印刷仍然没有普及，《宋史·邢昺传》云：

> (景德二年夏天)上幸国子监阅书库，问昺经版几何？昺曰："国初不及四千，今十余万，经传正义皆具。臣少从师业儒时，经具有疏者百无一二，盖力不能传写。今板本大备，士庶家皆有之，斯乃儒者逢辰之幸也。"

这里需要弄清一个问题："四千""十余万"的计量单位是什么？不可能是种数或卷数，只能是版片数。《宋史·艺文志》作为整个宋代的史志目录，著录经书 1304 部、13608 卷。如果是经书种数，则说明宋建国 40 余年，国子监就刻经书"十余万"种，比《宋史·艺文志》著录的 1304 种多出 100 余倍，显然是不可能的；如果是经书卷数，则说明建国 40 余年，国子监就刻经书"十余万"卷，比《宋史·艺文志》著录的 13608 卷多出 10 余倍，显然也是不可能的。因此，以上两个数字的计量单位只能是版片，每个版片有两个页码，"四千"个版片就是 8000 页，若每种经书平均以 300 页计，则 8000 页当包含经书近 27 种。这就是说，宋代开国初，所刻经书只有 27 种。在这 27 种之中，可能还有不少五代的遗物，可见宋初刻书之少。苏轼在《东坡全集·李氏山房藏书记》中说：

> 自秦汉以来，作者益众，纸与字画日趋于简便，而书益多，世莫不有。然学者益以苟简，何哉？余犹及见老儒先生，自言其少时欲求《史记》、《汉书》而不可得，幸而得之，皆手自书，日夜诵读，唯恐不及。近岁，市人转相摹刻诸子百家之书，日转万纸。学者之于书，多且易致如此。其文词学术，当倍蓰于昔人，而后生科举之士，皆束书不观，游谈无根，此又何也？

显然，这是苏轼回忆童年时代所闻"老儒"之言，假定"老儒"当时 75 岁，苏轼当时 10 岁。苏轼生于北宋景祐四年(1037)，那么 10 岁正当北宋庆历七年(1047)。又"老儒"之言是回忆"少时"之事，假定老儒是回忆 15 岁的事，则应从庆历七年(1047)上溯 60 年，其具体时间当在宋代建国 27 年后的雍熙四年(987)。这就是说，在宋代开国 27 年的时候，雕版印刷远远没有普及，一些常见史书全凭手抄，正如朱熹《朱子语类》卷十所说：

> 东坡作《李氏山房藏书记》，那时书犹自难得，晁以道尝欲得《公》、《穀》传，遍求无之，后得一本，方传写得。

可见当时不但史书难觅，就是常见经书《公羊传》《穀梁传》也不易找到。又据宋张镃《仕学规范》卷二：

> 忠宪公少年家贫，学无纸。庄门前有大石，就上学书，至晚

洗去，遇烈日及小雨，即张敝伞以自蔽。时世间印板书绝少，多是手写文字。每借人书，多得脱落旧书，必即录甚详，以备检阅，盖难再假故也。

忠宪公是北宋爱国将领种师道之谥号，种师道生于北宋仁宗皇祐元年（1049），这就是说，在北宋仁宗嘉祐六年（1061）前后（种师道正值少年），雕版印刷远未普及，"世间印板书绝少，多是手写文字"。这时候距赵宋建国已有百年之久了。又据清徐松《宋会要辑稿》等书记载，国子监刻印"十七史"大体分为四个阶段：第一阶段从淳化五年（994）至咸平二年（999），校刻《史记》、《汉书》和《后汉书》；第二阶段从咸平三年（1000）至天圣元年（1023），校刻《三国志》和《晋书》；第三阶段从天圣二年（1024）至嘉祐三年（1058），校刻《南史》、《北史》和《隋书》；第四阶段从嘉祐四年（1059）至熙宁五年（1072）左右，校刻《宋书》、《南齐书》、《梁书》、《陈书》、《魏书》、《北齐书》、《周书》和《新唐书》。《新五代史》刻于熙宁五年（1072）以后。就是说，直到宋神宗熙宁五年（1072）左右，"十七史"才刻了一遍。在雍熙四年（987）以后的很长一段时期内，"十七史"仍然依靠手工抄写。又据北宋天圣二年（1024）燕肃《乞赦德音雕版发递奏》：

> 每赦书德音，即本部差书吏三百人誊写，多是差错，致外州错认刑名，失行恩赏。乞自今宣讫，勒楷书写本，详断官勘读，匠人印造发递。①

可见仁宗天圣二年（1024）之前，赦书例由人工抄写，抄手多至300人，抄错之例屡有发生，故燕肃递上奏折，要求雕版印刷赦令。这说明直到仁宗天圣二年（1024），雕版印刷尚未普及，一般政府公文概由手抄。

从北宋官私藏书来看，手工抄写仍然是一种主要的获得方式，请

---

① 《全宋文》卷一八八。

看下列事实：

景德元年(1004)三月，直秘阁黄夷简等奏进新写御书 24162 卷；

嘉祐六年(1061)十二月，三馆秘阁上新写黄本书 6496 卷，补白本书 2954 卷；

嘉祐七年(1062)十二月，诏以所抄黄本书 10659 卷，送昭文馆；

元丰七年(1084)，诏置补写所；

崇宁二年(1103)，秘阁抄书 2082 部，还有 1213 部和待补残缺书 289 卷未抄，限期抄完；

宣和四年(1122)鉴于三馆图书简编脱落，讹舛亡佚，诏设局补写校正；

宣和五年(1123)诏令搜访、缮写遗书，藏之御府。

北宋官方专设抄书机构——补写所，动辄成千上万卷地抄，可见官方藏书之中，抄本占绝大多数。北宋私人抄书也相当多，抄书千卷以上的藏书家有孙光宪、钱昭序、高頔、苏耆、李仲偓、王锴、李行简、周启明、楼郁、李诚等。

另外，北宋图书的大量亡佚，亦可证明雕版印刷在北宋尚未普及，南宋洪迈曾说：

> 国初承五季乱离之后，所在书籍印版至少，宜其焚炀荡析，了无孑遗。然太平兴国中编次《御览》，引用一千六百九十种，其纲目并载于首卷，而杂书、古诗赋又不及具录，以今考之，无传者十之七八矣，则是承平百七十年，翻不若极乱之世。姚铉以大中祥符四年集《唐文粹》，其序有云："况今历代坟籍，略无亡逸。"观铉所类文集，盖亦多不存，诚为可叹！①

可见北宋图书到了南宋，"无传者十之七八"。如果北宋雕版印刷普及，图书复本大量存在，就不会造成如此"可叹"的局面。为什么北宋雕版印刷没有普及呢？第一，从主观上说，人们对雕版印刷这个新

---

① 《容斋五笔》卷七。

生事物需要有一个认识过程。南宋之初,叶梦得曾说:

> 版本初不是正,不无讹误。世既以版本为正,而藏本日亡。其讹谬者,遂不可正,甚可惜也。①

可见在叶梦得的眼中,"版本"(按:宋人所谓"版本"即刻本)的错误是很多的,"藏本"(即写本)是很好的。面对"藏本日亡"的必然趋势,因而发出"甚可惜也"的感叹。南宋人尚且怀有如此偏见,遑论北宋。这种可怕的习惯势力严重干扰了雕版印刷普及的进程。第二,从客观上讲,封建统治者对于雕版印刷的种种限制,也极大地干扰了雕版印刷普及的进程。据宋罗璧《识遗》卷一:

> 宋兴,治平以前,犹禁擅镌,必须申请国子监,熙宁后方尽弛此禁。

可见宋英宗治平(1064—1067)之前,国家曾发布刻书禁令,任何个人不得随便刻书,刻书者必须向国子监申报登记,经过严格审查后,方可开业。治平以后,虽然禁令稍有放松,但并没有完全取消,据李焘《续资治通鉴长编》卷四四五:

> 哲宗元祐五年七月戊子礼部言:凡议时政得失、边事军机文字,不得写录传布;本朝会要、国史、实录不得雕印,违者徒二年。许人告,赏钱一百贯。内国史、实录仍不得传写。即其它书籍欲印者,纳所属申转运使、开封府牒国子监选官详定,有益于学者,方许镂板……凡不当雕印者,委州县监司国子监觉察,从之。

又据宋李心传《建炎以来系年要录》卷一六八:

---

① 《石林燕语》卷八。

　　绍兴二十五年三月戊辰，左朝奉郎新知汉州蔡宙言：乃者监司郡守妄取诡世不经之说，轻费官帑，近因臣僚论列，已正其罪，重加窜责矣。臣愚窃谓全蜀数道，素远朝廷，岂无诡世不经之书，以惑民听！欲望申严法禁，非国子监旧行书籍不得辄擅镂板，如州郡有创新刊行文字，即先缴纳副本看详，方行开印，庶几异端可去、邪说不作。上曰："如福建、四川多印私书，俱合禁止，可令礼部措置行下。"

面对混乱的图书市场，官方制定一些整顿措施也是必要的，这些措施对于繁荣图书市场不无好处。但是，措施过分，就会适得其反。按照宋代规定，各地只能重刻"国子监旧行书籍"，其他书籍"不得辄擅镂板"，未免有些过分，这些措施阻碍了雕版印刷的发展。

　　宋仁宗"熙宁后方尽弛此禁"，可以自由刻书了。但版权纠纷也随之产生。从版权产生的时间来看，我国最早的版权声明出现在南宋。南宋刻本《东都事略》有牌记云：

　　　　眉山程舍人宅刊行，已申上司，不许覆板。

这个牌记是我国历史上第一则版权声明（图93）。嘉熙二年（1238），浙本《新编四六必用方舆胜览》有官府榜文云：

　　　　两浙转运司录曰：据祝太傅宅干人吴吉状，本宅见雕诸郡志名曰《方舆胜览》并《四六宝苑》两书，并系本宅进士私自编辑，数载辛勤。今来雕版，所费浩瀚，窃恐书市射利之徒，辄将上件书版翻开，或改换名目，或以《节略舆地纪胜》等书为名，翻开换夺，致本宅徒劳心力，枉费钱本，委实切害。照得雕书，合经使台申明，乞行约束，庶绝翻版之患。乞给榜下衢、婺州

图93　《东都事略》版权牌记

雕书籍处，张挂晓示，如有此色，容本宅陈告，乞追人毁版，断治施行。奉台判，备榜须至指挥。右今出榜衢、婺州雕书去处，张挂晓示，各令知悉。如有似此之人，仰经所属陈告追究，毁版施行，故榜。嘉熙式年拾式月□□日榜，衢婺州雕书籍去处张挂。转运副使曾□□□□□□台押。福建路转运司状。乞给榜约束所属不得翻开上件书版，并同前式，更不再录白。

其实这个榜文也是一个版权公告，其目的在于"绝翻版之患"。宋淳祐八年(1248)罗樾刻本《丛桂毛诗集解》有国子监公文云：

> 行在国子监据迪功郎新赣州会昌县丞段维清状：维清先叔朝奉昌武，以《诗经》而两魁秋贡，以累举而擢策春官，学者咸宗师之。印山罗史君瀜尝遣其子侄来学，先叔以毛氏诗口讲指画，笔以成编，本之东莱《诗记》，参以晦庵《诗传》，以至近世诸儒，一话一言，苟足发明，率以录焉，名曰《丛桂毛诗集解》，独罗氏得其缮本，校雠最为精密。今其侄漕贡樾锓梓以广其传。维清窃维先叔刻志穷经，平生精力，毕于此书，傥或其它书肆嗜利翻版，则必窜易首尾，增损音义，非唯有辜罗贡士锓梓之意，亦重为先叔明经之玷。今状披陈，乞备牒两浙福建路运司备词约束，乞给据付罗贡士为照。未敢自专，伏候台旨。呈奉台判牒，仍给本监。除已备牒两浙路福建路运司备词约束所属书肆，取责知委文状回申外，如有不遵约束违戾之人，仰执此经所属陈乞，追板劈毁，断罪施行。须至给据者，右出给公据付罗贡士樾收执照应。淳祐八年七月□日给。

这是国子监下发的版权公文，要求严惩那些"嗜利翻版""不遵约束"之人，要"追版劈毁，断罪施行"。版权是图书市场竞争的产物，它是南宋雕版印刷繁荣的一个重要标志。

综上所述，可知雕版印刷的普及时间约在南北宋交替之际。任何一项发明创造，都有一个发展过程，从发展到普及所需要的时间周期各不相同。影响周期长短的因素有五个：第一，政治原因。社会安定，政通人和，周期就短；祸不单行的多事之秋，周期就长。第二，技术原因。发明物技术难度越大，周期越长；发明物技术难度越小，周期越短。第三，经济原因。发明物所需投资越大，周期越长；投资越小，周期越短。第四，实用价值。发明物实用价值越大，周期越短；发明物实用价值越小，周期越长。第五，情报信息方面的原因。信息越灵通，周期越短；信息越闭塞，周期越长。如果与世隔绝，任何发明创造都很难普及。当然，信息灵通与否，又跟通信、交通、新闻传播媒介等密切相关。

下面据《科学发现与发明辞典》(知识出版社1987年版)，选择外国15种发明创造的周期列表如下：

名　称	发明时间	普及时间	周　期
彩　电	1904 年	1967 年	63 年
打字机	1714 年	1888 年	174 年
电话机	1860 年	1878 年	18 年
自行车	1764 年	1884 年	120 年
蓄电池	1801 年	1901 年	100 年
显微镜	1590 年	1873 年	283 年
空　调	1845 年	1930 年	85 年
雷　达	1904 年	1945 年	41 年
喷气式飞机	1939 年	1947 年	8 年
汽　车	1807 年	1912 年	105 年
电　报	1809 年	1932 年	123 年
电动机	1829 年	1889 年	60 年
化　纤	1664 年	1950 年	286 年
电　炉	1843 年	1893 年	50 年
缝纫机	1790 年	1846 年	56 年

从此表可以看出，从发明到普及的周期长短因物而异，最短的只有 8 年，最长的有 286 年。下面据金秋鹏《一百项中华发明》（中国青年出版社 1995 年版）、叶言《发明简史》（中央编译出版社 2006 年版）、常秉义《中国古代发明》（中国友谊出版公司 2002 年版）、叶君等《科学发现之谜》（文汇出版社 2003 年版）、柏松《发现发明大典》（陕西旅游出版社 1995 年版）、赵海明等《中国古代发明图话》（北京图书馆出版社 1999 年版）等书，选择中国 7 种发明创造列表如下：

名　　称	发明时间	普及时间	周　　期
犁	春秋（假定为公元前 500 年左右）	西汉（假定为公元前 150 年左右）	350 年左右
造纸术	西汉（假定为公元前 80 年左右）	南北朝（假定为 420 年左右）	500 年左右
提花机	东汉（假定为 160 年左右）	唐代（假定为 650 年左右）	490 年左右
拓　印	唐初（假定为 635 年左右）	北宋（假定为 980 年左右）	345 年左右
火　药	唐高宗永淳元年（682）左右	北宋末（假定为 1100 年左右）	418 年左右
纸　币	宋代（假定为 1000 年左右）	元代（假定为 1300 年左右）	300 年左右
活字印刷	宋庆历间（假定为 1045 年左右）	明中期（假定为 1500 年左右）	455 年左右

从此表可以看出，我国古代的创造从发明到普及的时间约在 300—500 年之间。与外国相比，周期要长得多，因为上表所列外国的发明都是在经济发达、科技发展、信息灵通的时代产生的，而我国封建社会不能与之相比。如上所述，我国雕版印刷的普及时间约在南宋初期（12 世纪 50 年代），则由此而上推，各种观点所需时间周期如下表：

观　点	假定发明时间	假定普及时间	周　期
东汉说	公元 169 年左右	南宋初年(1150)	981 年
晋代说	公元 350 年左右	南宋初年(1150)	800 年
六朝说	公元 500 年左右	南宋初年(1150)	650 年
隋代说	公元 600 年左右	南宋初年(1150)	550 年
唐初说	公元 700 年左右	南宋初年(1150)	450 年
唐中说	公元 800 年左右	南宋初年(1150)	350 年
唐末说	公元 890 年左右	南宋初年(1150)	260 年
五代说	公元 932 年左右	南宋初年(1150)	218 年

"唐代说"的周期正在 300—500 年的区间内，其中"唐初说"的周期为
450 年，"唐中说"的周期为 350 年，"唐末说"的周期为 260 年。其他
各"说"则远远超出了 300—500 年的区间之外，其中"隋代说"的周期
为 550 年，"六朝说"的周期为 650 年，"晋代说"的周期为 800 年，
"东汉说"的周期为 981 年。按照时间周期推算，唐代发明雕版印刷
的可能性最大。当然，以上时间周期的推算也不是绝对的，唐代发明
雕版印刷主要是由社会需求、物质基础、技术基础等因素决定的，而
时间周期的推算只是一个参考条件。加上文献所限，中外时间周期长
短的确定，也不一定十分准确。

五、从国外最早的印刷品分析

国外最早印刷品出现的时间，也可以作为唐代发明雕版印刷的旁证。
中国印刷品流入日本的最早记载是唐代。那么，日本的雕版印刷
始于何时？天平宝字八年(764)至神护景云四年(770)制作的"百万塔
陀罗尼"(详第二章第七节)是日本最早的印刷品，不少人对这件印刷
品表示疑义，并提出了其他几种看法。张秀民先生认为：

据现在所知，最早最可信之日本第一部印本书，为宽治本

《成唯识论》，末有宽治二年模工僧观增刊记称："兴福伽蓝学众诸德，为兴隆佛法，利乐有情，各加随分财力，课工人镂《唯识论》一部十卷模……"宽治二年即一〇八八年（宋哲宗元祐三年），比朝鲜刻书时代稍晚。这是由于北宋初奝然从中国携回印本《大藏经》，后来又有其他和尚携回宋本佛典，因此才刺激他们自己也刻起书来了。①

中国印刷品流入朝鲜的最早记载是在北宋景德四年（1007）高丽总持寺印造的《宝箧印陀罗尼经》，朝鲜最早印刷品《大藏经》的刻印时间是北宋大中祥符四年（1011）至元丰五年（1082）。

中国印刷品流入越南的最早时间是北宋真宗在位时，越南最早印刷品《大藏经》的刻印时间是元成宗元贞元年（1295）。

中国印刷品流入琉球的最早记载是明太祖洪武七年（1374），琉球最早印刷品《四书》的刻印时间约在明武宗正德年间。

中国印刷品流入菲律宾的最早记载是明神宗万历三年（1575），菲律宾最早印刷品《无极天主教真传实录》的刻印时间是明神宗万历二十一年（1593）。

波斯最早印刷品的刻印时间是元世祖至元三十一年（1294）。

中国印刷品流入泰国的最早记载是明代初期洪武、永乐间，泰国最早印刷品约刻于清代中叶。

中国印刷品流入马来西亚的最早记载是清嘉庆二十年（1815），马来西亚最早印刷品《救世者言行真史记》亦刻于清嘉庆二十年（1815）。

埃及的最早印刷品《古兰经》约刻于元至正十年（1350）之前（图94）。

中国印刷品纸币、纸牌传入欧洲的最早记载是元代，欧洲最早雕版印刷品《圣克里斯托夫与基督渡水图》（图95）的刻印时间是明永乐

---

① 此出《中国印刷术的发明及其影响》，张秀民先生在新作《中国印刷史》（浙江古籍出版社 2006 年版）修正了上述看法，以为《百万塔陀罗尼经》"或亦可信"。

二十一年(1423)。①

图94 埃及最早刻阿拉伯文《古兰经》

图95 欧洲最早雕版印刷品《圣克里斯托夫与基督渡水图》

---

① 以上资料据张秀民：《中国印刷史》，浙江古籍出版社2006年版。

　　由此可知，中国印刷品最早流入国外的时间是唐代，国外最早印刷品的刻印时代也是唐代。为什么唐代以前没有印刷品流入国外，国外也没有发现印刷品呢？原因很简单，由于唐代以前中国还没有发明雕版印刷，因而不可能有印刷品流入国外，国外也不可能从中国学到雕版印刷技术。

第十一章 唐代发明雕版印刷的
旁证（下）

中国书史告诉我们：无论私人藏书、书目编纂、官方赐书，还是书业贸易、图书存佚等，到了宋代都有翻天覆地的变化，令人刮目相看。这些巨大变化与唐代发明雕版印刷密不可分，它也是唐代发明雕版印刷的旁证。

一、宋代私人藏书之盛

宋代藏书家之多，史无前例。据脱脱《宋史》、叶昌炽《藏书纪事诗》、杨立诚等《中国藏书家考略》、潘美月《宋代藏书家考》、方建新《宋代私家藏书补录》、范凤书《中国私家藏书史》以及宋代笔记、文集等所载，宋代藏书家有：

王溥（922—982），字齐物，并州祁人，藏书万卷。

姚铉，字宝臣，庐州人，太平兴国进士，藏书甚多。

句中正（929—1002），字坦然，益州华阳人，精于字学，喜藏书，家无余财。

陈彭年（967—1017），字永丰，抚州南城人。雍熙二年（985）进士，预修官修书多种。位虽通显，俭约如故，得俸唯市书籍。

李渎（957—1019），字河神，洛阳人，不求仕进，多聚书画。

李平（985—1054），字仲和，晚年不置产业，唯以聚书延师教子为事。

朱昂，字举之，京兆人，人称"小万卷"。所得俸赐，以三分之一购奇书。

石待旦，字季平，新昌人，天禧三年（1019）进士。隐居石溪，建堂贮书，号万卷堂。

李行简，字易从，同州人，聚书万卷，人称"书楼"。

李仲偃（982—1058），字晋卿，陇西人，藏书万卷。

温革，石城人，累试不第。宝元中诣阙上书，愿纳家资市国子监书，得书以归，建楼藏之。

宋绶（991—1040），字公垂，赵州（一说随州）人，继承外祖父杨徽之藏书。其子宋敏求继续藏书，有三万卷之多，且乐于借人。

古世淳，字太素，金水人，家藏道书5000卷。

郭延泽，字德润，彭城人，藏书万余卷。

晏殊（991—1055），字同叔，临川人，喜藏书。平居书简及文牒，未尝弃一纸，皆以抄书。

黄晞，字景微，建安人。聚书数千卷，家贫衣不蔽体，得钱辄买书。

赵元杰，皇室后裔，筑楼藏书二万卷。

周起，字万卿，淄州邹平人，藏书万卷。

曹诚，字贯不详。大中祥符二年（1009）于戚同文旧居旁造舍百余区，聚书数千卷。

欧阳修（1007—1072），字永叔，号醉翁，晚号六一居士，庐陵人，著名政治家、文学家，藏书万卷。

孔延之（1014—1074），字长源，新淦人。家食不足，而俸钱常以聚书。

周原（1025—1076），字德祖，钱塘人。家有藏书，每日清晨，必焚香而拜之。

胡尧卿（1012—1082），字宗元，新喻人。年四十，筑草堂于高安之鲁公岭，捐十万钱买官书，庋藏其中，无所不读。

曾巩（1019—1083），字子固，建昌南丰人，著名文学家，藏书两万卷。

李常（1027—1090），字公择，建昌人，藏书9000卷，名其舍曰"李氏山房"。

胡戢(1045—1091)，字叔文，号苏门居士，共城人。藏书万卷，又集古今石刻千卷，陈诸左右，名其堂曰"琬琰"。

黄育(1019—1069)，字和叔，分宁人，家富藏书，勤学不怠。

掌禹锡，字唐卿，郾城人。起布衣，取进士第，藏书万余卷。

李淑，字献臣，徐州丰人，有《邯郸图书志》十卷，著录藏书1836部、23186卷。

王洙，字原叔，宋城人。王钦臣，字仲至，王洙之子。父子相继藏书43000卷。

田镐，田伟之子，多藏书，有《田氏书目》一卷。

秦民，佚名，濡须人，藏书甚富，有《秦氏书目》一卷。

文莹，字道温，钱塘人，喜藏书，收宋初至熙宁间文集200余家。

谢晔，字贯不详，好藏书。以20厨贮之，取杜诗一首20字，每厨以字分类。其子孙大多成才。

王质，字子野，大名莘县人，不治生业，唯蓄书万卷。

彭乘，字利建，益州华阳人。聚书万卷，手自校刊，蜀中所传书，多出其手。

楼郁，字子文，鄞县人，皇祐五年(1053)进士，藏书万卷。

庞安时，字安常，蕲州蕲水人，闻人有异书，购之如饥渴，藏书万余卷。

沈侯，字贯不详，藏书三万卷。

董逌，字彦远，东平人，富藏书，有《董逌藏书志》。

张邦基，字子贤，喜藏书，室名"墨庄"。

慕容彦逢(1066—1117)，字叔过，常州宜兴人。元祐三年(1088)进士，绍圣二年(1095)任越州教授时，刊印三史，雠校精审，世称善本，四方士大夫争购之。自幼好学，晚年益笃，藏书数万卷。

孙道夫(1095—1160)，字太冲，眉州丹棱人。仕宦三十年，俸给多置书。

胡安国(1074—1138)，字康侯，建宁崇安人。其子名寅，桀黠难治。父子置书数千卷。年余，寅悉成诵，不遗一卷。

沈立，历阳人，悉以公粟售书，积卷数万。

叶梦得（1077—1148），号石林，吴县人。藏书十万卷，为宋代私人藏书之冠。

师民瞻（？—1152），彭山人。历仕40年，田宅不长尺寸，罢成都日，市书数千卷以归。

宇文虚中，字叔通，华阳人。人诬其以藏书为反具，罪至族。

方略，字作谋，莆田人，藏书1200笥，作万卷楼贮之。闻民间有奇书，必捐金帛求之。

晁公武（约1109—1180），字子止，河南清丰（一说山东钜野）人，藏书世家，后又继承四川转运使井度藏书，有《郡斋读书志》。

姜浩（1109—1185），字浩然，开封人。富冠京师，结庐百间，藏书万卷。

尤袤（1127—1194），字延之，无锡人。藏书甚多，有《遂初堂书目》。

高元之（1142—1197），字端叔，寓居鄞县。藏书数千卷，遇未见之书，解衣辍食，不计其值购之。

朱熹（1130—1200），字元晦，号晦庵，婺源人，侨居建阳，著名哲学家、教育家，藏书甚富，有藏书阁。

陆游（1125—1207），字务观，山阴人，南宋著名爱国将领、诗人，藏书甚多，室名"书巢"。

方阜鸣（1157—1228），字子默，莆田人，嘉定元年（1208）进士，其友刘克庄为建阳令，留钱十万托其购书。

郑寅，字子敬，莆田人，藏书数万卷，有《郑氏书目》。

陈振孙（约1183—1249），字伯玉，号直斋，浙江安吉人，藏书五万卷，有《直斋书录解题》。

文仪（1215—1256），字士表，庐陵人，文天祥之父。嗜书为命，蓄书如山。有未见之书，辄质衣以市，手录积帙以百计。

杜广心，字德充，成都华阳人，为官20年，俸禄颇丰，尽聚书访友。

胡谊，字正之，奉化人，不乐仕进，晚岁建藏书楼，匾曰"观省"。

刘仪凤，字绍美，普州人，绍兴二年（1132）进士，俸之半以储书，凡万余卷。

洪咨夔，字舜俞，於潜人。嘉定二年（1209）进士，藏书13000卷于天目山。

吴与，漳浦人，藏书甚富，有《吴氏书目》一卷。

吴秘，建安人，多藏书，有《吴氏家藏目》。

周密（1232—1298），字公谨，原籍济南人，南渡后迁居吴兴之弁山，藏书42000卷。

周晋，字明叔，湖州人，藏书四万余卷。

陈昉，德安人，13世同居，长幼700口，筑楼藏书，广招来学。

沈偕，字君与，杭州人，家饶于财，擢第后，尽买国子监书以归。

陆宰，字元钧，山阴人，藏书13000卷，为当时越州著名藏书家。

廖莹中，字群玉，号药洲，邵武人，藏书甚多，室名"世彩堂"。

限于篇幅，其他藏书家不再一一列举。总计宋代私人藏书家311人。本书第五章列举唐代以前藏书家177人，其中先秦3人、汉代10人、三国8人、晋代7人、南北朝59人，隋代3人、唐代87人。可考五代藏书家27人，其中有：

陈贶，南唐闽人，孤贫力学，聚书数千卷。

毋昭裔，河中龙门人，后仕蜀，富藏书，也是古代著名出版家。

孙降衷，后蜀眉山人。宋灭后蜀，赐田遣归，市万卷书而还。

王都，中山陉邑人，聚书三万卷。

郑元素，华原人，隐居庐山青牛谷四十余年，藏书千余卷，采薇弦诵无虚日。

比较而言，宋代是私人藏书家最多的一个朝代，约占历代（先秦至宋）藏书家总数的64%，为了直观地说明问题，请看历代藏书家人数变化图（图96）：

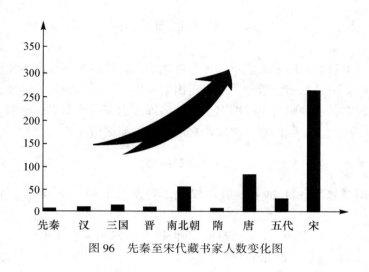

图 96　先秦至宋代藏书家人数变化图

　　从图表变化可以看出，南北朝以后，藏书家呈现不断增加的势头（隋和五代两个时期因为时间短暂，藏书家不多）。如果说，南北朝藏书家的大量增加，应当归功于纸张普及的话，那么，宋代藏书家的大量增加则应主要归功于唐代雕版印刷的发明，它是唐代发明雕版印刷的旁证之一。私人藏书与雕版印刷之间是互为因果的关系：在雕版印刷发明之前，手工抄书的效率太低，图书供不应求，严重制约着私人藏书，"藏书难"的矛盾越来越尖锐，从而促进了雕版印刷的发明，这个时候，私人藏书是"因"，雕版印刷的发明是"果"；在雕版印刷发明之后，图书制作的效率大大提高，图书数量大大增加，聚书容易，藏书家与日俱增，这个时候，雕版印刷的发明是"因"，私人藏书的大量增加是"果"。也许有人会问：既然唐代发明了雕版印刷，为什么唐代藏书家的总人数没有扶摇直上呢？这是因为唐代刚刚发明雕版印刷，雕版印刷从发明到普及需要一个漫长的过程，它对图书数量、私人藏书的影响不可能立竿见影，也需要一个漫长的过程。只有在雕版印刷普及之后，图书供与求的矛盾基本解决了，藏书家才有可能大量增加。

二、宋代书目之多

图书目录是图书的清单。一个时代图书目录的多寡虽由多种因素所制约，但是图书数量是一个决定因素。出于管理和利用的需要，书多则目多，书少则目少。图书目录的多寡标志着一代图书的盛衰。为了便于比较，让我们看一看宋代之前书目的编纂情况：

两汉魏晋书目

两汉魏晋书目 24 种，其中汉代 5 种、魏 1 种、晋 18 种，它们是：

（一）兵书目录　（汉）张良、韩信撰　（《汉书·艺文志》）

（二）兵录　（汉）杨仆撰　（同上）

（三）七略　（汉）刘向、刘歆等撰　（同上）

（四）汉书·艺文志　（汉）班固撰

（五）三礼目录　（汉）郑玄撰　（《隋书·经籍志》，以下简称《隋志》）

（六）中经　（魏）郑默撰　（同上）

（七）中经新簿　（晋）荀勖撰　（阮孝绪《七录》）

（八）晋元帝四部书目　（晋）李充撰　（《晋书·李充传》）

（九）晋义熙四年秘阁四部目录　（晋）徐广等撰　（《晋书·徐广传》）

（十）隆安西库书目二卷　（晋）佚名撰　（《宋史·艺文志》）

（十一）汉录一卷　（晋）朱士行撰

（十二）综理众经目录一卷　（晋）道安撰　（《出三藏记集》卷二）

（十三）众经目一卷　（晋）竺法护撰　（姚名达《中国目录学史》）

（十四）众经录目一卷　（晋）聂道真撰　（费长房《历代三宝纪》）

（十五）古录一卷　（晋）佚名撰　（同上）

（十六）经论都录一卷　（晋）支敏度撰　（同上）

（十七）经论别录一卷　（晋）支敏度撰　（同上）

（十八）庐山录一卷 （晋）慧远撰 （同上）

（十九）二秦众经录目一卷 （晋）僧睿撰 （同上）

（二十）汉录一卷 （晋）竺道祖撰 （同上）

（二一）魏世经录目一卷 （晋）竺道祖等撰 （同上）

（二二）吴世经录目一卷 （晋）竺道祖等撰 （同上）

（二三）晋世杂录一卷 （晋）竺道祖等撰 （同上）

（二四）河西经录目一卷 （晋）竺道祖等撰 （同上）

南北朝书目

南北朝书目 41 种，它们是：

（一）晋义熙已来新集目录 （南朝宋）丘渊之撰

此目《隋志》、《新唐志》均有著录，《旧唐志》作《杂集目录》。丘渊之，字思云，乌程人。

（二）四部书大目四十卷 （南朝宋）殷淳撰

殷淳，字粹远，陈郡长平人。《宋书·殷淳传》云："（淳）在秘书阁撰四部书目，凡四十卷，行于世。"

（三）元嘉八年秘阁四部目录 （南朝宋）谢灵运撰

（四）元徽元年四部书目录 （南朝宋）王俭撰

王俭（432—489），字仲宝，临沂人，著名目录学家。此目见《隋志》。

（五）江左以来文章志三卷 （南朝宋）刘彧撰

《宋书·明帝纪》云："好读书，爱文义。在藩时，撰《江左以来文章志》，又续卫瓘所注《论语》二卷，行于世。"

（六）齐永明元年秘阁四部目录 （南齐）王亮等撰

梁阮孝绪《七录序》云："齐秘书丞王亮、监谢朓等，并有新进，更撰目录。"

（七）文德殿四部目录 （梁）刘峻撰

刘峻，字孝标，平原（今属山东）人，著名学者。或谓此即《梁天监四年四部书目》。此目见《隋志》。

（八）梁天监六年四部书目录 （梁）殷钧撰

梁阮孝绪《古今书最》云："秘书丞殷淳撰《秘阁四部书》，书少于文德书，故不录其数也。"或谓此目系任昉与殷钧合编。

(九)梁东宫四部目录　(梁)刘遵撰

刘遵，字孝陵，官太子中庶子。此目见《隋志》。

(十)宋世文章志　(梁)沈约撰　(《隋志》)

(十一)陈天嘉六年寿安殿四部目录

《隋志·叙》云："陈天嘉中，又更鸠集，考其篇目，遗阙尚多。"

(十二)陈德教殿四部目录　(《隋志》)

(十三)陈秘阁图书法书目录　(同上)

(十四)陈承香殿五经史记目录　(同上)

(十五)魏阙书目录　(同上)

(十六)北魏秘书目录　(北魏)高道穆等撰

《魏书·高道穆传》曰："秘书图籍所在，内典□书，又加缮写，缃素委积，盖有年载。出内繁芜，多致零落。可令御史中尉、兼给事黄门侍郎道穆总集账目，并牒儒学之士，编比次第。"则高氏编有目录可知，书名今拟。

(十七)七志　(南齐)王俭撰

《南齐书·王俭传》："超迁秘书丞，上表求校坟籍，依《七略》撰《七志》四十卷，上表献之，表辞甚典。"该目卷数记载互有异同。《宋书》作三十卷，《隋志》、《旧唐志》等作七十卷。

(十八)任昉藏书目录　(梁)任昉撰

《梁书·任昉传》："昉卒后，高祖使学士贺纵共沈约勘其书目，官所无者，就昉家取之。"可见任昉编有私藏目录，惜已失传。书名今拟。

(十九)甲乙新录　(北魏)卢昶撰

《魏书·孙惠蔚传》云："臣今依前丞臣卢昶所撰《甲乙新录》，欲裨残补阙，损并有无，校练句读，以为定本，次第均写，永为常式。"

(二十)术数书目　(梁)祖暅撰

阮孝绪《七录序》云："(刘峻编目时)乃分数术之文，更为一部，使奉朝请祖暅撰其名。"祖暅,祖冲之之子,著名数学家。

(二一)七经目录 (周)樊深撰

《周书·樊深传》云:"深既专经,又读诸史及《苍雅》、篆、籀、阴阳、卜筮之书。学虽博赡,讷于辞辩,故不为当时所称。撰《孝经》、《丧服问疑》各一卷,撰《七经异同说》三卷、《经纲略论》并目录三十一卷,并行于世。"则此书为经书目录。

(二二)二王镇书定目十二卷 (南朝宋)虞和撰

二王指王羲之、王献之父子。《南史·虞和传》云:"少好学,居贫屋漏,恐湿坟典,乃舒被覆书,书获全而被大湿。"此目见姚名达《中国目录学史·专科目录编》。

(二三)羊欣书目一卷 (南朝宋)虞和撰 (同上)

(二四)钟张书目一卷 (南朝宋)虞和撰 (同上)

(二五)法书目录六卷 (梁)傅昭撰 (《隋志》)

(二六)史目 (南朝宋)裴松之撰 (姚名达《中国目录学史》)

(二七)众经目录二卷 (南齐)王宗撰 (费长房《历代三宝纪》)

(二八)宋齐录一卷 (南齐)道慧撰 (同上)

(二九)释弘充录一卷 (南齐)弘充撰 (同上)

(三十)定林寺藏经录 (南齐)刘勰撰

《梁书·刘勰传》云:"勰早孤,笃志好学,家贫不婚娶,依沙门僧祐,与之居处,积十余年,遂博通经论,因区别部类,录而序之。今定林寺经藏,勰所定也。"

(三一)出三藏记集十五卷 (梁)僧祐撰

僧祐(445—518),彭城下邳人,生于建业,著名僧人和文学批评家,有《弘明集》等,他在该目序中说:"敢以末学,响附前规,率其管见,接为新录,兼广访录,括正异同。"该目是我国现存最早的完整佛录。

(三二)华林佛殿众经目录四卷 (梁)僧绍撰 (费长房《历代三宝纪》)

(三三)梁代众经目录四卷 (梁)宝唱撰

《隋志》云："梁武大崇佛法，于华林园中，总集释氏经典，凡五千四百卷。沙门宝唱，撰经目录。"

（三四）释正度录 （梁）正度撰 （姚名达《中国目录学史》）

（三五）真谛录 （陈）真谛撰 （费长房《历代三宝纪》）

（三六）译众经论目录 （北魏）菩提流支撰 （道宣《大唐内典录》）

（三七）元魏众经目录 （北魏）李廓撰 （同上）

（三八）释道凭录 （北齐）道凭撰 （同上）

（三九）齐世众经目录 （北齐）法上撰 （同上）

（四十）众经别录二卷 （南齐）佚名撰

这是我国第一部最古的佛经目录，也是仅次于《汉书·艺文志》的第二部古典目录，出《敦煌遗书》中，残卷今藏巴黎国家图书馆。

（四一）三洞经书目录 （南朝宋）陆修静撰

这是我国古代第一部道藏书目，姚名达《中国目录学史》作《灵宝经目》。陆修静，宋明帝时人。

隋唐五代书目

隋唐五代书目 58 种，其中隋代 12 种，唐代 41 种，五代 5 种，它们是：

（一）开皇四年四部目录 （隋）牛弘撰

牛弘，字里仁，安定鹑觚人，著名学者。隋开国之初，上《请开献书之路表》，为繁荣隋代图书事业作出重要贡献。此目见《隋志》。

（二）开皇九年四部书目录 （《隋志》误作"开皇八年"）

（三）开皇二十年书目 （隋）王劭撰 （《新唐书·艺文志》）

（四）香厨四部目录 （《隋志》）

（五）大业正御书目录 （《隋志》）

（六）七林 （隋）许善心撰

《隋书·许善心传》："（开皇）十七年，除秘书丞。于时秘藏图籍尚多淆乱。善心仿阮孝绪《七录》更制《七林》，各为总叙冠于篇首。又于部录之下，明作者之意，区分其类例焉。"

438

（七）大隋众经录目七卷　（隋）法经等撰　（道宣《大唐内典录》）

（八）历代三宝纪十五卷　（隋）费长房撰　（同上）

（九）隋仁寿年内典录五卷　（隋）彦悰等撰　（同上）

（十）林邑所得昆仑书诸经目录　（隋）彦悰等撰　（道宣《续高僧传》）

（十一）译经录　（隋）灵裕撰　（费长房《历代三宝纪》）

（十二）大隋众经目录　（隋）智果撰

《隋志》云："大业时，又令沙门智果，于东都内道场，撰诸经目，分别条贯，以佛所说经为三部：一曰大乘，二曰小乘，三曰杂经。其余似后人假托为之者，别为一部，谓之疑经。"

（十三）隋书·经籍志四卷　（唐）魏徵等撰

该目集唐代以前书目分类的优点于一身，是唐代以前书目分类的总结性史志目录，它首次以经史子集标识四部之名，并最终确立了经史子集的先后顺序。

（十四）群书四部录二百卷　（唐）元行冲等撰

元行冲（653—729），名澹，以字行，河南洛阳人。初，马怀素奉诏整理国家藏书，未果，元行冲继之。该目于开元九年（721）十一月编成，成为古典目录的空前巨著。

（十五）古今书录四十卷　（唐）毋煚撰

毋煚（约668—744），河南洛阳人（一说江苏吴县人），博学多才，是位不尚空谈的目录学家，他曾参与《群书四部录》的编纂工作，然对该目很不满意，故另起炉灶，编成此目。

（十六）开元四库书目十四卷　（《通志·艺文略》）

（十七）见在库书目　天宝三年官修　（《古典目录学》）

（十八）集贤书目一卷　（唐）韦述撰　（《新唐书·艺文志》）

（十九）唐秘阁四部书目四卷　（《宋史·艺文志》）

（二十）贞元御府群书新录　（《柳柳州集·陈京行状》）

（二一）唐四库搜访图书目　（《宋史·艺文志》）

（二二）文枢秘要目七卷　（唐）尹植撰　（《新唐书·艺文志》）

（二三）唐列圣实录目二十五卷　（唐）孙玉汝撰　（同上）

(二四)学士院杂撰目一卷

考学士院为唐开元二十六年(738)建置,宋称翰林学士院,其为唐目可知。此目见《宋史·艺文志》,其内容当为众学士著作目录。

(二五)西斋书目录 (唐)吴兢撰 (《旧唐书·吴兢传》)

(二六)新集书目一卷 (唐)蒋彧撰 (《新唐书·艺文志》)

(二七)东斋籍二十卷 (唐)杜信撰

《新唐书·艺文志》云:"(杜信)字立言,元和国子司业。"

(二八)河南东斋史目三卷 (唐)佚名撰 (《新唐书·艺文志》)

(二九)经史释题二卷 (唐)李肇撰 (同上)

(三十)十三代史目十卷 (唐)宗谏撰 (同上)

(三一)文选著作人名目三卷 (唐)常宝鼎撰 (同上)

(三二)唐书叙例目录一卷 (唐)佚名撰 (同上)

(三三)史目三卷 (唐)杨松珍撰 (同上)

(三四)书品目录 (唐)朱景玄撰 (明高儒《百川书志》)

(三五)右军书目 (唐)褚遂良撰 (姚名达《中国目录学史》)

(三六)大唐内典录十卷 (唐)道宣撰

道宣,唐初名僧,原籍吴兴(一说丹徒)人。唐高宗显庆四年(659)奉命在京城西明寺写经,并编成《京师西明寺录》,后又改编成此目,此目见《新唐书·艺文志》。

(三七)开元释教录二十卷 (唐)智昇撰

智昇,西京崇福寺名僧,生于唐玄宗时,著述甚丰。此目流传最广,影响最大。

(三八)开元内外经录十卷 (唐)毋煚撰 (《新唐书·艺文志》)

(三九)众经目录五卷 (唐释)玄琬撰 (道宣《大唐内典录》)

(四十)大周经录十五卷 (武周)明佺等撰

赞宁《宋高僧传》卷二云:"有沙门明佺者,不知何许人,出家隶业,悉在佛授记寺。尤善毗尼,兼闲经论。天册万岁元年,敕令刊定经目,佺所专纂录,编次持疑,更与翻经大德二十余人同共参正,号曰《大周经录》焉。"

(四一)大唐东京大敬爱寺一切经论目五卷 (唐)静泰撰 (姚名

达《中国目录学史》)

(四二)古今译经图记四卷 (唐)靖迈撰 (同上)

(四三)大周刊定伪经目录一卷 (武周)明佺撰 (同上)

(四四)续大唐内典录一卷 (唐)智昇撰 (同上)

(四五)续古今译经图记一卷 (唐)智昇撰 (同上)

(四六)开元释教录略出四卷 (唐)智昇撰 (同上)

(四七)大唐贞元续开元释教录三卷 (唐)圆照撰 (同上)

(四八)贞元新定释教目录三十卷 (唐)圆照撰 (同上)

(四九)内典目录十二卷 (唐)王彦威撰 (《通志·艺文略》)

(五十)开元道经目一卷 (同上)

(五一)玉纬经目 (唐)尹文操撰

尹文操,字景先,陇西天水人。此目见姚名达《中国目录学史》。

(五二)一切道经音义目录一百十三卷 (唐)史崇玄等撰 (《通志·艺文略》)

(五三)琼纲目 (唐)李隆基撰 (姚名达《中国目录学史》)

(五四)旧唐书·经籍志 (后晋)刘昫撰

此目基本照录毋煚《古今书录》,收书下限仅止开元,人们可借此目得知《古今书录》之大概。

(五五)蜀王建书目一卷 (《通志·艺文略》)

(五六)群书丽藻目录五十卷 (南唐)朱遵度撰

朱遵度,青州书生,富藏书,隐居不仕,此目见《宋史·艺文志》。

(五七)经史书目七卷 (后蜀)杨九龄撰

杨九龄,四川人,后蜀广政间及第,著有《蜀桂堂编事》等书。此目见《宋史·艺文志》。

(五八)续贞元释教录一卷 (南唐)恒安撰 (《大藏经》)

宋 代 书 目

宋代书目104种,它们是:

(一)史馆新定书目录四卷 (《宋史·艺文志》)

（二）太平兴国搜访书目　（来新夏《古典目录学》）

（三）咸平馆阁图籍目录　（宋）朱昂等撰　（同上）

（四）龙图阁书目七卷　（宋）杜镐撰　（《宋史·艺文志》）

（五）太清楼书目四卷　（《宋史·艺文志》）

（六）崇文总目　（宋）欧阳修、王尧臣编

《宋史·艺文志》云："仁宗既新作崇文院，命翰林学士张观等编四库书，仿《开元四部录》为《崇文总目》，书凡三万六百六十九卷。"该目主持人实为欧、王二人。

（七）元祐秘阁书目　（《玉海》卷五二）

（八）秘书总目

《宋史·艺文志》云："徽宗时，更《崇文总目》之号为《秘书总目》，诏购求士民藏书，其有所秘未见之书足备观采者，仍命以官。"

（九）玉宸殿书目　（《玉海》卷五二）

（十）嘉祐楼访书目　（《玉海》卷五二）

（十一）皇祐秘阁书目　（同上）

（十二）秘书省续编到四库阙书目二卷

叶德辉《观古堂书目丛刊》有此目。

（十三）中兴馆阁书目七十卷　（宋）陈骙撰　（《宋史·艺文志》）

（十四）中兴馆阁续书目　（宋）张攀撰　（同上）

（十五）三朝国史艺文志　（宋）吕夷简等撰

三朝指太祖、太宗、真宗三朝。《宋史·艺文志》云："尝历考之，始太祖、太宗、真宗三朝，三千三百二十七部、三万九千一百四十二卷。次仁、英两朝，一千四百七十二部，八千四百四十六卷。次神、哲、徽、钦四朝，一千九百六部，二万六千二百八十九卷。"

（十六）两朝国史艺文志　（宋）王珪等撰

二朝指仁宗、英宗二朝。出处见上。

（十七）四朝国史艺文志　（宋）李焘撰

四朝指神宗、哲宗、徽宗、钦宗四朝。出处见上。

（十八）中兴国史艺文志

此目包括高宗、孝宗、光宗、宁宗四朝。据《宋史·艺文志》："高宗移跸临安，乃建秘书省于国史院之右，搜访遗阙，屡优献书之赏。于是四方之藏，稍稍复出，而馆阁编辑，日益以富矣。当时类次书目得四万四千四百八十六卷。至宁宗时续书目，又得一万四千九百四十三卷。"

(十九)新唐书·艺文志 （宋)欧阳修撰

和《旧唐书·经籍志》相比，此目增录了唐人著作28469卷。

(二十)秘书省书目 （《宋史·艺文志》)

(二一)诸州书目一卷 （同上)

(二二)禁书目录一卷 （同上)

(二三)秘阁书目一卷 （同上)

(二四)国子监书目一卷 （同上)

(二五)川中书籍目录二卷 （同上)

(二六)太宗御制书目一卷 （《通志·艺文略》)

(二七)皇祐史馆书目 （《遂初堂书目》)

(二八)嘉祐永遗书目 （同上)

(二九)籝金堂书目三卷 （宋)吴良嗣撰 （《宋史·艺文志》)

(三十)田氏书总目三卷 （宋)田镐撰 （同上)

(三一)吕氏书目二卷 （宋)吕大防撰 （同上)

(三二)邯郸图书志十卷 （宋)李淑撰 （同上)

(三三)广川藏书志二十六卷 （宋)董逌撰 （同上)

(三四)郡斋读书志四卷 （宋)晁公武撰

今有现代出版社《中国历代书目丛刊》等多种版本。此目初见《宋史·艺文志》。

(三五)直斋书录解题二十二卷 （宋)陈振孙撰

今有现代出版社《中国历代书目丛刊》等多种版本。此目初见《宋史·艺文志》。

(三六)遂初堂书目一卷 （宋)尤袤撰

今有现代出版社《中国历代书目丛刊》等多种版本。此目初见《宋史·艺文志》。

（三七）玉海·艺文二十八卷　（宋）王应麟撰

（三八）通志·艺文略八卷　（宋）郑樵撰

（三九）刘沆书目二卷　（宋）刘沆撰　（《宋史·艺文志》）

（四十）邯郸再集书目三十卷　（宋）李德刍撰　（同上）

（四一）欧阳参政书目一卷　（宋）欧阳修撰　（《通志·艺文略》）

（四二）沈谏议书目三卷　（宋）沈立撰　（同上）

（四三）吴秘家藏书目二卷　（宋）吴秘撰　（《宋史·艺文志》）

（四四）夷门蔡氏书目三卷　（宋）蔡致君撰　（叶昌炽《藏书纪事诗》）

（四五）秦氏书目一卷　（宋）濡须秦氏撰　（《直斋书录解题》卷九）

（四六）李正议书目三卷　（宋）李定撰　（《通志·艺文略》）

（四七）刘氏藏书目三卷　（宋）刘恕、刘羲仲撰　（晁说之《景迂生集》卷十六）

（四八）颍川庆善楼家藏书目三卷　（宋）陈贻范撰　（《宋史·艺文志》）

（四九）吴氏书目一卷　（宋）吴舆撰　（《直斋书录解题》卷九）

（五十）朱氏藏书目　（宋）东平朱氏撰　（《藏书纪事诗》）

（五一）群书备检三卷　（宋）石延庆、冯至游撰　（《宋史·艺文志》）

（五二）藏六堂书目一卷　（宋）莆田李氏撰　（《直斋书录解题》卷九）

（五三）石庵藏书目　（宋）蔡瑞撰　（《藏书纪事诗》）

（五四）郑氏书目七卷　（宋）郑寅撰　（《直斋书录解题》卷九）

（五五）梅屋书目　（宋）许棐撰　（《藏书纪事诗》）

（五六）鲁斋清风录十五卷　（宋）王柏撰　（王柏《鲁斋集》卷九）

（五七）书种堂书目　（宋）周密撰　（郑元庆等《吴兴藏书录》）

（五八）志雅堂书目　（宋）周密撰　（同上）

(五九)万卷楼书目一卷 （宋）方作谋撰 （《通志·艺文略》）

(六十)万卷藏书目一卷 （宋）余卫公撰 （同上）

(六一)万卷堂目录二卷 （宋）沈氏撰 （《宋史·艺文志》）

(六二)群书目录二卷 （宋）孙氏撰 （同上）

(六三)紫云楼书目一卷 （同上）

(六四)东湖书自志一卷 （宋）滕强恕撰 （同上）

(六五)求书补阙一卷 （宋）徐士龙撰 （同上）

(六六)求书阙记七卷 （宋）郑樵撰 （同上）

(六七)求书外记十卷 （宋）郑樵撰 （同上）

(六八)图谱有无记二卷 （宋）郑樵撰 （同上）

(六九)群书会记二十六卷 （宋）郑樵撰 （《直斋书录解题》卷九）

(七十)徐州江氏书目二卷 （《宋史·艺文志》）

(七一)夹漈书目一卷 （宋）郑樵撰 （《直斋书录解题》卷九）

(七二)图书志一卷 （宋）郑樵撰 （同上）

(七三)建业文房书目 （宋）赵元考撰 （《藏书纪事诗》）

(七四)叶石林书目 （宋）叶梦得撰 （《遂初堂书目·目录类》）

(七五)鄱阳吴氏书目 （《遂初堂书目·目录类》）

(七六)王钦臣藏书目录 （宋）王钦臣撰

书目今拟。据宋徐度《却扫编》卷下："尝与宋次道（按：即宋敏求）相约传书，互置目录一本，遇所阙，则写寄，故能致多如此。"可见王钦臣备有藏书目录。

(七七)宋敏求藏书目录 （宋）宋敏求撰

书目今拟，出处同上。

(七八)唐宋录目一卷 （《通志·艺文略》）

(七九)十九代史目二卷 （宋）杜镐撰 （《宋史·艺文志》）

(八十)子略 （宋）高似孙撰

《总目》卷八十五云："是书卷首冠以目录，始《汉志》所载，次《隋志》所载，次《唐志》所载，次庾仲容《子钞》、马总《意林》所载，次郑樵《通志·艺文略》所载，皆削其门类而存其书名，略注撰人卷数于下。"

（八一）史略六卷　（宋）高似孙撰

《古逸丛书》中有此书。体例同上。

（八二）经略　（宋）高似孙撰　（《四库全书总目》）

（八三）新修五代史目三卷　（《通志·艺文略》）

（八四）集略　（宋）高似孙撰　（乔好勤《中国目录学史》）

（八五）小史目一卷　（《通志·艺文略》）

（八六）汉书叙例目一卷　（同上）

（八七）史鉴目三卷　（同上）

（八八）经史书目七卷　（同上）

（八九）六阁书籍图画目　（同上）

（九十）教藏随函目录　（宋）慈云撰　（《佛祖统纪》）

（九一）大藏经纲目指要录八卷　（宋）惟白撰　（《昭和法宝》）

（九二）大中祥符法宝录二十卷　（宋）赵安仁等撰　（《佛祖统纪》）

（九三）天圣释教总录三卷　（宋）惟净等撰　（同上）

（九四）景祐新修法宝录二十一卷　（宋）吕夷简等撰　（同上）

（九五）大藏经随函索隐六百六十卷　（宋）文胜撰　（姚名达《中国目录学史》）

（九六）大藏圣教法宝标目　（宋）王古撰　（《昭和法宝》）

（九七）蜀州刻藏经目录　（宋）张从信撰　（《佛祖统纪》）

（九八）道藏目录一卷　（宋）徐铉等撰　（陈国符《道藏源流考》）

（九九）洞元部道经目录　（宋）佚名撰　（郑樵《通志·艺文略》）

（一〇〇）太真部道经目录　（宋）佚名撰　（同上）

（一〇一）洞神部道经目录　（宋）佚名撰　（同上）

（一〇二）三洞四辅部经目录　（宋）王钦若等撰　（《道藏源流考》）

（一〇三）大宋天宫宝藏　（宋）张君房等撰　（同上）

（一〇四）宋万寿道藏经目录十卷　（同上）

　　以上共列书目227种，其中汉代5种，三国1种，晋代18种，南北朝41种，隋代12种，唐代41种，五代5种，宋代104种。宋代是古籍书目最多的一个朝代，约占总数的45.8%，为了更好地说明问题，请看历代（汉至宋）书目种数变化图（图97）：隋代历时37年，五代历时53年，时间短暂，因此图中处于低谷。唐宋两代时间大体相当，唐代历时289年，宋代历时319年。宋代扶摇直上，书目总数比唐代增长2.5倍。这与宋代图书的大量增加有关。为了保管、利用图书，随着图书的大量增加，各种图书目录也会相应增加。宋代图书为什么会大量增加呢？这是唐代发明雕版印刷、图书制作方式发生根本性变革的必然结果。因此，我们可以把宋代书目的大量增加当作唐代发明雕版印刷的一个旁证。

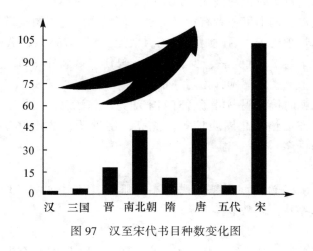

图97　汉至宋代书目种数变化图

三、宋代赐书之多

　　封建时代，帝王为了笼络人心，常有赐书之举。宋代是中国历史上赐书最频繁的朝代。为了便于比较，我们回顾一下宋代之前的赐书情况。

西汉班斿是中国历史上最早接受赐书的人之一，据《汉书·叙传》：

> 斿，以选受诏进读群书，上器其能，赐以秘书之副。

秘书属于国家藏书，把秘书副本全部赐给他，其书数之多，可想而知。后来，班彪亦有赐书，他广招来学，读者甚多。东汉明帝曾经赐书给刘苍、王景等人。刘苍是皇室后裔，封东平王，喜欢读书，明帝"赐苍以秘书列仙图、道术秘方"[1]。王景是东汉初的著名水利专家，永平十二年(69)，在他议修汴河的时候，明帝赐以《山海经》《河渠书》《禹贡图》等有关地理方面的图书[2]。号称"天下无双江夏黄童"的黄香在东汉章帝时也曾被赐《淮南子》《孟子》二书[3]。

晋代接受赐书可考者有司马道子、何无忌等人。司马道子，皇帝后裔，初封琅玡王，后改封会稽王。太元三年(378)，晋武帝赐以秘阁之书八千卷[4]。何无忌，少有大志，曾任广武将军等职，因"见秘阁中书胜俗，悉求赐副，诏与一千卷"[5]。

南北朝时接受赐书可考者有刘宋沈亮、陈江总、北魏李顺、东魏崔敏、北齐杨愔、北周庾信等。沈亮，字道明，清操好学，据《宋书·沈约自序》：

> （亮）为太祖所嘉，赐以车马服玩，又远方贡献绝国勋器，辄班赉焉，又赐书二千卷。

江总，字总持，文学家，历仕梁、陈、隋三朝，陈时官至尚书令，世

---

① 《后汉书》卷四十二。
② 《后汉书》卷七十六。
③ （唐）虞世南：《北堂书钞》卷一〇一。
④ （唐）虞世南：《北堂书钞》卷一〇一。
⑤ （唐）虞世南：《北堂书钞》卷一〇一。

称"江令"。其家藏"赐书数千卷，总昼夜寻读，未尝辍手"①。李顺，字德正，曾任中书侍郎等职，"及剋统万，帝赐诸将珍宝杂物，顺固辞，唯取书数千卷，帝善之"②。崔敏，博学多才，"帝选硕学沙门十人于御对百寮与之谈论，多屈于敏，帝赐敏书五百余卷，他物倍之"③。杨愔，字遵彦，历仕右丞、尚书令等职，自幼颖悟，学识渊博，据《北齐书·本传》：

> （愔）轻财货，重仁义，前后赏赐，积累巨万，散之九族，架箧之中，唯有书数千卷。

庾信，字子山，文学家。他在《庾子山集·小园赋》中说："门有通德，家有赐书。"可见他的赐书是先人留下来的。

唐代接受赐书可考者有李大亮、萧瑀、柳宗元等人。李大亮，唐初人，文武双全，历仕右卫大将军、工部尚书等职。唐太宗曾赐给他荀悦《汉纪》一部，并对他说：

> 卿立志方直，竭节至公，处职当官，每副所委。方人任使，以申重寄。公事之闲，宜寻典籍。然此书叙致既明，论议深博，极为治之体，尽君臣之义，今以赐卿，宜加寻阅也。④

萧瑀，字时文，好佛道，贞观十七年（643），太宗"赐王褒所书《大品般若经》一部，并赐袈裟，以充讲诵之服焉"⑤。柳宗元家有赐书三千卷（详第五章第三节）。此外，唐代帝王还多次赐书给太子、诸王，例如贞观间，魏徵撰《类礼》二十卷，"太宗览而善之，赐物一千段，

---

① 《陈书·江总传》。
② 《北史》卷三十三。
③ 《太平广记·梁四公》。
④ 《旧唐书》卷六十二。
⑤ 《旧唐书》卷六十三。

录数本以赐太子及诸王,仍藏之秘府"①。开元十六年(778)冬天,裴光庭撰《瑶山往则》、《维城前轨》各一卷,"上令赐太子、诸王各一本"②。

由于文献无征,五代赐书之例不得而知。

如果说唐代以前赐书之例屈指可数的话,宋代赐书之例已是不可胜数。宋代个人接受赐书可考者有李符、王宾、孔延世、李维、宋绶、王尧臣、赵叔韶、折继组、师约、司马光、萧燧、史浩、戚方等。

李符,字德昌,历仕宁国军行军司马等职,开宝四年(971)太祖赐以《九经》。

王宾,许州人,历事太祖、太宗近60年,因其佞佛,太宗赐以《大藏经》一部。

孔延世,字茂先,至道三年(997)任曲阜令,袭封文宣公,赐以《九经》。

李维,字仲方,历仕陈州观察使等职,天禧五年(1021)赐《册府元龟》一部。

宋绶(生平详本章第一节),与父宋皋同在馆阁任职。每逢赐书,宋绶父子必得二份,日积月累,赐书渐多,遂以"赐书堂"名室。

王尧臣,字伯庸,应天府人,天圣进士,历仕翰林学士,吏部侍郎等职,天圣五年(1027)赐以《礼记》、《中庸》等书。

赵叔韶,皇室后裔,皇祐初年仁宗赐以《九经》。

折继组,字应之,任普州团练使等职。皇祐间,仁宗赐以《九经》。

师约,字君授,自幼好学,后选为驸马都尉,英宗赐以《九经》。

司马光(生平详本章第一节)。元丰五年(1082)《资治通鉴》未成,"帝尤重之,以为贤于荀悦《汉纪》,数促使终篇,赐以颖邸旧书二千

① 《旧唐书》卷七十一。
② 《旧唐书》卷八。

四百卷"①。

萧燧，字照邻，历仕国子祭酒等职，孝宗每称其全护善类，诚实不欺，手书《二十八将传》以赐。

史浩，南宋初人，历仕高宗、孝宗两朝，于"治第鄞之西湖，建阁奉两朝赐书"②。

戚方，孝宗时任镇江都统。乾道三年（1167）赐以《武经龟鉴》和《孙子》二书。

宋代还常将图书赐与诸王、诸路州府、孔庙、各级学校等，例如：

宋初建隆中，太祖诏河南府建国子监、文宣王庙，赐以《九经》。

太平兴国二年（977），江州知州周述因白鹿洞书院生徒数千无书可读，乞赐经籍，太宗赐以《九经》印本。

太平兴国八年（983），田锡在睦州建立孔庙，太宗赐以《九经》。

淳化元年（990），太宗"赐诸路印本《九经》，令长史与众官共阅之"③。

宋代重视医学，编刊了《太平圣惠方》等一大批医书，《太平圣惠方》集各家医方之大成，影响最大。淳化三年（992），太宗赐"诸道州府《太平圣惠方》各两本，仍本州选医术优长、治疾有效者一人，给牒补充医博士，令专掌之，吏民愿传写者并听"④。

淳化三年（992），诸道贡士 17000 人参加科举考试，为了安抚考生，诏刻《礼记·儒行篇》赐之。

咸平四年（1001），岳麓书院山长李允乞赐经籍，上赐《九经义疏》、《史记》、《玉篇》、《唐韵》等。

景德元年（1004）十一月，赐御史台《九经》、《三史》、《三国志》、《晋书》，从所请也。

---

① 《宋史》卷三三六。
② 《藏书纪事诗》卷一。
③ 《续资治通鉴》卷十五。
④ 《宋大诏令集》卷二一九。

景德四年(1007)九月，真宗赐京城郊县《太平圣惠方》。

大中祥符元年(1008)十一月，赐给曲阜孔庙经史书籍多种。

大中祥符二年(1009)，再次赐给曲阜孔庙经史书籍若干。

为什么宋代统治者如此重视孔庙呢？因为孔子所创立的儒家学说是他们维护封建统治的精神支柱，汉武帝之后的封建帝王无不尊孔，宋真宗谥封孔子为"至圣文宣王"。

大中祥符八年(1015)，宋真宗召见岳麓书院山长周式，又赐书多种。

天禧元年(1017)二月，赐宗正寺经史各一本，以备修撰玉牒。

天禧三年(1019)，赐皇太子《六艺箴》一卷、《承华要略》十卷、《授时要录》十二卷等。

天禧四年(1020)十月，赐天下宫观《祥符降圣记》各一本。

景祐元年(1034)，仁宗批准京兆府建立府学，赐以《九经》，并拨给学田五顷。

庆历四年(1044)正月，赐顺德军《太平圣惠方》及诸医书各一部。

元祐七年(1092)七月十八日，赐与西京、南京等地《资治通鉴》各一部。

宣和三年(1121)八月十日，礼制局言被旨雕印御笔手诏共五百本，诏赐宰臣、执政侍从、在京执事官、外路监司守臣各一本。

宋代颁历甚多，有关臣僚每年均可得到赐历一本。据记载：

> 徽宗政和八年(1117)戊戌岁，运历数内有更改去处，即与太史局所赐万年历印本不相妨，各遵守其所赐历日。①

另据王应麟《玉海·艺文·赐书》，宋代赐书还有：

咸平元年(998)七月，赐诸王、辅臣新印三史各一本。

---

① (清)徐松：《宋会要辑稿·礼六十二》。

咸平四年（1001）六月，赐郡县学校《九经》各一部。

咸平五年（1002）四月，赐直秘阁黄夷简等新印《三国志》等。

景德元年（1004）七月，赐诸王、宗室、近臣新印《周礼》等。

景德二年（1005），赐殿前都指挥使高琼《九经书疏》、诸史各一部；赐近臣、亲王新印《周礼》、《仪礼》等。

景德三年（1006）八月，赐右谏议种放《九经》、《三史》等。

景德四年（1007）七月，赐交趾《九经》。

祥符元年（1008）六月，赐辅臣《南华真经》刻本各一部。

祥符五年（1012）四月，赐亲王、辅臣《冲虚至德真经》新印刻本各一部。

祥符六年（1013）十一月，赐御史台《九经》、《三史》、《三国志》、《晋书》等。

祥符七年（1014）正月，赐国子监新印《孟子》及《音义》于辅臣。

祥符八年（1015）正月，赐监本书给昭应宫；二月又赐《圣制文集》。

天圣五年（1027）四月，赐王尧臣等《中庸》各一部。

天圣九年（1031）二月，赐青州州学《九经》。

明道元年（1032）七月，赐寿州州学《九经》。

明道二年（1033）五月，赐大名府学《九经》。

景祐二年（1035）四月，赐楚州州学《九经》。

景祐四年（1037）二月，赐御史台《册府元龟》、《天下图经》各一部。

治平三年（1066）五月，赐以《七史》给二府。

元祐七年（1092）七月，赐西京、南京并诸州安抚钤辖司《资治通鉴》各一部。

绍兴十四年（1144）七月，赐诸州《御书孝经》。

淳熙三年（1176）十一月，赐皇太子《资治通鉴纪事本末》。

宋代对于各级官府的赐书数量相当多，除了上举事实之外，宋罗浚《宝庆四明志》卷二详细记载了赐书数量，弥足珍贵，兹迻录于下：

经一百一十五部计五百八十一册

史七十九部一千三百四十二册

子一十五部四十五册

文集一百七十一部计一千二百五十册

杂书九十五部计七百二十八册

御书临帖五册

宸翰诏书一轴

右皇子魏王判州，藏书四千九十二册，一十五轴，淳熙七年有旨就赐明州，于是守臣范成大奉藏于九经堂之西偏，继又恐典司弗虔，乃奉藏于御书阁，列为十厨。嘉定十七年校官臣徐介点检，略有散失，其所存者如此。

可见赐书品种之全、数量之多。

　　和前代赐书相比，宋代赐书有三大特点：(一)范围广。前代赐书多面向个人，而宋代赐书扩而大之，延及诸路、州、县、孔庙、学校等。(二)数量多。宋代全国有 200 余州，若以明州赐书之例推而广之，全国各州则共有赐书 14 万多种、100 万册左右(含复本)。如果再加上其他单位所得赐书，其数量之大，更是可想而知了。(三)赐书内容以《九经》为主。《九经》是封建统治者的治国之宝，宋代皇帝动辄赐以《九经》，其赐书目的昭然若揭。为什么宋代赐书会有如此巨大的发展呢？除了宋代重视文治之外，也与唐代雕版印刷的发明分不开。没有雕版印刷，就不可能有那么多复本，赐书就缺乏物质基础。唐代雕版印刷刚刚发明，印刷活动十分有限，只能刻印一些佛经和民间用书。到了宋代，雕版印刷日渐发展，官方积极采用这种制作图书的最新技术。国子监刻印的大量图书，为赐书提供了坚实的物质基础。因此，我们可以把宋代赐书的大量增加当作唐代发明雕版印刷的旁证。

四、宋代书业贸易之发达

宋代书业贸易有了长足的发展。

宋代官方的书业贸易

宋代官方大规模地参与书业贸易活动，据《宋史·职官五》：

> （国子监书库官）掌印经史群书，以备朝廷宣索赐予之用，及出鬻而收其直以上于官。

国子监是国家的最高教育机关和最高学府，"出鬻"图书是国子监的一大职能。国子监一边刻书，一边卖书，既有裨于文治，又增加了国库收入，一举两得。由于监本数量多，质量好，很快就占领了全国的图书市场。藏书之家大量购置监本，例如：

潞州张仲宾家产巨万，重视智力投资，不惜重金，"尽买国子监书"，自办学校，子孙大多成才。①

眉山孙氏"市监书万卷"，成为著名藏书家。②

沈思之子沈偕擢第后，"尽买国子监书以归"。③

阳孝本把"市监书"作为自己告老还乡的唯一要求。④

温革"愿纳家资尽市国子监书"。⑤

赵明诚、李清照夫妇藏有大量监本。靖康之乱，慌忙出走，"先去书之重大印本者，又去画之多幅者，又去古器之无款识者，后又去

---

① （宋）邵伯温：《河南邵氏闻见录》卷十六。
② （宋）魏了翁：《鹤山集·眉山孙氏书楼记》。
③ （宋）周密：《齐东野语》卷十一。
④ （宋）王象之：《舆地纪胜》卷三十二。
⑤ （宋）王象之：《舆地纪胜》卷三。

书之监本者"①，最后迫不得已，才去其监本，可见他们对监本的重视。

　　宋代地方官刻以公使库为著。公使库是专供公使厨传的机构，由于公使钱数量有限，远远不够公使挥霍，于是国家也允许公使库自找财源补偿。卖书就是其广开财源的一个手段。根据有关资料，可知宋代参与书市贸易的公使库有苏州公使库、吉州公使库、沅州公使库、舒州公使库、台州公使库、信州公使库、泉州公使库、两浙东路茶盐司公使库、婺州公使库、抚州公使库、明州公使库、扬州公使库等。公使库所卖各书都是自己刻印的。苏州公使库因售卖《杜工部集》而发了横财，据清王士禛《居易录》卷七：

　　　　宋王琪守州，假库钱数千缗，大修设厅，既成，漕司不肯破除，琪家有杜集善本，即俾公使库镂板，印万本，每部直千钱，士人争买之。既赏省库，羡余以给公厨，此又大裨帑费，不但文雅也。

宋代书业贸易的地区

　　宋代民间书市贸易遍布浙江、福建、四川、江西、湖北、湖南、江苏、安徽、河南、山西、广东等十多个地区。我国古代是刻书、发行一体化。刻书者本身就是发行者，哪里刻书，哪里就有图书市场。兹将宋代全国书市贸易分布地区列表如下：②

----

① 　(宋)李清照：《金石录后序》。
② 　此表据《郡斋读书志》、《遂初堂书目》、《直斋书录解题》等编制。表中省份系今日区划，非宋时之旧。

地 区		售 书 举 例
浙 江	绍兴	明镜图诀、稽古录、苏州图经
	永嘉	莫氏方、颜鲁公集、周易疑难图解
	杭州	中兴百官题名、资治通鉴、东坡别集
	处州	晦庵语类
	吴兴	五代史纂误、中兴登科小录
	台州	独断、荀子
	新城	甲乙集
	宁波	后山集、清真集、彭城先生集
	严陵	潘道遥集、二程遗书
	嘉兴	重校添注柳文、金陀粹编
	湖州	大宋登科记、安陆集
	金华	周易程氏传、嘉祐新集
	衢州	朱子章句集注、论语、孟子、郡斋读书志
	温州	白石诗传、家礼附注、永嘉守御录
	严州	南史、剑南续稿、欧公本末
	括苍	西溪集、长兴集、山谷编年诗集
	桐江	丙子学易编
	余姚	资治通鉴
	嵊县	新雕重校战国策、剡录
	象山	汉隽
	东阳	初学记
福 建	临漳	周易、春秋左传、尚书、诗经、论语
	建安	诗集传、周易玩辞、晦庵先生文集
	建宁	本朝大诏令、法言注、河南程氏文集
	同安	同安志、楚辞辩证
	兴化	西铭集解、蔡忠惠公集
	麻沙	吟窗杂录、东坡别集、慎子等
	莆田	山谷集、荔枝谱、后村居士集
	泉州	通鉴纲目、蔡忠惠公集、司马文正公传家集
	福唐	后汉书注
	福州	真文忠公读书记、礼记正义、仪礼经传集解
	汀州	九章算术、周髀算经、孙子算经
	临汀	嵩山集
	邵武	梁溪先生文集、高峰文集
	永泰	宋宰辅编年录
	长乐	寇忠愍公诗集、皇朝编年备要
	仙游	三山志
	武夷	新编近时十便良方
	闽川	诸儒鸣道集
	南平	唐史论断、朱文公校昌黎先生文集
	建溪	史记
	闽山	春秋经传集解

续表

地 区		售 书 举 例
四川	忠州	白集年谱
	汉嘉	咸平集
	眉山	后山诗注、东都事略、三国志注、孟东野文集
	成都	建炎以来朝野杂记、华阳国志、续稽古录
	夔州	通鉴纲目
	潼川	经史证类备急本草
	广都	资治通鉴
	泸州	通典
	涪州	易学启蒙、张子西铭、周子太极通书
	剑州	唐史论断
江西	章贡	元城语录、道护录、楚辞集注
	南康	卫生家宝产科备要、陶渊明集
	萍乡	濂溪先生大全集、春秋繁露
	豫章	语孟集义
	九江	元次山集、晦庵语录、剑南诗稿
	南安	韩昌黎集、柳先生集
	建昌	宏辞总类、刘随州集、元丰类稿
	吉州	东坡别集、周益公集、通鉴纲目、前汉书
	临川	后山集、欧阳修撰集、春秋集注、临川集
	临江	朱文公校正昌黎先生集、清江三孔集
	永丰	灵溪集
	白鹿洞书院	中庸章句、大学章句、论语集注
	信州	稼轩词
	宜春	春秋分记
	饶州	叠山集、昌黎先生文集、书集传
	抚州	礼记注、唐百家诗选、周易
	鄱阳	范文正集
	赣州	文选、古灵先生集、埤雅
	筠阳	栾城集、宝晋山林集拾遗
	高安	帝学
	袁州	郡斋读书志、小字本汉书
	新余	增广太平惠民和剂局方

续表

地 区		售 书 举 例
湖北	武昌	东观汉记
	鄂州	礼书、鄂州小集
	黄州	黄州图经
	江陵	项氏家注、建康实录
	襄阳	襄阳志、襄阳耆旧记
	罗田	离骚草木疏、两汉刊误补遗
	蕲春	华氏中藏经、震泽记善录
	崇阳	乖崖集
	复州	竹隐畸士集
	巴东	巴东集
	兴国	杜诗辨证、春秋经传集解
	均州	栾城集
湖南	衡州	衡州图经、周礼总义、读史管见
	道州	程氏遗书、忠愍公集
	岳麓书院	论语集注、孟子集注、大学章句
	长沙	稽古录、新书、二程文集、百家词
	浏阳	论语直解
	岳阳	孟子解、岳阳甲志、岳阳风土记
	常德	汉书注
	永州	柳柳州集
	沅州	续世说、沅州图经
	武冈	武冈军志、温国文正司马公文集
	邵阳	庆湖遗老诗集、邵阳图志
	湘阴	楚辞集注、湘阴图志
	茶陵	淮南鸿烈解、茶陵图经
江苏	京口	孝经、李卫公备全集
	江阴	附索隐史记
	金陵	四家礼范
	苏州	吴郡志、苏州图经、白氏长庆集
	扬州	春秋左氏章指、梦溪笔谈
	常州	古文苑

续表

地　区		售 书 举 例
安 徽	当涂	正易心法、苏氏演义
	广德	春秋经、二十四箴
	新安	忘筌书
	寿春	金刚经
	安庆	信斋百中经
	无为	宝晋集
	池州	晦庵先生语录
	宣州	谢宣城集
河 南	黎阳	释书品次录
	汴梁	孟郊诗集、释书品次录、春秋繁露
	光州	传家集
山 西	绛州	佛说北斗七星经
	太原	晋阳事迹杂记
	解州	政和经史证类备用本草
	汾阳	十便良方
	河津	中说
广 东	广州	杜工部诗集注
	潮州	校定韩昌黎集、通鉴总类、潮州图经
	惠州	眉山唐先生文集

以上所列，可能挂一漏万。不难看出，宋代书肆几遍及全国(图98)。比较而言，汴京、浙江、福建、四川、江西等地是宋代书业贸易的中心地区。

汴京(今开封)为北宋都城，是全国政治、经济、文化的中心，相国寺东门大街书商云集，史书记载甚多，兹摘录于下：

> 殿后资圣门前，皆书籍、玩好、图画……寺东门大街皆是幞

图98　宋代书肆(据张择端《清明上河图》)

头腰带、书籍冠朵铺席。

　　　　　　——(宋)孟元老：《东京梦华录》卷三

　　予在开封时，长子渝游相国寺，得唐漳州刺史《张登文集》一册六卷。

　　　　　　——(宋)王得臣：《麈史》卷中

　　乡人上官极，累举不第，年及五十方得解，题省试，游相国寺，买诗一册。

　　　　　　——(宋)吴处厚：《青箱杂记》卷三

　　魏泰道辅强记(汉宫香方)，面疏以示洪炎玉父，意其实古语，其后于相国庭寺庭中买得古页子书杂抄，有此法，改正十字。

　　　　　　——(宋)张邦基：《墨庄漫录》卷二

461

　　黄鲁直(即黄庭坚)于相国寺得宋子京(即宋祁)《唐史稿》一册，归而熟观之，自是文章日进。

——(宋)朱弁:《曲洧旧闻》卷四

　　余家藏《春秋繁露》，中缺两纸，比从藏书家借对，缺纸皆然，即馆阁订本，亦复尔尔……后从相国寺资圣门，买得抄本，两纸俱全，此时欢喜，如得重宝，架橐似为生气。

——佚名《枫窗小牍》卷下

　　赵李族寒，素贫俭。每朔望谒告出，质衣取半千钱，步入相国寺，市碑文、果实归，相对展玩咀嚼，自谓葛天氏之民也。

——(宋)李清照:《金石录后序》

　　真宗尝问杨大年见《比红儿诗》否？大年失对，每语子孙为恨。后诸孙有得于相国寺庭杂卖故书中者。

——(宋)邵伯温:《河南邵氏闻见后录》卷十七

据上引资料，可知相国寺书市的图书内容相当丰富，各类图书应有尽有，是文人学士购求图书的最佳去处。可惜可考的汴京书铺仅有穆修、荣六郎两家。据宋魏泰《东轩笔录》卷三记载，北宋文学家穆修曾在这里设肆卖书:

　　(穆修)晚年得《柳宗元集》，募工镂板，印数百帙，携入京相国寺设肆鬻之。有儒生数辈至其肆，未详价值，先展揭披阅，修就手夺取，瞋目谓曰:"汝辈能读一篇不失句读，吾当以一部赠汝。"其忤物如此，自是经年不售一部。

书商荣六郎在大相国寺开过书铺，刻印《抱朴子》等书售卖。赵宋南渡后，他随之到了临安，继续刻书、卖书。他在绍兴二十二年(1152)所刻《抱朴子》的牌记中说:

旧日东京大相国寺荣六郎家，见寄居临安府中瓦南街东开印输经史书籍铺，今将京师旧本《抱朴子》内篇校正刊行，的无一字差讹，请四方收书好事君子幸赐藻鉴，绍兴壬申岁六月旦日（图99）。

图99　宋代书商荣六郎刻书牌记

汴京书肆为了牟利，经常刻印边机文字售卖，官方屡禁不止。

赵宋南渡后，建都临安（今杭州），文化中心随之南迁，浙江书市贸易日趋活跃。临安、绍兴、宁波、婺州、衢州、严州、湖州、平江（苏州）等地都有不少书铺。可考的临安书铺有杭州大隐坊、临安府太庙前尹家书籍铺、杭州钱塘郭宅、临安府棚北大街睦亲坊南陈宅书籍铺、临安府鞭鼓桥南河西岸陈宅书籍铺、临安府洪桥子南河西岸陈宅书籍铺、钱塘王叔边、钱塘李氏书铺、临安赵宅书籍铺、临安俞宅书塾、杭州猫儿桥河东岸开笺纸马铺钟家、临安棚前南街西经坊王念三郎家、临安府众安桥南贾官人经籍铺、杭州积善坊王二郎、杭州沈二郎经坊、临安府中瓦南街东开印输经史书籍铺荣六郎家、临安橘园亭文籍书房、临安府修文坊相对王八郎家经铺、钱塘门里车桥大街郭宅经铺、临安保佑坊前张官人诸史子文籍铺、太学前陆家、临安孟淇等。书商出卖各书均由自己刻印,出版发行一体化。书商既刻书又卖书,信息灵通,市场行情了如指掌。以上书铺之中,以棚北大街睦亲坊南陈宅书籍铺最为著名。主人陈起(亦名陈彦才),字宗之,号芸居,生卒年不详,但据有关文献,可推知其生于孝宗淳熙十四年(1187)左右,死于理宗宝祐五年(1257)左右。陈起卖书的形式多种多样:读者可以邮购,例如他曾多次给许棐寄书,许棐因有《陈宗之叠寄书籍小诗为谢》之诗①;读者手中没有现钱,还可以采用记账的形式,等到有钱时再还,黄简因有"赊书不问金"的诗句②;陈起还经常推着图书车走街串巷,流动售书,送书上门,叶绍翁因有"随车尚有书千卷,拟向君家卖却归"的诗句③;对于好友或经济拮据的读者,陈起常常毫不吝惜地把书借给人家,时人因有"成卷好诗借人看""时容借检寻"等诗句④。由于陈起能为读者着想,因此他和读者的关系非常融洽,读者把陈起当作自己的知心朋友,其书坊简直成了广大读者的学术活动中心。据记载,刘克庄、郑斯立、黄佑甫、杜耒、周文璞、黄简、许棐、俞桂、徐从善、周端臣、朱继芳、黄文雷、危稹、吴文英等数十人都是陈起书坊的常客。陈起去世的时候,广大读者悲痛不已,纷纷写诗寄托哀思。除了陈起等20余家书铺之外,其他书铺已不可考了。据《宋史·吕祖谦传》:

　　书肆有书曰《圣宋文海》,孝宗命临安府校正刊行,学士周必大言《文海》去取差谬,恐难传后,盍委馆职铨释,以成一代之书,孝宗以命祖谦。

---

① 《书林清话·南宋临安府陈氏刻书》。
② 《书林清话·南宋临安府陈氏刻书》。
③ 《书林清话·南宋临安府陈氏刻书》。
④ 《书林清话·南宋临安府陈氏刻书》。

书肆主人是谁，已不可考。浙江婺州的可考书坊有婺州市门巷唐宅、金华双桂堂、婺州义乌青口吴宅桂堂、婺州义乌酥溪蒋宅崇知斋、婺州东阳胡仓王宅桂堂、婺州永康清渭陈宅等。绍兴、宁波等地的书坊已无从查考了。

福建书商分布在建阳、福州、邵武、武夷、泉州、莆田等地，其中以建阳为盛，建阳麻沙号称"图书之府"，因为古代建阳隶属建宁府建安郡管辖，故麻沙书商每称"建宁"或"建安"。建阳书坊可考者有建宁府黄三八郎书铺、建宁蔡琪、建宁陈八郎书铺、建安江仲达、建邑王氏世翰堂、建安余唐卿、建安余彦国、建安余仁仲、余靖安、余慕礼、建安刘叔刚、建安刘日新、麻沙刘仕隆、建安刘元起、蔡子文、麻沙刘仲吉、麻沙刘仲立、麻沙刘将仕、麻沙刘通判、建安虞氏家塾、麻沙虞叔异、麻沙虞千里、建安魏仲立、建安魏仲举、建安魏仲卿、黄善夫、建安黄及甫、建安陈彦甫、蔡梦弼、建安王懋甫、建安王朋甫、建安唐氏、建安庆有书堂、建安万卷堂、建阳龙山堂、建安余腾夫、建安刘学礼、建安蔡建侯、建安谢维新、建阳宋咸、建宁李大异等。麻沙书坊常常利用广告式牌记推销图书，如麻沙镇水南刘仲吉刻印的《类编增广黄先生大全文集》牌记云："麻沙镇水南刘仲吉宅近求到《类编增广黄先生大全文集》，计五十卷。比之先印行者增三分之一。不欲私藏，庸镵木以广其传，幸学士详览焉。乾道端午识。"余仁仲、余慕礼、余唐卿、余腾夫、余彦国为书商世家。余仁仲是南宋中期人，肆名万卷堂，万卷堂刻印、销售图书最多，计有《尚书精义》《春秋公羊经传解诂》《事物记原》《礼记注》《周礼注》《尚书注疏》《陆氏易解》《尚书全解》《王状元集注分类东坡先生诗》等。福建其他地方可考的书坊有三山杨复、三山黄庚、泉州韩仲通、泉州中和堂、武夷安乐堂、闽川黄壮猷、邵武俞翊、武夷詹光祖、闽山阮仲猷种德堂等。著名学者朱熹也曾在福建刻书、卖书，其友张栻"颇以刊书为不然"，要他另求谋生之道，朱熹认为"别营生计顾恐益猥下耳"①。可见朱熹把卖书当作高尚的谋生之道。他把图书质量放在

---

① （宋）朱熹：《朱文公文集·别集》。

首位，从不唯利是图，他对"只要卖钱"的书商十分反感，他说：

> 今人得书不读，只要卖钱，是何见识。苦恼杀人，奈何奈何！①

有些书坊甚至不择手段，盗印他人著作，麻沙书坊盗印吕祖俭(吕祖谦之弟)的著作，将其弄得面目全非，朱熹说：

> 麻沙所刻吕兄文字，真伪相半，书坊嗜利非闲人所能禁，在位者恬然不可告语，但能为之太息而已！②

这说明当时福建图书市场相当混乱。福建图书的发行范围非常之广，朱熹曾说："建阳板书籍，行四方者无远不至。"③

四川书商分布在成都、眉山、广都、涪州等地。可考的书铺有眉山万卷堂、眉山程舍人宅、西蜀崔氏书肆、眉山书隐斋、成都辛氏、成都俞家、眉山秀岩山堂、广都费氏进修堂、涪州性善家塾、眉山文中等。书商多了，竞争不可避免，广告大战因此而产生。书商在广告式的刻书牌记中，或自我吹嘘，或贬低对方，或申明版权，大有"舍我其谁"的味道。宋四川刻本《太平御览》牌记云：

> 此集川蜀原未刊行，东南唯建宁所刊壹本，然其间舛误甚多，非特句读脱落、字画讹谬，而意又往往有不通贯者，因以别本参考，并从经史及其它传记校正，凡三万字有奇，虽未能尽革其误，而所改正十已八九，庶便于观览焉。

这个牌记显然是在贬低别人，抬高自己，以便击败对方，独霸市场。

江西可考书坊有吉州周少傅、临江新喻吾氏等。广东潮州书商也

---

① (宋)朱熹：《朱文公文集·答廖子晦》。
② (宋)朱熹：《朱文公文集·答沈叔晦》。
③ (宋)朱熹：《朱文公文集·建宁府建阳县学藏书记》。

比较多。湖南书市分布在长沙、道州、邵阳、茶陵等地，长沙书坊自刻自卖《百家词》，据《直斋书录解题》卷二十一：

> 自南唐二主词而下，皆长沙书坊所刻，号《百家词》。其前数十家皆名公之作，其末亦多有滥吹者。市人射利，欲富其部帙，不暇择也。

湖北书市集中在鄂州、江陵、黄州等地。据宋洪迈《夷坚志》卷三十三：

> 黄州黄冈县阳逻镇僧寺之侧有市民宁文以灌园为生。绍熙五年六月妻产一子，名之曰婆儿。甫二岁，庆元二年四月二十二日晡时天地晦冥，雷电暴作，儿在门首，忽失所在，移时开霁，得之于果棚下，伏卧不动，有朱书七字在其背曰："天下太平庆元年"。字阔两寸，分作两行，唯"太"字颇暗，观者拊摩，隐隐然隆起，凡半月余，始没而不见，儿如常。监镇务官告郡，书坊图其事，刻版鬻之。

这个故事情节荒诞无稽，并不可信，但黄州有专事雕版印刷的书坊却是一个事实。江苏书市集中在金陵等地，安徽书市集中在徽州、池州等地。

宋代的书价

宋代书价比较便宜，监本书价基本和工本费相当。天禧元年（1017）有人建议提高监本书价，宋真宗回答说："此固非为利，正欲文籍流布耳"，没有答应①。哲宗元祐初，监本曾一度提高书价，陈师道上书说：

---

① （清）毕沅：《续资治通鉴》卷三十三。

伏见国子监所卖书，向用越纸而价小，今用襄纸而价高。纸既不迨，而价增于旧，甚非圣朝章明古训以教后学之意。臣愚欲乞计工纸之费以为之价，务广其传，不亦求利，亦圣教之一助……诸州学所买监书系用官钱买充官物，价之高下，何所损益。而外学常苦无钱，而书价贵，以是在所不能有国子之书，而学者闻见亦寡，今乞止计工纸，别为之价，所冀学者益广见闻以称朝廷教养之意。①

皇帝采纳了陈师道的建议，恢复了只收工本费的书价制度。元祐三年（1088），官方下令刊刻医书小字本，以降低成本，便民购买。《仲景全书四种》有元祐三年牒文云：

中书省勘会：下项医书册数重大，纸墨价高，民间难以买置。八月一日奉圣旨：令国子监别作小字雕印，内有浙路小字本者，令所属官司校对，别无差错，即摹印雕板，并候了日，广行印造，只收官纸工墨本价，许民间请买。奉敕如右，牒到奉行。

绍圣元年（1094）六月二十五日，哲宗再次指示国子监刊印小字医书，便民购买。监本以外的其他图书的价格也比较便宜，据陆游《渭南文集》卷二十六：

佣书人韩文持束纸支头而睡，偶取视之，《刘随州集》也，乃以百钱易之，手加装褫。绍兴二十五年正月八日陆某记。

《刘随州集》共十一卷，陆游以百钱购得，则每卷之价平均不到十钱。宋象山县学刻本《汉隽》有题记云：

象山县学《汉隽》每部二册，见卖钱六百文足，印造用纸一百六

---

① 《后山集·论国子卖书状》。

　　十幅，碧纸二幅，赁板钱一百文足，工墨装背钱一百六十文足。

宋代读者购书有两种方式：一是购买成书，二是自备纸张到藏版处刷印。"六百文足"就是购买成书的价钱。《汉隽》全书凡十卷，一部六百文足，则每卷六十文足。如果自备纸张到藏版地点刷印，只需付赁板钱一百文足和工墨装背钱一百六十文足，两项合计二百六十文足，则每卷仅用二十六文足。据宋舒州刻本《大易粹言》题识：

　　　　今具《大易粹言》一部，计二十册，合用纸数印造工墨钱下
　　项：纸副耗共一千三百张，装背饶青纸三十张，背清白纸三十
　　张，棕墨糊药印背匠工等钱共一贯五百文足，赁板钱一贯二百文
　　足。库本印造，见成出卖，每部价钱八贯文足，右具如前。淳熙
　　三年正月日。

《大易粹言》凡十卷，成书每部八贯文足，则每卷八百文足。表面看来，此书之价偏高，实则不然。此书共 20 册，用纸 1360 张，平均每卷 136 张，而《汉隽》仅二册，用纸 162 张，平均每卷用纸 16 张多，这样，连纸张、墨糊、装订等费用一并计算，就不算高了。总而言之，宋代书价是便宜的。

　　综上所述，可知宋代书业贸易有三大特点：第一，官方积极参与书市贸易活动，中央以国子监为代表，地方以公使库为代表。第二，书市贸易分布地区辽阔，遍及十多个省区，史无前例。第三，书价便宜，便民购买。为什么宋代书业贸易会有如此巨大的发展呢？这与唐代发明雕版印刷有着千丝万缕的联系，它是唐代发明雕版印刷的旁证。书市贸易和雕版印刷之间也是互为因果的关系：在雕版印刷发明之前，图书数量较少，供不应求，严重制约了图书市场，"买书难"的矛盾越来越尖锐，从而促进了雕版印刷的发明。这个时候，图书市场是"因"，发明雕版印刷是"果"。在雕版印刷发明之后，图书数量大大增加，图书市场日趋繁荣，"买书难"的矛盾基本得到缓和，这个时候，发明雕版印刷是"因"，图书市场繁荣是"果"。

五、宋代佚书之少

和唐代以前各朝相比，宋代图书亡佚数量骤减，这也是一个值得深思的问题。

古书亡佚，能否失而复得？不能一概而论。大多数图书，既经亡佚，就一去不复返了；少数图书完全可以失而复得。失而复得的途径有两个：一是随着地下文物的发掘，个别佚书可能重见天日，例如孙膑撰《齐孙子》，汉代以后历代书目均不见著录，世人以为亡佚久矣。然而，1973 年山东临沂银雀山汉墓中出土 4400 多枚竹简，失传近 2000 年的《齐孙子》竟在其中，今后还可能出现类似情况。另外一条途径就是辑佚。所谓"辑佚"就是把亡佚之书从征引浩博的群书中重新辑出来，还其本来面目。当然，"还其本来面目"只是我们的主观愿望，实际并非易事，只能说接近其本来面目。前人在辑佚方面做了大量的工作，清代出现了大量辑佚丛书，我们或许可从辑佚丛书中了解历代佚书的大概情况。兹以马国翰等《玉函山房辑佚书》为例加以说明。该书共收佚书 593 种。这些书的原书都是佚书。在这 593 种佚书中间，有 539 种图书的著者时代可考，其中先秦 42 种，占 7.8%；汉代 139 种，占 25.8%；三国 111 种，占 20.6%；晋代 119 种，占 22.1%；南北朝 89 种，占 16.5%；隋代 14 种，占 2.6%；唐代 24 种，占 4.5%；宋代仅有 1 种，占 0.2%。除了《玉函山房辑佚书》之外，上海图书馆编《中国丛书综录》辑佚类还收其他辑佚书 10 余种，其中《经典集林》辑先秦两汉佚书 30 种，《萧山王氏十万卷楼辑佚七种》辑先秦两汉佚书 7 种，《汉魏佚书抄》辑汉魏六朝佚书 105 种，《二酉堂遗书》辑汉魏六朝佚书 21 种，《十种古逸书》辑汉至唐代辑书 10 种，《玉函山房辑佚书续编》辑先秦至隋唐佚书 137 种，《经籍佚文》辑秦至隋唐佚文 176 种，《黄氏逸书考》辑先秦至隋唐佚书 285 种，《㲉淡庐丛稿》辑南北朝以前佚书 19 种，《辑佚丛刊》辑南北朝以前佚书 10 种。通过辑佚丛书的计量分析，大体可以得出如下结论：古代图书亡佚，约分三个阶段，先秦到两晋为第一阶段，佚书最多；南北朝至隋唐为第二阶段，佚书次之；宋代以后佚书最少。为了更进一步说明问题，下面我们据书目著录分析一下唐代以前图书的存佚情况。

先秦两汉图书的亡佚

《汉书·艺文志》(简称《汉志》)著录先秦两汉图书的亡佚情况如何?

《汉志》共著录图书 600 家、13283 卷,存(残)书 85 家、5046 卷,存书家数仅占总数的 14.2%,存书卷数仅占总数的 38%。佚书有多少呢?请看下表:①

略	类	总计		存(残)		佚			
		家	卷(篇)	家	卷(篇)	家	百分比	卷(篇)	百分比
六艺略	易	13	294	3	208	10	76.9	86	29.3
	书	9	422	1	41	8	88.9	381	90.3
	诗	6	415	3	65	3	50	350	84.3
	礼	13	554	6	132	7	53.8	422	76.2
	乐	6	165	1	153	5	83.3	12	7.3
	春秋	23	901	7	890	16	69.6	11	1.8
	论语	12	230	2	27	10	83.3	203	88.1
	孝经	11	56	4	23	7	63.6	33	58.9
	小学	10	45	2	14	8	80	31	68.9
诸子略	儒家	52	847	10	774	42	80.8	73	8.6
	道家	37	1038	7	1024	30	81.1	14	1.3
	阴阳家	21	368			21	100	368	100
	法家	10	217	3	175	7	70	42	19.1
	名家	7	36	3	28	4	57.1	8	22.2
	墨家	6	86	1	77	5	83.3	9	10.5
	纵横家	12	107	1	88	11	91.7	19	17.8
	杂家	20	393	3	377	17	85	16	4.1
	农家	9	114			9	100	114	100
	小说家	15	1390			15	100	1390	100

① 此表数字据顾实《汉书艺文志讲疏》。

续表

略	类	总计 家	总计 卷(篇)	存(残) 家	存(残) 卷(篇)	佚 家	佚 百分比	佚 卷(篇)	佚 百分比
诗赋略	屈原赋	20	361	13	144	7	35	217	60.1
	陆贾赋	21	275	2	268	19	90.5	7	2.5
	荀卿赋	25	136	1	10	24	96	126	92.6
	杂赋	12	233			12	100	233	100
	歌诗	28	316	6	295	22	78.6	21	6.6
兵书略	兵权谋	13	285(含图13)	3	171	10	76.9	114	40
	兵形势	11	123(含图21)	1	31	10	90.9	92	74.8
	兵阴阳	16	237(含图10)			16	100	237	100
	兵技巧	16	210(含图3)			16	100	210	100
数术略	天文	22	419			22	100	419	100
	历谱	18	566			18	100	566	100
	五行	31	653			31	100	653	100
	蓍龟	15	485			15	100	485	100
	杂占	18	312			18	100	312	100
	形法	6	122	1	13	5	83.3	109	89.3
方技略	医经	7	175	1	18	6	85.7	157	89.7
	经方	11	305			11	100	305	100
	房中	8	191			8	100	201	100
	神仙	10	201			10	100	201	100
总计		600	13283(含图48)	85	5046	515	85.8	8237	62

由此可知，佚书总数为 515 家、8237 卷，佚书种数占《汉志》著录总数的 85.8%，佚书卷数占《汉志》著录总数的 62%。其中有 14 类图书全部亡佚，它们是：诸子略的阴阳家 21 家 368 卷，农家 9 家 114 卷，小说家 15 家 1390 卷，诗赋略的杂赋 12 家 233 卷，兵书略的兵阴阳 16 家 237 卷，兵技巧 16 家 210 卷，数术略的天文 22 家 419 卷，历谱 18 家 566 卷，五行 31 家 653 卷，蓍龟 15 家 485 卷，杂占 18 家 312 卷，方技略的经方 11 家 305 卷，房中 8 家 191 卷，神仙 10 家 201 卷。

魏晋至隋唐的图书亡佚

西晋图书的亡佚情况可查阮孝绪《古今书最》：

> 晋《中经簿》四部书一千八百八十五部，二万九百三十五卷。其中十六卷佛经书簿少二卷，不详所载多少，一千一百一十九部亡，七百六十六部存。

这里的存佚部数均不包括复本在内。由此可见，西晋图书到了萧梁，已经亡佚过半，存书占著录总数的 41%，佚书占著录总数的 59%。

东晋图书的存佚情况可查《隋书·经籍志·总叙》：

> 东晋之初，渐更鸠聚。著作郎李充，以勖旧簿校之，其见存者，但有三千一十四卷。

可见西晋图书到了东晋，亡佚惨重，存书仅占西晋图书总数的 14% 左右，其余 86%的图书不知去向。

从南北朝到隋代，金戈铁马，战火纷飞，图书亡佚惨重。兹将《隋书·经籍志》（简称《隋志》）中各类图书存佚情况列表如下：①

---

① 此表数据出自姚振宗《隋书经籍志考证》。

部	类	各类总数		存		佚			
		部	卷	部	卷	部	百分比	卷	百分比
经部	易	105	829	70	551	35	33.3	278	33.5
	书	40	296	32	247	8	20	49	16.6
	诗	71	683	40	442	31	43.7	241	35.3
	礼	208	2168	137	1622	71	34.1	564	25.8
	乐	47	263	44	142	3	6.4	121	46
	春秋	136	1192	104	983	32	23.5	209	17.5
	孝经	60	114	20	63	40	66.7	51	44.7
	论语	123	1027	74	781	54	25.4	346	33.7
	谶纬	32	232	13	92	19	59.4	140	60.3
	小学	148	569	111	447	37	25	122	21.5
史部	正史	81	4030	67	3083	14	17.3	947	23.5
	古史	34	666	34	666				
	杂史	72	939	71	917	1	1.4	22	2.3
	霸史	33	346	27	335	6	18.1	11	3.2
	起居注	54	1993	42	1233	12	22.2	760	38.1
	旧事	25	404	25	404				
	职官	37	433	27	336	10	27	97	41.6
	仪注	65	3094	59	2029	6	9.2	1065	34.4
	刑法	38	726	35	712	3	7.9	14	1.9
	杂传	219	1503	207	1286	2	0.9	217	14.4
	地理	140	1434	139	1432	1	0.7	2	0.1
	谱系	53	1280	41	360	12	22.6	920	71.9
	簿录	29	210	29	210				

474

续表

部	类	各类总数		存		佚			
		部	卷	部	卷	部	百分比	卷	百分比
子部	儒家	67	609	44	530	30	44.8	79	13
	道家	103	789	56	525	47	45.6	264	33.5
	法家	13	137	6	72	7	53.8	65	47.4
	名家	9	22	4	7	5	55.6	15	68.2
	墨家	4	18	3	17	1	25	1	5.6
	纵横	4	26	2	6	2	50	20	76.9
	杂家	130	4870	106	3696	24	18.5	1174	24.1
	农家	9	23	5	19	4	44.4	4	17.4
	小说	30	169	25	155	5	16.7	14	8.3
	兵家	183	728	128	512	55	30.1	216	29.7
	天文	131	944	98	676	33	33.7	268	25.2
	历数	202	359	108	265	27	19.4	94	46.5
	五行	488	2028	338	1022	150	30.7	1006	49.6
	医方	389	5580	254	4510	135	34.7	1070	19.2
集部	楚辞	11	40	10	29	1	9	11	27.5
	别集	902	8126	433	4381	467	51.8	3745	46.1
	总集	336	5224	147	2213	189	56.3	3011	57.6
总计		4861	54477	3215	37008	1579	32.5	17233	31.6

由此可知，从南北朝到隋朝，佚书总数为 1579 部、17233 卷，佚书
部数占《隋志》著录总数的 32.5%，佚书卷数占《隋志》著录总数的
31.6%。有五类图书的部数亡佚过半，它们是经部孝经类和谶纬类，
子部法家类和名家类，集部总集类。有五类图书卷数亡佚过半，它们
是经部谶纬类，史部谱系类，子部名家类和纵横家类，集部总集类。

别集的亡佚也很严重,《隋志》总共著录别集 904 部, 其中亡书 467 部①, 占著录总数的 51.7%。唐代别集的亡佚也很严重, 据宋宣和六年(1124)刘麟刻本《元氏长庆集序》:

> 《新唐书·艺文志》载其当时君臣所撰著文集篇目甚多:《太宗集》四十卷至武后《垂拱集》一百卷, 今皆弗传。其余名公巨人之文, 所传盖十一二尔, 如《梁苑文类》、《会昌一品》、《凤池薰草》、《笠泽丛书》、《经纬》、《穴余》、《遗荣》、《雾居》, 见于集录所称道者, 毋虑数百家, 今之所见者, 仅十数家而已。以是知唐人之文, 亡逸者多矣。

可见唐人别集传至宋代者仅占十分之一二, 其余十分之八九均已亡佚。唐人诗文的亡佚情况还可从《全唐文》《全唐诗》中得到证明, 据笔者统计,《全唐文》收 1 篇文章者有 1879 人;《全唐诗》中收 1 首诗者有 1040 人, 收 2 首者 292 人, 收 3 首者 124 人, 收 4 首者 71 人, 收 5 首者 57 人, 收 6 首者 39 人, 收 7 首者 21 人, 收 8 首者 19 人, 收 9 首者 13 人, 收 10 首者 9 人, 收散句者 97 人。难道这些人一辈子仅仅写诗(文)一首(篇)或数首吗? 绝对不止。他们可能写过很多诗文, 只不过俱轶弗传, 仅有数首(篇)流传至今, 有的甚至连一首都没有流传下来, 仅有散句传世。可见唐代诗文亡佚的严重程度。

宋代图书的亡佚

唐代以前图书亡佚的数量实在惊人, 到了宋代, 图书亡佚的现象是否仍然存在呢? 回答是肯定的。但亡佚数量大大少于前代。《辞海》中收录宋代作家 95 人, 其中 19 人的别集亡佚, 他们是:

(一)李昉(925—996), 北宋文学家, 原有文集五十卷, 已佚。

(二)杨亿(974—1020), 北宋文学家, 著作多佚, 仅存《武夷新集》。

---

① 《隋志》著录总数为 886 部, 亡书 449 部, 不确。

（三）钱易，北宋文学家，原有《金闺瀛洲西垣制集》等，已佚。

（四）范仲淹（989—1052），北宋大臣，文学家。词多佚，仅存五首。

（五）柳永，北宋词人，诗仅存《煮海歌》一首。

（六）晏殊（991—1055），北宋词人，原集已佚，仅存《珠玉词》及清人辑《晏元献遗文》。

（七）宋祁（998—1061），北宋文学家、史学家。原集已佚，清人辑有《宋景文集》。

（八）孙洙（1032—1080），北宋文学家，作品大都散佚。

（九）周邦彦（1056—1121），北宋词人，有《清真居士集》，已佚，今存《片玉词》。

（十）李廌（1059—1109），北宋文学家，已佚，清人有辑本。

（十一）苏过（1072—1123），北宋文学家，有《斜川集》已佚，后人有辑本。

（十二）汪藻（1079—1154），南宋文学家，有《浮溪集》，已佚，清人有辑本。

（十三）李清照（1084—约1151），南宋女词人，有《易安居士集》、《易安词》，已散佚，后人辑有《漱玉词》和《李清照集》。

（十四）曾几（1084—1166），南宋诗人，原集已佚，清人辑有《茶山集》。

（十五）萧德藻，南宋诗人，有《千岩择稿》，已佚。

（十六）尤袤（1127—1197），南宋诗人，作品多佚，后人辑有《梁溪遗稿》。

（十七）吴潜（？—1262），南宋大臣，原集已佚，明梅鼎祚辑有《履斋遗集》。

（十八）谢枋得（1226—1289），南宋诗人，原集已佚，后人辑有《叠山集》。

（十九）刘辰翁（1232—1297），南宋词人，原集已佚，清人辑有《须溪集》。

宋人别集亡佚人数占总人数的20%。关于历代文言小说的存佚情况，袁行霈、侯忠义编《中国文言小说书目》著录甚详，现列表统计如下：

时代	总计	流传情况			
		无考	存	佚	佚书占百分比
汉	21		9	12	57
三国	3			3	100
晋	21		4	17	81
南北朝	53		7	46	87
隋	8			8	100
唐	178	5	111	62	35
五代	48	3	19	26	54
宋	344	38	244	62	18

可见宋代文言小说亡佚62种，占总数的18%。和宋代以前诸朝相比，宋代亡佚最少。也许有人会问：现在传世宋本稀如星凤，怎么能说"亡佚最少"呢？的确，传世宋本已经不多，但我们这里说的是宋代著作，而不是宋代版本。宋代著作虽然也有亡佚，但和唐代以前相比，却是最少的。有些宋代著作的宋代版本虽已亡佚，但是宋代版本的重刻本、翻刻本、影写本等却大量存在。

图书亡佚的原因

那么，造成图书亡佚的原因何在？

第一，天灾人祸造成图书亡佚。兹不赘述，前人之述备矣。

第二，由于统治者的鄙弃而造成图书亡佚。例如历代统治者常常穷兵黩武，以兵起家，但他们总是摆出一副"稽古右文"的面孔，对兵书讳莫如深，因此，兵书的社会地位很低。唐代杜牧曾经指出："缙绅之士不敢言兵，或耻言之，倘有言者，世以为粗暴异人，人不比数。"[①]因此，兵书大量亡佚，《汉书·艺文志》著录兵书56种，流

---

① 《孙子兵法注》。

传至今者不过 4 种(包括残本)。封建统治者重视儒家经典,轻视科技著作,造成科技著作大量亡佚。《天工开物》的作者宋应星对此感慨系之,他在该书序中写道:"丐大业文人,弃掷案头,此书与功名进取毫不相关也。"

第三,文学选集的编纂而造成图书亡佚。诗文著作是古籍的重要组成部分,虽然文学选集在中国文学史上曾经发挥过重要作用,但是,旨在推荐范文的选集去粗取精、删汰繁芜,因而造成大量落选作品的亡佚,尤其是在一部总集得到社会承认之后,读者潮水般涌来,那些落选作品不可能再有出头之日,而逐渐被人忘却,最后亡佚。例如梁萧统《文选》流行之后,研究的人愈来愈多,遂成专门之学,后世甚至有"文选烂,秀才半"之说。其他总集如曹丕《建安七子集》、杜预《善文》、挚虞《文章流别》等相继亡佚。明人张溥在《汉魏六朝百三名家集·序》中说:

> 文集之名,始于阮孝绪《七录》,后代因之,遂列史志。马贵与《经籍考》详载集名、人物爵里、著作源流,备具左方,览者开卷,大意已显。然李唐以上放轶多矣,周唯屈原、宋玉,汉唯枚乘、董仲舒、刘向、扬雄、蔡邕,魏唯曹植、陈琳、王粲、阮籍、嵇康,晋唯张华、陆机、陆云、刘琨、陶潜,宋唯鲍照、谢惠连,齐唯谢朓、孔珪,梁唯沈约、吴均、江淹、何逊,周唯庾信,陈唯阴铿。千余年间,文士辈出,彬彬极盛,而卷帙所存,不满三十余家。藏书五厄,古今同慨。晋挚仲洽总抄群集分为流别,梁昭明特标选目,举世称工,澄汰之余,遗亡弥众。

第四,古代藏书的封闭状态,也是图书亡佚的重要原因。表面看来,历代藏书家秘不示人的传统,似乎有利于保管图书,岂不知任何事物都是一分为二的,超过了一定限度,就会走向反面。有些书本属罕见之本,如果敞开门户,广为流通,允许人们辗转传抄或刻印,就会变一本为数十百千本,就不会亡佚了。如果把罕见之本当作私有财产,秘不示人,当作古董欣赏,一旦亡佚,就会造成不可弥补的损失。明人徐𤊪曾引用海盐姚士粦的话说："今藏书家知秘惜为藏，不知传布为藏。何者？秘惜则缃橐中自有不可知之秦劫，传布则毫楮间自有递相传之神理。"①在中国历史上因秘惜而亡佚图书之例甚多。例如明代范氏天一阁藏书封闭甚严，"凡阁厨锁钥，分房掌之，禁以书下阁梯，非各房子孙齐至，不开锁。子孙无故开门入阁者，罚不与祭三次；私领亲友入阁及擅开厨者，罚不与祭一年；擅将书借出者，罚不与祭三年；因而典鬻者，永摈逐不与祭"②。但是，后来如何呢？天一阁藏书在明末战乱中开始亡佚，清代亡佚更加厉害，到1950年初，天一阁7万多卷藏书只剩下1.3万余卷了。

第五，由于图书制作方式的限制而造成图书亡佚。纵观中国图书史，图书制作方式几经变革，大而言之，有手抄和刻印两大类型。在雕版印刷没有发明的时候，图书制作全靠手抄，一部书往往要成年累月地抄，何其烦也！既然抄书困难，那么抄书者对于所抄底本必然严加选择，那些名著就可能争相传抄，弄得洛阳纸贵；而那些平庸之作遂成覆瓿之物，最后亡佚。例如汉代贾逵名重一时，他注解的《左传》和《国语》颇受人推重，"显宗重其书，写藏秘馆"③，其他同类著作多被打入冷宫。又如关于后汉的史书很多，范晔以前，就有班固、谢承、薛莹、司马彪、华峤、谢沈、张莹、袁山松、袁宏、张璠、袁晔、刘芳、乐资、王粲、侯瑾、刘义庆、孔衍、张温等十八家，由于范晔《后汉书》有下列优点，人们争相传抄：（一）集中了各家之长；（二）范晔获罪早死，没有来得及写完全书，但没有"表"、"志"，却便于诵习，抄写时间亦可大大缩短；（三）范书文笔较好，刘知几说他是"简而且周，疏而不漏"④。所以在范书问世以后，上述同类著作大多亡佚。以上例子表明，手工抄写图书选择极严，多数图书因无人抄写而亡佚。即使那些有幸获抄的图书，因为复本太少，亦并非平安

---

① 　徐𤊪：《徐氏笔精》卷七。
② 　(清)阮元：《宁波范氏天一阁书目序》。
③ 　《后汉书·贾逵传》。
④ 　《史通》卷五。

无事。

以上造成图书亡佚的五种原因之中，第五种是最重要的。因为图书亡佚的关键问题是复本太少。如果复本大量存在的话，此处亡则彼处存，一本失而数本在，众多复本不可能同归于尽。自然灾害、社会动荡等只能造成局部亡佚，不可能造成全部亡佚。如果没有复本，或者复本太少，就很危险。明写本《永乐大典》就是一个典型的例子：永乐七年（1409）第一部《永乐大典》抄好之后，有人建议付梓刊行，但是，《永乐大典》部头太大，共有 22877 卷，目录 60 卷，3.7 亿字，全部刻印，谈何容易！终因工费浩繁而作罢。嘉靖三十六年（1557），皇宫失火，明世宗亟命救出此书，此书才得以免遭回禄之祸。鉴于这次失火的严重教训，嘉靖四十一年（1562），官方组织数百名书工，费时六年，抄了个副本。这样，《永乐大典》有了正、副二本。但是，对于一种图书来说，仅有正副二本是极不安全的，随时可能造成亡佚。果然，《永乐大典》的正本在明末毁于战火，副本在清乾隆间还残存 8600 多册。光绪二十六年（1900）八国联军侵入北京，又多所焚毁，入侵者趁火打劫，亡佚殆尽。新中国成立后，经多方搜集，仅得730 册，只占原书总数的百分之三多一点。如果当年付梓刊行，复本众多，就不会遭受如此巨大的损失。抄书速度太慢，不容易造就大量复本，而雕版印刷是造就复本的最好方法之一。既然唐代以前图书大量亡佚，那就说明唐代以前还没有发明雕版印刷，图书复本太少。宋代图书亡佚骤减，应归功于唐代雕版印刷的发明，它是唐代发明雕版印刷的旁证。因为雕版印刷从发明到普及需要一个过程，雕版印刷对图书亡佚的影响也需要一个过程，所以唐代图书亡佚仍然很多，只是到了宋代，雕版印刷对于图书亡佚的影响才最终表现出来。

第十二章 众说评析

宋代以来，关于中国印刷术源于何时的争论从未停止，或曰东汉，或曰晋代，或曰六朝，或曰隋代，或曰初唐，或曰中唐，下面择其主要观点评析如下。

一、"东汉说"评析

"刊章捕俭"是"东汉说"的主要根据，让我们结合历史背景加以分析。

"刊章捕俭"的经过

"刊章捕俭"事件发生在东汉后期。当时宦官专政，胡作非为，引起了官僚和知识分子的不满，首都洛阳三万太学生是反对宦官专政的主力军。他们讨论政治、抨击宦官、大造舆论，得到了朝野各方和士子的广泛支持。宦官对此恨之入骨，诬称官僚和太学生结为朋党，图谋不轨，进行了残酷镇压，这就是历史上有名的"党锢之祸"。党锢之祸先后发生两次：第一次发生在汉桓帝延熹九年(166)，逮捕司隶校尉李膺等 200 余人。后来，这些人虽被释放，但终生不得做官。第二次发生在汉灵帝建宁二年(169)，一直延续了十多年，其时间之长、株连之广、手段之狠，远远超过第一次。"刊章捕俭"事件就发生在建宁二年(169)。这一年，大宦官侯览仗势欺人，无恶不作，山阳督邮张俭上书请杀侯览，侯览则有恃无恐，唆使乡人朱并上告，反诬张俭与同郡 24 人为党，图危社稷，朝廷借此下诏大捕张俭等所谓"党人"，连过去释放的李膺等人也一并构陷在内，受牵连者达六七

482

百人之多，张俭被迫逃亡，这就是"刊章捕俭"事件的大致经过。

"刊"字或系"刑"字之误

《后汉书》（中华书局1983年版）关于"刊章捕俭"事件的记载主要有四处：

> 张俭乡人朱并，承望中常侍侯览之意旨，上书告俭与同乡二十四人别相署号，共为部党，图危社稷……而俭为之魁，灵帝诏刊章捕俭等。
>
> ——《后汉书·党锢列传序》

> 延熹八年，太守翟超请为东部督邮。时中常侍侯览家在防东，残暴百姓，所为不轨。俭举劾览及其母罪恶，请诛之。览遏绝章表，并不得通，由是结仇。乡人朱并，素性佞邪，为俭所弃，并怀怨恚，遂上书告俭与同郡二十四人为党，于是刊章讨捕。俭得亡命，困迫遁走，望门投止，莫不重其名行，破家相容。
>
> ——《后汉书·张俭传》

> 山阳张俭为中常侍侯览所怨，览为刊章下州郡，以名捕俭。俭与融兄褒有旧，亡抵于褒，不遇。时融年十六，俭少之而不告，融见其有窘色，谓曰："兄虽在外，吾独不能为君主邪？"因留舍之。后事泄，国相以下，密就掩捕，俭得脱走，遂并收褒、融送狱。二人未知所坐。融曰："保纳舍藏者，融也，当坐之。"褒曰："彼来求我，非弟之过，请甘其罪。"吏问其母，母曰："家事任长，妾当其辜。"一门争死，郡县疑不能决，乃上谳之，诏书竟坐褒焉。
>
> ——《后汉书·孔融传》

> 建宁二年，丧母还家，大起茔冢。督邮张俭因举奏览贪侈奢

纵，前后请夺人宅三百八十一所，田百一十八顷。起立第宅十有六区，皆有高楼池苑，堂阁相望，饰以绮画丹漆之属，制度重深，僭类宫省。又豫作寿冢，石椁双阙，高庑百尺，破人居室，发掘坟墓，虏夺良人，妻略妇子，及诸罪衅，请诛之。而览伺候遮截，章竟不上。俭遂破览冢宅，藉没资财，具言罪状。又奏览母生时交通宾客，干乱郡国，复不得御。览遂诬俭为钩党，及故长乐少府李膺、太仆杜密等，皆夷灭之。

——《后汉书·侯览传》

细心的读者不难发现，以上四处记载有两个地方不一致：一是"刊章捕俭"的时间不一致。《张俭传》作"延熹八年"（165），即发生在第一次党锢之祸时；《孔融传》无明确记载，只是说"时融年十六"，考孔融生于汉桓帝永兴元年（153），十六岁正值汉灵帝建宁二年（169）；《侯览传》亦作"建宁二年"，"建宁二年"是发生第二次党锢之祸的头一年。显然，《张俭传》的时间是错误的，《孔融传》和《侯览传》的时间是正确的。二是"刊章捕俭"的结局不一致。《张俭传》说"俭得亡命"，《孔融传》说"俭得脱走"；而《侯览传》却说"皆夷灭之"。显然，《张俭传》和《孔融传》的结局是正确的，而《侯览传》的结局是错误的。另外，清人何焯指出，《后汉书》关于览母的记载也不一致。《张俭传》说："俭举劾览及其母罪恶，请诛之。"《苑康传》说："是时山阳张俭杀常侍侯览母。"考《宦官传》可知，张俭不过"追论览母生时罪恶"，览母并非张俭所杀。显然，《张俭传》的记载是正确的，而《苑康传》的记载是错误的。①

以上三处错误表明，《后汉书》关于"刊章捕俭"的记载并不完全可信。据此，我们完全有理由怀疑《后汉书》关于"刊章捕俭"的记载还有其他失误之处。范晔写《后汉书》曾参阅过班固等《东观汉记》、谢承《后汉书》、薛莹《后汉记》、司马彪《续汉书》、谢沈《后汉书》、张莹《后汉南记》、袁山松《后汉书》等多种著作，这些著作多已失传。

---

① 《义门读书记·后汉书》。

流传至今者仅有《东观汉记》辑本和其他一些记载。关于《东观汉记》内容的时代下限，唐代史学家刘知几曾指出："至于名贤君子，自永初以下阙续。"①张俭死于建安三年（198），即永初之后90余年，和续作《东观汉记》的马日磾、蔡邕等是同时代的人，因此，《东观汉记》中不可能有关于张俭事迹的记载。关于"刊章捕俭"事件的原始资料，传世文献仅见于《艺文类聚》、《初学记》等类书中。《艺文类聚》（上海古籍出版社1982年版）摘引的是孔融《卫尉张俭碑铭》，《初学记》（中华书局1985年版）摘引的是《续汉书》中的一段话，具体内容如下：

> 中常侍同郡侯览专权王命，豺虎肆虐，威震天下，君以西都督邮上览祸乱凶国之罪，鞠没赃奸，以巨万计，俄而制书案验部党，君为览所陷，亦章名捕逐。当世英雄，受命殒身。以籍济君厄者，盖数十人，故克免斯艰，旋宅旧宇，众庶怀其德，王公慕其声，州宰争命，辟大将军幕府，公车特就家拜少府，皆不就也。复以卫尉征，明诏严切，敕州郡，乃不得已而就之。
>
> ——孔融《卫尉张俭碑铭》

> 山阳张俭以忠正为中常侍侯览所忿疾，览为刑章下州郡，召捕俭，俭与孔融兄褒有旧，亡投，遇褒出。时融年十五六，少之不下告也。融知俭长者，有窘迫色，谓曰："吾独不能为君主乎？"因留舍藏之。后以客发泄觉知，国相以下密就掩，俭得脱走，登时收融及褒送狱。融曰："保纳舍藏者，融也，融当坐之。"褒曰："彼来投我，罪我之由，非弟之过，我当坐之。"兄弟争死，疑不能决，乃上谳，诏书令褒坐焉。
>
> ——司马彪《续汉书》

据此可知，《后汉书》所依据的原始材料中并没有"刊章"二字，《卫尉

---

① 《史通·古今正史》。

张俭碑铭》说是"章名捕逐",《续汉书》说是"刑章下州郡"。如果再认真对照一下,就会发现,《后汉书·孔融传》中关于"刊章捕俭"的叙述与《续汉书》的叙述何其相似乃尔!除了"吏问其母"数句之外,其余文字大同小异。我们简直可以断言:《后汉书·孔融传》的那段文字基本上是从《续汉书》抄来的。如果这种分析正确的话,那么《后汉书·孔融传》中"刊章下州郡"当是"刑章下州郡"之误。"刊"、"刑"二字只有一笔之差,因形似而致误。古人抄书,形似致误之例实在太多,不值得大惊小怪。原文"刑章下州郡",意为把张俭触犯刑法的事实,以公文的形式下发到各个州郡,要各地配合,逮捕归案。也许有人以为《艺文类聚》和《初学记》的引文未必可靠。《艺文类聚》和《初学记》先后成书于唐代初期和中期,当时很多古籍尚未失传。例如魏徵等撰《隋书·经籍志》中就著录有司马彪的《续汉书》,这说明唐初《续汉书》尚有传本。既然《艺文类聚》和《初学记》所征引的材料大多出于原书,那么,其真实性应该是不成问题的。另外,我们今天看到的《艺文类聚》和《初学记》都是经过名人点校的善本,这两个本子综合了各本之长,吸取了前人的校勘成果,也不存在传抄致误的问题。据统计,《艺文类聚》征引各类书籍 1431 种,现存者不到十分之一。《初学记》也征引了不少古籍。这些征文历来受到学者的重视,成为古籍校勘和辑佚的重要工具。况且,《卫尉张俭碑铭》出自孔融之手,其内容就更值得重视,因为孔融和张俭是同时代的人,并且还亲自救过张俭,其记载当是可信的。其实,后代也有"刑章"之例,据王士禛《古夫于亭杂录》卷五:

> 唐初削平群雄,杀窦建德、萧铣,而赦王世充。宋太宗忌李后主,赐牵机药,必置诸死,而赦穷凶极恶之刘铱。古今刑章之失,未有如是之甚者。

这里的"刑章"二字是办案公文之意。"古今刑章之失"一语,说明自古以来就有"刑章"之说,更可证"刊章"之误。又据宋李觏《直讲李先生文集》卷 36《读史诗》:"吁嗟夫子没,两观无刑章。"这里的"刑章"

也是办案公文之意。

释"刊"与"章"

当然，"刊"字系"刑"字之误，只是我们的初步分析，也不能把话说得太绝对。退一步说，如果"刊"字并非"刑"字之误，"刊"字能否当"刻"讲呢？我们认为也是不可以的。东汉许慎《说文解字》释"刊"："剟也，从刀干声"；释"剟"："刊也，从刀叕声"；释"删"："剟也"。由此可知，东汉时，"刊"、"剟"、"删"三字互训，也就是说，"刊"、"剟"二字与"删"同义，即删削之义。如《古文苑·扬雄答刘歆书》："是悬诸日月，不刊之书也。"汉代之字大多写在竹简上，需要修改就用书刀削去原字（图100）。"不刊"即无须修改，不可磨灭之意。我们可以从《汉书》（中华书局1983年版）中找到许多例子：

> 临江王徵诣中尉府对簿，临江王欲得刀笔为书谢上，而（郅）都禁吏弗与。魏其侯使人间予临江王。临江王既得，为书

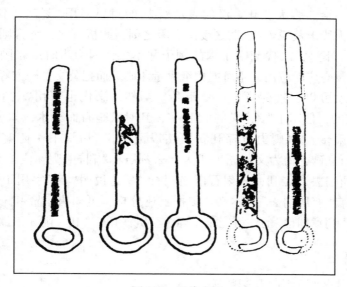

图100 汉代书刀

谢上,因自杀。

——《汉书》卷 90《郅都传》

　　会息夫躬、孙宠等因中常侍宋弘上书告东平王云祝诅,又与后舅伍宏谋弑上为逆,云等伏诛,躬、宠擢为吏二千石。是时,侍中董贤爱幸于上,上欲侯之而未有所缘,傅嘉劝上因东平事以封贤。上于是定躬、宠告东平本章,掇去宋弘,更言因董贤以闻,欲以其功侯之,皆先赐爵关内侯。

——《汉书》卷 86《王嘉传》

以上两段引文说明汉代诉讼公文都是写在版牍上。"刀笔"是版牍书写的工具,据颜师古《汉书注》:"掇读曰剟。剟,削也,削去其名也。剟音竹劣反。"也就是说,"掇"即"剟"意,即削去的意思,要把"宋弘"的名字削去,改为"董贤",与"刊章"的意思是相同的。

　　《说文解字》于汉安帝建光元年(121)进上,张俭事件发生于汉桓帝建宁二年(169),比《说文解字》的成书时间只晚 40 多年,应该说词义还不会有多大变化。汉代表示"刻"的意思多用"刻"、"镂"二字。清人段玉裁说:"金谓之镂,木谓之刻,此析言之,统言则刻亦镂也。"①不过,汉代刻字于木的例子并不多,因为当时纸张刚刚发明,还没有广泛应用,不可能用纸大量印刷。而把公文、药方等刻在石头上就可以长期保存,广泛流传。当然,汉代也有用"刊"表示"刻"义的,但用于"刻"义的"刊"字,其对象是石而非木,如《后汉书·巴肃传》:"刺史贾琮刊石立铭以记之。"《后汉书·陈寔传》:"共刊石立碑,谥为文范先生。"为什么刻石称"刊石"呢?段玉裁说:"凡有所削去谓之刊,故刻石谓之刊石。"②这说明"刊"字用于"刻"义,源自"有所削去"之本义。根据上述分析,可知唐李贤和宋胡三省对于"刊章捕俭"的注解完全正确。李贤注说:"刊,削。不欲宣露

---

　　① 《说文解字注》刀部释"刻"。
　　② 《说文解字注》刀部释"刊"。

并名，故削除之，而直捕俭等。"①胡三省注说："刊章者，刊去并姓名而下其章也。"②因为根据秦汉的法律，控告他人犯罪者不得使用匿名信。朱并秉承侯览指使，原来的控告信是署名的。现在要下发州县，为了保密必须删掉朱并的名字。

下面我们再来解释"章"字。据《三国志·太史慈传》：

> 太史慈字子义，东莱黄人也。少好学，仕郡奏曹史。会郡与州有隙，曲直未分，以先闻者为善。时州章已去，郡守恐后之，求可使者。慈年二十一，以选行。晨夜取道，到洛阳，诣公车门，见州吏始欲求通。慈问曰："君欲通章邪？"吏曰："然。"问："章安在？"曰："车上。"慈曰："章题署得无误邪？取来视之。"吏殊不知其东莱人也，因为取章。慈已先怀刀，便截败之。吏踊跃大呼，言"人坏我章！"慈将至车间，与语曰："向使君不以章相与，吾以无因得败之，是为吉凶祸福等耳，吾不独受此罪。岂若默然俱出去，不以存易亡，无事俱就刑辟。"吏言："君为郡败吾章，已得如意，欲复亡为？"慈答曰："初受郡遣，但来视章通与未耳。吾用意太过，乃相败章。今还，亦恐以此见谴怒，故俱欲去尔。"吏然慈言，即日俱去。慈既与出城，因循还通郡章。州家闻之，更遣吏通章，有司以格章之故不复见理，州受其短。

这里出现的13个"章"字，均指以版牍制作的公文。具体来说，汉代诉讼公文叫"录牒"，据《后汉书·党锢列传》：

> 时侍御蜀郡景毅子顾为膺门徒，而未有录牒，故不及于谴。

可见"录牒"是拘捕党人的凭证。又据《汉书·杜周传》：

---

① 《后汉书·党锢列传叙》李贤注。
② 《资治通鉴·汉纪四十八·灵帝建宁二年》胡三省注。

至周为廷尉，诏狱亦益多矣。二千石系者新故相因，不减百余人。郡吏大府举之廷尉，一岁至千余章。章大者连逮证案数百，小者数十人；远者数千里，近者数百里。会狱，吏因责如章告劾，不服，以掠笞定之。于是闻有逮证，皆亡匿。

这里，"章"也即"录牒"，"章"中包含若干"逮证案"。"逮证案"中有犯罪事实和举报人姓名。"刊章捕俭"之"章"当即这个意思。汉代之"章"是写在版牍上的，据《史记·绛侯周勃世家》：

其后人有上书告勃欲反，下廷尉。廷尉下其事长安，逮捕勃治之。勃恐，不知置辞。吏稍侵辱之，勃以千金与狱吏，狱吏乃书牍背示之，曰："以公主为证。"

"牍背"就是版牍的背面，版牍的正面当是办案公文，即上文所谓"章"（录牒），章（录牒）背有揭发者的姓名。朱并受侯览指使，诬告张俭，侯览做贼心虚，把朱并之名削去，也是合情合理的事。至于后来"刊"义不局限于删削或刻石，而扩大到刻木，那完全是词义变迁的结果。例如《清史稿·史绍登传》称"士民刊章，胪绍登政绩"，同书《钱澄之传》称阮大铖"刊章捕治党人"，其中，"刊"字都是以木刻印之意。但是须知，这里讲的是明清之事，而张俭事件发生于1500年前的汉代。汉语常识告诉我们：词义因时而异，是一种常见的历史现象，不可以今律古。明人杨慎《升庵集·俗用刊字误》云：

《说文》："刊音丘寒切，剟也，削也。"《刘歆答扬雄》（按：当作《扬雄答刘歆书》）："悬诸日月，不刊之书"，言不可削除也。今俗误作刻梓之用，是乃削除非梓行也。此误虽大方之家亦然，唐肃亦国初文士，《送人从军》诗云："碑因纪绩刊"，谬误可笑。各处乡试序多云："刊其文之佳者若干篇"，读者亦不之怪，学者不讲一至此乎！

这里杨慎关于"刊"之本义的解释是对的。"刊章"二字除了《后汉书·张俭传》外，又见于《后汉书·霍谞传》："有人诬舅宋光于大将军梁商者，以为妄刊章文，坐系洛阳诏狱，掠考困极。"霍谞作为宋光的外甥，写了一封长信给大将军梁商，为宋光喊冤。这里的"刊章"二字也是削改皇帝公文之意。如果"刊"字当"刻"讲，党锢之祸受害者甚多，为什么逮捕别人不用"刊章"呢？

关于汉代的"刻写"

刘盼遂《论衡·须颂》引文中关于"刻写"的注解似可讨论（详第一章第二节）。这里的"刻"字到底是什么意思？让我们从两个方面进行分析：

第一，从上下文分析。《论衡·须颂》云：

> 秦始皇东南游，升会稽山。李斯刻石，纪颂帝德，至琅琊亦然。秦无道之国，刻石文世，观读之者见尧舜之美。由此言之，须颂明矣，当今非无李斯之才也，无从升会稽、历琅琊之阶也。弦歌为妙异之曲，坐者不曰善，弦歌之人必怠不精，何则？妙异难为，观者不知善也。圣国扬妙异之政，众臣不颂，将顺其美，安得所施哉！今方技之书在竹帛，无主名所从生出，见者忽然不卸服也。如题曰某甲某子之方，若言已验尝试，人争刻写，以为珍秘。

这里出现三个"刻"字，前两个"刻"字，都是"刻石"，第三个"刻"字亦当为"刻石"，"人争刻写"即人们争相把验方雕刻在石头上或传抄验方。"刻"字如果是雕版印刷，"刻写"之前的"人争"二字，说明当时已经不是"发明"雕版印刷，而是"普及"雕版印刷，否则，怎么可能会"人争"呢？汉代连"发明"雕版印刷都没有确定，怎么会"普及"雕版印刷呢？《论衡》全书，作为雕刻的"刻"字共有五处：

夫古之通经之臣，纪主令功，记于竹帛；颂上令德，刻于鼎铭。

——《论衡·须颂》

已而案其刻，果齐桓公器，一宫尽惊，以为少君数百岁人也。

——《论衡·道虚》

夫如是，火剡之迹，非天所刻画也。

——《论衡·雷虚》

当星坠之时，荧惑为妖，故石旁家人，刻书其石。

——《论衡·纪妖》

夫竹木，粗苴之物也，雕琢刻削，乃成为器用。

——《论衡·量知》

由此可见，《论衡》中作为雕刻的"刻"字，均指刻石或刻画，而非指刻字于木也。为了广告庶民，保民健康，把古代医药验方公布于众是常见的事，如唐玄宗曾发布《刊广济方诏》：

朕顷所撰《广济方》，救人疾患，颁行已久，计传习已多。犹虑单贫之家，未能缮写；闾阎之内，或有不知。倘医疗失时，因致横夭。性命之际，宁忘恻隐。宜令郡县长官，就《广济方》中逐要者，于大板上件录，当村坊要路榜示。仍令采访使勾当，无令脱错。①

也有不少将药方刻石、广告民众者，如宋张镃《仕学规范》卷二十九云：

---

① 《全唐文》卷三十二。

> 岭南风俗，病者必祷神，不服药。尧叟有《集验方》百本，刻石桂州驿舍，人颇赖之。

陈尧叟为北宋广南西路转运使，关心民生，专门把验方刻到石头上，企图扭转当地的不良风俗。又如清陈芳生撰《先忧集》卷五十《济饥辟谷丹》云：

> 晋惠帝永宁二年，黄门侍郎刘景先表奏："臣遇太白山隐士传济饥辟谷仙方，臣家大小七十余口，更不食别物。请将真方镂版，广传天下。若不如斯，臣一家甘受刑戮。"后颂至隋州，教民用之验，序其始末，勒石汉阳军大别山太平兴国寺。

这里将验方"镂版"也是"勒石"之意。金其桢指出：

> 在我国历代存世的碑刻中，据查考，有许多古代药方碑，见诸于名家著录的有西岳华山莲花峰的《固齿方》摩崖石刻、广西刘仙岩的《养气汤方》摩崖石刻、广西邕州宣化厅的《疗病方书碑》、广西桂州馆驿的《集验方碑》、河南洛阳龙门石窟药方洞的《龙门药方碑》和陕西耀县药王山的《药学碑林》、山西稷山县博物馆的《仙方碑》等。其中最著名、内容最丰富的是洛阳《龙门药方碑》[1]和耀县药王山《药学碑林》。[2]

如果"刻"字是"刻书"之意，那么怎么解释《论衡·纪妖》篇的"刻书其石"呢？"刻写"和"刻书"当是一个意思，都是并列词组，表示刻石和传写两件事。

---

① 见图101。
② 金其桢：《中国碑文化·碑与中医中药》，重庆出版社2002年版。

图 101　洛阳《龙门药方碑》

第二，从汉代的实际进行分析。汉代虽然发明了纸张，但是远未普及。竹帛作为当时最佳文字载体，盛行于世。就是《论衡》一书，也多有记载，《论衡·书虚》篇云："世信虚妄之书，以为载于竹帛上者，皆贤圣所传，无不然之事。"《论衡·骨相》篇云："若夫短书俗记，竹帛胤文，非儒者所见，众多非一。"以上所谓"竹帛"，指的都是竹简和帛书。就连作者王充本人也是在竹简上写书的，据《后汉书·王充传》：在写作《论衡》期间，"闭门潜思，绝庆吊之礼，户牖墙壁各置刀笔"。这里的"刀笔"就是汉人写书常用的书刀和毛笔，二者都是在竹简上写书不可缺少的工具。可见王充在门、窗、墙壁上到处都放置了书刀和毛笔，想到什么内容，就马上写下来。如果写错了，就马上用书刀削去。如果当时确已发明或普及雕版印刷，王充何乐而不为之？再说，汉代楷体尚未成熟，印章多为阴文，拓印也还没有出现，因而缺乏发明雕版印刷的物质基础和技术基础。从古籍的发现、出土情况来看，两汉时期有大量简策、帛书出土，尚未发现过印刷品。

总之，"刊章捕俭"的"刊"字似非刻印之意，或系"刑"字之误。

东汉刻印验方的例证也很难成立。据此，东汉发明雕版印刷似不可能。

二、"晋代说"和"六朝说"评析

法国人拉古伯里根据《蜀志》和《周书》提出"晋代说"，但查遍二书，没有发现雕版印刷的记载。从社会需求看，晋代学校不甚发达，抄书者数量有限，书业贸易还不发达，藏书家也不多，佛教还不兴盛，对于变革图书制作方式的要求还不十分迫切；从物质基础看，虽然晋代笔墨的制作已有相当水平，但是纸张还不普及；从技术基础看，晋代楷书还不甚成熟，印章多为阴文，拓印还没有产生；从出土文物看，也没有发现晋代印刷品（详第十章第二节）。总而言之，晋代发明雕版印刷是不可能的。

"六朝说"的代表人物有清人李元复和日本人岛田翰（详第一章第二节）。李元复肯定了"符玺"和"造纸"对于发明雕版印刷的重要意义，这是不错的，但是，雕版印刷的发明是一项极为复杂的系列工程，单靠"符玺"和"造纸"远远不够，社会需求、物质基础、技术基础，缺一不可。没有"奇想巧思"，不克成功。六朝时期（尤其是南北朝）虽然社会需求已经相当迫切，佛教的盛行，抄书者、书商、藏书家的大量出现，要求改革图书制作方式的呼声已经很高，纸、笔、墨等物质条件业已具备，但是印刷字体（楷体）尚未最后成熟，拓印也还没有出现，因此，南北朝时期发明雕版印刷也是不可能的。至于日本人岛田翰氏所引《颜氏家训》等书中所谓"江南本"的对校本，仍是写本，并非"墨板"。据北齐颜之推《颜氏家训·书证第十七》云：

> 《后汉书》："酷吏樊晔为天水郡守，凉州为之歌曰：'宁见乳虎穴，不入冀府寺。'"而江南书本"穴"皆误作"六"。学士因循，迷而不寤。夫虎豹穴居，事之较者，所以班超云："不探虎穴，安得虎子？"宁当论其六七耶？

《颜氏家训·书证第十七》所举类似的例子还有很多，但这些误本的对校本都是写本，并非什么"墨板"。写本有正确的，也有不正确的，不能一概而论。从古籍的发现、出土情况看，六朝时期有大量的写本出土，尚未发现什么印刷品（详第十章第二节）。

三、"隋代说"评析

"隋代说"有八条依据（详第一章第二节），其中隋费长房《历代三宝纪》中关于"废像遗经，悉令雕撰"的记载和"隋木刻加彩佛像"的说法是"隋代说"的立论支柱。《历代三宝纪》卷十二的原文是：

> 开皇十三年十二月八日，隋皇帝佛弟子姓名敬白……属周代乱常，侮慢圣迹，塔宇毁废，经像沦亡，无隔华夷，扫地悉尽……（弟子）作民父母，思拯黎元，重显尊容，再崇神化，颓基毁迹，更事庄严，废像遗经，悉令雕撰……

根据上下文的意思，我们认为，"雕"是雕塑的意思，所雕者，佛像也；"撰"是纂集的意思，所撰者，佛经也。"废像遗经，悉令雕撰"应当理解为：敕令重新雕塑被后周废毁的佛像，重新纂集被后周所丢弃的佛经。

"经"和"像"

为什么佛教文献常将"经"、"像"二字并提？如前所言，佛教把造像、写经、念佛、诵经、布施等视为"功德"之事，其中尤重造像，因此，佛教又称"像教"。造像的种类很多，有用木石玉牙等作为材料的雕刻像，有用金银铜铁作为材料的铸像，有泥塑像、砖像、瓷像、绣像、画像，等等。其中以雕刻像、铸像、泥塑像为多。北周高僧慧远曾说："耳目生灵，赖经闻佛，藉像表真。"[①]佛教认为，富人

---

① （唐）道宣：《续高僧传·慧远传》。

造像，活着能够享受荣华富贵，死后可以进入"极乐世界"；穷人造像，大小不拘，以财力而定，"乃至极小，如一指头，能令见者知是尊容"，就可以"永离贫穷，大富充足"①。造像和写经，对于佛教信徒来说，是极为重要的两件事情。为了进一步说明问题，让我们回顾一下南北朝和隋文帝时期佛教的发展历史。

废 像 遗 经

南北朝时期是佛教造像、写经的极盛时期。北魏明元帝崇信佛法，"京邑四方，建立图像，仍令沙门，敷导民俗"②。孝明帝时，拥有佛寺三万余所，其中洛阳就有 1367 所，各寺都有不少佛像。每年四月八日(释迦牟尼生日)诸寺佛像汇集景明寺，举行行像仪式，佛像多至 1000 余躯③。另外，北魏时期还修了不少石窟，例如大同云冈石窟，造像 5100 余躯，多完成于北魏文成帝和平初至孝文帝太和十八年(494)；洛阳龙门石窟造像 10 万余躯，其中三分之一是北魏雕造的。除了造像之外，北魏写经亦多。《敦煌遗书》中不少佛经都是北魏时写的。北齐孝昭帝为"先皇写《一切经》十二藏，合三万八千四十七卷"④。北周明帝为先皇敬造等身檀像 12 躯，"丽极大成，妙同神制"⑤。南朝佛教虽然偏重义理，但也有一些造像，传世有宋文帝元嘉间造像两躯：一躯为元嘉十四年(437)韩谦造；一躯为元嘉二十八年(451)刘国造。齐永明二年(484)临沂令仲璋等于千佛岩雕造一躯无量寿像和两躯菩萨像，佛像身高 3 丈 1 尺 5 寸，菩萨像高 3 丈 2 尺。梁武帝佞佛尤甚，修了不少佛寺，各寺也有不少造像，例如智度寺金像一躯，高 1 丈 8 尺；光宅寺有无量寿佛铜像，高 1 丈 9 尺(参见第六章第二节)。

---

① 《大乘造像功德经》卷下。
② 《魏书·释老志》。
③ 《洛阳伽蓝记·景明寺》。
④ (唐)法琳：《辩正论》卷三。
⑤ (唐)法琳：《辩正论》卷三。

　　既然南北朝时期造像、写经如此繁荣，为什么又会出现"废像遗经"的局面呢？这是因为物极必反，任何事物超过一定的限度就会走向反面。在南北朝佛教鼎盛之际，儒家阳固、李瑒、张普惠、高谦之、杨衒之、刘昼、崔浩等发表了不少排佛的言论。北魏阳固主张"绝谈虚穷微之论，简桑门无用之费，以存元元之民，以教饥寒之苦，上合昊天之心，下悦亿兆之望"①。北魏李瑒称佛教为"鬼教"，他说：佛教主张弃亲出家，断子绝孙，"不孝之大，无过于绝祀"，"一身亲老，弃家绝养，既非人理，尤乖礼情，埋灭大伦，且阙王贯"②。北魏杨衒之见"寺宇壮丽，损费金碧，王公相竞，侵渔百姓"③，乃撰《洛阳伽蓝记》，借记述洛阳寺塔之盛来说明佞佛无益之理。北齐刘昼上书以为"佛法诡诳，避役者以为林薮"④；北魏崔浩"尤不信佛，与帝言数加非毁，常谓虚诞，为世费害"⑤。在上述议论的影响下，北朝有两个皇帝先后采取了排佛行动，这两个皇帝就是魏太武帝和周武帝。太武帝起初也信奉佛教，礼敬沙门，后来在崔浩的劝说下转而排佛，太武帝下诏说：

　　　　自今以后，敢有事胡神及造形像泥人铜人者，门诛……有司广告征镇诸军刺史：诸有佛图形像及胡经，尽皆击破焚烧；沙门无少长，悉坑之⑥。

结果经像焚毁，"统内僧尼悉令罢道，其有窜逸者，皆遣人追捕，得必枭斩。一境之内，无复沙门"⑦。周武帝践祚之初亦信佛教，度僧1800人，写经1700余部。后来，在张宾等煽动下，断然排佛，"经

---

①　《魏书·阳尼传》。
②　《魏书·李瑒传》。
③　(唐)道宣：《广弘明集·叙列代王臣滞惑解》。
④　(唐)道宣：《广弘明集·叙列代王臣滞惑解》。
⑤　《魏书·释老志》。
⑥　《魏书·释老志》。
⑦　(梁)慧皎：《高僧传·昙始传》。

像悉毁，罢沙门、道士，并令还民"①，"数百年来，官私佛寺，扫地并尽，融刮圣容，焚烧经典，禹贡八州，见成寺庙，出四十千，并赐王公，充为第宅。三方弟子，减之百万，皆复军民，还归编户"②。由此可见，"废像遗经"的出现并不是偶然的，它有深刻的历史背景。

悉 令 雕 撰

隋文帝在尼姑庙里出生，并由尼姑抚养成人，他对佛教有着特殊的感情。他当然不会坐视"废像遗经"的局面继续下去，"悉令雕撰"是历史的必然。开皇元年（581），隋文帝刚刚即位，就迫不及待"普诏天下，任听出家，仍令计口出钱，营造经像，而京师及并州、相州、洛州等诸大都邑之处，并官写《一切经》置于寺内，而又别写，藏于秘阁。天下之人，从风而靡，竞相影慕，民间佛经，多于六经数十百倍"③。隋初，全国有 200 余州，其中称得上"大都邑"者不下数十，如果每个"大都邑"都写经一部，其卷帙之多，可想而知。为了防止鱼目混珠、真伪相杂，乃敕沙门法经，针对各种本子进行整理。据统计，隋文帝在位期间，总共写经 46 藏，132086 卷。另外，还整理故经 3853 部④。隋文帝之子杨广在平陈过程中任行军元帅，平陈之后"于扬州装补故经，并写新本，合六百一十二藏、二万九千一百七十三部、九十万三千五百八十卷"⑤。《敦煌遗书》中也有不少佛经是隋文帝时抄写的，如隋文帝开皇元年（581）庆义写《大比丘弥沙塞戒本》、开皇十三年（593）李思贤写《大智论》、开皇十五年（595）何孝聪写《大方等大集经》、仁寿四年（604）楹维珍写《优婆塞戒经》，等等。为了雕塑、修整废毁佛像，隋文帝和皇后分别施绢 12 万匹，并敕"王公以下台官、主将以至州县佐史、诸寺僧尼、京城宿老，下逮

---

① 《周书·武帝纪》。
② 《续高僧传·静蔼传》。
③ 《隋书·经籍志》。
④ 《辩正论》卷三。
⑤ 《辩正论》卷三。

黔黎，一一施钱，再日设斋，奉庆经像"①。对于那些继续破坏佛像者，严惩不贷。开皇二十年（600）下诏说：

> 敢有毁坏、偷盗佛及天尊像、岳镇海渎神形者，以不道论；沙门坏佛像、道士坏天尊者，以恶逆论。②

据统计，隋文帝年间，共造佛像 106580 躯。③ 除了写经、造像之外，隋文帝还先后三次下诏各州建舍利塔 113 座，在全国修建佛寺四五千所，度僧数 10 万人。

以上事实表明，"废像遗经"是周武帝等排佛的结果，"悉令雕撰"是隋文帝佞佛的手段。无论周武帝等废毁的经像，或是隋文帝时重新"雕撰"的经像，都绝对不是雕版印刷品。用"废像遗经，悉令雕撰"作为"隋代说"的根据是不足为凭的。

关于"隋代木刻加彩佛像"

"隋代木刻加彩佛像"亦非印刷品（图 102）。根据冯鹏生《中国木刻水印概说》的介绍（详第一章第二节），此画似系搨本，搨本又叫响搨本、影写本等（详第八章第五节）。隋唐时期，搨本盛行。搨本相当今日国画的"单线平涂"，其制作的具体步骤有二：一是首先勾出墨线；二是"以笔敷填"，画面填彩，文字"填墨"。在《敦煌遗书》中，隋代佛经彩图搨本有《佛说回向轮经》、《佛说父母恩重经》等。《佛说回向轮经》是说只要昼夜诵读此经，就可免除一切烦恼，去世后往生净土。卷首绘有"摩祁"、"摩头"两幅彩色保护神，二者身着红衣甲胄，摩祁手持斧钺，摩头手持弓箭，威武雄壮。据说只要常念其名，就可得到保佑。《佛说父母恩重经》是说人生在世，父母最亲，恩重如山，应为父母造福。卷首绘有"禅咤迦"和"勤迦"二神，其风

---

① 《什氏稽古略》卷二。
② 《隋书·高祖纪》。
③ （唐）道世：《法苑珠林》卷一〇〇。

图 102　隋代木刻加彩佛像

格、色彩同上，但是武器不一，"禅咤迦"手持长剑，"勤迦"手持长枪。据说人要常念其名，同样可以得到保佑，为父母造福。这些加彩佛像当都是先勾线、后敷彩的摹本。退一步说，如果这些佛画真的是印刷品，那么在佛教盛行、僧众云集的唐代 300 年中，不可能没有任何反响。其实这幅画前人早有评论，张秀民《中国印刷史·雕版印刷术的发明》云：

> 旧作提到日本人某在敦煌石室曾发现隋炀帝大业三年刊佛画一张。日本桑原骘藏不相信它是真的。法国伯希和称其佛画下端的原注是写的。按：文中称"敬画"而不说"敬印"，则非印本可知。据说约十多年前，在西安又发现与此同样的佛画一张。佛像设色，当时也有人认为大业刻本，后经派人去西安鉴定结果，并非刻印，仍为手写本云。

卢太翼"摸书"及其他

下面让我们接着讨论"隋代说"的其他根据。

关于卢太翼"以手摸书而知其字"的记载，无非说明其绝顶聪明，并非实有其事。卢太翼七岁上学，"日诵数千言"，号为"神童"。长大后博览群书，精于佛道，"尤善占候算历之书"，神机妙算，屡屡成功。像这样一位极富"天才"的人物，在传记中附上一些"以手摸书而知其字"之类的离奇情节，在古典文献中并不罕见，不值得大惊小怪。

《续高僧传·慧净传》中关于"缮刻"的记载，"缮刻"并非缮写、刻印之意，而是"缮性"、"刻意"的合称。"缮性"、"刻意"是《庄子》中的两个篇名。《庄子·缮性第十六》云：

> 缮性于俗，俗学以求复其初（郭象注："已治性于俗矣，而欲以俗学复性命之本，所以求者愈非其道也。"成玄英疏云："缮，治也；性，生也；俗，习也；初，本也。言人禀性自然，各守生分，率而行之，自合于理。今乃习于伪法，治于真性，矜而矫之，已困弊矣。方更行仁义礼智儒俗之学，以求归复本初之性，故俗弥得而性弥失，学愈近而道愈远也。"）

《庄子·刻意第十五》成玄英疏云："刻，削也。意，志也。"陆德明《经典释文》云："司马云，刻，削也，峻其意也。案谓削竟令峻也。"可见"缮性"、"刻意"讲的是修养方法。我们可以联系一下《慧净传》的原文：

> 论云：诸行无常，触类缘起。复心有待，资气涉求。然我净受于熏修，慧定成于缮刻。答曰：无常者故吾去也，缘起者新吾来也。故吾去矣吾岂常乎？新吾来矣吾岂断乎？新故相传假熏修以成净，美恶更代非缮刻而难功。是则生灭破于断常，因果显于中观。斯实在释玄同，东西理合，而吾于去彼取此得无谬乎！

由此可知，慧净不同意"慧定成于缮刻"的提法，他认为"新故相传"应当凭借熏修而成净果，这才是达到涅槃的正确道路。

关于《大隋永陀罗尼本经》的题记问题，《大隋永陀罗尼本经》当是《大随求陀罗尼本经》之误，此经由唐人从梵语译出，既然唐朝才翻译出来，隋朝怎么可能超前雕版呢？

关于敦煌所出佛像残页亦不足凭信。敦煌所出包括佛像在内的印刷品不一而足(详第十章第二节)，但以唐咸通九年(868)王玠刻印的《金刚经》为最早，此件佛像残页当不会在咸通九年(868)之前。况且玄奘印普贤像一事已是子虚乌有(详本章第五节)，所谓此佛像残页"比玄奘刻印普贤像还要早"的说法更属无稽之谈。

关于"家有恶狗，行人慎之"的揭帖问题，张秀民先生说：

> 家里有恶狗，劝过路人注意这件小事，是否值得雕版印刷，是使人怀疑的，最多抄写一张二张也足够了，而且字体在隶楷之间……生动流丽，宛如毛笔所写，所以有人怀疑它是埋藏在土里多年的写品，并不是印成的。这个文件经过不列颠博物院研究部主任普蓝特尔列斯博士的鉴定，并没有印刷的痕迹，辛特来博士取消前议，并以为这是马伯乐教授的错误，所以这件轰动一时的世界最早印刷品，根本不可信。[1]

周一良先生指出：

> 据英国人说，这两行字是雕版所印，但是单凭照片不易断定，文句像是门口或墙上招贴，而且附有年月，似乎没有雕印许多份的必要。敦煌所发现的早期印本，字体都古拙凝重，毫无流利之感，而这纸片上的字却非常生动秀美，俨如手迹，比起元明时名书手写刻的书籍，还有过之。我想即使六世纪末高昌有了印刷术，雕版的技巧一定还不能精妙到这样程度，所以不可能是雕

---

[1] 张秀民：《中国印刷术的发明及其影响·印刷术的起源》。

版。大约写时所用笔毛很硬，转折有棱角，墨色又浓，湮埋日久，因而像是印本了。①

至于寒山、拾得诗集的刻版问题，尤不可信。寒山、拾得诗集的最早刻本是在宋代，傅增湘《藏园群书经眼录》著录有两个宋本：一为十一行本，一为八行本。八行本为宋淳熙十六年（1189）天台国清寺僧志南所刻，据朱熹《与志南上人书》云：

> 寒山子诗，彼中有好本否？如未有，能为雠校刊刻，令字画稍大，便于观览，亦佳也……寒山诗刻成，幸早见寄。②

此本王国维《两浙古刊本考》中亦有著录。另外，雕版印刷初兴，只能刻印那些文字简单、需求量大的物品，当不会刻印诗集，如能刻印诗集，则已进入雕版印刷的普及阶段。当时隋代连最简单的印刷品都不能刻印。隋文帝开皇八年（588）三月戊寅为了消灭陈国，展开政治攻势，"散写诏书三十万纸，遍谕江外"③。这份诏书历数陈国罪恶，共计780字。"三十万纸"，犹今30万份传单。兵贵神速，此诏书是对陈国的宣战书，犹如最后通牒。像这样的国家级特急快件，都是人工手"写"出来的，遑论其他。

当然，衡量一个朝代是否发明雕版印刷，要从社会需求、物质基础、技术基础三个方面综合分析，不能抓住一点似是而非的东西，就匆匆忙忙作出结论。就技术基础而言，印刷字体（楷体）在隋代还不成熟，拓印也还没有出现；就出土文物而言，也没有发现隋代印刷品（详第十章第二节）。总而言之，隋代发明雕版印刷似不可能。

---

① 周一良：《纸与印刷——中国对世界文明的伟大贡献》，载《新华月报》1951年5月号。

② （宋）朱熹：《晦庵别集》卷三。

③ （宋）司马光：《资治通鉴》卷176《陈纪十·长城公祯明二年》。

四、"令梓行之"评析

"令梓行之"是"唐初说"的例证之一(详第一章第三节),此例能否成立? 兹考辨如下:

释 "梓"

从训诂的角度分析,"梓"字在唐代还没有"刻"的意思。《说文解字》释"梓":"楸也。"这就是说,"梓"的本义是名词"楸树"。唐陆德明《经典释文》和辽释行均《龙龛手镜》是研究唐代以前字词音义的工具书,《经典释文》释"梓":"音子,本亦作梓。马云:古作梓字,治木器曰梓,治土器曰陶,治金器曰冶。""治木器曰梓"是从梓的本义引申出来的。唐代称木匠为"梓人",著名文学家柳宗元专门写过一篇文章,名叫《梓人传》。"梓人"之"梓"即"治木器"之意。《龙龛手镜》释"梓":"音子,禾名,楸属。"可见,"梓"字在唐代并无"刻"意。唐代表示刻版印行多用"印卖"、"版印"、"雕印"、"造"、"雕镂"、"雕板"等字眼。就是到了宋代"梓"字仍然没有"刻"的意思。宋陈彭年等编《广韵》和《大广益会玉篇》、宋丁度修定《集韵》是查找宋代字词音义的重要工具书。《广韵》据隋陆法言《切韵》修订而成,以韵分类编排,兼释字义,该书释"梓":"木名也。"《玉篇》本为梁顾野王所撰,唐孙强删节而为《玉篇钞》,宋陈彭年等又据孙强本重修为《大广益会玉篇》,该书释"梓"亦云"木名"。《集韵》释"梓":"木名。"释"杍":"治木器曰杍,通作梓。"这就是说,直到宋代,"梓"字仍然保留它的本义,没有多大变化。至于宋人称刻版为"锓梓"、"刻梓"、"绣梓"云云,这些词组均为动宾结构,"锓"、"刻"、"绣"等字是动词,"梓"字仍然是其本义,名词作宾语。因为"梓"是雕版印刷的最佳材料,所以宋人用"梓"泛指一切适宜雕版的木料。又据宋陆佃《埤雅》:"梓为百木长,故呼梓为木王。罗愿云:屋室有此木,则余材皆不震。"可见人们对于"梓"的崇拜程度。"梓"既为木王,当然就具备代表所有木料的绝对资格。由此可知,"锓梓"、"刻

505

梓"、"绣梓"就是"锓木"、"刻木"、"绣木"的意思。宋代以后，"梓"字才由本义引申而为"雕刻木版"的意思。明张自烈撰《正字通》释"梓"："俗谓锓刻文字于版上曰梓。"例如明袁宏道《叙邬氏家绳集》："近者吴川公梓其家集。"明郭云鹏刻本《曹子建集》牌记："曹集之讹，尝一正之，因梓于家。""梓行"二字连用，如明张居正《张文忠公集·书牍三·答奉常陆五台》："闻以《华严》合《论》梓行，此稀有功德也，刻成，幸惠寄一部。"但需指出，即使在宋代以后，"梓行"二字连用并不常见。叶德辉《书林清话·刊刻之名义》说：

> 元明坊间习用者，多曰"绣梓"……盖一时风气，喜用何种文辞，遂相率而为雷同之语，胜代(指明代)至今四五百年，书坊刻书皆曰"绣梓"，亦有用"新刊"字者。

总之，从"梓"义沿革源流来看，宋代以前，"梓"不训"刻"，"刻"义是宋代以后才有的。即使贞观间真正发生了刻印《女则》这件事，也不会使用"梓行"这两个字。"梓行"二字似是邵经邦强加给唐代的。

从原始材料分析

从《弘简录》引据的原始材料分析，"梓行"似属无中生有。邵经邦编《弘简录》所依据的原始材料可能很多，但后晋刘昫等《旧唐书》、宋李昉等《太平御览》、宋欧阳修等《新唐书》和宋司马光《资治通鉴》这四部大书则是非读不可。因为这四部书编写时间早、影响较大，其中关于《女则》的记载，所依据的都是当时尚未失传的有关唐史的第一手材料。那么，这四部书关于《女则》的记载如何呢？

> (长孙皇后)崩后，宫司以(《女则》)闻，太宗览而增恸，以示近臣曰："皇后此书，足可垂于后代。我岂不达天命而不能割情乎！以其每能规谏，补朕之阙，今不复闻善言，是内失一良佐，以此令人衰耳。"
>
> ——《旧唐书·后妃上》(中华书局1983年版)

（长孙皇后）崩后，宫司以（《女则》）闻，太宗览而增恸，以示近臣曰："皇后此书，足可垂于后代，我岂不达天命而不能割情乎！以其每能规谏，补朕之阙，今不复闻善言，是内失一良佐，以此益令人哀耳。"

——《太平御览·皇帝部七》（中华书局 1985 年版）

及（长孙皇后）崩，宫司以（《女则》）闻，帝为之恸，示近臣曰："后此书可用垂后，我岂不通天命而割情乎？顾内失吾良佐，哀不可已已！"

——《新唐书·后妃上》（中华书局 1983 年版）

及（长孙皇后）崩，宫司并《女则》奏之，上览之悲恸，以示近臣曰："皇后此书，足以垂范百世，朕非不知天命而为无益之悲，但入宫不复闻规谏之言，失一良佐，故不能忘怀耳！"

——《资治通鉴·唐纪十》（中华书局 1987 年版）

由此可见，四书均无"梓行"之类的话语。四书关于《女则》的记载大同小异，《旧唐书》和《太平御览》的记载甚至完全一样（《太平御览》只是在最后一句话中多了一个"益"字）。这说明四书所依据的原始材料是一致的，原始材料中均无"梓行"之事。邵经邦《弘简录》关于"梓行"的记载是值得怀疑的。也许有人会说，邵经邦编写《弘简录》可能参考了四书以外的许多资料，其中包括不少野史笔记，野史笔记中往往有不少出版印刷方面的资料，而这些资料官修书常常弃而不录，毕昇泥活字不是仅见于沈括《梦溪笔谈》吗？我们认为，这种说法也难以成立。邵经邦参考的资料再多，也绝不会超过编写四书参考资料之多。例如《太平御览》成书于宋太宗太平兴国八年（983），征引古籍多至 1689 种，而《弘简录》成书于明嘉靖三十五年（1556），比《太平御览》晚 573 年，当时不少唐代文献资料已经失传，因此，邵氏不可能占有更多资料。另外，官修书对劳动人民的发明创造不大重视也是事实，但不能一概地说，官修书对于出版印刷之类的事情弃而不录，《宋史》、《明史》等正史中就有不少帝王诏令刻书的记载。关键在于毕昇泥活字和唐太宗诏令刻印《女则》不能相提并论，因为毕昇和唐太宗的身份不一样，毕昇是一民间布衣，而唐太宗则是高居万人之上的皇帝，毕昇的成就再大，正史中也不可能有他的位置。而唐太宗就不同了，他的一言一行均有档案可查，如果确有刻印《女则》一事，一般是不会漏记的。

还有一个问题值得深思，明人李贽在《藏书·后妃》中也记载了长孙皇后的事迹：

> 后尝采古妇人事，著《女则》十篇，又为论斥汉之马后不能检抑外家，使与政事，乃戒其车马之侈，此谓开本源，恤末事。及崩，帝为之恸，谥曰"文德"，葬昭陵。

李贽和邵经邦同为明人，邵经邦能够见到的资料，李贽当也能够见到，为什么李贽笔下没有"令梓行之"数字呢？

从文字同异分析

张秀民先生在《中国印刷史·雕版印刷术的发明》中说：

> 《弘简录》是一部正式通史，邵氏自比于宋郑樵的《通志》，化了十五年工夫，换了四次草稿才写成，可见他谨慎不苟，又自称"述而不作"，所以相信他是有根据的，可惜未言明述自何书耳。

邵经邦，字仲德，浙江仁和(今属杭州)，正德十六年(1521)进士，官至刑部员外郎，以论劾张孚敬事下狱谪戍。常以讲学自任，有《弘艺录》、《弘道录》、《弘简录》等，《明史》有传。邵经邦用了15个寒暑，四易其稿，写成《弘简录》，用力可谓勤笃，至于是否"谨慎不苟"、"述而不作"，我们可以通过校勘的方法加以检验。

　　为了说明问题，我们把四库全书存目丛书本《弘简录》卷四十六《长孙皇后传》的原文转引如下：

　　太宗后长孙氏，洛阳人，其先出后魏献文帝，世袭大人之号为宗室长，赐姓长孙氏，高祖稚，大丞相，封冯翊王。曾祖子裕，卫尉卿，封平原公。祖兕，袭封为左将军，开封仪同三司。父晟，字季，涉猎书史，性赳鸷，晓兵法，仕隋为左骁卫将军。母高氏，扬州刺史敬德之女。后少嗜读书，喜观图传，视善恶以自鉴，矜尚礼法。晟兄炽为周通道馆学士，尝闻太穆劝抚突厥女，心志之，语晟曰："此人明睿，必有奇子。"故择归李氏，年方十三。归宁之日，舅士廉梦大马立舍外，命占之，遇坤之泰，筮者举易卦占象以对，后皆符合。初受册为秦王妃，时隐太子构衅，高祖复多内宠。后内尽诚孝，外承诸妃，消释嫌猜。及难作，方引将士入宫授甲，后亲慰勉，士皆感奋。由皇太子妃立为皇后，赠父司空，追封齐王，谥曰宪。后性约素，服御祗取给，不尚华侈，喜观书。帝或言及朝廷政事，辄以蚕织为辞，固要不对。后庭有过，请帝绳之，俟意解，徐为开释，不令有冤。嫔御或生公主，视如所生，疾病辄御药胗视，咸怀以仁。兄无忌拜仆射辅政，后切谏，历举前代鉴诫，帝固用之。复密谕令牢让，不获已，始听，喜见颜间。幼时丧父，异母兄安业无行，与无忌咸逐还外家，后安业与李孝常等谋反，将诛，恐人疑其释憾，复叩头祈请，遂得减流。太子承乾乳媪，请增东宫什器，戒曰："所患在无德不能保身扬名，何以器为！"从幸九成宫，染恙，会闻柴绍急变，帝甲而起，即舆疾以从，宫司谏止，后曰："上方震惊，吾何敢自逸！"疾稍亟，太子欲请赦度僧，后曰："赦令大事，佛老异教，上素所憎，岂宜以吾乱之！且死生有命，若修福可延，吾早为善；设为善无效，更复何求！"既而群臣诸帝许之，后反固争而止。及大渐，泣与帝诀，适玄龄小谴就第，劝以久事陛下，预奇谋秘计，非大故，幸勿弃之。又妾之本宗，愿以外戚奉朝请，无属权柄，以益祸乱，复戒厚葬，但因山为垅，器以瓦木，不忘斯言，是妾受福，愿纳忠容谏，远谗省畋，帝能保终如一，既无遗恨，遂崩。年三十六，上为之恸。及宫司上其所撰《女则》十篇，采古妇人善事，论汉使外戚预政，马后不能力为检抑，乃戒其车马之侈，此谓舍本恤末，不足尚也。帝览而嘉叹，以后此书足垂后代，令梓行之。又与群臣言："我岂不通天命而溺于情乎！顾入内不闻善言，大失良佐，哀不可已！"既谥以文德，葬昭陵，因九嵕山，以成美志，帝自序始末揭陵左，上元中加谥文德顺圣皇后。

通过校勘可知，此段文字是综合《旧唐书·长孙皇后传》和《新唐书·长孙皇后传》改写而成的，其中以《新唐书·长孙皇后传》为主。除了以上二书之外，并无什么其他"新"资料，就篇幅来说，《旧唐书·长孙皇后传》1434字，《新唐书·长孙皇后传》948字，邵经邦改写后仅剩788字。这788字是否忠实于以上二书呢？回答是否定的，兹列表比较如下：

比较内容	旧唐书	新唐书	弘简录
归宁所见	舅高士廉媵张氏于后所宿舍外见大马，高二丈，鞍勒皆具，以告士廉	舅高士廉妾见大马二丈立后舍外	舅士廉梦大马立舍外
拒绝参政	（太宗）常与后论及赏罚之事，对曰："牝鸡之晨，惟家之索。妾以妇人，岂敢与闻政事！"	与帝言，或及天下事，辞曰："牝鸡司晨，家之穷也，可乎！"	以蚕织为辞
病重之后	（太子请赦囚徒，度人入谥）后曰："……佛道者示存异方之教耳，非惟政体摩弊，又是上所不为，岂以吾一妇人而乱天下法？"	太子欲请大赦，汎度道人，祓塞灾会。后曰："……且赦令，国大事，佛老异方教耳，皆上所不为，岂宜以吾乱天下法！"	太子欲请赦度僧，后曰："赦令之事，佛老异教，上素所憎，岂宜以吾乱之！"

比较内容	旧唐书	新唐书	弘简录
《女则》及论驳汉明德马皇后书	后尝撰古妇人善事,勒成十卷,名曰《女则》,自为之序。又著论驳汉明德马皇后,以为不能抑退外戚……	后尝采古妇人事著《女则》十篇,又为论斥汉之马后不能检抑外家,使与政事,乃戒其车马之侈,此谓开本源,恤末事	宫司上其所撰《女则》十篇,采古妇人善事,论汉使外戚预政,马后不能力为检抑……帝览而嘉叹,以后此书,足垂后代,令梓行之

表中第一栏"归宁所见",《旧唐书》、《新唐书》原为"舅高士廉妾(媵)见大马",而《弘简录》有两处窜改:一将"舅高士廉妾(媵)"窜改为"舅士廉";二将"见大马"窜改为"梦大马"。第二栏"拒绝参政",《旧唐书》、《新唐书》均以"牝鸡司晨"作比而辞之,而《弘简录》窜改为"以蚕织为辞"。第三栏"病重之后",《旧唐书》《新唐书》称赦囚徒、度道人皆"上所不为",而《弘简录》窜改为"上素所憎"。第四栏《女则》及论驳汉明德马皇后书,《旧唐书》《新唐书》皆称长孙皇后写了两样东西:一为《女则》,一为论驳汉明德马皇后的文字。而《弘简录》把《旧唐书》和《新唐书》中的"又"字删掉,擅自把两样东西合成一样东西,误将"论驳汉明德马皇后"当作《女则》中的内容。一段788字的引文竟然出现这么多错误,《弘简录》全书错误之多可想而知。清陆以湉《冷庐杂识》卷三云:

> 袁随园谓邵尚书《弘简录》有天王、宰辅、功臣、旌德、台谏、庶官之称,已属无谓。如宋之高琼,唐之裴寂,尤不应以功臣目之。更有杂行一门,以田承嗣、李怀仙、祖孝孙、薛怀义、上官婉儿列为一传,不伦甚矣!余谓是书有不当缺之字而缺者,如员外郎缺"郎"字,节度使、宣抚使缺"使"字,枢密院缺"枢"字,贤良方正科、博学宏词科缺"科"字,凌烟阁缺"阁"字之类,不一而足。册辞牵涉自己处亦乖体裁,如唐韩愈《柳宗元传》册云:"唐文三变,韩柳著称。论道不同,观过难凭。特怜半世,

与罪为朋。我今百年，莫与相竞。"《唐文翰传》后册云："刘氏三长，人所最难。一愿逢时，亦愿有官。逢时孟浪，有官素餐。嗟我何人，独抱岁寒！删千万冗，洗百亿瘝。五史汇成，足称大观。子子孙孙，莫漫封刊。"《富弼》、《韩琦》、《范仲淹传》册云："始称韩、范，终曰富、韩。班班建立，晔晔同观。遭逢盛世，奋起单寒。嗟予何苦，罹此多难。一事无成，渐彼寸丹。"

由此看来，邵经邦所谓"谨慎不苟""述而不作"者，非也。《弘简录》的准确性是值得怀疑的。

从唐代内府图书的制作分析

从唐代内府图书的制作情况分析，"梓行"《女则》也不大可能。根据现在我们所能看到的有关唐代的文献资料，唐代内府图书概用手抄。规模较大的抄书活动至少有四次，其中第二次就发生在唐太宗贞观年间(详第四章第一节)。如果当时内府已经使用雕版印书的话，唐太宗何乐而不为？就内府所藏帝后著作而言，数量很多，计有《太宗集》、《太宗凌烟阁功臣赞》、《太宗序志》、《太宗帝范》、《高宗集》、《高宗天训》、《中宗集》、《睿宗集》、《玄宗周易大衍论》、《玄宗韵英》、《玄帝注道德经》、《玄宗开元广济方》、《明皇制昭录》、《德宗贞元集要广利方》等。这些帝后著作也是人工抄写的。例如《唐会要·修撰》卷三十六明确记载，玄宗天宝十四载(755)十月八日"颁《御注道德经》并疏义，分示十道，各令巡内传写，以付宫观"。玄宗天宝十四载比太宗贞观十年(636)晚119年，既然唐玄宗的著作诏令"传写"，那么119年之前的帝后著作更不应例外。

总而言之，邵经邦《弘简录》关于"梓行"《女则》的记载是不足为据的。

五、玄奘"印普贤像"评析

唐末冯贽撰《云仙散录》引《僧园逸录》云："玄奘以回锋纸印普贤

像，施于四方，每岁五驮无余。"这是"唐初说"的又一例证。让我们从佛教文化史的角度加以分析。

从普贤崇拜的形成分析

在我国古代，把文殊菩萨、普贤菩萨、观音菩萨和地藏菩萨称为"四大菩萨"，普贤菩萨是四大菩萨之一（图103）。古代的普贤像当与普贤崇拜有关，而普贤崇拜的形成经历了一个漫长的过程。这个漫长的过程又与《华严经》的发展紧密联系，因为普贤菩萨是《华严经》中的一个重要菩萨，在《华严经》中占有重要地位。而《华严经》在大乘佛教中又占有重要地位，是大乘佛教由初期走向中期发展阶段的产物。《华严经》传入中土以后，先后有三

图 103　普贤像

个完整的版本：第一个版本是晋译本，此本初分五十卷、三十四品，译主为觉贤（佛陀跋陀罗）。东晋元熙二年（420）又重编为六十卷，故简称为"六十《华严》"。第二个版本是初唐译本，称《大方广佛华严经》，译主为实叉难陀，译毕时间为武则天圣历二年（699）。因其内容有八十卷、三十九品，故简称为"八十《华严》"。与晋译本比较，初唐译本有四万五千颂，内容更为详尽，而晋译本只有三万五千颂。《十定品》第二十七，晋译本是没有的。第三个版本是中唐译本，亦称《大方广佛华严经》，译主为般若，译毕时间为唐德宗贞元十一年（795）。因其内容只有四十卷，故简称"四十《华严》"。该本把普贤菩萨作为《华严经》的核心，其《入不思议解脱境界普贤行愿品》（简称《普贤行愿品》）把无穷无尽的释氏行愿归纳为十种："一者礼敬活佛，二者称赞如来，三者广修供养，四者忏悔业障，五者随喜功德，六者请转法轮，七者请佛住世，八者常随佛学，九者恒顺众生，十者普皆

回向。"十种行愿的内容可以概括为四个部分：第一、二、三条是第一部分，主旨是信佛、敬佛。它既是全部佛教理论体系和实践体系的基石，又是佛教修行的出发点，也是修行者虔诚信仰的总纲。它要求修行者首先确立对佛教的崇高信仰，树立一种圣洁美好的崇拜对象。第四、五两条是第二部分，主旨是悔过向善。也就是说，对自己过去的错误甚至罪孽深刻忏悔，不再重犯，严格自律，永守净戒。在此基础上，对世间的一切善行表示欢喜。重点在于识别善恶，树立弃恶从善的志向。识己之罪过，知他之善恶。第六、七、八三条是第三部分，主旨是在悔过向善的基础上，对佛法的向往和实践。核心是一个"法"字，"法"是连接圣凡的桥梁，修法则是通过这座桥梁到达圣界。"请转法轮"和"请佛住世"是求法，"常随佛学"是修法。这一部分比第二部分前进了一步，由向善发展到趋圣的具体行动，使普贤行愿获得进一步升华。第九、十条是第四部分，主旨是一个"顺"字，即通过"恒顺众生"，达到修养菩提心的目的。最终落脚到成就普贤行愿和无上智慧方面，体现十大行愿的终极目标。简言之，四大部分的内容是敬佛、责己、修法和证果，是大乘佛法的高度浓缩，就是完整的大乘佛教的修证体系。体现了普贤菩萨普济众生的大慈大悲和救世情怀，代表了中国佛教的根本宗旨。可以说，《普贤行愿品》是四十《华严》的独创，也是四十《华严》的精华。普贤的理论虽然最早见于晋代翻译的《法华经》，但是早期的普贤理论体系还不成熟，还没有在社会上形成一种广泛的普贤崇拜。般若学和禅学是魏晋南北朝时期的两大佛学派别。人们常把般若学看作玄学，受到社会的极大重视，在门阀士族中风靡一时。如果名士不懂得般若学，似乎就缺乏名士的派头；高僧如果不谈玄说理，似乎有失高僧的身份。社会上形成名士谈佛理、高僧谈玄学的佛玄合流的风气。相比之下，普贤的理论体系还远远没有形成，普贤崇拜的人群还远远没有集结，这种情况一直延续到唐代中期。直到唐德宗贞元十一年（795）四十《华严》译本出现，弘扬普贤崇拜最有力量、最有理论价值的《普贤行愿品》才终于把普贤崇拜推向了高潮。也就是说，普贤崇拜从开始到高潮经历了375年的漫长历程，在中国古代的佛像崇拜中，早期的佛像崇拜以释迦牟尼、阿弥陀佛、弥勒为主，到了后期才发展为以观音、文殊、普贤为主的佛像崇拜。据统计，5 世纪六七十年代北方全部佛教造像中，30%以上是弥勒造像①。北魏的 108 龛造像铭中，释迦牟尼佛 51 龛，占47%；弥勒菩萨 32 龛，占 29%；观音菩萨、无量寿佛、释迦多宝二佛等占 24%。隋唐时期龙门佛龛造像中，造像题材明确者 268 龛，其中，阿弥陀佛 137 龛，占 51%；观音菩萨 56 龛，占 21%；弥勒佛 14龛，占 5%；释迦牟尼佛 12 龛，占 4%；地藏 10 龛，占 3.7%；优填王像 9 龛，占 3%；药师佛 7 龛，占 2.6%；卢舍那佛 3 龛、业道佛 2龛等。隋唐时期新造的佛像共计 58 尊，其中释迦佛 7 尊、弥陀佛 10尊、阿弥陀佛 4 尊、卢舍那佛 6 尊、毗卢遮那佛 2 尊、定光佛 2 尊、俱胝佛 1 尊、观音菩萨 16 尊、文殊菩萨 3 尊、普贤菩萨 3 尊、毗沙门天王 3 尊②。可见，唐代以前普贤像的雕造是极为少见的。玄奘作为忠实的佛教信徒，生活在隋末唐初，似不可能"印普贤像"。

从玄奘本人的佛教信仰分析

在普贤崇拜没有形成之前，流行弥勒崇拜(图 104)。认为继释迦牟尼之后创立新佛教者就是弥勒，因而弥勒被称为未来佛。在未成佛之前，作为弥勒菩萨，在兜率天的内院生活。兜率天是佛教主张的欲界六天之一，内院是兜率天中间的一个特定区域，因为这里是充满欢乐的天上乐园，又称"兜率净土"。弥勒在此说法，令无数天神大彻大悟。据说一个人只要具有虔诚的弥勒信仰，死后便可往生兜率天弥勒净土，与弥勒同在，恭听说法。等到弥勒降世成佛时，亦可同弥勒同降人间，在人间受法，并最终解脱。弥勒崇拜的表现形式很多：或顶礼膜拜，或诵经不已，或刻石造像，不一而足，其最终目的都是为了往生弥勒净土。玄奘是一位虔诚的弥勒信徒。早在西行取经之初，"贸易得马一匹，但苦无人相引，即于所停寺弥勒像前启请，愿得一

---

① 侯旭东：《五六世纪北方民众宗教信仰》，中国社会科学出版社 1998 年版。

② 张弓：《汉唐佛寺文化史·妙相篇》，中国社会科学出版社 1997 年版。

图 104　弥勒像

人相引渡关"①。在西行取经途中，遇到灭顶之灾时，总是想到弥勒，据唐道宣《续高僧传》卷四："东南行二千余里，经于四国，顺殑伽河侧，忽被秋贼，须人祭天。同舟八十许人悉被执缚，唯选奘公，堪充天食。因结坛河上，置奘坛中，初便生飨，将加鼎镬。当斯时也，取救无缘，注想慈尊弥勒如来及东夏住持三宝，私发誓曰：'余运未绝，会逢放免。必其无遇，命也如何。'同舟一时悲啼号哭。忽恶风四起，贼船而覆没。飞沙折木，咸怀恐怖。诸人又告贼曰：'此人可愍，不辞危难，专心为法，利益边陲。君若杀之，罪莫大也。宁杀我等，不得损他。'众贼闻之，投刃礼愧。受戒悔失，放随所往。"最后终于化险为夷，免遭一死。西行取经返回以后，玄奘对弥勒更加崇拜，据《大唐故三藏玄奘法师行状》："法师从少以来，常愿生弥勒佛所。及游四方，又闻无著菩萨兄弟，亦愿生睹史多天宫，奉事弥勒，并得如愿，俱有证验，益增剀励。自至玉华，每因翻译，及礼忏之际，恒发愿上生睹史多天，见弥勒佛。除翻经时以外，若昼若夜，心

---

① （唐）慧立、彦悰：《大慈恩寺三藏法师传》卷一，中华书局 2000 年版。

心相续，无暂怵废。"①据说，佛涅槃后九百年，弥勒菩萨曾在中印度阿踰陀国讲堂，为无著、世亲兄弟宣讲《瑜伽师地论》、《分别瑜伽论》等五部大论，无著成为大乘佛教瑜伽宗理论体系的主要建立者。玄奘西行取经期间，曾从戒贤法师传授以《瑜伽师地论》为代表的瑜伽宗，益发加深了玄奘对弥勒的崇拜。贞观二十一年（647）五月，玄奘亲自在玉华宫主持《瑜伽师地论》一百卷的翻译工作，次年五月译完。据记载：贞观二十二年（648）六月，唐太宗幸玉华宫，"敕追法师。既至，接以殊礼。敕问师比更翻何经论，答：'近翻《瑜伽师地论》一百卷。'上曰：'此论甚大，何圣所作？复明何义？'答：'《论》是弥勒菩萨造。明十七地义。''何名十七地？'法师答名及标大旨。上甚悦"②。从上述记载来看，玄奘自幼崇拜弥勒。在西天取经时，又加深了对弥勒的崇拜。西天取经返回后，又把带回的梵文《瑜伽师地论》翻译成汉文，把瑜伽宗传入中国，成为法相宗（亦名唯识宗）的创始人。他的翻译工作得到唐太宗的鼓励和支持。玄奘在翻译佛经之余，无时无刻不在思念弥勒，"若昼若夜，心心相续，无暂怵废"。唐高宗永徽元年（650）五月，玄奘还翻译了《瑜伽师地论释》一卷；龙朔二年（662），62岁的玄奘还翻译了弥勒传授的《辨中边论》。玄奘还亲自撰写了《赞弥勒四礼文》，可见他对弥勒的崇拜程度。在麟德元年（664）一月十七日病危期间，玄奘还托人画俱胝像、弥勒像等，甚至在弥留之际，还念念不忘弥勒，"默念弥勒，令傍人称曰：'南谟弥勒、如来应正等觉，愿与含识，速奉慈颜。南谟弥勒、如来所居内众，愿舍命己，必生其中。'至二月四日，右胁累足，右手支头，左手髀上铿然不动。有问：'何相？'报曰：'勿问，妨吾正念。'至五日中夜，弟子问曰：'和尚定生弥勒前不？'答曰：'决定得生。'言已

---

① ［日]大正一切经刊行会：《大正藏·大唐故三藏玄奘法师行状》，大正藏本。

② ［日]大正一切经刊行会：《大正藏·大唐故三藏玄奘法师行状》，大正藏本。

气绝。"①可见玄奘对弥勒的崇拜已经到了无以复加的地步。直到生命的最后一息，还在想念弥勒，而且对"生弥勒前"充满信心，真是一位虔诚的弥勒崇拜者。

总之，普贤崇拜在唐初还远远没有形成，加上玄奘对弥勒的虔诚崇拜，似可断言，玄奘"印普贤像"是不可能的。

唐代造像的方法

根据文献记载，唐前期佛像多为绣制、铸制、绘制等。

据《旧唐书·萧瑀传》：

> 贞观十七年，与长孙无忌等二十四人并图形于凌烟阁……太宗以瑀好佛道，尝赉绣佛像一躯，并绣瑀形状于佛像侧，以为供养之容。

这里，佛像是绣制的。唐代铸像最多，"铸佛写经"、"抄经铸像"是唐人习用的成语。据唐释道宣《广弘明集·唐太宗断卖佛像敕》：

> 敕旨佛道形像，事极尊严。伎巧之家，多有造铸；供养之人，竞来买赎。品藻工拙，揣量轻重。买者不计因果，止求贱得；卖者本希利润，唯在价高。罪累特深，福报俱尽，违犯经教，并宜禁约。自今已后，工匠皆不得预造佛道形像卖鬻。其见成之像，亦不得销除，各令分送寺观，徒众酬其价直，仍仰所在州县官司检校，敕到后十日内使尽。

由"揣量轻重"四字可知，此之"佛道形像"皆为"造铸"，否则，怎么会有轻重之分呢？据唐玄宗李隆基《禁坊市铸佛写经诏》：

> 如闻坊巷之内，开铺写经，公然铸佛，口食酒肉，手漫腥

---

① （南朝梁）慧皎等：《高僧传合集》，上海古籍出版社1991年版。

腥，尊敬之道既亏，慢狎之心斯起，百姓等或缘求福，因致饥寒，言念愚蒙，深用嗟悼。殊不知佛非在外，法本居心，近取诸身，道则不远，溺于积习，实藉申明。自今已后，禁坊市等不得辄更铸佛写经为业。①

可见当时民间铸佛写经相当普遍，唐玄宗不得不诏令禁止。又据玄宗重臣姚崇诫子孙书云：

> 三王之代，国祚延长，人用休息，其人臣则彭祖、老聃之类，皆享遐龄。当此之时，未有佛教，岂抄经铸像之力，设斋施物之功耶……且佛者觉也，在乎方寸，假有万像之广，不出五蕴之中，但平等慈悲，行善不行恶，则佛道备矣。何必溺于小说，惑于凡僧，仍将喻品，用为实录，抄经写像，破业倾家，乃至施身亦无所吝，可谓大惑也。②

这段话反映了姚崇排佛的鲜明立场，他反对"抄经铸像"或"抄经写像"，"写像"就是绘制佛像的意思。可见"铸像"、"写像"是唐玄宗时造像的两种主要方法。唐玄宗时尚且如此，五六十年前的贞观年间不应例外。其实，唐代铸像之风一直延续到晚唐，据《旧唐书·武宗纪》：

> （会昌五年七月）中书又奏："天下废寺，铜像、钟磬委盐铁使铸钱，其铁像委本州铸为农器，金、银、鍮石等像销付度支。衣冠士庶之家所有金、银、铜、铁之像，敕出后限一月纳官。如违，委盐铁使依禁铜法处分。其土、木、石等像合留寺内依旧。"

---

① 《全唐文》卷二十六。
② 《旧唐书·姚崇传》。

可见到了唐代后期武宗会昌年间，铸像之风还没有刹住，官府限令"一月纳官"。当然，用泥模制造泥像与金属铸像的方法基本相同，只不过物质不同、方法更加简单罢了。总之，所谓唐初玄奘"印普贤像"的记载是不可轻信的。[①]

六、"模勒"评析及其他

"唐中说"关于"模勒"的解释（详第一章第二节）风行海内，一再为各类著作所征引，似成不刊之论。我们认为，唐代中期已经发明雕版印刷，这是毫无疑义的。但是，"唐中说"把"模勒"释为"雕版"是不恰当的，把"模勒"一事作为"唐中说"的根据是不适宜的。

从"模勒"的本义和引申义分析

"模勒"之"模"字，其本义，据《说文解字·释模》："法也，从木，莫声。"法就是法式、模范、榜样的意思。如晋左思《咏史八首》之八："巢林栖一枝，可为达士模。"勒，其本义，据《说文解字·释勒》："马头络衔也，从革，力声。"像以手用力张革之形。如《楚辞·九章·思美人》："勒骐骥而更驾兮，造父为我操之。"联系元稹《白氏长庆集序》中的"模勒"，用的都是引申义。模是模写内容的意思，勒是编辑的意思。"模勒"二字合在一起，就是模写编辑之意。这种解释在唐宋非常普遍，如宋魏庆之《诗人玉屑》卷十云："若模勒前人，无自得，只如世间剪裁诸花，见一件样，只做得一样也。"唐王勃《王子安集·续书序》云："始自总章二年，泪乎咸亨二年，刊写文就，写成百二十篇，勒成二十五卷。"翁同文、辛德勇等不同意上述解释，认为"模勒"跟书法有关，是勾勒、影写的意思[②]。当然，这种解释也

---

① 曹之：《玄奘"印普贤像"质疑》，载《出版发行研究》2009 年第 3 期。

② 翁同文：《与印刷史夹缠之元稹笔下"模勒"一词确诂》，载台北《东吴文史学报》1989 年第 7 期；辛德勇：《唐人模勒元白诗非雕版印刷说》，载《历史研究》2007 年第 6 期。

有一定道理。两晋南北朝至于隋唐时期，手抄是图书制作的主要手段。字迹因人而异，有优劣之别。书法家的字迹常常是人们学习的榜样。因为那时没有照相机，人们仿真的唯一办法就是影写。影写的具体方法是：先把字画的轮廓描下，然后以墨填实。唐代有一种职业叫做搨书手，干的就是这项工作，因此，影写又叫搨书。相传唐太宗把王羲之的《兰亭集序》就搨过多份，颁赐诸子、群臣。因为"模勒"常常是碑刻的第一道工序，和搨书有些相近，所以，人们常常用"模勒"代指勾勒和影写，用"模勒上石"代指刻碑。然而，从内容方面分析，元白诗作实开一代新风，有许多明显的特点：直面现实，贴近民生，通俗易懂；首创"次韵相酬之长篇排律"；多有"杯酒光景小碎篇章"等①。这些特点吸引了大批读者。在广大读者中，固然有不少相互酬唱、借酒消愁的文人学士，更有大量的普通读者。那些直面现实、贴近民生、通俗易懂的作品，在读者中产生了强烈的共鸣，对广大读者尤具吸引力，出现大量模仿之作也是必然的。模仿者为了取信于读者，不外两种手段：一是模仿元白诗作的内容；二是模仿元白诗作的字迹。比较而言，第一种手段似乎更接近实际，因为广大读者对元白诗作的内容已是耳熟能详，是与不是，一听一看便知。在元白所处的唐代，抄书是学者的第一要务，书法家多如牛毛。元、白虽然书法不错，但还称不上一流、二流的书法家，其社会影响主要依赖他们的作品内容，而不是书法。广大读者喜欢元白诗主要是因其内容而不是其书法。因此，我们认为元稹《白氏长庆集序》中的"模勒"二字应当释为"模写编辑"，而不宜释为勾勒、影写等书法活动。至于根据《礼记·月令》中关于"物勒工名，以考其诚"（郑玄注：勒，刻也）的记载，把"模勒"释为雕版印刷更是不对的。

从上下文的语意分析

元稹《白氏长庆集序》的有关文字是这样的："至于缮写模勒、炫卖于市井，或持之以交酒茗者，处处皆是（原文小字注：扬越间多作

---

① 陈寅恪：《元白诗笺稿附录·元和诗体》，上海古籍出版社 1978 年版。

书，模勒乐天及予杂诗，卖于市肆之中也）。其甚者有至于盗窃名姓，苟求自售，杂乱间厕，无可奈何。"①这段文字有两层意思："其甚者"之前是第一层意思。在这层意思之中，出现两个"模勒"，第二个"模勒"在小字注解中，是对第一个"模勒"的解释。值得我们注意的是：前面是把"缮写模勒"并题，小字注解仅用"模勒"二字，似乎向我们传达了这样一个信息：元稹讲的主要是"模勒"这种写作方法。那么小字注解应当怎样理解呢？"模勒乐天及予杂诗"，是修饰"书"的，整个小字注解的意思是：扬越间不少书商把仿效元白诗篇编成的图书在市场上出卖。从"其甚者"三字开始，为第二层意思。"其甚者"有承上启下的作用，"其"字承上，代指那些模仿写作者；"甚者"二字启下，表示在模仿写作者之中，还有更为严重的情况，他们公然在自己仿造的诗篇上，硬是署上元稹、白居易的名字，欺世盗名，兜售伪作，牟取暴利，从而造成鱼目混珠、真伪参半的局面，有关人员对此毫无办法。两层意思的联系非常紧密：第一层意思是第二层意思的前提，第二层意思是第一层意思的深化。第二层意思是在第一层意思的前提下，进一步揭露那些"盗窃名姓"者。这就是说，模仿写作的人可分两个大类：一类人只是模仿写作而已，老老实实地署上自己的名字，不敢"盗窃名姓"；另一类人则胆大包天，不仅模仿写作，而且敢于"盗窃名姓"，硬是把模仿之作，署上元白的名字，移花接木，从中渔利。

衡量一个词的真实含义，不能离开该词所处的原文，不能离开该词所处的语言环境。根据以上分析可知，两层意思关系密切，不可分割。"缮写"和"模勒"两个词之所以并列起来，是因为前者讲的是一般的抄写问题，后者讲的是写作内容问题，二者确实是并列关系。如果离开两层意思的递进关系，硬把"模勒"释为勾勒、影写、雕版印刷等，是根本讲不通的：既然勾勒、影写或刻印元白诗作，自然会光明正大地署上元白的名字，后面的"盗窃名姓"就无所指，就没有着落，也就不存在"盗窃名姓"的问题了。本段第二层意思非常关键，

---

① 元稹：《元稹集》卷五十一，中华书局 1986 年版。

不能省掉。如果省掉，也就不能全面理解两层意思的递进关系了。

从当时的实际情况分析

关于元稹《白氏长庆集序》中"模勒"一词的具体含义，我们还可以结合当时的具体情况加以分析。

元稹《白氏长庆集序》说："巴蜀江楚间，洎长安中少年，递相仿效，竞作新词，自谓为元和诗。"①这就是说，从长江中上游到国都长安，仿效者竞相模仿元白诗作，争先恐后创作"新词"问世。所谓"新词"，就不是元白的旧词，是最新创作的。可见"模勒"与勾勒、影写、雕版印刷等没有任何关系。

元稹《上令狐相公诗启》云："江湖间多新进小生，不知天下文有宗主，妄相仿效，而又从而失之，遂至于支离褊浅之词，皆目为元和诗体。稹与同门生白居易友善，居易雅能为诗，就中爱驱架文字，穷极声韵。或为千言，或为五百言律诗，以相投寄。小生自审不能以过之，往往戏排旧韵，别创新词，名为次韵相酬，盖欲以难相挑耳。江湖间为诗者，复相仿效，力或不足，则至于颠倒语言，重复首尾，韵同意等，不异前篇，亦自谓为元和诗体。而司文者考变雅之由，往往归咎于稹。尝以为雕虫小事，不足以自明。始闻相公记忆，累旬已来，实惧粪土之墙，庇以大厦，便不摧坏，永为版筑之娱。辄写古体歌诗一百首、百韵至两韵律诗一百首，合为五卷，奉启跪陈。"②这里所谓"为诗者"就是指的那些"仿效"者，而不是指勾勒者、影写者或雕版印刷的人。"司文者"和"文有宗主"的"文"字都是指诗歌，都不是指勾勒、影写、雕版印刷等。所谓"力或不足"，是说在"仿效"者中间，有的人胡编乱造元白诗作得心应手，有的人写作能力不足，"自审不能以过之"。这里的"力"字指写作能力，而不是指勾勒、影写、雕版印刷等能力。由于"仿效"者水平不高，也只能"戏排旧韵，别创新词"。"戏"字说明"仿效"者很不严肃，把诗歌创作视为儿戏，

---

① 元稹：《元稹集》卷五十一，中华书局 1986 年版。
② 陈友琴：《白居易资料汇编·唐五代诸家评述》，中华书局 1986 年版。

只能按照元白用过的"旧韵"写作。这些诗歌虽然水平不高，但却也是"别创新词"，文字没有抄袭，是重新写过的。这里指的亦非勾勒、影写、雕版印刷等，而是写作的内容。当然，"力或不足"的仿效者，只能写出"支离褊浅之词"，只能写出"颠倒语言，重复首尾，韵同意等，不异前篇"的诗歌。"韵同意等"四个字就是说韵脚、意思相同而文字不同，并非元白的旧作，文字已经有了改变。很明显，这里讲的也是诗歌内容问题，绝非勾勒、影写、雕版印刷等。由于当时"力或不足"的"仿效"者太多，在社会上产生了很坏的影响，"司文者"不进行调查研究，"往往归咎于稹"。元稹十分担心这样造成的严重后果，"实惧粪土之墙，庇以大厦，便不摧坏，永为版筑之娱"。"仿效"者们打着"元和诗体"的旗号，严重玷污了元白的声誉。为了说明真相，辨别真伪，元稹才不得不"跪陈"献诗。由此可知，这段话和勾勒、影写、雕版印刷等没有任何关系。

元稹《酬乐天余思不尽加为六韵之作》第七句"元诗驳杂真难辨"，自注云："后辈好伪作予诗，流传诸处。自到会稽，已有人写宫词百篇及杂诗两卷，皆云是予所撰，及手勘验，无一篇是者。"①这里讲的都是内容问题。"伪作予诗"，就是假冒元稹作诗，打着元稹的旗号，到处招摇撞骗，而与勾勒、影写、雕版印刷等无关。

白居易《白氏集后记》云："又有《元白唱和因继集》，共十七卷，《刘白唱和集》五卷，《洛下游赏宴集》十卷，其文尽在大集内录出，别行于时。若集内无而假名流传者，皆谬为耳。"②显然，这里所谓"假名流传者"，也是指那些以假乱真的人，与勾勒、影写、雕版印刷等无关。

以上情况表明，元稹《白氏长庆集序》中的"模勒"确实是就诗歌内容而言。就元白作品的实际情况来看，元稹、白居易的诗歌中确实有不少伪作。据岑仲勉考证，元稹《酬乐天初冬早寒见寄》、《酬白太傅》等均属伪作。《酬乐天初冬早寒见寄》中"洛水碧云晓，吴宫黄叶

①　元稹：《元稹集》卷二十二。
②　陈友琴：《白居易资料汇编附录·白居易本人关于论诗的意见》。

时"之句，"显见是吴洛唱和，非元白唱和"，而证此诗是刘禹锡的作品①。关于《酬白太傅》，岑仲勉说："按引《旧（唐书）·白（居易）传》，开成元年，除同州不拜，寻挽太子少傅，此作太傅，误一；元卒大和五年，更不见白加少傅，误二。此必他人诗，非稹诗也。"②卞孝萱《元稹年谱》认为，《赠毛仙翁》并序都是伪作："元稹长庆二年为宰相，三年为浙东观察使。伪造者误以为元稹'廉问浙东'在前，'入相'在后。"另外，《茶》诗也是伪作，卞孝萱《元稹年谱》将王起、李绅、令狐楚、元稹的行踪列表，说明白居易离西京赴东都时，众人均不在西京，更无《唐诗纪事》卷三十九《韦式》门所记"悉会兴化亭"赋诗之事，伪诗无疑③。白居易别集中也有不少伪作，《别韦苏州》就是其中之一。清赵翼说："按香山自叙：年十四五，游苏杭间，见太守甚尊，不得从游宴之列。则于左司年辈本不相及，何待有辞别之作？此诗必非香山所作，或他人诗挽入耳。"④当然，今人所见元白伪诗并非全系唐人作伪，但是应该肯定：大多数是唐人干的。以上事例表明，把"模勒"释为"模写编辑"是有道理的，"模勒"讲的绝对不是勾勒、影写等书法活动，更不是雕版印刷的意思。

从白居易本人的论述分析

白居易的作品是否刻印，他自己最有发言权。兹选录几段白居易本人的论述。太和三年（829）白居易编《刘白唱和集》三卷。白居易在《刘白唱和集解》中说："一二年来，日寻笔砚，同和赠答，不觉滋多。至太和三年春已前，纸墨所存者，凡一百三十八首。其余乘兴扶醉、率然口号者，不在此数。因命小侄龟儿编录，勒成两卷，仍写两本，一付龟儿，一授梦得小儿仑郎，各令收藏，附两家集。"⑤说明该

---

① 元稹：《元稹集》卷二十六。
② 元稹：《元稹集》卷二十六。
③ 元稹：《元稹集·外集》卷七，中华书局 1982 年版。
④ 赵翼：《瓯北诗话》卷四，人民文学出版社 1963 年版。
⑤ 陈友琴：《白居易资料汇编附录·白居易本人关于论诗的意见》，中华书局 1986 年版。

集抄录了两个副本,《刘白唱和集》没有雕版印刷。开成四年(839)白居易编《白氏文集》六十卷。白居易在《苏州南禅院白氏文集记》中说:"家藏之外,别录三本:一本置于东都圣善寺钵塔院律库中;一本置于庐山东林寺经藏中,一本置于苏州南禅院千佛堂内。"①说明该集抄录了三个副本,《白氏文集》没有雕印印刷。

会昌五年(845)白居易编《白氏文集》七十五卷。白居易在《白氏集后记》中说:"白氏前著《长庆集》五十卷,元微之为序;后集二十卷,自为序;今又续后集五卷,自为记。前后七十五卷,诗笔大小,凡三千八百四十首。集有五本:一本在庐山东林寺经藏院,一本在苏州禅林寺经藏内,一本在东都胜善寺钵塔院律库楼,一本付侄龟郎,一本付外孙谈阁童。各藏于家,传于后。其日本、新罗诸国及两京人家传写者,不在此记。"为了保存这部文集,白居易专门制作了一个大书柜,并有《题文集柜》诗云:"破柏作书柜,柜牢柏复坚。收贮谁家集?题云白乐天。我生业文字,自幼及老年。前后七十卷,大小三千篇。诚知终散失,未忍遽弃捐。自开自锁闭,置在书帷前。身是邓伯道,世无王仲宣。只应分付女,留与外孙传。"②从《白氏集后记》可知,不包括国外、两京抄本,该书共抄了五个副本。从《题文集柜》可知,因为当时没有雕版印刷,白居易一直有"诚知终散失"的担心。他专门做了一个柏木书柜收藏文集,希望尽可能多保存一天。会昌五年(845)编《白氏文集》是白居易一生作品的最后结集,既然全为手抄,遑论其他。

可见白氏文集的多数复本是交付寺院珍藏的。一般地说,寺院藏书比其他地方要安全些。试想,如果白居易的诗文作品有大量刻本流传的话,白居易本人就不可能会有"诚知终散失"的后顾之忧了,也就不会去想那么多办法了。实际上,白集在寺院中并非平安无事,庐

---

① 陈友琴:《白居易资料汇编附录·白居易本人关于论诗的意见》,中华书局 1986 年版。

② 陈友琴:《白居易资料汇编附录·白居易本人关于论诗的意见》,中华书局 1986 年版。

山东林寺藏本宋初已经亡佚。宋真宗时，复令崇文院写本送寺，陆游《入蜀记》卷二云：

> 白公尝以文集留(东林寺)草堂，后屡亡佚，真宗皇帝令崇文院写校，包以斑竹帙送寺。

可见白集到宋真宗时尚未出现刻本。古代中日图书交流频繁，现存日本的金泽文库本《白氏文集》是唐代流传日本的最早版本，上有题记云："会昌四年夏五月二日写勘了，惠萼。"可见这个本子是唐武宗会昌四年(844)由留学僧惠萼亲自抄写，并于唐宣宗大中元年(847)带回日本的。如果当时唐代确有刻本，亦当有刻本流传日本。

从唐代文人作品的流传分析

如果白居易的诗文作品当时已经大量刊行，那么同时代的其他著名文人韩愈、元稹、王建、孟郊、贾岛、刘禹锡、李翱、姚合、张祜、沈亚之、项斯等的作品也不应例外。但是，实际情况如何呢？兹举例如下：

卢纶(748—800?)，字允言，河中蒲(今山西永济西)人，唐朝诗人，"大历十才子"之一，以反映边塞生活的《塞下曲》著称于世。据《旧唐书·卢简辞传》记载：

> 文宗好文，尤重纶诗，尝问侍臣曰："卢纶集几卷？有子弟否？"李德裕对曰："纶有四男，皆登进士第，今员外郎简能、侍御史简辞是也。"即遣中使诣其家，令进文集，简能尽以所集五百篇上献，优诏嘉之。

据此，则卢集当时无刻本。《卢纶诗集》的最早刻本当为宋刻十卷本。

孟郊(生平详第四章第一节)《孟东野集》的最早刻本是宋代汴本、吴本等。

张籍(约767—约830)，字文昌，原籍吴郡(今苏州)，唐代诗人，其《张司业集》的最早刻本是宋四川刻本。

韩愈（768—824），字退之，河阳（今属河南）人，唐代文学家。《昌黎先生集》的最早刻本是宋大中祥符二年（1009）杭州刻本。

刘禹锡（生平详第五章第三节）《刘梦得文集》的最早刻本是宋刻四十卷（含外集十卷）本。

李翱（772—841），字习之，陇西成纪（今属甘肃）人，唐散文家、哲学家。其《李文公集》的最早刻本是宋四川刻本。

柳宗元（生平详第五章第三节）《柳河东集》的最早刻本是宋初穆修刻本。

姚合（775—约854），陕州峡石（今河南陕县）人，唐代诗人。其《姚少监诗集》的最早刻本是宋四川刻本、浙江刻本等。

张祜，字承吉，清河（今属河北）人，唐代诗人。其《张承吉文集》的最早刻本是宋四川眉山刻本。

沈亚之（781—832），字下贤，吴兴（今属浙江）人，唐文学家。《沈下贤集》的最早刻本是宋元祐元年（1086）刻本。

朱庆馀（生平详第五章第三节）其诗辞意清新，描写细致，深为张籍所赏识，据《太平广记·朱庆馀》记载：张籍"索庆馀新旧篇什数通吟改，只留二十六章，籍置于怀抱而推赞之。时人以籍重名，无不缮录讽咏"。据此，则朱集当时无刻本。《朱庆馀诗集》的最早刻本当为宋嘉祐刻本、宋临安棚北大街陈宅书籍铺刻本等。

卢纶、孟郊等既为名人，其作品当是流传很广的。如果白居易、元稹的作品能够大量刻印的话，他们的作品似也应有刻本，但根据上述记载，他们的作品均始刻于宋代，这就不能不叫人产生疑问：如果"模勒"当"刊刻"解释的话，为什么和白居易、元稹同时代的其他名人作品没有付诸剞劂呢？不仅如此，唐代其他文人作品亦无唐代刻印者，例如：

寒山（生平详第三章第一节）《寒山子集》的最早刻本是宋淳熙十六年（1189）天台国清寺僧志南刻本。

骆宾王（约640—？），婺州义乌（今属浙江）人，唐初"四杰"之一。《骆宾王集》的最早刻本是宋代四川刻本。

王勃(650—676),字子安,绛州龙门(今山西河津)人,唐初"四杰"之一,《王子安集》的最早刻本是宋代四川刻本。

杨炯(650—?),华阴(今属陕西)人,唐初"四杰"之一,其《盈川集》的最早刻本是宋景德四年(1007)江楠序本。

张说(667—730),字道济(一字说之),洛阳人,唐代大臣。其《张燕公集》的最早刻本是宋代四川刻本。

张九龄(678—740),字子寿,韶州曲江(今属广东)人,唐玄宗时大臣、诗人。其《曲江集》的最早刻本是宋代四川刻本和曲江刻本。

王维(701—760),字摩诘,祖籍祁(今山西祁县)人,后迁居蒲州(今山西永济),唐代著名诗人、画家。其弟王缙代宗时出任宰相,王缙死于德宗建中二年(781),当时白居易已经8岁。据《旧唐书·王维传》记载:

> 代宗好文,尝谓缙曰:"卿之伯氏天宝中诗名冠代,朕尝于诸王座闻其乐章。今有多少文集,卿可进来。"缙曰:"臣兄开元中诗百千余篇。天宝事后,十不存一。比于中外亲故间相与编缀,都得四百余篇。"翌日上之,帝优诏褒赏。

据此,则王集当时无刊本,几于散佚。王维别集《王摩诘集》的最早刻本是宋代四川刻本、建昌刻本等。

李白(701—762),字太白,祖籍陇西成纪(今属甘肃)人,唐代著名诗人,《李白集》的最早刻本是宋元丰三年(1080)苏州晏知止刻本。

刘长卿(?—约785),字文房,河间(今属河北)人。其《刘随州诗集》的最早刻本是宋代建昌刻本、临安棚北大街陈宅书籍铺刻本。

杜甫(712—770),字子美,巩县人,唐代著名诗人。其《杜工部集》的最早刻本是宋嘉祐四年(1059)苏州王琪刻本。

元结(719—772),字次山,河南(今洛阳)人,唐代文学家,《元次山集》的最早刻本是宋代四川刻本和九江刻本。

韦应物(生平详第五章第三节)《韦苏州集》的最早刻本是宋熙宁

九年(1076)葛蘩刻本。

李贺(790—816),字长吉,福昌(今河南宜阳)人,唐代诗人。其《昌谷集》的最早刻本是宋代京本、川本、会稽本等。

卢仝(约775—835),号玉川子。范阳(今河北涿县)人,唐代诗人。《玉川子诗集》的最早刻本是宋四川刻本。

许浑,字用晦,润州丹阳(今属江苏)人,唐代诗人。《丁卯集》的最早刻本是四川刻本和临安棚北大街陈宅书籍铺刻本。

杜牧(生平详第五章第三节)《樊川文集》的最早刻本是北宋刻本。

孙樵,字可之,关东人,唐代文学家。《孙可之集》的最早刻本是宋四川刻本。

皮日休(生平详第五章第三节)《皮子文薮》的最早刻本是四川樊开刻本、宋政和六年(1116)朱衮刻本等。

陆龟蒙(生平详第五章第三节)《甫里集》的最早刻本是宋宝祐五年(1257)吴江叶茵刻本。

司空图(生平详第五章第三节)《司空表圣文集》的最早刻本是宋四川刻本。

李频,字德新,寿昌人,大中进士,诗人。其《梨岳集》的最早刻本是宋嘉熙三年(1239)金华王野刻本。

黄滔,字文江,乾宁进士,莆田人。其《黄御史集》的最早刻本是宋淳熙四年(1177)永平曾氏刻本、宋庆元二年(1196)黄沃刻本。

另外,卢照邻、羊士谔、刘驾、章碣、司空曙、吕温、李咸用、李远、李端、刘叉、马戴、耿沣、刘沧、苏拯、林宽、严维、于濆、罗邺、释灵一、喻凫、李建勋、秦韬玉、释皎然、项斯、鱼玄机、殷文珪、顾况、唐求、释齐己、释尚颜、戎昱、曹邺、释无可、戴叔伦、崔涂、刘兼、权德舆、张蠙、储嗣宗等人的别集也以宋临安棚北大街陈宅书籍铺刻本为最早。唐末徐夤《自咏十韵》云:"拙赋偏闻镌印卖,恶诗亲见画图呈。"[①]如果这里"镌印"是刻印之意,那么这当是终唐之世刻印诗赋的唯一记载。除此之外,唐代一切诗文别集尽皆

---

① 《全唐诗》卷七。

手抄。

以上从四个方面论证了"模勒"似非"刊刻"之意，那么，白居易诗文集的最早刻本到底出现在什么时候？据现在所掌握的材料可知，宋代蜀本和吴本才是白居易诗文集的最早刻本。蜀本为何友谅刻，何友谅既刻其集，又作《年谱》，刊之集首。吴本为李伯珍刻，该本附有维扬李璜所作《年谱》。《直斋书录解题》卷十六说：两本"编次亦不同，蜀本又有外集一卷，往往皆非乐天自记之旧矣"。可惜这两个本子今已不传，现存最早的宋刻本是南宋绍兴间杭州刻《白氏文集》，此本现藏国家图书馆（图 105）。这里顺便说明一个问题：李书华著《中国印刷术起源》引唐刘知几《史通·古今正史》云："太宗崩后，（五代史志）刊勒始成。"其中"刊勒"二字，李氏释为"刻"意，亦不确，当为删削、编纂之意。钱穆先生指出："鄙意亦认为此处'刊勒'二字，应作刊削与编纂解，不宜作雕版印刷言。"①

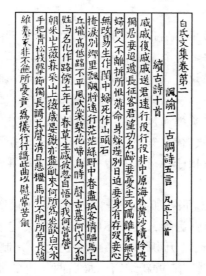

图 105　南宋杭州刻《白氏文集》

---

① 李书华：《中国印刷术起源·钱序》。

"立板传本"及其他

下面我们再来谈谈"唐中说"的其他证据。

关于张参"立板传本"问题,据唐大历十一年(776)六月七日张参《五经文字序例》:

> (大历)十年夏六月,有司以职事之病,上言其状,诏委国子儒官勘校经本送尚书省,参幸承诏旨,得与二三儒者分经钧考而共决之,互发字义,更相难极,又以前古字少,后代稍益之。故经典音字,多有假借。陆氏《释文》,自南徂北,遍通众家之学,分析音训,特为详举,固当以此正之,卒以所刊,书于屋壁,虽未如蔡学之精密,石经之坚久,慕古之士,且知所归。

刘禹锡《国学新修五经壁记》云:

> 初,大历中名儒张参为国子司业,始定五经书于论堂东西厢之壁,辨齐鲁之音取其宜,考古今之文取其正,由是诸生之师心曲学、偏听臆说,咸束之而归之大同。揭揭高悬积六十岁,崩剥污蠛,漠然不鲜……遂以美赢,再新壁书,惩前土涂,不克以寿,乃析坚木负墉而比之,其制如版牍而高广,其平如粉泽而洁滑,背施阴关,使众如一,附离之际,无迹而寻,堂皇靓深,两庑相照。申命国子能通法书者分章揆日,遂其业而缮写焉。

可见大历十年(775)张参所立乃是"书于屋壁"的"壁经",并非刻本。60年后,墙壁"崩剥污蠛,漠然不鲜",国学决定重修壁经,鉴于土墙不坚,不能久远,"乃析坚木负墉而比之,其制如版牍而高广",并使"国子能通法书者"重新缮写。最后两句讲的非常清楚,不可能是印刷品。

关于《开元杂报》(图 106)是最早印刷报纸的说法,亦不可信。据唐孙樵《孙可之集·读开元杂报》:

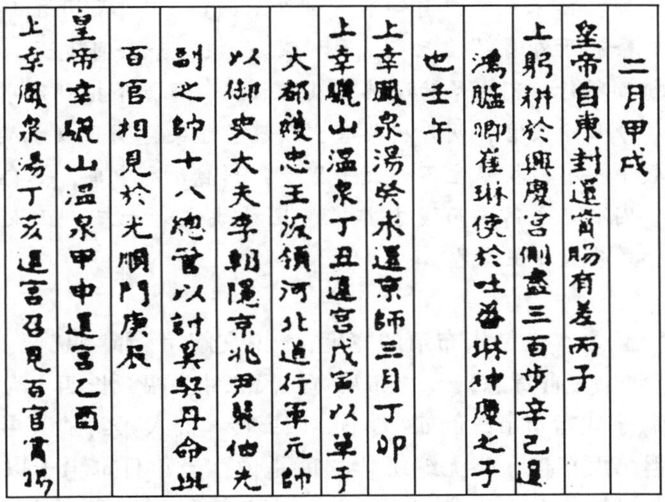

二月甲戌
皇帝自東封還曆賜有差兩子
上躬耕於興慶宮側壹三百步辛己還
鴻臚卿崔琳使於土番琳神慶之子也壬午
上辛鳳泉湯癸水還京師三月丁卯
上幸驪山溫泉丁丑還宮代寅以單于
大都護忠王浚領河北道行軍元帥
以御史大夫李朝隱京兆尹裴仙先
副之帥十八總管以討吳努丹命此
百官相見於光順門庚辰
皇帝幸驪山溫泉甲申還宮乙酉
上幸鳳泉湯丁亥還宮召見百官賞物

图106 开元杂报

　　樵曩于襄汉间得数十幅书，系日条事，不立首末。其略曰：某日皇帝亲耕耤田，行九推礼；某日百僚行大射礼于安福楼南；某日安北诸蕃君长请扈从封禅；某日皇帝自东封还，赏赐有差；某日宣政门宰相与百僚廷争十刻罢，如此凡数十百条。樵当时未知何等书，徒以为朝廷近所行事。有自长安来者，出其书示之，则曰："吾居长安中，新天子嗣国，及穷虏自溃，则见行南郊礼，安有耤田事乎？况九推非天子礼耶？又尝入太学，见丛棘负土而起若堂皇者，就视得石刻，乃射堂旧址，则射礼废已久矣，国家安能行大射礼耶？自关已东，水不败田，则旱败苗，百姓常入赋不足，至有卖子为豪家役者。吾尝背华走洛，遇西戌还兵千人，县给一食，力屈不支，国家安能东封？从官禁兵安能仰给耶？北虏惊啮边甿，势不可控，宰相驰出责战，尚未报功，况西关复惊于西戎，安有扈从事耶？武皇帝以御史窃议宰相事，望岭南走者四人，至今卿士龂舌相戒，况宰相陈奏于仗乎，安有廷奏诤事耶?"语未及终,有知书者自外来,曰:"此皆开元政事,盖当时条布于外者。"樵后得《开元录》验之,条条可复云。然尚以为前朝所行,不当尽为坠典。及来长安,日见条报朝廷事者,徒曰:今日除某官,明日授某官,今日幸于某,明日畋于某,诚不类数十幅书,樵恨生不为太平男子,如觌开元中事,如奋臂出其间。因取其书帛,而漫志其末。凡补缺文者十三,正讹文者十一,是岁大中五年也。①

其中,"幅"之本义是指布帛的宽度,《说文解字》释"幅"云:"布帛广也。"《汉书·食货志》云:"布帛宽二尺二寸为幅,长四丈为匹。"后常以"幅"字代指布帛,例如《晋书·四夷传·倭人》云:"其男子衣以横幅,但结束相连,略无缝缀。"这就是说,当年日本男子以布帛为衣。由此可见,引文中"数十幅书"的"幅"字兼具量词和名词的功能,就是"数十幅帛书"的意思。引文最后"取其书帛"数字,更加证实了《开元杂报》的载体是帛而非纸。既然如此,《开元杂报》当系手抄,而非雕印。也许有人会问,唐代纸张已广泛应用,为什么要用帛呢?因为《开元杂报》作为手抄朝报,份数不会太多,数十百千读者递相传阅,载体必须耐久,缣帛当是最佳选择。如果采用纸张,数人传阅之后,就可能体无完肤了。

关于"枣木传刻肥失真"的诗句问题,本书第八章第五节已作说明。

总而言之,唐代中期虽然已经有了雕版印刷,但以上例证均不能成立。

---

① 此段文字各本互有异同,此据《四部丛刊》本。

第十三章　活字印刷的起源

我国不仅是发明雕版印刷最早的国家，而且也是发明活字印刷最早的国家。活字的种类很多，有泥活字、木活字、铜活字、锡活字等。

一、泥活字的起源

宋代毕昇是古代泥活字的发明者（图 107），宋沈括《梦溪笔谈》卷十八云：

庆历中，有布衣毕昇又为活板，其法用胶泥刻字，薄如钱唇，每字为一印，火烧令坚。先设一铁板，其上以松脂、蜡和纸灰之类冒之。欲印，则以一铁范置铁板上，乃密布字印，满铁范为一板，持就火炀之，药稍熔，则以一平板按其面，则字平如砥。若止印三二本，未为简易；若印数十百千本，则极为神速。常作两铁板，一板印刷，一板已自布字，此印者才毕，则第二板已具。更互用之，瞬息可就。每一字皆有数印，如"之"、"也"等字，每字有二十余印，以备一板内有重复者，不用则以纸贴之，每韵为一贴，木格贮之。有奇字素无备者，旋刻之，以草火烧，瞬息可成。不以木为之者，文理有疏密，沾水则高下不平，兼与药相粘，不可取。不若燔土，用讫，再火令药熔，以手拂之，其印自落，殊不沾污。昇死，其印为予群从所得，至今宝藏。

535

图 107　毕　昇

由此可知，毕昇用泥活字印书的步骤如下：（一）用胶泥刻字。各字所刻字数不等：一般的字刻几个就够用了；"之"、"也"等常用字，要刻 20 多个；有些冷僻字，在排版时临时去刻，也来得及。（二）烧字。泥字烧过之后，不易破碎。（三）排版。其具体方法是：先在一块铁板上撒上松脂、蜡、纸灰等黏合剂，接着用铁框把四周围起来，把活字排在铁框之内，然后把铁板放在火上烘烤，等黏合剂熔化之后，用平板轻轻地把版面压平。（四）印刷。将版面涂墨后，覆纸其上，用棕刷平刷即可。为了加快印刷速度，可用两块铁板：印第一版时，第二版便可排字，等到第一版印完之后，第二版已经排好了，互相轮换，接连不断，可以大大提高工作效率。（五）回收泥活字。回收的方法是：用火烘烤铁板底部，等黏合剂熔化后，用手一推，活字就掉了。然后以字韵为序，用纸把泥活字包好，放在木格里，等到下次印书时再用。以上就是毕昇泥活字印书的全过程。

毕昇泥活字的材料

关于毕昇泥活字的材料有人提出异议，或以为毕昇活字的材料是特制的"六一泥"。什么是"六一泥"呢？据说是方士炼丹用以封闭炉鼎的专门材料，用赤石脂、白矾、滑石、盐等矿物质研成粉末，以醋（或水或蜜）调制而成。有些外国人认为泥活字是金属材料，胶泥乃是铸字的范型。有人甚至怀疑泥活字印书的可能性，认为"泥土如用千度左右温度烧炼为陶，则其吸水率为百分之二十，同样不能印刷。即令勉强印刷，印出的字迹模糊，也难以应用"①。沈括的记载是否真实？泥活字的材料是胶泥，还是六一泥？泥活字能印书吗？

虽然毕昇泥活字不见传本，但是宋代以后泥活字印书的实践却给我们提供了有力的证据。现以清代泥活字出版家李瑶、翟金生为例加以说明。李瑶，字宝之，苏州人。寓居杭州时曾用泥活字印过《南疆绎史勘本》《校补金石例四种》等书。《南疆绎史勘本》56卷，印于道光十年（1830），封面背后题"七宝转轮藏定本，仿宋胶泥板印法"篆文两行，凡例中有"是书从毕昇活字例，排板造成"之语。《校补金石例四种》17卷，印于道光十二年（1832）自序中有"即以自制胶泥板，统作平字捭（按：同'摆'）之"之语。翟金生，字西园，安徽泾县水东村人。他以教书为业，能书善画，鉴于"遗编蠹蚀，每嫌借读之烦，善本梓行，更乏开镌之力"②，决计造泥活字印书。嘉庆十九年（1814），他开始造字。为了保证质量，他到外地寻找胶泥；为了早日完成，他动员亲朋好友参加。到道光二十四年（1844），终于制成

①　冯汉镛：《毕昇活字胶泥六一泥考》，载《文史哲》1983年第3期。
②　（清）翟金生：《泥版试印初编·序》。

10万多个泥活字。他在一首诗中说："一生筹活版，半世作雕虫。珠玉千箱积，经营卅载功。"①这10万多个泥活字的确凝聚了翟氏全家30年的心血和汗水。在亲友的帮助下，先后印出了翟金生《泥版试印初编》、黄爵滋《仙屏书屋初集》、翟廷珍《修业堂集》、翟震川《水东翟氏宗谱》等书。《泥版试印初编》印于道光二十四年（1844），该书有"歙州翟西园自造泥斗板"牌记；《仙屏书屋初集》印于道光二十七年（1847），封面有"泾翟西园泥字排行"两行小字；《修业堂集》印于道光二十八年（1848），书中有《题兄西园泥字活版》诗云："毕昇活版创自宋，《梦溪笔谈》著妙用。钩心斗角纵横排，巧制天衣密无缝。从来法力须通神，往制虽在无传人。西园有技进乎道，精心结撰真殊伦。著作等身欲付梓，谁与雕镂印万纸。筹思活字甚便捷，造成庶可任驱使。奋志独力承其肩，神明矩蒦超前贤。抟泥炼煅复雕琢，精金美玉相钩连……"《水东翟氏宗谱》印于咸丰七年（1857），有题记云："明嘉靖中先驾震川公修葺宗谱九册，三百年来或失于兵火，或挟以迁居，今同众议，将珍藏宗谱以自制泥聚珍命孙家祥摆印……大清咸丰七年金生西园谨识。"李瑶、翟金生的实践表明，泥活字的材料是胶泥而非他物，用胶泥所制的泥活字完全可以印书。

为了进一步证明《梦溪笔谈》记载的可靠性，中国科技大学科学史研究室张秉伦、刘云等同志在中国科学院上海硅酸盐研究所等单位的协助下，根据《梦溪笔谈》的记载，结合翟金生泥活字的造字方法，进行了模拟实验，其具体步骤如下：（一）制作胶泥。他们找来淮南八公山黏土，筛去石块等杂物，加水和成泥浆，经过滤、沉淀后，抽去上部清水，将下部胶泥风干后即可使用。（二）制作泥活字。其制作过程分为两步：第一步是"以胶泥刻字"，共刻制泥活字6000多个；第二步是"火烧令坚"，即把泥活字放在600℃的高温之中，烧制24小时。实验证明，这种胶泥质地细腻，黏性极强，便于刻字，锻烧后无一开裂。根据分析，这种胶泥的成分属于一般硅酸盐黏土类，

---

① 　（清）翟金生：《泥版试印初编》，《拙著编成，赋五绝句》之一《自刊》。

并不是也无需是“六一泥”那样复杂的成分结构。(三)排版印刷。他们用自制泥活字排印了上引《梦溪笔谈》卷十八关于毕昇发明泥活字的那篇记载，半页10行、行17字，四周双边、双鱼尾。印文墨色均匀，笔画清晰，效果甚佳①。当然，模拟实验并非与毕昇泥活字毫厘无爽，但活字原料和制作过程大致是相同的(图108)。它向人们表明：胶泥作为活字原料，是毫无疑义的，泥活字完全可以印书，沈括关于毕昇泥活字的记载当是可信的。

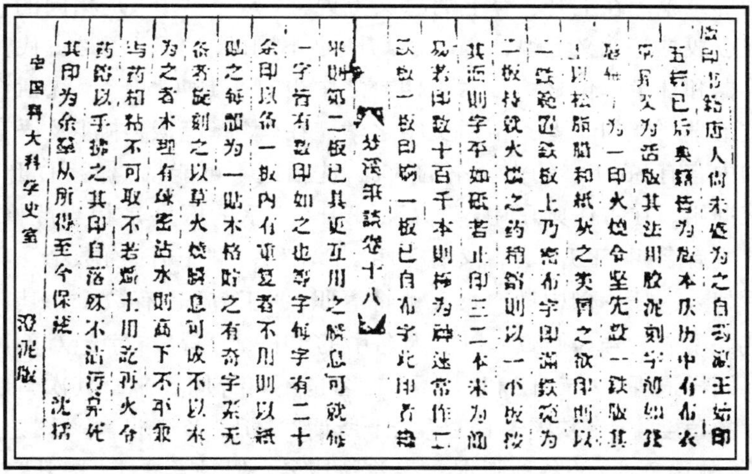
版印书籍唐人尚未盛为之自冯瀛王始印
五经已后典籍皆为版本庆历中有布衣
毕昇又为活版其法用胶泥刻字薄如钱
唇每字为一印火烧令坚先设一铁版其
上以松脂腊和纸灰之类冒之欲印则以
一铁范置铁板上乃密布字印满铁范为
一板持就火炀之药稍镕则以一平板按
其面则字平如砥若止印三二本未为简
易若印数十百千本则极为神速常作二
铁板一板印刷一板已自布字此印者才
梦溪笔谈卷十八
毕则第二板已具更互用之瞬息可就每
一字皆有数印如之也等字每字有二十
余印以备一板内有重复者不用则以纸
帖之每韵为一帖木格贮之有奇字素无
备者旋刻之以草火烧瞬息可成不以木
为之者木理有疏密沾水则高下不平兼
与药相粘不可取不若燔土用讫再火令
药镕以手拂之其印自落殊不沾污昇死
其印为余群从所得至今保藏　沈括
中国科大科学史室　仿泥版

图108　仿毕昇胶泥活字版

毕昇的身份

关于毕昇的身份，《梦溪笔谈》说是“布衣”，对此有不同解释，归纳起来有三说：一说是“锻工”，根据是《梦溪笔谈》卷二十的一段记载：“祥符中，方士王捷本黥卒，尝以罪配沙门岛，能作黄金。有

① 张秉伦：《关于翟氏泥活字的制造工艺问题》，载《活字印刷源流》，印刷工业出版社1990年版。

老锻工毕升曾在禁中为捷锻金。"王国维、胡适等均持此说。王国维在其家藏明崇祯刻本《梦溪笔谈》"毕昇活字版"条上批道："卷二十毕升云云，当即其人。"胡适说："祥符与庆历相去近三十年，我疑锻工毕升即是那作活版的毕昇。"①二说是刻字工人，三说是没有做官的士人。②

　　第一种说法把"毕升"和"毕昇"等同起来似欠妥。让我们从以下三个方面加以说明：首先，从文字学上说，"昇"和"升"古代是两个字："昇"有上升、登上、晋级等意思；"升"有上升、登上、成熟、进献等意思。在上升、登上的意义上说，"昇"、"升"是相同的；在晋级、成熟等意义上说，"昇"、"升"是不同的。"升"还是古代重要的容器和计量单位之一，六十四卦之中也有一卦叫"升"。沈括作为一位治学严谨的学者，精通文字之学，在《梦溪笔谈》中涉及语言文字的内容有 36 条，约占全书的 6%，沈括绝不可能将"昇"和"升"两个字混用。在古代典籍中，"昇"、"升"二字的区别是相当严格的，古代既有名叫"王升"者，又有名叫"王昇"者，"王升"有数个，其一为后魏人，任侍御中散、长安镇将等职；"王昇"也有数个，其一为明代龙溪人，号为循吏。以上人名中的"升"、"昇"二字绝对不可等同。同样道理，"毕升"和"毕昇"二名也不可等同起来。其次，从版本学的角度说，《梦溪笔谈》卷二十所谓"毕升"者绝非"毕昇"之误：尽管《梦溪笔谈》的各种版本文字差异甚多，但是卷二十"毕升"二字无一写作"毕昇"之例，卷十八"毕昇"二字无一写作"毕升"之例。这说明，"毕昇"与"毕升"是风马牛不相及的两个人。另外，从年龄上推算，毕昇和毕升也应当是两个人：据上引《梦溪笔谈》卷二十的那段记载，宋真宗大中祥符年间，毕升已是老人，古代称 50 岁至 70 岁的人为老人，假定毕升当年 60 岁，那么到了 25 年后的庆历年间，已是 85 岁的老翁了。制造泥活字不仅需要聪明与才智，而且也是一项

---

　　①　胡适：《读〈梦溪笔谈〉》，载《大公报》1946 年 11 月 20 日。
　　②　吴式超：《毕昇身份及活字材料考辨》，载《南京大学学报》1985 年第 1 期。

繁重的体力劳动。既然如此，一位 85 岁高龄的老翁怎么可能胜任呢？

第二种说法把“布衣”理解为刻字工人也不妥当。让我们从以下四个方面加以分析：(一)泥活字印书工序多、周期长，非一个刻书工人所可为。兹以清代翟金生为例加以说明。如上所言，翟金生用泥活字印有《泥版试印初编》(图 109)、《仙屏书屋初集》、《修业堂集》、

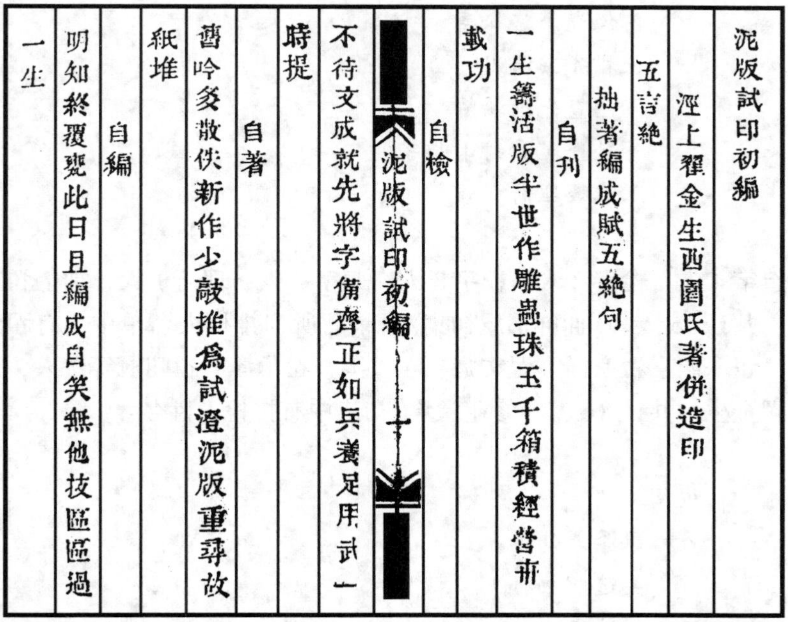
泥版試印初編
涇上翟金生西園氏著併造印
五言絶
拙著編成賦五絶句
自刊
一生籌活版半世作雕蟲珠玉千箱積經營卌
載功
自檢
泥版試印初編
不待文成就先將字備齊正如兵養足用武一
時提
自著
舊吟多散佚新作少敲推爲試澄泥版重尋故
紙堆
自編
明知終覆瓿此日且編成自笑無他技區區過
一生

图 109　清道光二十七年(1847 年)翟金生泥活字本《泥版试印初编》

《水东翟氏宗谱》等书。《泥版试印初编》序后开列如下排检人姓名：

泾上翟金生西园氏著并自造泥字

发曾振如

男一棠召亭

一杰兴甫

　　　　一新焕然同造泥字

　　孙家祥余庆

　　内侄查夏生禹功检字

　　门人左骏章伯声

　　婿查腾蛟雨门

　　受业左宽裕者校字

　　内侄查藻言松亭

　　侄翟齐宗渭川

　　　　查光垣翰卿

　　外孙查光鼎铸山归字

　　王惟稷理斋

计造字 4 人、检字 2 人、校字 3 人、归字 4 人、理斋 1 人，加上翟金生，共计 15 人。《仙屏书屋初集》目录后所列排检人名单中，有翟廷珍、翟一熙、翟家祥、翟文彪、翟一蒸、翟承泽、翟朝冠等 7 人，加上翟金生，共计 8 人。《修业堂集》初集中有排检人姓名：

　　校阅

　　　　承泽朗仙

　　　　吴选能福孙

　　泥印镌造

　　　　一杰兴甫

　　　　一新焕然

　　泥印检排

　　　　受业　王炳光子浑

　　　　弟　文彪季华，德玉慎先，继威启旃

　　　　　　廷深献其，廷辅瑟庵，廷瑜瑾友

　　　　侄　济言诚侯等十一人

　　　　男　学焘仁寿

542

孙　　家祥余庆等十人

孙　　本疆丰城、本庄书佃

计校阅 2 人、泥印镌造 2 人、泥印检排 31 人、加上翟金生本人，共计 36 人。《水东翟氏宗谱》末列排检人姓名，据题记仅翟家祥 1 人，加上翟金生本人，凡 2 人。以上四书总计 61 人次，其中可考姓名者有 31 人，参与两书摆印者有翟承泽、翟一杰、翟一新和翟文彪 4 人，翟家祥参与了三书的摆印工作。就摆印人员的身份分析，有翟金生之弟、子、孙、外孙、侄、婿、门人等，兹列表如下：

人数 身份 书名	弟	子	孙	婿	外孙	侄	门人	其他	总计
泥版试印初编		3	1	1	2	3	2	2	14
仙屏书屋初集	2	2	1					2	7
修业堂集	6	3	12			11	1	2	35
水东翟氏宗谱			1						1
总计	8	8	15	1	2	14	3	6	57

注：表中右栏"总计"不含翟金生本人，下栏"总计"为人次数。

就摆印人员的分工而言，有造字者、排检者、校阅者、归字者等。其中，排检者人数最多，《修业堂集》有排检者 31 人。由此可见，用泥活字印书只能由一个有明确分工的群体来完成，群体成员可能是其家族成员，也可能是雇佣工人。毕昇是整个群体的组织者。要把组织者同一般工人区别开来，如同今天出版社的社长不是印刷工人一样，古代出版家是整个出版过程的主持者，而不是刻书工人。例如明末清初毛晋汲古阁刻了大量图书，刻印工作全由工人承担，毛晋本人并没有握刀向木。(二)泥活字印书不仅消耗大量的体力，而且也是一项复杂的脑力劳动。活字印刷作为当时的一种"高科技"，其工艺流程的产生，绝不是一蹴而就的。它是在认真总结雕版印刷技术的基础上，不断改进、逐步完善起来的。其贮字方法是"每韵为一格"，需要娴熟的音韵学常识。宋代通行《广韵》、《礼部韵略》、《集韵》等书。陈彭年等编《广韵》收字 26194 个，以平声、上声、去声、入声为序编排，共分 206 韵。丁度等编《礼部韵略》仅收常用字韵，是一本科举考试用书。丁度等编《集韵》的编排方法与《广韵》相同，但收字 53525 个，比《广韵》增加一倍多。如果不熟悉这些韵书，泥活字的存放就极成问题。另外，校对也是出版图书的重要环节，没有广博的知识，也就无法胜任。可见，毕昇绝非一般刻字工人，而是一位多才多艺的饱学之士。(三)泥活字印书需要大量资金，非一个刻书工人所能集。在整个出版过程中，造字需要资金，排字需要资金，纸墨需要资金，字柜需要资金，几十名工人的生活费用需要资金……没有一定的经济基础，就寸步难行。清代翟金生集 30 年之力始克成功，其耗资之多，可想而知。清代武英殿刻木活字 253500 个，用银 1749.15 两，加上楠木槽板、夹条、套板格子、字柜等，共用银 2339.75 两①。虽然毕昇泥活字的规模无法与武英殿聚珍版相比，但耗资之多也是肯定的。毕昇绝非贫寒之士，其出身至少属于小康之家，甚或富家大族。(四)宋版图书的书口下部多有刻工记载，如果毕昇是一个刻书工人，为什么可考的 3000 多名宋代刻工之中没有毕昇其人呢？不仅没有毕昇，甚至连一个姓毕的都没有。这也说明毕昇当非一名普通刻书工人。根据上述分析可知，毕昇绝非一个普通工人，而是一位家资颇富、善于管理、多才多艺的士子。可见第三种说法比较接近实际。一般辞书都把"布衣"释为"平民"，而没有做官的士子正是"平民"的一个组成部分。例如著名的清代"四布衣"李因笃、朱彝尊、姜宸英和严绳孙都是没有做官的读书人，均以学问著称于世。

---

① (清)金简：《武英殿聚珍版程式》，四库全书本。

毕昇的籍贯

关于毕昇的籍贯说法不一，归纳起来，约有汝南、汴梁、成都、建安、杭州等说。明人强晟《汝南诗话》云：“汝南，武弁家治地，忽得黑子数百枚，坚如牛角，每子有一字，如欧阳询体，识者以为此即宋活字，其精巧非毕昇不能作。”此为“汝南说”所本，汝南今属河南驻马店地区。清人李慈铭在王士祯《居易录》上批注云：毕昇为“益州人”，但未提任何佐证，北宋益州即今成都，此为“成都说”所本。赞成“杭州说”的人比较多，著名印刷史专家张秀民先生说：“毕昇与当时杭州人沈括有关，所以死后肯把他所制的泥活字印交给沈括的侄子们宝藏。因此，毕昇也可能是杭州一带人。”①近年又出现“湖北英山”说。湖北英山县在一次文物普查中，于草盘地镇五桂墩村发现一块古代墓碑（图 110），该碑中有两行阳文大字：“故先考毕昇神主、故先妣李氏妙音墓。”1993 年 7 月 10 日《湖北日报》发了一则题为《英山毕昇墓被确认》的消息：“湖北省文物工作者在对英山县发现的毕昇墓进行半年多的研究后，最近确认这块墓碑确属北宋活字术发明者毕昇的墓碑，从而使这位我国古代四大发明之一的发明者的生平终于得到实证。”判断孰是孰非，离不开下列两个条件：（一）文化氛围。活字印刷是一种高效率的图书制作方式，它是在图书需求量大，甚至供不应求的情况下“逼”出来的。古代交通不便，信息不灵，各个地区之间有较强的独立性。发明活字印刷的地区首先应该是那些文化发达的地区，那里著书立说者多，藏书家多，图书市场繁荣，著书、藏书、买书、读书的风气很浓，图书需求量大。而那些文化不发达，甚或落后的地区，对图书需求量极小，根本不需要高效率的图书制作方式，因而也就不可能发明活字印刷。（二）技术基础。雕版印刷本身有很多弊病：第一，版片占用空间较大。书版印过之后，不能马上废弃，因为随时可能有人前来刷印。中国台湾学者翁同文先生指出：

---

① 张秀民：《对英山墓碑的再商榷》，载《中国印刷》1994 年第 2 期。

图 110　湖北英山毕昇墓碑

"若是雕版已多的老作坊，都必堆积很多目前不用的书版，加以书籍市场日新月异，未免旧板之上再堆新板，终有堆积如山、无地可容之日。"①书版占有大量空间，成为出版家无法甩开的沉重包袱。第二，书版之中，重字太多，"之""乎""者""也"多如牛毛。为了刻制这些重字，消耗了大量的人力、物力和财力。刻书工人也不胜其烦，希望

① 翁同文：《毕昇的身世及其胶泥活字版考释》，载《国际宋史研讨会论文集》，台北：中国文化大学出版社 1988 年版。

找到一种一劳永逸的办法。第三，雕版印刷速度慢、周期长，尤其是碰到"急件""快件"，雕版印刷更是无能为力。如果采用活字印刷，上述空间问题、重字问题和速度问题均可得到解决。另外，活字印刷虽然有很强的技术性，但是，除了排版等工序外，其基本工艺流程同雕版印刷有许多共同之处，它是在雕版印刷的基础上逐渐发展起来的，没有雕版印刷，也就没有活字印刷。发明活字印刷的地区只能是雕版印刷发达的地区，这一地区具有发明活字印刷的雄厚基础。而那些雕版印刷不发达，甚至不知雕版印刷为何物的地区发明活字印刷的可能性不大。

就文化氛围而言，六地之中，汴梁、成都、杭州最佳，建安次之，汝南、英山较差。下面我们以六地的书业贸易、藏书家情况为例加以说明：汴梁是北宋的都城，官私书业贸易极为发达，国子监是官方管理教育的机构，出卖图书也是国子监的一大职能，由于监本书价低廉，监本不胫而走天下。潞州张仲宾、眉山孙氏、沈偕、阳孝本、温革、赵明诚等藏书家都不惜重金，大量购置监本。汴梁相国寺东门大街书商云集，是民间书业贸易中心，宋代孟元老《东京梦华录》、王得臣《麈史》、吴处厚《青箱杂记》、张邦基《墨庄漫录》、朱弁《曲洧旧闻》、佚名《枫窗小椟》、邵伯温《河南邵氏闻见后录》、魏泰《东轩笔录》等书对此多有记载。北宋著名文学家穆修也曾在这里设肆卖书。宋代成都的书业贸易也很发达，书商开始利用广告式的刻书牌记推销图书，这些牌记或自我吹嘘，或力贬对方，或申明版权。宋代杭州书肆数量众多，可考者有大隐坊、太庙前尹家书籍铺、郭宅、睦亲坊南陈起陈宅书籍铺、王叔边、李氏书铺、赵宅书籍铺、俞宅书塾、棚前南街西经坊王念三郎家、众安桥南贾官人经籍铺、积善坊王二郎、橘园亭文籍书坊、王八郎家经铺、郭宅经铺、张官人诸史子文籍铺、太学前陆家、孟淇等。宋代建安书肆主要集中于建阳一带，建阳书商余氏最为著名，余氏世代相传，可考者有余仁仲万卷堂、余恭礼、余唐卿明经堂、余腾夫、崇川余氏、余彦国励贤堂等。宋代汝南至今尚未发现书业贸易的明确记载。英山地处湖北、安徽交界处，于宋度宗咸淳三年（1267）置县，属淮南西路蕲州管辖，今属湖北黄冈地区。北宋英山尚未置县，英山一带的罗田虽有书市活动，但其规模与汴梁、杭州、建安三地是无法相比的。就藏书家而言，宋代可考藏书家共有 311 人，其中，汴梁地区可考藏书家有高颀、王希逸、丁顗、胡令仪、郭积、郭逢原、刘季孙、姜洁等数十人；成都地区可考藏书家有史九龄、孙道夫、杜莘老、李焘、杨泰之、杜广心等数十人；杭州地区可考藏书家有钱昭序、钱昱、钱惟治、周原、钱勰、关景仁、吴如愚、陈思、沈偕等数十人；建安地区可考藏书家有杨纮、黄晞、胡安国、吴秘等数十人。而湖北地区可考藏书家仅有数人，英山毗邻的蕲水仅有藏书家庞安时 1 人。

就技术基础而言，六地之中，汴梁、成都、杭州、建安最强，汝南、英山最差。让我们看看六地的雕版印刷情况。汴梁、四川、浙江、福建号称宋代四大刻书中心。早在五代时期，汴梁和洛阳就刻印了儒家经典十二经，刻印时间共历 4 朝 7 帝 22 年。宋代汴梁官刻除了国子监以外，尚有崇文院、秘书监，印经院等。据王国维《五代两宋监本考》著录，北宋国子监刻书 69 种。崇文院刻有《切韵》《齐民要术》《简要济生方》等，秘书监刻有《辑古算经》等。印经院专门刻印佛经。汴梁民间刻书也很发达，书坊为了牟利，非法刻印边机文字，官方屡禁不止。成都是四川的刻书中心。早在唐肃宗至德二年（757）之后成都府成都县龙池坊卞家就刻有《陀罗尼经咒》，唐僖宗中和间成都刻有历书、字书、韵书等杂书。五代时毋昭裔在成都刻有《文选》《初学记》《白氏六帖》《九经》等。宋初开宝四年（971）宋太祖命张从信等前往成都监雕大藏经 5048 卷，历时 12 年，显示了成都雕版印刷的雄厚实力。此后，成都还刻过《太平御览》《册府元龟》等大书，参与刻印《太平御览》的刻工有 150 余人，他们常年活动在成都、眉山两地，刻印了大量图书。浙江刻书历史悠久。早在唐末，浙江就出现印本历书，五代时钱俶在杭州刻印佛经 84000 卷，北宋监本《周礼疏》《礼记疏》《春秋公羊传疏》《孝经正义》《论语正义》《尔雅疏》《周礼新义》《史记》《汉书》等均在杭州镂版。建阳是福建刻书的中心地区。叶德辉说："夫宋刻书之盛，首推闽中，而闽中尤以建安为最，建安尤以余氏为最。"①余氏刻书地点在建阳县崇化书坊。因为古代建阳隶属建安郡管辖，所以余氏刻书每称"建安"。除了余氏之外，建安的其他刻书者有黄三八郎、蔡琪、陈八郎、江仲达、世翰堂、刘叔刚、刘日新、刘仕隆、刘元起、蔡子文等。宋代英山的雕版印刷情况，至今尚未发现明确记载。南宋蕲州只有蕲春、罗田刻过书，蕲春刻有《窦氏联珠集》和《华氏藏经》，罗田刻有《离骚草木疏》，其刻书规模无法与汴梁、杭州、建安相比。据笔者考证，宋代湖北刻书可考者共有 29 种②。这 29 种图书都是在赵宋南渡后刻印的，不会对北宋毕昇发明泥活字超前产生影响。就整个宋代而言，雕版印刷的普及时间是南宋而非北宋，北宋"印板书绝少，多是手写文字"③。唐诗别集北宋仅刻李白、杜甫、韩愈、柳宗元等数种，绝大多数刻于南宋。北京图书馆编《中国版刻图录》著录宋代刻本 189 种，而北宋刻本仅占 6 种。北宋官私藏书多为手抄：据徐松《宋会要辑稿》等书记载，北宋景德元年（1004）三月，官方抄书 24162 卷；嘉祐六年（1061）十二月，官方抄黄本书 6496 卷，白本书 2954 卷；嘉祐七年（1062）十二月，官方抄黄本书 10659 卷；元丰七年（1084）诏置补写所，专事抄书。北宋私人藏书家孙光宪、钱昭序、高颐、苏耆、李仲偃、王镃、李行简等都抄了大量图书。又据洪迈《容斋五笔》卷七记载，到了南宋，北宋图书"无传者十之七八"。为什么在如此短时期内图书大量亡佚呢？因为北宋雕版印刷远未普及，图书复本太少。北宋雕版印刷主要集中在汴梁、浙江、四川、福建等地。活字印刷只能发生在这些地区。另外，刻书工人是刻印图书的骨干力量，让我们对宋代刻工的分布情况作一个简单的分析，宋代刻工分布地域如下表：

---

① （清）叶德辉：《书林清话》卷二。

② 曹之：《宋代湖北刻书考》，载《湖北高校图书馆》1988 年第 1 期。《宋元明湖北刻书知见录》，载《图书情报论坛》1991 年第 3 期。

③ （宋）张镃：《仕学规范》卷二，四库全书本。

地区	类别	本地刻工	流动刻工	总计	地区	类别	本地刻工	流动刻工	总计
浙江	杭州	337	121	458	福建	建瓯	71	27	98
	绍兴	201	204	405		福州	65	16	81
	宁波	90	113	203		汀州	20	9	29
	建德	92	53	145		建阳	77	3	10
	衢州	39	37	76		不详	54	4	58
	金华	23	10	33		总计	217	59	276
	嘉兴	17	13	30	江苏	南京	108	82	190
	吴兴	38	27	65		苏州	15	24	39
	温州	6	3	9		常熟	1	23	24
	台州	10	9	19		总计	124	129	253
	不详	80	10	90	安徽	徽州	23	3	26
	总计	933	600	1533		宣城	25	17	42
江西	吉安	163	35	198		贵池	35	14	49
	临川	98	35	133		舒城	24	12	36
	赣州	29	34	63		当涂	11	12	23
	大余	1	6	7		总计	118	58	176
	九江	2	2	4	湖北	武昌	38	30	68
	宜春	13	0	13		江陵	70	21	91
	南昌	22	10	32		黄州	2	1	3
	星子	21	13	34		总计	110	52	162
	不详	28	2	30	其他	汴梁	45	15	60
	总计	377	137	514		广东	37	16	53
四川	成都	123	17	140		永州	8	0	8
	眉山	84	138	222		上海	5	1	6
	临邛	1	0	1		山西	5	0	5
	不详	23	3	26		北京	4	0	4
	总计	231	158	389		河北	1	0	1
						总计	105	32	137

以上共得宋代刻工 3440 人，其中流动刻工在多处刻书，多有重复①。尽管如此，此表基本上反映了宋代刻工的分布情况。宋代可考刻工分

---

① 此表数字据王肇文《古籍宋元刊工姓名索引》（上海古籍出版社 1990 年版）统计。张秀民《宋元的印工和装背工》（《文献》1981 年第 10 辑）称"宋代刻工姓名可考者约三千人"，此表列 3440 人，去其重复，当与此数相差无几。

布地区从多到少的顺序依次是浙江、江西、四川、福建、江苏、安徽、湖北、河南、广东、湖南等。其中杭州有 458 人，占可考总数的 13.3%；成都有 140 人，占可考总数的 4.1%；建安(含建阳、建瓯) 108 人，占可考总数的 3.1%；汴梁 60 人，占可考总数的 1.7%。汝南以及英山所在的蕲州地区，尚未发现刻工记载。当然，南宋时蕲州的蕲春、罗田刻过书，有刻工活动是肯定的，但是刻工数量远不如以上四地之多。图书是由刻工制作的，没有刻工，就没有印刷技术，也就没有图书出版。从某种意义上说，一个地区刻工的多寡，也就标志着印刷技术基础的强弱。

总而言之，就文化氛围、技术基础两个条件来看，泥活字发明家毕昇的籍贯应当是在文化氛围较好、技术基础较强的杭州、成都、建安、汴梁等地，而不应当是在汝南和英山。

沈括与毕昇

除了文化氛围、技术基础之外，还有一个极为重要的条件，那就是毕昇的籍贯(即发明活字印刷的地区)应与《梦溪笔谈》的著者沈括有某种关系(图 111)。如果没有关系，沈括怎能详知其人其事呢？毕昇死后，泥活字怎么能落入沈括"群从"之手呢？

图 111　沈　括

让我们先来看一下沈括一生的大致行踪：

天圣九年(1031)　　生于杭州；
康定元年(1040)　10 岁　随父至泉州(今属福建)；
庆历三年(1043)　13 岁　随父进京(今开封)；
庆历八年(1048)　18 岁　随父居江宁(今属南京)；
皇祐二年(1050)　21 岁　居苏州(今属江苏)；
至和元年(1054)　24 岁　任海州沭阳(今属江苏淮阴)主簿；
嘉祐六年(1061)　31 岁　任宣州宁国(今属安徽)县令；
嘉祐七年(1062)　32 岁　任陈州宛丘(今属河南淮阳)县令；
嘉祐八年(1063)　33 岁　登进士第进京；
治平元年(1064)　34 岁　任扬州(今属江苏)司理参军；
治平三年(1066)至熙宁九年(1076)　36 岁至 46 岁　在京先后任
司天监、集贤校理、军器监等职；
熙宁十年(1077)　47 岁　任宣州(今属安徽)知州；
元丰三年(1080)　50 岁　出知延州(今属陕西)；
元丰六年(1083)　53 岁　居随州(今属湖北)法云禅院；
元丰八年(1085)　55 岁　任秀州(今浙江嘉兴)团练副使；
元祐元年(1086)　56 岁　在润州(今江苏镇江)筑梦溪园；
元祐三年(1088)　58 岁　定居润州梦溪园；
绍圣二年(1095)　65 岁　去世。

可见沈括一生在钱塘、泉州、汴京、江宁、苏州、沭阳、宁国、宛丘、扬州、宣州、延州、随州、秀州、润州等地生活工作过，从未到过成都、建安、汝南和英山所在的蕲州。关于毕昇籍贯的六说之中，仅剩汴梁、杭州二地。"汴梁"说者的依据是《梦溪笔谈》卷二十关于"老锻工毕升"的那段记载，上文已作否定，此不赘述。那么，毕昇是不是杭州人呢？要弄清这个问题，必须首先弄清沈括及其群从的籍贯。关于沈括的籍贯有四种说法：《宋史·沈括传》说是钱塘(即杭州)人；范成大《吴郡志·进士题名》说是苏州人；王称《东都事略·

沈括传》说是吴兴人；楼钥《攻媿集·恭题神宗赐沈括御札》说是明州人。四说之中以杭州为确。据王安石《临川文集·分司南京沈公墓志铭》："（沈氏）武康之族尤独显于天下，至公高祖始徙去，自为钱塘人。"这里，"沈公"指沈括的父亲沈周。这就是说，沈括一族从其五世祖起，就从原籍武康迁居钱塘。武康北宋属湖州吴兴郡管辖。自南朝以来，沈氏世为吴兴望族，古人有以郡望标榜的习惯，故《东都事略》所谓吴兴者，为沈氏郡望，并非沈括的真实籍贯。《攻媿集》所谓明州者，系指另一支沈氏望族，亦非沈括的真实籍贯。根据《萍洲可谈》、《临川文集》、《汲古阁题跋》等书，现将沈氏五代宗谱列表如下：

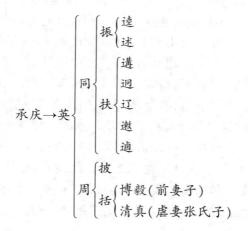

前引《梦溪笔谈》卷十八中有这样一句话："昇死，其印为予群从所得，至今宝藏。"沈括撰写《梦溪笔谈》的时间是哲宗元祐三年（1088），由"至今宝藏"四字可知，这位"宝藏"毕昇泥活字的"群从"在元祐三年（1088）还活着。根据上表，沈括"群从"凡7人，其中沈遘、沈辽比较著名。沈遘，字文通，钱塘人，皇祐进士，为人疏隽博达，明于吏治，历仕集贤校理、知制诰、翰林学士等职，英年早逝，终年40岁，有《西溪集》。考王安石《临川文集》等书可知，沈遘生于仁宗天圣六年（1028），死于英宗治平四年（1067）。这就是说，早在沈括撰

写《梦溪笔谈》的 20 年前已经死去，"至今宝藏"毕昇泥活字者不是沈遘。沈辽，字睿达，钱塘人。自幼挺拔不群，长而好学尚友，历仕西院主簿等职，后因事先后流放永州、池州，卒年 54 岁，有《云巢编》。考《宋史》等书可知，沈辽生于仁宗天圣九年（1031），死于神宗元丰八年（1085）。这就是说，早在沈括撰写《梦溪笔谈》的三年前已经死去，"至今宝藏"毕昇泥活字者也不是沈辽。那么，这个"至今宝藏"毕昇泥活字者到底是谁呢？《梦溪笔谈》在卷五、卷十七、卷十八和卷二十先后四次谈及"群从"事：卷十七谈沈辽论书事，卷二十谈沈遘知杭州事。卷十八云："予一族子，旧服芎劳，医郑叔熊见之云：'芎劳不可久服，多令人暴死。'后族子果无疾而终。"就是说，这位"服芎劳"的"群从"已于沈括撰写《梦溪笔谈》之前死去，"至今宝藏"泥活字者也不是他。卷二十云："皇祐中，杭州西湖侧发地得一古钟，匾而短，其枚长几半寸，大略制度如凫氏所藏……其钟今尚在钱塘，予群从家藏之。"由此可知，这位"群从"是位文物收藏家，沈括撰写《梦溪笔谈》时还活着。"至今宝藏"毕昇泥活字者很可能也是这位"群从"。那么，这位"群从"到底叫什么名字呢？据宋王闢之《渑水燕谈录》卷八："钱塘沈振蓄一琴名冰清，腹有晋陵子铭……陈圣与名知琴，少在钱塘，从振借琴弹，酷爱之。后三十年，圣与官太常，会振侄述（按：沈述乃沈振之子，此误）鬻冰清，索百千不售。"可见沈述也是一位文物收藏家，其家亦住杭州，上述收藏古钟者或许就是他。既然，沈括及其"群从"沈述都是杭州人，那么，毕昇的籍贯当非杭州莫属。

或问：有无沈括亲自结识毕昇的可能性呢？大抵没有。让我们从以下两个方面加以分析：（一）如果沈括亲自见过毕昇，《梦溪笔谈》一定会用"予"字（即用第一人称的身份）介绍毕昇制作泥活字的全过程。详查《梦溪笔谈》全书 609 条之中，至少有 77 条用了"予"字（即采用第一人称）介绍亲见之事，如卷一第 12 条云："予及史馆检讨时，枢密院札子问宣头所起……"；卷三第 53 条云："予判昭文馆时，曾得数株（芸草）于潞公家……"；卷十八第 307 条记载毕昇泥活字的流传时说："昇死，其印为予群从所得"，也用了"予"字，是他亲眼所见，而本条前面谈及毕昇泥活字的制作过程时却没有用"予"字。纵观《梦溪笔谈》全书，不用"予"字者，大抵是听来的。正如《梦溪笔谈·自序》所说："予退处林下深居，绝过从，思平日与客言者，时纪一事于笔……所录唯山间木荫，率意谈噱，不系人之利害者。下至闾巷之言，靡所不有。亦有得于传闻者，其间不能无缺谬。"（二）沈括本人也是文物收藏家，这在《梦溪笔谈》中多有证明，例如卷一第 29 条称"予尝购得后唐闵帝应顺元年案检一通"；卷三第 59 条称"予家有阎博陵画唐府十八学士"；卷三第 70 条称"予得其四纸（按：指五代杨溥手书）"；卷十七第 281 条称"王仲至阅吾家画，最爱王维画《黄梅出山图》"；卷十九第 320 条称"予尝得一古罍，环其腹皆有画"；卷十九第 330 条称"予家有三鉴，又见他家所藏皆是一样"；卷十九第 332 条称"予于吴中得一铜匜"；卷二十一第 360 条称"予于谯亳得一古镜"；卷二十一第 366 条称"有一窖数十（金）饼者，予亦买得一饼"；等等。既然沈括并不认识毕昇，那么，沈括怎么详知其人其事呢？这还要从沈括的行踪说起。沈括虽生于杭州，但是，他的青少年时代却是在外地度过的。皇祐三年（1051）之前，他一直随父宦游外地。皇祐三年（1051）秋天，其父去世，为了安葬父亲，沈括才第一次回到故乡杭州。沈括详知毕昇其人其事，当在此次奔丧期间。如果这时毕昇健在，那么沈括当会亲自结识毕昇。可惜此时毕昇已死，他无由结识毕昇，他只能从收藏泥活字的"群从"那里了解毕昇的情况。

沈括没有到过毕昇故里

1994 年 12 月 6 日《新闻出版报》发表周宝荣《沈括到过毕昇故里》一文，认为活字发明家毕昇是英山人，理由是：《梦溪笔谈》有多种版本，各本文字多有不同。稗海本关于毕昇泥活字那段记载的末一句是："昇死，其印为群从所得，至宝藏之。"（按：后四字当作"至今宝藏"）和其他版本相比，则没有"予"字。周文认为，稗海本是可信的，既然如此，"群从"当指毕昇之"群从"，而非沈括"群从"。为什么沈括在《梦溪笔谈》卷十八中能够详记其事呢？周文认为，神宗熙宁八年（1075）七月，沈括奉诏前往蕲州灾区视察灾情，"特地走访了宝藏着活字印版的毕昇后人"，从而使他在《梦溪笔谈》中对毕昇泥活字"论述得相当详细"。稗海本果真可信吗？

让我们简单回顾一下《梦溪笔谈》的版本源流。宋代《梦溪笔谈》至少有两个版本，一为乾道二年（1166）扬州州学本，该本后有汤修年跋："此书公库旧有之，往往贸易，以充郡帑，不及学校。今兹及是，益见薄于己而厚于士，贤前人远矣。修年代匮泮宫，备校书之职，谨识其本末，且证辨讹舛，凡五十余字，疑者无他本，不敢以意骤易，姑存其旧，以俟好古博雅君子。"可见乾道二年（1166）扬州州学本之前，尚有一个扬州公使库刻本。这两个本子都是二十六卷。然其祖本当为三十卷，理由是：（一）《补笔谈》、《续笔谈》有三十卷之目，当是祖本原分三十卷之证。纪昀等《四库全书总目》卷一二〇云："疑括初本三十卷，郑樵据以著录，因辗转传刻，阙其一笔，故误'三'为'二'。其后勒著定本，定为二十六卷，乾道二年，汤修年据以校刻，颇为完善，遂相承至今。而所谓《补笔谈》、《续笔谈》者，则乾道本原未载或稿本流传，藏弃者欲为散附各卷，逐条标识，其所据者仍是三十卷之初本，故所标有二十七卷，三十卷之目。"（二）二十六卷本各条文字标示混乱，绝非《梦溪笔谈》的本来面目。核查二十六卷各本，两条合一者有卷一第3条和第4条，卷二第34条和第35条，卷五第94条和第95条，卷十七第277条和第278条。一条分为两条者有卷一第29条。（三）宋代著作《锦绣万花谷》、江少虞《皇朝事实类苑》、宋敏求《春明退朝录》等书多引《梦溪笔谈》之文，据胡道静《梦溪笔谈校证》第三十一统计，逸文多至36条，这36条逸文均为二十六卷本所无。这也说明二十六卷本似非《梦溪笔谈》之旧。元代《梦溪笔谈》以大德九年（1305）茶陵陈仁子东山书院刻本为最著名，此本出自宋乾道二年（1166）扬州州学刻本。明代《梦溪笔谈》有弘治八年（1495）徐宝刻本、万历三十年（1602）沈儆炌刻本、崇祯三年（1630）毛晋《津逮秘书》本、崇祯四年（1631）马元调刻本、商浚《稗海》本等。徐宝、沈儆炌、毛晋、马元调诸本均出于宋乾道二年（1166）扬州州学刻本，唯商氏《稗海》本出于弘治八年（1495）徐宝刻本。商本错误百出，后人多所非议。马元调《重刻梦溪笔谈序》云："后乃得会稽商氏《稗海》，此书（按：指《梦溪笔谈》）在焉，卷第良是，而独无自序与目……顾板刻袭误，舛错零落之病，至不可意会。"清张海鹏《学津讨原》本《梦溪笔谈》题识云："商本文注混淆，其段落亦多舛错。"清钱保堂《校刻梦溪笔谈序》云："《梦溪笔谈》明季有商氏、毛氏、马氏之本，二百年来，无重刻者，传本日稀，商本随时修补，漫漶舛误，亦日益甚，读者病焉。"可见商氏《稗海》本原是一个"不可意会"，"文理混淆"、"漫漶舛误"的本子，周文以脱去"予"字的商本为据，洵为大误。考《梦溪笔谈》诸本，脱"予"者仅此一本（《稗海》本的祖本徐宝本作"与"），更见商本之非。周文说："《稗海》本刊于1696年，其时考据之风已兴，这个'予'字的缺少，很可能是清人对毛晋汲古阁本的一种纠谬。"1696年即清康熙三十五年，《稗海》于明万历间由会稽商氏半野堂原刻，清康熙三十五年（1696）刻本是振鹭堂据明万历半野堂本重编补刊的。湖北省图书馆藏有明万历商氏半野堂本，详查该本可知，早在明代已无"予"字，康熙三十五年（1696）振鹭堂本因袭了万历半野堂本的错误，怎么说缺"予"本是"清人对毛晋汲古阁本的一种纠谬"呢？

至于神宗熙宁八年（1075）七月沈括视察灾区一事，据李焘《续资治通鉴长编》卷二六六："（熙宁八年）七月壬午，命知制诰沈括为淮南、两浙灾伤州军体量安抚使。"可知确有此事，但是直到八月尚未启程，据沈括《补笔谈·器用》："熙宁八年，章子厚与予同领军器监，被旨讨论兵车制度……是秋八月，大阅，上御延和殿亲按。藏于武库，以备仪物而已。"可见，该年八月，身为军器监长官的沈括还在京师陪同宋神宗检视兵车，尚未动身前往灾区。继而启程后，又半途而返，据《续资治通鉴长编》卷二六九："（熙宁八年）十月庚子，淮南两浙体量安抚使、起居舍人、知制诰沈括权发遣三司使，括行至钟离、召还。"可见，沈括视察灾区事有其始而无其终。北宋京师汴梁通往东南的主要干道是汴水，汴水是北宋著名的"漕运四道"之一，沈括出巡路线概莫能外。沈括行至钟离因故"召还"。钟离在今安徽凤阳东北30里处，北宋属淮南西路管辖，地处淮南西路的东北部，而英山所在的蕲州在淮南西路的西南部，两地相距 300 多公里。由此可知，沈括这次南巡，不可能到蕲州去，更不可能"特地走访了宝藏着活字印版的毕昇后人"。

英山毕昇墓碑分析

那么，应当如何看待英山毕昇墓碑呢？英山墓碑的研究可分三步走：（一）墓碑断代是第一步工作，也是首要工作。如果不是宋碑，那就一了百了，没有继续研究下去的必要。唐卫彬等在《英山毕昇墓被确认》一文中说："经孙启康等文物专家半年多精心摩拓，仔细辨识，此碑年款已可读出'皇□四年二月初七日'等八字，而两宋皇帝纪元年号中带'皇'字的，唯北宋仁宗赵祯于庆历九年之后改元为'皇祐'（1049—1053），由此可以断定：此碑立于宋皇祐四年，即公元1052 年。"①考古学界对此提出异议，任昉指出：

首先，此碑从形制看，绝非宋碑，与我国传统碑亦不类；从内容看，绝非宋制，与我国传统碑制更大相径庭。譬如：右栏父以"文"为名，子以"文"为辈，不合传统避讳原则。中栏考妣均直称名讳，与传统碑多称公及夫人亦大异……其次，此碑从形制看，带有明显的异国风格；从内容看，带有明显的宗教色彩。譬如：卷云花纹和火焰华盖顶，为国内出土阿拉伯人碑所常见。阴刻"日"、"月"二字，又称"神主"，并采用神灵牌位形式，显示与某种复杂的信仰和宗教有关。我们知道，国内出土的阿拉伯人碑，时间多在元代或元代之后，而我国民间的信仰和宗教趋于复杂，也在这一时期。倘若此碑确系宋碑，则其形制和内容如此超前，岂不也很值得奇怪！……碑上单刻日、月二字，应为从中亚传来并经汉化的明教亦即日月教的信仰标志。新发现的毕昇子孙《毕成碑》和《毕文忠碑》，上亦刻此信仰标志，足见此毕氏一家均为日月教徒。英山宋属淮南西路，之后也一直隶属今之安徽，

① 《湖北日报》1993 年 7 月 10 日。

直到 1932 年才划归湖北。元代的安徽，是日月教活动频繁的地区。这也是安徽人朱元璋等利用该教组织起义的重要基础。英山毕氏一家为日月教徒不足为怪。①

任昉还拜访了王去非、王敏、张圣福等著名考古专家，他们一致认为此碑不能早于元代。（二）假定此碑确系宋皇祐四年碑，那么第二步的工作就是考证泥活字发明家毕昇的卒年是否宋皇祐三年。如果非皇祐三年，那么此碑亦与泥活字发明者无涉。笔者认为，毕昇卒年不会晚于庆历末年（即庆历八年）。沈括《梦溪笔谈》称毕昇发明泥活字的时间是"庆历中"，《梦溪笔谈》中类似的记载还有很多，例如"淳化中""景德中""天圣中""景祐中""皇祐中""元丰中"等。"庆历中"是一个非常模糊的概念，它可以指庆历初期，也可以指庆历中期，还可以指庆历末期。不管是哪种可能，都说明毕昇已于庆历年间完成了发明泥活字这项伟大的事业。如果毕昇死于皇祐三年（1051），那么从庆历八年（1048）到皇祐三年（1051）的四年之中，毕昇当会利用活字印刷这种高效率的图书制作方式印制大量图书。按照最保守的估计，假定每年印制 10 种图书，四年就是 40 种，影响将会大大扩大。然而，当时的实际情况是：毕昇死后不久，人们就把泥活字当作文物收藏起来，毕昇发明的活字印刷技术几乎失传。如果不是沈括《梦溪笔谈》那段记载，毕昇将会像千千万万的"布衣"一样被人们遗忘。既然毕昇在当时的影响如此之小，那就似可说明毕昇确实已于庆历末期或者庆历中期离开人世，毕昇的卒年当非皇祐三年。如果上述分析正确，则英山毕昇非活字发明者明矣！（三）假定英山毕昇墓碑确为宋碑，毕昇卒年有可能是皇祐三年（1051），那么第三步工作就是要审核同名问题。姓名重复是一个极为普遍的历史现象，不可等闲视之。彭作桢《古今同姓名大辞典》收录古今同姓名者 56700 人。宋代刻书工人可考者 3000 余人，其中重名者有方昇、李昇、林盛、马良、朱

---

① 任昉：《毕昇与湖北英山出土的毕昇碑》，载《中国文物报》1994 年 9 月 25 日。

文、张明、李秀、李忠、杨通、丁明、丁松年、王介、王仲、王昌、王震、刘文、刘宗、方中、刘昭、李信、吴升、吴志、余中、余文、余仁、何全、宋琳、宋琚、阮生、吕拱、郑受、徐高、陈元、陈文、陈寿、蔡政等 36 人，① 约占刻工总数的 1.2%。造成姓名重复的原因何在？除了一人刻书多种之外，还有三个原因：第一，汉字常用字3000 多个，而真正用来命名的易读好听的字不到一半。千千万万之人，局限于 1500 字的范围内命名，岂有不重之理？第二，百家姓分配不均。在全国人口总数中，张王李赵等"超级大姓"占很大比例。第三，单名多，也是造成姓名重复的重要原因，而毕昇恰是单字名。

总之，从文化氛围、技术基础、英山和沈括的关系等方面分析，英山毕昇当非泥活字发明者，而是泥活字发明家毕昇的同名者。

周密泥活字及其他

宋代毕昇之后，不乏踵事者，据说南宋周密也有泥活字印书之类，据张秀民《中国印刷史·活字印刷的发展》云：

> 宋代用泥活字印书最可信者，有光宗绍熙四年(1193)周必大自著《玉堂杂记》。一九八五年初琦甥寄来一九八五年一月二十一日上海《文汇报》一张，内有报道《台湾发现南宋活字印刷史料》的简讯一则，称台湾学者黄宽重先生在宋周必大的文集中，发现周氏用胶泥活字印书的记载。这可说是印刷史上的新发现。

考周必大(1126—1204)，字子充(一字洪道)，自号平园老叟，庐陵(今江西吉安)人，绍兴进士，历仕权给事中、中书舍人、枢密使、左丞相等职，光宗时封益国公。著有《玉堂类稿》、《玉堂杂记》、《二老堂诗话》等，后人汇编为《文忠集》。他用泥活字印书的记载见于《文忠集·绍熙四年致程元成札子》：

---

① 　张秀民：《略论宋代的刻工》，载《中国印刷》1994 年第 2 期。

　　　　某素号浅拙，老益谬悠，兼之心气时作，久置斯事（按：指
　　　　写作）。近用沈存中法，以胶泥铜板，移换摹印。今日偶成《玉
　　　　堂杂记》二十八事，首恩台览，尚有十数事，俟追记补缀续衲。
　　　　窃计过目念旧，未免太息岁月之沄沄也。

这段记载的真实性是值得怀疑的：

　　第一，周必大作为一个治学严谨的学者，不当把"铁板"误作"铜
板"。

　　第二，用泥活字印书是一件颇为复杂的系列工程，其耗费巨资，
旷日持久，可想而知。考周必大晚年浮沉宦海，忙于政事，实在无暇
为之。据周必大《年谱》记载：

　　　　绍熙元年除判隆兴府，公入奏再辞免，降诏宜允。
　　　　绍熙二年除观文殿学士判潭州，三辞免，降诏不允，十一月
　　　　己巳至潭。
　　　　绍熙三年六月甲子受复观文殿大学士告，公再入奏辞免，降
　　　　诏不允，不得再有陈请。七月庚申坐举监文思院常良孙，降荣阳
　　　　郡公。
　　　　绍熙四年八月丙辰受复益国公告，十二月己酉改判隆兴府，
　　　　癸丑辞庙，甲寅交印，乙卯出城。

为了工作调动问题，周必大耿耿于怀，一再奏请，哪里有时间主持活
字印刷！又绍熙四年（1193），周必大已是 68 岁的老人，"眼力顿
乏"[1]，"病目益甚"[2]，"病躯殊不能支"[3]，每况愈下的健康状况也
不允许他从事这项艰巨的事业。

　　第三，用泥活字印书是件大事，然而在周必大的别集中，除了上

---

　　① 《文忠集·绍熙四年致陈同甫》。
　　② 《文忠集·绍熙四年致项平甫》。
　　③ 《文忠集·绍熙五年六月致孙谦益》。

段引文之外，再也找不到泥活字的记载。相对而言，倒是不乏雕刻印刷的记载，兹举例如下：

> 河东、河北两路奉使奏稿，约四万字，遍问相寻求，未得，因翻故书，却自有善本，当并刊刻。
>
> ——《绍熙五年致孙谦益》

> 《河东奏事录》已刻成，见刻河北者。
>
> ——《庆元元年十月致孙谦益》

> 陈季陵数通问新刻西汉二书，想已遣送……闲居无可寄远，因来谕腹疾后多用燥剂，辄用鹿角霜十两，并新刻《诅楚文》纳上。
>
> ——《淳熙元年致范至能》

> 虽公诸子编定，时亦淆乱无沦理，方力加整比，重为刊刻。弟闲居难得，可委督责匠者，未免迟缓，他时逐旋摹印，从令婿转致，惟恨既无由求正于左右。
>
> ——《庆元元年致孙季良》

周必大作为一个关心图书出版并亲自参与刻书的学者，如果当时确有活字印书一事，他当会详记其事，绝不会仅以三言两语带过。

第四，《玉堂杂记》已于淳熙九年（1182）写成，并公之于世，据该书苏森序：

> 丞相益公《玉堂杂记》一篇，森得之久矣，字画间有舛误，每苦其难读。近访丁怀忠观甘泉书藏，怀忠不知森有此书，出以相示森曰："明月夜光，天下之所同宝也，子独能私有之乎？"丞假其本而修订之，因系岁月于后。绍熙辛亥仲夏一日眉山苏森谨题。

"绍熙辛亥"即绍熙二年(1191),可见,在绍熙四年(1193)之前已有抄本流布。如果绍熙四年原稿俱在,无须"追记";如原稿遗失,借来抄本,重抄一过可矣,何"追记"为?另外,周必大前后所言《玉堂杂记》的条数也不一致,《玉堂杂记》自序说是"五十余条",而据《绍熙四年致程元成札子》统计只有40余条(其中28条已成,10余条待"追记")为什么前后不一致呢?"追记"二字本身已说明并非活字印刷。

第五,绍熙四年(1193)《玉堂杂记》已有刻本,再用活字印刷似无必要。据《文忠集·绍熙四年致曹检法》:

> 近书坊刻《玉堂杂记》,漫往一观,别有两本烦纳二使者。缘目痛,写书不得已,匆匆,不宣。

第六,周必大一生曾经刻过两部大书:一是绍熙二年(1191)至庆元二年(1196)刻欧阳修《六一居士集》。据周必大该书自序:

> 会郡人孙谦益志于儒学,刻于斯文,承直郎丁朝佐博览群书,尤长考证,于是遍搜旧本,旁采先贤文集,与乡贡进士曾三异等互加编校,起绍熙辛亥,迄庆元丙辰夏成一百五十三卷,别为附录五卷,可缮写模印……

"绍熙辛亥"即绍熙二年(1191),"庆元丙辰"即庆元二年(1196),可知周必大等整理、刻印欧阳修文集费时五年半。又据陈振孙《直斋书录解题·六一居士集解题》:

> 其集遍行海内,而无善本,周益公解印归,用诸本编校,定为此本,且为之年谱。自《居士集》、《外集》而下,至于《书简集》凡十,各刊之家塾。

二是嘉泰元年(1201)至嘉泰四年(1204)刻《文苑英华》,周必大在该书序中论证了整理、刻印《文苑英华》的必要性，该序最后说：

> 始雕于嘉泰改元春，至四年秋讫工，盖欲流传斯世，广熙陵右文之盛，彰阜陵好善之优，成老臣发端之志。深惧来者莫知其由，故列兴国至雍熙成书岁月而述证误本末如此，阙疑尚多，谨俟来哲，七月七日。

"嘉泰改元"即嘉泰元年（1201），到嘉泰四年（1204）刻成，历时三年零七个月。这两部大书都是在绍熙四年以后刻成的。如果绍熙四年（1193）周必大果用活字印刷，为什么这两部书没有采用呢？根据周必大的刻书习惯，一书刻完后，必定会在自序中叙述校勘情况、刻书经过等。《玉堂杂记》如果真的采用了活字印刷这项最新技术，周必大一定不会轻易放过这个机会，简述活字印书的过程。然而，实际情况是：什么也没有，只是在给程元成的信中，顺便提到"沈存中法"。似乎向我们传达了一个信息：周必大活字印书，子虚乌有。

虽然，宋代有了泥活字的记载，但是宋代活字本实物却不见流传，清彭元瑞《天禄琳琅书目后编·毛诗提要》云：

> 宋活字本。《唐风》内"自"字横置可证，模印字用蓝色，尤稀见。

蓝印始于明代，宋本不当有之。1957年某书店收得该书残本一册，详审内外，知其确为明正德嘉靖间活字本。又叶德辉在《书林清话》卷八中称其藏有宋泥活字本《韦苏州集》，此书后来流出后，经专家细审，原来是个明本。1965年浙江省温州市文物部门在清理市郊白象塔出土北宋文物时，发现一张佛经印纸，其特征有六：（一）字体较小；（二）字体拙劣，长短不一，笔画粗细不匀；（三）字距极小，紧密无间，甚至首尾相插；（四）回旋萦绕，作不规则排列，在回旋转折处"色"字横卧；（五）有漏字现象；（六）纸面字迹有轻微凹陷，墨色浓淡不一。有关人员因定为北宋崇宁二年（1103）活字本。① 难道真的是宋活字本吗？活字版由多字汇聚而成。排版之前，字与字各自独立；排版之后，字与字界限分明。作为活字印本，字与字绝对不可能交插在一起。字与字交插在一起是刻本的特征。因为雕版是在一块板上雕刻而成，字与字的界限不大明显，有时为了版面的整体美，对于那些笔画悬殊太大的两个字，常常故意采用抢挡让步、互相穿插笔画的办法，使其协调一致，所以刻本的字间笔画时有交插。既然上述佛经印纸的特征之一是字与字"首尾相插"，那么仅此一条，即可证其绝非活字印本，而是刻本。至于"色"字横卧在回旋转折处，当属匠心安排，并非校勘不慎所致。

二、木活字的起源

木活字的起源也可追溯到宋代毕昇。据沈括《梦溪笔谈》卷十八：

> （毕昇）不以木为之者，文理有疏密，沾水则高下不平，兼与药相沾，不可取。

说明毕昇也用木活字印过书，只是没有成功。根据有关文献和实物，木活字最早起源于西夏和元代王祯。

西夏木活字

西夏本名大夏，是宋时党项羌所建立的政权，建都兴庆（今宁夏银川东南），极盛时有 22 州，辖区相当于今之宁夏、陕北、甘肃西北、青海东北和内蒙古部分地区，多次与宋、辽、金发生战争。宝义二年（1227），西夏为蒙古所灭，共历 10 主、190 年。

西夏与宋、辽、金的关系密切，具有发展印刷术的社会需求、物质基础和技术基础。西夏文的产生，更加促进了印刷术的发展。西夏

---

① 金柏东：《早期活字印刷术的实物见证》，载《文物》1985 年第 5 期。

刻书有官刻、家刻、坊刻三种形式。国家机构分上、次、中、下、末五品司，刻字司是末等司的第一个机构。刻字司除了雕版之外，也刻制了大量木活字，为西夏摆印木活字提供了方便。截至目前，西夏木活字是我国古代活字印刷的最早实物。12世纪下半叶，西夏就成功采用了木活字印刷，至今发现的木活字本有《维摩诘所说经》、《大乘百法明镜集》、《三代相照言文集》、《德行集》、《吉祥遍至□和本续之障疾文》、《地藏菩萨本愿经》、《诸密咒要语》、《大方广佛华严经》（图112）等10多种，还有一些佛经残页。①

图112　西夏木活字本《大方广佛华严经》

---

① 史金波，雅森·吾守尔：《中国活字印刷的发明和早期传播——西夏和回鹘活字印刷术研究》，社会科学文献出版社2000年版。

王祯木活字

王祯是元代最早用木活字印书的人之一。王祯，字伯善，东平（今属山东）人。他在安徽旌德县做县官时，为官清廉，政绩卓著，尤其关心农业生产，他整理了前人在农业方面的文献资料，结合生产实践，写了一部《农书》。这是我国农学史上的一部名著，全书有13.6万字。在工匠的帮助下，他自己设计制作了三万多个木活字，准备采用木活字摆印。为了保证印刷质量，武宗至大四年（1311），曾先用木活字试印了《旌德县志》，这部六万多字的县志，在不到一个月的时间里，就印成100部，且效果很好。仁宗皇庆二年（1313）正当他准备摆印《农书》时，奉命调离旌德，到江西永丰（今属广丰）任职。他把木活字从安徽带到江西，准备到了江西继续摆印。可是到了江西以后，得知江西即将鸠工刻版，于是中辍摆印计划。这里需要考辨一个问题，不少版本学著作以为王祯用木活字摆印《旌德县志》的时间是成宗大德二年（1298），根据是清嘉庆本《旌德县志·职官·政绩》：

> 王祯，字伯善，东平人。元贞元年以承事郎为县尹。惠爱有为，凡学宫、斋庑、尊经阁及县治坛庙桥道，捐俸改修，为诸绅士倡。莅任六载，山斋萧然。尝著《农器图谱》、《农桑通诀》，教民勤树艺，又兼施医药以救贫疾。种种善迹，口碑载道，后调永丰。

据此，王祯于成宗元贞元年（1295）始任旌德县尹，"莅任六载"之后，调至永丰。"六载"即成宗大德四年（1300）。而《旌德县志》是在调至永丰前二年摆印的（见下引文），则摆印时间正好是成宗大德二年（1298）。我们认为，这个结论的可靠性是值得怀疑的，因为方志系后人所为，资料或有失实。比较而言，最可靠的当是王祯本人的自述。他在《农书》后附《造活字印书法》一文中说：

前任宣州旌德县县尹时，方撰《农书》，因字数甚多，难于刊印，故尚己意，命匠创活字，二年而工毕，试印本县志书，约计六万余字，不一月而百部齐成，一如刊板，使知其可用。后二年予迁任信州永丰县，挈而之官。是《农书》方成，欲以活字嵌印，今知江西，见行命工刊板，故且收贮，以待别用。

由此可知，王祯调至永丰的时间恰是"《农书》方成"之时。那么，《农书》成于何时？王祯《农书·自序》云：

农，天下之大命也。一夫不耕，或授之饥；一女不织，或授之寒。古先圣哲，敬民事也。首重民，其教民耕织、种植畜养，至纤至悉。祯不揆愚陋，搜辑旧闻，为集三十有七，为目二百有七十。呜呼，备矣！躬任民事者，傥有取于斯与！皇庆癸丑三月望日东鲁王祯书。

"皇庆癸丑"即仁宗皇庆二年（1313），这就是说，王祯调至永丰的时间是仁宗皇庆二年（1313）。据以上《造活字印书法》引文，王祯调至永丰的时间较摆印县志的时间"后二年"，那么，由仁宗皇庆二年（1313）上推二年，正好是武宗至大四年（1311）。也就是说，王祯摆印木活字本《旌德县志》的确切时间是武宗至大四年（1311）。另外，还要顺便弄清一个问题，王祯到永丰任职以后，为什么没有用活字摆印《农书》呢？张秀民先生在《中国印刷术的发明及其影响》中说：

他在旌德时，刚写《农书》，因字数甚多，难于刊印，所以独出心裁，请工匠创制木活字，约三万多个，两年完工。过了二年，调官永丰，也把这套新创的印书工具，从安徽带到江西。那时《农书》方成，想用活字嵌印，而江西方面已把它刻成为整板，所以他只好收藏起来，以待别用。

这段话基本是按照《造活字印书法》那段引文的后几句话翻译而成的。其中"江西方面已把它刻成为整板"一句，似欠妥。这里有必要弄清"今知江西，见行命工刊板"这句话的意思：其中"知"字似非"知道"之意，当为"主持"的意思，和"知县""知府"之"知"意同；"行"是"即将"的意思。全句用现代汉语翻译出来即是：现在我来到江西永丰主持工作，（当地知道我的《农书》刚刚写成）准备鸠工刻板。把"见行命工刊板"理解为"已经刻板行世"，从而把它当作王祯中辍摆印计划的原因，似不确。如上所言，既然王祯调到永丰时《农书》方成"，江西怎么会可能超前刻版行世呢？既然不能超前，那么王祯中辍摆印计划的原因究竟是什么呢？大家知道，江西是我国雕版印刷的发祥地之一，雕版印刷能力较强，雕刻一部《农书》自然轻而易举。当江西方面向王祯说明雕版印刷的雄厚实力之后，王祯也就没有坚持自己摆印《农书》的初衷了，这也许正是王祯中辍摆印计划的原因所在。

王祯用木活字印书的程序如何呢?《造活字印书法》云：

造板木作印盔，削竹片为行，雕板木为字，用小细锯锼开，各作一字，用小刀四面修之，比试大小高低一同。然后排字作行，削成竹片夹之。盔字既满，用木榍楔之，使坚牢，字皆不动，然后用墨刷印之。

写韵刻字法：先照监韵内可用字数，分为上、下平、上、去、入五声，各分韵头，校勘字样，抄写完备，择能书人取活字样，制大小写出各门字样，糊于板上，命工刊刻。稍留界路，以凭锯截。又有如助辞"之"、"乎"、"者"、"也"字及数目字，并寻常可用字样，各分为一门，多刻字数，约有三万余字。写毕，一如前法……

锼字修字法：将刻记板木上字样，用细齿小锯，每字四方锼下，盛于筐筥器内。每字令人用小裁刀修理齐整，先立准则，于准则内试大小高低一同，然后另贮别器。

作盔嵌字法：于元写监韵各门字数，嵌于木盔内，用竹片行行夹住、摆满，用木楔轻撊之，排于轮上，依前分作五声，用大字标记。

造轮法：用轻木造为大轮，其轮盘径可七尺，轮轴高可三尺许，用大木砧凿窍，上作横架，中贯轮轴，下有钻臼，立转轮盘，以圆竹笆铺之，上置活字。板面各以号数，上下相次铺摆。凡置轮两面：一轮置监韵板面，一轮置杂字板面，一人中坐，左右俱可推转摘字。盖以人寻字则难，以字就人则易，此转轮之法不劳力而坐致字数，取讫，又可补还韵内，两得便也。

取字法：将元写监韵另写一册，编成字号，每面各行各字，俱计号数，与轮上门类相同。一人持韵，依号数喝字，一人于轮上元布轮字板内取摘字只，嵌于所印书板盎内。如有字韵内别无，随手令刊匠添补，疾得完备。

作盎安字刷印法：用平直干板一片，量书面大小，四围作栏，右边空，候摆满盎面，右边安置界栏，以木楔撊之，界行内字样须要个个修理平正。先用刀削下诸样小竹片，以别器盛贮，如有低邪，随字形衬觑撊之，至字体平稳，然后刷印之。又以棕刷顺界行竖直刷之，不可横刷，印纸亦用棕刷顺界行刷之，此用活字板之定法也。

可见其印书程序是：第一步，刻字。把字按韵写在纸上，再贴到木板上，然后在整块板上把字刻好。第二步，锯字和修字。把刻好的木板一个字一个字地锯开，其高低大小按照同一规格修理整齐。第三步，造轮贮字。造两个直径七尺的轮盘：一轮以韵分格编号，各字按韵置入相应位置；一轮专贮杂字。轮盘固定在一个三尺高的轴上，轮盘可以绕轴转动（图113）。第四步，排字。排字需要两人，一人按韵喊号，一人就盘取字，并依次放入带有边栏的平板上。如盘内缺少某字，可临时补刻。第五步，刷印。刷印之前，要把版面修理平整；刷印时，要顺界行竖刷，绝对不可横刷。《造活字印书法》是活字印刷史上的一篇重要文献，已被译成多种文字流传国外。

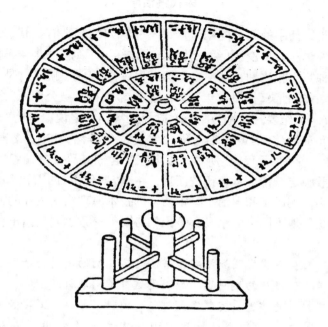

图 113 元王祯设计的轮盘

三、铜活字的起源

金属活字包括锡活字、铅活字、铜活字等。

最早的锡活字不会晚于元初。王祯《造活字印书法》中有"近世又有铸锡作字"等语，可见元初已出现了锡活字。最早的铅活字不会晚于明代，明陆深《金台纪闻》说："近日毗陵人用铜铅为活字，视板印尤巧便，而布置间讹谬尤易。"毗陵即常州。由于上述记载语焉不详，我们无法了解元明两代锡活字和铅活字的制作具体情况，下面我们重点讨论一下铜活字的起源。

宋代铜活字

关于铜活字的起源问题，众说不一，归纳起来有五代、宋、元、明四种说法。元岳浚《九经三传沿革例》称为了刻好"九经三传"，以二十三种版本相比勘，其中之一即五代后晋"天福铜版"，是为"五代说"所本；宋孙奭《圆梦秘策》叙中有"镂金刷楮，敬公四海"之语，清孙从添《藏书纪要·鉴别》中亦有宋"铜字刻本"之说，是为"宋代说"所本；元黄溍《金华黄先生文集·北溪延公塔铭》中有"镂铜为板以传"之语，是为"元代说"所本。以上三说含糊其辞，是铜版还是铜活字，未敢臆定，待详考。比较而言，主张"明代说"的人较多。

其实，铜活字和泥活字、木活字的技术原理当是一样的，唯一的区别就是质地不同，似乎没有争论的必要。李致忠先生指出：

> 自从毕昇发明泥活字印书法之后，别的质料的活字创制就不再是原理性质的发明了。原因是这种不同质料的活字，只不过是制字材料的演进，其制字、排版、固版、印刷、贮字等原理，都无出毕昇活字印书法之围，因此不应视作发明，而应视为改进。①

既然宋代已发明了泥活字，就技术层面而言，铜活字当不会有多大困难。潘吉星先生指出：

> 宋、金时印制纸钞的铜版版面上，一般说包括钞币名称、面额、流通区域、印发机构、印造时间、惩赏告示等文字和装饰性花纹图案，这些内容都事先铸出。但为防伪造，还采取其他措施。除加盖官印外，还为每张纸币加设"料号""字号"，以千字文编号，类似现在钞票上的冠号，同时有印造、发行机构官员的个人花押（签名）。这些部分并不与其他内容同时在铜版上铸出，

---

① 李致忠：《古籍版本知识 500 问》，北京图书馆出版社 2001 年版。

而是在印版上留出凹空，待临印刷时再将相应的字以活字填植在凹空处，才能形成空整版面。由于印版为铜板，所填塞的活字自然是铜铸活字。因此宋、金纸币是铜版印刷和铜活字印刷相结合的产生，而铜活字也随纸币的发行获得长期的大规模应用。①

以上分析很有道理，铜版上以待填补的"料号""字号"正是铜活字(图114)，称其为铜活字印刷名副其实，毫不牵强附会，只不过字数多少而已。

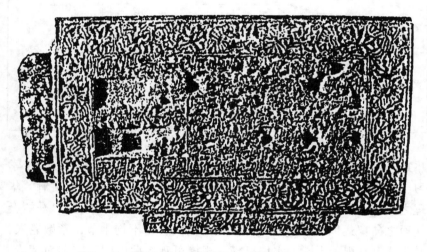

图114　金代纸钞印版的料号(凹空处待摆铜活字)

明代华氏和安氏

明代铜活字出版家的代表人物是华氏。华氏一家四代从事铜活字印刷，华珵、华燧、华坚、华镜是其主要代表，兹将他们的行辈关系

---

① 潘吉星：《中国金属活字印刷技术史》，辽宁科学技术出版社2001年版。

列表如下①：

支别	十三世	十四世	十五世	十六世
阚庄支	华珵	华铸		
	华珏	华钲		
鹅湖支	华方（邵宝《会通君传》作华守方）	华炯（字文熙 号南湖公）	华塾 华基 华坚（兰雪堂）	华镜 华录 华应龙 华应鸿
		华燧（字文辉，号会通公）	华埙 华奎 华壁	
		华煜（字文高，号东郊公）	华蒙 华晋 华升	

华珵，字汝德，号尚古，成化八年（1472）贡生。富于藏书，勤于学习、精于鉴赏，印有《渭南文集》《剑南续稿》等。华燧，字文辉，华珵之侄。他每得图书，辄校阅不辍，为之印行流通，并说："吾能会而通之矣！"遂以"会通馆"名室。他为人爽直，不拘小节，孝敬老人，其家原有良田若干顷，水渠纵横，规模可观，后以刻意印书而荒废，著有《九经韵览》《十七史节要》《治丧切问》等。他先后印有《宋诸臣奏议》《锦绣万花谷》《容斋五笔》《文苑英华纂要》《古今合璧事类前集》《百川学海》《音释春秋》《校正音释诗经》《九经韵览》《盐铁论》《十七史节要》《会通馆校正音释书经》《纪纂渊海》《新刊校正音释易经》《君臣政要》《文苑英华辨证》等。其中《宋诸臣奏议》是我国现存最早的一部铜活字本。华坚，字允刚，华燧之侄，坊名"兰雪堂"，

---

① 此表参考王继祥《明代华氏铜活字本试论》附表编制，该文载《吉林高校图书馆通讯》1984 年第 3 期。

印有《蔡中郎集》《白氏长庆集》《元氏长庆集》《艺文类聚》《春秋繁露》《意林》等。因为华坚铜活字本每格排印两行，所以又叫"兰雪堂双行本"。华镜，华坚之子，也印过书，事迹不详。华氏四代之中，华燧、华坚比较著名。

目前对于华氏铜活字问题尚有不同看法，潘天祯撰《明代无锡会通馆印书是锡活字本》就是一个代表①。潘天祯的主要依据是邵宝《容春堂集·会通华氏传》、乔宇《华氏传芳集·会通华处士墓表》、华允诚《华氏传芳集·会通府君宗谱传》和华渚《勾吴华氏本书·三承事南湖公、会通公、东郊公传》。邵宝《会通华氏传》的原文是：

> 会通君姓华氏，讳燧，字文辉，无锡人。少于经史多涉猎。中岁好校阅同异，辄为辩证，手录成帙，遇老儒先生，即持以质焉。或广坐通衢，高诵不辍，既而为铜版锡字以继之，曰："吾能会而通之矣!"乃名其所曰"会通馆"，人遂以"会通"称。或丈之，或君之，或伯仲之，皆曰"会通"云。

乔宇《会通华处士墓表》的原文是：

> (处士)悉意编纂，于群书旨要，必会而通之，人遂有会通子之称。复虑稿帙汗漫，乃范铜为版，镂锡为字，凡奇书艰得者，皆翻印以行。所著《九经韵览》，包括经史殆尽。

华允诚《会通府君宗谱传》的原文是：

> 府君讳燧，字文辉，号会通……经史多涉猎，好校阅异同，著《九经韵览》。又虑稿帙汗漫，为铜版锡字翻印以行，曰："吾能会而通之矣!"人遂以会通称之。

---

① 载《江苏图书馆学校》1980 年第 1 期。

华渚《三承事南湖公、会通公、东郊公传》的原文是：

> 会通公，少于经史多涉猎，中岁好校阅异同，辄为辩证，手录成帙，遇老儒先生，即持以质焉。或广坐通衢，高诵琅琅，旁若无人，既乃范铜版锡字，凡奇书艰得者，悉订正以行，曰："吾能会而通之矣！"名其读书堂曰"会通馆"，人遂以"会通"称。或丈之，或君之，或伯仲之，皆曰"会通"云。所著《九经韵览》、《十七史节要》。

以上四传中均有"铜版锡字"（或作"范铜为版，镂锡为字"）的记载，潘氏因以华燧所用为锡活字。潘氏不因袭旧说，自成一家之言，精神可嘉，然有以下数端似可商榷：

第一，四传的真实性或以为未安。就四篇传记的写作时间而言，邵传在前，乔传次之，其余两传在后。根据内容分析，可以肯定地说，乔宇以下三传皆相承抄袭邵传成篇，华渚传文的抄袭之迹最为明显。既为抄袭，就不免有抄错之处，例如乔传至少有两处错误：首先，乔传因不明"会通"二字的含义，误将邵传原文前后颠倒。按照邵传，"会通"二字似有"会而校之"和"版而流通之"两层意思，此"会通"之名所由来。而乔传不明此意，以为"范铜为版，镂锡为字"与"会通"无关，遂将两层意思拆开，内容前后颠倒。其次，乔传最后一句说："所著《九经韵览》，包括经史殆尽。"《九经韵览》是经学之作，把"经"包括"殆尽"，差属勉强，怎么可能把"史"包括"殆尽"呢？在封建社会，人死之后，找些名人吹捧一下已是司空见惯，"谀墓"之文泛滥成灾，乔传大抵属于此类。考乔宇，字希大，乐平（今山西昔阳）人，成化进士，正德时官南京兵部尚书。委屈这样的"高干"撰写碑铭，华氏子孙自然梦寐以求，可惜乔宇公务在身，又与华燧素不相识，只是由于邵宝的举荐，才勉强接受这项写作任务，他怎么可能写出高水平的传记呢？乔宇以下三传既为抄袭，就无文献价值可言，束之高阁可矣。关键在于邵宝写的那篇传记。考邵宝，字国贤，无锡人，成化进士，正德间曾任户部侍郎、礼部尚书等职。邵宝跟华燧除了同乡关系之外，别无其他关系。邵传自然也有谀墓之嫌，但邵传毕竟不是抄袭而来，而是自己写出来的，其价值正在于此。邵宝《容春堂集》有明秦榛刻本、明嘉靖十三年（1534）刘洪慎独斋刻本、清《四库全书》本等，这些本子的《会通华君传》关于华氏印书的记载均为"既而为铜字版以继之"，况且秦榛是邵宝的外孙，其记载的准确性尤其值得重视。而潘氏所见的邵宝《会通华君传》是出自明嘉靖十一年（1532）华从智刻、隆庆六年（1572）华察续刻的《华氏传芳集》本，该本的准确性是值得怀疑的。

　　第二，古籍属于历史文物，历史文物的考证不外文献、实物二途。事实胜于雄辩。实物的可信度更在文献之上。华燧活字本实物今有数种，《容斋随笔》版心下有"会通馆活字版印"两行，华燧在该书序中亦说："燧生当文明之运，而活字铜版乐天之成"（图 115）；《锦绣万花谷》版心下有"会通馆活字铜版印行"两行；《九经韵览》版心下也是"会通馆活字铜版印"两行。怎样理解"活字铜版"四字？潘天祯说：

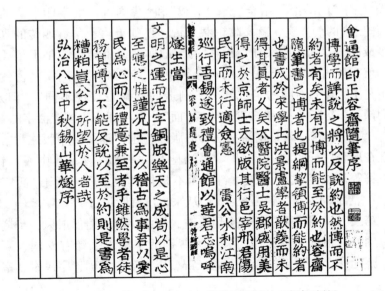

图 115　明弘治八年（1495 年）华燧铜活字本《容斋随笔》

　　上引四篇华燧传文的记载都是"锡字"，自以理解为锡活字为是。如不联系传文研究，很容易把"活字铜版"理解为"铜活字版"。一字不加，稍微变易字的顺序，制造活字的原料也就变了。这可能是把华燧锡活字印书误为铜活字的重要原因。其实，铜版是指摆活字所用之版，字和版在我国古代印刷工艺上是两个不同的组成部分，制造的材料也就往往不同。例如沈括《梦溪笔谈》记载，毕昇"用胶泥刻字"，"以一铁范置铁板上，乃密布字印，满铁范为一板"。概括为"活字铁版"也未尝不可。又如清代金简的《钦定武英殿聚珍版程式》有"枣木子"和"摆字楠木槽板"之别，活字用枣木刻成，排字槽板则用楠木，也可以说是"活字楠木板"。可见把华燧印书的"活字铜板"理解为"铜活字版"，既不符合文献记载，也不符合我国古代活字印书法的实际。①

潘氏"锡字"的结论是结合"文献记载"和"我国古代活字印书法的实际"作出来的。其实，就文献记载来说，已如上言，华燧四传的真实性极成问题，四传中关于"锡字"的记载实属以讹传讹，是不足凭信的。就我国古代活字印书法的实际来说，"字"和"版"确实是古代印刷工艺上"两个不同的组成部分，制造的材料也往往不同"。但是，人们谈到"版"字，一般多理解为"版面"，而不理解为摆置活字的"版底"。"活字铜版"就是铜活字摆置的版面，也即铜活字印版之意，正如现在所谓"石印"、"铅印"、"纸型"、"锌版"等，其中石、铅、纸、锌等均指组成版面的材料，而不是指其他东西。至于"活字铁板"、"活字楠木板"等说法，人们从来也没有听说过。

　　第三，从明代无锡的社会风气看，铜活字印书蔚然成风，华燧似不应例外。根据文献记载可知，无锡铜活字出版家计有安国、饶世仁、游廷桂、赵秉义、刘冠、周光宙、周堂等。安国，字民泰，室名

① 潘天祯：《明代无锡会通馆印书是锡活字本》。

桂坡馆，安氏为明代中期无锡巨富之一，人称“安百万”。在政治上也比较开明，为家乡人民做了一些有益的事情。他既能用雕版印刷，又能用铜活字印刷，安氏铜活字本有《正德东光县志》《吴中水利通志》《春秋繁露》《古今合璧事类备要》《初学记》《五经说》《石田诗选》等。其中《正德东光县志》最早，印于正德十六年(1521)，是我国唯一的铜活字方志。《吴中水利通志》卷后有“嘉靖甲申锡山安国活字铜版印行”字样(图116)。这里“活字铜版”是什么意思？清初安璿《安孟公手订文稿》曾说：

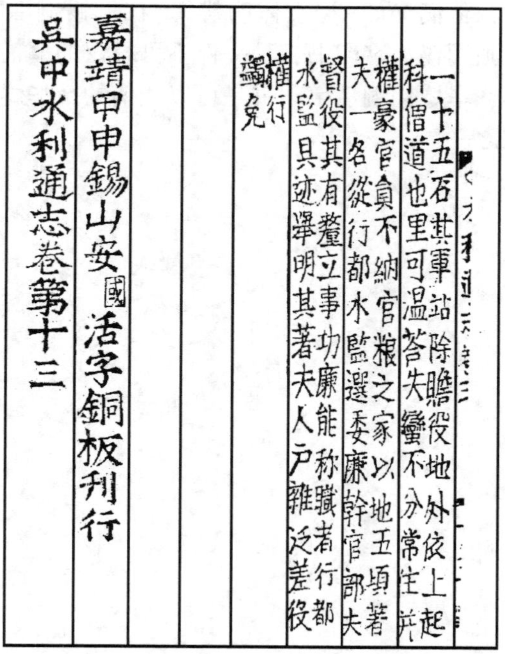
一十五石其軍站除贍役地外依上起
科僧道也里可温荅失蠻不入常住并
權豪官員不納官粮之家以地五頃著
夫一名從行都水監選委廉幹官部夫
督役其有釐立事功廉能稱職者行都
水監具迹舉明其著夫人户雜泛差役
權行蠲免

嘉靖甲申錫山安國活字銅板刊行
吴中水利通志卷第十三

图116　明嘉靖三年(1524年)安国铜活字本《吴中水利通志》

翁(指安国)闲居时，每访古书中少刻本者，悉以铜字翻印，故名知海内。今藏书家往往有胶山安氏刊行者，皆铜字所刷也。

可见，"活字铜板"即铜活字版，以此类推，上文华燧用"活字铜版"印行之书也当为铜活字本。饶世仁、游廷桂本闽人，客居无锡，隆庆二年(1568)至五年(1571)，饶、游二氏在无锡用铜活字摆印《太平御览》，干了三年，仅成十分之一二，遂半途而废。其活字之半为周光宙购去，另一半由顾肖岩、秦虹川购去，后周氏与顾、秦二氏协商，把活字合在一起，继续摆印，周光宙未竟而卒，其子周堂继之。到万历二年(1574)，终于印成《太平御览》100余部。该书周堂序后有"闽中饶世仁、游廷桂整摆，锡山赵秉义、刘冠印行"两行，版心间有"宋版校正，闽游(饶)氏全版活字印一百余部"字样，这里，"仝版"即铜版。后来，他们又印了《文体明辨》。在无锡铜活字印书的大气候中，华燧单独用锡活字印书，是一件不可思议的事情。

综上所述，华燧用铜活字印书是可以相信的，华燧是我国最早的铜活字出版家之一。

第十四章　套版印刷的起源

什么是套印？套印是将图书的不同内容分别各刻一版，然后用不同颜色依次加印在一起的一种印刷技术。套印的产生标志着雕版印刷技术的重大进步，在印刷史上具有重要意义。中国是世界上最先发明套版印刷的国家，套版印刷是中华民族对于人类文明所作出的重大贡献之一。

关于套印的起源问题，目前至少有三种说法：（一）辽代说，即认为套印始于辽代，根据是 1974 年山西应县佛宫寺木塔发现的三幅彩印《南无释迦牟尼佛》，该佛身披红衣，头部光圈内红外蓝，"南无释迦牟尼佛"七字的底色是黄色。（二）元代说，即认为套印始于元代，根据是元至正元年（1341 年）湖北江陵刻印的无闻和尚注《金刚经》，该经经文红色，注文墨色；卷首扉画，松枝墨色，书案、方桌、云朵、灵芝、人物等均为红色。（三）明末说，即认为套版始于明代末年，根据是明末闵氏套印的大量图书。

以上诸说孰是孰非，需要认真讨论。

一、套版印刷的学术基础

著作方式的多样化、评点的盛行是套版印刷产生的学术基础。

宋代的评点著作

自从汉武帝"罢黜百家，独尊儒术"之后，儒家思想是封建社会的正统思想，儒家经典是知识分子仕进的敲门砖。"十三经"作为封建社会的畅销书，经久不衰。经书的著作方式极为纷杂，注和疏是其中最重要的两种。雕版印刷发明之前的儒家经典一般都是本经与注疏分别抄写，单独发行。雕版印刷发明之后，直到北宋，儒家经典，仍然是本经与注疏各自单行。到了南宋，为了阅读方便，书坊遂将本经与注疏合在一起，正如钱大昕《十驾斋养新录·注疏旧本》所说：

> 唐人撰九经疏，本与注别行，故其分卷亦不与经注同。自宋以后刊本，欲省两读，合注与疏为一书，而疏之卷第遂不可考矣……尝见北宋刻《尔雅疏》，亦不载注文，盖邢叔明奉诏撰疏，犹遵唐人旧式。谅《论语》、《孝经》疏亦当如此，惜乎未之见也。日本人山井鼎云：足利学所藏宋版《礼记注疏》，有三山黄唐跋云："本司旧刊《易》、《书》、《周礼》，正经、注、疏萃见一书，便于披绎，它经独阙。绍兴辛亥，遂取《毛诗》、《礼记》疏义，如前三经编汇，精加雠正。乃若《春秋》一经，顾力未暇，姑以贻同志。"所云"本司"者，不知为何司。然即是可证北宋时正义未尝合于经注，即南宋初尚有单行本，不尽合刻矣。绍兴初所刻注疏，初未附入陆氏《释文》，则今所传附释音之注疏，大约光、宁以后刊本耳。

除了把多种著作方式的内容合在一起之外，南宋还出现了一种新的著作方式——评点。所谓"评"即评论，就是对书的内容发表意见，这些意见一般写在天头上，因此又叫"眉批"。所谓"点"，即圈点，就是遇到精彩之处，在字旁加上圈点，说明这些地方语意深刻，应当深思。评点虽然比较零碎，缺乏系统的理论体系，但它却很自由，常常能讲出大块文章难以讲到的妙处，寥寥数语，就能画龙点睛，因此颇受人们的欢迎。明袁无涯刻本《出像评点忠义水浒全传》发凡云：

> 书尚评点，以能通作者之意，开览者之心也。得则如着毛点睛，毕露神采；失则如批颊涂面，污辱本来，非可苟而已也。今于一部之旨趣，一回之警策，一字一句之精神，无不拈出，使人知此为稗家史笔，有关于世道，有益于文章，与向来坊刻，复乎

不同，如按曲谱而中节，针铜人而中穴，笔头有舌有眼，使人可见可闻，斯评点所贵者耳。

这段话虽有自吹自擂之嫌，但却也道出了批点的重要作用。南宋吕祖谦《古文关键》、楼昉《迂斋古文标注》、谢枋得《文章轨范》等是最早评点的一批图书。《四库全书总目·苏评孟子提要》云：

宋人读书于切要处率以笔抹，故《朱子语类》论读书法云：先以某色笔抹出，再以某色笔抹出。吕祖谦《古文关键》、楼昉迂斋评注古文皆用抹，其明例也。谢枋得《文章轨范》、方回《瀛奎律髓》、罗椅《放翁诗选》始稍稍具圈点，是盛于南宋末矣。此本有大圈、有小圈、有连圈、有重圈、有三角圈，已断非北宋人笔。

吕祖谦（1137—1181），字伯恭，婺州（今浙江金华）人，隆兴进士，南宋著名学者。陈振孙在《直斋书录解题·古文关键提要》中云：

吕祖谦所取韩、柳、欧、苏、曾诸家文，标抹注释，以教初学。

楼昉，字阳叔，号迂斋，鄞（今浙江宁波）人，绍熙进士，尝从吕祖谦游，著名学者。《直斋书录解题·迂斋古文标注提要》云：

大略如吕氏《关键》，而所取自《史》、《汉》而下至于本朝，篇目增多，发明尤精当，学者便之。

谢枋得（1226—1289），字君直，信州弋阳（今属江西）人，宝祐进士。《四库全书总目·文章轨范提要》云：

前两卷题曰《放胆文》，后五卷题曰《小心文》，各有批注圈点，其六卷《岳阳楼记》一篇，七卷《祭田横文》、《上梅直讲书》、《三槐堂铭》、《表忠观碑》、《后赤壁赋》、《阿房宫赋》、《送李愿归盘谷序》七篇，皆有圈点而无批注。

宋末刘辰翁尤以评点著称于世。刘辰翁（1232—1297），字会孟，号须溪，庐陵（今江西吉安）人，南宋词人，入元不仕。先后评点过《老子》、《庄子》、《列子》、《班马异同》、《世说新语》、《孟浩然诗集》、《王摩诘诗集》、《李长吉歌诗》以及杜甫、苏轼、陆游等人的诗。刘辰翁是第一个对笔记小说进行评点的人，他对《世说新语》的评注开了我国评注笔记小说的先河。

元明的评点著作

元代评点之法逐渐成熟。程端礼在《程氏家塾读书分年日程》中，对圈点方法做了具体规定。该书《勉斋批点四书例》云：

红中抹：纲、凡例；	红旁抹：警语、要语；
红　点：字义、字眼；	黑　抹：考订、制度；
黑　点：补不足。	

该书《批点韩文凡例》（议论体）云：

一、句读并依点经法。

一、大段意尽　黑画截（于此玩篇法）。

一、大段内小段　红画截（于此玩章法）。

一、一小段内细节目及换易句法　黄半画截（于此玩句法）。

一、论所举所行事实及来书之目及所以作此篇之故，每篇首末常式　黑侧抹。

一、所论援引他书及考证及举制度及举前代国名　青侧抹。

一、所论纲要及再举纲要及或问体问目及提问之语及断制之第　黄侧抹。

一、义理精微之论　黄中抹。

一、凡人姓名初见者 红中抹。

一、缴上文结上文紧切全句或发明于事实之下，或先发明事之所以然于事实之上者 红侧圈。

一、转换呼应字及用力字及缴结句内虽已用红侧圈而字合此例者每字 黄侧圈(于此玩字法)。

一、假借字先考始音随四声 红圈。

一、有韵之韵 黑侧圈。

一、造句奇妙者 红侧点。

一、补文义不足 黑侧点。

一、譬喻 青侧点。

一、要字为骨初见者 黄正大圈。

一、要字为骨再见者 黄正大点。

实在繁琐之极，但既为程氏家塾学生读书所用，可见应用相当普遍，学生都要记住这些方法。该书还谈到了圈点工具的制作方法：

所用点子以果斋史先生法取黑角牙刷柄，一头作点，一头作圈，至妙。凡金、竹、木及白角，并刚燥不受朱，不可用也(造法：先削成光圆如所欲点大小，磨平。圈子先以锥子钻之，而后刮之如所欲)。

元代方回亦喜评点，他所编唐宋诗选《瀛奎律髓》以评点的形式标榜江西诗派。

明代评点之风最盛，杨慎、李贽、钟惺、孙鑛等都评点了不少图书。杨慎(1488—1559)，字用修，号升庵，新都(今属四川人)，文学家，他先后评点有《晏子春秋》、《鹖子》、《关尹子》、《亢仓子》、《商子》、《邓析子》、《公孙龙子》、《鬼谷子》、《黄石公素书》、《谭子化书》、《草堂诗余》等。其批点方法见《杨升庵批点〈文心雕龙〉》卷端《与双禹山书》：

批点《文心雕龙》颇得刘舍人精意。其用色或红、或黄、或绿、或青、或白，自为一例，正不必说破，说破又宋人矣。盖立意一定，时有出入者，是自乖其例。人名用斜角，地名用长圈，然亦有不然者，如董狐对司马，有苗对无棣，虽系地名人名，而俪偶之切，又当用青笔圈之，此岂区区宋人之所能尽！

李贽（1527—1602），号卓吾（又号笃吾、宏甫等），晋江（今福建泉州）人，文学家、思想家。他评点有《陶渊明集》、《王摩诘集》、《方正学文集》、《龙溪先生语录钞》、《于节阉集》、《杨椒山集》等。尤其值得注意的是，李贽大胆冲破封建士大夫对通俗文学的传统偏见，大力推崇通俗文学，评点有《水浒传》、《三国志通俗演义》、《琵琶记》、《浣纱记》、《金印记》、《绣襦记》、《香囊记》、《鸣凤记》、《西厢记》、《玉簪记》、《玉合记》、《西游记》、《幽闺记》、《红拂记》等一大批通俗小说。钟惺（1572—1624），字伯敬，竟陵（今湖北天门）人，万历进士，文学家。他先后评点有《诗经》、《道言》、《辨言》、《术言》、《盐铁论》、《德言》、《文心雕龙》、《水浒传》、《封神演义》等。孙钑，字文融，号月峰，万历进士，官至南京兵部尚书。他先后评点有《诗经》、《尚书》、《礼记》等，《四库全书总目·孙月峰评经提要》云：

每经皆加圈点评语，《礼记》卷前载其所评书目，自经史以及诗集，凡四十三种。

明代科举考试以八股文取士，"四书"以朱熹的《四书集注》为标准，五经以宋元注疏为准绳。为了启导后学，四书五经的评点著作尤其泛滥成灾，四书讲章充斥天下。张之洞在《𬨎轩语·读书忌批评文章》中曾说：

明人恶习，不唯《史》、《汉》，但论其文，即《周礼》、"三传"、《孟子》亦以评点时文之法批之。鄙陋侮经，莫甚于此。切

> 宜痛戒。《史》、《汉》之文法文笔，原当讨究效法，然以后生俗
> 生管见俚语，公然标之简端，大不可也。

这段话虽然反映了张之洞的卫道观念，但也说明明代确有批点之风。
今人郑振铎在《劫中得书记·考工记提要》中也说：

> 明人批点文章的习气，自八股文之墨卷始，渐及于古文，及
> 于《史》、《汉》，最后乃遍及经子诸古作。

总而言之，评点和合刻经注均始于南宋，评点至元代而成熟，至
明代而大盛。自从唐代雕版印刷发明以后，用同一墨色印刷不同内容
有诸多不便。天长日久，辗转传刻，很容易把各种批点混在一起；对
于读者来说，黑糊糊一片，也不知重点所在。著作方式的多样化、评
点的产生，向人们提出了一个亟待解决的问题：如何把不同著作方式
（主要指正文和批点）加以区别呢？于是人们开始了艰难的探索。

二、套版印刷的技术基础

古代印染和纸币雕造技术是套版印刷产生的技术基础。

第八章第四节"印染和制版技术"中，我们重点讨论了古代印染
中的凸版对于雕版印刷制版的作用。不仅如此，古代印染中的漏印对
于套版的发明也有很大关系。如前所言，漏印是夹缬的一种，即将图
案在木板等物质上镂空后制成漏版，然后，在镂空处染色，去掉漏版
而形成印染品。这种方法比凸版印刷更简单，因而得到广泛的应用，
并由此发展成为套版印刷的一种。

纸币首先出现在北宋，当时称为"交子"。交子是世界上最早的
纸币，也是中华民族对于人类文明的一项重大贡献。宋代出现纸币既
有经济原因又有技术原因。就经济原因而言，交子是商品货币经济发
展的产物，它起源于唐代的飞钱。早在唐初，市场上还是钱帛并行，
绢帛可以行使货币的职能，当时的商品交换在一定程度上还处在以物

换物的发展水平上。唐代中叶以后，铜钱日益排挤绢帛，出现了飞钱。所谓"飞钱"，就是两地之间汇兑的票券，甲地的钱可执券在乙地汇兑。到了北宋，绢帛大体上已终止了货币的职能。当时铁钱、铜钱并行。铁钱是一种价贱而笨重的铸币。一贯钱重 3.9 千克，买绫罗一匹，须用 20 贯铁钱，共重 78 千克。商人如出卖十匹绫罗，得钱 200 贯，钱重 780 千克，须用大车来拖。铁钱笨重之至，对于买卖双方都不方便，于是纸币"交子"应运而生。交子可以兑换现钱，也可以流通。交子最早出现在宋真宗大中祥符四年（1011），起初仅由十几户富商发行，后来由于富商破产等原因常常不能兑现，诉讼纠纷迭出，因此到了宋仁宗天圣元年（1023），交子的发行工作由官府接收。由于纸张和印刷质量方面的原因，交子不能长期使用，而是分界发行，定期回收。正如《宋史·食货三》所说：

> 会子、交子之法，盖有取于唐之飞钱。真宗时，张咏镇蜀，患蜀人铁钱重，不便贸易，设质剂之法，一交一缗，以三年为一界而换之。六十五年为二十二界，谓之交子，富民十六户主之。后富民赀稍衰，不能偿所负，争讼不息。转运使薛田、张若谷请置益州交子务，以榷其出入，私造者禁之。

就技术原因而言，宋代雕版印刷初步繁荣，完全有能力雕造交子。早在宋初，四川就雕造《大藏经》5048 卷，显示了雕版印刷的雄厚实力。雕印交子对于四川来说，当然不在话下。交子、会子是怎样制造的呢？明曹学佺《蜀中广记》卷六十七云：

> 大观元年五月改交子务为钱引务，所铸印凡六：曰敕字、曰大料例、曰年限、曰背印，皆以墨；曰青面，以蓝；曰红团，以朱。六印皆饰以花纹，红团背印则以故事。监官一员，元丰元年增一员。掌典十人，贴书六十九人、印匠八十一人，雕匠六人，铸匠六人，杂役一十二人，廪给各有差。所用之纸，初自置场以交子务官兼领，后虑其有弊，以它官董其事。隆兴元年，始特置

官一员莅之，移寓城西净众寺，绍熙五年始创抄纸场于寺之旁。

又据宋朱熹《朱文公文集·按唐仲友第四状》云：

> 据供，淳熙四年，（蒋辉）在广德军伪造会子四百五十道，在临安府事发，断配台州。至于淳熙七年十二月十四日同黄念五在婺州苏溪楼大郎家开伪印六颗，并写官押及开会出相人物，造得成贯会子九百道。

又《朱文公文集·按唐仲友第六状》云：

> 据蒋辉供，原是明州百姓，淳熙四年六月内因同已断配人方百二等伪造官会事发，蒙临安府府院将辉断配台州牢城，差在都酒务着役，月粮雇本州住人周立代役，每日开书籍供养。去年三月内，唐仲友叫上辉就公使库开雕《扬子》、《荀子》等印版，辉共王定等一十八人，在局雕开。至八月十三日忽据婺州义乌县弓手到来台州，将辉捉下，称被伪造会人黄念五等通取，辉被捉，欲随前去证对公事，仲友便使承局学院子董显等三人提回。仲友台旨："你是弓手，捉我处兵士，你不来下牒捉人。"当时弓手押回，夺辉在局生活。至十月内，再蒙提刑司有文字来追捉辉。仲友使三六宣教令辉收拾作具入宅，至后堂名清属堂安歇宿食。是金婆婆供送饭食。得三日，仲友入来，说与辉称："我救得你在此，我有些事问你，肯依我不？"辉当时取覆仲友，不知甚事，言了是，仲友称说："我要做些会子。"辉便言恐向后败获，不好看。仲友言："你莫管我，你若不依我说，便送你入狱囚杀，你是配军不妨。"辉怕台严依从。次日见金婆婆送饭入来，辉便问金婆婆如何得纸来，本人言："你莫管，仲友自交我儿金大去婺州乡下撩使篢头封来。"次日金婆婆将描模一贯文省会子样入来，人物是接履先生模样。辉便问金婆婆，言是大营前住人贺选在里书院描模，其贺选能传神写字，是仲友宣教耳目。当时将梨木板

一片与辉，十日雕造了。金婆婆用藤箱子乘贮，入宅收藏。又至两日，见金婆婆同三六宣教入来，将梨木板一十片双面，并后典丽赋样第一卷二十纸，其三六宣教称："恐你闲了手，且雕赋板，俟造纸来。"其时，三六宣教言说："你若与仲友做造会子留心，仲友任满带你回婺州，照顾你不难。"辉开赋板至一月。至十二月中旬，金婆婆将藤箱贮出会子纸二百道，并雕下会子版及土、朱、靛、青、棕、墨等物付与辉，印下会子二百道了，未使朱印，再乘在箱子内付金婆婆将入宅中。至次日金婆婆将出篆写一贯文省并专典官押三字，又青花上写字号二字。辉是时方使朱印三颗，辉便问金婆婆，三六宣教此一贯文篆文并官押是谁写？金婆婆称是贺选写。至十二月末旬，又印一百五十道。今年正月内至六月末间，约二十次，共印二千六百余道，每次或印一百道及一百五十道并二百道，至七月内不曾印造。至七月二十六日，见金婆婆急来报说："你且急出去，提举封了诸库，恐搜见你。"辉连忙用梯子布上后墙，走至宅后亭子上，被赵监押兵士捉住，押赴绍兴府禁勘。

以上是古代文献中涉及会子制造方法的仅有的几段文字，弥足珍贵，故不惜篇幅，迻录至此。考唐仲友，字与政，金华人，绍兴进士。守台州时，利用职权蚕食鲸吞公使库财产，甚至公然伪造会子，因而受到朱熹的弹劾。综上所述，会子的制造方法大约可分四道工序：（一）刻版。唐仲友伪造会子用的是"梨木板一片"，版面包括图案、出相人物等。版面制作十分精细，方寸之版需"十日雕造"。（二）印刷。（三）手写币值及官押字号，字号写在青色花卉图案之上。唐仲友伪造会子请能"传神写字"的贺选担任了这项工作。（四）钤印。印章共六颗，六印是什么颜色，《蜀中广记》与《朱文公文集》说法不一，前者说是四墨一蓝一朱，后者说是"朱印三颗"，未详孰是。崇宁四年（1105），交子易名钱引，除了闽浙等地之外，在全国各路发行。南宋除了钱引之外，还有河池银会子、两淮交子、湖广会子、铁钱会子、关子等多种纸币。1985 年在安徽省东至县发现一套关子钞印版，这套印版共八块：票面文版、尾花版、敕准版、关子库印、关子监造印、国用钱关子印、关子富富印和颁行印。据《宋季三朝政要》卷三记载：

> 景定五年元旦造金银见钱关子，以一准十八界会之三，出奉宸库珍货(原注：别本作宝)收弊楮，废十七界不用。其关子之制，上黑印如西字，中红印三相连如目字，下两旁各一小长黑印，宛然一贯字。关子行，物价益踊。

南宋初期，民间通行一种便钱会子。绍兴三十年(1160)改为官办，行于两浙等地，这种会子仍然采用一版套色印制，上半部为严禁伪造会子的赏罚规定，并用大字标明发行机关为"行在会子库"(图117)。

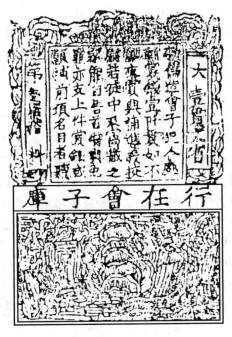

图117 南宋纸币"会子"

以上是早期纸币的大概情况。

印染纺织品、雕印纸币和套版印书虽然是三件不同的事情，但它们之间有联系。据《朱文公文集·按唐仲友第三状》，唐仲友不仅刻书、伪造会子，而且"雕造花版印染斑缬之属"。这里有两个问题值得深思：为什么唐仲友能够兼事刻书和缬染？为什么蒋辉能够兼事刻书和雕印会子？因为印染纺织品、雕印会子和刻书三者有许多共同之处，他们都离不开雕版、印刷两个最基本的工序。一个工人完全可以把印染、雕印会子、刻书三件事全部兼起来，完全可能一身而三任。既然如此，刻工在刻书过程中，就会自然地把印染、雕印会子过程中的套印技术运用到刻书中去。套印图书接受来自印染、雕印会子方面的影响是不言而喻的。

三、套版印刷的起源

我国最早的套印作品是辽代的《南无释迦牟尼佛》和元代无闻和尚注《金刚经》，它们是古代雕版印制技术的继续和发展。

套版印刷的准备阶段

套版印刷并不是一开始就产生的，它经历了手写朱墨本、墨版印刷、一版套色等准备阶段。

公元前2世纪以后，我国陆续出现了很多传注之类的解释性著作，如《春秋》有左氏传、公羊传、穀梁传等。《春秋左氏传》又有晋杜预注，唐孔颖达疏；《史记》有刘宋裴骃集解、唐司马贞索隐、张守节正义，等等。为了便于学习，必须想办法把不同著作方式用不同颜色加以区别。早在一世纪时，研究《春秋》的贾逵、董遇等人就已经用朱墨二色来写《春秋》传注。两晋南北朝时期，"陶隐居《本草》，药有冷热味者，朱墨点其名；阮孝绪《七录》，书有文德殿者，丹笔写其字。由是区分有别，品类可知"①。还有人把《神农本草经》和陶

---

① （唐）刘知几：《史通·点烦第六》。

弘景《本草集注》合为一书，用红笔抄写《神农本草经》原文，用墨笔抄写陶弘景所集注文。7 世纪初，陆德明《经典释文》也"以墨书经本，朱字辨注，用相分别，使较然可求"①。敦煌所出唐写本佛经也有用朱墨二色分写经注的，例如李隆基注《道德真经疏》，经文朱书，疏文墨书。宋范冲根据《神宗实录》，"为《考异》一书，明示去取，旧文以墨书，删去者以黄书，新修者以朱书，世号'朱墨史'"②。宋翰林学士张泊等撰《太祖记》也是以朱墨二色分记不同内容的，据陆游《老学庵笔记》卷十：

> 太宗时史官张泊等撰太祖史，凡太宗圣谕及史官采摭之事，分为朱墨书以别之，此国史有朱墨本之始也。

以上朱墨抄本既能区别不同内容，又能给人以美感，一举而两得。雕版印刷发明以后，怎样发扬朱墨抄本的优良传统，成为人们长期探索的一个问题。套印的产生经历了墨版、一版套色、两版套印、多版套印等漫长的演变过程。

在一个相当长的历史时期内，不同著作方式的内容，均采用墨版印刷的形式。所谓"墨版印刷"，就是用单一墨色印刷不同著作方式的内容，其主要做法有：（一）采用大字和小字把不同著作的内容区别开来，一般是正文大字单行，注文小字双行；（二）用阴文和阳文把不同著作方式的内容区别开来，如有人在刻印《神农本草经》时，用阴文表示经文，用阳文表示名医传注；（三）用加括号的办法把传注之类同正文加以区别。以上各种方法虽然保证了不同著作方式内容的完整性，但是久而久之，传刻多次，很容易把正文同注疏混在一起，后人要做到"以贾还贾，以孔还孔，以陆还陆，以杜还杜，以郑还郑"是很困难的③，为古籍整理增添了不少麻烦。而且用单一墨色

---

① （唐）陆德明：《经典释文·序录》。
② 《宋史·范冲传》。
③ （清）段玉裁：《经韵楼集·与诸同志论校书之难》。

印刷也远远不如朱墨抄本那样红黑分明，朱墨灿然，既醒目又美观，于是人们继续探索，找到了一版套色的印刷方法。

所谓"一版套色"是指在同一版片上依内容敷彩的印刷方法，1973年8月，陕西省文管会在修整《石台孝经》碑身时发现一幅《东方朔盗桃版画》，该画用墨、绿等色印制而成，据专家分析，当是宋金作品。这是我国目前发现的最早的一版套色作品。直到明代，不少版画仍然采用一版套色的印制方法。例如万历二十八年（1600）彩印本《花史》等即属此类。郑振铎先生在《中国印本书籍展览目录·引言》中说：

> （《花史》）是用几种颜色涂在一块雕版上的，如用红色涂在花上，绿色涂在叶上，棕色、黄色涂在树干上，然后覆上纸张，印刷出来的。

明万历三十三年（1605）彩印本《程氏墨苑》也是用一版套色印制而成的。

最早套版印刷品

我国最早的套印作品是辽代统和年间印制的《南无释迦牟尼佛》和元代至正元年（1341）江陵刘觉广套印的无闻和尚注《金刚经》。

1974年在山西应县佛宫寺内发现三幅彩印的《南无释迦牟尼佛》（图118）。其印刷时间是在辽和年间（983—1011），这是我国目前已知的最早的单张套印作品。也就是说，至迟在辽代我国就已经发明了套版印刷技术。此画的印制方法属于丝漏印刷，两套版，先漏印红色，后漏印蓝色，和我国民间镂孔印染花布的方法基本相同。此画比元无闻和尚注《金刚经》套印本早300多年，比明末胡正言套印本《十竹斋笺谱》早600多年，比欧洲第一本彩印作品《梅因兹圣诗篇》要早400多年。

元无闻和尚注《金刚经》也是最早的套印作品（图119），但是关于套印的具体方法，尚有不同意见。王重民先生认为是一版套色，他说：

图 118　辽统和间套印《南无释迦牟尼佛》

图 119　元代江陵刘觉广套印的无闻和尚注《金刚经》

　　这个印本的经文是根据鸠摩罗什的译本，注解是资福寺僧思聪作的。正是采用了《经典释文》的方法，经文大字朱印，注解双行墨印。每页上的经文不到几个字，它的印法虽说采用了朱墨两色，但恐怕不是两版套印，而只是用一版涂上两种颜色印成的（当不是用一块版，涂两次色，印两次）。①

我国台湾昌彼得先生对原件进行研究之后，在《元刻朱墨本〈金刚经〉题识》中说：

　　　　唯就此印本细察研究之，实系一版而先墨后朱分两次印成。

王、昌二氏虽对印刷次数有不同看法，然"一版套色"之见则不约而同。

　　沈津先生在台北调阅原件后，提出了不同的意见，他说：

　　　　此本确为朱墨套印本，而并非一版双色印本。其为套印本之根据，可见"妙行无住分第四"，由右至左朱色大字"第"、"萨"、"施"、"布"、"布"、"不"皆断版，但夹在中间之小字"菩萨人本心"皆不断裂，此可说明不是一块版子。如是一版，则断裂时，大字、小字应同时一起断裂，而绝不可能只断大字而不断小字。又，数纸清晰地显示无论是黑色小字或朱色大字，都是系用小木块或长方形木块在一张纸上捺印文字。在纸的上面、中间、下面，往往都有木块两头捺印之痕迹。如第七页小字双行"于禅定无有欲心"、"欲想干枯无想天中"二字，在"于"、"欲"两字之上即有边痕，而朱色大字也有如是之迹。这种情况，或许可以推测原已刻就一版，为了区分经文和注释，请匠人锯开，然后用朱、墨双色套印。细审全经，可知印刷时，朱色先而墨色后，如第十三纸"受生欲界名不还果也"内"还"、"也"二字，墨

---

①　《套版印刷法起源于徽州说》，载《安徽历史学报》1957 年创刊号。

色压在朱色之上。又"善规起请分第二"之"三"（大字）后为小字"梵语"，也显见黑色小字压于朱色大字之上。①

此言甚有道理，可见无闻和尚注《金刚经》并非一版双色印本，而是货真价实的朱墨套印本。

关于此经的套印时间和套印者，该经图后有刘觉广题跋：

> 至元六年岁在庚辰解制日寓中兴路。潜邑蚌湖市刘觉广再拜谨跋。荆岑邓觉富焚书拜书。
>
> 师在奉甲站资福寺丈室注经，庚辰四月间，忽生灵芝四，茎黄色，紫艳云盖。次年正月初一日夜梦感龙天聚会于刊经所，赞云："稽首金刚界，大圣法中王。愿垂实际处，字字放毫光。"

沈津先生认为，此经应著录为"元至正元年（1341）刘觉广江陵刻经所刻朱墨套印本。"

以上情况表明，"辽代说"、"元代说"是正确的。

四、"明末说"评析

"明末说"认为明末闵、凌二氏发明了套版印刷。陈继儒认为套印始于闵氏，他在明万历四十八年（1620）闵刻朱墨本《史记钞》序中说：

> 三代以上，漆文竹简，冗重艰难，秦汉以还，浸知手录。唐明皇遴选五品子弟入弘文馆抄书，雠对精详，而诵习因以该博，自冯道、毋昭裔为宰相，一变而为雕版；布衣毕昇，再变而为活版；闵氏三变而为硃评……吴兴硃评书籍出，无问贫富好丑，垂

---

① 关于元刻朱墨套印本《金刚般若波罗蜜经》，载《书城风弦录——沈津学术笔记》，广西师范大学出版社 2006 年版。

　　涎购之。

凌启康在其三色本《苏长公合作》序中也认为套印始于闵齐伋，他说：

　　　　朱评之镌，创之闵遇五，好事者复益之以黛。

这种说法值得讨论。

　　套印虽然赏心悦目，但制版要求严格，费工费时费钱。在辽代《南无释迦牟尼佛》和元代套印无闻和尚注《金刚经》出现之后，并不能马上普及，推而广之。

　　在相当长的一个时期中，评点著作仍然采用墨版印刷的形式，例如明嘉靖三十五年（1556）奇字馆刻杨慎批点《振秀集》、明嘉靖三十九年（1560）华云刻杨慎批点《禺山七言律诗》、明万历元年（1573）刻慎蒙批点《皇明文则》、明万历九年（1581）刘怀恕刻穆文熙《批点明诗》、明万历二十一年（1593）梅庆生刻《批点〈文心雕龙〉音注》，明万历三十八年（1610）刘龙田刻钱谦益评点《唐诗选玉》、明万历四十三年龚少山刻陈继儒评点《春秋列国志传》等均为墨本。其中明万历二十一年（1593）梅庆生刻《批点〈文心雕龙〉音注》采用各种符号代表圈点颜色，梅庆生在该书凡例中说：

　　　　圈点，杨用修之用红、黄、绿、青、白五色笔，今刻本不能用五色，因作五种区别以代之：
　　　　　　其红色圈作◎，点作⟩⟩；
　　　　　　其黄色圈作⊙，点作⟩⟩；
　　　　　　其绿色圈作□，点作△；
　　　　　　其青色圈作●，点作☽；
　　　　　　其白色圈作〇，点作⟩⟩。
　　　　其人名原用斜角，地名原用长圈。今人名、地名已为注释，二法无所用。

关于杨慎的批点文字，《凡例》说：

> 《雕龙》五十篇，杨用修间有批评。一篇之上，或总批，或
> 另批。今总批则附本篇之末，另批则入本段之中，俱用双行小
> 字，以便观者。

可见梅庆生是用符号和小字双行两种办法来处理评点的。

两版套印在技术上至少有下列三项要求：第一，两版的版式、行
格、字体必须绝对一致，否则，加印在一起，就可能驴头不对马嘴。
第二，套印时要特别注意版片的卷页顺序，必须一一相对，否则圆凿
方枘，不能浑然一体。明凌森美朱墨本《选赋》就有过这样的错误，
该本有签记云：

> 卷四第五十一页套版，错用在五十二页；五十二页套版，错
> 用在五十一页，俱改正。改字一百零七个，添字二个，删字十四
> 个，添圈一百零七个，删圈十二个，添点八十一个，删点十一
> 个，加方框一个。

第三，套印时，除了卷页一一相对之外，还要做到行次、边栏相对，
否则就造成叠印。因为套印要求高、难度大，明代著名出版家闵齐伋
从事套版印刷也经历了墨版、两版套印、多版套印的过程。明万历四
十四年(1616)，吴兴闵齐伋在套印本《春秋左传》凡例中说：

> 旧刻凡有批评圈点者，俱就原版墨印，艺林厌之。今另刻一板，
> 经传用墨，批评以朱，校雠不啻三五，而钱刀之靡，非所计矣！置
> 之帐中，当无不心赏。其初学课业，无取批评，则有墨本在。

韩敬在序中说：

> 吾乡闵赤如、遇五、用和昆从，手创分次经传，特受先生

（月峰）之评，以朱副墨，一览犁然。

赤如即闵齐华，遇五即闵齐伋，用和即闵象泰。“手创”者，创造也。可见前此闵氏刻书“凡有批评圈点者，俱就原版墨印”，从《春秋左传》开始，始用两版套印。

考闵齐伋（1575—?），字及五，号寓（遇）五，晚年自号“三山伋客”。诸生出身，曾竭50年之精力著《六书通》，成书那一年，已逾82岁。闵氏一门除了闵齐伋以外，还有闵齐华、闵光瑜、闵迈德、闵洪德、闵昭明、闵光衢、闵映璧、闵象泰、闵无颇、闵于忱（图120）、闵振业、闵振生等，他们都刻过书。其中以闵齐伋最为著名。

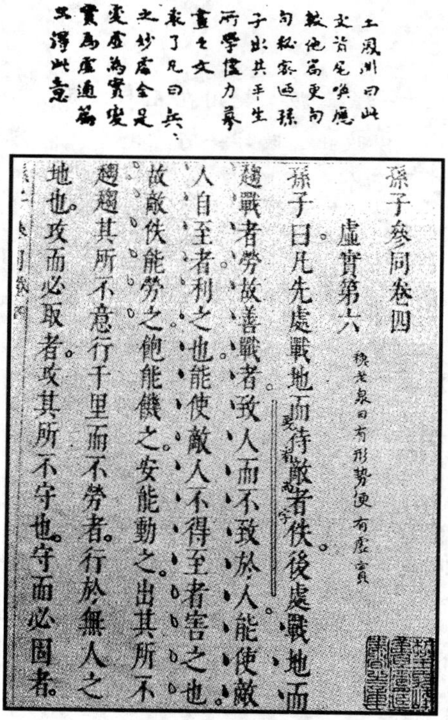
王鳳洲曰此文旨足與應敵他篇更句句秘密匹孫子出共平生所學儘力發盡之文
袁了凡曰兵之妙處全是變虛為實變實為虛通篇只得此意

孫子參同卷四
虛實第六　蘇老泉曰有形勢便有虛實
孫子曰凡先處戰地而待敵者佚後處戰地而
趨戰者勞故善戰者致人而不致於人能使敵
人自至者利之也能使敵人不得至者害之也
故敵佚能勞之飽能饑之安能動之出其所不
趨趨其所不意行千里而不勞者行於無人之
地也攻而必取者攻其所不守也守而必固者

图120　明闵于忱套印朱墨本《孙子参同》

闵齐伋刻有朱墨本《东坡易传》《老子》《庄子》《列子》《楚辞》《陶靖节集》《韦苏州集》《王右丞集》《韩昌黎集》《柳宗元集》《孟浩然集》《花间集》等，闵齐伋刻印《春秋左传》的第二年（即万历四十五年），在朱墨本的基础上又刻出三色本《孟子》，万历四十七年（1689），又刻出三色本《国语》和《战国策》。尽管多版套印和两版套印没有本质区别，但是多版套印是在两版套印的基础上发展起来的，两版套印在前，多版套印在后。为了弄清墨版、一版套色、两版套印、多版套印的发展轨迹，兹将可考明代有关套印的作品列表如下：

书　名	著者	评注者	刻印者	刻印时间	版本类别
禹山七言律诗	张　含	杨　慎	华　云	明嘉靖三十九年（1560）	墨　本
皇明文则	慎　蒙	慎　蒙		明万历元年（1573）	墨　本
批点明诗		穆文熙	刘怀恕	明万历九年（1581）	墨　本
批点文心雕龙音注			梅庆生	明万历二十一年（1593）	墨　本
花　史				明万历二十八年（1600）	一版套色
程氏墨苑			程君房	明万历三十三年（1605）	一版套色
唐诗选玉	李攀龙	钱谦益	刘龙田	明万历三十八年（1610）	墨　本
春秋列国志传		陈继儒	龚少山	明万历四十三年（1615）	墨　本
春秋左传		孙　矿	闵齐伋	明万历四十四年（1616）	朱墨本

续表

书 名	著者	评注者	刻印者	刻印时间	版本类别
檀 弓		谢枋得	闵齐伋	明万历四十四年（1616）	朱墨本
考 工 记		郭正域	闵齐伋	明万历四十四年（1616）	朱墨本
孟 子		苏 洵	闵齐伋	明万历四十五年（1617）	三色本
国 语		韦昭等	闵齐伋	明万历四十七年（1619）	三色本
战 国 策		高诱等	闵齐伋	明万历四十七年（1619）	三色本
吕氏春秋	吕不韦		凌毓楠	明万历四十八年（1620）	朱墨本
史 记 钞		茅 坤	闵振业	明万历四十八年（1620）	朱墨本
孙子参同			闵于忱	明万历四十八年（1620）	朱墨本
管 子		赵用贤等	凌汝亨	明泰昌元年（1620）	朱墨本
兵 垣			闵振生	明天启元年（1621）	朱墨本
唐诗艳逸品		杨肇祉	闵一栻	明天启元年（1621）	朱墨本
东坡禅喜集	徐长孺	冯梦祯	凌濛初	明天启元年（1621）	朱墨本
春秋公羊传			闵齐伋	明天启元年（1621）	三色本

书 名	著者	评注者	刻印者	刻印时间	版本类别
九会元集	吴默等		闵齐华	明天启元年（1621）	朱墨本
邯 郸 梦	汤显祖		闵光瑜	明天启元年（1621）	朱墨本

　　此表说明明代套印的繁荣经历了由简到繁的变化过程，著名出版家闵氏亦概莫能外。称闵氏是普及套印的出版家则可，称套印源于闵氏则不可。"明末说"是不成立的。

附录 印刷术起源大事记

- **公元前 4000 年前** 中国出现文字。
- **公元前 3000 年前** 埃及出现象形文字。巴比伦出现用楔形文字书写的泥版书。
- **公元前 2000 年前** 埃及出现纸草书。
- **公元前 8 世纪至公元前 4 世纪** 印度出现用梵文写在贝多罗树叶上的《吠陀》书。
- **公元前 750 年至公元前 700 年** 希腊出现字母文字。
- **公元前 668 年至公元前 627 年** 巴比伦出现收藏泥版图书的亚述巴尼拔图书馆。
- **公元前 6 世纪** 罗马出现拉丁文,后又出现羊皮书。
- **公元前 332 年** 希腊出现藏有数十万册羊皮书的亚历山大图书馆。
- **先秦时期(前 206 年以前)** 中国已出现笔和墨。
- **秦始皇二十九年(前 218 年)至三十七年(前 210 年)** 秦始皇四次东巡,有峄山、泰山等刻石。
- **汉武帝(前 140—前 88 年)** 出现灞桥纸,这是中国古代最早的纸之一,比蔡伦纸早 200 年左右。
- **汉宣帝本始元年(前 73 年)** 出现扶风纸,这是中国最早的纸之一,比蔡伦纸至少早 178 年。
- **汉宣帝甘露二年(前 52 年)** 出现居延纸,这是中国最早的纸之一,比蔡伦纸要早 157 年。
- **汉宣帝黄龙元年(前 49 年)** 出现罗布淖尔纸,这是中国最早的纸之一,比蔡伦纸早 154 年左右。
- **汉平帝元始四年(4 年)** 洛阳太学出现槐市,这是中国古代最早的书市之一。

- **汉和帝元兴元年（105 年）**　蔡伦借鉴前人的经验，造纸成功。
- **汉灵帝建宁二年（169 年）**　《后汉书》有"刊章捕俭"的记载，或者以为此即雕版印刷之始，其实不然。
- **汉灵帝熹平四年（175 年）**　蔡邕等奉诏刻《熹平石经》。
- **三国曹魏正始年间（240—248 年）**　刻《正始石经》。
- **晋代（265—420 年）**　官方先后组织了六次大规模的抄书活动。
- **东晋成帝咸和（326—334 年）间**　出现刻有 120 字的"黄神越章"之印。
- **东晋后期**　著名画家顾恺之发明摹揭书画的方法，为书画揭本之始。
- **南北朝（420—589 年）**　纸张普及。印章渐由正文阴刻变为反文阳刻，出现"永兴郡印"、"开元皇太后玺"等反文阳刻印章。南北朝官方先后组织了十四次大规模的抄书活动。
- **南朝宋顺帝（477—479 年）**　日本出现假名。
- **南朝梁**　神道碑有"太祖文皇帝之神道"八个反文阳刻大字。
- **隋代（581—618 年）**　据《隋书·经籍志》中"相承传拓，犹在秘府"之语，或说隋代已经出现拓印。隋代官方先后组织五次大规模的抄书活动。隋代开始开凿《房山石经》。日本四次派遣"遣隋使"，带回不少中国图书。
- **隋文帝开皇十三年（593 年）**　诏令"废像遗经，悉令雕撰"，或者认为，此之"雕撰"即雕版印刷之意，其实不然。
- **隋唐时期（581—907 年）**　大批朝鲜僧人来华留学，带回不少中国图书。夹缬广泛使用，对制版产生较大影响。
- **唐代（618—907 年）**　据《全唐文》和《全唐诗》，唐代散文作者3042 人，诗人 2200 人。印刷字体楷书已经形成，出现不少善于楷书的书法家。在图书装订方面，旋风装和蝴蝶装已经出现。唐方官方先后组织七次大规模的抄书活动。
- **唐太宗贞观十年（636 年）**　长孙皇后死。明邵经邦《弘简录·长孙皇后传》有诏令"梓行"《女则》的记载，或者认为，此之"梓行"不可相信。

- **唐太宗贞观(622—649年)** 冯贽《云仙散录》有玄奘"印普贤像"的记载，或者认为，这是无中生有。
- **唐武周天授二年(691年)** 出现古代最早的印刷品——印纸。
- **唐武周长安四年(704年)至神龙元年(705年)** 弥陀山、法藏等重译《无垢净光大陀罗尼经》，或者认为，刻印时间可能在八世纪中期。
- **唐玄宗开元(713—741年)间** 或能印制驿券。
- **唐代中期** 或能印制叶子格。
- **唐肃宗至德二年(757年)之后** 刻印的《陀罗尼经咒》，1944年在成都唐墓出土。刻印时间当在唐武宗会昌六年(846年)后。
- **唐代宗广德二年(764年)之前** 唐刻本《无垢净光大陀罗尼经》传入日本。
- **唐代宗大历五年(770年)** 日本刻印"百万塔陀罗尼"，或以为不可信。
- **唐穆宗长庆(821—824年)间** 元稹撰《白氏长庆集序》中有"模勒"二字，或者以为，此之"模勒"即雕版印刷之意，但也有不同意见。
- **唐文宗太和九年(835年)** 剑南两川和淮南道大量刻印历书等。
- **唐文宗开成(836—840年)间** 刻制《开成石经》。
- **唐武宗会昌(841—846年)之前** 刻印佛经800册。
- **唐宣宗大中(847—858年)间** 刻印《刘宏传》。
- **唐懿宗咸通二年(861年)之前** 长安李家刻印阴阳书。
- **唐懿宗咸通六年(865年)之前** 西川刻印《唐韵》和《玉篇》。
- **唐懿宗咸通九年(868年)之前** 已能刻印佛像版画。
- **唐懿宗咸通九年(868年)** 王玠为二亲刻印《金刚经》。
- **唐僖宗乾符四年(877年)** 四川刻印历书。
- **唐僖宗中和二年(882年)** 成都樊赏刻印历书。
- **唐僖宗中和三年(883年)** 成都刻印阴阳、占梦、相宅、字书之类的杂书。

- 唐昭宗天祐四年（907 年） 西川过家刻印《金刚经》。
- 唐末 刻徐寅著《斩蛇剑赋》、《人生几何赋》等。
- 唐代后期出现"书侩" 书侩即书业中心的中介人、经纪人。
- 前蜀乾德五年（923 年） 昙域刻印《禅月集》，这是刻印别集的最早记载之一。
- 后唐长兴二年（931 年）至后周广顺三年（953 年） 首次刻印儒家经典"十二经"。
- 后晋开运四年（947 年） 曹元忠舍资、雷延美雕印《大圣文殊师利菩萨像》。
- 后晋天福十五年（950 年） 曹元忠舍资、雷延美雕印《金刚经》。
- 后周广顺三年（953 年） 曹元忠舍资刻印普贤像。
- 五代吴越王钱俶显德三年（956 年） 刻印《宝箧印经》。
- 宋太祖乾德三年（965 年） 五代吴越王钱俶刻印《宝箧印经》，1971 年绍兴出土。
- 宋太祖开宝四年（971 年）至宋太宗太平兴国八年（983 年） 刻印《大藏经》，这是中国佛教史上刻印《大藏经》的最早记载。
- 宋太祖开宝八年（975 年） 五代吴越王钱俶刻印《宝箧印经》，杭州西湖雷峰塔发现。
- 辽统和间（983—1011 年） 丝漏套版印染《南无释迦牟尼佛像》，1974 年在山西应县佛宫寺木塔内发现。
- 宋太宗淳化五年（994 年）至宋神宗熙宁五年（1072 年） 国子监刻印《十七史》，这是刻印正史的最早记载。
- 宋真宗大中祥符元年（1008 年） 开始刻印试题，这是中国科举史上刻印试题的最早记载。
- 宋真宗大中祥符四年（1011 年） 四川印制纸币。
- 宋仁宗庆历年间（1041—1048 年） 毕昇发明泥活字印刷术。
- 宋神宗熙宁元年（1068 年） 刻印僧尼出家文凭——度牒，这是刻印度牒的最早记载。
- 宋哲宗元祐三年（1088 年） 沈括《梦溪笔谈》详细记载了毕昇泥活字印书法。

- **宋建炎二年(1128 年)**　叶梦得在《石林燕语》中，首次提出雕版印刷起源"唐代说"，开了讨论印刷术起源的先河。
- **12 世纪下半叶**　西夏印制木活字本多种，这是古代传世的最早木活字实物。
- **宋宁宗庆元(1195—1200 年)间**　王明清《挥麈余话》首次提出雕版印刷起源"五代说"。
- **南宋初**　眉山程舍人刻《东都事略》附有我国最早的版权牌记。
- **南宋**　四川眉山万卷堂刻《新编近时十便良方》附有我国最早的书目广告。
- **南宋**　济南刘家功夫针铺印行了我国古代最早的商业广告。
- **南宋**　经文与注疏多合刻在一起。
- **宋(960—1279 年)或金(1115—1234 年)**　一版套印《东方朔盗桃版画》。
- **辽统和年间(983—1011 年)**　丝漏套版印染《南无释迦牟尼佛》。
- **元至元间(1264—1294 年)**　王幼学《纲目集览》首次提出雕版印刷起源"东汉说"。
- **元武宗至大四年(1311 年)**　王祯摆印木活字本《旌德县志》。
- **元仁宗皇庆二年(1313 年)**　王祯撰《造活字印书法》，详细介绍了木活字印书的方法。
- **元世祖至正元年(1341 年)**　刘觉广江陵刻经所刻朱墨套印本无闻和尚注《金刚经》。
- **明永乐二十一年(1423 年)**　欧洲出现最早雕版印刷品《圣克里斯托夫与基督渡水图》。
- **十五世纪中叶**　"谚文"的诞生，朝鲜文字正式出现。
- **明景泰元年(1450 年)左右**　德国人谷腾堡用活字印刷成功。
- **明景泰七年(1456 年)左右**　德国人谷腾堡用活字印出第一本书《四十二行本圣经》。
- **明天顺元年(1457 年)至明成化二十三年(1487 年)**　欧洲第一部彩印作品《梅因兹圣诗篇》印制成功。
- **明弘治三年(1490 年)**　无锡华燧会通馆摆印铜活字本《宋诸臣奏

议》。

- **明弘治十五年**（1502 年）　无锡华珵摆印铜活字本《渭南文集》。
- **明正德十六年**（1521 年）　无锡安国摆印铜活字本《正德东光县志》。
- **明嘉靖四十二年**（1563 年）　俄国人菲多洛夫在莫斯科印出第一本书。
- **明代嘉靖间**（1522—1566 年）　陆深《河汾燕闲录》首次提出雕版印刷起源"隋代说"。
- **明万历二十八年**（1600 年）　一版彩色套印《花史》。
- **明万历三十三年**（1605 年）　程君房一版彩色套印《程氏墨苑》。
- **明万历四十四年**（1616 年）　闵齐伋朱墨套印《春秋左传》。
- **明万历四十五年**（1617 年）　闵齐伋三色套印《孟子》。
- **明末**　胡震亨《读书杂录》首先根据元稹《白氏长庆集序》关于"模勒"的记载，提出雕版印刷起源"唐中说"，清代赵翼、王国维承袭其说。
- **明崇祯十一年**（1638 年）　美国（当时属英）设立第一个印刷所。
- **清乾隆十七年**（1752 年）　加拿大印出第一本书。
- **清嘉庆七年**（1802 年）　澳洲悉尼印出第一本书。
- **1958 年 2 月**　张秀民《中国印刷术的发明及其影响》首次提出雕版印刷起源"唐初贞观说"。
- **1993 年 7 月 10 日**　新华社播发《英山毕昇墓被确认》的消息，认为此之毕昇即宋代泥活字的发明者。或以为是同名者。

参 考 文 献

1. 司马迁. 史记. 北京：中华书局，1983.

2. 班固. 汉书. 北京：中华书局，1983.

3. 范晔. 后汉书. 北京：中华书局，1983.

4. 房玄龄等. 晋书. 北京：中华书局，1983.

5. 魏徵等. 隋书. 北京：中华书局，1983.

6. 刘昫等. 旧唐书. 北京：中华书局，1983.

7. 欧阳修等. 新唐书. 北京：中华书局，1983.

8. 司马光. 资治通鉴. 北京：中华书局，1987.

9. 慧皎. 高僧传. 北京：中华书局，1992.

10. 赞宁. 宋高僧传. 北京：中华书局，1987.

11. 慧立，彦悰. 大慈恩寺三藏法师传，北京：中华书局，2000.

12. 义净. 大唐西域求法高僧传. 北京：中华书局，2000.

13. 彦悰. 众经目录. 中华大藏经本.

14. 费长房. 历代三宝纪. 中华大藏经本.

15. 法经. 众经目录. 中华大藏经本.

16. 静泰. 众经目录. 中华大藏经本.

17. 靖迈. 古今译经图记. 中华大藏经本.

18. 明佺. 大周刊定众经目录. 中华大藏经本.

19. 道宣. 大唐内典录. 中华大藏经本.

20. 智昇. 续大唐内典录. 中华大藏经本.

21. 智昇. 开元释教录. 中华大藏经本.

22. 圆照. 贞元新定释教目录. 中华大藏经本.

23. 李林甫. 唐六典. 北京：中华书局，1992.

24. 王溥. 唐会要. 上海：上海古籍出版社，1991.

25. 董诰等. 全唐文，北京：中华书局，1998.

26. 彭定求等. 全唐诗. 上海：上海古籍出版社，1988.

27. 张彦远. 历代名画记. 北京：人民美术出版社，2005.

28. 白居易. 白居易集. 长沙：岳麓书社，1992.

29. 叶梦得. 石林燕语. 北京：中华书局，1997.

30. 张邦基. 墨庄漫录. 北京：中华书局，2002.

31. 纪昀等. 四库全书总目. 北京：中华书局，1981.

32. 封演. 封氏闻见记校注. 北京：中华书局，2005.

33. 胡道静. 梦溪笔谈校证. 上海：古典文学出版社，1958.

34. 任继愈. 中国藏书楼. 沈阳：辽宁人民出版社，2001.

35. 潘吉星. 中国金属活字印刷技术史. 沈阳：辽宁科学技术出版社，
    2001.

36. 严绍璗，汉籍在日本的流布研究. 南京：江苏古籍出版社，1992.

37. 潘吉星. 中国科学技术史：造纸与印刷卷. 北京：科学出版社，
    1998.

38. 潘吉星. 中国古代四大发明——源流、外传及世界影响. 合肥：
    中国科学技术大学出版社，2002.

39. ［法］弗雷德里克·巴比耶. 书籍的历史. 桂林：广西师范大学出
    版社，2005.

40. ［美］卡特. 中国印刷术的发明和它的西传. 北京：商务印书馆，
    1991.

41. ［法］费夫贺，马尔坦. 印刷书的诞生. 桂林：广西师范大学出版
    社，2006.

42. ［美］威廉·麦克高希. 世界文明史. 北京：新华出版社，2003.

43. 肖东发. 中国图书出版印刷史论. 北京：北京大学出版社，2001.

44. 孙毓修. 中国雕版源流考. 上海：上海古籍出版社，2008.

45. 上海新四军历史研究所印刷印钞分会. 雕版印刷源流. 北京：印
    刷工业出版社，1990.

46. 钱存训. 中国书籍纸墨及印刷史论文集. 香港：中文大学出版社，

1992.

47. 章宏伟. 出版文化史论. 北京：华文出版社，2002.

48. 郑士德. 中国图书发行史. 北京：高等教育出版社，2000.

49. 姚名达. 中国目录学史. 上海：上海书店，1984.

50. 李致忠. 古代版印通论. 北京：紫禁城出版社，2000.

51. 张秀民. 中国印刷史. 杭州：浙江古籍出版社，2006.

52. 张秀民. 中国印刷术的发明及其影响. 北京：人民出版社，1958.

53. 钱存训. 纸与印刷. 上海：上海古籍出版社；北京：科学出版社，1990.

54. 李书华. 中国印刷术起源. 香港：新亚研究所，1962.

55. 陈佛松. 世界文化史. 武汉：华中科技大学出版社，2005.

56. 裔昭印. 世界文化史. 上海：华东师范大学出版社，2000.

57. 梁启超. 佛学研究十八篇. 南京：江苏文艺出版社，2008.

58. 欧阳军喜等. 世界中世纪文化教育史. 北京：中国广际广播出版社，1998.

59. 李郁夫. 失落的文明. 郑州：大象出版社，2005.

60. 陈恒. 失落的文明. 上海：华东师范大学出版社，2001.

61. 许海山. 古希腊简史. 北京：中国言实出版社，2006.

62. 史金波，雅森·吾守尔. 中国活字印刷的发明和早期传播——西夏和回鹘活字印刷术研究. 北京：社会科学文献出版社，2000.

63. 吴国盛. 科学的历程. 北京：北京大学出版社，2002.

64. 张夫也. 外国工艺美术史. 北京：中央编译出版社，2004.

65. 汤用彤. 隋唐佛教史稿. 北京：中华书局，1983.

66. 张弓. 汉唐佛寺文化史. 北京：中国社会科学出版社，1997.

67. 吕思勉. 隋唐五代史. 上海：上海古籍出版社，1959.

68. [英]昂温. 外国出版史. 北京：中国书籍出版社，1988.

69. 王保星. 外国教育史. 北京：北京师范大学出版社，2008.

70. 于殿利等. 巴比伦文化探研. 南昌：江西人民出版社，1988.

71. 王铁钧. 中国佛典翻译史稿. 北京：中央编译出版社，2006.

72. 魏道儒. 普贤与中国文化. 北京：中华书局，2006.

73. 王介南. 中外文化交流史. 北京. 书海出版社, 2004.

74. 吴淑生, 田自秉. 中国印染史. 上海：上海人民出版社, 1986.

75. 周勋初. 唐人轶事汇编. 上海：上海古籍出版社, 2006.

76. 岑仲勉. 岑仲勉史学论文集. 北京：中华书局, 2004.

77. 罗振玉. 罗振玉校刊群书叙录. 扬州：广陵古籍刻印社, 1998.

78. 刘洪生. 唐代题壁诗. 北京：中国社会科学出版社, 2004.

79. 赵昌智等. 中国篆刻史. 上海：上海人民出版社, 2006.

80. 刘江. 中国印章艺术史. 杭州：西泠印社, 2005.

81. 王廷洽. 中国古代印章史. 上海：上海人民出版社, 2006.

82. 程章灿. 石刻刻工研究. 上海：上海古籍出版社, 2008.

83. 向达. 唐代刊书考. 中央大学图书馆第一年刊, 1928.

84. 向达. 中国印刷术的起源, 中学生, 1930(5).

85. 张曼陀. 中国制纸与印刷沿革考. 史地丛刊, 1933(1).

86. 王云五. 中国的印刷. 文化建设, 1934(1).

87. 香冰. 中国印刷术与谷腾堡. 科学之中国, 1935(5).

88. 陈竺同. 冯道以前文化读物的雕版版本. 教与学, 1936(2).

89. 蒋元卿. 中国雕版印刷术发轫考. 安徽大学季刊, 1937(1).

90. 刘龙光. 中国印刷术的沿革. 艺文印刷月刊, 1937(1).

91. 钱穆. 唐代雕版术之兴起——思亲强学室读书记之十一. 真善半月刊, 1941(18).

92. 江种禹. 中国印刷术发明的故事. 妇女世界, 1943(5).

93. 周一良. 纸与印刷术——中国对世界文明的伟大贡献. 新华月报, 1951(5).

94. 王重民. 套印印刷法起源于徽州说. 安徽历史学报, 1957(1).

95. 方汉奇. 中国最早的印刷报纸. 北京日报, 1957-1-1.

96. 傅振伦. 中国活字印刷术的发明和发展. 史学月刊, 1957(3).

97. 胡道静. 活字版发明者毕昇卒年及地点试探. 文史哲, 1957(7).

98. 赵万里. 中国印本书籍发展简史. 文物参考资料, 1952(4).

99. 罗继祖. 印刷术创始年代. 社会科学战线, 1978(1).

100. 朱晚秋. 唐都长安是中国雕版印刷术的发源地. 西北大学学报,

1991（1）.

101. 王小蓉. 道教与我国早期雕版印刷术关系浅探. 宗教学研究，2005（2）.

102. 杨绳信. "模勒"与版刻考. 西北大学学报，1981（12）.

103. 于为刚.《印刷术发明于隋朝的新证》析疑. 文献，1981（4）.

104. 宿白. 唐五代雕版印刷手工业的发展. 文物，1981（5）.

105. 毕素娟. 辽代雕版印刷品的空前发现. 中国印刷年鉴（1982—1983）.

106. 周丕显. 从敦煌古印本看雕版印刷术的发明. 宁夏图书馆通讯，1982（1）.

107. 王鹏翥. 关于我国古代印刷术的探源问题. 华中师范学院学报，1982（6）.

108. 冯汉镛. 毕昇活字胶泥为六一泥考. 文史哲，1983（3）.

109. 项戈平. 宋代杭州的刻书与毕昇发明活字印刷的地点. 文献，1983（18）.

110. 白光田. 雕版印刷术在唐代兴起的原因初探. 山东图书馆季刊，1984（1）.

111. 赵永东. 关于雕版印刷始于贞观说立据的商榷. 天津日报，1984-7-30.

112. 吴式超. 毕昇身份及活字材料考辨. 南京大学学报，1985（1）.

113. 张岩方. 试论雕版印刷术发明于唐代贞观年间. 黑龙江图书馆，1985（3）.

114. 丰雪. 一条涉及雕版印刷的引文所引起的. 图书馆学研究，1986（5）.

115. 吉敦谕. 唐初雕版印刷品真伪辨证. 历史教学，1986（11）.

116. 金柏东. 早期活字印刷术的实物见证——温州市白象塔出土北宋佛经残页介绍. 文物，1987（5）.

117. 李兴才. 论中国雕版印刷史的几个问题. 中国印刷，1987（15）.

118. 陶秀祥. 那世平. 佛教传播对雕版印刷的促进. 黑龙江图书馆，1988（4）.

119. 刘云. 对《早期活字印刷术的实物见证》一文的商榷. 文物, 1988(10).

120. 王子舟. 佛教对中国图书的贡献. 江苏图书馆学报, 1988(1).

121. 陈德弟. 佣书业的兴衰和雕版印刷术的发明. 出版科学, 2004(5).

122. 杨荣新. 唐宋时期四川雕版印刷考述. 文博, 2003(2).

123. 冯鹏生. 雕版印刷的渊源及发明. 出版发行研究, 2000(4).

124. 许贵英. 浅谈佛教典籍与雕版印刷术. 科技与经济, 2000(1).

125. 陈静. 拓石与雕版印刷. 济南大学学报(社会科学版), 2001(2).

126. 陈妙英. 中国雕版印刷术肇始于隋. 印刷杂志, 2000(10).

127. 李致忠. 论雕版印刷术的发明. 文献, 2000(2).

128. 潘吉星. 唐武周时期的雕版印刷史料. 出版科学, 1998(1).

129. 李约瑟. 中国印刷术的起源和发展雕版印刷的开始. 科技文萃, 1997(4).

130. 虞洲. 我国在1200年前已有雕版印刷. 中国出版, 1994(4).

131. 黎世英. 雕版印刷术的发明及其在唐代的发展. 南昌大学学报(人文社会科学版), 1990(4).

132. 李白坚. 雕版印刷术的发明：一个漫长的历史过程. 上海大学学报(社会科学版), 1990(4).

133. 刘卫武. 中国雕版印刷术早于唐论. 中国图书馆学报, 1990(1).

134. 吴式超. 雕版印刷术始于东汉说. 图书馆学刊, 1989(3).

135. 姜茂辉. 雕版印刷术东汉发明的设想与分析. 图书馆学刊, 1989(3).

136. 丁浒承. 试论中国雕版印刷术的起源与发展. 菏泽学院学报, 1989(1).

137. 潘吉星. 从考古发现看印刷术的起源. 光明日报, 1997-3-11.

138. 李致忠. 中国：印刷术的发源地——《无垢净光大陀罗尼经》刊印考. 新闻出版报, 1996-12-25.

139. 邱瑞中. 玄奘与印刷术——读《大慈恩寺三藏法师传》札记. 内蒙古师大学报(哲学社会科学版), 1999(1).

140. 邱瑞中. 再论韩国藏《无垢净光大陀罗尼经》为武周朝刻本. 中国典籍与文化, 2000(3).

141. 邱瑞中.《无垢净光大陀罗尼经》为武周刻本补证. 中国典籍与文化, 1997(4).

142. 潘吉星.《无垢经》: 中韩论争的焦点. 出版科学, 2000(4).

143. 应岳林. 印刷术在中国的起源、发展及在亚洲的传播. 复旦学报(社会科学版), 1994(2).

144. 魏星桥. 中国古代印刷术和书籍. 古籍整理研究学刊, 1986(4).

145. 尹洪铄. 中国雕版印刷术的起源. 西北大学硕士学位论文, 2001(5).

146. 章宏伟. 印刷起源问题新论. 东南文化, 1994(4).

147. 张厥伟. 也谈中国雕版印刷术的起源. 图书馆学研究, 1981(4).

148. 肖东发. 中国印刷图书文化的源与流. 图书情报工作, 2004(7).

149. 蔡雪霞. 印刷起源刍议. 河南图书馆学刊, 2004(12).

150. 杨军凯. 雕版印刷起源于中国. 文博, 2000(3).

151. 肖东发. 振叶以寻根　观澜而索源——《中国木版水印概说》与印刷术的起源. 中国出版, 2000(5).

152. 张士鹏, 窦学魁. 关于印刷术起源"成熟标志"之刍议——与金圣洙先生的"唐代印刷不成熟论"商榷. 广东印刷, 1999(1).

153. 张殿清. 印刷术起源问题的研究方法析疑——兼驳印刷术韩国起源说. 北京印刷学院学报, 1998(1).

154. 张树栋. 有关印刷术起源问题的几个基本概念. 印刷史话, 2000(3).

155. 姬志刚, 赵贵芬, 王利君. 中国印刷术发明和发展的史料探析. 兰台世界, 2006(11).

156. 潘猛补. 印刷术起源于隋末佛像雕印说. 四川图书馆学报, 1987(2).

157. 李金荣. 雕版印刷起源考. 图书与情报, 1987(1).

158. 周宝荣. 沈括到过毕昇故里. 新闻出版报, 1994-12-6.

159. 辛德勇. 唐人模勒元白诗非雕版印刷说. 历史研究, 2007(6).

160. 时永乐，荣国庆. 雕版印刷术发明于东汉新证. 图书馆工作与研究，2006(4).

161. 翁同文. 与印刷术夹缠之元稹笔下"模勒"一词确诂. 台北：东吴文史学报，1989(7).

162. 陈富良. 试述中国雕版印刷术发明的条件和时间. 东南文化，1988(6).

163. 许正文. 论中国雕版印刷术的发明与革新. 陕西师范大学学报（哲学社会科学版），1998(3).

164. 陈富良. 佛教和道教对雕版印刷术的产生和发展的推动作用. 江西图书馆学刊，1985(2).

165. 白化文. 敦煌汉文遗书中雕版印刷资料综述. 大学图书馆学报，1987(3).

166. 胡发强. 唐五代敦煌雕版印刷品研究. 内蒙古农业大学学报（社会科学版），2008(4).

167. 李致忠. 再谈雕版印刷术的发明. 文献，2007(4).

168. 聂东白，梁辉. 谁发明了印刷术. 国际先驱导报，2008-8-18.

169. 叶钟华. 湖北英山发现毕昇墓地. 武汉晚报，1993-4-9.

170. 孙启康. 毕昇墓碑鉴定及相关问题考证. 中国文物报，1993-7-4.

171. 曹之. 中国古籍版本学. 武汉：武汉大学出版社，2007.

172. 曹之. 中国古籍编撰史. 武汉：武汉大学出版社，2006.

173. 曹之. 中国出版通史：隋唐五代卷. 北京：中国书籍出版社，2008.

174. 曹之. "刊章捕俭"辩. 图书情报知识，1987(4).

175. 曹之. "模勒"辩. 图书情报论坛，1989(3).

176. 曹之. "雕撰"辩. 图书情报知识，1990(3).

177. 曹之. "梓行"辩. 图书情报知识，1991(2).

178. 曹之. 王桢木活字考辩. 图书情报知识，1992(2).

179. 曹之. 最早印刷品刍议. 图书馆工作与研究，1993(3).

180. 曹之. 拓本探源. 图书馆建设，1993(6).

181. 曹之. 雕版印刷起源说略. 传统文化与现代化. 1994(1).